工程师自学笔记系列丛书

FPGA设计与验证

袁玉卓　曾凯锋　梅雪松　编著

北京航空航天大学出版社

内容简介

本书以 Intel Cyclone Ⅳ E 系列 FPGA 为例，系统介绍了 FPGA 的硬件结构、电路设计以及逻辑设计和验证流程。书中以若干个具有工程实用意义的案例为背景，详细介绍了 FPGA 数字逻辑设计中常见的功能模块设计思路、FPGA 片上资源的使用方法、开发软件中各种调试工具的使用，包括 SignalTap Ⅱ、In－System Sources and Probes Editor、In－System Memory Content Editor。本书最后通过若干个综合性实例，讲解了复杂数字系统的设计方法和验证思路。作为实用型 FPGA 教程，本书的每一个实验都有完整的仿真和验证过程，即强调了仿真验证在 FPGA 设计中的重要作用。

本书可作为工程应用类、电子信息类专业本科生以及相关专业专科生的 EDA 基础类课程的教材；也可作为 FPGA 自学人员，以及从事 FPGA 开发的工程技术人员的培训教材和参考用书。

图书在版编目(CIP)数据

FPGA 设计与验证 / 袁玉卓，曾凯锋，梅雪松编著. -- 北京 ：北京航空航天大学出版社，2021.1

ISBN 978－7－5124－3129－4

Ⅰ. ①F… Ⅱ. ①袁… ②曾… ③梅… Ⅲ. ①可编程序逻辑器件－系统设计 Ⅳ. ①TP332.1

中国版本图书馆 CIP 数据核字(2020)第 263704 号

FPGA 设计与验证

袁玉卓　曾凯锋　梅雪松　编著

责任编辑　董宜斌

*

北京航空航天大学出版社出版发行

北京市海淀区学院路 37 号(邮编 100191)　http://www.buaapress.com.cn

发行部电话：(010)82317024　传真：(010)82328026

读者信箱：copyrights@buaacm.com.cn　邮购电话：(010)82316936

涿州市新华印刷有限公司印装　各地书店经销

*

开本：710×1 000　1/16　印张：29.5　字数：664 千字

2021 年 3 月第 1 版　2021 年 3 月第 1 次印刷

ISBN 978－7－5124－3129－4　定价：79.00 元

序

初识小梅哥(梅雪松)是在电子发烧友论坛,当时小梅哥已经是 FPGA 板块的版主,经常在论坛更新自己的笔记以及相关研发经验。当其众筹第一款 FPGA 学习套件时,便早早做了预定,一转眼已过了两年多的时间。

回忆起自己学习 FPGA 的道路也是历经曲折,曾在本科二年级时参加了全国大学生电子设计竞赛,获得一等奖后又承担了一项国家级的大学生创新创业训练计划,当时的几位好友开始以 ARM 学习为主,由于自己所学专业的要求便开始了 FPGA 的学习。学习之初,仍沿用以前学习单片机的路子,从点亮第一个 LED 灯,然后开始驱动各类基本的外设,由于只是急于见到一个实验现象,所以并没有对 FPGA 开发的本质进行详细的了解。还记得当初,在各种网站搜寻下载各种资料,然而却没有找到一个系统化的入门教学文档,因此在那段时间下载的大部分资料至今也没有打开过。在研究生学习期间,在完成日常工作之余,那颗不安分的心又躁动起来,偶然得到一块 Altera 官方的 DE - NEEK 开发板,这款开发板接口相对丰富但配套资料甚少,学习过程也非常坎坷。两次学习过程都没有对 FPGA 开发有一个正确的认识,那时真希望能有一本可以系统讲解 FPGA 的书籍,能带领我走进 FPGA 的世界,了解真正的开发流程以及设计技巧。结合以上两段学习经历,也逐渐意识到评价一块开发板的好坏与否,不仅体现在其是否具有丰富的接口供用户使用,更为重要的便是与之配套的学习资料。

正是基于以上经历,了解到小梅哥的初衷也是真正想让初学者尽量少走弯路,同时他在群里积极解答并解决大家在设计过程中的各种问题,当开始众筹时,便有幸成为了前几位预定学习套件的用户。得益于小梅哥丰富的教学视频,这次学习的过程,完全抛弃了以往重实验现象而轻设计与验证过程的心态,从建立第一个工程开始,就重视 FPGA 设计的本质、技巧、激励文件的编写以及功能/时序仿真,再次加深了对可编程逻辑电路的理解。小梅哥录制的视频不仅涵盖基础开发软件的使用、组合逻辑设计、时序逻辑设计、状态机、IP 核等基础知识,而且对常见各类外设的驱动原理及实现过程进行了详尽的讲解,在每一讲教程中均使用了一定的篇幅进行仿真及验证。

在视频直播录制的那段时间,小梅哥也鼓励大家做笔记并在群里交流,同时自己也力所能及地在群里解答相关疑问,在这个过程中发现大家的问题往往都集中在若干个点上。基于这种现象,小梅哥也整理了一个答疑文档,从开发软件的使用到各种设计过程可能遇到的问题均进行了详细的解释,初学者只需搜索相关问题的关键词便可以直接找到答案。

视频录制结束，看到无论是群里还是论坛里，均反映视频录制的效果非常好，要再配上文档就锦上添花了，于是自己便开始依据小梅哥的视频编写配套文档。在文档推出后的半年多时间里我们又多次修正更改，期间也一直有网友问小梅哥有没有书，但是深感出书压力以及承担的责任，便没敢想，因此作罢。直到北京航空航天大学出版社的董宜斌编辑与我们联系，给我们鼓励，才让我们放下包袱，将写一本真正适用于初学者的 FPGA 入门书籍再次提上日程。

在编书期间我们战战兢兢、如履薄冰，生怕文中有些许纰漏对初学的读者造成影响，总是想着如何才能真正让这本书对读者有用，读过之后能有些许收获。本书名为《FPGA 设计与验证(第 2 版)》，因此不仅涉及设计，还将一定的篇幅留给了验证，从简单的激励仿真文件创建到仿真模型的编写及应用。板级验证也包括了使用各种内部工具，例如 ISSP、SignalTap 等，希望能让读者在学习之初就建立规范的设计及验证思想，方便在以后的大型工程中尽快开展工作及设计。百尺之楼起于累土，希望读者多多重视基础的学习以及知识体系框架的搭建，避开只求现象不求原理的学习误区。在阅读本书以及观看教学视频的学习过程中，希望读者能不仅知其然而且知其所以然，在过程中多问几个为什么，我们也会在群里或者论坛里进行解答。

袁玉卓
2021 年 1 月

序

说起跟FPGA的遇见，我得从研究生一年级开始说起。当时实验室任务较少，自由学习时间较多，便有了学点什么的想法。由于本科期间就有学习FPGA的想法，所以正好可以将想法付诸行动。学习之前，就在网上查找了如何学习FPGA以及相关的书籍，回答都不尽相同，并没有找到一个明确的答案，不过在网上或书中都多次提到了夏宇闻老师编著的一些书。于是，我就买了夏老师编写的《Verilog数字系统设计教程》一书，开始了FPGA学习之旅。当时还没有买开发板，只有这本书，书中相关的实例设计与仿真教程，对于Verilog语言入门很有帮助。由于对QuatusⅡ软件使用不熟，书中也没提到这方面的实际使用步骤，在实际使用软件进行模块设计时经常遇到一些问题，周围也没有学习FPGA的小伙伴可以交流，只能在网上找解决办法。因此，有时候解决一个小问题就要花费较长时间，就这样在FPGA的学习道路上慢慢摸爬滚打着。

学习之初，没有购买开发板进行实际的板级的验证性学习，主要有两个原因：一是对FPGA还不了解，不想随便买个开发板；二是市面上可选择的开发板太多，让初学者很难选择。学习之余我曾想在淘宝上购买一块适合初学者使用的开发板，浏览过很多，甚至都将一些选择加入了购物车，却一直没有下单。在寻找开发板的过程中，对比了网上浏览过的开发板后发现，提供的接口大同小异，这样就让我在选择上侧重于开发板所提供的配套教程的好坏上，从而将选择的范围缩小，最后发现各种开发板能提供的文档教程太多太杂，让我这个初学者很难判断这些文档的质量，总让我感觉并非是我想要的。我想要的开发板，是其提供的配套教程能够让我了解FPGA的开发流程，并能快速入门的学习指导，而不仅仅是陪衬开发板的资料。

可能是缘分吧，机缘巧合之下，有一次在电子发烧友论坛上查找一些问题，看到小梅哥在众筹第一版FPGA学习套件。这是我第一次知道小梅哥这个人，出于对这次众筹的好奇，我开始在网上了解小梅哥的博客和帖子，并尝试跟着这些内容学习和实验。不管是实验思路还是具体的代码实现，小梅哥都讲述得十分清楚，让我能很快理解并能自己实现出来。了解了这些之后，我就毫不犹豫地立即预定了小梅哥的FPGA学习套件。

现在看来，当初的选择是对的，通过学习观看小梅哥的视频教程，解决了我在看书过程中遇到的很多问题，同时熟悉了FPGA的开发流程、设计技巧。视频教程不仅包括开发软件的使用、数字系统设计基础知识的讲解，还包括对各种常见接口协议原理的详细讲解和设计验证。教程无处不在强调仿真验证对FPGA设计的重要性，这一点我感触比较深，很多时候当设计好一个实例后，就想立刻下载到开发板看实验现象，觉得去做仿真是在浪费时间，直接下板测试看现象会更快一点，更直观一点。然而，事与愿违，结果往往并不是很美好，有时候一遍一遍地修改程序和下载程序，问题还是没能解决，最后还是通过仿真才很快找到问题所在。当遇到问题时，并不是无厘头地去乱找原因，很多时候可以通过仿真找到原因。仿真更容易发现设计出现的问题，这足以说明，仿真并不是一个可有可无的环节，对于初学者来说，仿真对于 FPGA 设计很重要，可以帮助你有效地找到设计过程出现的问题，以便能快速解决问题和完善设计。

书如其名，《FPGA 设计与验证》其内容包括设计与验证两个方面，不同于一些只重设计不重验证的书籍，这本书让初学者在学习之初就能把设计与验证放在同等重要的地位，而不单单只是设计。验证不仅能方便地检验设计的正确性，而且能快速有效地帮助设计者找到问题并完善设计，这对日后在较大工程的开发中具有至关重要的作用。

希望读者在阅读本书以及观看教学视频的学习过程中，能够善于总结文档，即便工作之后也要保持这个良好的习惯。当我们遇到问题，并通过查找资料或是请教他人顺利解决了问题的时候，那么你有必要记下解决这类问题的方法，以便日后举一反三。学习一门技术不是一蹴而就的事情，需要花时间、花精力才会有所收获。

曾凯锋

2021 年 1 月

序

开始计划写这本书的时候，Altera 还没有加入 Intel，Xilinx 的 ZYNQ 也才刚刚开始有人探索，“Altera 大学计划”第一次将亚洲创新大赛由传统的 SoPC 大赛换成了 SoC 大赛，软核变硬核，性能增强了几倍。那个时候，能出版一本讲 FPGA 设计的书，会得到非常高的评价。而我，则由于工作变动，中间拖沓了半年，准备动笔时发现，Altera 即将成为 Intel 的可编程事业部，基于嵌入式硬核的 SoC FPGA 芯片开始获得大量的关注，且有不少大大小小的公司在着手这方面的教学内容与板卡设计。原计划编写的内容在新技术、新产品面前，显得非常不值得一提。感觉大家的目光都集中在前沿的可编程 SoC 上，我再编写这样一本单纯讲解 FPGA 数字逻辑设计的书会显得与时代脱节。于是，编书的动力就没有那么强烈了，这事，就这么放了下来。

在此期间，我也在 SoC FPGA 方面做了积极的探索，学习了 Cyclone Ⅴ SoC 的开发流程，从裸机到基于 Linux 嵌入式系统，实现了 FPGA 和 ARM Cortex - A9 CPU 之间的双向控制和数据传输。在做完这些之后，我就感觉自己遇到了瓶颈，其原因主要来自于两个方面：一方面是对 Linux 软件开发不熟悉，而 SoC FPGA 的处理器端应用又恰好需要对 Linux 的底层和应用有一定的了解；另一方面是对 FPGA 设计经验的欠缺。比如，在使用到 SoC FPGA 架构的场合，往往都是一些较为复杂的系统，且系统本身就对 FPGA 的设计内容要求较高，如视频流的处理、运算加速逻辑的设计、通信接口的实现等。所以，欠缺了任何一方面的知识，在使用 SoC FPGA 架构的时候都会困难重重。如果在 FPGA 方面没有踏实的功底，那么 SoC FPGA 也只能当做通用的嵌入式处理器使用，无法将其结构的优势发挥出来。如果没有 ARM 嵌入式处理器方面的踏实功底，那么 SoC FPGA 也仅仅只能是个 FPGA。

凭着一股热情，我还是推出了手把手讲解 FPGA 开发的视频教程——“小梅哥 FPGA 设计思想与验证方法”。视频教程一推出，就得到了众多网友的支持，在服务大批 FPGA 初学者的同时，更是结识了一批有想法、有激情的伙伴，如本书的另两位作者——山东大学的研友袁玉卓（现已继续攻读博士学位）和杭州电子科技大学的研友曾凯锋。很多网友建议我出一本详细讲解 FPGA 开发的书，我也确实有此想法，首先是希望能带领大家入门并掌握 FPGA 的开发技巧，其次也是对自己所学知识做一总结，但同时也担心因为自己水平有限，编写模糊的地方可能会误导读者。

所以，当我们决定编写这本书时，就抱着谦逊的心态，在书本中尽量避免带有强烈主观意识的表达，尽量多讲细节，讲流程，将自己认为在学习和开发中需要注意的问题表达清楚。同时，在内容安排上，也尽量做到循序渐进，让读者能够按照由陌生到熟悉，由浅到深的模式慢慢学习，避免过分地追求高大上而忽视基础知识的学习和训练。

在这里，也想向本书的读者阐述一下自己对于学会 FPGA 的认识：能够开发 FPGA，不是指你能够将多少现成的代码连接并调试通过，而是自己有能力去编写这样的代码。学会 FPGA，不仅仅是编写的代码能够在目标板上运行出预期的效果，更重要的是编写的代码经过了完整的理论验证（仿真＋时序分析）。要知道，板级现象正确并不能证明当前设计就没有潜在的问题了。学会 FPGA，实际就是要获得独立完成设计的能力。

总之，无论你将来是选择去做高速接口还是从事 SoC FPGA 开发，亦或是进入 IC 设计行业进行 IC 的设计，扎实的编程和验证技能，都是对一个开发者最基本的要求，这也是本书编写的主旨——设计与验证。希望本书能够给您的 FPGA 学习和开发带来一个理性的开端。

梅雪松

2021 年 1 月

前　言

随着现场可编程逻辑器件结构和工艺的发展，FPGA 的性能和容量逐年提升，同时功耗和价格持续降低。近年来，已经有越来越多的企业考虑并在其实际项目或产品中加入 FPGA，或者直接以 FPGA 作为核心控制单元。FPGA 作为一种硬件逻辑器件，其开发思路与常规的 MCU 或处理器有较大的差别，如何正确地学习并掌握 FPGA 的开发方法，对于高效地使用 FPGA 至关重要。

笔者曾自学 FPGA 近两年，但始终不得要领，后经专业人士指点，方才领悟 FPGA 之所以难学，是难在没有掌握正确的学习和开发方法。一旦掌握了正确的学习方法，一切就变得轻松了。在 FPGA 的学习和开发中最为关键的一点就是验证。

作为一本入门级的 FPGA 技术教材，本书主要针对刚接触 FPGA 的读者。这一类读者，往往都有一定的 MCU 开发经验，也正是这一点，让很多自学 FPGA 的人往往一开始就按照 MCU 开发的惯性思维来对待 FPGA，结果就是耗费了几倍的精力，却没有太大的进步。所以本书在编排时，重点关注 FPGA 的开发流程。每个实验，无论是最基础的点亮 LED 灯，还是综合的多模块数字系统设计，以及复杂的 SDRAM 控制器设计，都严格按照“设计＋验证”的流程进行。首先，通过知识背景的介绍，讲解设计中需要注意的问题；接着，一步一步地根据设计需求完成设计中的每一个部分；然后，编写 Testbench 文件，使用 ModelSim 软件对设计进行仿真验证；最后，仿真验证通过后，再配置到 FPGA 器件中运行，如果板级运行不正确，则再回到仿真波形中查找可能的错误原因，在必要时使用板级验证工具如 Signaltap Ⅱ 进行板级调试。

本书按照循序渐进的过程，分成 6 章，具体内容如下：

第 1 章，主要介绍了 FPGA 的硬件架构和软件开发工具的安装与基本使用。

第 2 章，介绍了本书所依靠的 FPGA 学习平台 AC620 开发板的相关特性，并通过一个实例介绍了 FPGA 的开发流程。

第 3 章，介绍了基于 FPGA 的一些基本数字逻辑电路设计，这些设计所依靠的背景都是大家所熟悉的一些内容，因此较容易接受，方便大家能够轻松入门。

第 4 章，介绍了 Cyclone Ⅳ E FPGA 上专用硬件资源 PLL、嵌入式块 RAM 的使用；同时，本章通过这些硬件资源的使用，介绍了在 Quartus Prime 软件中调用 IP 进行设计的方法。

第 5 章，为进阶数字系统设计，主要介绍了项目中比较实用的一些外设的驱动开发。

第 6 章，为综合数字系统设计，通过若干个具有一定难度的综合实例，展示了 FPGA 复杂系统开发的常见思路和实现方法。

建议读者能够按照书中的描述，依照编排顺序进行学习和实验。

本书在编写期间得到了许多 FPGA 爱好者的大力帮助，如 Doby（杜育轩）、Rabbit（董洋）、Sealike（梁旗）、Nobug（王铖）、星空下屋顶、CCXX、CrazyUI、海盗船长、鲲鹏展翅、Multimeter、马世雄、冰河（赵然）、破伞（覃晓）等。杭州电子科技大学的李群英同学参与了部分文稿编写，在此表示感谢。

此外，还有许多没有提到的朋友，以及在本书出版后积极反馈意见的读者，在此一并表示感谢。

本书的编写可能存在疏漏或不足的地方，希望读者看到书中疏漏之处能与我们取得联系，不胜感谢。

本书配套的相关视频及技术文件可在 http://www.corecourse.cn 网站中观看和下载。

作　者

2021 年 1 月

目　录

第1章 从头认识FPGA

本章导读:

FPGA 作为一种可编程的芯片,其结构和开发方式都与传统的 MCU 和 DSP 不同。MCU 和 DSP 的设计,主要是对软件程序的设计,用户主要使用 C 语言完成各种控制和算法的实现,各种功能是在 CPU 的控制下按照顺序依次实现的。而 FPGA 的设计,实质上是电路设计,是在一个可现场编程的通用逻辑器件中去搭建各种具有一定功能的逻辑电路,各个逻辑电路间是各自独立的,能够并行执行。同时,各个功能电路之间又通过一定的控制和握手信号相互协调。所以,要想正确高效地开发和使用 FPGA,必须在此之前对其有一个充分细致的认识,包括硬件资源结构、硬件电路的设计,以及开发环境等。本章通过两节内容,介绍了 Intel Cyclone Ⅳ E FPGA 的基本硬件和开发环境的安装与使用。这让第一次接触 FPGA 的读者,能够对其有一个整体的正确认识。

1.1 Cyclone Ⅳ E FPGA 原理与应用

1.1.1 Cyclone Ⅳ E 概述

在短短的三十多年时间里,FPGA 的角色已经由简单的逻辑粘合,发展到现在的可编程片上系统。FPGA 的容量翻了几千甚至几万倍,架构复杂度也提升了好几个水平。那么,具体的某一特定系列或者特定型号的 FPGA,其原理和结构又是怎样的呢?作为 FPGA 设计开发的入门教材,本书选取当下在中低端领域兼具功耗和性价比优势的 Intel Cyclone Ⅳ E 系列 FPGA 作为典型实例,讲解该系列 FPGA 的原理与结构。

Cyclone Ⅳ E 系列 FPGA 是原 Altera 公司(现已被 Intel 公司收购,为 Intel 可编程事业部——PSG)于 2009 年发布的一款主打低功耗、高性价比的 FPGA 产品系列。

该系列产品使用经过优化的 60 nm 低功耗工艺，降低内核工作电压为 1.2 V，部分低功耗系列产品可工作在低至 1 V 的内核工作电压下，非常适合应用在对成本和功耗有较高要求的场合，如仪器仪表类产品、工业控制产品、LED 显示屏驱动卡、数据采集卡、发烧级音频设备。

典型的 FPGA 通常包含三类基本资源。

① 可编程逻辑功能块：是实现用户功能的基本单元，多个逻辑功能块通常规则地排成一个阵列结构，分布于整个芯片。

② 可编程输入/输出(I/O)块：完成芯片内部逻辑与外部引脚之间的接口，围绕在逻辑单元阵列四周。

③ 可编程内部互连资源：包括各种长度的连线线段和一些可编程连接开关，它们将各个可编程逻辑块或输入/输出块连接起来，构成特定功能的电路。用户可以通过编程决定每个单元的功能以及它们的互连关系，从而实现所需的逻辑功能。

考虑到实际 FPGA 使用场景下对各种资源的需求，当下几乎所有厂家的 FPGA 器件都在经典的 FPGA 架构上加入了一些其他的常用资源，如时钟管理单元(PLL、DLL)、嵌入式存储器单元和硬件乘法器单元，部分高端器件还加入了高速收发器甚至嵌入式硬核处理器，以便让 FPGA 能够拥有更加广阔的应用领域。Cyclone 系列器件在基本的 FPGA 架构资源的基础上，加入了时钟管理单元 PLL、嵌入式存储器单元和硬件乘法器，其中各代的 Cyclone 系列器件中资源架构略有差异。例如，对于 Cyclone Ⅱ 系列，使用的是 M4K 结构的嵌入式块 RAM，即每个嵌入式存储器块的容量为 4 096 bit；而对于 Cyclone Ⅳ E 系列，则使用的是 M9K 结构的嵌入式块 RAM，即每个嵌入式存储器块的容量为 9 216 bit。更大的容量带来更加丰富的存储器资源和更加灵活的应用方式。

Cyclone Ⅳ 器件采用了与 Cyclone 系列器件相同的核心架构。该架构包括由四输入查找表 (LUTs)构成的 LE、存储器模块以及乘法器。每一个 Cyclone Ⅳ 器件的 M9K 存储器模块都具有 9 Kbit 的嵌入式 SRAM 存储器。在使用时，可以把 M9K 模块配置成单端口、简单双端口、真双端口 RAM 以及 FIFO 缓冲器或者 ROM，以方便对运行过程中各种数据的存储。使用乘法器，可以设计或实现更加高效的并行结构的数字信号处理算法，如 FFT、FIR 等。

除了核心架构资源，Cyclone Ⅳ E 还拥有最多 4 个 PLL 时钟管理单元和高达 532 个的用户 I/O，其中部分 I/O 支持 LVDS 标准。如图 1.1 所示为 Cyclone Ⅳ E 的结构图。

通过图 1.1 可以看到，在器件的四周，分布着 4 个锁相环(PLL)，因此可以知道外部参考时钟进入 FPGA 器件后，如果需要，就可以立即进入 PLL 单元，以实现最短的时钟源路径，从而获得较高的生成时钟质量。另外，由于 PLL 属于模拟电路，所以放在器件的边缘更有利于生产。

逻辑阵列和 M9K 存储器交替分布，这样，可以缩短数据的传输路径，以获得更加优异的时序性能。

IOEs 是 I/O 单元，分布在器件的四周，Altera 推荐的数据流向策略是数据流由左

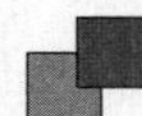

PLL	IOEs							PLL
IOEs	逻辑阵列	M9K存储器	逻辑阵列	18×18位嵌入式乘法器	逻辑阵列	M9K存储器	逻辑阵列	IOEs
PLL	IOEs							PLL

图 1.1　Cyclone Ⅳ E 的结构图

侧 I/O 输入，然后经过处理、运算和存储，最终由右侧输出，而控制信号则由上下 I/O 单元输入/输出。

下面以一个典型的数据采集实例，来分析这种资源分布的优势。首先，数据由外部高速 ADC 采集，通过 I/O 口输入到 FPGA 内部；接着，经过一定的逻辑电路预处理后写入到由存储器组成的缓存（如 FIFO 或双口 RAM）中；然后，再由逻辑电路从存储器中读出，进行相应的处理。在处理的过程中，可能会需要高速的乘法运算，因此，该部分数据可以直接送给片上集成的 18×18 硬件乘法器进行运算，运算完成后，再由逻辑电路处理后送入存储器组成的缓存（如 FIFO 或双口 RAM）中，等待其他电路如数据发送电路将数据从缓存中读取出来并最终通过 I/O 口上连接的通信电路传输出去。系统模型如图 1.2 所示。

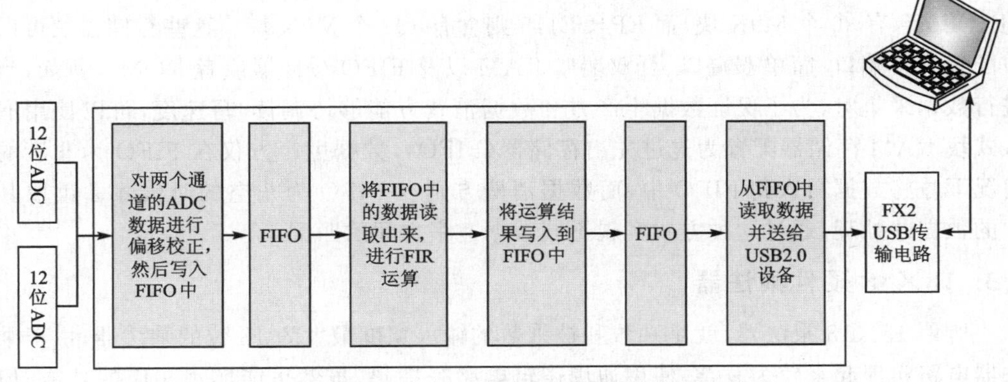

图 1.2　基于 FPGA 的 USB 数据采集卡系统结构

如果将整个数据流从左向右分析，就会发现数据流中每一级所需要的资源都刚好和 Cyclone Ⅳ E 中的各个资源的分布位置对应。因此，按照官方推荐的数据流向策略将上述设计布置到 Cyclone Ⅳ E 的对应资源上，就能够得到时序优化了的布局布线，从而使设计能够工作在较高的时钟频率下。

1.1.2 Cyclone Ⅳ E 扩展资源介绍

下面总结 Cyclone Ⅳ E 在经典 FPGA 架构上增加的资源的用处。

1. 锁相环 PLL

PLL 的英文全称为 Phase Locked Loop，中文名称为锁相环，属于模拟电路。该电路的一个特性就是能够将输入的周期信号进行分频和倍频，并最终输出一个或多个稳定的，与输入信号频率和相位相关的信号。例如，将一个 50 MHz 的有源晶振产生的时钟信号接到 PLL 的输入端，接着设置 PLL，其中一路输出的倍频和分频系数分别为 5 和 2，则当 PLL 对输入信号完成锁定后，就能在该路输出上得到 125 MHz 的时钟频率，然后就可以使用该时钟信号作为千兆以太网的 GTX_CLK 时钟信号。另外，对于 SDR SDRAM 存储器，需要两路频率相同、理论相位相差 180°的时钟信号。Cyclone Ⅳ E 的一路 PLL 最多可以支持 5 路输出，因此，可以配置一个两路的 PLL，输出的倍频和分频系数相同，但是第二路信号的输出相位较第一路相差 180°，这样就能产生 SDRAM 存储器和 SDRAM 控制器工作时分别所需的时钟信号。总结下来就是 PLL 能够通过对输入的时钟信号进行分频、倍频、相位控制，从而得到一路或多路更高或更低的时钟信号。需要注意的是，Cyclone Ⅳ E 中，除了 EP4CE6 和 EP4CE10 两个容量等级的器件含有两个 PLL 单元外，其他更高容量的器件均含有 4 个 PLL。

2. M9K 存储器

从存储器的名字 M9K 可知，该存储器的每个存储块的存储容量为 9 Kbit，每个 Cyclone Ⅳ E 器件中都有多个 M9K 存储块，具体数量与对应的器件型号相关，例如，EP4CE6 含有 30 个 M9K 块，而 EP4CE115 则含有 432 个 M9K 块。这些存储器块可以被配置为单端口、简单双端口、真双端口 RAM 以及 FIFO 缓冲器或者 ROM。例如，当进行数据采集时，为了保证数据生产方和数据消费方能够协调读/写速度，可以使用嵌入式块 RAM 存储器配置为先进先出存储器（FIFO），数据生产方仅在 FIFO 为非满的情况下才将数据写入到 FIFO 中，而数据消费方则在 FIFO 为非空的时候才去读取其中的数据并处理，通过这种方式实现不同数据速率之间的匹配。

3. 18×18 硬件乘法器

所谓 18×18 乘法器，就是乘数和被乘数的输入宽度最大为 18 位的乘法器，由于乘法器电路实现起来较为复杂，使用通用逻辑电路来搭建，虽然也能实现相应的功能，但是性能会受到较大的限制，无法在较高的时钟频率下运行，从而拉低了整个设计的时序性能。同时，使用通用逻辑搭建乘法器，还会消耗较多的芯片面积，不利于降低成本和

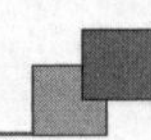

功耗。因此,Cyclone Ⅳ E 中集成了一定数量的硬件乘法器,数量视 FPGA 的具体型号从 15～266 个不等,这些硬件乘法器默认都是 18 位的输入位宽。而所谓的硬件乘法器,就是该乘法器电路使用了硬线逻辑设计,在芯片版图设计时功能和布局已经固定,即使不使用,这些乘法器电路也是存在的。每个 18 位的硬件乘法器都可以拆分成 2 个 9 位的硬件乘法器,或者也可以使用多个硬件乘法器级联实现更高位宽的乘法运算。当需要使用 FPGA 进行高速的乘法运算的时候,使用嵌入式的硬件乘法器无疑是比较经济且高效的选择。

4. 各容量等级资源数量介绍

通过以上内容,我们了解了 Cyclone Ⅳ E FPGA 中常见的硬件资源,根据器件型号的不同,每个器件中存在的这些硬件资源的数量也是不同的,表 1.1 为 Cyclone Ⅳ E 系列各容量等级 FPGA 芯片中拥有的各种硬件资源的数量。用户可根据设计的实际资源消耗,合理选择满足需求的 FPGA 型号。

表 1.1 Cyclone Ⅳ E FPGA 资源数量

资 源	EP4CE6	EP4CE10	EP4CE15	EP4CE22	EP4CE30	EP4CE40	EP4CE55	EP4CE75	EP4CE115
逻辑单元(LE)	6 272	10 320	15 408	22 320	28 848	39 600	55 856	75 408	114 480
嵌入式存储器容量/Kbits	270	414	504	594	594	1 134	2 340	2 745	3 888
嵌入式 18×18 乘法器	15	23	56	66	66	116	154	200	266
通用 PLL	2	2	4	4	4	4	4	4	4
全局时钟网络	10	10	20	20	20	20	20	20	20
用户 I/O 块	8	8	8	8	8	8	8	8	8
最大用户 I/O	179	179	343	153	532	532	374	426	528

以上通过对 Cyclone Ⅳ E FPGA 的整体硬件资源进行分析,介绍了 Cyclone Ⅳ E FPGA 的硬件结构。该结构包括逻辑单元(LE)、嵌入式存储器(M9K)、嵌入式 18×18 乘法器、通用 PLL、全局时钟网络以及输入/输出单元(I/O),了解器件的具体结构,有助于在设计时根据器件提供的资源,对设计进行合理的优化,以达到最佳的性价比。这些资源在设计中如何使用,将在后续章节为大家介绍。如果读者希望了解这些资源的具体硬件电路结构,可参看 *Cyclone Ⅳ Device Handbook*。

1.1.3 重点电路设计

通过对前面内容的学习,我们了解了 Cyclone Ⅳ E FPGA 芯片的硬件资源架构,接下来,将选取一个具体的 Cyclone Ⅳ E FPGA 芯片 EP4CE10F17C8,讲解其应用电路设计。

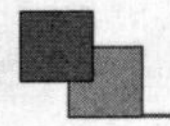

1. 电源设计

Cyclone Ⅳ E FPGA 需要三组供电，分别为内核供电、PLL 模拟电路供电和 I/O 单元供电。其中，内核供电电压根据器件是否为低电压区分：低电压，内核供电为 1.0 V；非低电压，供电为 1.2 V。PLL 模拟部分供电为固定的 2.5 V。I/O 供电电压值为 1.2～3.3 V，共有 6 种可选值。图 1.3 为 Cyclone Ⅳ E FPGA 器件供电示意图。

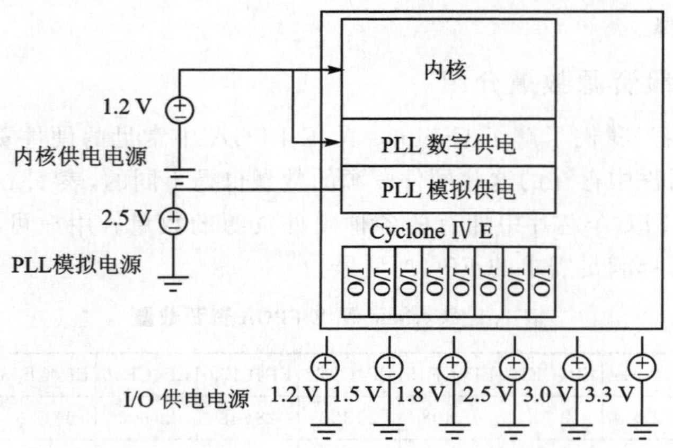

图 1.3　Cyclone Ⅳ E FPGA 器件供电示意图

(1) 内核供电

Cyclone Ⅳ E FPGA 内核所需供电电压为 1.2 V，内核工作所需最大电流随芯片上运行的设计工作频率和资源占用的不同而不同。具体的每个设计的功耗可以使用 Quartus 软件提供的功耗分析工具 PowerPlay Power Analyzer Tool 进行分析。例如，对于一个资源占用率为 95%、时钟频率为 100 MHz 的设计，分析出的内核静态功耗为 49.84 mW、内核动态功耗为 45.83 mW，即整个内核功耗不到 100 mW。可见对于 EP4CE10F17C8 这款器件，其内核供电电流范围要求并不太高，设计时使用常见的 LDO 器件如 AMS1117－1.2 就可以满足一般的需求。当然，也可以使用更加高效的 DC－DC 电路来实现。资源利用率如图 1.4 所示，功耗分析结果如图 1.5 所示。

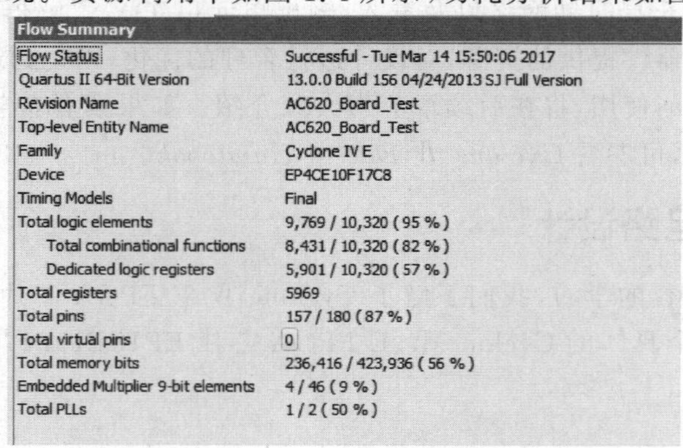

Flow Summary	
Flow Status	Successful - Tue Mar 14 15:50:06 2017
Quartus II 64-Bit Version	13.0.0 Build 156 04/24/2013 SJ Full Version
Revision Name	AC620_Board_Test
Top-level Entity Name	AC620_Board_Test
Family	Cyclone IV E
Device	EP4CE10F17C8
Timing Models	Final
Total logic elements	9,769 / 10,320 (95 %)
Total combinational functions	8,431 / 10,320 (82 %)
Dedicated logic registers	5,901 / 10,320 (57 %)
Total registers	5969
Total pins	157 / 180 (87 %)
Total virtual pins	0
Total memory bits	236,416 / 423,936 (56 %)
Embedded Multiplier 9-bit elements	4 / 46 (9 %)
Total PLLs	1 / 2 (50 %)

图 1.4　资源利用率

PowerPlay Power Analyzer Summary	
PowerPlay Power Analyzer Status	Successful - Tue Mar 14 15:50:06 2017
Quartus II 64-Bit Version	13.0.0 Build 156 04/24/2013 SJ Full Version
Revision Name	AC620_Board_Test
Top-level Entity Name	AC620_Board_Test
Family	Cyclone IV E
Device	EP4CE10F17C8
Power Models	Final
Total Thermal Power Dissipation	174.48 mW
Core Dynamic Thermal Power Dissipation	45.83 mW
Core Static Thermal Power Dissipation	49.84 mW
I/O Thermal Power Dissipation	78.80 mW
Power Estimation Confidence	Low: user provided insufficient toggle rate data

图 1.5　功耗分析结果

使用 DC－DC 电路，在提供更大的输出电流的同时，可以提高电源转换电路的效率，更加节能。在设计时，可以使用 NCP1529 型专用 DC－DC 降压器来设计该转换电路。图 1.6 为 NCP1529 的典型应用电路。NCP1529 的输入电压范围为 2.7～5.5 V，输出电压范围为 0.9～3.9 V，可持续稳定地输出高达 1 A 的电流。其输出电压可通过反馈电阻 R1 和 R2 不同的阻值组合来设置。输出电压为

$$V_{\text{out}} = V_{\text{FB}} \times \left(1 + \frac{\text{R1}}{\text{R2}}\right)$$

式中：V_{FB} 为反馈电压，固定为 0.6 V，为了实现低功耗和低噪声，要求 R2 的阻值大小在 100～600 kΩ 之间。

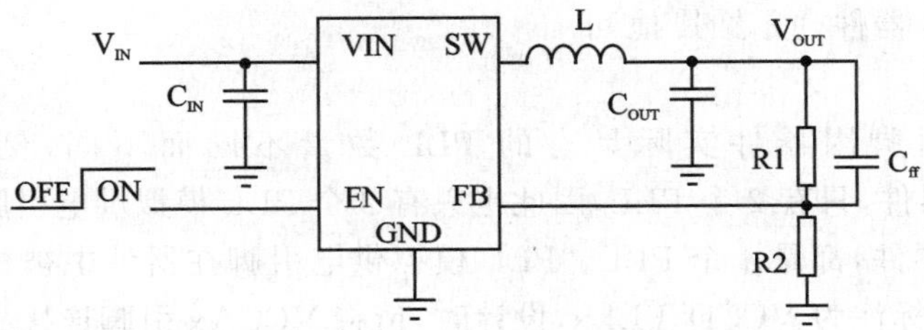

图 1.6　NCP1529 典型应用电路

当希望输出的电压为 1.2 V 时，只需选择 R1 和 R2 的阻值相同即可。如图 1.7 所示为 AC620 开发板 1.2 V 供电电路，该电路使用 NCP1529 实现从 3.3 V 电源到1.2 V 电源的转换，R23 和 R25 为反馈电阻，设置两者阻值均为 100 kΩ，即可实现稳定的 1.2 V 输出。为了实现电源和实际 FPGA 供电引脚之间的隔离，1.2 V 输出端还使用了一颗功率磁珠，当调试硬件需要将 1.2 V 从 FPGA 引脚上断开时，只需拆掉 FB4 即可，这种设计思路在硬件设计中常见。

内核供电引脚在器件中被标识为 VCCINT，因此，在设计时需要将标注为 VCCINT 的引脚都连接到内核供电电源 1.2 V 上，如图 1.8 所示。这些电源引脚附近一般需要加高频滤波电容。

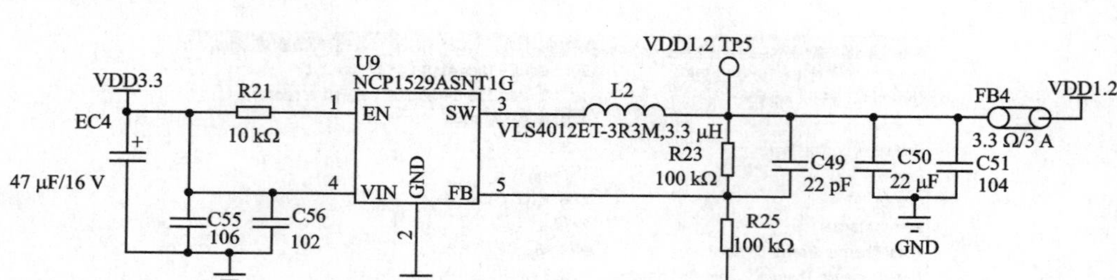

图 1.7　AC620 开发板 1.2 V 供电电路

(2) PLL 模拟供电

在 Cyclone Ⅳ E FPGA 器件中，PLL 电路需要两种供电电源，分别用于模拟部分和数字部分供电。数字部分供电电压为 1.2 V，可直接由内核供电电源提供；模拟部分仅需最大 200 mA 的供电电流，不过由于是模拟电路，所以对电源稳定性要求较高，不能有较大的纹波。模拟部分适合由 LDO 提供，例如可使用 LP5900SD－2.5 器件，或者其他可选 LDO。

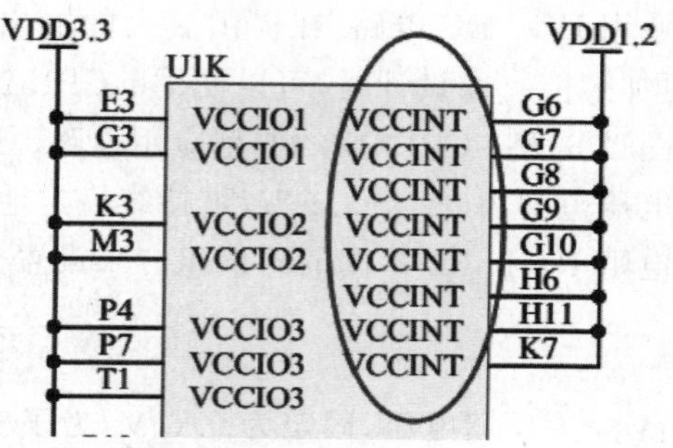

图 1.8　Cyclone Ⅳ E 内核供电引脚

PLL 供电引脚因器件实际具有的 PLL 数量不同而不同，例如 EP4CE6 和 EP4CE10 两个器件，只有 2 个 PLL，因此也只有 2 个 PLL 模拟供电引脚和数字供电引脚，其他容量的器件，都是 4 个 PLL。PLL 模拟供电引脚在器件中被标注为 VCCAx，数字供电引脚被标注为 VCCD_PLLx，设计时，请将 VCCAx 引脚连接到 2.5 V 的 PLL 模拟供电专用电源上，VCCD_PLLx 连接到 1.2 V 的内核供电电源上。图 1.9 为 EP4CE10 具有 2 个 PLL 的 PLL 供电引脚，图 1.10 为 EP4CE30 具有 4 个 PLL 的 PLL 供电引脚。

(3) I/O Bank 供电

每个器件的 I/O 口都分成了 8 组，每一组称为一个 I/O Bank，同一个 Bank 中的所有 I/O 供电相同，不同 Bank 的 I/O 供电可以不同，I/O 供电支持 1.2 V、1.5 V、1.8 V、2.5 V、3.0 V、3.3 V 多种电平标准。具体的可根据该 Bank 上的 I/O 功能确定，如某个 I/O Bank 上连接的是 DDR2 存储器，则该 I/O Bank 的供电要求为 1.8 V。同理，若某 I/O Bank 被确定为使用 LVDS 功能，则该 I/O Bank 的供电需要被配置为 2.5 V。I/O 供电在器件中被标注为 VCCIOx，其中 x 为 I/O Bank 编号，如图 1.11 所示为带 DDR2 和 LVDS 接口的开发板 I/O 供电电路，由于 Bank3、Bank4 被设计用于连接 DDR2 SDRAM 存储器，因此 VCCIO3 和 VCCIO4 连接到了 1.8 V 的供电电源上。

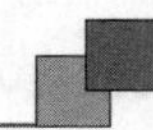

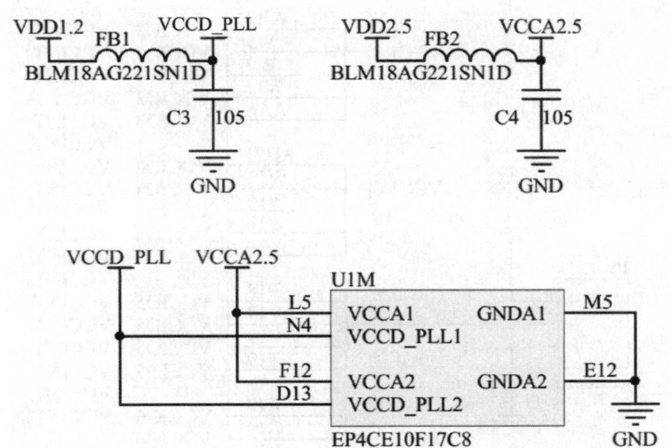

图1.9 EP4CE10具有2个PLL的PLL供电引脚

Bank5被配置为LVDS或普通扩展I/O,当Bank5上的I/O作为通用I/O口时,可以使用3.3 V供电;当Bank5上的I/O用作LVDS功能时,则只能使用2.5 V供电,因此使用P9实现VCCIO5的供电电压切换。

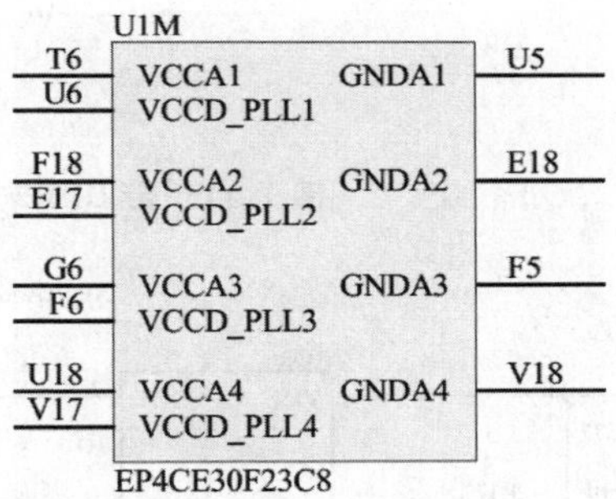

图1.10 EP4CE30具有4个PLL的PLL供电引脚

使用跳线直接切换是一种简易的方式,适合于供电切换可选项比较少的情况。另一种推荐的切换方式是使用可调降压电路,通过跳线直接切换不同的分压反馈电阻来设置降压电路的输出值,例如对于上述提到的NCP1529,可以通过跳线选择接入电路的不同R1阻值来实现不同的电压输出。此种方式适合于需要调整选择比较多的情况,使用起来比较方便。如图1.12所示的JP6,通过短接不同的短接线,就能选择接入反馈电路的分压电阻的阻值,从而设定不同的GPIO_VCCIO的电压值。

2. 配置电路设计

Cyclone Ⅳ E FPGA要能够正常的工作,除了需要合理的供电外,还需要有正确的配置电路。由于Cyclone Ⅳ E FPGA是基于SRAM结构的,所以SRAM中的数据掉电就会丢失,因此系统上电后,必须要由配置电路将正确的配置数据加载到SRAM中,然后FPGA才能够正常的运行。Cyclone Ⅳ E支持5种配置方式,如表1.2所列。

(1) 主动串行方式(AS)

在FPGA主动串行方式(AS)下,由FPGA主动输出控制和同步信号给专用的串行配置芯片(EPCS系列或兼容芯片),在串行配置器件收到命令后,把配置数据发送到FPGA,完成配置过程。配置器件可使用原厂提供的专用EPCS芯片(EPCS4、EPCS8、

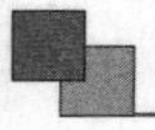

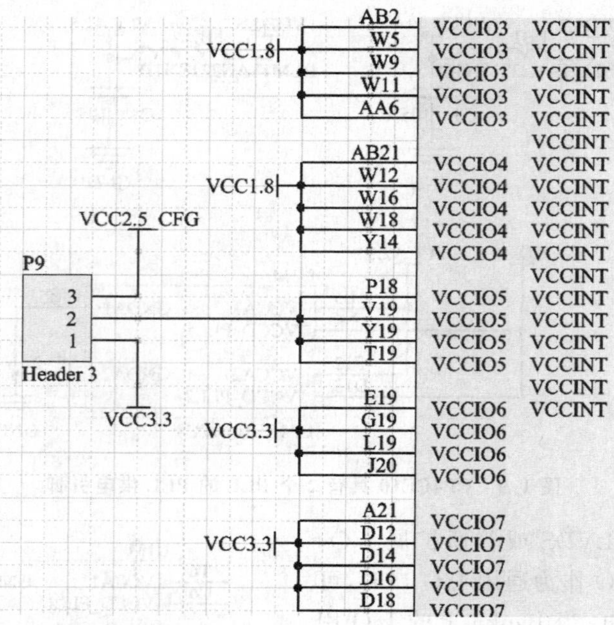

图 1.11 带 DDR2 和 LVDS 功能的 FPGA I/O 供电

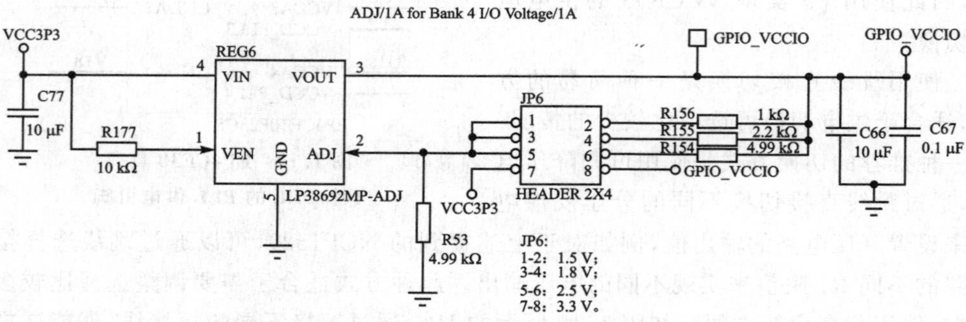

图 1.12 使用可调降压电路改变 I/O Bank 的供电电压

表 1.2 Cyclone Ⅳ E 配置方式

配置方式	配置类型	配置方法
AS	FPGA 主动串行方式	串行配置器件(串行 FLASH 存储器)
AP	FPGA 主动并行方式	并行 FLASH 存储器
PS	FPGA 被动串行方式	带 FLASH 存储器的外部主控制器
		下载电缆(USB Blaster)
FPP	快速被动并行方式	带 FLASH 存储器的外部主控制器
JTAG		带 FLASH 存储器的外部主控制器
		下载电缆(USB Blaster)

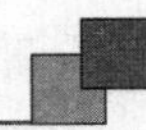

EPCS16、EPCS64、EPCS128），也可以使用通用的串行 SPI FLASH 芯片如 M25P40、M25P16、W25Q16 等。由于电路简单，成本低廉，该种方式在中小容量的 FPGA 系统中使用较为广泛。图 1.13 为 AS 配置方式时的应用电路。

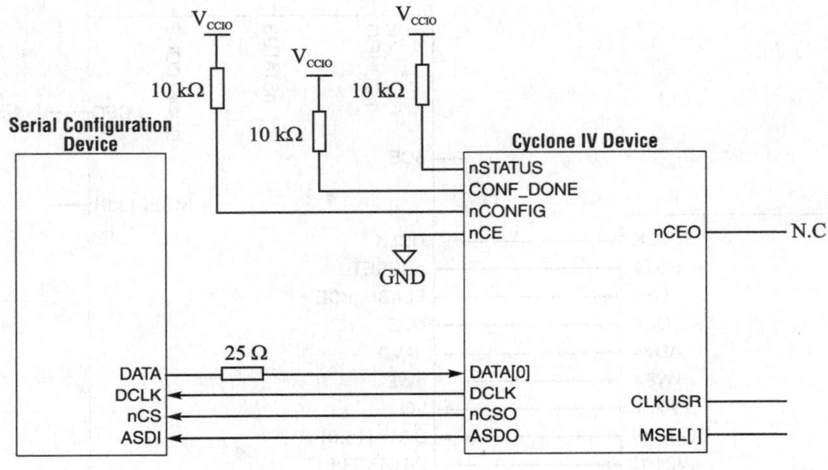

图 1.13　AS 配置方式电路

可以看到，使用该种配置方式，配置器件和 FPGA 之间只需连接 4 根信号线即可实现。DATA 为配置数据传输线，DCLK 为串行数据时钟传输线，nCS 为器件选中信号，ASDI 为配置器件的命令和数据输入引脚。

(2) 主动并行方式(AP)

主动并行方式和主动串行方式类似，区别在于主动并行方式使用并行接口 FLASH 存储器作为配置器件，并行接口 FLASH 存储器与 FPGA 的配置接口如图 1.14 所示。

使用该种方式配置器件与 FPGA 连接需要耗费较多的 FPGA 引脚，但是能够显著提升配置数据的传输速度，对于资源容量较多的 FPGA 器件，其配置文件的尺寸也相应地较大。因此在对配置过程的时间要求较高的场合，一般使用 AP 配置方式。对于较低逻辑容量或较少引脚封装的 FPGA 器件，一般不支持 AP 配置方式。

(3) 被动串行方式(PS)

所有 Altera FPGA 都支持被动串行方式。可以由 Altera 的下载电缆、Altera 的 EPC 系列配置芯片，或是智能主机（微处理器或 CPLD）来配置。在 PS 配置时，FPGA 配置数据从存储器（可以是 EPC 系列配置器件或其他 FLASH 器件）中读出，写入到 FPGA 的 DATA0 接口上。数据由 DCLK 时钟信号引脚的上升沿打入 FPGA，每个 DCLK 时钟周期输入 1 位数据。图 1.15 为 PS 配置方式时的应用电路，该模式下用一个外部的主机如 MCU 或者 CPLD 配合存储器实现。

其中 nCONFIG 是配置启动信号，该信号的一个低电平脉冲启动一次 FPGA 的配置。DCLK 为串行数据时钟，DATA [0]为串行数据线，nCE 为被配置器件选择信号，

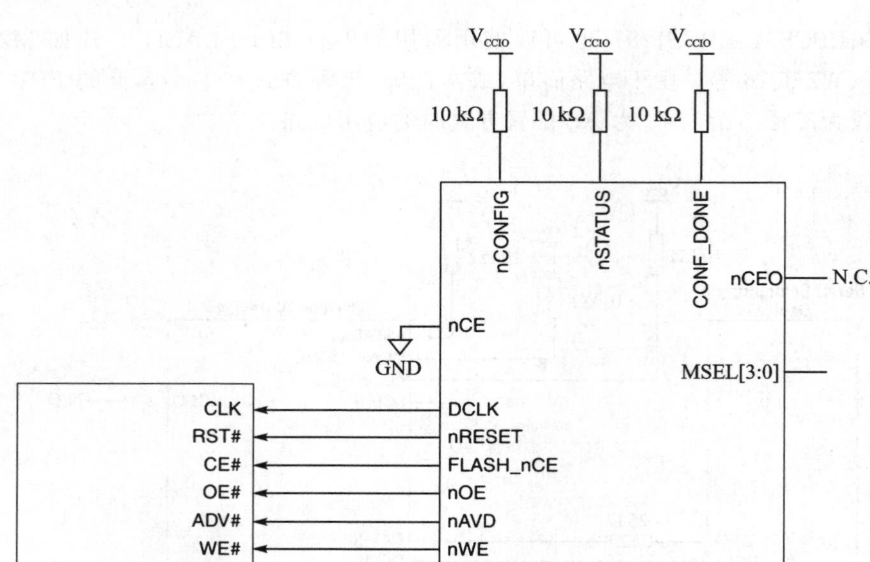

图 1.14 AP 配置方式电路

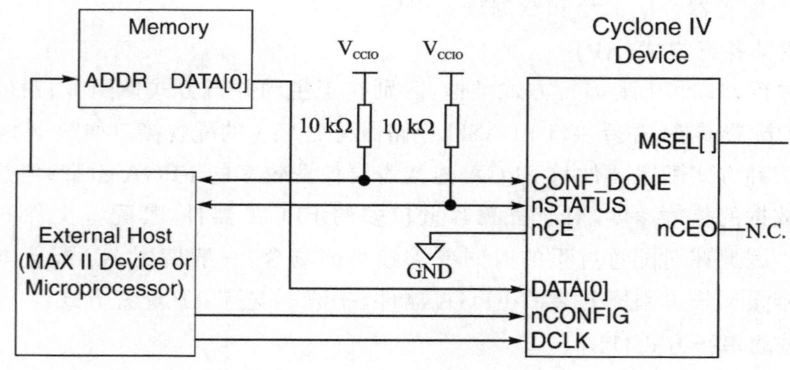

图 1.15 PS 配置方式电路

在整个配置链路只配置一片 FPGA 的情况下，nCE 引脚可以直接接地，表明一直选中。在多片 FPGA 串行级联的情况下，该引脚接到上一级芯片的 nCEO 引脚上。nCEO 引脚是选择输出引脚。当一个器件被配置完成后，该引脚输出低电平，选中级联的下一级器件，以启动对下一级器件的配置。如果整个链路上只有一片器件，则该引脚悬空即可。图 1.16 为一个典型的 PS 模式配置多片级联的 FPGA 应用电路。

如图 1.17 所示为 PS 模式下的配置过程波形图。

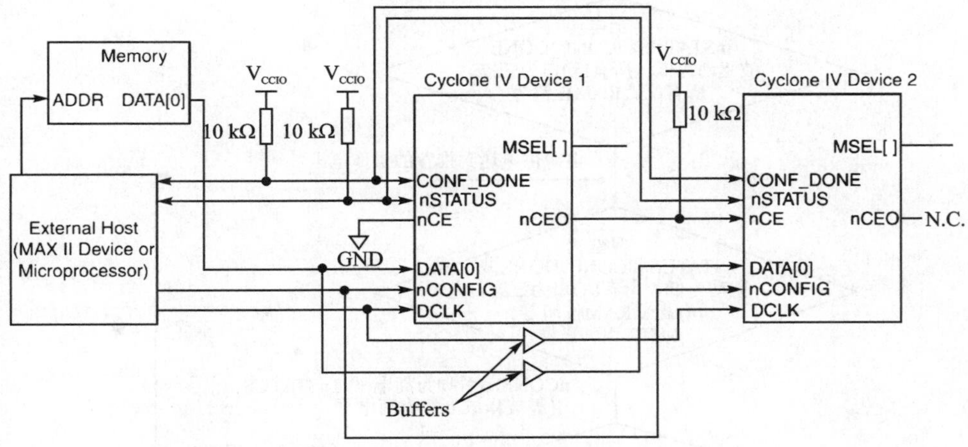

图 1.16 PS 模式配置多片级联模式 FPGA 电路

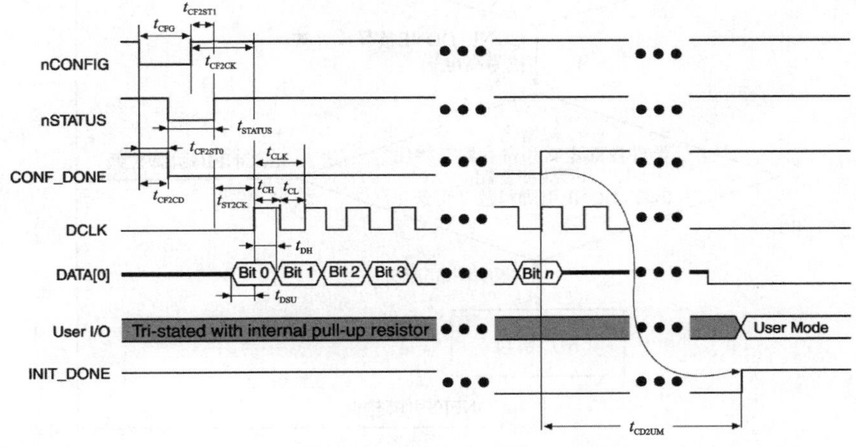

图 1.17 PS 模式配置过程波形图

FPGA 的配置包括 3 个阶段：复位、配置和初始化。当 nCONFIG 引脚信号为低时，FPGA 处于复位状态。从图 1.17 可看出，FPGA 的 nCONFIG 引脚上一个低电平到高电平的上升沿将使开漏的 nSTATUS 引脚被释放，nSTATUS 引脚被外部上拉电阻上拉为高电平，FPGA 进入配置模式，开始接收配置数据。在所有配置数据都加载到 FPGA 后，进入初始化模式（Initialization），在初始化完成后，进入用户模式（User - Mode）。在配置模式和初始化模式下，FPGA 用户 I/O 处于高阻态，对于 Cyclone 系列器件，用户 I/O 有内部弱上拉。当进入用户模式后，用户 I/O 就按照用户设计的功能工作。

FPGA 的配置流程如图 1.18 所示，FPGA 配置的详细过程分析如下。

FPGA 在上电后，nCONFIG 引脚为低电平先进行复位，所有配置 RAM 内容都清

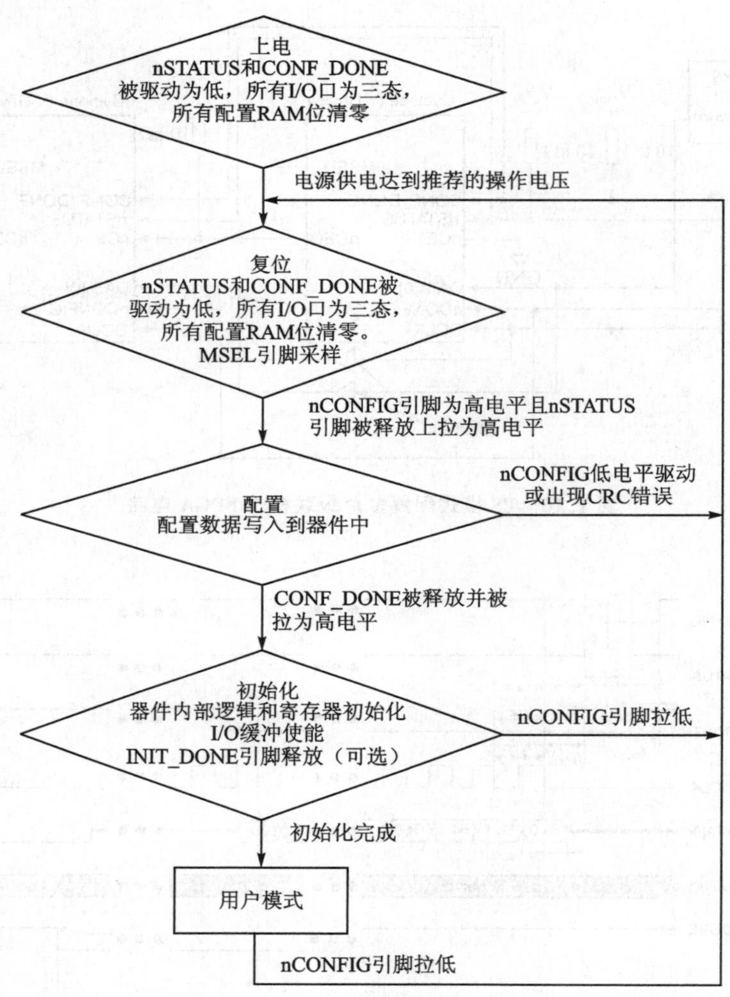

图 1.18　FPGA 配置流程图

空，I/O 口处于高阻态(或内部弱上拉)。FPGA 的 nSTATUS 和 CONF_DONE 引脚输出低电平。当 nCONFIG 引脚产生一个低电平到高电平的上升沿后，FPGA 进入配置模式。FPGA 会首先采样配置模式(MSEL)引脚的信号状态，以决定采用何种配置模式。随后，FPGA 将释放开漏输出的 nSTATUS 引脚，使其由外部上拉电阻拉到高电平，这时表示 FPGA 可以接收配置数据了。在配置之前和配置过程中，用户 I/O 口都是高阻态(或内部弱上拉)。

接收配置数据时，配置数据由 DATA(并行配置时为 DATA［7:0］)引脚送入，配置时钟信号由 DCLK 引脚送入，配置数据在 DCLK 的上升沿被锁存到 FPGA 中。当 FPGA 成功接收完所有配置数据后，FPGA 将释放开漏输出的 CONF_DONE 引脚，CONF_DONE 被外部上拉电阻上拉为高电平，CONF_DONE 表明配置完成并进入 FPGA 的初始化。在初始化过程中，内部逻辑、内部寄存器和 I/O 寄存器将被初始化，

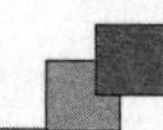

I/O 驱动器将被使能。之后，FPGA 完成进入用户模式的操作，所有内部逻辑以及 I/O 都按照用户的设计运行。

INIT_DONE 引脚上的信号可以指示初始化是否完成。INIT_DONE 是一个可选的信号，如使用该功能，则需要在 Quartus Prime 中指定。

在完成配置后，DCLK 和 DATA 引脚不应悬空，而应被拉成固定的高电平或低电平。

从上文分析可知，只要人为地在外部将 nCONFIG 引脚拉低一段时间，然后再拉高，便能重新启动一次配置。所以市面上有些开发板厂家就在 nCONFIG 引脚上接了一个轻触开关到地，按下开关便能将 nCONFIG 拉低，然后释放，即可启动一次配置。

(4) JTAG 配置方式

JTAG 协议制定了一种边界扫描的规范，边界扫描架构提供了有效的测试布局和紧凑的 PCB 板上元件的能力。边界扫描可以在不使用物理测试探针的情况下测试引脚连接，并在器件正常工作的过程中捕获运行数据。对于 FPGA，也可以使用 JTAG 电路来将配置数据送入器件中。对于 Intel FPGA，Quartus Prime 软件自动生成用于使用 JTAG 下载器配置的. sof 文件。这种配置方式也是我们在开发和调试过程中使用最多的方式。

JTAG 的指令高于一切其他配置模式，也就是说，JTAG 配置方式可以打断其他配置方式的配置过程。

在 JTAG 模式中器件操作所需的 4 个引脚为 TDI、TDO、TMS 和 TCK。JTAG 接口与 FPGA 的连接如图 1.19 所示。在了解 JTAG 配置之前，先对这 4 个引脚的功能进行介绍，如表 1.3 所列。

表 1.3 专用的 JTAG 引脚

引脚名称	引脚类型	说明
TDI	测试数据输入	指令以及测试和编程数据的串行数据输入引脚。数据在 TCK 的上升沿移入。如果在电路板上不需要 JTAG 接口，则可以通过将此引脚连接至 VCC 来禁用 JTAG。TDI 引脚具有内部弱上拉电阻（通常为 25 kΩ）
TDO	测试数据输出	指令以及测试和编程数据的串行数据输出引脚。数据在 TCK 的下降沿移出。如果数据没有从器件中被移出，则此引脚处于三态。如果在电路板上不需要 JTAG 接口，则悬空此引脚以禁用 JTAG 电路
TMS	测试模式选择	提供的控制信号输入引脚，控制信号用来控制 TAP 状态机的跳变。状态机跳变发生在 TCK 的上升沿。因此，TMS 必须在 TCK 的上升沿之前被设置。TMS 在 TCK 的上升沿中被评估。如果在电路板上不需要 JTAG 接口，则 JTAG 电路禁用连接此引脚至 VCC。TMS 引脚具有内部弱上拉电阻（通常为 25 kΩ）
TCK	测试时钟输入	边界扫描电路的时钟输入引脚。一些操作发生在上升沿，而其他的则发生在下降沿。如果在电路板上不需要 JTAG 接口，则 JTAG 电路禁用连接此引脚至 GND。TCK 引脚具有内部弱下拉电阻

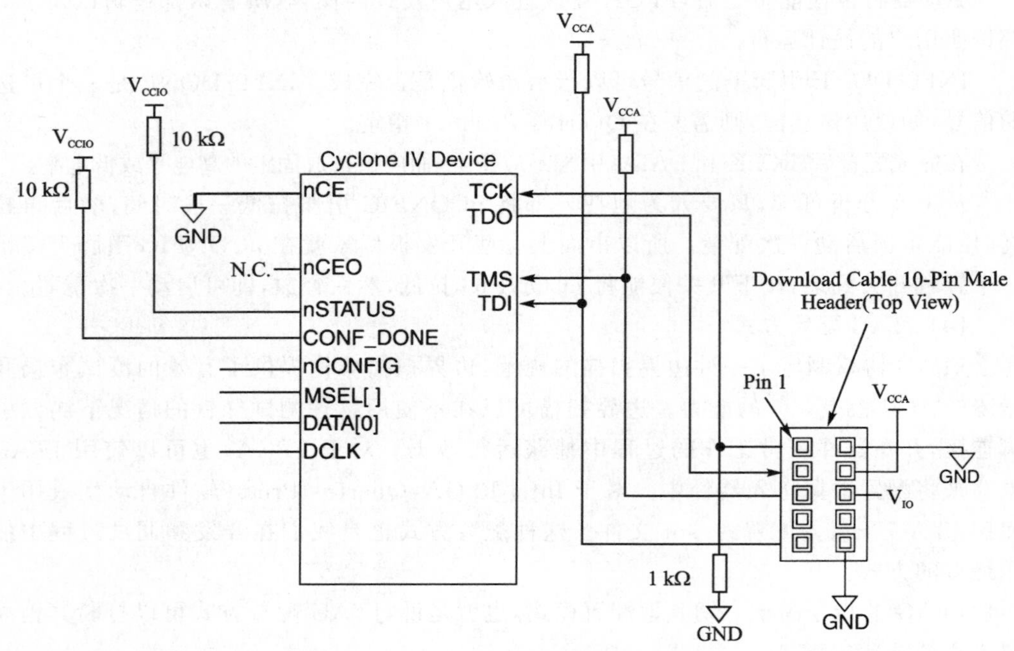

图 1.19 JTAG 与 FPGA 的电路连接

使用 JTAG 配置一个器件时，编程软件（Quartus Programmer）会旁路所有其他的器件。在旁路模式下，器件通过一个旁路寄存器将编程数据从 TDI 引脚传至 TDO 引脚，该方案的目的就是在编程软件编程器件的时候能够实施校验，即通过 TDI 送入器件的配置数据会在一个时钟周期之后呈现在 TDO 上。Quartus Prime 软件在完成配置后验证成功的 JTAG 配置。在配置结束后，软件通过 JTAG 端口检查 CONF_DONE 的状态，以确认配置是否完成。如果 CONF_DONE 不为高，那么 Quartus Prime 软件就获悉配置是失败的。如果 CONF_DONE 为高，那么软件就确定配置是成功的。在使用 JTAG TDI 端口连续发送配置比特流之后，TCK 端口计入一个额外的时钟周期以执行器件的初始化。

Cyclone Ⅳ E 器件支持多种配置方式，那么器件在上电或者收到配置启动信号（nCONFIG）后，就需要通过一定设置才能确定究竟使用哪种方式完成配置。在器件上，由专用的 4 个信号 MSEL [3:0]来设置配置方式。需要注意的是，较小的 Cyclone Ⅳ E 器件或封装选项（E144 和 F256 封装）不具有 MSEL [3]引脚。不具备 MSEL [3] 引脚的 Cyclone Ⅳ E 器件，不支持使用 3.0 V 或 2.5 V 电平标准的主动串行快速上电复位（AS Fast POR）配置方案和主动并行（AP）配置方案。要配置这些设备与其他支持的配置方案，需要根据表 1.4 中的 MSEL 设置选择 MSEL [2:0] 引脚。

可以看到，当确定使用一种配置方案的时候，根据配置引脚（DCLK、DATA）所在 I/O Bank 的 I/O 供电电压不同，MSEL 的设置也不一样。例如，希望使用 AS 标准方式配置，当配置电压标准为 3.3 V 时，MSEL [3:0]＝0010；而当配置电压标准为 3.0 V

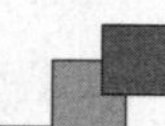

或 2.5 V 时，MSEL [3:0]= 0011。所以，确定 MSEL 的前提应该是确定配置电压标准。具体到 E144 或者 F256 的封装上，由于没有 MSEL3，当确定使用 AS 方式配置时，如果配置电压为 3.3 V，则应该设置 MSEL [2:0] = 010；当确定使用 PS 方式配置时，如果配置电压为 3.3 V，则应该设置 MSEL [2:0] = 000。需要注意的是，对于 MSEL 信号，要么直接连接到 VCCA(2.5 V)，要么直接连接到 GND，不得悬空或者串接电阻。

表 1.4 Cyclone Ⅳ E 器件的配置方案

配置方案	MSEL3	MSEL2	MSEL1	MSEL0	POR 延迟	配置电压标准/V
AS	1	1	0	1	快速	3.3
	0	1	0	0	快速	3.0，2.5
	0	0	1	0	标准	3.3
	0	0	1	1	标准	3.0，2.5
AP	0	1	0	1	快速	3.3
	0	1	1	0	快速	1.8
	0	1	1	1	标准	3.3
	1	0	1	1	标准	3.0，2.5
	1	0	0	0	标准	1.8
PS	1	1	0	0	快速	3.3，3.0，2.5
	0	0	0	0	标准	3.3，3.0，2.5
FPP	1	1	1	0	快速	3.3，3.0，2.5
	1	1	1	1	快速	1.8，1.5
基于 JTAG 配置					—	—

本节小结：

本节简单介绍了 Cyclone Ⅳ E FPGA 的资源结构以及其重点电路设计，了解这些内容，有助于在今后学习和使用 Cyclone Ⅳ E FPGA 时，根据其特点，扬长避短，设计出较高性价比的电路和固件。由于篇幅有限，本节并未对每个知识点做非常细致的讲解，读者可查看 *Cyclone Ⅳ Device Handbook* 文档中的相关章节，以获得更加详细的描述。

1.2 Intel FPGA 开发环境

本节将介绍 Altera 开发软件的发展史，以及新版 Quartus Prime 的下载、安装以及基本使用。

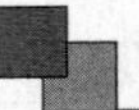

1.2.1 Quartus 软件的发展史

FPGA 无论是从功能还是从规模上器件越来越强大。与此同时其开发软件也同样发生了巨大的变化。不同的 FPGA 芯片供应商均会有属于自己的设计工具，如 Xilinx 的 ISE、vivodo，Altera 的 Quartus Ⅱ、Quartus Prime，Lattice 的 Diamond、Mico System 等。

MAX+PLUS Ⅱ是最早的 Altera CPLD 开发系统，其历史可以追溯到 1998 年。在早期它被业内称为最友好的开发系统，其本身集成了器件库。该软件在 2003 年推出了 10.23 版本后不再提供技术支持。

随着器件规模越来越大，MAX+PLUS Ⅱ早已不能满足开发需求，这时 Quartus Ⅱ应运而生。本系列开发软件相比上一版本的生命周期更为长久，从 2000 年的 1.0 版本到 2015 年发布的 15.0 版本，这 15 年间也是 CPLD/FPGA 飞速发展的年代。其中随着器件系列多样化，在软件中直接安装全部系列芯片支持包会使安装规模越来越大，因此从 10.0 以后的版本器件支持包需要单独下载并可根据需要选择性安装。同时在时序仿真软件方面，在 9.1 版本之前均自带仿真组件，在 9.1 版本之后则需下载额外的诸如 ModelSim 或者 ModelSim - Altera 等仿真软件。不过也正因如此，时序仿真越来越精确，可仿真的器件规模越来越大。Quartus Ⅱ 12.0 及之前的软件需要额外下载 Nios Ⅱ组件，之后的 Quartus Ⅱ软件开始自带 Nios Ⅱ组件。Quartus Ⅱ 9.1 之前的版本均自带 SoPC 组件，而 Quartus 10.0 自带了 SoPC 和 Qsys 两个组件，但从 Quartus Ⅱ 10.1 开始，Quartus Ⅱ只包含 Qsys 组件。

从 15.1 版本开始，Quartus Ⅱ正式更名为 Quartus Prime。该版本是 Altera 被 Intel 收购后发布的第一个版本，也被官方称为有史以来最大的更新，相比之前加入了 Intel 为 FPGA 专门设计的 OpenCL SDK、SoC Embedded Design Suite 以及 DSP Builder 等组件，在刚刚发布的 Quartus 17 中连安装目录也从自动命名的 altera 变为 intelFPGA，令人唏嘘不已，感叹发展之快。

在 Quartus Ⅱ中安装包可分为网络免费版（Web Edition）和正式版（Subscription Edition），在 Quartus Prime 中变为 3 个版本：免费版（Lite Edition/LE）、标准版（Standard Edition/SE）和 Pro 版（Pro Edition）。其中 Lite 只支持小容量器件；标准版支持所有的器件；Pro 版只支持 Arria 10 器件，并加入局部重配置（Partial Reconfiguration）、OpenCL 以及 BluePrint 等功能。

1.2.2 Quartus Prime 的下载

由于 Intel 公司每年都会发布一个新的版本和一个小的修订版本，所以随着时间的推移，当大家读到这本书的时候，Intel 公司可能已经又推出了新的版本。但是，从软件的 14.0 版本开始，软件的升级大多在于 IP 的变化，其升级目的主要是为了满足新的器件和新的 IP 的应用，对于已有的器件来说，其升级的功能并不多。所以，大家可以自己任意选择软件版本下载安装。不过，为了方便大家阅读本书并进行相关的实验，建议大

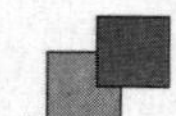

家使用和本书一致的软件版本，本书将针对 Quartus Prime 16.1 版本进行介绍。

首先在官网的下载中心（https://www.altera.com/downloads/download-center.html）下载对应的 Quartus Prime 16.1 安装包以及需要的器件支持包。下面以标准版为例演示下载及安装过程。Altera 下载中心界面如图 1.20 所示。

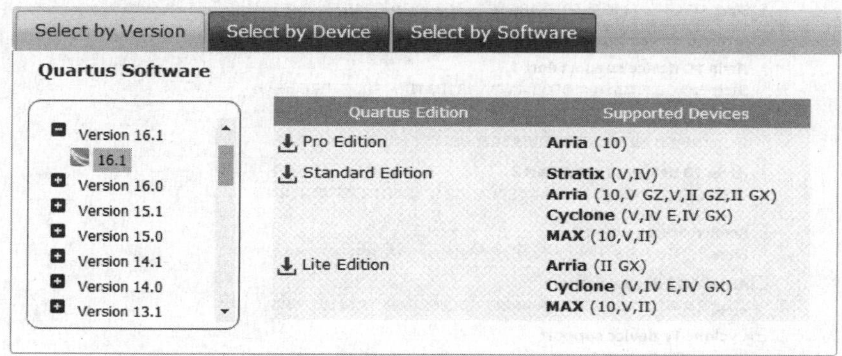

图 1.20 Altera 下载中心界面

在下载中心选择好需要的版本后进入如图 1.21 所示的界面，选择用下载管理器的方式下载 Windows 环境下的 16.1 版本。

图 1.21 选择版本及下载方式

选择下载 Quartus Prime 以及 ModelSim－Intel 安装包，如图 1.22 所示。

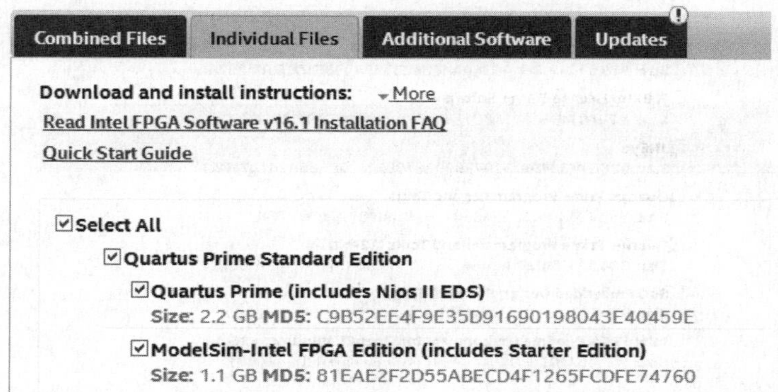

图 1.22 选择软件安装包

这里器件支持包暂时只选择 Cyclone Ⅳ,后期如有需要还可下载所需的器件支持包。选择器件支持包如图 1.23 所示。

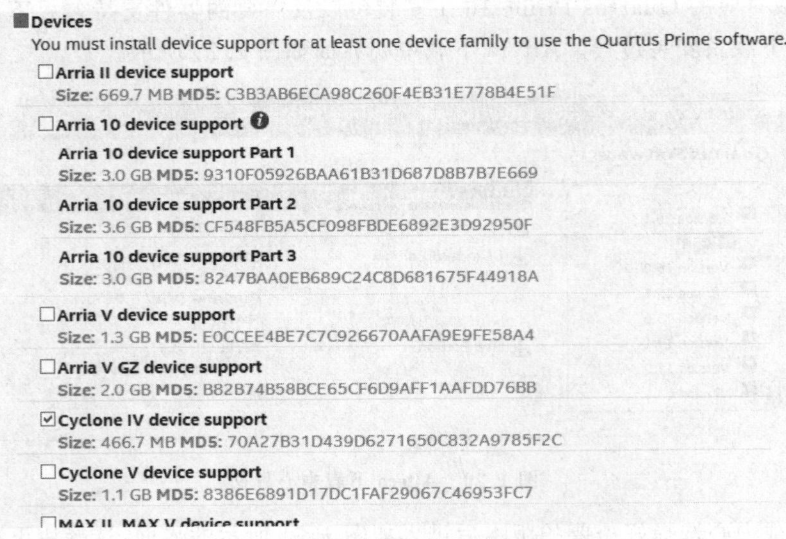

图 1.23 选择器件支持包

在其他组件安装包下载界面中可以选择软件技术支持手册,以方便查阅。其他组件下载界面如图 1.24 所示。

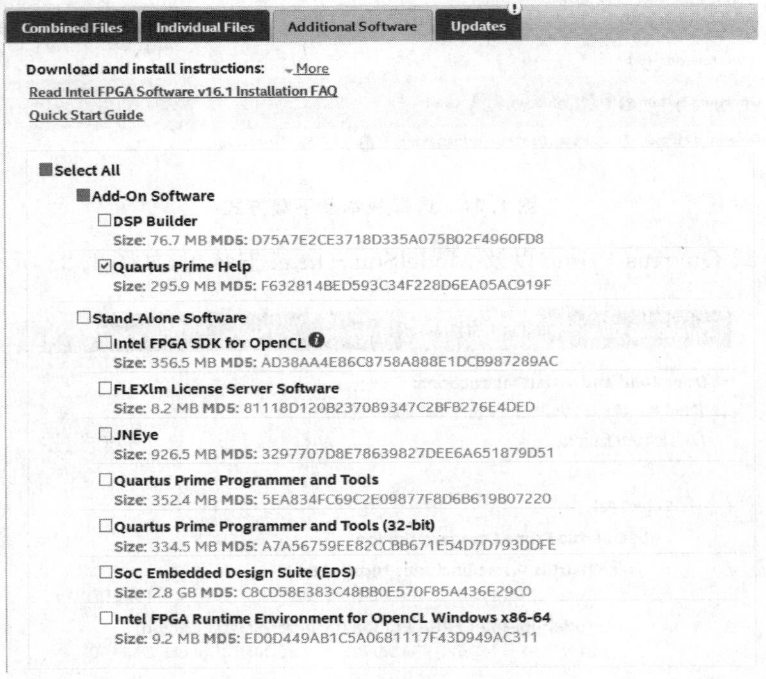

图 1.24 其他组件下载界面

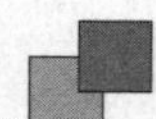

下载完成的软件安装包如图 1.25 所示。

名称	修改日期	类型	大小
cyclone-16.1.0.196.qdz	2016/11/8 17:54	QDZ 文件	477,851 KB
ModelSimSetup-16.1.0.196-windows....	2016/11/8 18:11	应用程序	1,163,483...
QuartusHelpSetup-16.1.0.196-windo...	2016/11/8 17:45	应用程序	303,033 KB
QuartusSetup-16.1.0.196-windows.exe	2016/11/8 17:13	应用程序	2,281,011...

图 1.25 下载后的安装包

1.2.3 Quartus Prime 的安装

第一步,直接以管理员身份运行下载完成的 QuartusSetup-16.1.0.196-windows.exe,会弹出如图 1.26 所示的欢迎界面,几秒钟后会自动显示如图 1.27 所示的安装界面。

图 1.26 安装启动界面

第二步,直接单击图 1.27 中的 Next 按钮即可。

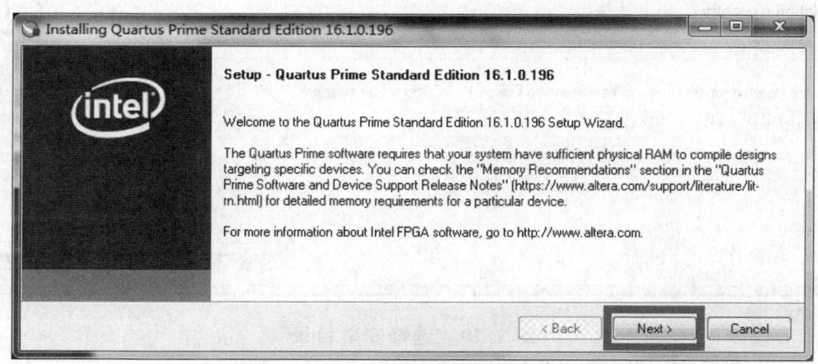

图 1.27 正式安装界面

第三步，确认安装责任声明。可直接选中 I accept the agreement 单选按钮后单击 Next 按钮，如图 1.28 所示。

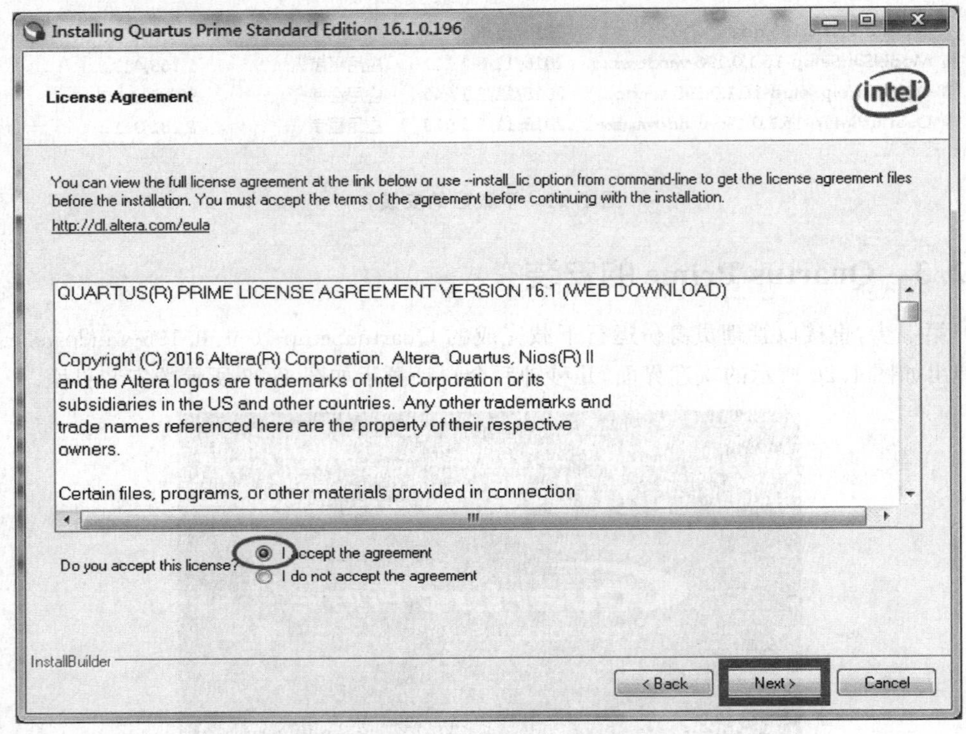

图 1.28　确认安装声明

第四步，选择安装目录。此目录可以根据实际情况进行调节，需要保证无中文字符及空格。确定安装位置后单击 Next 按钮进入下一步，如图 1.29 所示。

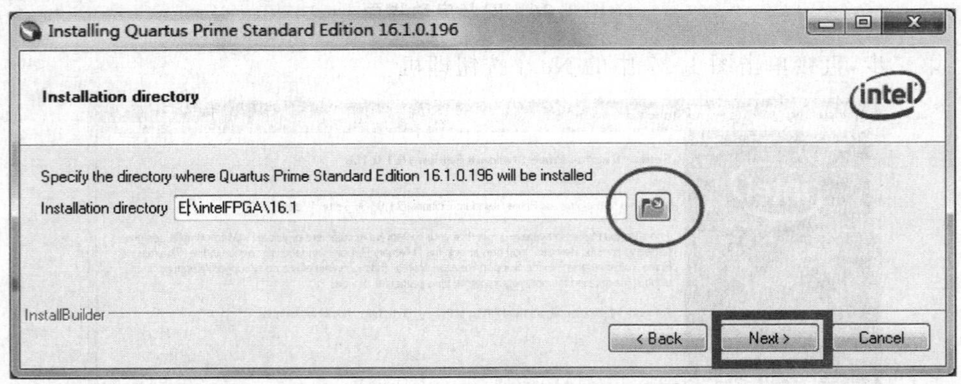

图 1.29　选择安装目录

第五步，选择安装组件。这里由于已经将软件安装包与学习套件所用的 Cyclone

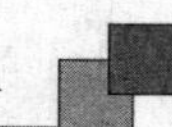

系列器件支持包放在了一个文件夹下，软件可以自动检测出来，另外对于 ModelSim 软件，若仅用于学习的话，则可选择免费版本(Free)，如图 1.30 所示。此时为了方便起见直接勾选需要安装的器件支持包，然后单击 Next 按钮。在今后的学习、工作中可能还需要再次添加其他系列的器件，具体操作将在后面进行说明。

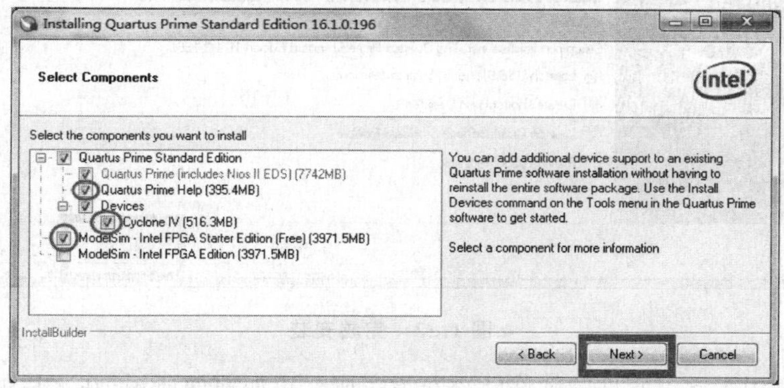

图 1.30　选择安装组件

第六步，确认安装汇总信息。从图 1.31 中可以看出大约需要 12 GB 的安装空间，确认无误后单击 Next 按钮进入下一界面。

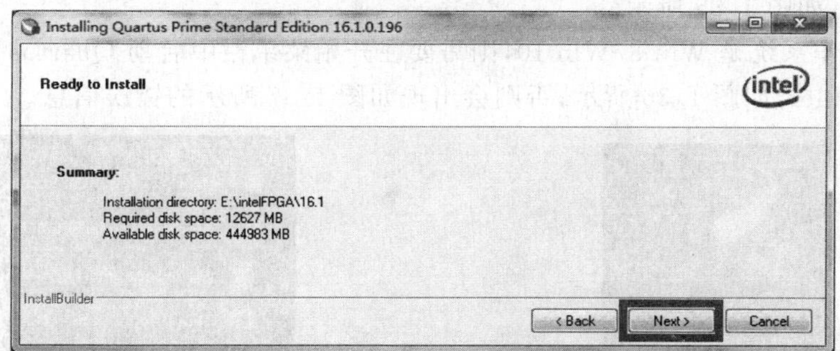

图 1.31　确认安装信息

第七步，进入正式安装过程。此过程耗费时间视计算机配置略有不同。安装进程如图 1.32 所示。

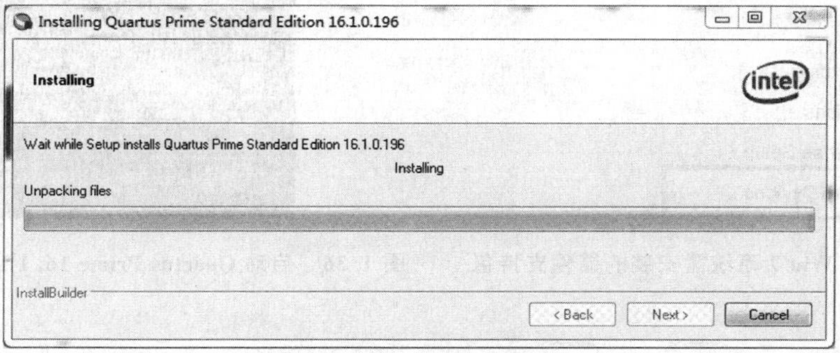

图 1.32　安装进程

第八步，完成安装。安装完成后会弹出如图 1.33 所示的界面，可单击 Finish 按钮完成安装并退出，并在桌面上显示如图 1.34 所示的启动图标。

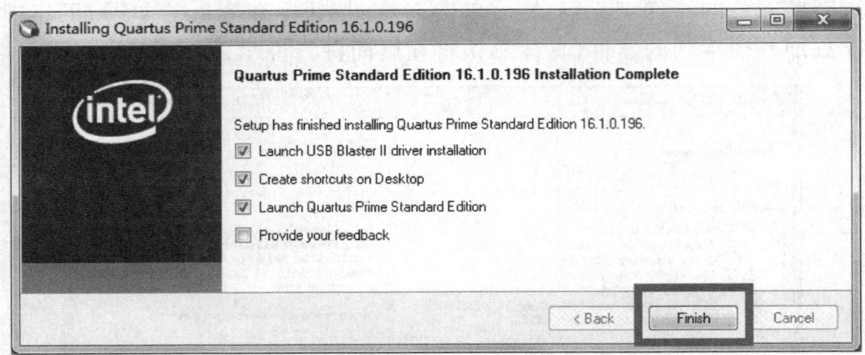

图 1.33　完成安装

至此，适用于学习套件的软件已经安装完成。正如前面所说，在之后的学习、工作中可能会需要使用其他系列的器件，如 MAX Ⅱ、Stratix 等系列器件，这就需要再次安装与之对应的器件支持包，此处以 Cyclone Ⅴ系列为例进行演示。

第一步，如果操作系统是 Win 7，则可直接选择 Tools→Install Devices 命令来安装器件支持包，如图 1.35 所示。

如果操作系统是 Win 8/Win 10，则需要在开始菜单栏中启动 Quartus Prime 16.1 Device Installer，如图 1.36 所示；否则会出现如图 1.37 所示的错误信息。

图 1.34　Quartus Prime 启动图标

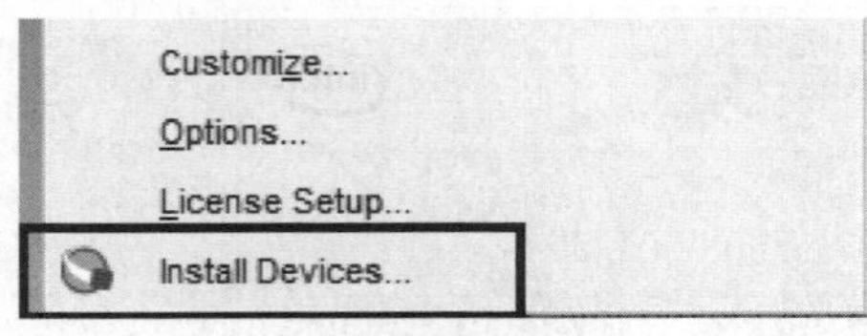

图 1.35　Win 7 系统需安装的器件支持包

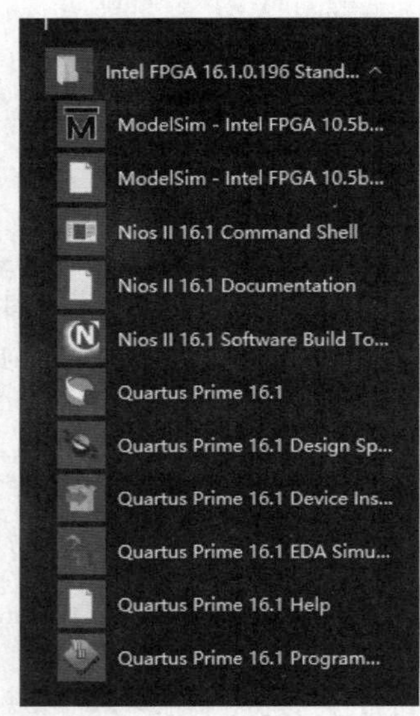

图 1.36　启动 Quartus Prime 16.1 Device Installer

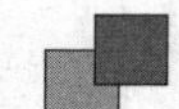

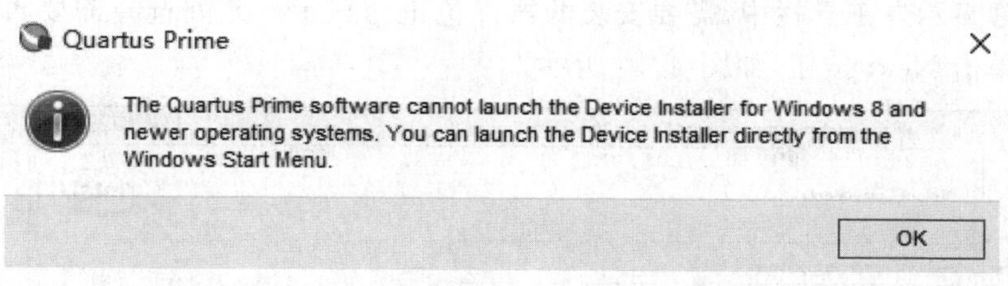

图1.37　错误信息

再次启动后出现如图1.38所示的安装向导界面，直接单击Next按钮即可。

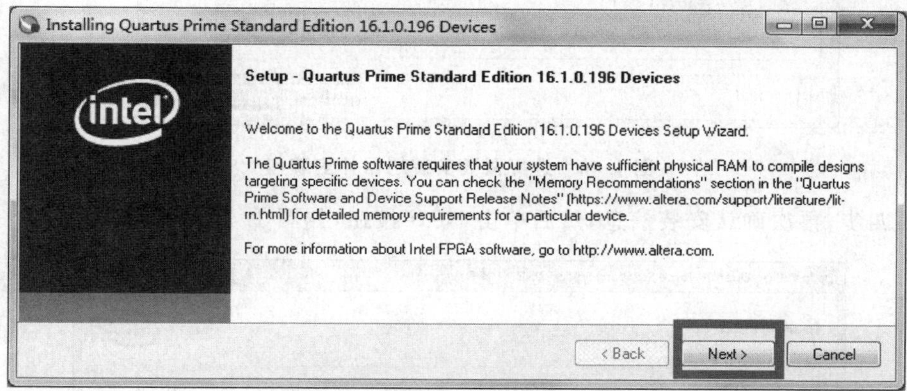

图1.38　器件支持包安装向导

第二步，选择器件支持包所在位置后，单击Next按钮，如图1.39所示。

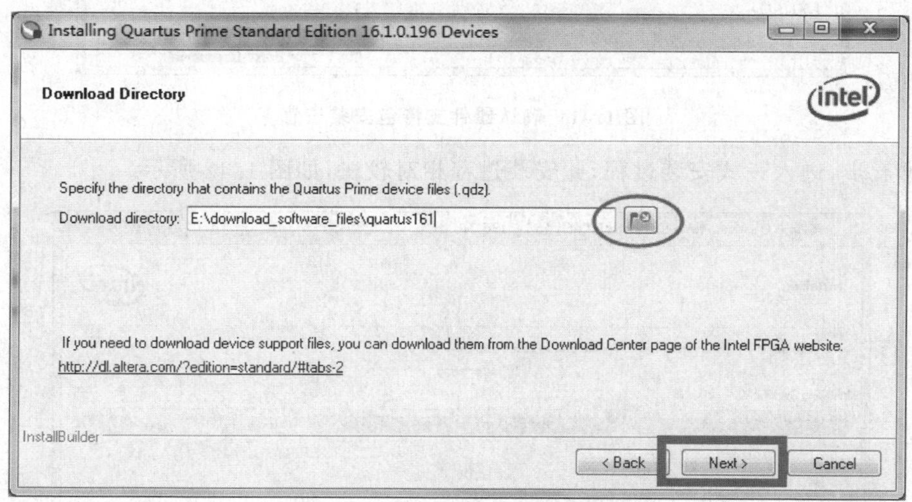

图1.39　选择器件支持包所在位置

第三步，选择需要安装的器件支持包。这时可以发现，前期已经安装的Cyclone Ⅳ

器件包正常显示在工具栏中,需要安装的器件包也会显示。此处选择需要再次安装的器件包后单击 Next 按钮,如图 1.40 所示。

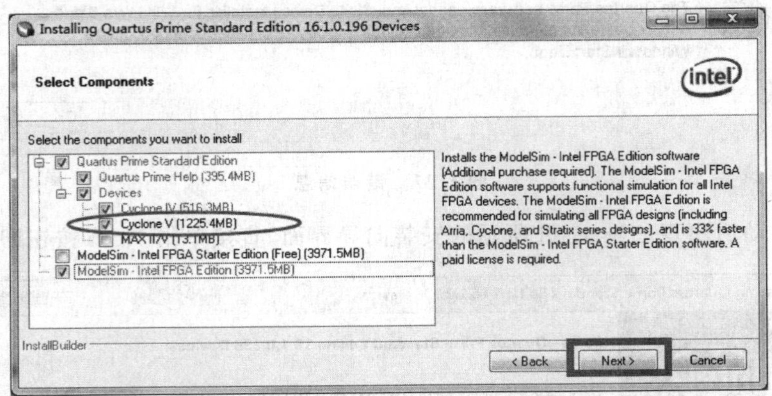

图 1.40　选择需要安装的器件安装包

第四步,再次确认安装信息,然后单击 Next 按钮,如图 1.41 所示。

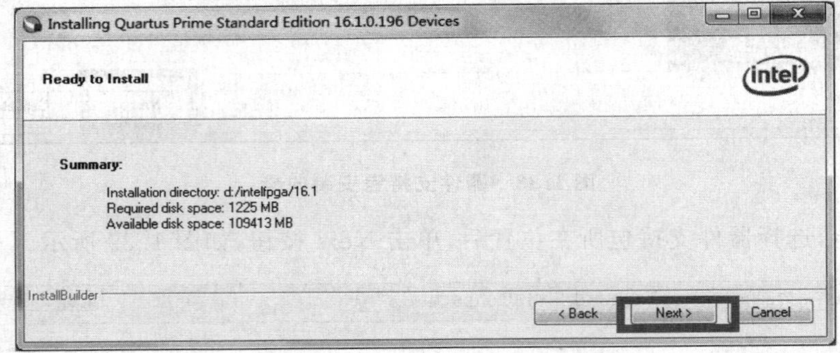

图 1.41　确认器件支持包安装信息

第五步,进入正式安装过程,此安装过程相对较快,如图 1.42 所示。

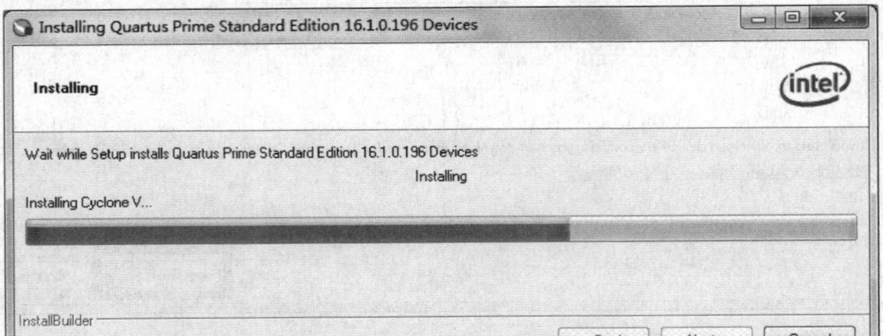

图 1.42　安装过程界面

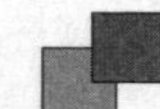

第六步，安装完成出现如图 1.43 所示界面，单击 Finish 按钮即可。

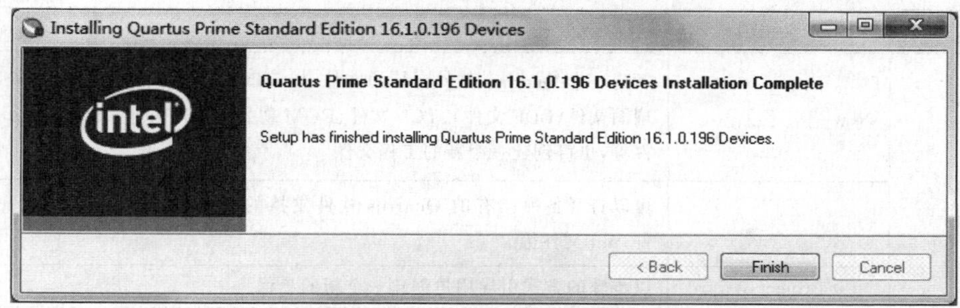

图 1.43　器件支持包安装完成

在 License Setup Required 中可以选择 30 天试用期，也可以通过购买正版的 Intel 的 License 等途径来正常使用。

1.2.4　Quartus Prime 软件的基本使用

Quartus Prime 软件安装完成并获得相应的 License 之后，就可以进行学习和开发了。这里首先介绍 Quartus Primer 软件在正常打开一个工程的情况下面板上各区域的意义。如图 1.44 所示为 Quartus Prime 软件面板。

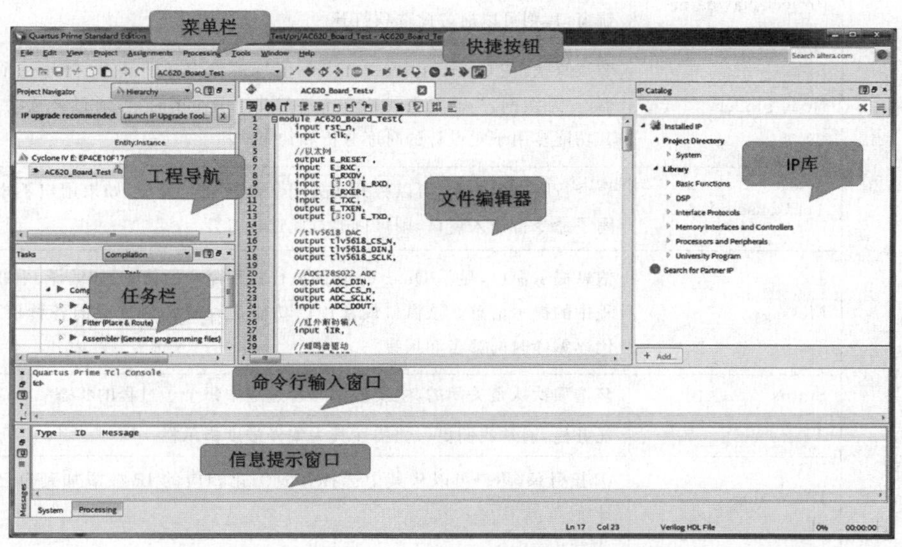

图 1.44　Quartus Prime 软件面板

1. 菜单栏

菜单栏是所有命令和工具的集合，包括 File、Edit、View 等菜单及其子菜单选项，可以执行相应的命令或者启动各种工具，如表 1.5 所列。由于菜单栏中命令和工具较多，限于篇幅无法一一介绍，这里仅选取其中最常用的一些工具或操作为大家讲解。

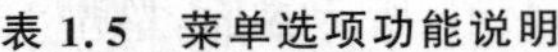

表 1.5　菜单选项功能说明

菜单项	子菜单项	功　能
File	New	新建一个 Quartus 软件支持的文件，如 HDL 文件(Verilog HDL File)、原理图文件(BDF 文件)、TCL 文件、ROM 初始化(mif)文件、SignalTap Ⅱ文件等，也可创建一个新的工程文件
	Open	可以打开各种已有的 Quartus 软件支持的文件，如 Verilog 文件、bdf 文件、mif 文件等
	New Project Wizard	以步骤的方式引导用户创建一个新的工程
	Open/Save/Close Project	此 3 个命令分别为执行打开一个新工程、保存当前工程、关闭当前工程
	Create/Update	该命令实现生成当前文件的其他格式文件，例如将 Verilog 文件生成原理图符号文件，将 bdf 文件生成 HDL 文件
	Convert Programming Files	将 FPGA 编程文件转化为其他配置方式使用的文件，如 pof、jic 文件等。常用的包括将 sof 文件转化为 jic 文件，以固化到 EPCS 存储器中
Edit	略	编辑菜单，主要针对编辑文件时的一些常用命令，如复制、粘贴、撤销、查找等，这些命令与 Windows 系统下标准命令相同，因此这里不做介绍
View	Project Navigator	工程导航，可以打开或关闭工程导航窗口，如果用户不小心关闭了工程导航窗口，则可以通过此选项打开
	Node Finder	节点查找，在 Quartus 中，一个实际信号被称为一个节点，例如一个寄存器，一个线网，当需要查找某节点并在设计中使用时，可通过该选项查找，其功能多用于对设计的时序分析和约束阶段
	Tcl Console	命令行脚本控制台，可以打开或关闭命令行输入窗口，如果用户不小心关闭了命令行输入窗口，则可以通过此选项打开
	Message	信息提示窗口，显示 Quartus 软件执行各种命令的信息，如编译、下载等过程中的提示信息。该窗口最常用的功能是查看编译过程的各种信息，如代码编译时的警告和报错
	Status	该选项默认是关闭的，主要显示编译过程中每个子过程的状态
	Task	任务栏，通常我们更习惯描述其为编译进度指示栏
	IP Catalog	IP 核目录，用户可以从其中选择并实例化相应的 IP 核添加到自己的设计中
Project	Add Current File to Project	如果 Quartus 软件的文本编辑窗口正编辑一个文件，而该文件还未加入到 Project 中，单击该选项可以快速将文件添加进工程
	Add/Remove Files in Project	为工程添加或删除文件
	Copy Project	该选项可以快速为当前工程创建一个副本，在需要工程备份或者生成可以编辑的新版本工程时比较适用

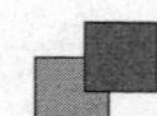

续表 1.5

菜单项	子菜单项	功 能
Project	Clean Project	该选项可以清除工程编译的过程文件，Quartus 在编译工程时会生成很多中间文件，在需要将工程打包时，可以使用该选项清除这些文件。需要注意的是，该操作会将编译生成的 sof 配置文件也一并清除
	Archive Project	打包工程，该操作可以将当前工程的所有文件打包为一个 qar 格式的文件，方便保存和传输
	Export Design Partition	导出设计分割，可以将当前设计以一个 qxp 网表的形式导出，方便添加到其他工程中以一个黑盒子使用。该功能可帮助作者在提交设计结果给用户的同时保护自己的代码，即用户只能拿到网表并添加到自己的工程中直接使用，但无法查看源码，也无法重新编辑修改
	Device	该选项将打开当前工程使用的器件选择表，方便用户更换器件。在进入 Device 页面后，还有一个比较重要的按钮即 Device and Pin Options，在该选项卡中，可以设置器件的一些基本属性，例如未使用的引脚状态（Unused Pins）、多功能引脚的配置（Dual - Purpose Pins）以及 I/O 的默认电平标准（Voltage）
Assignments	Settings	设置窗口，可以设置整个工程的众多参数，如工程包含的设计文件、EDA 工具等
	Assignment Editor	引脚分配编辑器，在其对话框中可以设置工程的引脚属性，包括分配到 FPGA 的具体引脚编号以及电平标准等。除了使用本选项进行引脚的分配外，现在更常用的是使用 Pin Planner 工具来进行分配
	Pin Planner	引脚规划工具，可以指定设计的每个 I/O 对应到 FPGA 引脚的具体编号和电平标准等
	Remove Assignments	该选项可以清除工程中的一些分配或设置，如引脚分配。当用户的工程中需要快速清除某些分配信息时，可以使用该功能
	Back - Annotatet Assignments	分配回注，该选项可以撤销上一次的 Remove Assignments。在操作中若不小心删除了某些分配信息，则可以使用该功能退回到未删除时的状态
	Import/Export Assignments	导入/导出分配信息
Process	Stop Processing	中断并停止进程，如中断分析和综合过程，中断全编译等
	Start Compilation	开始全编译，当完成设计并希望产生编程文件时，选择此选项以实现对整个工程完成从分析和综合到最终的生成编程文件，并进行时序分析的所有过程
	Analyze Current File	对当前文件进行语法和逻辑分析。主要用在编写代码的过程中快速分析并发现语法错误

续表 1.5

菜单项	子菜单项	功 能
Process	Start	该选项下有很多子选项，是将 FPGA 设计的整个过程拆分为单个的子可选过程，单独地进行
	Run Simulation Tool	运行仿真工具，该选项下有寄存器传输级仿真（RTL Simulation）和门级仿真（Gate Level Simulation）。 其中寄存器传输级仿真也被称为功能仿真或前仿真，主要针对没有经过布局布线的 RTL 描述代码。该仿真结果为理想仿真结果，不含任何布局布线的延迟信息。一般代码编写完成后都要先进行寄存器传输级仿真，以确定设计的功能逻辑没有问题。 门级仿真是针对 Quartus 编译完成后对含布局布线延迟的文件进行仿真，其仿真结果与在器件上的对应运行结果非常接近，具有实际参考意义
	Time Quest Timing Analyzer	静态时序分析工具，用于实现时序分析和约束。由于 FPGA 内部的布局布线延迟会导致各信号到达下一级的时间不同步，甚至可能超过特定的时间，如时钟周期，从而影响正常的逻辑功能，所以，在设计速度较高或逻辑过于复杂的项目中，静态时序分析和时序约束是必须进行的过程
	Netlist Viewer	网表查看器，子选项包括 RTL 视图、网表视图和状态机图。查看 RTL 视图，可以对设计所实现的逻辑功能以类似电路原理图的形式进行核对确认；查看网表视图，可以知道设计最终通过门级实现的情况；查看状态机图，可以核对状态跳转图是否与自己的设计一致
Tools	SignalTap Ⅱ Logic Analyzer	嵌入式逻辑分析仪工具。该工具使用 FPGA 器件中剩余的逻辑资源和存储器搭建一个逻辑分析仪的信号采集电路，通过 JTAG 电缆将采集的数据传输到 PC 上，配合 PC 上 Quartus 软件自带的逻辑分析仪软件分析数据内容并以数字波形的形式呈现。该工具能够抓取设计中的任意节点信号值，属于在线调试工具，非常适合在板级现象与预期不一致时的调试工作
	In-System Memory Content Editor	片上存储器内容在线编辑工具，使用该工具，可以对 FPGA 片上存储器实现的 ROM 或者 RAM 中的数据进行查看或者修改。例如在数据采集系统的设计中，将采集的数据存储在 RAM 中，然后可以直接通过 PC 在线查看的方式查看 RAM 中的值，从而分析采集电路是否工作正常
	In-System Sources and Probes Editor	在系统信号源和探针工具，该工具在设计调试时非常便利，该工具有两个端口，信号源和探针。 信号源的工作就是在 PC 端通过 JTAG 电缆传输数据到 FPGA 中，以作为特定的激励信号，在系统调试时可以在没有外部激励源的情况下手动产生激励信号，例如设置 DAC 的输出电压。 探针则是将 FPGA 内部的节点信号通过 JTAG 电缆传输到 PC 上，方便用户观察。对于一些变化比较缓慢或者实时性要求不高的信号，使用该工具调试非常方便，例如观察 ADC 的采样结果

续表1.5

菜单项	子菜单项	功 能
Tools	IP Catalog	IP核目录,用户可以从其中选择并实例化相应的IP核添加到自己的设计中。该工具主要对应旧版本Quartus软件中的MegaWizard Plug-In Manager。两种功能是一样的
	Nios Ⅱ Software Builder Tools for Eclipse	Nios Ⅱ软核处理器的应用程序开发工具,基于Eclipse编辑器,能够编写、编译、下载、调试Nios Ⅱ CPU的软件程序
	Qsys	Intel的智能集成开发环境,模块化设计,直接调用IP,采用智能互联的形式完成各个IP之间的互联,并能够加入Nios Ⅱ软核处理器或者HPS硬核处理器(需要器件支持),来实现众多IP的控制和调度
	Tcl Script	TCL脚本,通过这个工具可以选择已有的脚本运行,来快速地实现一些功能,如批量引脚分配、自动化编译等
	Options	常见选项,包括EDA工具设置,编辑器常见设置(颜色,字体)、提示信息设置等
	Install Devices	安装器件,如果需要为软件安装新的器件,可以通过调用该工具实现

表1.5介绍了Quartus Prime软件中各菜单选项的功能,接下来,讲解几个具体开发中需要用到的操作。

2. 工具栏

工具栏里是用户在操作中需要经常用到的一些快捷按钮,这些功能在菜单栏中都有,但工具栏里的快捷按钮更方便、更快捷,如编译代码、查看报告等。将光标放置在对应按钮上,就能出现英文提示,提示内容与菜单栏中的对应功能名称相同。

3. 工程导航

在Quartus软件中,工程导航可以用来查看当前工程的设计文件、层次结构和使用到的IP信息的窗口。在Quartus Prime版本中,该窗口一次只能显示Files、Hierarchy、IP Components、Design Units、Revisions中的一个,需要查看其他内容必须通过下拉菜单来切换。切换方式如图1.45所示。

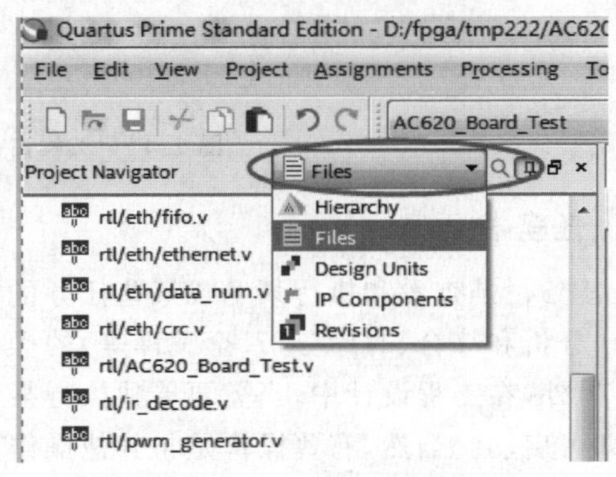

图1.45 工程导航

其中Files表示当前工程包含的所有设计文件;IP Components表示设计中用到的IP信息,如图1.46所示。在这里可以直接双击希望修改参数的IP名称,打开IP参数设置窗口进行修改；Hierarchy 是工程的层次化结构，在工程通过了分析和综合后，该选项下就会以层次的方式展现整个工程各个模块之间的关系，以及每个模块所耗费的各种片上资源，如图 1.47 所示。

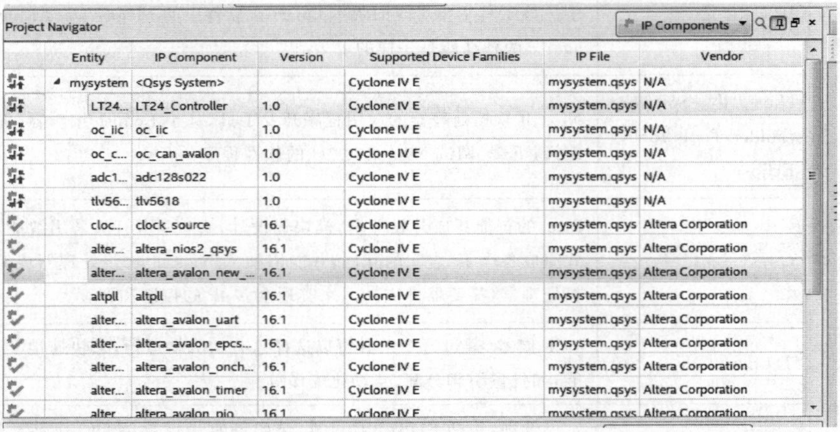

Project Navigator　　IP Components

Entity	IP Component	Version	Supported Device Families	IP File	Vendor
mysystem	<Qsys System>		Cyclone IV E	mysystem.qsys	N/A
LT24...	LT24_Controller	1.0	Cyclone IV E	mysystem.qsys	N/A
oc_iic	oc_iic	1.0	Cyclone IV E	mysystem.qsys	N/A
oc_c...	oc_can_avalon	1.0	Cyclone IV E	mysystem.qsys	N/A
adc1...	adc128s022	1.0	Cyclone IV E	mysystem.qsys	N/A
tlv56...	tlv5618	1.0	Cyclone IV E	mysystem.qsys	N/A
cloc...	clock_source	16.1	Cyclone IV E	mysystem.qsys	Altera Corporation
alter...	altera_nios2_qsys	16.1	Cyclone IV E	mysystem.qsys	Altera Corporation
alter...	altera_avalon_new_...	16.1	Cyclone IV E	mysystem.qsys	Altera Corporation
altpll	altpll	16.1	Cyclone IV E	mysystem.qsys	Altera Corporation
alter...	altera_avalon_uart	16.1	Cyclone IV E	mysystem.qsys	Altera Corporation
alter...	altera_avalon_epcs...	16.1	Cyclone IV E	mysystem.qsys	Altera Corporation
alter...	altera_avalon_onch...	16.1	Cyclone IV E	mysystem.qsys	Altera Corporation
alter...	altera_avalon_timer	16.1	Cyclone IV E	mysystem.qsys	Altera Corporation
alter	altera_avalon_pio	16.1	Cyclone IV E	mysystem.qsys	Altera Corporation

图 1.46　工程中使用的 IP 详情

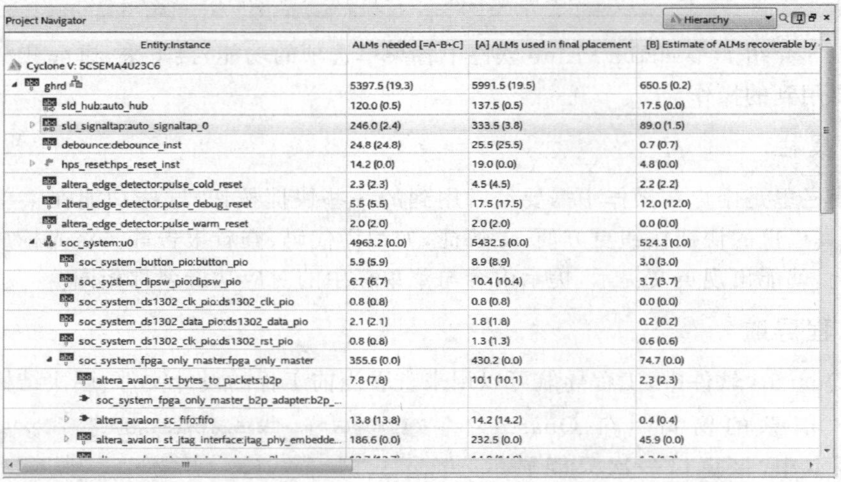

Project Navigator　　Hierarchy

Entity:Instance	ALMs needed [=A-B+C]	[A] ALMs used in final placement	[B] Estimate of ALMs recoverable by
Cyclone V: 5CSEMA4U23C6			
ghrd	5397.5 (19.3)	5991.5 (19.5)	650.5 (0.2)
sld_hub:auto_hub	120.0 (0.5)	137.5 (0.5)	17.5 (0.0)
sld_signaltap:auto_signaltap_0	246.0 (2.4)	333.5 (3.8)	89.0 (1.5)
debounce:debounce_inst	24.8 (24.8)	25.5 (25.5)	0.7 (0.7)
hps_reset:hps_reset_inst	14.2 (0.0)	19.0 (0.0)	4.8 (0.0)
altera_edge_detector:pulse_cold_reset	2.3 (2.3)	4.5 (4.5)	2.2 (2.2)
altera_edge_detector:pulse_debug_reset	5.5 (5.5)	17.5 (17.5)	12.0 (12.0)
altera_edge_detector:pulse_warm_reset	2.0 (2.0)	2.0 (2.0)	0.0 (0.0)
soc_system:u0	4963.2 (0.0)	5432.5 (0.0)	524.3 (0.0)
soc_system_button_pio:button_pio	5.9 (5.9)	8.9 (8.9)	3.0 (3.0)
soc_system_dipsw_pio:dipsw_pio	6.7 (6.7)	10.4 (10.4)	3.7 (3.7)
soc_system_ds1302_clk_pio:ds1302_clk_pio	0.8 (0.8)	0.8 (0.8)	0.0 (0.0)
soc_system_ds1302_data_pio:ds1302_data_pio	2.1 (2.1)	1.8 (1.8)	0.2 (0.2)
soc_system_ds1302_clk_pio:ds1302_rst_pio	0.8 (0.8)	1.3 (1.3)	0.6 (0.6)
soc_system_fpga_only_master:fpga_only_master	355.6 (0.0)	430.2 (0.0)	74.7 (0.0)
altera_avalon_st_bytes_to_packets:b2p	7.8 (7.8)	10.1 (10.1)	2.3 (2.3)
soc_system_fpga_only_master_b2p_adapter:b2p_...			
altera_avalon_sc_fifo:fifo	13.8 (13.8)	14.2 (14.2)	0.4 (0.4)
altera_avalon_st_jtag_interface:jtag_phy_embedde...	186.6 (0.0)	232.5 (0.0)	45.9 (0.0)

图 1.47　工程占用的资源详情

4. 任务栏

任务栏是查看和执行某个或某些任务的窗口，当 Quartus 执行某项涉及分析或者编译(分析和综合、时序分析、全编译等)的操作时，该窗口中将实时显示各个任务的进度。另外，在工程设计中，当需要单独执行某一个操作时，也可以在任务栏中双击该选项，即可启动。当然，有些操作是与其他操作关联的，或者说要执行某项操作，必须先执行其他某些操作，如执行时序分析的前提是工程完成了分析和综合(Analysis & Synthesis)、适配(Fitter)。所以，如果工程没有完成这些操作，直接双击时序分析(Time-

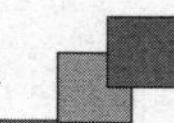

Quest Timing Analysis)，那么软件会自动先执行分析和综合以及适配，如图 1.48 所示。

Tasks

Flow: Compilation　Customize...

	Task		Time
40%	Compile Design	00:05:39	
✔	Analysis & Synthesis	00:02:50	
✔	Fitter (Place & Route)	00:02:49	
0%	Assembler (Generate programming files)	00:00:00	
0%	TimeQuest Timing Analysis	00:00:00	
0%	EDA Netlist Writer	00:00:00	
	Program Device (Open Programmer)		

图 1.48　任务栏显示编译进度

5. 文件编辑器

在文件编辑器窗口中可以打开并编辑各种 Quartus Prime 软件支持的文件，如原理图文件(.bdf)；硬件描述语言文件(.v/.vhd)。Quartus Prime 提供了非常易用的文件编辑器，该文件编辑器支持代码着色和自动补全等功能，为编辑各种文本文件提供了很大的便利。

6. IP 库

IP 库里面列出了 Intel FPGA 支持的各种功能用途的 IP 核，通过在搜索框中输入关键字符，能够快速查找到对应的 IP，双击名称即可启动该 IP 的参数配置界面。

7. 命令行输入窗口

在命令行输入窗口中输入各种 Quartus 软件支持的命令，可以快速地执行各种操作，也可以将多个命令写在 TCL 格式文件中，在此窗口中运行 TCL 格式文件就能执行相应的功能。Quartus 软件后台实质是基于各种命令的操作，熟练使用脚本文件或者命令，能够为开发提供很大的便利。

8. 信息提示窗口

信息提示窗口主要提供软件运行中的各种信息，包括对代码的分析和综合，对设计的全编译，以及时序分析等过程中出现的各种错误或警告。当完成某个设计，然后使用 Quartus 软件进行实现时，该信息窗口中的内容是非常关键的，一个合格的设计最起码应该保证完成全编译之后，信息窗口中提示的各种错误或警告都是已知且可以接受的。

9. 常用操作

(1) 设置字体和大小

用户可以通过更改代码编辑器中的字体及其大小来适应自己的习惯。设置方法为：首先在 Quartus 软件中打开任意一个文本文件，然后选择 Tools→Options→Text

Editor→Fonts 命令，如图 1.49 所示。

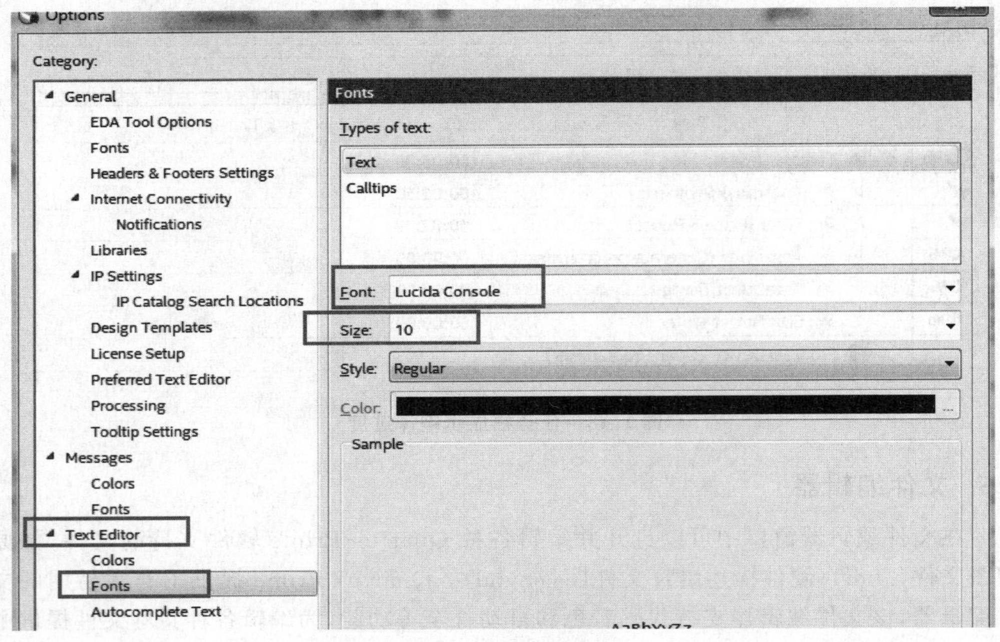

图 1.49　设置编辑器字体

Font 为字体选项，Size 为文字尺寸选项。注意：必须先打开任意一个文本文件，如 led.v，否则 Text Editor 选项将不会显示。

(2) 设置代码自动补全

从 13.0 版本开始，Quartus 软件自带的编辑器已经支持代码自动补全功能，代码自动补全功能能够自动检测系统提供的关键词（如 module、begin、if 等）和用户代码中已经出现过的词组，当用户输入字符达到 3 个以后，自动弹出可选的词组，如图 1.50 所示。

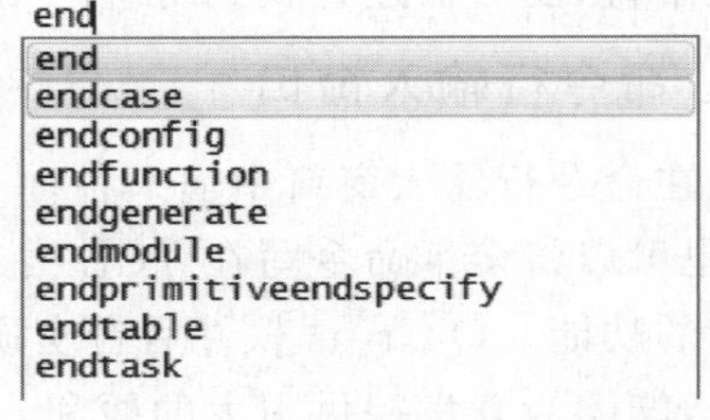

图 1.50　编辑器代码自动补全功能

自动补全代码的功能在最新的 Quartus Prime 系列版本中默认是没有开启的。如果要使用该功能，则首先通过在 Quartus 软件中打开任意一个文本文件，然后选择 Tools→Options→Text Editor→Autocomplete Text，弹出如图 1.51 所示对话框勾选 Autocomplete text 复选框即可。

(3) 设置 EDA 工具路径

Quartus 软件可以调用第三方 EDA 工具完成相应的功能，如综合工具、仿真工具。而要想让这些工具能够正确地被 Quartus 调用，必须在 EDA Tool Options（如图 1.52 所示）中设置相应的软件安装路径。例如对于本书的读者，需要使用到的软件为 ModelSim 或 ModelSim-Altera，仿真工具路径的设置方法为 Tools→Options→General→

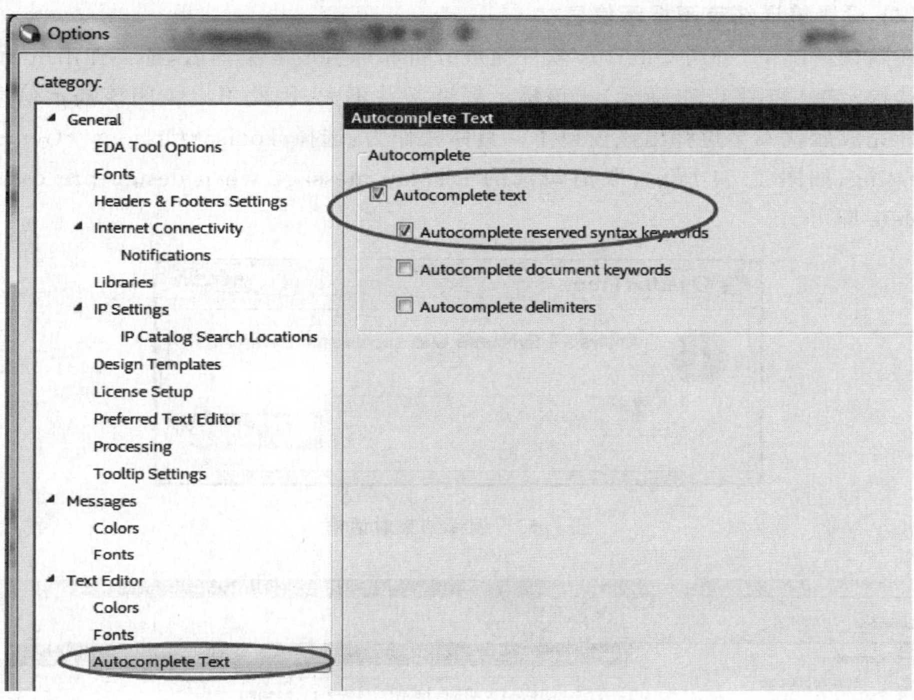

图 1.51　设置使能代码自动补全功能

EDA Tool Options。

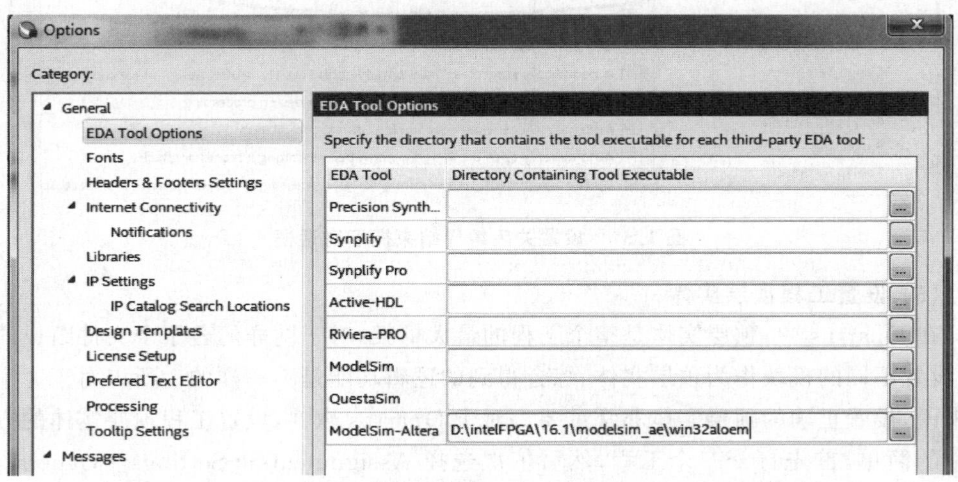

图 1.52　设置 EDA 工具路径

注意：如果用户使用的是 ModelSim-Altera 版本，就在 ModelSim-Altera 后面输入正确的软件路径（可以通过右侧的浏览图标在资源管理器中定位）；如果用户使用的是 ModelSim-SE 版本，就在 ModelSim 后面输入正确的软件路径。

(4) 设置编译结束不提示信息

在默认情况下,每当 Quartus 软件完成分析和综合或者编译后,都会弹出一个完成的确认提示框(如图 1.53 所示)。该提示框意义并不大,因此可以关闭该提示信息,这样编译完成后就不会再弹出该窗口了。具体操作为:选择 Tools→Options→General→Processing,如图 1.54 所示,取消勾选的 Display message when design processing is complete 即可。

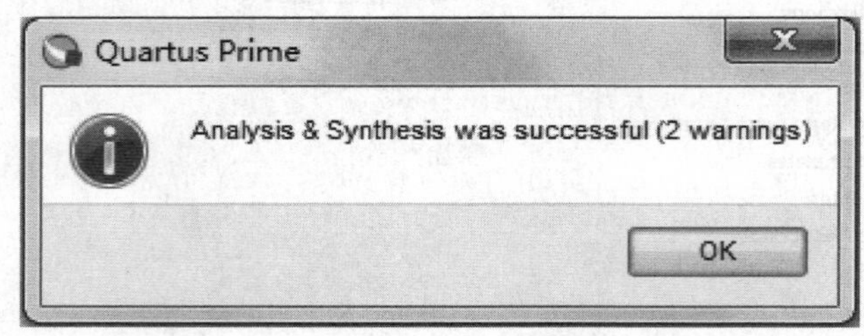

图 1.53　编译结束对话框

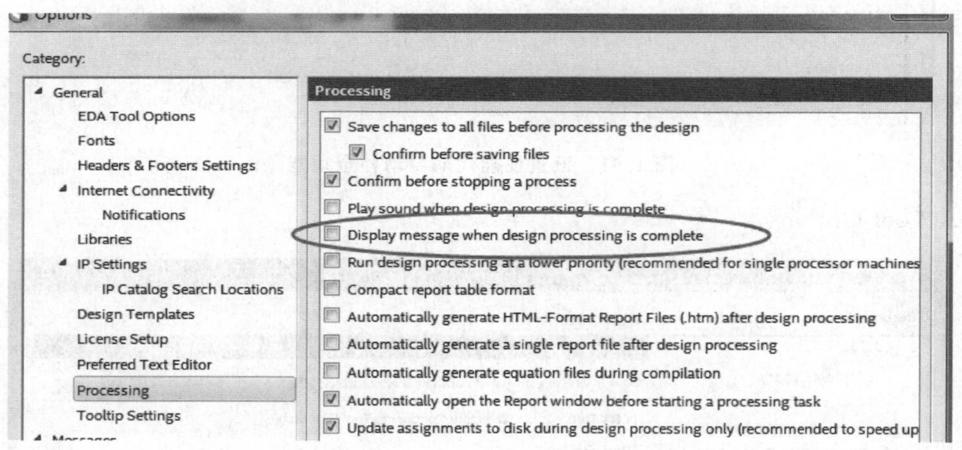

图 1.54　设置关闭编译结束提示对话框

(5) 设置工程顶层实体

在 Quartus 中,顶层实体是整个工程的最大框架,对于同样的若干个文件组成的工程,设置不同的模块作为顶层实体,综合得到的逻辑功能是不一样的。所以对于一个工程来说,设置正确的顶层实体非常重要。对于 Quartus 软件,设置工程顶层实体的方式非常的简单,首先打开一个工程,然后依次选择 Assignments→Settings→General,弹出如图 1.55 所示的对话框,Top-level entity 文本框里的内容就代表了整个工程的实体。

注意:图 1.55 中所示的名称是整个设计的顶层模块的名称,而非顶层模块所在文件的名称。顶层模块的名称可能和顶层模块所在文件的名称相同,也可能不同。

以一个二选一多路器设计的工程为例,左边的代码中模块名称和模块所在的文件

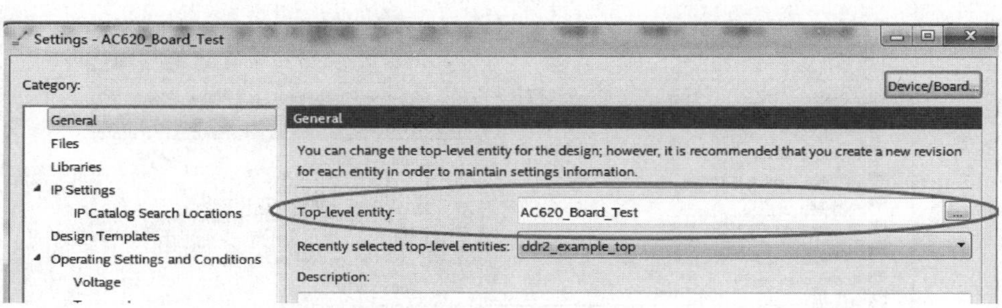

图 1.55　工程顶层实体设置

名称都为 mux2，所以顶层模块的名称即为 mux2，如图 1.56(a)所示；右边代码中文件名称为 mux2，模块名称为 mymux，因此要设置其顶层模块名为 mymux，如图 1.56(b)所示。代码如下：

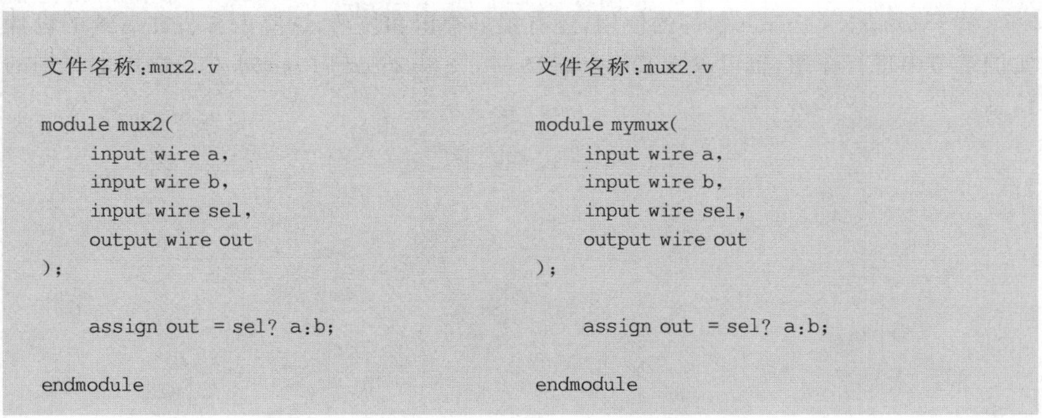

```
文件名称：mux2.v

module mux2(
    input wire a,
    input wire b,
    input wire sel,
    output wire out
);

    assign out  = sel? a:b;

endmodule
```

```
文件名称：mux2.v

module mymux(
    input wire a,
    input wire b,
    input wire sel,
    output wire out
);

    assign out  = sel? a:b;

endmodule
```

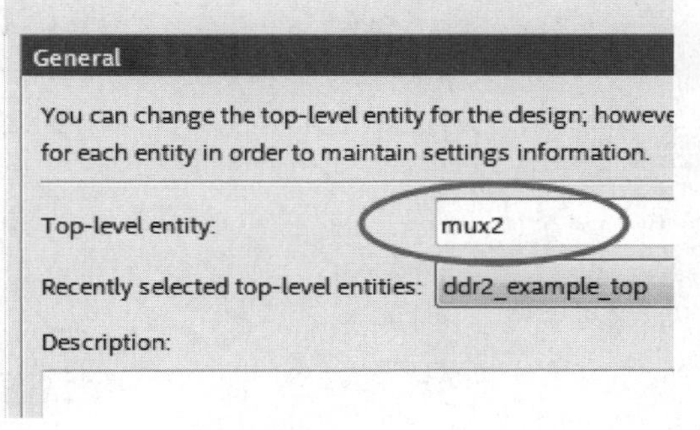

(a) 顶层模块名称为mux2

(b) 顶层模块名称为mymux

图 1.56　工程顶层实体名称与模块名保持一致

另外，针对第一种情况，即文件名与模块名相同的情况下，设置模块为工程顶层的快捷方式就是在工程向导的文件列表窗口中，选中该文件，然后右击，选择 Set as Top-Level Entity 命令，如图 1.57 所示。

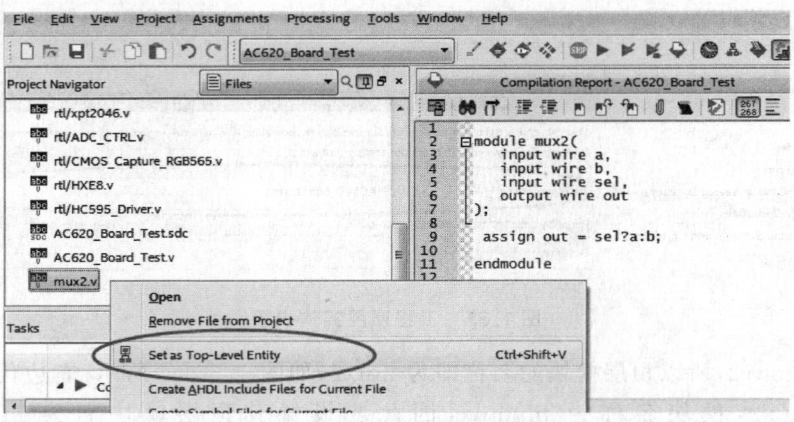

图 1.57　快速设置文件作为工程顶层实体

关于 Quartus Prime 软件的使用，还有很多常识和技巧，这些内容将在后续的设计实例章节中进行介绍，也可参看 *Quartus Prime Standard Handbook* 获取更加详细的信息。

第2章 FPGA开发软硬件平台介绍

本章导读：

学习和开发FPGA，需要相应的软硬件开发平台；同时，每种器件都有一定的开发和使用方法。在第1章中介绍了Cyclone Ⅳ E FPGA的原理和基本应用电路，并熟悉了Intel FPGA的开发软件。本章将在第1章的基础之上，以具体的实例分别介绍Intel Cyclone Ⅳ E FPGA软硬件平台的使用。

2.1节介绍了AC620开发板的各部分功能电路，通过具体实例介绍了一个典型的以FPGA为核心的板卡设计。

2.2节和2.3节介绍了典型的Intel FPGA开发流程，从建立工程到烧写投产，展示了FPGA开发中每个步骤的操作细节。

2.1 AC620开发套件

AC620开发板是小梅哥团队结合当下FPGA在常见嵌入式应用场合的一些基本应用，设计开发的一款资源丰富、功能全面的FPGA教学实验板。基于AC620开发平台，用户能够学习基本的EDA设计概念、工业通信接口、仪器仪表、工业控制、多媒体处理等方面的知识。

2.1.1 AC620开发板的功能特点

本小节主要介绍芯路恒AC620开发板的功能以及设计特点，如图2.1所示为AC620开发板功能框图。

1. 布局及组件

图2.2所示为AC620开发板的元器件布局图片，它展示了开发板的布局以及一些接插件和关键元件的位置信息。表2.1所列为AC620开发板元器件介绍。

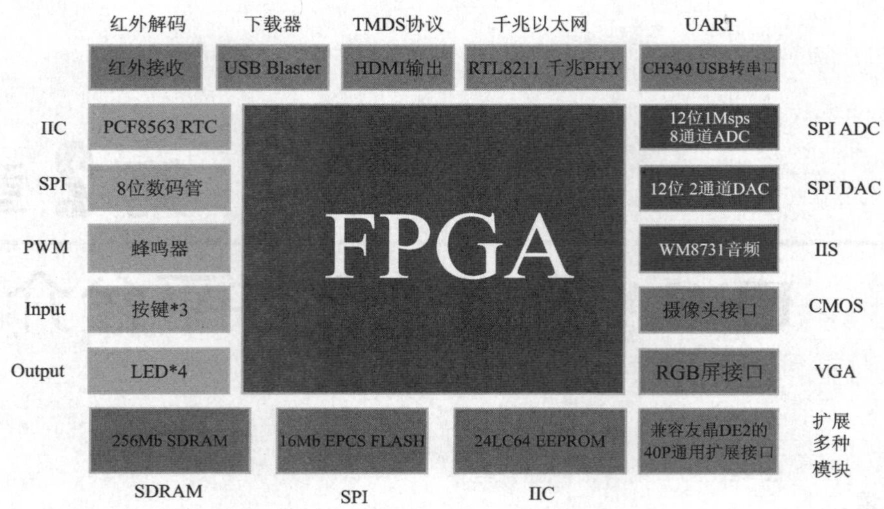

图 2.1 AC620 开发板功能框图

图 2.2 芯路恒 AC620 开发板顶层视图

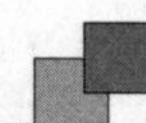

表 2.1 AC620 开发板元器件介绍

序 号	接口或器件型号	序 号	接口或器件型号	序 号	接口或器件型号
1	EP4CE10F17(FPGA)	15	74HC595 串转并芯片	29	音频输出接口
2	W9825G6KH-6(SDRAM)	16	74HC595 串转并芯片	30	MII/RGMII 切换
3	RTL8211EG(网络芯片)	17	MP1484 3.3V	31	电源开关
4	WM8731S(音频芯片)	18	AMS1117-1.2	32	通用扩展 IO
5	USB Blaster 芯片	19	AMS1117-2.5	33	摄像头接口
6	SP3232(232 通信芯片)	20	AMS1117-3.3	34	显示屏接口
7	CH340E(USB 转串口)	21	无源蜂鸣器	35	用户 LED
8	SL2.1A(USB Hub 芯片)	22	5 V 电源输入	36	HS38B(红外数码管)
9	W25Q16(EPCS 芯片)	23	Blaster/UART	37	ADC 输入接口
10	50 MHz 有源时钟晶振	24	HDMI 输出接口	38	DAC 输出接口
11	PCF8563(RTC 时钟)	25	RS232 接口	39	电源输出接口
12	24LC64(EEPROM)	26	RJ45 网口	40	用户按键
13	ADC128S102(模/数转换)	27	音频输入接口		
14	TLV5618(数/模转换)	28	麦克风输入接口		

AC620 开发板拥有非常丰富的功能,从简单的逻辑到各种各样的多媒体项目,允许使用者在一个较为宽广的领域内进行数字逻辑设计。

2. AC620 开发板器件资源

① FPGA 主芯片 EP4CE10F17C8N,拥有 10K 的逻辑单元,两个独立锁相环,180 个用户 I/O 引脚,423 936 bit 嵌入式 RAM,46 个 9 位嵌入式硬件乘法器,资源丰富,可以满足大部分小型设计的资源需求。

② 动态刷新随机存储器(SDRAM)W925G6KH-6,拥有 256 Mbit 的存储器资源,最高运行速度为 166 MHz,可使用逻辑直接驱动,用来进行大量数据存储(视频图像数据、ADC 采集数据);也可作为 Nios Ⅱ处理器运行内存,用来运行较大的 Nios Ⅱ软件系统。

③ RS232 收发器 SP3232 是 3.3 V 供电的 RS232 收发器,实现了 TTL 电平和 RS232 电平的互转。RS232 接口作为标准的工业设备接口,存在于当前大部分工业设备上,使用该接口,AC620 可以实现对带 RS232 接口的设备进行控制。

④ ADC 芯片 ADC128S102,是 TI 公司生产的 12 位 8 通道 ADC 芯片,采样速率高达 1 Msps,采用标准的 SPI 串行接口,可实现对模拟信号的采集,进而实现对模拟信号的分析处理。

⑤ USB 转串口芯片 CH340,可实现 USB 转串口协议,使得 AC620 开发板能够使

用一根普通的USB mini数据线即可与PC进行通信,实现方便灵活的通信和控制。

⑥ 音频编解码器WM8731,I²S总线作为一个简单高效的音频传输总线,目前已经成为各种多媒体设备进行音频数据传输的标配,学习使用I²S接口的音频编解码器,可以实现对音频数据的处理。

⑦ 蜂鸣器,当用户有输入请求或者系统有输出请求时,使用一个蜂鸣器发声来提示用户输入或者输出有效,以获得更加直观的输入/输出体验。

⑧ 实时时钟(RTC)芯片PCF8563,I²C接口的实时时钟芯片,可支持后备电池,进而可支持掉电计时,为系统提供精准的时钟。

⑨ 可电擦除只读存储器(EEPROM)AT24C64,拥有64 Kbit的存储容量,使用两线制I²C接口,可读可写,掉电数据不丢失,可用来存储各种配置数据,如触摸屏校准参数。

⑩ 串行FLASH芯片W25Q16,拥有2 MB的存储空间,使用SPI接口,默认作为FPGA芯片的上电配置器件,当使用Nios Ⅱ软核时,还可以作为软件代码的存储空间。同时,在Nios Ⅱ中,还可以使用EPCS控制器,将该存储器当作通用型FLASH进行读/写,以存储运行过程中产生的各种数据。

⑪ 以太网收发器RTL8211,千兆以太网收发器。以太网以其便捷的组网特性,几乎存在于我们生活的每个角落,使用FPGA实现以太网,可以方便地实现采集数据的传输。

⑫ DAC芯片TLV5618,是TI公司生产的12位2通道DAC芯片,采用标准的SPI串行接口,可实现数字信号到模拟信号的转换,以实现数控系统的设计。

⑬ 红色LED灯。LED为最基础的输出设备,单个LED能够显示两种不同的状态,4个LED组合能够最多显示16种状态,方便设计和调试。

⑭ 红外遥控接收,开发板自带红外遥控接收器,可接收38 kHz的红外遥控信号,从而为开发板提供红外遥控功能;另外,当开发板上的用户按键不够用时,也可以使用红外遥控来作为开发板的扩展键盘。

⑮ 串行移位寄存器74HC595,使用SPI接口,实现串行数据到并口数据的转换,通过3个I/O口扩展得到更多的输出引脚,适用于I/O需求量巨大的应用,如大屏LED显示、多位数码管驱动。AC620上使用两片74HC595驱动8位数码管。

⑯ 独立按键,三个独立按键,可以作为用户控制按键,实现对系统运行状态的控制。

⑰ HDMI/DVI输出,开发板上使用FPGA逻辑和I/O直接实现基于TMDS编码规范的HDMI/DVI输出功能,输出分辨率可达1 280×720,刷新速率可达60 Hz。

⑱ USB Blaster,开发板使用成熟的USB Blaster实现方案,实现了板载USB Blaster功能,在最精简的模式下,用户只需要使用一根USB数据线与开发板相连,就能实现开发和调试功能。

3. 核心板接口资源

为了尽量提升板卡的可扩展性和实用性,芯路恒AC620开发板提供了多个通用或

专用接插口，用来方便地扩展各种外设模块，其接插口主要有：

① 一个LCD液晶屏的接口，用来扩展连接5 in TFT触摸液晶模组、VGA输出模块，以实现图像内容的显示。同时该接口也能兼容部分市面上应用广泛的STM32开发板配套液晶屏，方便大家使用手头现有的液晶屏插接到开发板上进行数据显示。

② 一组电源接口，方便喜欢DIY的用户直接从开发板上取电，给外挂模块供电，满足无限创意需求。

③ 一个CMOS摄像头的摄像头接口，该接口兼容市面上主流的CMOS摄像头，方便需要进行图像采集处理的朋友插接摄像头进行项目开发（OV7670、OV7725、OV2640、OV5640全兼容）。

④ 一个40 Pin的排针接口，该接口与友晶DE2的单个40 Pin接口完全兼容，每个接插口提供36个通用I/O口，一个5 V供电和一个3.3 V供电。用户可以使用该接口连接一些扩展模块，以实现自定义功能。

2.1.2　AC620开发板的使用

1. 开发板的烧写配置

芯路恒AC620开发板提供了一个串行配置设备，用来对Cyclone Ⅳ E FPGA芯片进行配置，上电以后配置数据可以自动从配置设备加载到FPGA。使用Quartus软件，可以在任何时候重新配置FPGA，当然也可以改变串行非易失存储设备中存储的内容，下面就对这两种类型的配置进行介绍。

① JTAG配置：这种编程方法将FPGA的配置数据直接下载到开发板上的Cyclone Ⅳ E FPGA芯片中，在上电状态下，FPGA将保留此配置，逻辑功能可以正常运行，但断电以后，配置信息将会丢失，需要上电以后重新进行配置。

② JIC配置：Altera允许在JTAG下载模式下配置EPCS器件，通过Quartus软件自带的转换工具，可以将编译生成的.sof文件转换为.jic文件，然后通过JTAG口下载到EPCS器件，这样就可以做到配置数据掉电不丢失，器件在上电时根据设置从EPCS器件中读取配置数据并完成FPGA的配置和初始化工作。

2. 轻触按键

如图2.3所示，AC620开发板提供了3个轻触按键，分别为S0、S1、S2。这3个按键都有一个引脚直接与FPGA相连，并接上拉电阻。在没有按键按下的时候，每个按键端输出的都是高电平，当有按键被按下时，被按下的按键端会输出低电平。轻触按键作为最简单的输入设备，适用于需要给系统输入控制信号的场合。按键引脚分配如表2.2所列。

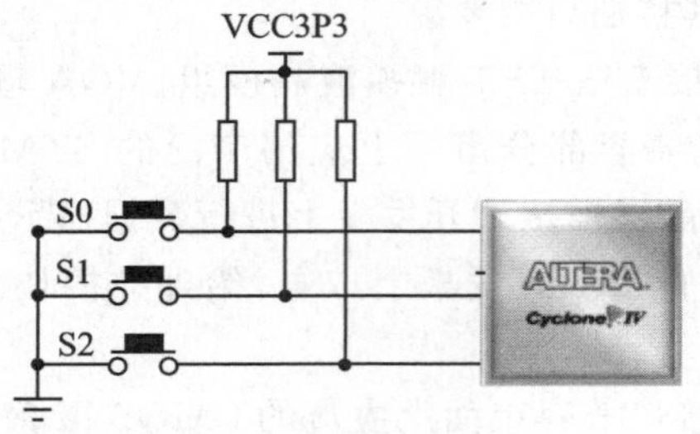

图 2.3 轻触按键和 Cyclone Ⅳ E FPGA 连接关系示例

表 2.2 按键引脚分配

信号名称	FPGA 引脚
S0	PIN_M16
S1	PIN_E15
S2	PIN_E16

3. 用户 LED

芯路恒 AC620 开发板提供了 4 个红色的 LED 调试灯，所有的 LED 灯都通过 Cyclone Ⅳ E FPGA 直接驱动，当 FPGA 输出低电平时，LED 点亮；当 LED 输出高电平时，LED 灯熄灭。图 2.4 展示了 LED 和 FPGA 的连接关系，LED 引脚分配如表 2.3 所列。

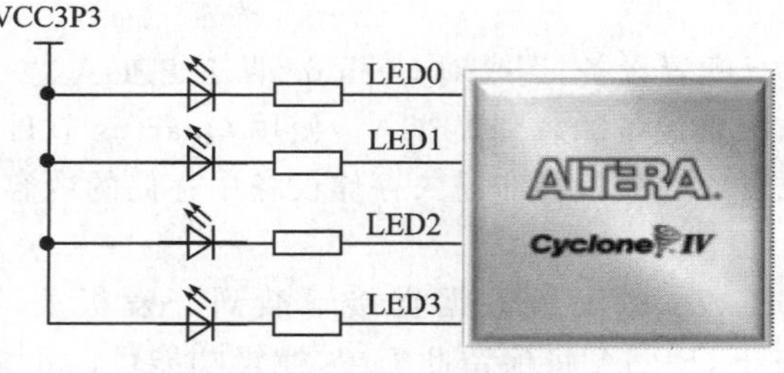

图 2.4 LED 和 Cyclone Ⅳ E FPGA 连接示例

表 2.3 LED 引脚分配

信号名称	FPGA 引脚
LED0	PIN_A2
LED1	PIN_B3
LED2	PIN_A4
LED3	PIN_A3

4. 时钟输入

AC620 开发板设计了三路时钟源，第一路由板载 50 MHz 有源晶振提供，第二路由同轴接口输入，第三路则集成在 CMOS 摄像头接口中（一般用于输入 CMOS 摄像头时钟像素的时钟）。三路时钟均通过 Cyclone Ⅳ E 专用的时钟引脚输入，保证了最好的时钟质量，并保证可以配置到对应的全局时钟链路上。图 2.5 展示了晶振和 FPGA 的连接关系，时钟引脚分配如表 2.4 所列。

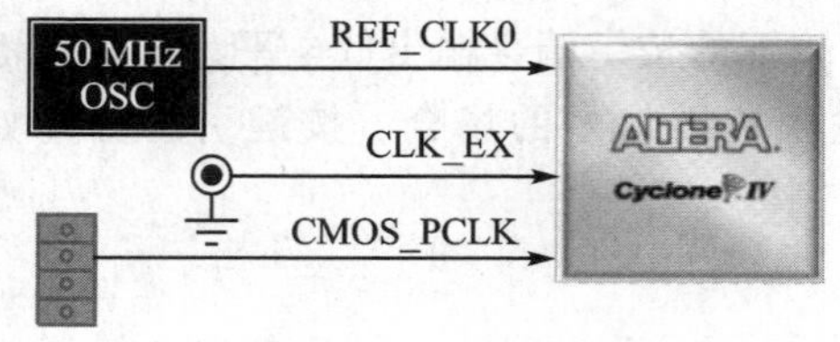

图 2.5 晶振和 Cyclone Ⅳ E FPGA 连接示例

表 2.4 时钟引脚分配

信号名称	FPGA 引脚
REF_CLK0	PIN_E1
CLK_EX	PIN_M15
CMOS_PCLK	PIN_M2

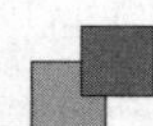

5. GPIO 接口

芯路恒 AC620 开发板提供了一个 40 引脚的与友晶科技 DE2 开发板兼容的 GPIO 接口，端口使用标准的 IDC3－40 接口。该端口除了有 36 个引脚直接连到了 Cyclone Ⅳ E FPGA 以外，还有 DC＋5 V（VCC5）、DC＋3.3 V（VCC3P3）和两个接地的引脚，端口名为 GPIO0。图 2.6 展示了 GPIO0 和 FPGA 引脚的连接关系，GPIO0 引脚分配如表 2.5 所列。

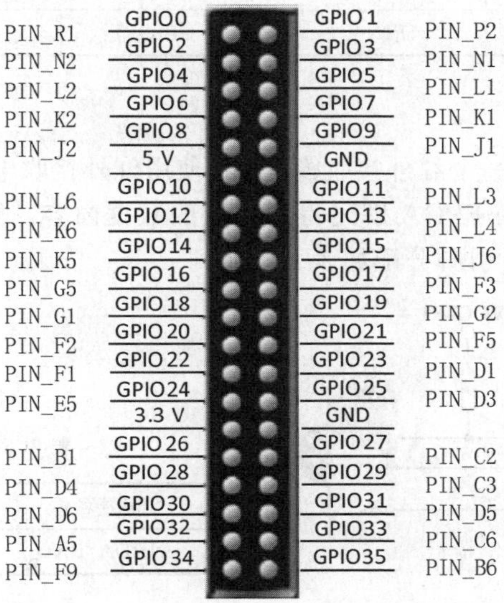

图 2.6　GPIO0 和 Cyclone Ⅳ E FPGA 连接示例

表 2.5　GPIO0 引脚分配

信号名称	FPGA 引脚	信号名称	FPGA 引脚
GPIO0	PIN_R1	GPIO18	PIN_G1
GPIO1	PIN_P2	GPIO19	PIN_G2
GPIO2	PIN_N2	GPIO20	PIN_F2
GPIO3	PIN_N1	GPIO21	PIN_F5
GPIO4	PIN_L2	GPIO22	PIN_F1
GPIO5	PIN_L1	GPIO23	PIN_D1
GPIO6	PIN_K2	GPIO24	PIN_E5
GPIO7	PIN_K1	GPIO25	PIN_D3
GPIO8	PIN_J2	GPIO26	PIN_B1
GPIO9	PIN_J1	GPIO27	PIN_C2
GPIO10	PIN_L6	GPIO28	PIN_D4
GPIO11	PIN_L3	GPIO29	PIN_C3

续表 2.5

信号名称	FPGA 引脚	信号名称	FPGA 引脚
GPIO12	PIN_K6	GPIO30	PIN_D6
GPIO13	PIN_L4	GPIO31	PIN_D5
GPIO14	PIN_K5	GPIO32	PIN_A5
GPIO15	PIN_J6	GPIO33	PIN_C6
GPIO16	PIN_G5	GPIO34	PIN_F9
GPIO17	PIN_F3	GPIO35	PIN_B6

6. 红外接收

AC620 开发板包含一个红外接收模块 IR，使用红外接收电路，可以接收 38 kHz 的红外遥控信号，然后使用 FPGA 解码得到相应的数据内容。图 2.7 展示了 IR 和 FPGA 的电路连接关系，IR 引脚分配如表 2.6 所列。

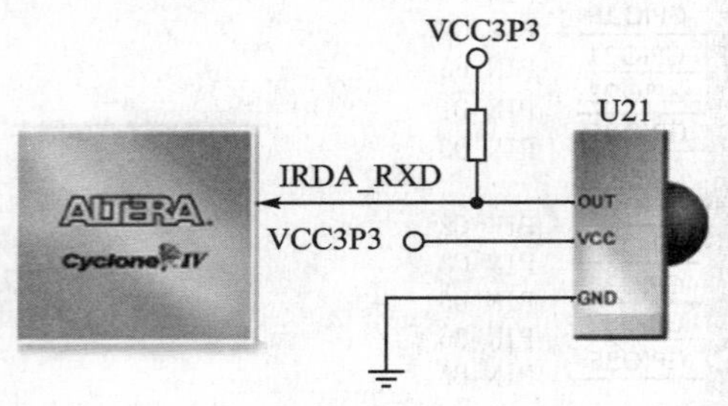

图 2.7 IR 和 Cyclone Ⅳ E FPGA 连接示例

表 2.6 IR 引脚分配

信号名称	FPGA 引脚
IRDA_RXD	PIN_M1

7. SDRAM

AC620 开发板设计了一个最大可安装 256 Mbit 的 SDRAM 电路，实际生产时使用 128 Mbit 的 SDRAM 存储器。该芯片与 FPGA 相连的数据总线位宽为 16 bit，SDRAM 采用 3.3 V 供电。图 2.8 展示了 SDRAM 和 FPGA 的连接关系，SDRAM 引脚分配如表 2.7 所列。

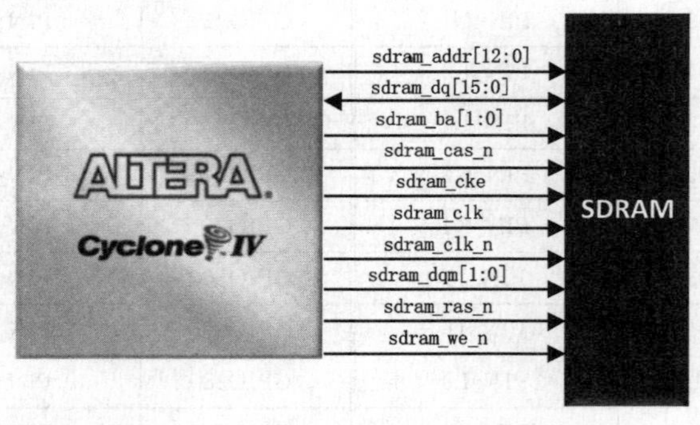

图 2.8 SDRAM 和 Cyclone Ⅳ E FPGA 连接示例

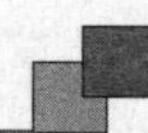

表 2.7　SDRAM 引脚分配

信号名称	FPGA 引脚	信号名称	FPGA 引脚
sdram_addr0	PIN_P11	sdram_dqm0	PIN_T8
sdram_addr1	PIN_L10	sdram_dqm1	PIN_R10
sdram_addr2	PIN_P14	sdram_dq0	PIN_R3
sdram_addr3	PIN_T13	sdram_dq1	PIN_T3
sdram_addr4	PIN_N12	sdram_dq2	PIN_R4
sdram_addr5	PIN_M11	sdram_dq3	PIN_T4
sdram_addr6	PIN_L11	sdram_dq4	PIN_R5
sdram_addr7	PIN_T15	sdram_dq5	PIN_T5
sdram_addr8	PIN_R14	sdram_dq6	PIN_R6
sdram_addr9	PIN_T14	sdram_dq7	PIN_R8
sdram_addr10	PIN_M10	sdram_dq8	PIN_R9
sdram_addr11	PIN_R13	sdram_dq9	PIN_K9
sdram_addr12	PIN_N11	sdram_dq10	PIN_L9
sdram_ba0	PIN_T12	sdram_dq11	PIN_K8
sdram_ba1	PIN_M9	sdram_dq12	PIN_L8
sdram_cas_n	PIN_R11	sdram_dq13	PIN_M8
sdram_cke	PIN_T11	sdram_dq14	PIN_N8
sdram_clk	PIN_T10	sdram_dq15	PIN_P9
sdram_cs_n	PIN_R12	sdram_ras_n	PIN_N9
sdram_we_n	PIN_T9		

8. I^2C 总线(EEPROM＋RTC＋WM8731)

芯路恒 AC620 开发板有 4 个设备使用 I^2C 总线，分别为 AT24C64 的 EEPROM 存储器、PCF8563 型实时时钟芯片、WM8731 控制接口以及 CMOS 摄像头接口。其中，CMOS 摄像头接口上的 I^2C 配置总线单独与 FPGA 连接，不与其他 I^2C 器件共享总线；EEPROM 存储器、PCF8563 型实时时钟芯片、WM8731 控制接口共享同一个 I^2C 总线。图 2.9 给出了 EEPROM＋RTC＋WM8731 与 FPGA 的连接关系，I^2C 引脚分配如表 2.8 所列。

表 2.8　I^2C 引脚分配

信号名称	FPGA 引脚
IIC_SCL	PIN_D8
IIC_SDA	PIN_F7

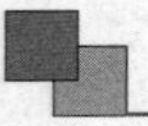

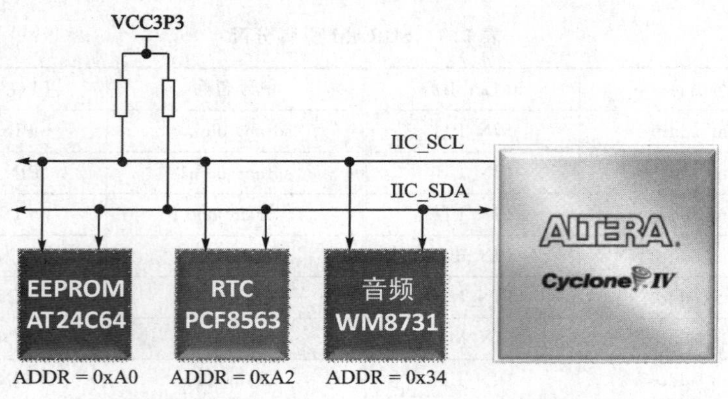

图 2.9　EEPROM＋RTC＋WM8731 和 Cyclone Ⅳ E FPGA 连接示例

每个 I²C 设备都有一个设备地址，上述 3 个设备的设备地址如表 2.9 所列。

表 2.9　I²C 器件的器件地址

器件名称	器件地址
AT24C64	0xA0
PCF8563	0xA2
WM8731	0x34

9. 通用显示扩展接口

AC620 开发板提供了一个兼容性强大的 2×18 通用显示扩展接口，该接口可连接配套的 5 in 800×480 RGB 接口的显示屏（代替 VGA 显示器），或者连接“数码管＋8 位 VGA＋PS2”三合一模块，还可连接配套的 24 位高性能 VGA 输出模块。当然，用户也可以使用该接口作为通用扩展接口连接用户自己的设备。图 2.10 给出了通用显示

	3.3 V	GND	
PIN_F13	GPIO2_0	GPIO2_1	PIN_F16
PIN_F15	GPIO2_2	GPIO2_3	PIN_G15
PIN_F14	GPIO2_4	GPIO2_5	PIN_G11
PIN_J11	GPIO2_6	GPIO2_7	PIN_J12
PIN_K11	GPIO2_8	GPIO2_9	PIN_J14
PIN_J16	GPIO2_10	GPIO2_11	PIN_J15
PIN_K16	GPIO2_12	GPIO2_13	PIN_K15
PIN_L15	GPIO2_14	GPIO2_15	PIN_J13
PIN_K12	GPIO2_16	GPIO2_17	PIN_L12
PIN_M12	GPIO2_18	GPIO2_19	PIN_L13
PIN_L14	GPIO2_20	GND	
PIN_N16	GPIO2_21	3.3 V	
	3.3 V	GND	
	GND	5.0 V	
PIN_N15	GPIO2_22	GPIO2_23	PIN_P16
PIN_P15	GPIO2_24	GPIO2_25	PIN_R16
PIN_N13	GPIO2_26	GPIO2_27	PIN_N14

图 2.10　通用显示扩展接口与 FPGA 连接示例

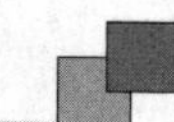

扩展接口与 FPGA 的连接关系，通用显示扩展接口引脚分配如表 2.10 所列。

表 2.10　通用显示扩展接口引脚分配

信号名称	FPGA 引脚	信号名称	FPGA 引脚
GPIO2_0	PIN_F13	GPIO2_14	PIN_L15
GPIO2_1	PIN_F16	GPIO2_15	PIN_J13
GPIO2_2	PIN_F15	GPIO2_16	PIN_K12
GPIO2_3	PIN_G15	GPIO2_17	PIN_L12
GPIO2_4	PIN_F14	GPIO2_18	PIN_M12
GPIO2_5	PIN_G11	GPIO2_19	PIN_L13
GPIO2_6	PIN_J11	GPIO2_20	PIN_L14
GPIO2_7	PIN_J12	GPIO2_21	PIN_N16
GPIO2_8	PIN_K11	GPIO2_22	PIN_N15
GPIO2_9	PIN_J14	GPIO2_23	PIN_P16
GPIO2_10	PIN_J16	GPIO2_24	PIN_P15
GPIO2_11	PIN_J15	GPIO2_25	PIN_R16
GPIO2_12	PIN_K16	GPIO2_26	PIN_N13
GPIO2_13	PIN_K15	GPIO2_27	PIN_N14

10. 摄像头接口

芯路恒 AC620 开发板支持视频图像项目的开发，板载的 CMOS 接口可用来连接 OV7670(30 W)、OV7725(30 W)、OV2640(200 W)、OV5640(500 W)、OV5642(500 W)等常用图像采集摄像头(见图 2.11)。配合芯路恒板载的片外 SDRAM 数据存储器，用户可以进行数字图像的采集处理，也可以很方便地验证图像领域的各种算法。图 2.12 给出了摄像头接口和 FPGA 的连接关系，摄像头引脚分配如表 2.11 所列。

图 2.11　常见的摄像头兼容模组

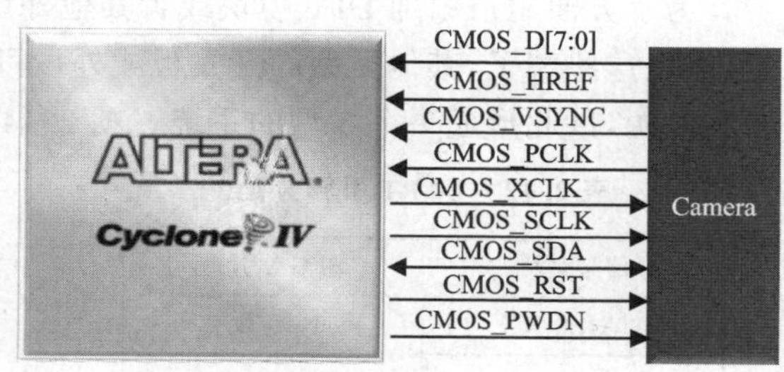

图 2.12　摄像头接口和 Cyclone Ⅳ E FPGA 连接示例

表 2.11 摄像头引脚分配

信号名称	FPGA 引脚	信号名称	FPGA 引脚
CMOS_D0	PIN_K10	CMOS_HREF	PIN_N3
CMOS_D1	PIN_P8	CMOS_PCLK	PIN_M2
CMOS_D2	PIN_M7	CMOS_PWDN	PIN_P1
CMOS_D3	PIN_T6	CMOS_SCLK	PIN_T2
CMOS_D4	PIN_N6	CMOS_SDA	PIN_R7
CMOS_D5	PIN_P6	CMOS_RST	PIN_T7
CMOS_D6	PIN_L7	CMOS_VSYNC	PIN_M6
CMOS_D7	PIN_P3	CMOS_XCLK	PIN_N5

11. USB 转 UART

为了方便开发板与 PC 相连，AC620 开发板提供了一个 USB 转串口的电路，该 USB 可以直接作为开发板供电端口，也可以作为一个串口电路使用，通过串口(UART)，可以很方便地实现 AC620 开发板与计算机之间的通信。图 2.13 给出了该转换电路和 FPGA 的连接关系，UART 引脚分配如表 2.12 所列。

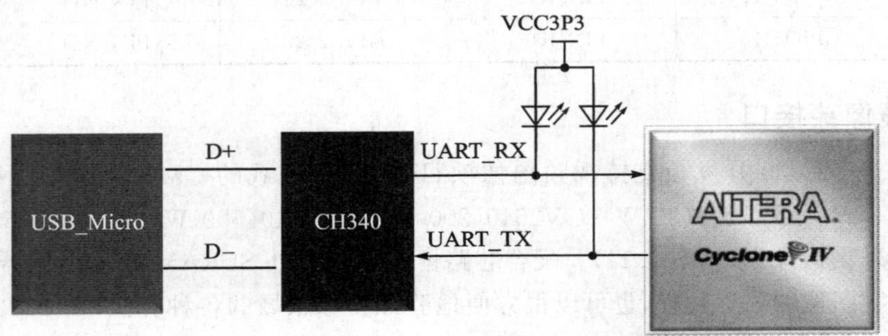

图 2.13 USB、CH340 和 Cyclone Ⅳ E FPGA 连接示例

12. 电源拓展端口

为了方便用户添加 DIY 模块或者其他外设，AC620 开发板提供了一组电源拓展端子，通过这些端子，其他类型的开发板或外设可以方便地实现和芯路恒开发板的共地或者共电源，以此形成一个大型的系统。图 2.14 展示了三组电源拓展端子的连接属性。

表 2.12 UART 引脚分配

信号名称	FPGA 引脚
UART_RX	PIN_B5
UART_TX	PIN_A6

VCC3P3 GND GND VCC5 Power port3 VCC3P3 GND GND VCC5

图 2.14 电源拓展端子示例

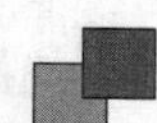

13. 无源蜂鸣器驱动电路

AC620 开发板为用户配备了发声装置——无源蜂鸣器(Beep)。用户可以根据自己的喜好播放音乐,也可以将蜂鸣器作为报警装置,在某些需要的时刻发出警报声。图 2.15 给出了无源蜂鸣器和 FPGA 的连接关系,蜂鸣器引脚分配如表 2.13 所列。

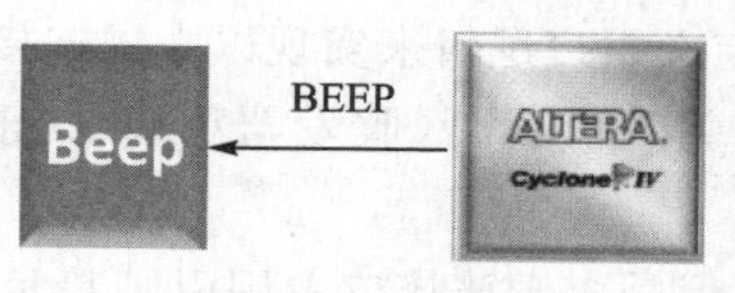

图 2.15 无源蜂鸣器和 Cyclone Ⅳ E FPGA 连接示例

表 2.13 蜂鸣器引脚分配

信号名称	FPGA 引脚
BEEP	PIN_L16

14. 音频编解码电路

AC620 开发板提供了一个高品质的 24 位音频接口,该接口使用 Wolfson 公司的 WM8731 音频编解码芯片。WM8731 带有麦克风输入、音频输入和音频输出端口,音频采样率从 8～96 kHz 可设置。该芯片使用 I²S 接口传输音频,使用 I²C 接口接收来自 FPGA 的控制。AC620 开发板上,I²C 总线上共连接了 EEPROM、RTC 和 WM8731 三个设备,因此当需要同时使用这三个设备时,请重点关注 I²C 主机的逻辑设计。图 2.16 为 WM8731 与 Cyclone Ⅳ E FPGA 的连接关系,音频编解码器引脚分配如表 2.14 所列。

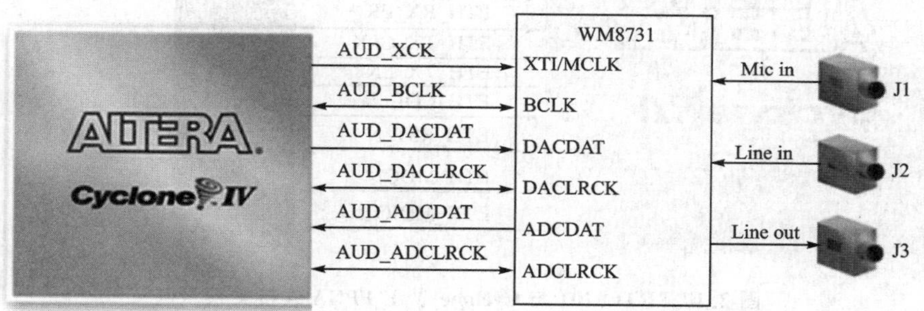

图 2.16 WM8731 与 Cyclone Ⅳ E FPGA 连接关系示例

表 2.14 音频编解码器引脚分配

信号名称	FPGA 引脚
AUD_ADCLRCK	PIN_B10
AUD_ADCDAT	PIN_A10
AUD_DACLRCK	PIN_A9
AUD_DACDAT	PIN_F8
AUD_XCK	PIN_A7
AUD_BCLK	PIN_B8
I2C_SCLK	PIN_D8
I2C_SDAT	PIN_F7

15. 以太网收发器

AC620 开发板通过一片 Realtek 的 RTL8211 以太网 PHY 提供对以太网连接的支持，RTL8201 是一片 10M/100M/1 000M 自适应以太网收发器，提供 MII/SNI 接口的 MAC 连接。在 Cyclone Ⅳ E 器件中，调用三速以太网 IP 核(MAC)，实现完整的以太网连接。用户也可使用 Verilog 编写的自定义用户逻辑来实现以太网连接。图 2.17 为 RTL8201 与 Cyclone Ⅳ E FPGA 的连接关系，以太网收发器引脚分配如表 2.15 所列。

虽然 RTL8211EG 芯片支持 GMII 接口，但是由于该接口占用引脚数量较多，导致现在的使用频率已经越来越小，更多是被占用引脚数量更少的 RGMII 接口代替。所以 AC620V2 开发板设计也是按照 RGMII 接口进行设计，并没有提供对 GMII 接口的支持。学习如何调试 RGMII 接口更加具有挑战性和学习价值。另外，该接口也支持 MII 模式，所以用户使用该电路即可学习 RGMII 的千兆以太网通信，也可学习实验基于 MII 接口的百兆以太网通信。

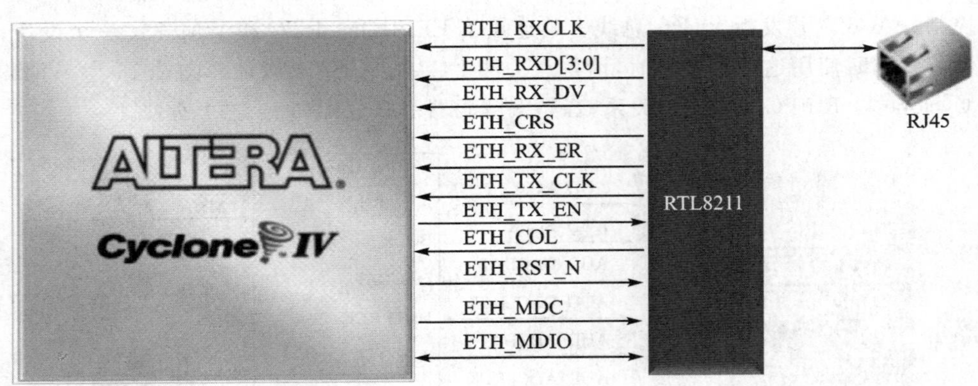

图 2.17 RTL8201 与 Cyclone Ⅳ E FPGA 连接关系示例

表 2.15 以太网收发器引脚分配

信号名称	FPGA 引脚	信号名称	FPGA 引脚
ETH0_TX_EN	PIN_C14	ETH0_RX_DV	PIN_A15
ETH0_TXCLK (MII)	PIN_D11	ETH0_RXCLK	PIN_M15
ETH0_TXD0	PIN_C11	ETH0_RXD0	PIN_E10
ETH0_TXD1	PIN_B12	ETH0_RXD1	PIN_A13
ETH0_TXD2	PIN_A12	ETH0_RXD2	PIN_A14
ETH0_TXD3	PIN_B11	ETH0_RXD3	PIN_B13
ETH0_GCK (RGMII)	PIN_B14	ETH0_MDC	PIN_E11
ETH0_RST_N	PIN_D14	ETH0_MDIO	PIN_D12

16. RS232 接口

AC620 开发板提供了一个 RS232 接口，用于实现和带标准 RS232 接口的设备进行连接，以实现相应的数据传输和控制功能。RS232 接口使用标准的 DB9 公口连接器，和 Cyclone Ⅳ E FPGA 之间使用 SP3232 电平转换芯片，实现 TTL 电平和 RS232 电平之间的转换。图 2.18 为 SP3232 与 Cyclone Ⅳ E 的连接关系，RS232 引脚分配如表 2.16 所列。

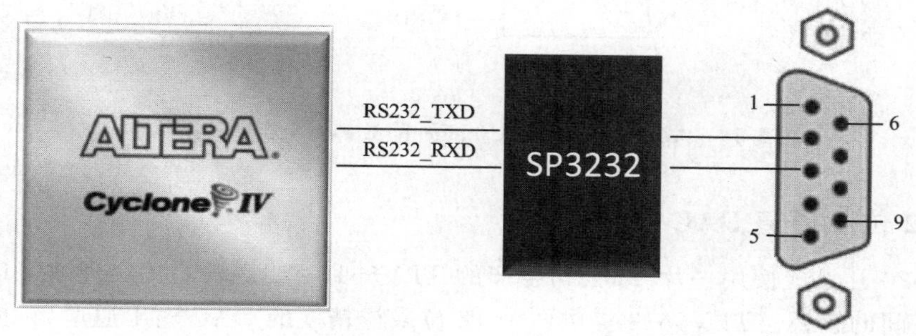

图 2.18　SP3232 与 Cyclone Ⅳ E FPGA 的连接关系示例

表 2.16　RS232 引脚分配

信号名称	FPGA 引脚
RS232_TXD	PIN_A8
RS232_RXD	PIN_B9

17. 12 位 8 通道 ADC

AC620 开发板使用一片 TI 公司生产的 ADC128S102 型 ADC 芯片实现模拟和数字信号之间的转换。该芯片提供一个 12 位采样精度的 ADC 和 8 个模拟输入通道，转换速率最高为 200 ksps，模拟输入信号电压范围为 0～V_A（模拟供电电压）。使用该电路，用户可以非常方便地实现多路模拟电源的高精度测量。ADC128S102 对外提供一个标准的 SPI 数字接口，将该数字接口连接到 Cyclone Ⅳ E FPGA 上，可以通过 Cyclone Ⅳ E FPGA 控制 ADC128S102 实现模拟电源到数字信号的转换。图 2.19 为 ADC128S102 与 Cyclone Ⅳ E FPGA 的连接关系，ADC 引脚分配如表 2.17 所列。

表 2.17　ADC 引脚分配

信号名称	FPGA 引脚
ADC_CS_N	PIN_D9
ADC_DIN	PIN_C9
ADC_SCLK	PIN_B7
ADC_DOUT	PIN_E9

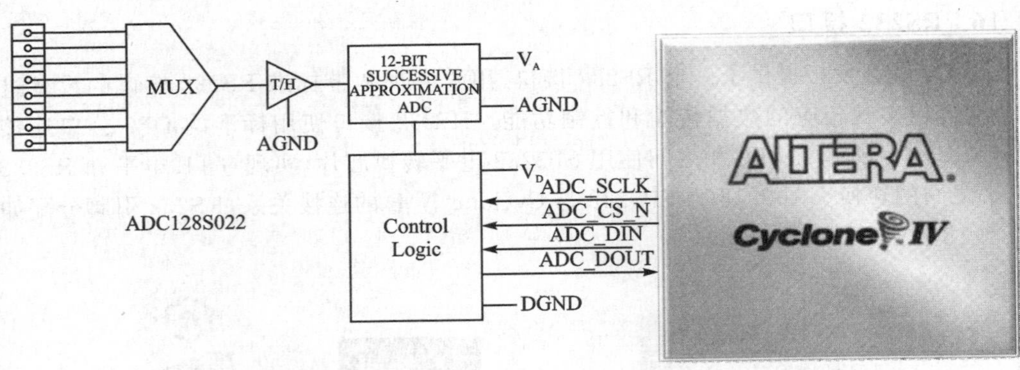

图 2.19　ADC128S102 与 Cyclone Ⅳ E FPGA 连接关系示例

18. 12 位 2 通道 DAC

AC620 开发板使用一片 TI 公司生产的 TLV5618 型 DAC 芯片实现数字信号到模拟信号之间的转换。TLV5618 提供两个 12 位采样精度的 DAC 输出通道，转换速率最短为 1 μs，模拟输出信号电压范围为 0～$2V_{ref}$；AC620 开发板上使用一颗 LM4040-2.0 精密参考源芯片，为 TLV5618 提供 2.048 V 的精密参考源，因此整个 DAC 电路的输出电压范围为 0～4.096 V。使用该电路，用户可以非常方便地实现多路模拟信号输出，进行数控系统的设计。TLV5618 对外提供一个标准的 SPI 数字接口，将该数字接口连接到 Cyclone Ⅳ E FPGA 上，可以实现通过 Cyclone Ⅳ E FPGA 传输数字信号给 TLV5618，最终得到对应的模拟电压信号的功能。图 2-20 为 TLV5618 与 Cyclone Ⅳ E FPGA 的连接关系，DAC 引脚分配如表 2.18 所列。

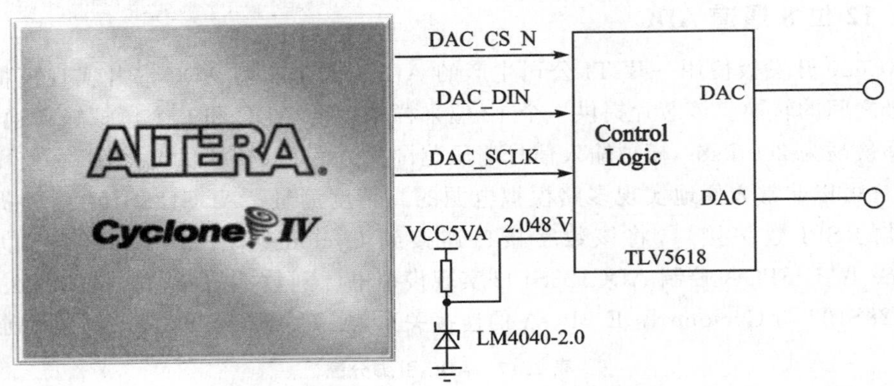

图 2.20　TLV5618 与 Cyclone Ⅳ E FPGA 连接关系示例

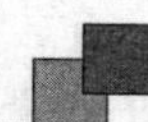

表 2.18　DAC 引脚分配

信号名称	FPGA 引脚
DAC_CS_N	PIN_E8
DAC_DIN	PIN_C8
DAC_SCLK	PIN_E7

19. 七段 8 位数码管

为了提供一种最简单直观的显示，AC620 开发板提供了一个七段 8 位共阳极数码管电路，为了减少对 FPGA 引脚资源的占用，AC620 开发板上的数码管采用串行移位寄存器芯片将串行数据转化为 16 位并行数据后进行驱动。Cyclone Ⅳ E FPGA 通过 3 根数据线，连接到两片级联的串行移位器芯片 74HC595 上，再由 74HC595 将每次 16 位串行的数据转化为 16 位并行的数据，分别用以驱动七段 8 位数码管的段选和位选。图 2.21 为 74HC595 与 Cyclone Ⅳ E FPGA 的连接关系，74HC595 数码管驱动电路引脚分配如表 2.19 所列。

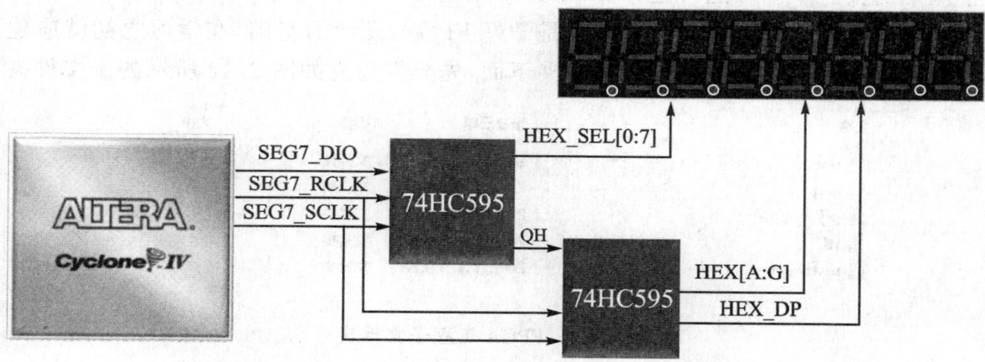

图 2.21　74HC595 与 Cyclone Ⅳ E FPGA 连接关系示例

表 2.19　74HC595 数码管驱动电路引脚分配

信号名称	FPGA 引脚
SEG7_SCLK	PIN_F6
SEG7_DIO	PIN_E6
SEG7_RCLK	PIN_B4

20. HDMI/DVI 输出

传统基于 VGA 接口的模拟视频信号在传输过程中存在着传输速率低、易受干扰等问题，在实际使用时，容易出现图像失真、拖影以及干扰条纹等情况。而基于 TMDS 编码的 HDMI/DVI 接口，由于采用高速差分数字编码传输方式，具有更强的抗干扰能力，现阶段已经逐步替代了 VGA 接口，成为了所有数字视频传输设备的标配接口。因此 AC620 开发板上也设计了一路 HDMI/DVI 输出接口，能够输出分辨率高达 1 280×720p 的图像。HDMI 电路引脚分配表如表 2.20 所列。

表 2.20 HDMI 电路引脚分配表

信号名称	FPGA 引脚	信号名称	FPGA 引脚
DVI_TX2_P	PIN_B16	DVI_TX0_P	PIN_C15
DVI_TX2_N	PIN_D16	DVI_TX0_N	PIN_A11
DVI_TX1_P	PIN_D15	DVI_CLK_P	PIN_F10
DVI_TX1_N	PIN_C16	DVI_CLK_N	PIN_F11

2.2 Intel FPGA 开发流程

科学合理的 FPGA 设计流程是为了更加直观地展示一个完整的设计流程，本节以一个基础的实验——二选一选择器，来介绍完整的 FPGA 设计开发流程。

良好的文件夹设置以及工程管理是学好 FPGA 设计的基础，在学习之初就应建立良好的习惯。因此在新建的工程文件夹下面，先分别建立如图 2.22 所示的子文件夹。

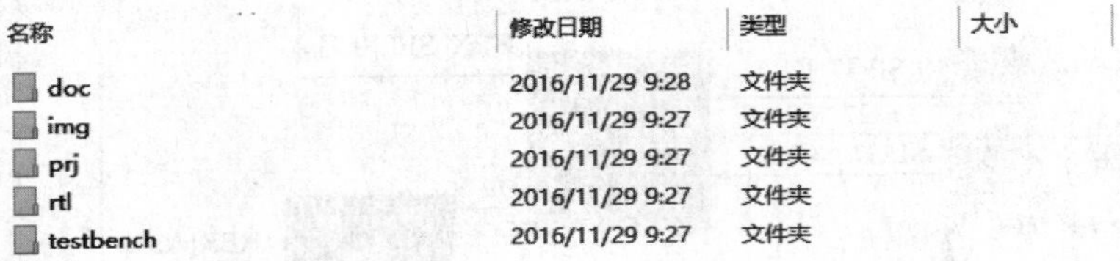

名称	修改日期	类型	大小
doc	2016/11/29 9:28	文件夹	
img	2016/11/29 9:27	文件夹	
prj	2016/11/29 9:27	文件夹	
rtl	2016/11/29 9:27	文件夹	
testbench	2016/11/29 9:27	文件夹	

图 2.22 FPGA 工程子文件夹

图 2.22 中，prj 为工程文件存放目录；rtl 为 Verilog 可综合代码存放目录；testbench 为测试文件存放目录；img 为设计相关图片存放目录；doc 为设计相关文档存放目录；prj 文件夹下还建立了子文件夹 ip，用于存放 Quartus Prime 中生成的 IP 核文件。

2.2.1 建立工程

在每个开发过程开始时都应建立一个 Quartus Prime 工程，Quartus Prime 以工程的方式对设计过程进行管理，Quartus Prime 工程包括创建 FPGA 配置文件需要的所有设置和设计文件。

打开安装好的 Quartus Prime 软件，软件启动界面及启动后的主界面如图 2.23 和图 2.24 所示。

第一步，单击 New Project Wizard 启动一个工程向导，会显示如图 2.25 所示的工程向导介绍，此处直接单击 Next 按钮即可。

图 2.23　Quartus Prime 启动界面

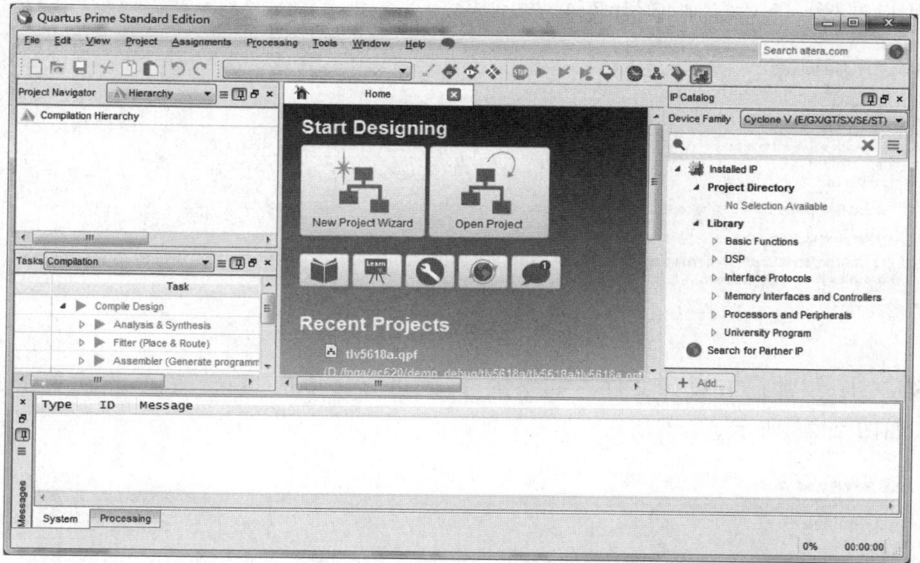

图 2.24　Quartus Prime 主界面

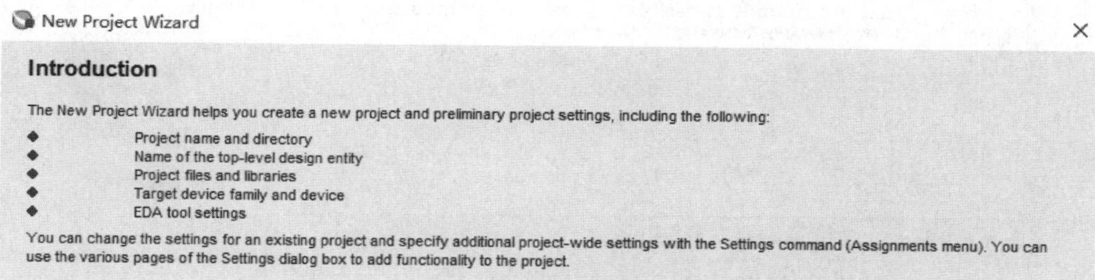

图 2.25　工程向导简介

第二步，选择新建工程所在路径、设置工程命名以及顶层设计实体名称。在输入顶层设计实体时默认与工程名称一致，此处可根据具体情况自行修改，如图 2.26 所示。

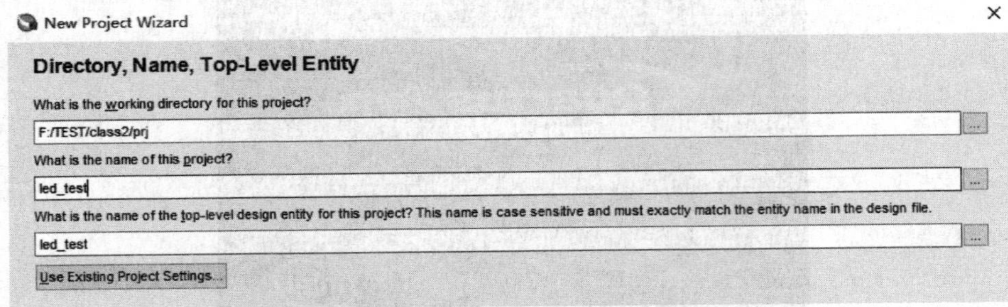

图 2.26　工程路径设置以及命名

选择工程类型时可以选择一个全空的工程，也可以基于现有的工程模版来实现。此处选择新建一个空的工程，如图 2.27 所示。

New Project Wizard

Project Type

Select the type of project to create.

Empty project

Create new project by specifying project files and libraries, target device family and device, and EDA tool settings.

Project template

Create a project from an existing design template. You can choose from design templates installed with the Quartus Prime software, or download design templates from the Design Store.

图 2.27　选择新建工程类型

第三步，添加已有设计文件。如果没有，则可直接单击 Next 按钮，本次单击 Next 按钮，如图 2.28 所示。

New Project Wizard

Add Files

Select the design files you want to include in the project. Click Add All to add all design files in the project directory to the project.

Note: you can always add design files to the project later.

File name:

File Name	Type	Library	Design Entry/Synthesis Tool	HDL Version

Add　Add All　Remove　Up　Down　Properties

Specify the path names of any non-default libraries.　User Libraries...

< Back　Next >　Finish　Cancel　Help

图 2.28　添加已有设计文件

第四步，选择器件。在这里选择芯路恒 FPGA 开发板上的 Cyclone Ⅳ E 系列的 EP4CE10F17C8。这里可在右边加粗框内通过添加限定条件来减少需要翻看器件的目录，如图 2.29 所示。

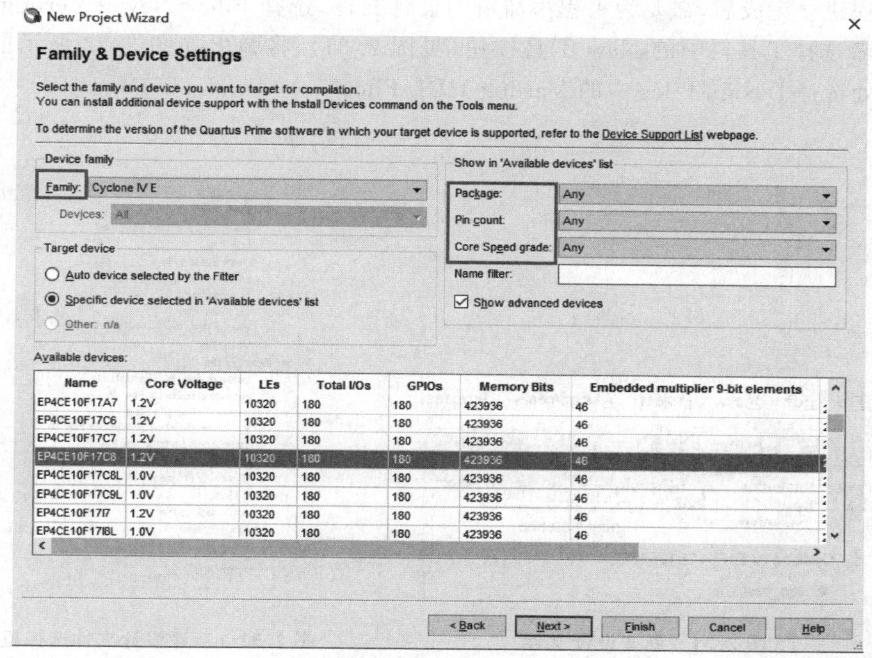

图 2.29　选择器件

第五步，EDA 工具的选择。从上至下依次是综合工具、仿真工具、形式验证工具以及板级工具，可根据实际情况自行选择。在这里根据自己的安装情况将仿真工具设置为 ModelSim - Altera 或者 ModelSim，语言选择 Verilog HDL，其他选项可暂时不做处理，如图 2.30 所示。

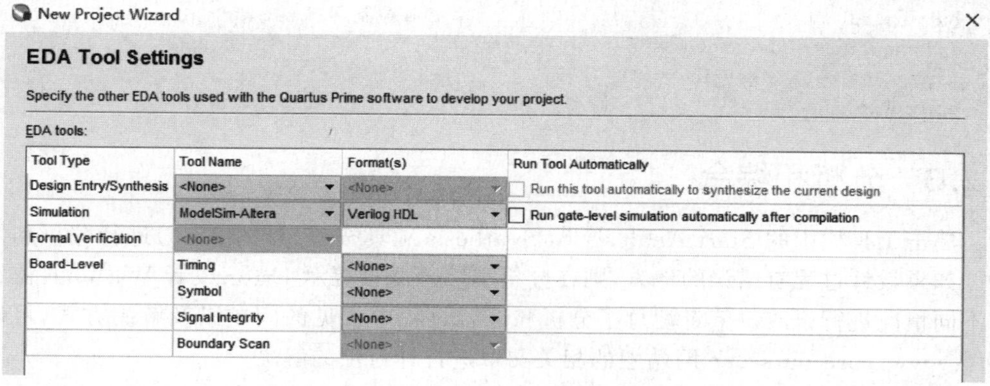

New Project Wizard

EDA Tool Settings

Specify the other EDA tools used with the Quartus Prime software to develop your project.

EDA tools:

Tool Type	Tool Name	Format(s)	Run Tool Automatically
Design Entry/Synthesis	<None>	<None>	Run this tool automatically to synthesize the current design
Simulation	ModelSim-Altera	Verilog HDL	Run gate-level simulation automatically after compilation
Formal Verification	<None>		
Board-Level	Timing	<None>	
	Symbol	<None>	
	Signal Integrity	<None>	
	Boundary Scan	<None>	

图 2.30　EDA 工具设定

第六步,单击 Finish 按钮完成工程的建立。

2.2.2 设计输入

工程建立完成后,需要为工程添加新的设计文件,选择 File→New→Verilog HDL File,或者选择工具栏中的 New 工具按钮(见图 2.31),将弹出如图 2.32 所示的选择框。此处选择 Design Files 中的 Verilog HDL File。

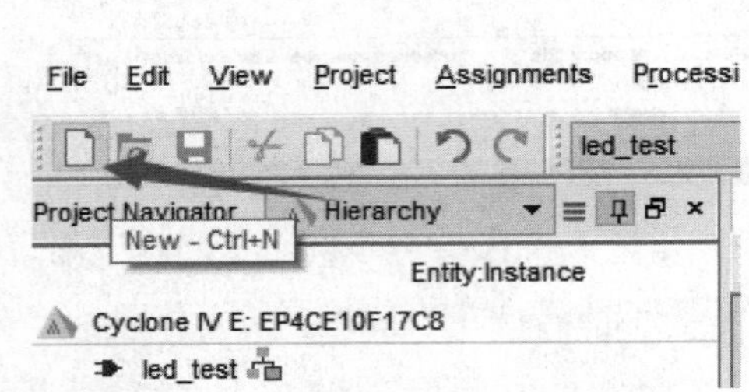

图 2.31 新建设计文件

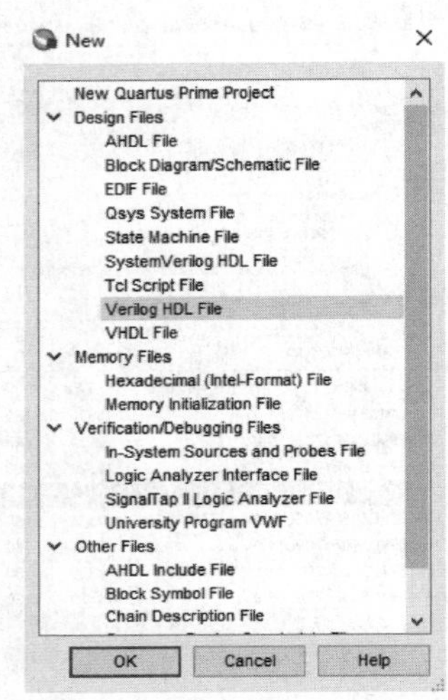

图 2.32 新建设计文件选择框

新的文件建立完成后,输入以下设计代码,并以 led_test.v 命名,保存到工程对应的 rtl 文件夹下。

```
module led_test(a,b,key_in,led_out);
input a;                                    //输入端口 A
input b;                                    //输入端口 B
input key_in;                               //按键输入,实现输入通道的选择
output led_out;                             //led 控制端口
//当 key_in == 0:led_out = a
assign led_out = (key_in == 0)? a :b;
endmodule
```

2.2.3 分析和综合

单击工具栏中的 Start Analysis & Synthesis 工具按钮(见图 2.33)进行分析和综合。如果设计过程有错误的地方,则在分析和综合后会提示 Error 或者 Warning,需针对不同情况进行修改。笔者汇总了分析和综合过程中常见的问题以及解决方式,可以参考 www.corecourse.cn 网站上的相关文章进行针对性的解决。

全编译后可以在 RTL Viewer 中看到图 2.34 所示的硬件逻辑电路,即一个二选一选择器,符合设计预期。

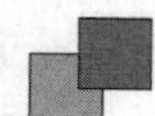

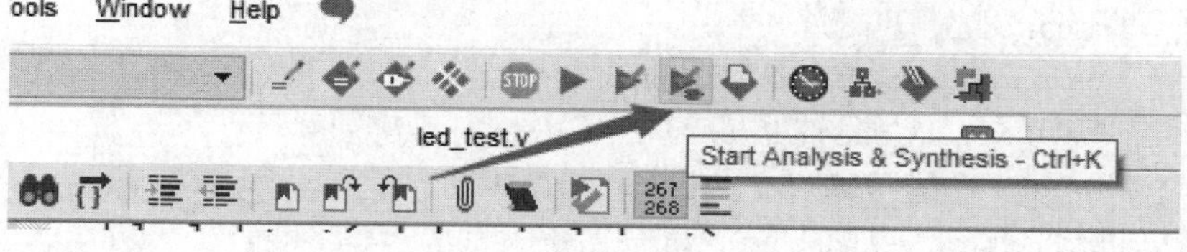

图 2.33　分析和综合

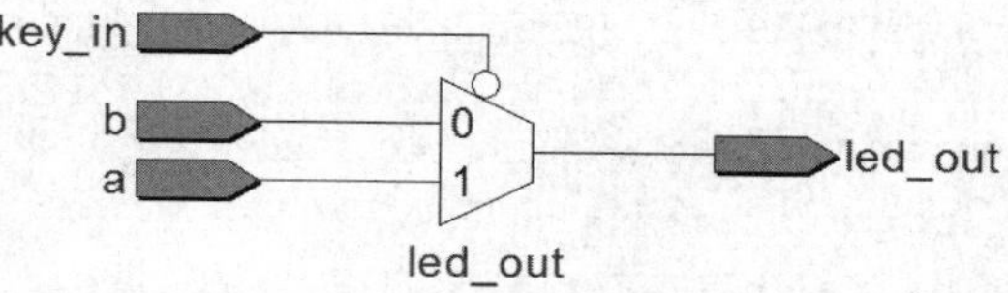

图 2.34　RTL Viewer/硬件逻辑电路

2.2.4　功能仿真

1. 编写测试激励文件

为了验证以上逻辑设计是否成功,在直接下载到开发板观察现象之前需编写激励文件,此处再新建一个.v 文件并输入以下内容,以 led_test_tb.v 保存到工程对应的 testbench 文件夹下,并再次进行分析和综合查看是否存在语法设计错误。程序代码如下:

```
`timescale 1ns/1ps

module led_test_tb;

//激励信号定义,对应连接到待测试模块的输入端口
    reg signal_a;
    reg signal_b;
    reg signal_c;

//待检测信号定义,对应连接到待测试模块的输出端口
    wire led;

//例化待测试模块
    led_test led_test0(
        .a(signal_a),
        .b(signal_b),
        .key_in(signal_c),
        .led_out(led)
    );

//产生激励
    initial begin
        signal_a = 0;signal_b = 0;signal_c = 0;
        #100;//延时 100 ns
```

```
            signal_a = 0;signal_b = 0;signal_c = 1;
            #100;
            signal_a = 0;signal_b = 1;signal_c = 0;
            #100;
            signal_a = 0;signal_b = 1;signal_c = 1;
            #100;
            signal_a = 1;signal_b = 0;signal_c = 0;
            #100;
            signal_a = 1;signal_b = 0;signal_c = 1;
            #100;
            signal_a = 1;signal_b = 1;signal_c = 0;
            #100;
            signal_a = 1;signal_b = 1;signal_c = 1;
            #200;
            $stop;
        end

    endmodule
```

2. 设置仿真脚本

单击标题栏的 Assignments→Settings→Simulation，查看仿真工具以及语言是否与之前的设置一致，如不一致则根据实际使用情况进行相应的修改，如图 2.35 所示。选中 Compile test bench 单选按钮，然后单击 Test Benches 按钮，最后单击 OK 按钮，

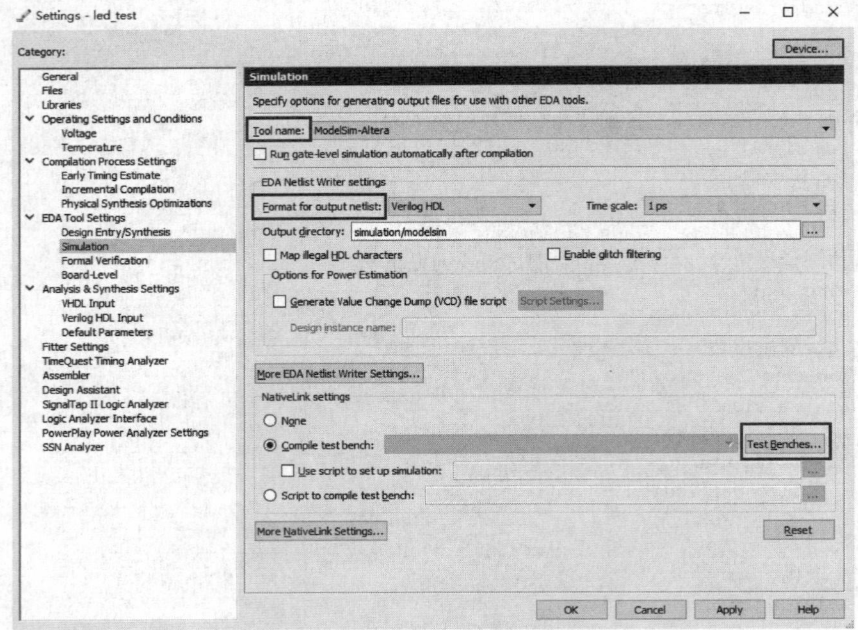

图 2.35　仿真脚本设置

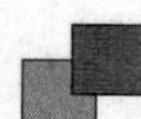

可以看到如图 2.36 所示界面。

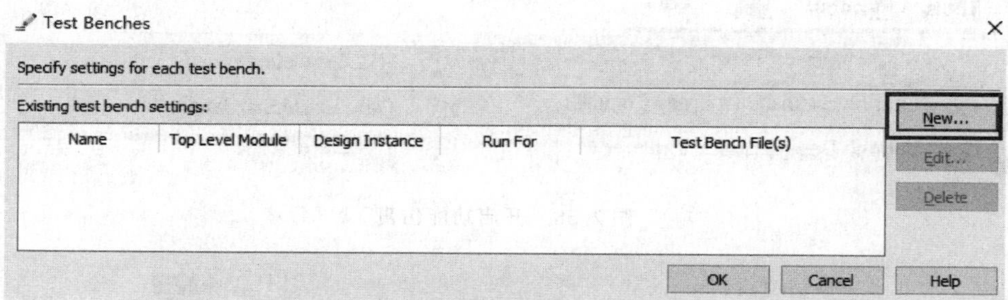

图 2.36　新建激励

单击 New 按钮，弹出如图 2.37 所示的 New Test Bench Settings 对话框，找到已经编写好的激励文件，单击 Add 按钮。在 Test bench name 中填写对应的激励名称，单击 OK 按钮后回到主界面。

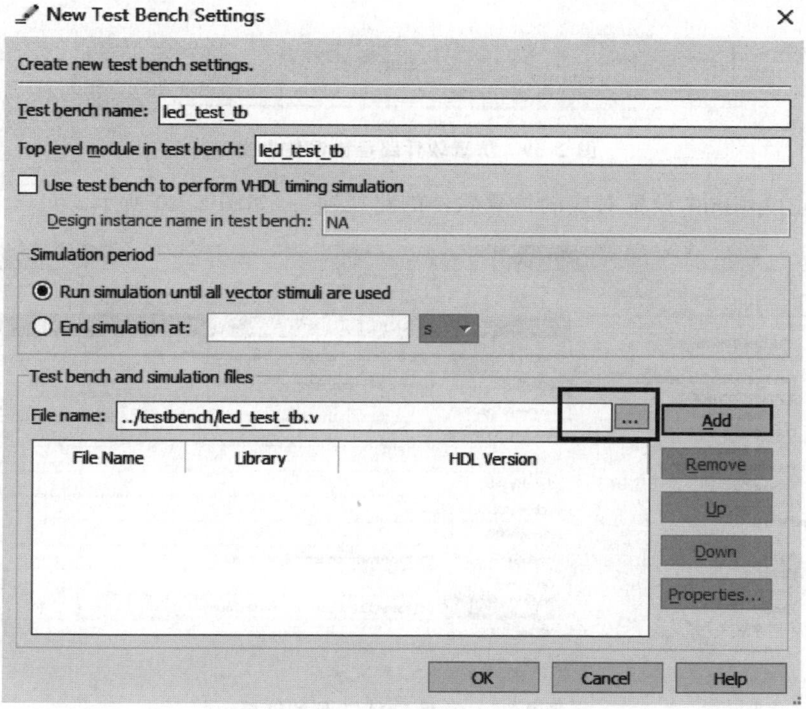

图 2.37　测试激励设置

3. 启动仿真

选择 Tools→Run Simulation Tool→RTL Simulation 进行前仿真，也就是常说的功能仿真，如图 2.38 所示。

如出现图 2.39 所示的对话框，即仿真软件路径报错，则选择 Tools→Options→

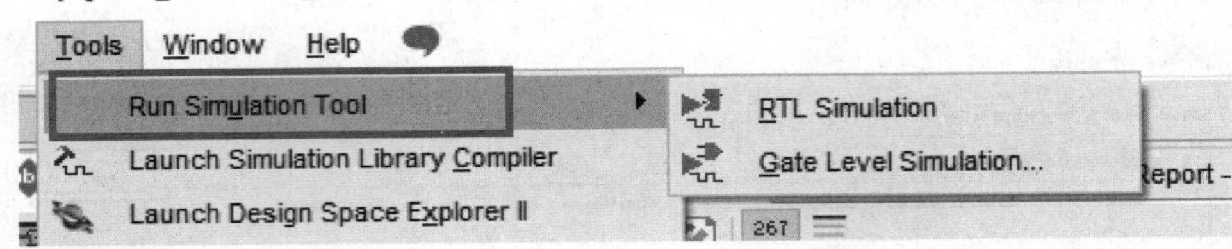

图 2.38　开启功能仿真

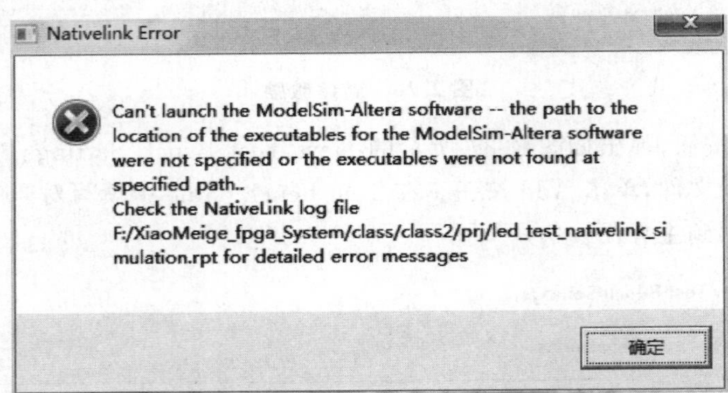

图 2.39　仿真软件路径错误信息提示

EDA Tool Options，设置对应的仿真软件的路径即可，如图 2.40 所示。

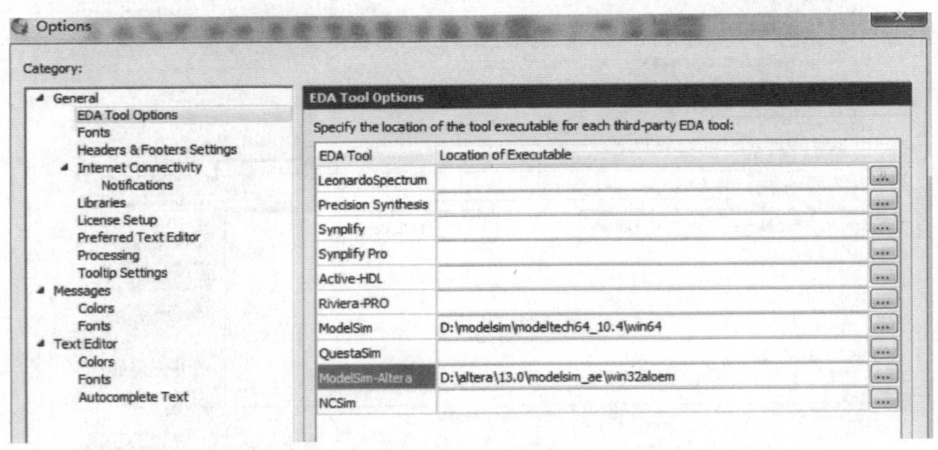

图 2.40　设置 EDA 工具的链接

4. 仿真结果分析

至此，即可在仿真软件 ModelSim 中看到如图 2.41 所示的波形文件，可以看出符合设计预期。当 key_in 等于 0 时，led_out 等于 a；当 key_in 等于 1 时，led_out 等于 b，即功能仿真通过。

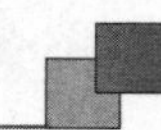

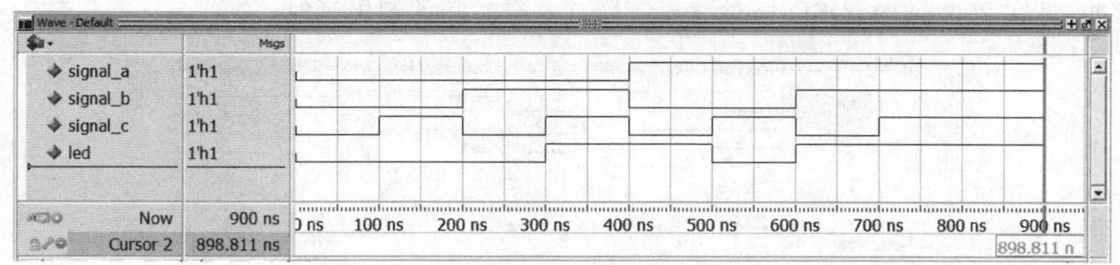

图 2.41 功能仿真波形

如果没有出现预期波形，则可针对具体问题具体分析，笔者也汇总了一部分在功能仿真过程中常见的问题及解决办法，此部分的详细内容可参考 www.corecourse.cn 网站上的相关文章进行针对性的解决。

2.2.5 综合与布局布线

单击 Quartus Prime 主界面的 Start Compilation 工具按钮(见图 2.42)，进行综合与布局布线。如果在布局布线过程中出错，则应根据编译错误信息具体修改。

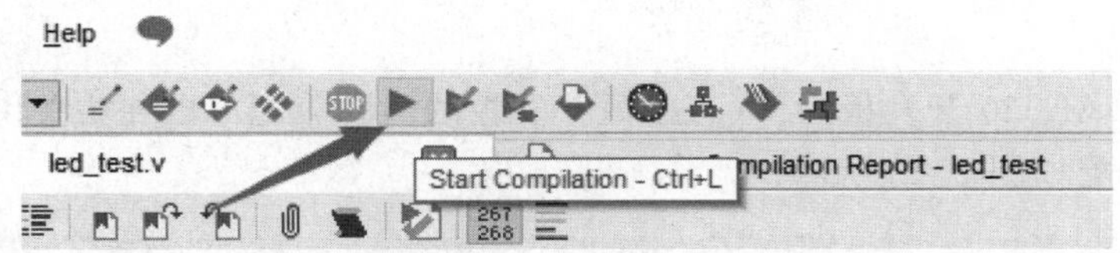

图 2.42 布局布线

2.2.6 时序仿真

选择 Tools→Run Simulation Tool→Gate Leval Simulation 或者在工具栏中单击 Gate Leval Simulation 进行后仿真，也就是门级仿真。

在弹出的选择时序模型对话框中，可针对相应情况具体选择。此时可选择第一个时序模型：慢速工作、环境温度为 85 ℃、内核供电 1.2 V 的情况进行仿真，如图 2.43 所示。

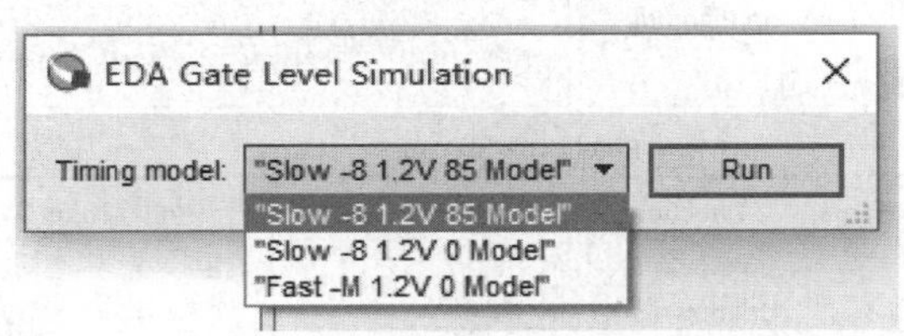

图 2.43 仿真模型设置

时序仿真完成后，可以在 ModelSim 的波形窗口中看到如图 2.44 所示的时序仿真波形。从波形中可发现其与之前的功能仿真相比有了一些差异，如：存在不希望存在的脉冲，且在 200 ns 时，LED 相对输入信号有一定时间的逻辑延时。

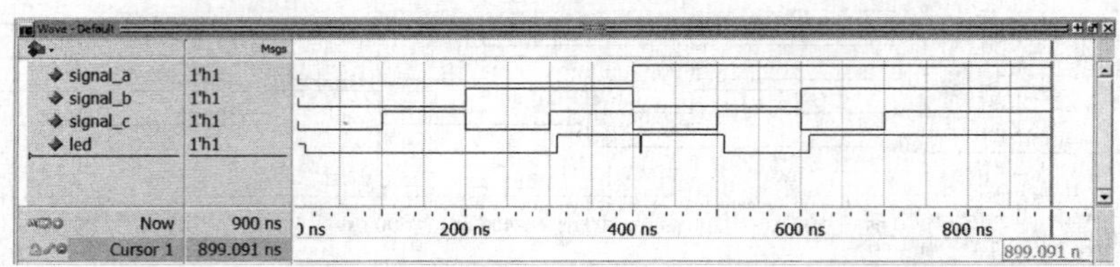

图 2.44　时序仿真波形

2.2.7　I/O 分配以及生成配置文件

I/O 分配方法不唯一，常用的有三种。在菜单栏中选择 Assignments→Pin Planner 或者直接单击工具栏的 Pin Planner 工具按钮（见图 2.45）进行 I/O 分配，同时也可通过编写 Tcl 文件的方式来实现引脚分配。此处需针对不同板卡进行不同的设置。

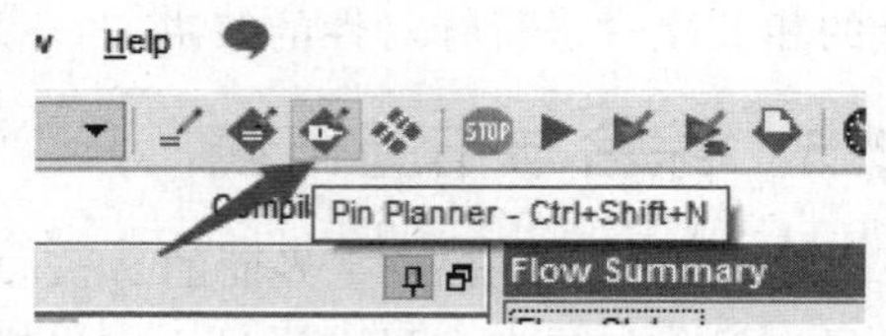

图 2.45　Pin Planner

以芯路恒 AC620 开发板为例（芯路恒开发板的引脚分配可以在相关网址中查到），最终的引脚分配如图 2.46 所示。

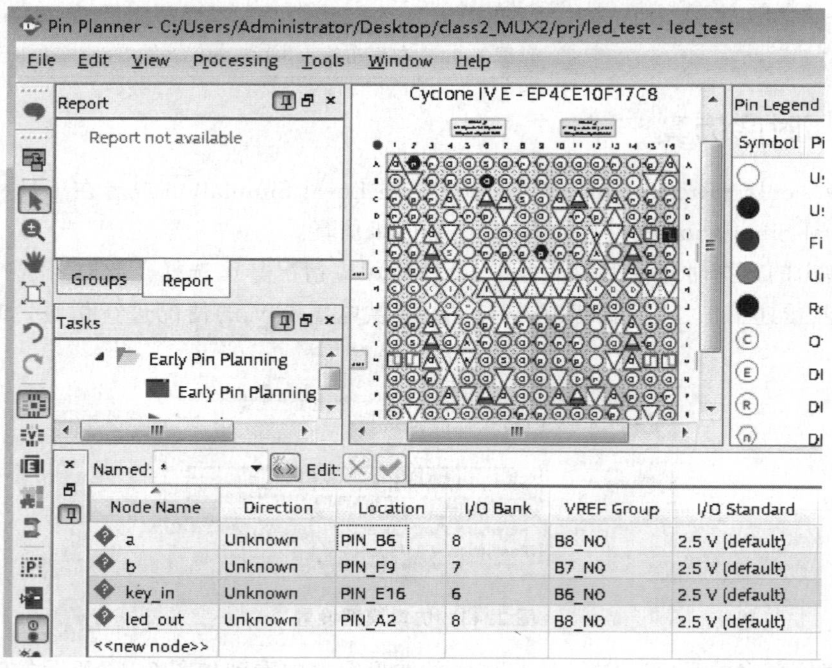

图 2.46　分配好的引脚

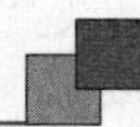

此处需注意，在分配好引脚后，仍需再进行一次全编译才能使引脚分配生效。

2.2.8　配置 FPGA 下载

单击工具栏中的 Programmer 工具按钮（见图 2.47），弹出如图 2.48 所示界面。确认连接好下载器并在 Hardware Setup 中选中 USB－Blaster 以及被下载的.sof 文件后，单击 Start 按钮即可将设计好的逻辑电路下载到开发板中。

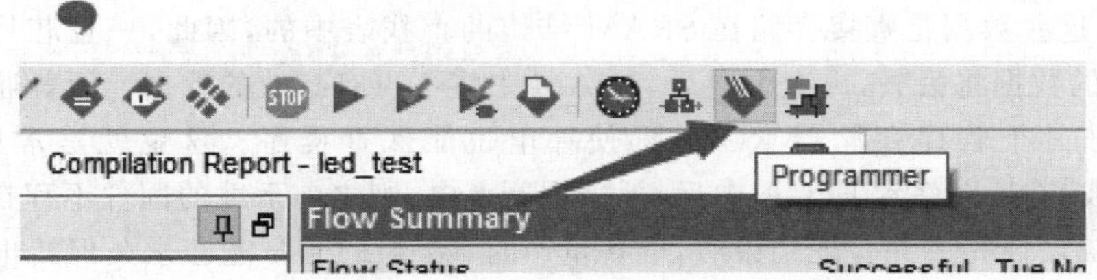

图 2.47　程序下载

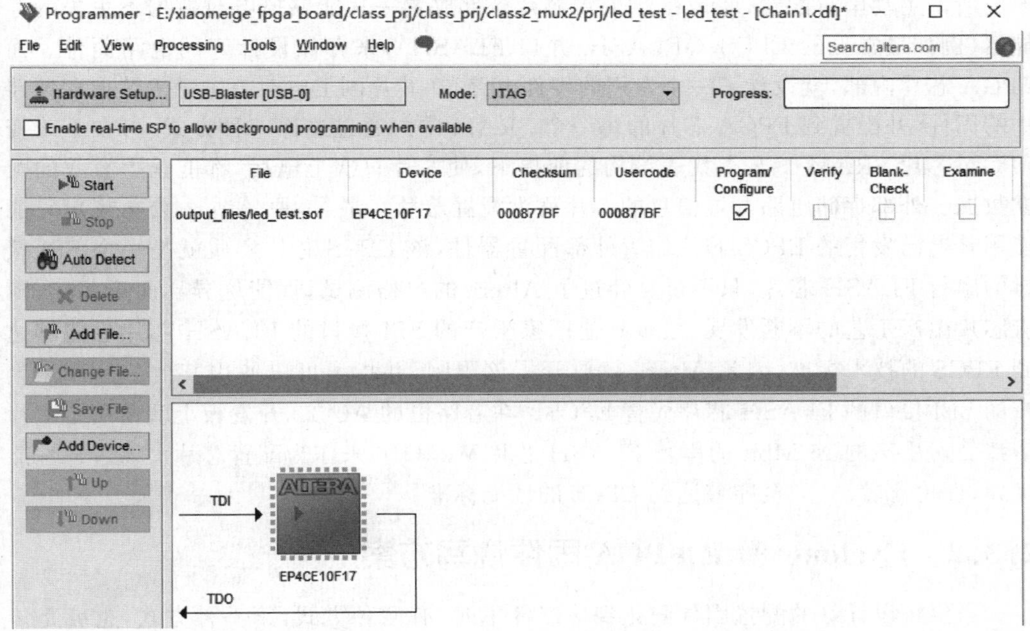

图 2.48　下载界面

通过按键以及两根杜邦线控制 P2 插接件下方的 GPIO0(R1)以及 GPIO1(P2)接入不同的电平值，可以观测到 LED 灯(LED0)具有不同的亮灭效果。

2.3 FPGA 设计的烧写与投产

2.3.1 FPGA 固件存储方案

Intel 或 Xilinx 的 FPGA 芯片,使用的是基于 SRAM 结构的查找表,而 SRAM 的一大特性就是掉电数据会丢失,当使用 JTAG 将 SRAM 配置文件(.sof)配置到 FPGA 芯片中后,这些数据是直接存储在 SRAM 结构的查找表中的,因此,一旦芯片掉电,则 SRAM 中的数据将丢失,再次上电后,SRAM 中将不再有有效的数据。而普通的 MCU 内部集成了片上程序存储器 ROM,即使掉电也能保存程序。这也就是常见的使用 JTAG 下载 SOF 固件到 FPGA 中后,板子重新上电,则之前下载的固件不存在的原因。

当系统设计完成并验证结束后,准备量产时,希望 FPGA 能够永久保持电路固件,即让 FPGA 上电后其查找表中就写入有效的数据,而不是每次系统上电后就用 JTAG 去下载一次程序固件。因此,FPGA 支持另外一种配置方式:主动串行配置(AS)。

所谓主动串行配置,就是在 FPGA 芯片外部放置一片能够掉电时数据不丢失的存储器(例如最常见的 EPCS、QFLASH、并口 FLASH),来存储设计好的电路固件。而 FPGA 芯片内部,就设计了一个专用的硬件电路,在芯片刚上电时就主动去读取存储器中的固件,并配置到 FPGA 芯片的每一个 SRAM 中。通过这样一种方式,可在不改变 FPGA 芯片 SRAM 工艺查找表结构的前提下,使芯片每次上电后,都能获得有效的配置数据。外部存储电路配置信息的芯片称为配置芯片。最早,原 Altera 公司规定只能使用其自己发售的 EPCS 芯片作为外部配置器件,该 EPCS 芯片实质就是一个 SPI 接口的串行 FLASH 芯片,只不过是经过了 Altera 的严格测试,性能优异。而近些年,随着芯片生产工艺的不断发展,很多其他厂家生产的 SPI 接口的 FLASH 芯片也能够达到 EPCS 的技术标准,因此 Altera 就放开了该限制,并指出可以使用其他芯片厂家生产的 SPI 接口的 FLASH 芯片代替 EPCS。在芯路恒的 AC620 开发板上就使用了一片华邦公司生产的 16 Mbit 的串行 FLASH 芯片 W25Q16 来作为配置芯片。该芯片性能优异,性价比较高,完全能够达到 EPCS 的性能标准。

2.3.2 Cyclone Ⅳ E FPGA 固件烧写方案

当要将设计好的配置固件固化到该器件中时,有两种方式:第一种方式,也就是传统的方式,是使用专用的 AS 接口(与 JTAG 10 针接口独立)直接烧写该配置芯片,该种方式需要在电路板上设置一个独立的 AS 接口,占用 PCB 板面积较大,使用起来不方便;第二种方式,也是现在流行的方式,即通过 JTAG 接口,经 FPGA 芯片间接烧写配置芯片,其电路如图 2.49 所示。AC620 开发板没有做独立的 AS 接口,因此只支持第二种烧写方式。

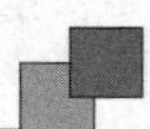

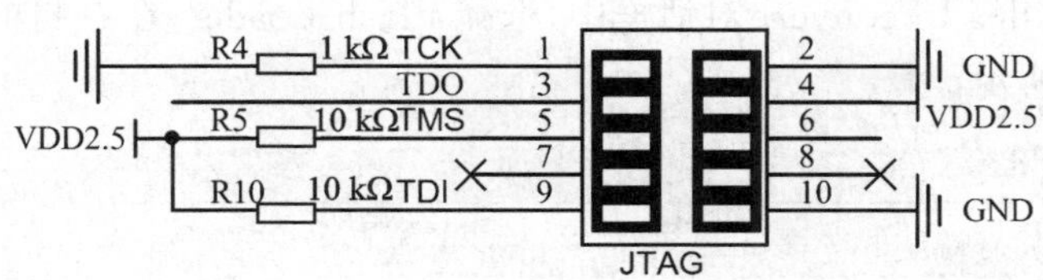

图 2.49 JTAG 接口电路图

2.3.3 烧写文件 JIC 的产生

下面对第二种烧写方式以一个实际例子来进行讲解说明。

① 打开希望固化的 FPGA 设计工程,此处以本节的工程为例。

② 在 Quartus Prime 软件中选择 File→Convert Programming Files,如图 2.50 所示。

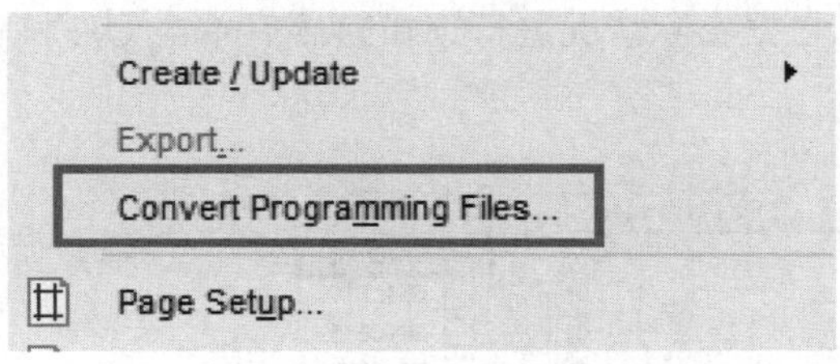

图 2.50 启动 Convert Programming Files

③ 在弹出的窗口中(见图 2.51),Programming file type 选择 JTAG Indirect Configuration File(.jic);Mode 选择 Active Serial;Configuration device 选择 EPCS16;File name 默认是 output_file.jic,这里为养成良好的习惯,将其改成工程名字:led_test.jic。

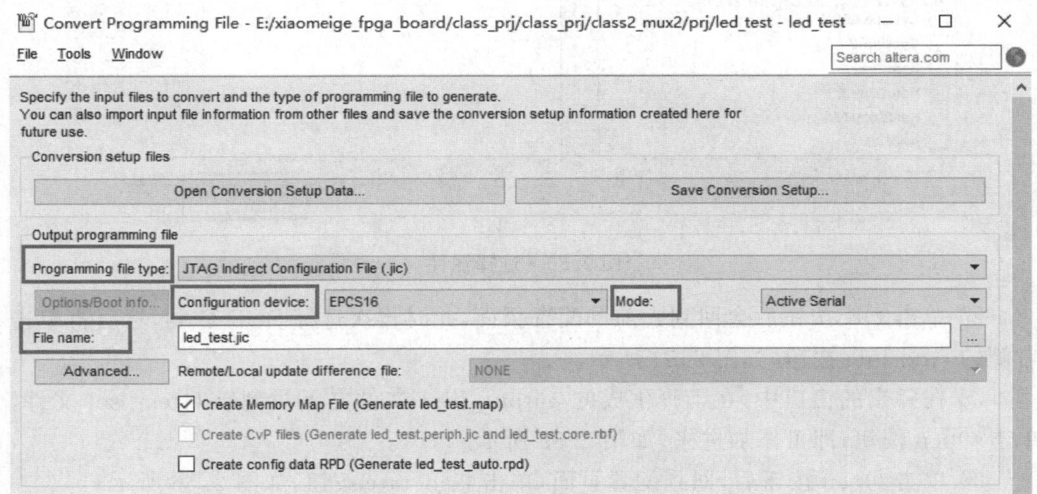

图 2.51 转换配置

④ 在 Input files to convert 对话框中，选择 Flash Loader，在右侧单击 Add Device 按钮，如图 2.52 所示。

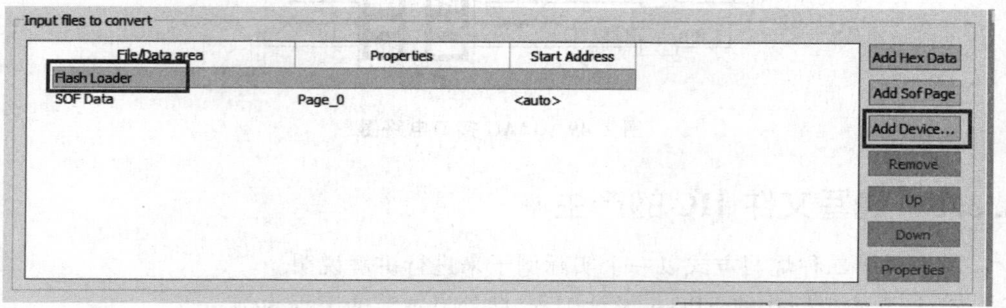

图 2.52 转换选项

⑤ 在弹出的选项卡中，选择 Cyclone Ⅳ E 下的 EP4CE10(AC620 开发板上的芯片为 EP4CE10F17C8，可根据实际情况进行选择)，然后单击 OK 按钮，如图 2.53 所示。

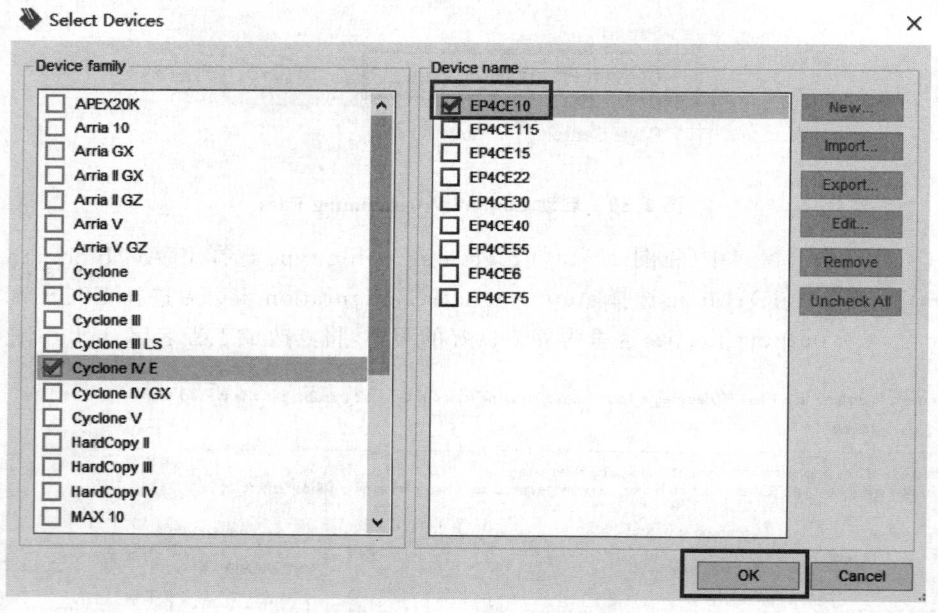

图 2.53 选择器件

⑥ 单击 OK 按钮后会回到先前的配置页面，此时再次选择 SOF Data，然后再单击右侧的 Add File 按钮，如图 2.54 所示。

⑦ 在弹出的窗口中，在工程生成的 output_files 文件夹下找到 led_test. sof 文件，单击 Open 按钮，即可添加进来，如图 2.55 所示。

⑧ 单击 Open 按钮后，回到配置页面，单击 Generate 按钮，如图 2.56 所示。

⑨ 单击 Generate 按钮后，软件开始转换文件，转换成功后会弹出成功提示窗口，

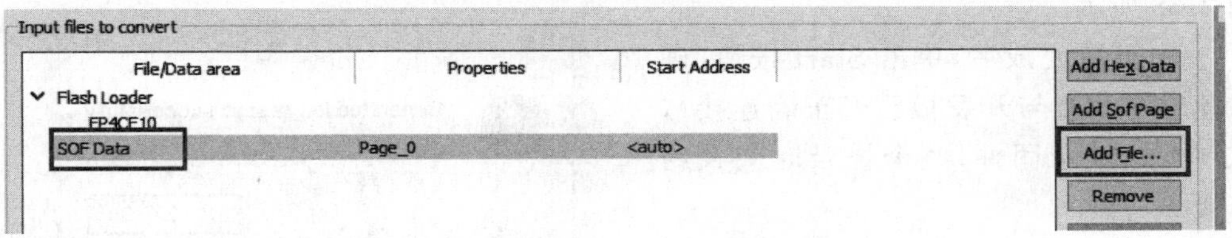

图 2.54　添加需要转换的 sof 文件(1)

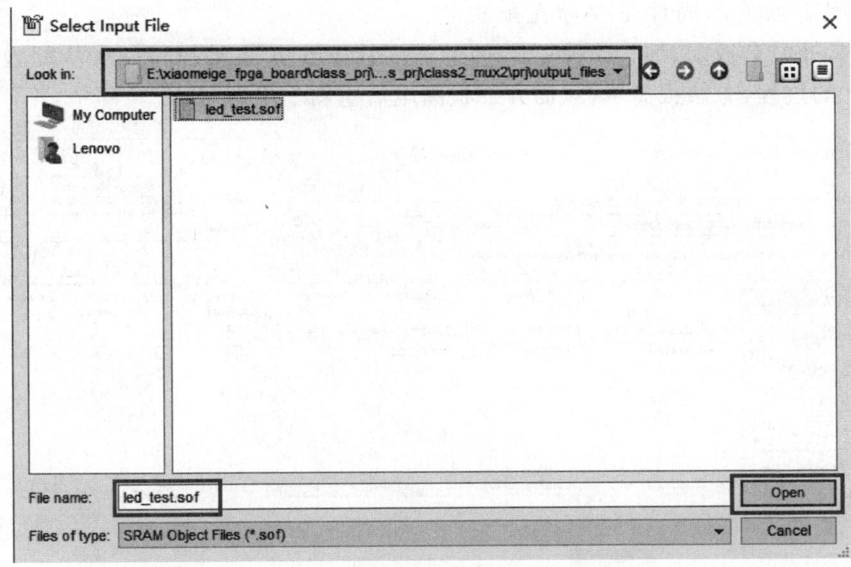

图 2.55　添加需要转换的 sof 文件(2)

图 2.56　生成 jic 文件

如图 2.57 所示。

⑩ 单击 OK 按钮，然后关闭窗口。

⑪ 打开 Quartus Prime 中的下载工具 Programmer，将原有的 sof 文件移出，单击 Add Files 按钮重新添加 Output Files 文件夹下的 led_test.jic 文件，勾选 Program/Configure，如

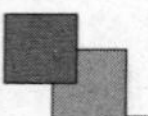

图 2.58 所示。

⑫ 设置完成后，单击 Start 按钮（确保此时下载器与开发板已经正确连接），软件开始烧录固件，整个烧录时间大约需要 20 s。

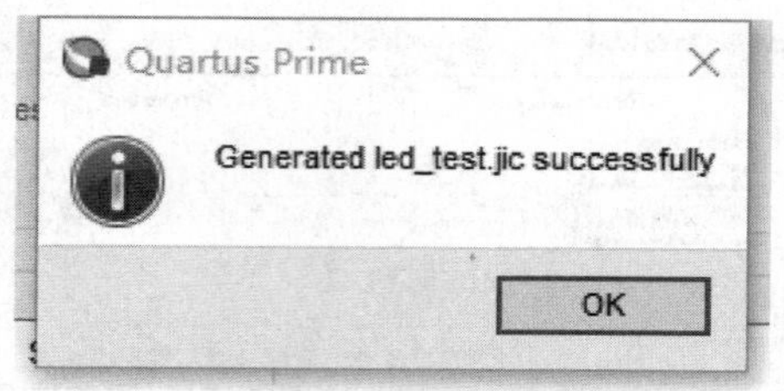

图 2.57　成功生成 jic 文件

烧录完成后，固件已经保存在了配置芯片中，但是此时 FPGA 还不能运行该固件，因为当前的固件是存储在配置芯片中的，并没有被配置到 FPGA 中，因此需要让 FPGA 主动执行一次从配置芯片中配置固件的过程，方法很简单，只需开发板断电后重新上电即可。

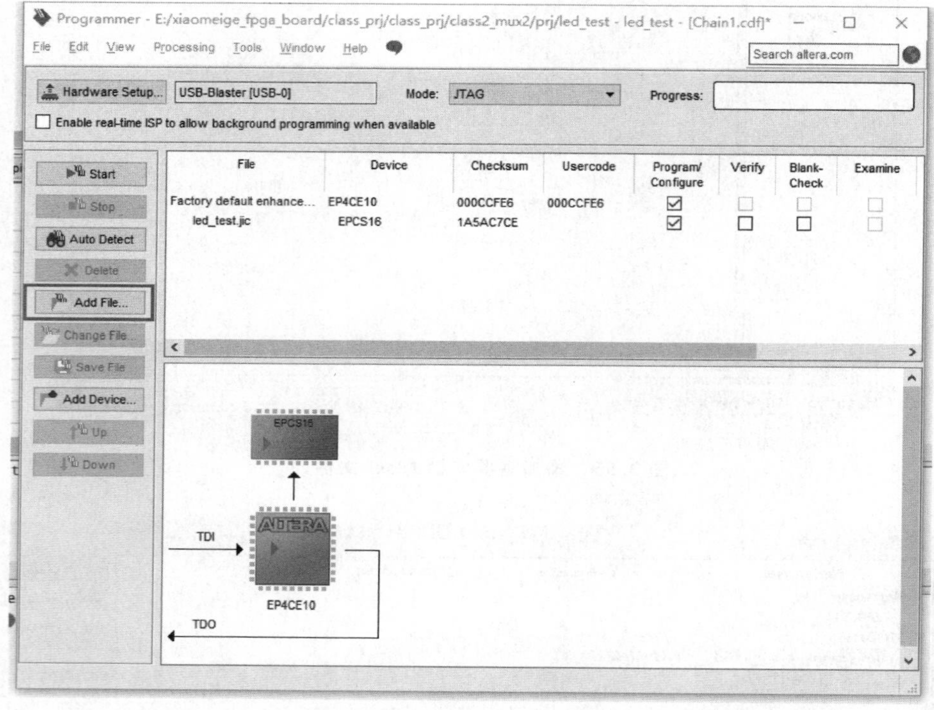

图 2.58　下载 jic 文件

此时，使用杜邦线分别接触不同的电平值，就可以看到 LED 的状态发生变化。断电再上电，固件依旧保持，整个程序固化工作完成。

至此一个基本的 FPGA 设计开发流程介绍完毕，在后面的章节中我们会继续介绍有关 FPGA 开发流程中更多的细节问题。

第 3 章 FPGA 基本数字逻辑设计

本章导读：

FPGA 系统设计中的基本电路类型包括组合逻辑电路和时序逻辑电路，这两种类型的电路可描述各种基本的功能单元电路。任何一个大的、综合性的项目也都是由各种基本的功能单元组成的，如计数器、多路选择器。在设计思路上，无论是简单的还是复杂的代码，都是通过一些常见的设计思路实现的。本章将以一系列具体的实例，介绍 FPGA 中各种常见功能电路的设计，并重点强调仿真验证的思维。读者如果能够按照本章中各小节的实验指导自行完成实验内容，就会在设计思想和验证方法上有较大的进步。

3.1 组合逻辑电路设计——译码器

在数字电路中可以根据电路功能的不同分为：组合逻辑电路与时序逻辑电路。组合逻辑电路在逻辑功能上的特点是任意时刻的输出仅取决于该时刻的输入，与电路原来的状态无关。而时序逻辑电路从电路特征上来看，其特点为任意时刻的输出不仅取决于该时刻的输入，而且还和电路原来的状态有关。组合逻辑电路在电路结构上，不涉及对信号跳变沿的处理，无存储电路，也没有反馈电路，通常可以通过真值表的形式表达出来。时序逻辑电路在电路结构上，不管输入如何变化，仅当时钟的沿（上升沿或下降沿）到达时，才有可能使输出发生变化。

本节中将通过一个组合逻辑电路的设计再次熟悉 Quartus Prime 工程的建立以及完整的 FPGA 开发流程，并以译码器为例学习简单的组合逻辑电路设计。

3.1.1 译码器工作原理

译码器（Decoder）是一种多输入多输出的组合逻辑电路，负责将二进制代码翻译为特定的对象（如逻辑电平等），功能与编码器相反。译码器一般分为通用译码器和数字显示译码器两大类。本节设计的是通用译码器，数字显示译码器会在数码管驱动设计中进行详细介绍。

以 3－8 译码器为例，即将 3 种输入状态翻译成 8 种输出状态，其真值表如表 3.1 所列，其中 a、b、c 为数据输入，out 为数据输出。在 MCU 应用中，如果需要保证在一定速度下实现此功能，则一般选取外挂一片 74HC38 或者 74LS38 等独立芯片，但 FPGA 提供了一个完整的想象以及实现空间，仅靠其自身即可实现设计要求。

表 3.1　3－8 译码器真值表

a	b	c	out
0	0	0	0000_0001b
0	0	1	0000_0010b
0	1	0	0000_0100b
0	1	1	0000_1000b
1	0	0	0001_0000b
1	0	1	0010_0000b
1	1	0	0100_0000b
1	1	1	1000_0000b

3.1.2　译码器 Verilog 实现

在建立好工程子文件夹后，新建一个以名为 decoder3_8 的工程，保存在 prj 下，并在本工程目录的 rtl 文件夹下新建 Verilog File 文件并以 decoder3_8.v 保存。

```
module decoder3_8(
        a,
        b,
        c,
        out);
    //代码部分见下
endmodule
```

根据表 3.1 所列的真值表可以看出，3－8 译码器模块有 a、b、c 三个输入端以及一个 8 bit 的输出端 out。这样就可以得出如图 3.1 所示的模块接口图以及表 3.2 所列的接口功能描述。

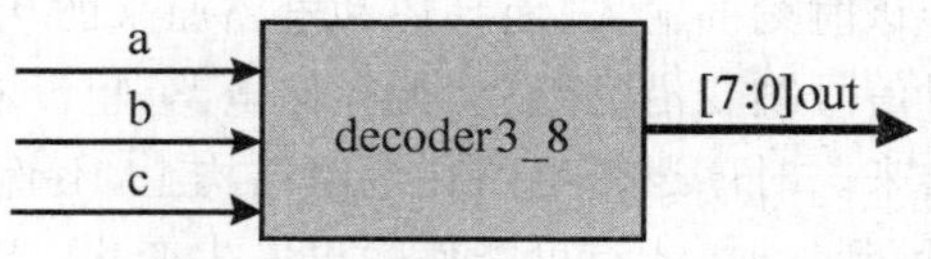

图 3.1　3－8 译码器模块接口图

表 3.2　译码器模块接口功能描述

接口名称	I/O	功能描述
a	I	数据输入端 a
b	I	数据输入端 b
c	I	数据输入端 c
out	O	数据输出端 out

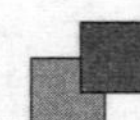

由表3.2可以得出如下的接口列表。对接口列表进行定义，代码如下：

```
input a;                    //输入端口a
input b;                    //输入端口b
input c;                    //输入端口c

output [7:0]out;            //输出端口
```

现在使用数据选择器来实现表3.1的功能。由于此处已经将case中的所有情况穷举，因此可以不用书写default。“{}”为位拼接操作符，always@()这条语句的括号内为敏感信号列表。输出数据out在always块中赋值，再将其修改为reg类型，代码如下：

```
reg [7:0]out;
always@(a,b,c)begin
    case({a,b,c})
        3'b000:out = 8'b0000_0001;
        3'b001:out = 8'b0000_0010;
        3'b010:out = 8'b0000_0100;
        3'b011:out = 8'b0000_1000;
        3'b100:out = 8'b0001_0000;
        3'b101:out = 8'b0010_0000;
        3'b110:out = 8'b0100_0000;
        3'b111:out = 8'b1000_0000;
    endcase
end
```

3.1.3　激励创建及仿真测试

将上面的设计内容进行分析和综合直至没有错误以及警告。

为测试仿真编写测试激励文件，新建decoder3_8_tb.v文件保存到testbench文件夹下。

```
module decoder3_8_tb;
    //具体设计见下
endmodule
```

首先设置仿真时间单位以及仿真精度，格式为：`timescale 单位/精度。例如1 ns/100 ps，这样设置延时#100，就代表着延时100×1 ns，并且可以延时100.1 ns。如果想延时100.000 1 ns，则可以将仿真精度修改为1 fs。仿真精度越高，计算机所需要的仿真时间就越长，因此需要根据实际情况来进行定义。下面这种常用的书写方式就代表仿真时间单位为1 ns，仿真精度为1 ns，代码如下：

```
`timescale 1ns/1ns
```

要对decoder3_8.v进行仿真，就需要对其输入端口施加激励来观测输出端口的输出波形，与理论的输出波形进行对比，进而判断逻辑代码编写是否正确。端口声明如下，在待仿真文件中是输入类型的信号需要在仿真文件中设置为 reg 类型；在待仿真文件中是输出类型的信号需要在仿真文件中设置为 wire 类型。这样就有了下面的端口声明，代码如下：

```
reg a;
reg b;
reg c;
wire [7:0] out;
```

接下来，再将待测试文件例化到仿真文件中。有两种例化方式，第一种方式，即调用 decoder3_8 模块为 u1 元件名。这种例化方式代码显得简洁，但是要求在例化模块中的信号排列顺序要与被调用模块中的信号排列顺序严格一致。

```
decoder3_8 u1(a,b,c,out);
```

在实际工程中多采用的是第二种例化方式，即调用 decoder3_8 模块为 decoder3_8 元件名。这种例化方式代码略显复杂，但是信号的顺序可以随便变更，在较多接口的模块调用时不容易出错。此处可随意调整 a、b、c 或者 out 的顺序进行编译，代码如下：

```
decoder3_8 decoder3_8(
    .a(a),
    .b(b),
    .c(c),
    .out(out)
);
```

进行相关定义后，编写的任意组合状态的输入信号产生激励信号，代码如下：

```
initial begin
    a = 0;b = 0;c = 0;                //在 0 时刻三个输入均为 0
    #200;                             //经过 200 ns 的延时
    a = 0;b = 0;c = 1;                //在 200 ns 时输入信号的值
    #200;                             //又经过 200 ns 的延时
    a = 0;b = 1;c = 0;                //在 400 ns 时输入信号的值
    #200;                             //又经过 200 ns 的延时
    a = 0;b = 1;c = 1;                //在 600 ns 时输入信号的值
    #200;
    a = 1;b = 0;c = 0;
    #200;
    a = 1;b = 0;c = 1;
    #200;
    a = 1;b = 1;c = 0;
    #200;
    a = 1;b = 1;c = 1;
    #200;
    $stop;                            //停止仿真
end
```

再次进行分析和综合直至没有错误以及警告。

设置好仿真脚本后进行功能仿真，可以看到如图 3.2 所示的波形。首先可以看出

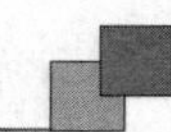

输入信号 a、b、c 每一时刻的状态与仿真文件中的赋值情况一致。再观察输出信号 out，发现当输入为 000b 时，输出为 0000_0001b；当输入为 001b 时，输出为 0000_0010b。可自行分析其他状态，最终得出逻辑代码符合既定的设计要求，至此功能仿真结束。

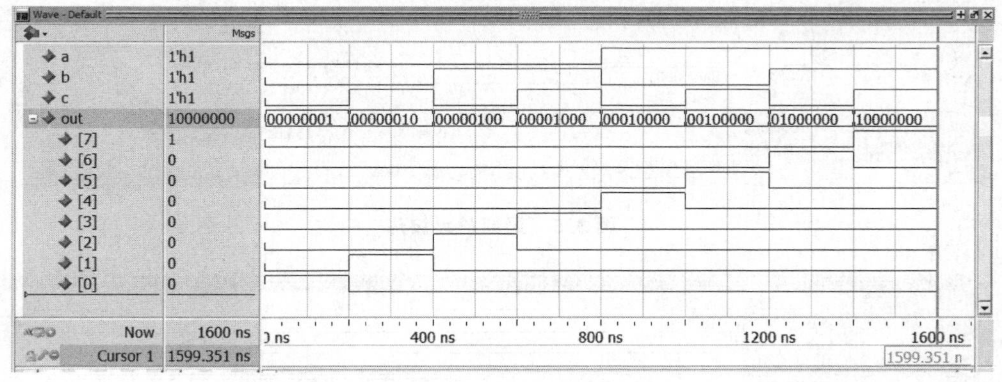

图 3.2　功能仿真波形

单击 RTL Viewer，可以看到如图 3.3 所示的电路结构，可以看出综合出来为 3 输入 8 输出的译码器模块，符合预期目的。接下来，进行全编译来实现布局布线，再进行后仿真也就是时序仿真。

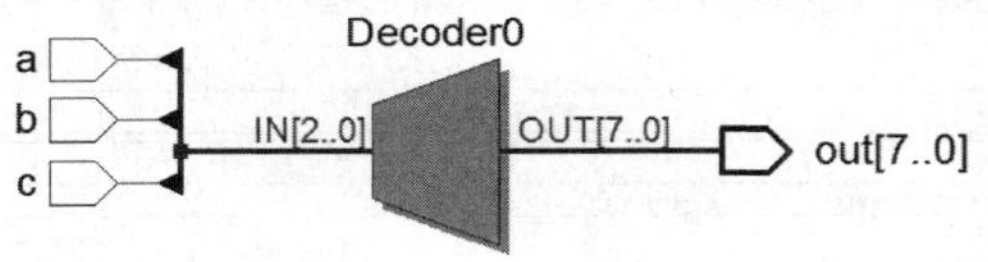

图 3.3　设计模块 RTL 视图

进行时序仿真，在图 3.4 中可以观察发现整体数据均存在一定的延迟现象，但功能依然符合设计要求。

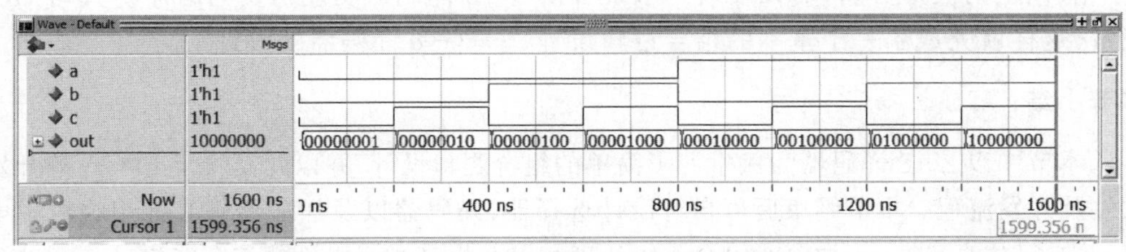

图 3.4　时序仿真波形

时序仿真局部波形如图 3.5 所示，放大 0 ns 处可得如图 3.6 和图 3.7 所示部分波形。可以看出，刚开始上电时由于输入数据需要等待一段时间才能到达输出端口，因此存在一定时间的未知态，并在 0000_0001b 到 0000_0010b 转换中出现了 0000_0011b（也可能是 0000_0000b）这一数据。这是由于门电路在上面两个状态转换中，其实际转换过程为 0000_0001b→0000_0011b→0000_0010b 或者 0000_0001b→0000_0000b→0000_0010b。对于转换过程中出现的错误数据,只能在后期进行数据筛选而没有办法避免。

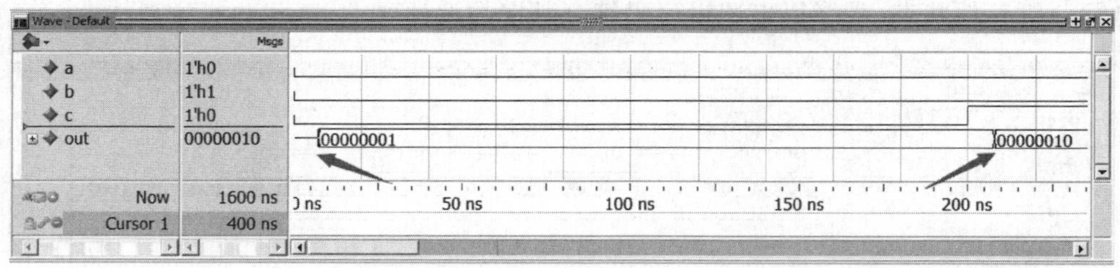

图 3.5 局部放大波形

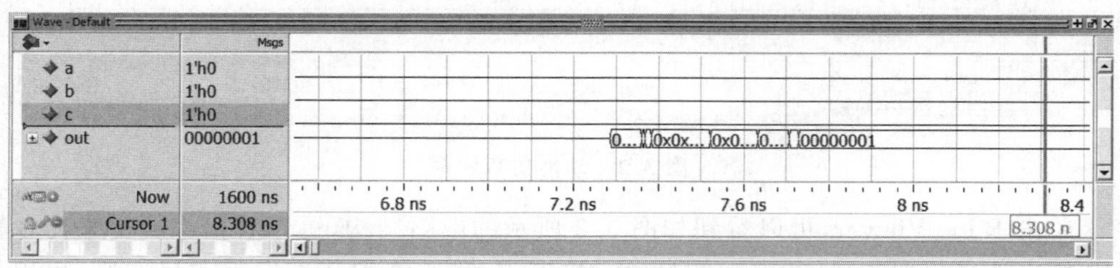

图 3.6 数据转换部分放大波形(1)

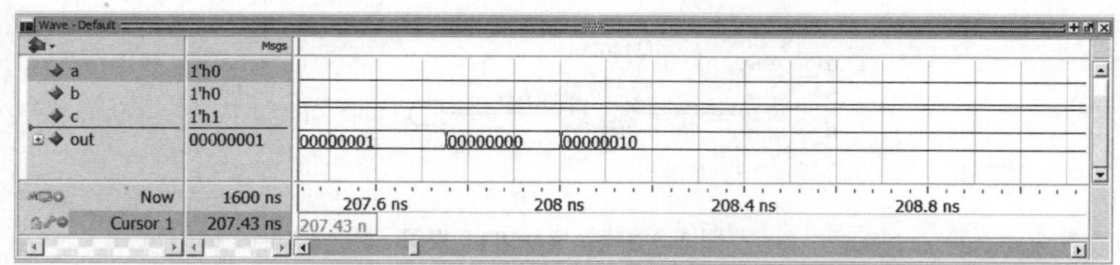

图 3.7 数据转换部分放大波形(2)

从以上的波形分析,可以发现本节设计的 3-8 译码器功能仿真与时序仿真均工作正常,这样就完成了一个基本的组合逻辑设计——3-8 译码器的设计。

本节小结:

本节中以 3-8 译码器为例学习了简单的组合逻辑设计,并以此复习了 FPGA 的开发软件及开发流程。本节结束后可自行设计选择器、译码器以及加法器等其他组合逻辑电路,并进行仿真,进一步加深对组合逻辑的理解以及提高激励文件的编写能力。

3.2 时序逻辑电路设计——计数器

时序逻辑电路是指电路任何时刻的稳态输出不仅取决于当前的输入,还与前一时刻输入形成的状态有关。这跟组合逻辑电路相反,组合逻辑的输出只会跟目前的输入

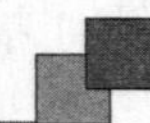

成一种函数关系。换句话说，时序逻辑含有储存元件来存储信息，而组合逻辑没有。

时序逻辑电路分为很多种，本节将以最常用的计数器为例学习简单的时序逻辑电路设计，并比较其与组合逻辑电路的区别。现设计一个计数器，使AC620开发板上的LED状态每500 ms翻转一次。学习板上的晶振为50 MHz，也就是说时钟周期为20 ns，这样可以计算得出500 ms即500 000 000 ns/20 ns=25 000 000，需要计数器计数25 000 000次，也就是需要一个至少25位的计数器（$2^{25}>25\ 000\ 000>2^{24}$），且每当计数次数达到需要时清零并重新计数。

3.2.1　计数器工作原理

计数器的核心元件是触发器，基本功能是对脉冲进行计数，其所能记忆脉冲的最大数目称为该计数器的模/值。计数器常用在分频、定时等处。计数器的种类很多，按照计数方式的不同，可以分为二进制计数器、十进制计数器以及任意进制计数器；按照触发器的时钟脉冲信号来源，可分为同步计数器与异步计数器；按照计数增减，可分为加法计数器、减法计数器以及可逆计数器。

Verilog HDL之所以被称为硬件电路描述语言，就是因为不是在类似C一样进行普通的编程，而是在编写一个实际的硬件电路，例如2.2节Intel FPGA开发流程中设计的一个二选一选择器，最后就是被综合成为一个真正的选择器。上面提到的计数器即由加法器、比较器、寄存器以及选择器构成，如图3.8所示。

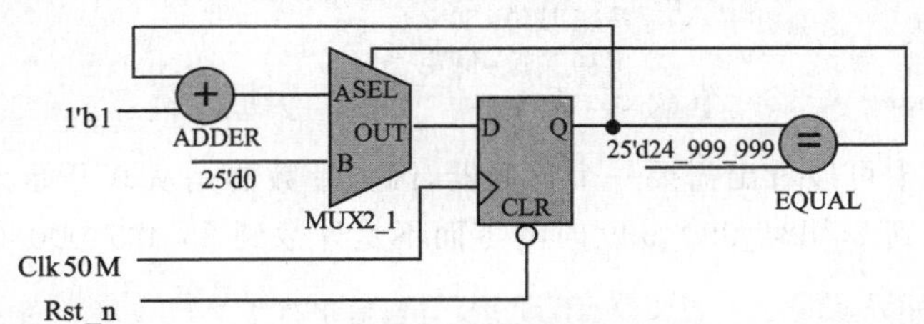

图3.8　计数器逻辑电路图

LED电路如图3.9所示，可以看出当控制端输出低电平时LED亮。这里只需要当计数器值计满后，翻转LED的控制端即可实现LED按照要求亮灭。

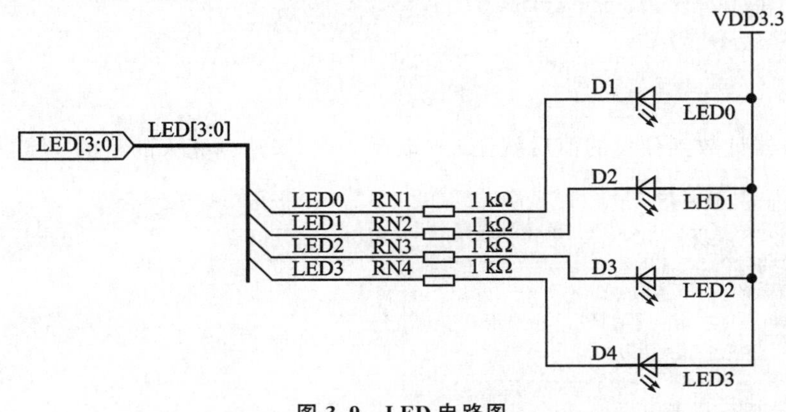

图3.9　LED电路图

3.2.2 计数器的 Verilog 实现

由上面的分析可以得出本设计的模块接口示意图如图 3.10 所示，其各端口的功能描述如表 3.3 所列。

图 3.10 计数器模块示意图

表 3.3 计数器模块端口功能描述

端口名称	I/O	端口功能描述
Clk50M	I	模块的工作时钟，频率为 50 MHz
Rst_n	I	模块复位，低电平复位
led	O	LED 控制端，输出低电平时 LED 灯亮

在建立好工程子文件夹后，新建一个名为 counter 的工程，保存在 prj 文件夹下，并在本工程目录下的 rtl 文件夹下新建 Verilog File 文件并以 counter. v 保存。

从图 3.10 以及表 3.3 分析可得出端口列表，代码如下：

```
input Clk50M;                    //系统时钟,50 MHz
input Rst_n;                     //全局复位,低电平复位
output reg led;                  //led 输出
```

从实验原理中可以看出需要一个计数器，因为计数器是从 0 开始计数而不是 1，因此在计数值计数到 25'd24_999_999 时清零而不是计数到 25'd25_000_000 时清零。

```
reg [24:0]cnt;                              //定义计数器寄存器
//计数器计数进程
always@(posedge Clk50M or negedge Rst_n)
if(Rst_n == 1'b0)
    cnt <= 25'd0;
else if(cnt == 25'd24_999_999)
    cnt <= 25'd0;
else
    cnt <= cnt + 1'b1;
```

当计数器计数到预设的值后就让 led 取反一次，来达到亮灭的目的。

```
//led 输出控制进程
    always@(posedge Clk50M or negedge Rst_n)
    if(Rst_n == 1'b0)
        led <= 1'b1;
    else if(cnt == 25'd24_999_999)
        led <= ~led;
    else
        led <= led;
```

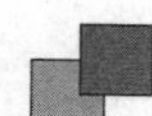

3.2.3　仿真及板级验证

将上面的设计内容进行分析和综合直至没有错误以及警告。

为了测试仿真编写测试激励文件，新建 counter_tb.v 文件并输入以下代码再次进行分析和综合直至没有错误以及警告，然后保存到 testbench 文件夹下。这里生成了一个周期为 20 ns 的时钟 clk，并且例化了需要测试的 counter.v。

```
`timescale 1ns/1ns
`define clock_period 20
module counter_tb;
    reg clk;
    reg rst_n;

    wire led;

    counter counter0(
        .Clk50M(clk),
        .Rst_n(rst_n),
        .led(led)
    );

    initial clk = 1;
    always #(`clock_period/2) clk = ~clk;

    initial begin
        rst_n = 1'b0;
        #(`clock_period * 200);
        rst_n = 1'b1;
        #2000000000;
        $stop;
    end

endmodule
```

设置好仿真脚本后进行功能仿真，可以看到如图 3.11 所示的波形文件，高低电平变化的时间均是 0.5 s 也就是 500 ms，符合既定的设计要求，至此功能仿真结束。

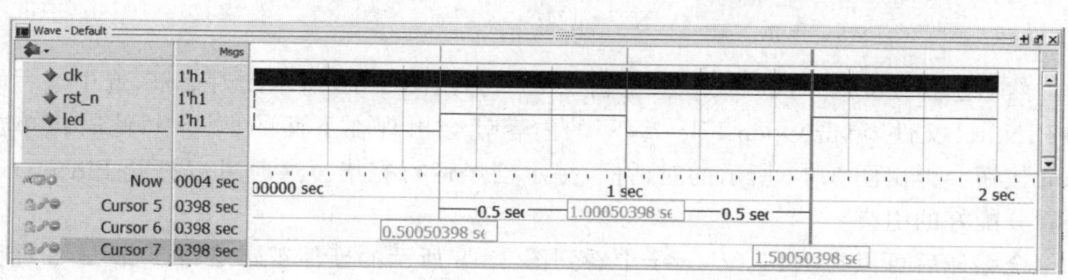

图 3.11　功能仿真波形文件

在进行上述的功能仿真时可以发现计算机需要运行的时间较长，这是由于计数器的计数值太大，因此可以将 counter. v 的 cnt 计数值修改为 24 999 来减少仿真时间，这时会发现仿真时间大幅度缩短，且图 3.12 中高低电平变化的时间变为 500 000 ns，相比 500 ms 缩短为原来的 1/1 000，也可以说明功能仿真正确。

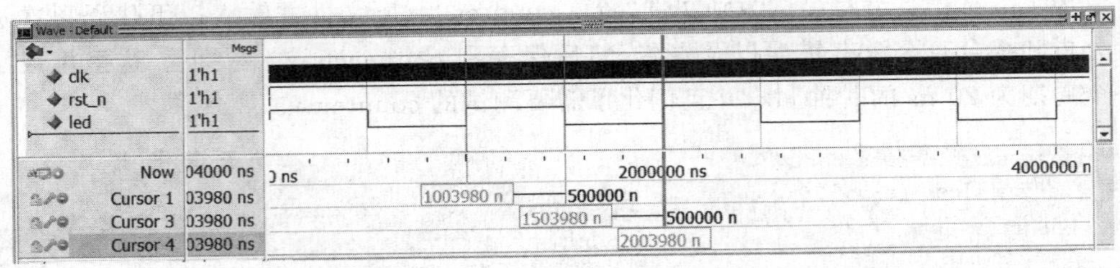

图 3.12 缩小计数值后的功能仿真波形

全编译后进行时序仿真，可以看到如图 3.13 所示波形图，在这里可以看出由于门电路的延迟，高低电平变化时间并不严格等于 0.5 s。

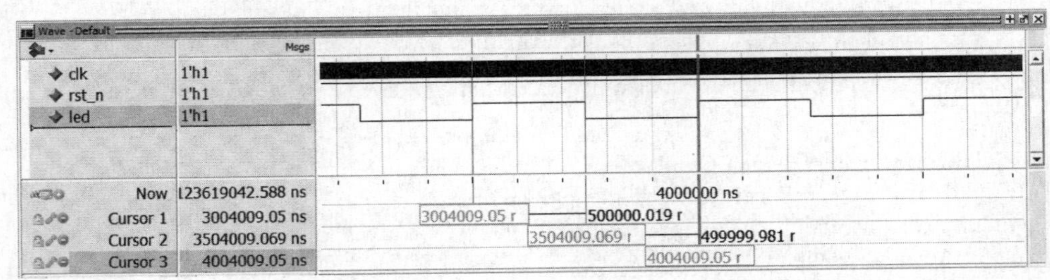

图 3.13 时序仿真波形

下面进行引脚分配，现介绍另一种引脚分配的方式，采用 Tcl 文件。首先在 File→New 中选择 Tcl Script File，新建一个 Tcl 文件（见图 3.14）。输入下面的代码以 PIN. tcl 名称保存到 prj 文件夹下。此处由于板卡不同可能会使引脚分配略有不同，请根据对应的引脚表来编写。

```
set_location_assignment PIN_E1  - to Clk50M
set_location_assignment PIN_E16 - to Rst_n

set_location_assignment PIN_A2 - to led
```

然后选择 Tools→Tcl Scripts（见图 3.15），弹出图 3.16 所示的对话框，选中编写好的 PIN. tcl 文件，单击 Open Files 编写的内容就会出现在下面的框图中，此时再单击 Run 按钮会弹出图 3.17 所示的对话框，提示已经运行完毕。这时可以打开 Pin planer 查看分配好的引脚。

全编译后可以在 RTL Viewer 中看到图 3.18 所示的硬件逻辑电路，与图 3.8 进行对比可以看出，综合后的电路与预期设计一致，同样包括前面讲到的加法器、比较器、寄存器以及选择器构成的计数器。下载到开发板中可以看到图 3.19 所示的现象，LED0 以 500 ms 的时间进行闪烁，如果有示波器则可以测量相应引脚波形的频率。

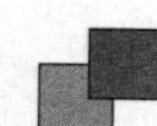

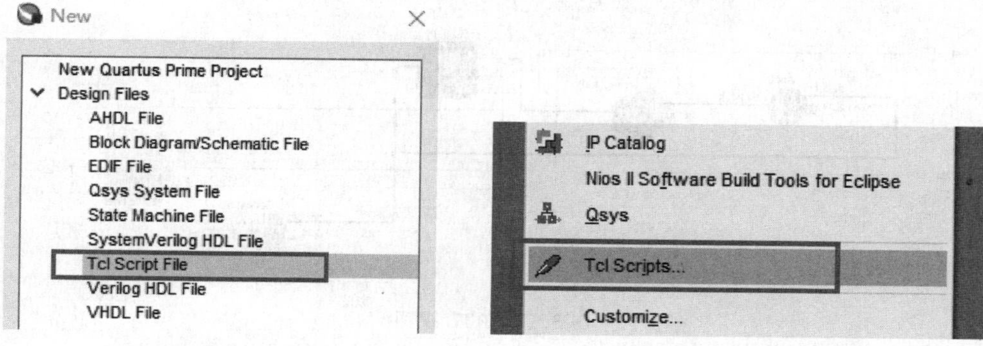

图 3.14　新建 Tcl 文件　　　　图 3.15　设置 Tcl 脚本

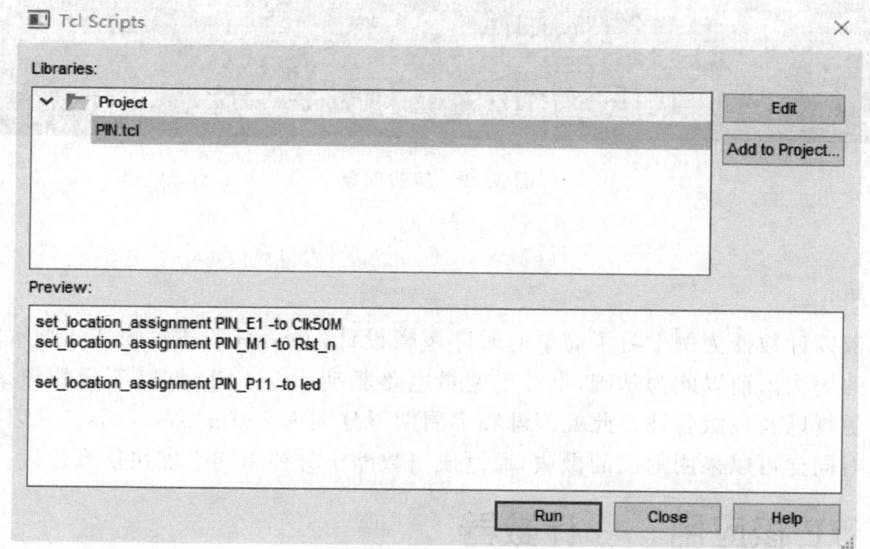

图 3.16　运行 Tcl 脚本

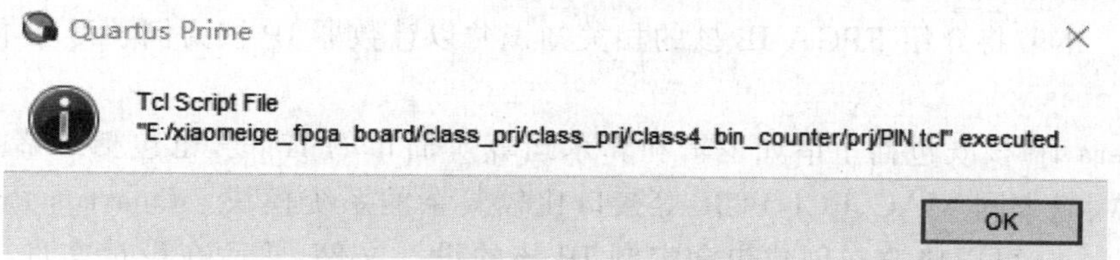

图 3.17　脚本运行成功

从以上的波形以及板级现象分析，可以发现本节设计的计数器工作正常，这样就完成了一个基本的时序逻辑——计数器的设计。

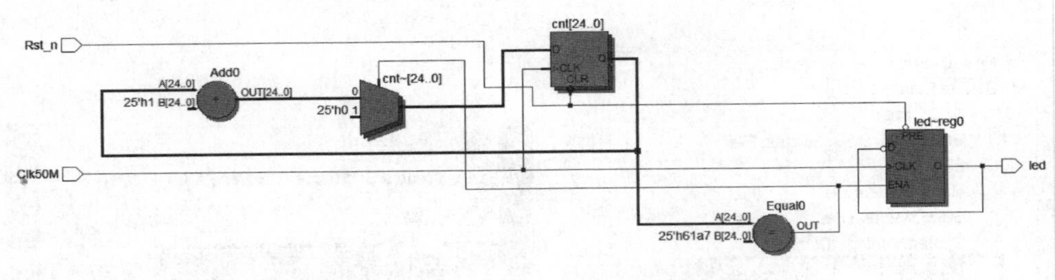

图 3.18　RTL 视图

图 3.19　实验现象

本节小结：

本节以计数器为例学习了简单的时序逻辑设计，并学习了基本的 Tcl 脚本在分配引脚时的用法。请以此为基础，设计出逻辑电路驱动 4 个 LED 灯以不同的频率闪烁，并进行仿真以及板级验证。此处闪烁频率周期可分别为 250 ms、500 ms、1 s 以及 2 s，在仿真时同样可以采用前面的做法，通过成倍数缩小时钟周期来加快仿真速度。

3.3　IP 核应用——计数器

前面提到当前 FPGA 的开发方式主要分为三种，分别是原理图、Verilog HDL 以及 IP 核。本节将介绍 FPGA IP 核的相关知识并以计数器 IP 核为例学习基本的 IP 使用方法。

Altera IP 核既包括了诸如逻辑和算术运算等简单的 IP 核，也包括了诸如数字信号处理器、以太网 MAC、PCI/PCIe 等接口比较复杂的系统模块。Quartus Prime 中使用 IP Catalog 可以修改和创建包含定制 IP 核的设计文件，然后在设计文件中例化 IP 核。在 IP Catalog 中可以创建、定制和例化 Altera IP 核以及参数化模型库(LPM)。

3.3.1　IP 核创建流程

新建一个名为 counter_ip 的工程，保存在 prj 下，然后选择 Tools→IP Catalog 来启动 IP Catalog，如图 3.20 所示。

启动后可在主界面右端看到IP Catalog。这与之前的版本不同，这里IP Catalog替代了早期版本的MegaWizard Plug-In Manager，如图3.21所示。

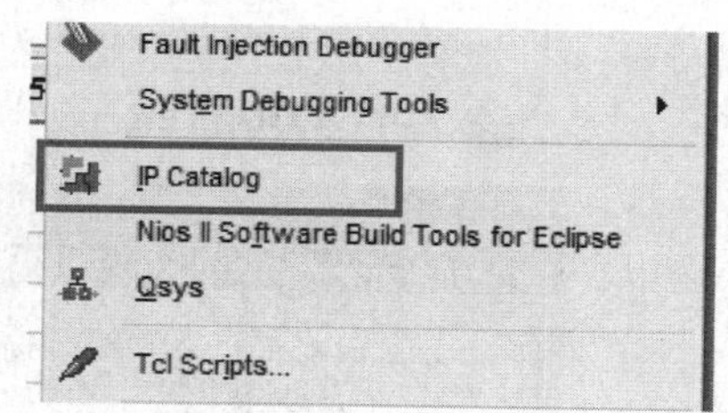

图3.20　启动MegaWizard插件管理器

在如图3.22所示的IP Catalog界面的搜索框中输入counter即可找到LPM_COUNTER并将其选中，然后将输出目录修改为工程文件夹下的ip文件夹，并以counter保存，单击Next按钮。

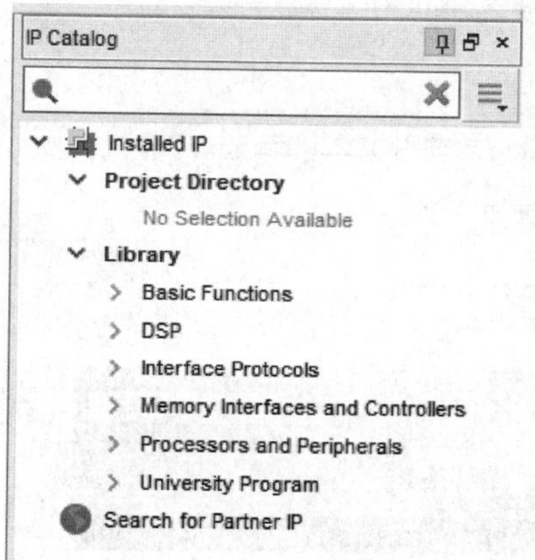

图3.21　IP Catalog启动界面

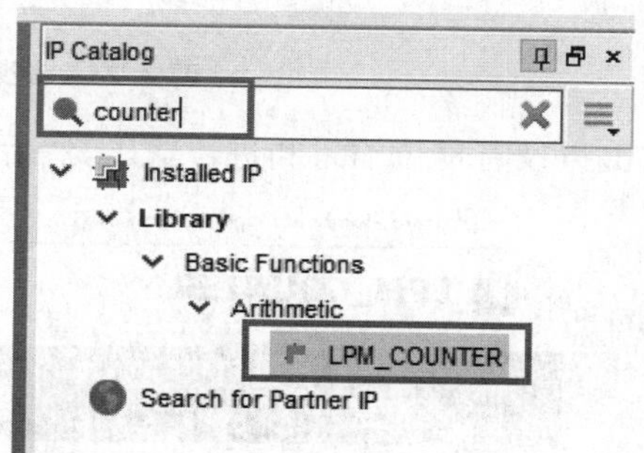

图3.22　参数设置界面第2页

选择实现IP的语言类型，此处选择常用的Verilog格式，如图3.23所示。

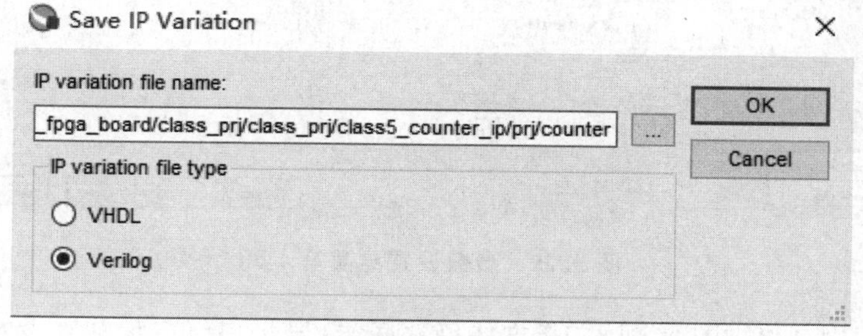

图3.23　选择语言类型

在弹出的如图3.24所示的对话框中将计数器位数设置为4位，计数方式为递增计数，这里可以支持最大256位输出，单击Next按钮。

在弹出的图3.25中，发现可选计数使能、时钟使能、进位输入、进位输出，以及二进制计数(从0开始递增或者从255开始递减)和计数值(计数器递增计数到用户指定的计数值或者从用户指定的计数值开始递减计数并重复)。这里先配置为计数值计数且

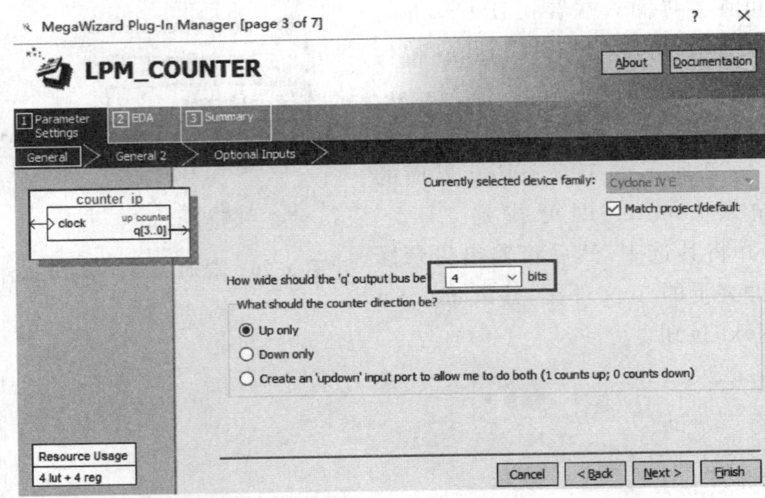

图 3.24　参数设置界面第 3 页

为 10d，以及有进位输入和进位输出，然后单击 Next 按钮。

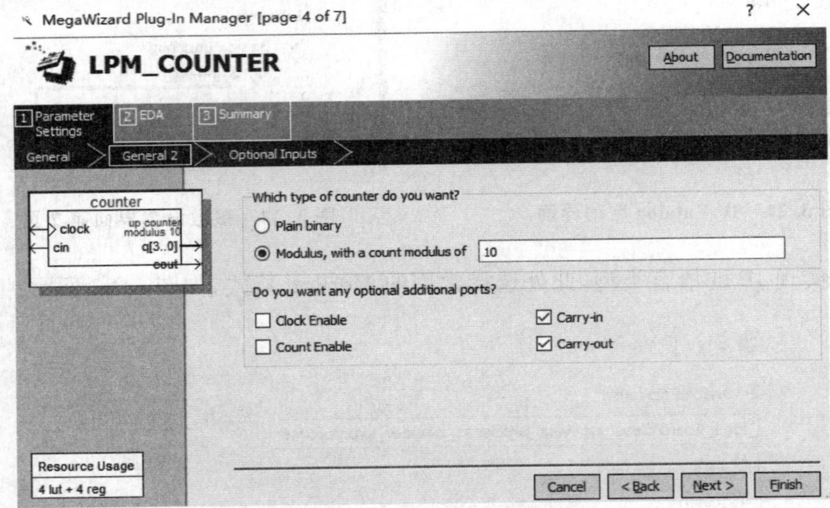

图 3.25　参数设置界面第 4 页

在弹出的图 3.26 中，发现本 IP 支持可选同步(异步)复位、加载和设置输入。这里先不进行选择，直接单击 Next 按钮。

在弹出的如图 3.27 所示的生成的仿真库中，使用默认设置，直接单击 Next 按钮。

在弹出的图 3.28 中汇总了可选生成的文件。其中第一个是 VHDL 源文件，对于本设计是必选的；AHDL 包含文件，可以在文本设计文件(.tdf)中使用；VHDL 组件声明文件，可以在 VHDL 设计文件中使用；Quartus Ⅱ 符号文件可以在原理图设计中使用；例化模板文件以及 Verilog HDL 黑盒文件供给第三方综合工具使用。这里仅勾选

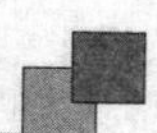

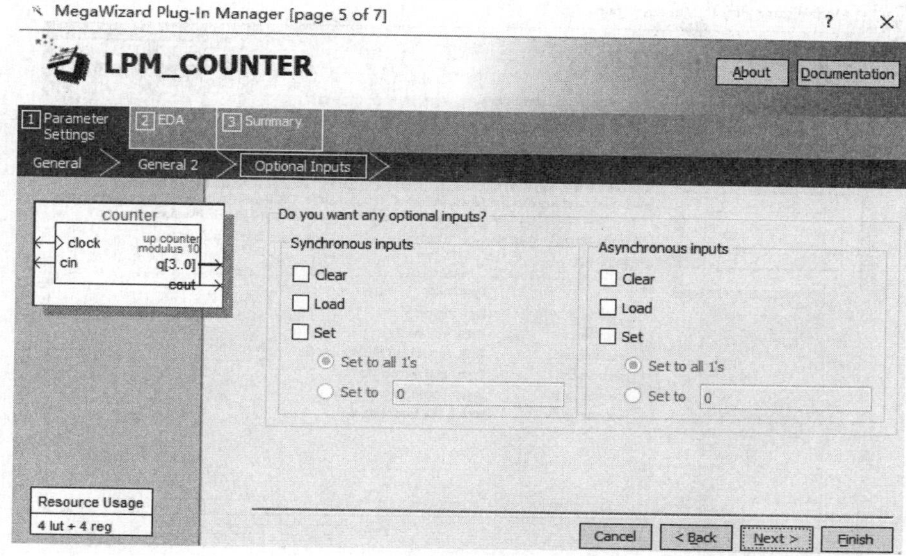

图 3.26　参数设置界面第 5 页

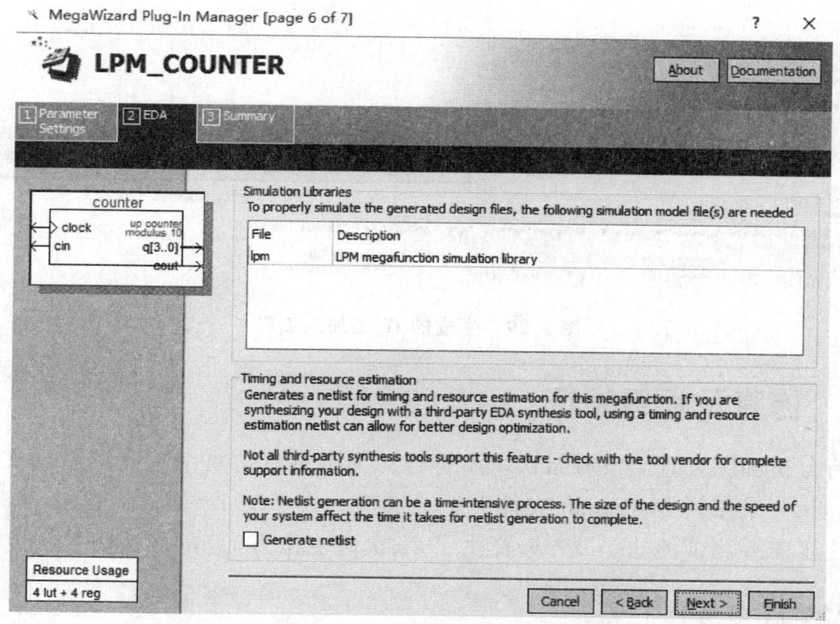

图 3.27　生成的仿真库

黑盒文件，单击 Finish 按钮。

在弹出的图 3.29 中提示是否将生成的 IP 核加入工程，这里单击 Yes 按钮，即可在工程下看到加入的 IP 核文件。

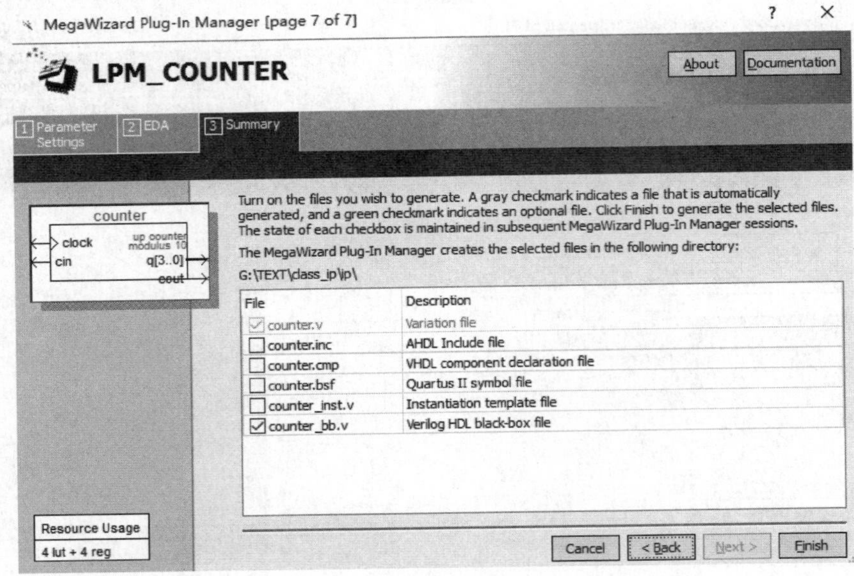

图 3.28　可生成文件汇总界面

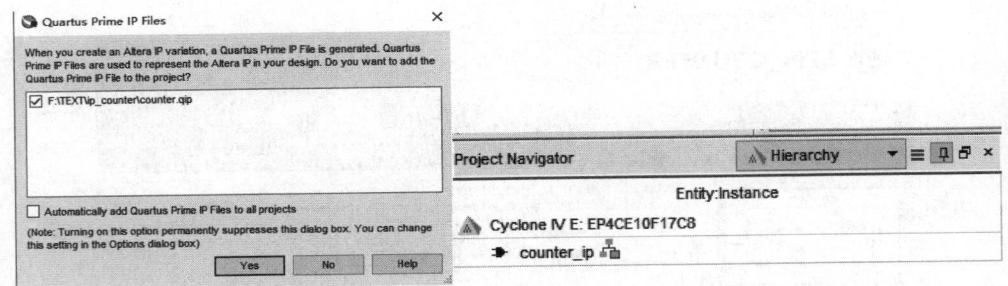

图 3.29　生成的 IP 核加入工程

3.3.2　仿真及板级验证

进行分析和综合直至没有错误以及警告。为了测试仿真编写测试激励文件，新建 counter_tb.v 保存到 testbench 文件夹下。这里生成了一个周期为 20 ns 的时钟 clk，并且例化了需要测试的 counter.v，产生了 20 次占空比为 1:5的脉冲信号。代码如下：

```
`timescale 1ns/1ns
`define clock_period 20
module counter_tb;
    reg cin;                    //进位输入
    reg clk;                    //计数基准时钟
    wire cout;                  //进位输出
    wire [3:0]q;
    counter counter0(
```

```
        .cin(cin),
        .clock(clk),
        .cout(cout),
        .q(q)
    );
    initial clk = 1;
    always #(`clock_period/2)clk = ~clk;
    initial begin
        repeat(20)begin
            cin = 0;
            #(`clock_period * 5)cin = 1;
            #(`clock_period)cin = 0;
        end
        #(`clock_period * 200);
        $stop;
    end
endmodule
```

设置好仿真脚本后进行功能仿真，可以看到如图 3.30 所示的波形文件。将 q 的显示切换为无符号十进制，可以看到每当 cin 输入一次高电平时，输出 q 自加一次直至加满到 9d(从 0 开始加)后自动清零并开始下一轮计数，符合预期设计，对于此时功能仿真出现的毛刺，可先不深究。

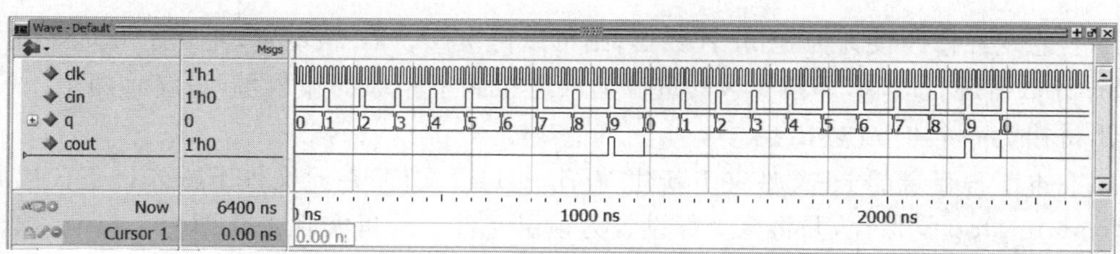

图 3.30　计数值为 10 的功能仿真

3.3.3　已生成 IP 核的参数修改

现将 IP 核位数进行更改为二进制计数，在项目导航中选择 IP 组件，并选中先前生成的 counter.v，右键编辑 IP 参数，也可以双击。编辑现有的 IP 核如图 3.31 和图 3.32 所示。

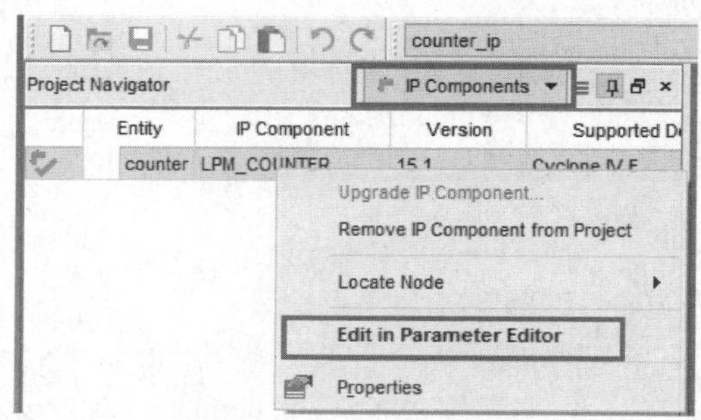

图 3.31　编辑现有的 IP 核(1)

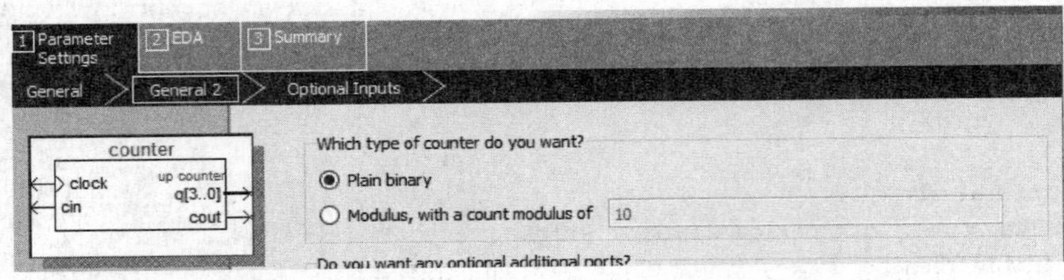

图 3.32　编辑现有的 IP 核(2)

重新分析和综合后，再次进行功能仿真，出现如图 3.33 所示的波形文件，可以看到输出 q 在输入 cin 的控制下进行自加一次直至加满到 15d(4 位计数器)后自动清零并开始下一轮计数。

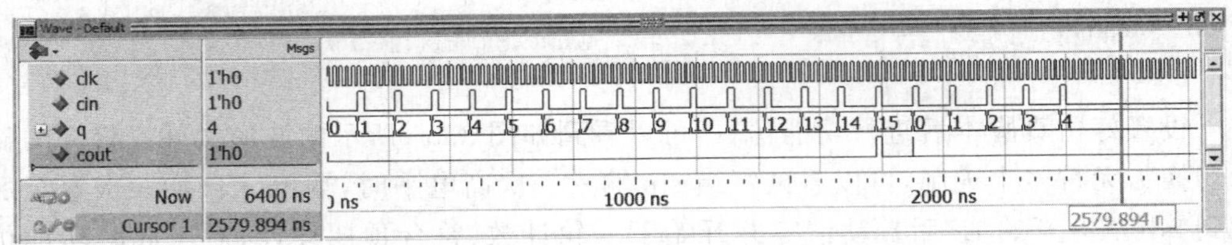

图 3.33　二进制计数功能仿真波形

若想现在修改设计为 8 bit 计数器，则可以再次修改 IP 核设置，此外还可以将两个 4 bit 计数器进行级联，即前一级的进位输出连接到下一级的输入端，最终将两个 4 bit 输出拼接为一个 8 bit 输出。

在本工程目录的 rtl 文件夹下新建 Verilog File 文件，在此文件下输入以下代码并以 counter_top.v 保存，并将该文件设置为顶层文件。这里实现例化两个 4 bit 计数器 IP 核，且将其进行两级级联。

```
module counter_top(cin,clk,cout,q);

    input cin;
    input clk;

    output cout;
    output [7:0]q;

    wire cout0;

    counter counter0(
        .cin(cin),
        .clock(clk),
        .cout(cout0),
        .q(q [3:0])
    );

    counter counter1(
```

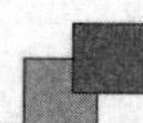

```
        .cin(cout0),
        .clock(clk),
        .cout(cout),
        .q(q[7:4])
    );

endmodule
```

分析综合无误后单击 RTL Viewer 可以看到如图 3.34 所示的原理图,第一级的进位输出端连接到第二级计数器的输入端,数据输出端为两级计数器拼接而成。

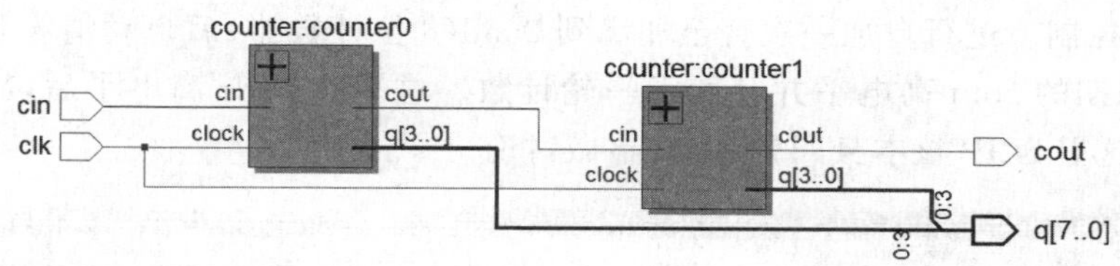

图 3.34　两级级联的计数器原理图

为了测试仿真编写测试激励文件,新建 counter_top_tb.v 文件并输入以下代码,再次进行分析和综合直至没有错误以及警告,保存到 testbench 文件夹下。这里除了产生系统时钟以及复位信号外,还需生成占空比为 1∶5的 cin 信号(其他占空比也可)。

```
`timescale 1ns/1ns
`define clock_period 20
module counter_top_tb;

    reg cin;                        //进位输入
    reg clk;                        //计数基准时钟

    wire cout;                      //进位输出
    wire [7:0]q;

    counter_top counter0(
        .cin(cin),
        .clk(clk),
        .cout(cout),
        .q(q)
    );

    initial clk = 1;
    always #(`clock_period/2)clk = ~clk;

    initial begin
        repeat(300)begin
```

```
                cin = 0;
                #(~clock_period * 5)cin = 1;
                #(~clock_period)cin = 0;
            end
            #(~clock_period * 200);
            $ stop;
        end

    endmodule
```

设置好仿真脚本后进行功能仿真，可以看到如图 3.35 所示的波形文件，输出 q 在输入 cin 的控制下进行自加一次直至加满到 255d(8 位计数器)后自动清零且产生一个系统时钟周期的 cout 高电平并开始下一轮计数。这里在 cout 高电平后，出现了一个毛刺信号，这里为 IP 核本身问题，此处不做讨论。

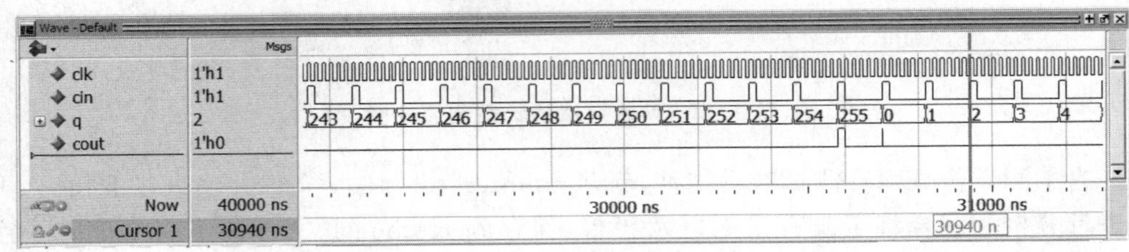

图 3.35　两级级联 4 位计数器功能仿真波形图

现在再次将计数值改为 10d 后再仿真，功能仿真波形图如图 3.36 所示。可以看到输出 q 在输入 cin 的控制下进行自加一次直至加满到 153d 后自动清零并开始下一轮计数。这里之所以是 153d，是因为我们将每一级计数器设置为 10d，由于计数器从 0 开始加，实际计数满值为 9d，也就是二进制的 1001b，拼接起来就是 1001_1001b，即为十进制的 153。这部分的具体应用将在后面数码管的使用中详细阐述。

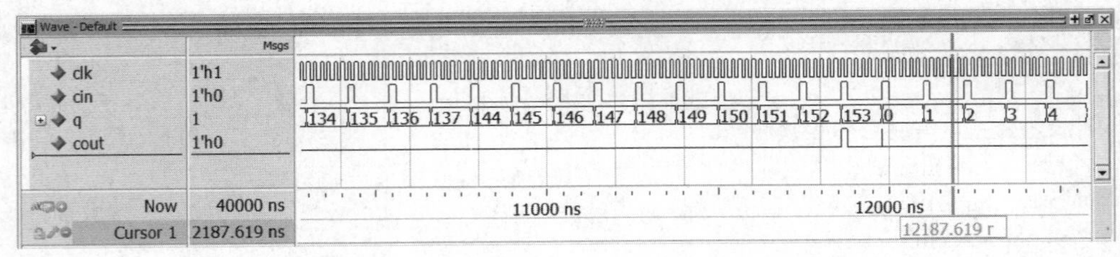

图 3.36　两级级联计数值为 10 的计数器功能仿真波形图

本节以 LPM 类整数运算 IP 核中的 LPM_COUNTER 为例，介绍了 FPGA 中 IP 核的相关技术知识并完成了一个基本的 IP 核生成、仿真以及调用的流程。请以此为基础自行完成生成其他 IP 核(此处推荐使用数字运算类 IP 核)并进行仿真以及板级验证。

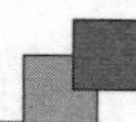

3.3.4　Quartus Ⅱ中IP核参数的修改

需要注意的是在 Quartus Ⅱ软件中是通过 Tools→MegaWizard Plug-In Manager 来启动 Mega Wizard 插件管理器来对 IP 核进行相关操作的，如图 3.37 所示。

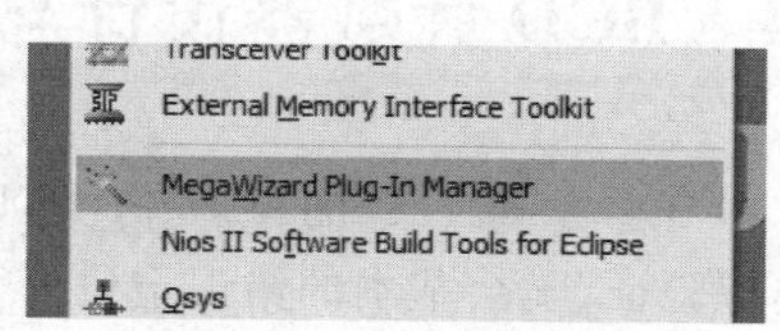

图 3.37　启动 MegaWizard 插件管理器

如图 3.38 所示的对话框，这里有三个选项分别是新建一个定制 IP 核、编辑现有的 IP 核以及复制一个现有的定制 IP 核。这里选择创建一个新的定制 IP。

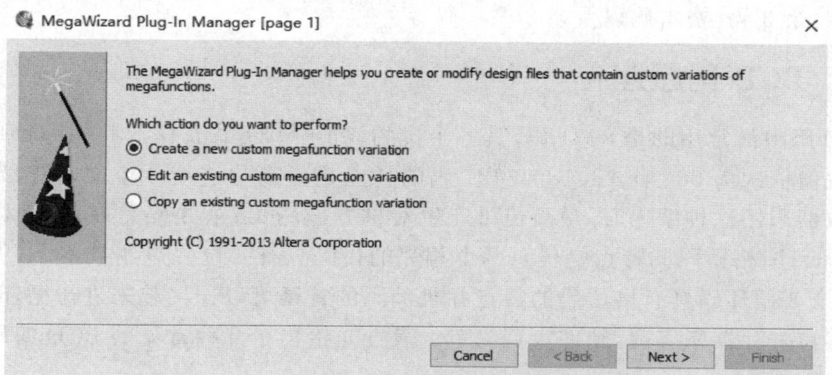

图 3.38　MegaWizard 插件管理器启动界面(1)

在弹出的如图 3.39 所示的 MegaWizard 插件管理器的参数设置界面中，在搜索框中输入 counter 即可显示 LPM_COUNTER 被选中，将输出目录确定为工程文件夹下的 ip 文件夹，并以 counter 保存，单击 Next 按钮。

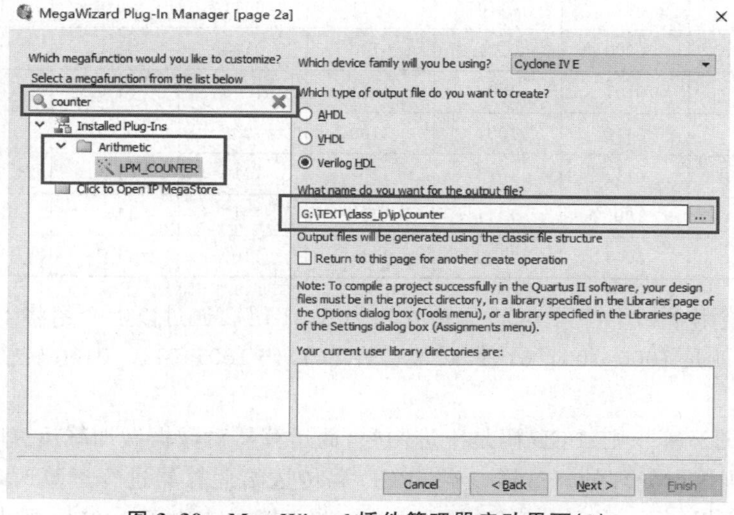

图 3.39　MegaWizard 插件管理器启动界面(2)

后面的操作就与 Quartus Prime 中一致了。

3.4 BCD 计数器设计与验证

本节学习 BCD 码的原理、分类以及优缺点，并以此设计一个多位的 8421 码计数器并进行验证，学会基本的错误定位以及修改能力。

BCD 码(Binary-Coded Decimal)又被称为二进码十进数或二-十进制代码，是一种十进制的数字编码，用 4 位二进制数来表示十进制数中的 0～9 这 10 个数之一。BCD 编码又可以分为有权码和无权码两种，其中有权码如:8421 码、5421 码以及 2421 码等；无权码如:余 3 码、格雷码以及余 3 循环码等。

3.4.1 BCD 码原理

BCD 码中最常用的是 8421 码，其各个位的权值分别是 8d、4d、2d、1d；同理 5421 码各位的权值依次为 5d、4d、2d、1d。5421 码的特点是最高位连续 5 个 0 后连续 5 个 1，故当计数器采用这种编码时，最高位可产生对称方波输出；余 3 码是在 8421 码的基础上加上 0011b；格雷码的特点是任意两个相邻的代码只有一位二进制数不同，编码格式不唯一；余 3 循环码具有格雷码的特点并且编码的首尾可以连接起来进行循环，这样可用反馈移位寄存器来实现，硬件实现简单。表 3.4 给出了几种常见的 BCD 编码格式。

表 3.4 常见的 BCD 码

十进制数	8421 码	余 3 码	2421 码	5421 码	格雷码	余 3 循环码
0	0000	0011	0000	0000	0000	0010
1	0001	0100	0001	0001	0001	0110
2	0010	0101	0010	0010	0011	0111
3	0011	0110	0011	0011	0010	0101
4	0100	0111	0100	0100	0110	0100
5	0101	1000	1011	1000	0111	1100
6	0110	1001	1100	1001	0101	1101
7	0111	1010	1101	1010	0100	1111
8	1000	1011	1110	1011	1100	1110
9	1001	1100	1111	1100	1101	1010

在实际使用中如不特指 BCD 码格式均为 8421 码。通过以上介绍将十进制 895 转换为 BCD 码就是 1000_1001_0101，同理若将 BCD 码 1001_0110_0100 转换为十进制数即为 964。

BCD 码的运算规则:BCD 码是十进制数，而运算器对数据做加减运算时，都是按二进制运算规则进行处理的。这样，当将 BCD 码传送给运算器进行运算时，其结果需要修正。修正的规则是:当两个 BCD 码相加，如果和等于或小于 1001b(即十进制数 9)，

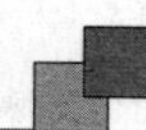

则不需要修正；如果相加之和在 1010b～1111b（即十六进制数 0AH～0FH）之间，则需加 6d（也就是 0110b）进行修正；如果相加时本位产生了进位，也需加 6d 进行修正。下面举例说明：计算 5＋8，将 5 和 8 转换为 8421 BCD 码后输入加法器，运算如下：0101b＋1000b＝1101b 结果大于 9d，＋0110b 即加 6d 修正得出 10011b，补充高位为 0001_0011b，即 5＋8＝13，结论正确。

BCD 码的主要应用之一就是数码管，假设要显示十进制数 158，一般解决办法是把需要显示的十进制数的个、十、百、千位数等进行拆分，即把 158 拆分出 1、5、8，然后查出对应的数码管显示段码再送给数码管连接的 I/O 口。这个过程可以进行下面的运算：先进行除法运算 158/100 得出百位 1，再取余 158％100 ＝ 58 后继续进行除法运算 58/10 得出十位 5，再进行一次取余 158％10，得到个位 8。从以上过程可以看出需要除法，但由于除法运算比较消耗计算时间，导致整体需要的指令周期太久。但如果先将其转换为 BCD 码，则可大幅度减少运算时间，具体应用将在数码管中详细介绍。

3.4.2　BCD 计数器的 Verilog 实现

由上面的分析可以得出本设计的模块接口示意图（如图 3.40 所示），其各端口的功能描述如表 3.5 所列。

图 3.40　BCD 计数器模块示意图

表 3.5　BCD 计数器模块端口功能描述

端口名称	I/O	端口功能描述
Clk	I	模块的工作时钟，频率为 50 MHz
Rst_n	I	模块复位，低电平复位
Cin	I	计数器输入信号
Cout	O	计数器进位输出端
q	O	计数器值输出

建立工程子文件夹后，新建一个以名为 BCD_Counter 的工程，保存在 prj 下，并在本工程目录的 rtl 文件夹下新建 Verilog File 文件，在此文件下并以 BCD_Counter.v 保存。由图 3.40 和表 3.5 即可得出端口列表，在本书后面章节中只给出模块示意图以及端口功能描述，读者可自行编写端口列表。

从表 3.4 可以发现计数器的计数值为 9，代码如下：

```
reg [3:0]cnt;//定义计数器寄存器
always@(posedge Clk or negedge Rst_n)
```

```
if(Rst_n == 1'b0)
    cnt <= 4'd0;
else if(Cin == 1'b1) begin
    if(cnt == 4'd9)
        cnt <= 4'd0;
    else
        cnt <=  cnt + 1'b1;
end
else
    cnt <=  cnt;
```

产生进位信号,代码如下:

```
always@(posedge Clk or negedge Rst_n)
    if(!Rst_n)
        Cout <= 1'b0;
    else if(Cin == 1'b1&& cnt == 4'd9)
        Cout <= 1'b1;
    else
        Cout <= 1'b0;
```

BCD 计数器值输出,代码如下:

```
assign q =  cnt;
```

3.4.3 激励创建及仿真测试

为了测试仿真编写测试激励文件,新建 BCD_Counter_tb.v 文件保存到 testbench 文件夹下。本激励文件与 3.2 节类似,除产生正常的时钟以及复位信号外,还生成了重复 30 次的占空比为 1:5、周期为 120 ns 的 Cin 信号。

```
initial begin
    Rst_n = 1'b0;
    Cin = 1'b0;
    #(`clock_period * 200);
    Rst_n = 1'b1;
    #(`clock_period * 20);
    repeat(30) begin
        Cin = 1'b1;
        #`clock_period;
        Cin = 1'b0;
        #(`clock_period * 5);
    end
    #(`clock_period * 20);
    $stop;
end
```

设置好仿真脚本后进行功能仿真,可以看到如图 3.41 所示的波形文件,在复位信号置高后,每当进位输入信号 Cin 为高时计数值输出 q 完成一次自加,直到计数值为 9 后清零重新计数并产生进位信号。

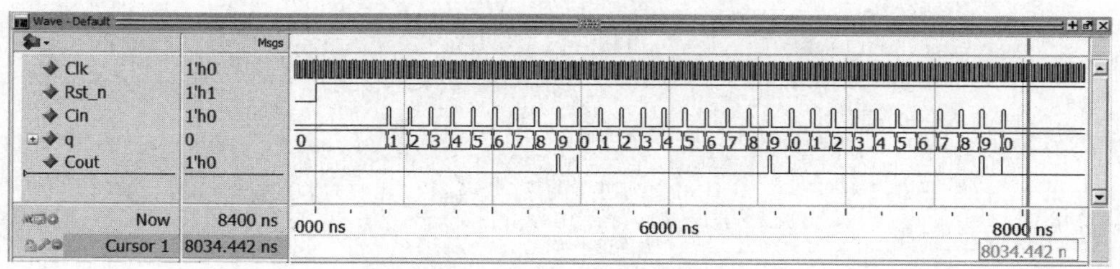

图 3.41　功能仿真波形图

3.4.4　级联 BCD 计数器设计与仿真

现在以上面的 BCD 计数器为基础设计级联的多位 BCD 计数器，这里将计数器位数设置为 12，即 3 个 BCD 计数器级联就可以实现。新建 Verilog File 文件，在此文件下输入以下代码并以 BCD_Counter_top.v 保存至 rtl 文件夹下。本文件实现了例化与调用 BCD_counter.v 文件，并将进位信号根据需要连接。

```
module BCD_Counter_top(Clk, Cin, Rst_n, Cout, q);

    input  Clk;                    //计数基准时钟
    input  Cin;                    //计数器进位输入
    input  Rst_n;                  //系统复位

    output Cout;                   //计数进位输出
    output [11:0]q;                //计数值输出

    wire Cout0,Cout1;
    wire [3:0]q0,q1,q2;

    assign q = {q2,q1,q0};

    BCD_Counter BCD_Counter0(
        .Clk(Clk),
        .Cin(Cin),
        .Rst_n(Rst_n),
        .Cout(Cout0),
        .q(q0)
    );

    BCD_Counter BCD_Counter1(
        .Clk(Clk),
        .Cin(Cout0),
        .Rst_n(Rst_n),
        .Cout(Cout1),
        .q(q1)
    );

    BCD_Counter BCD_Counter2(
```

```
        .Clk(Clk),
        .Cin(Cout1),
        .Rst_n(Rst_n),
        .Cout(Cout),
        .q(q2)
    );

endmodule
```

将上述的文件设置为顶层，并再次进行分析和综合直至没有错误以及警告。单击 RTL Viewer，可以看到图 3.42 所示的模块结构，符合预期目的。

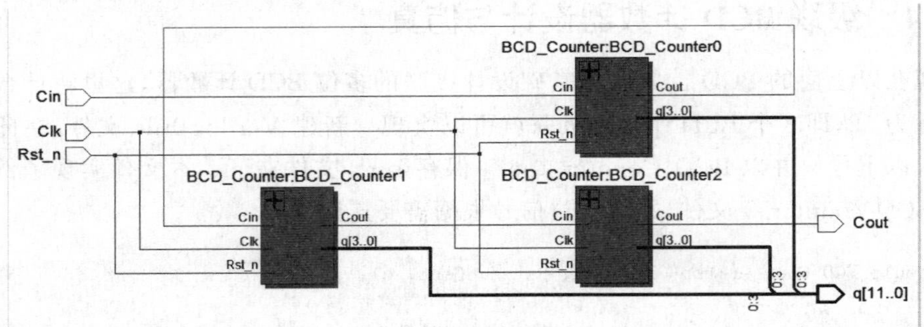

图 3.42　多级 BCD 计数器 RTL 视图

为了测试仿真编写测试激励文件，新建 BCD_Counter_top_tb.v 文件保存到 testbench 文件夹下，输入以下代码再次进行分析和综合直至没有错误以及警告。本激励文件为了简化分析，复位后将 Cin 一直置高，并延迟一定的时间。由于现在为三级 BCD 计数器，计数器满值为十六进制的 999，特将仿真时间进行了延长至 5 000 个时钟周期。

```
initial begin
    Rst_n = 1'b0;
    Cin = 1'b0;
    #(`clock_period * 200);
    Rst_n = 1'b1;
    #(`clock_period * 20);
    Cin = 1'b1;
    #(`clock_period * 5000);
    $stop;
end
```

设置好仿真脚本后进行功能仿真，这时可以看到如图 3.43 所示的波形文件，进位输出信号 Cout 在计数值 q 变为十六进制 999 后延迟了两个系统周期才有输出，不符合既定设计，即设计存在错误。

为了定位错误，将子模块的相关信号加入到 Wave 栏，并再次仿真查看内部数据的信息进行分析解决。

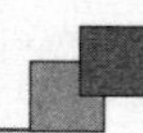

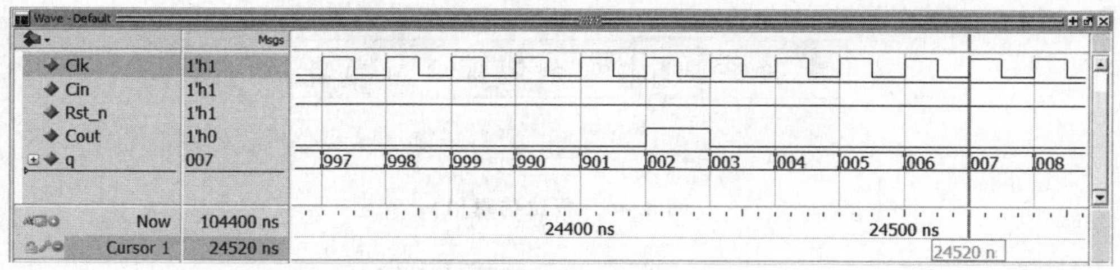

图 3.43　多级 BCD 计数器初次功能仿真

在 ModelSim 中找到 Instance 窗口并找到顶层文件，如图 3.44 所示单击加号后可以看到本顶层设计调用的模块。如图 3.45 所示选择不同的模块在 Objects 栏可以看到其端口列表，选中需要的右击选择 Add Wave，即可将内部信号加入到波形窗口。这里将每个模块的计数值输出信号 q 以及进位输出信号 Cout 加入到波形窗口中。

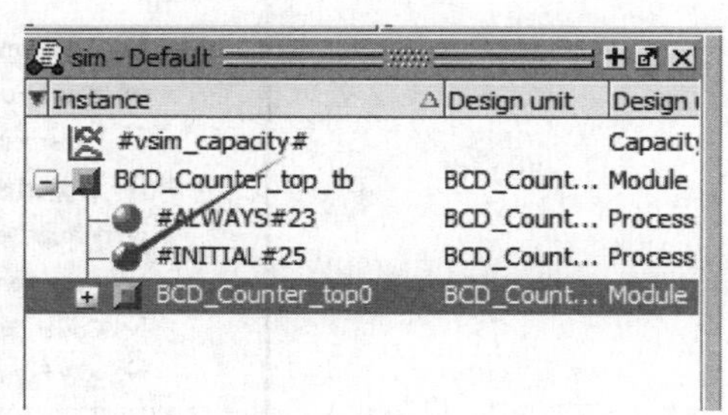

图 3.44　添加内部信号到 Wave 窗口(1)

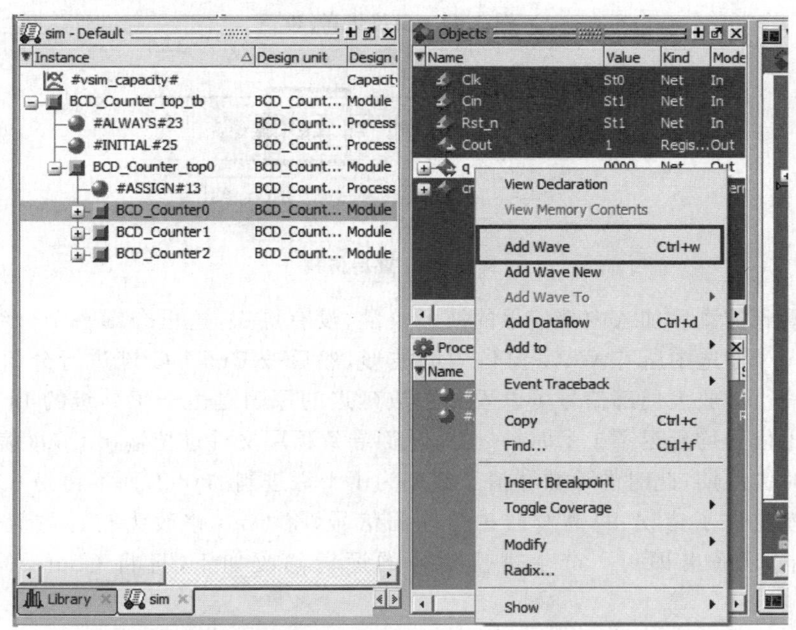

图 3.45　添加内部信号到 Wave 窗口(2)

单击工具栏中的 Restart 工具按钮(见图 3.46)来复位仿真，在弹出的对话框中全选后单击 OK 按钮(见图 3.47)，单击 Run－All 工具按钮(见图 3.48)来重启仿真。

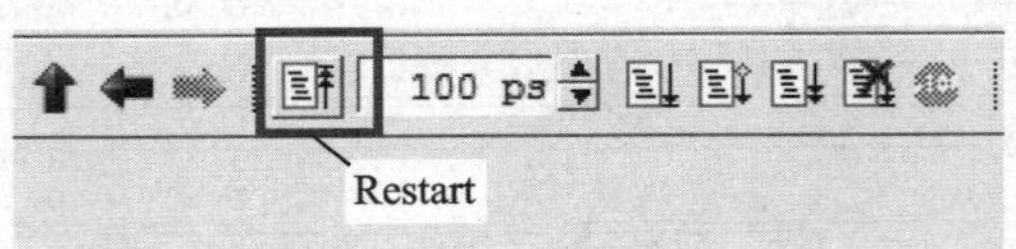

图 3.46　复位仿真(1)

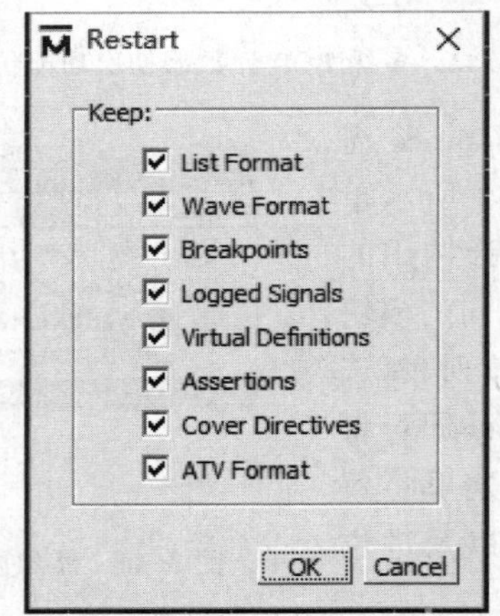

图 3.47　复位仿真(2)

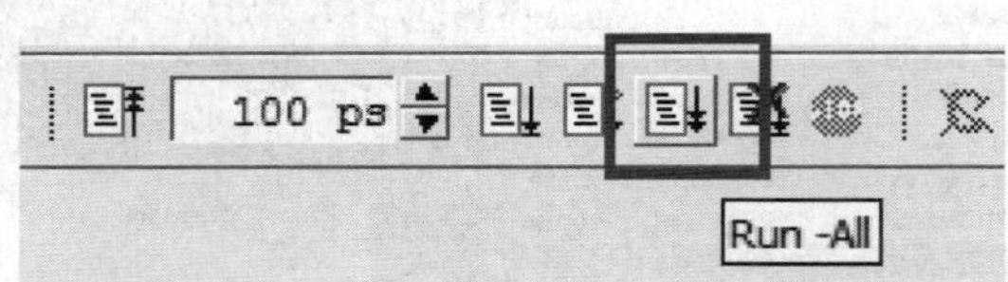

图 3.48　重启仿真

可以看到仿真后加入内部信号的波形较乱，没有层次，这里介绍一个分组操作，首先按 Ctrl＋A 键选中所有 Wave 窗口中的波形，然后按 Ctrl＋G 键进行分组。分组后如图 3.49 所示，放大局部信号可以看到造成延迟的原因是由于每一级的 BCD 计数器的进位输出信号均延迟了 1 个时钟周期，从而导致顶层文件进位输出 Cout 信号输出延迟了 3 个时钟周期，此时的计数器值已经变为了十六进制的 002，而不再是 999。

这样就定位了错误，只需修改进位输出信号，将 Cout 修改为与计数值信号 q 计数到 9 时同时输出即可。产生进位信号的逻辑修改如下，且将 Cout 的类型改为 wire 型。

```
assign Cout = (Cin == 1'b1 && cnt == 4'd9);
```

再次仿真后可以看到如图 3.50 所示的波形文件，进位输出信号 Cout 在计数值 q 变为十六进制的 999 时输出进位信号，符合了原定的要求。可以再将显示格式修改为二进制数，如图 3.51 所示在计数值 q 为 1001_1001_1001 产生进位信号，通过前面所讲

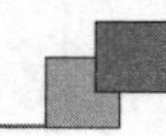

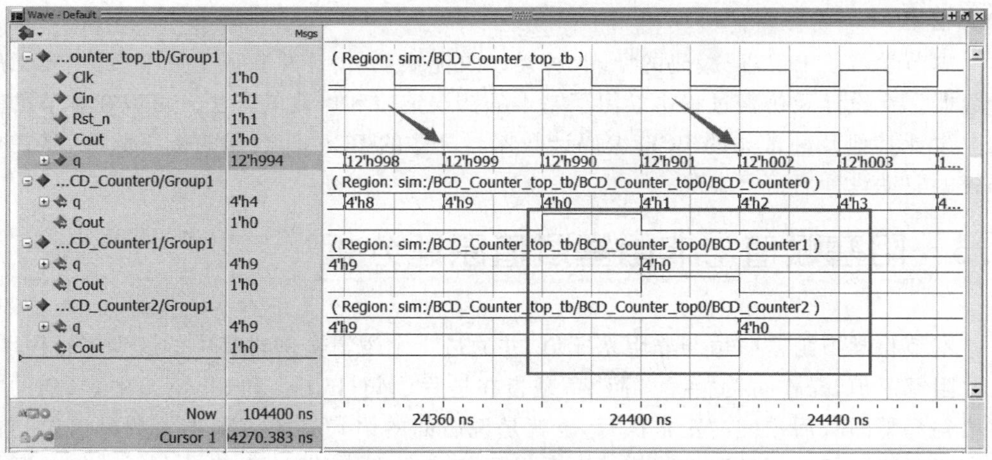

图 3.49　加入内部信号的功能仿真波形

的 BCD 码原理，将其转换为 BCD 码的格式也是 999。

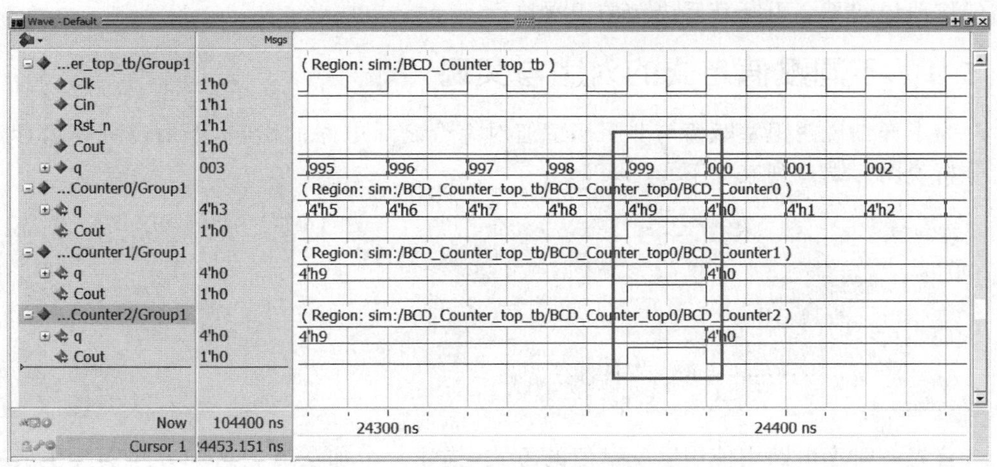

图 3.50　修改后的 BCD 计数器波形图(1)

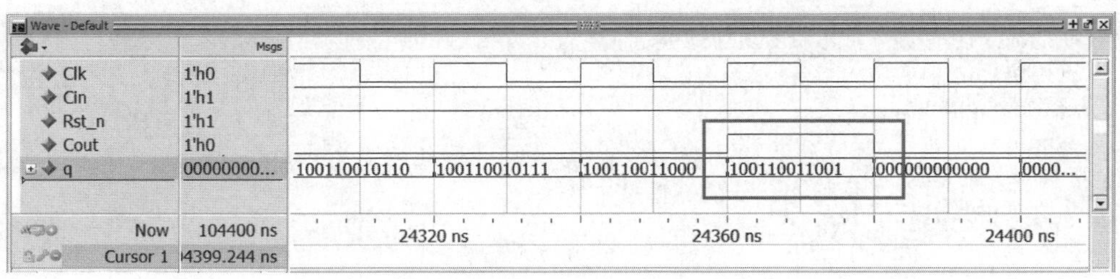

图 3.51　修改后的 BCD 计数器波形图(2)

至此，就完成了一个 BCD 计数器的设计，并且学会了基本的调试修改能力。

本节小结：

本节学习了 BCD 码编码的原理、种类以及优缺点，设计并验证了一个多位 8421 码计数器。在设计及仿真过程中学习了基本的错误定位和修改的方法。可以在本节的基础上设计其他几种常见的 BCD 编码计数器。具体的 BCD 计数器的板级验证，将在数码管的驱动设计后再行实现。

3.5 阻塞赋值与非阻塞赋值原理分析

本节将学习阻塞赋值与非阻塞赋值，并通过 4 个逻辑实例对其中的区别进行说明。

阻塞赋值，操作符为"＝"，"阻塞"是指在进程语句(initial 和 always)中，当前的赋值语句会阻断其后语句的正常执行，也就是说后面的语句必须等到当前的赋值语句执行完毕才能执行。而且阻塞赋值可以看成是一步完成的，即计算等号右边的值并同时赋给左边变量。

非阻塞赋值，操作符为"＜＝"，"非阻塞"是指在进程语句(initial 和 always)中，当前的赋值语句不会阻断其后语句的正常执行。

3.5.1 不同赋值方式的对比与实现

为了详细说明阻塞赋值与非阻塞赋值对综合之后电路的影响，下面以具体设计进行分析说明。端口列表如下：

```
module block_nonblock(Clk,Rst_n,a,b,c,out);
    input  Clk;
    input  Rst_n;
    input  a,b,c;
    output reg [1:0] out;
    //······························//  此部分见下
endmodule
```

首先在时序电路中使用阻塞赋值的方式，描述一个加法器。这种方式实际生成的逻辑电路如图 3.52 所示。

```
reg [1:0] d;
always@(posedge Clk or negedge Rst_n)
if(!Rst_n)
    out  = 2'b0;
else begin
    d   =  a +  b ;
    out  =  d +  c;
end
```

现在把阻塞赋值的两条语句顺序颠倒一下，再次综合可以得到如图 3.53 所示的逻辑电路。可以看出调整顺序后与不调整时生成的逻辑电路不一致。现结合实验原理给出详细解释，当执行"out＝d＋c"语句时，d 的数据此时并不是更新后 a＋b 的数据，而

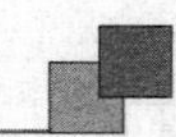

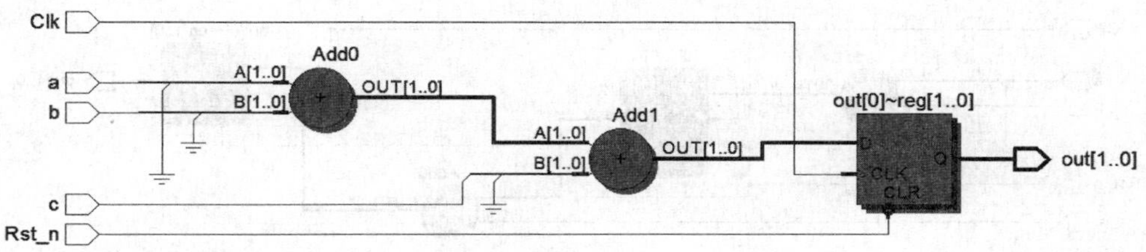

图 3.52　阻塞赋值的第一种设计方式

是上一个 Clk 上升沿到来时 d 的数据，这也就解释了为何还有一个 D 触发器的存在。通俗地讲阻塞，out 这条语句阻塞了 d 这条语句的执行。对比图 3.52 的逻辑，由于 d 这条语句在 out 的前面，虽然使用了阻塞赋值但是相当于 out＝a＋b＋c。

```
reg [1:0] d;
always@(posedge Clk or negedge Rst_n)
if(!Rst_n)
    out  = 2'b0;
else begin
    out  =  d +  c;
    d    =  a +  b;
end
```

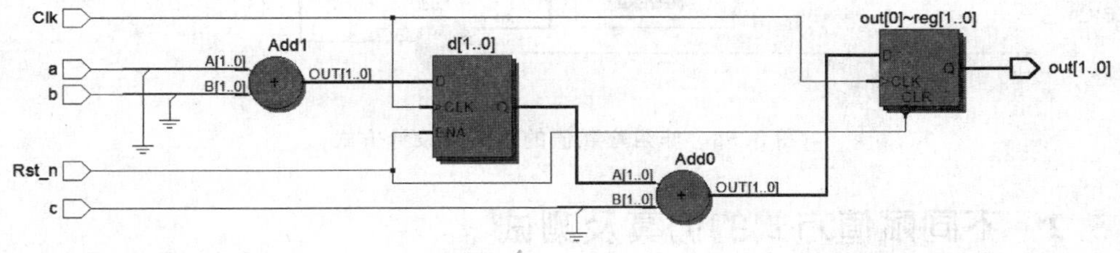

图 3.53　阻塞赋值的第二种设计方式

现在把赋值方式改为非阻塞赋值，进行综合后可以看到如图 3.54 所示的逻辑电路。

```
reg [1:0] d;
always@(posedge Clk or negedge Rst_n)
if(!Rst_n)
    out  <= 2'b0;
else begin
    d    <=  a +  b;
    out  <=  d +  c;
end
```

现在使用非阻塞方式，再次交换语句执行顺序，综合后实现的逻辑电路如图 3.55 所示。这里由于采用了非阻塞赋值，因此交换语句的前后顺序并不会对最终生成的逻辑电路有实际影响。

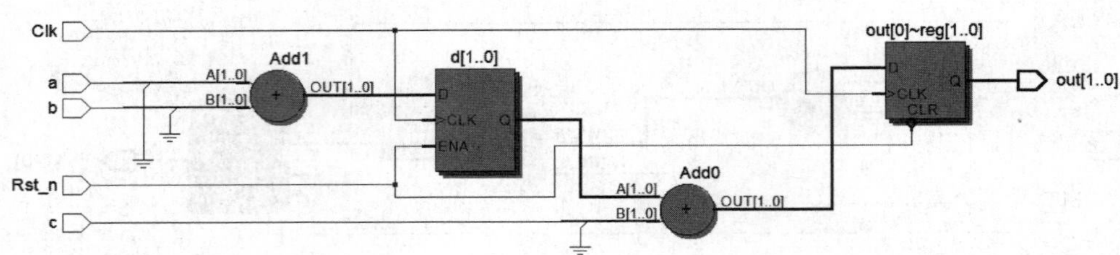

图 3.54 非阻塞赋值的第一种设计方式

```
reg [1:0] d;
always@(posedge Clk or negedge Rst_n)
if(!Rst_n)
    out <= 2'b0;
else begin
    out <=  d + c;
    d   <=  a + b;
end
```

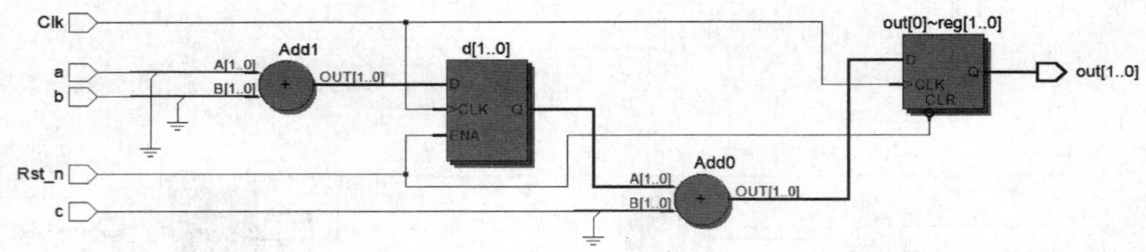

图 3.55 非阻塞赋值的第二种设计方式

3.5.2 不同赋值方式的仿真及测试

为了在其各自的时序图中更直观地观察效果，新建仿真 block_nonblock_tb.v 文件保存到 testbench 文件夹下。本激励文件除产生正常的时钟以及复位信号外，还生成了 a、b、c 三个信号。这里例化待仿真文件使用的调用方式是显式例化，这种方式要求例化时信号顺序要与编写的文件顺序一致，且不能在一个激励文件中例化两次。可以看出这种方式容易出错，且具有局限性，因此不推荐使用。本书之后的例程不再采用，此处只做介绍。

```
`timescale 1ns/1ns
`define clock_period 20

module block_nonblock_tb;

    reg Clock;
    reg Rst_n;
    reg a,b,c;
```

```
    wire [1:0]out;

    block_nonblock block_nonblock0(Clock,Rst_n,a,b,c,out);

    initial  Clock = 1;
    always #(`clock_period/2) Clock = ~Clock;

    initial begin
        Rst_n = 1'b0;
        a = 0;
        b = 0;
        c = 0;
        #(`clock_period * 200 + 1);
        Rst_n = 1'b1;
        #(`clock_period * 200);
        a = 0; b = 0; c = 0;
        #(`clock_period * 200);
        a = 0; b = 0; c = 1;
        #(`clock_period * 200);
        a = 0; b = 1; c = 0;
        #(`clock_period * 200);
        a = 0; b = 1; c = 1;
        #(`clock_period * 200);
        a = 1; b = 0; c = 0;
        #(`clock_period * 200);
        a = 1; b = 0; c = 1;
        #(`clock_period * 200);
        a = 1; b = 1; c = 0;
        #(`clock_period * 200);
        a = 1; b = 1; c = 1;
        #(`clock_period * 200);
        #(`clock_period * 200);
        $stop;
    end

endmodule
```

设置好仿真脚本后，进行非阻塞赋值方式的功能仿真，可以看到如图 3.56 所示的波形文件，在复位信号置高之前输出为 0。直观看上去没有问题，现在放大细节如图 3.57 所示。

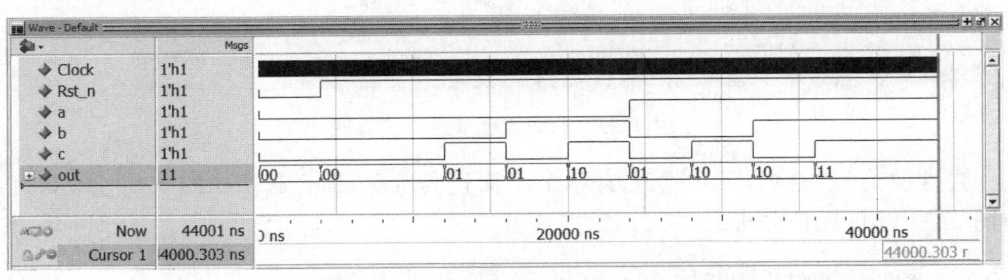

图 3.56　非阻塞赋值整体功能仿真图

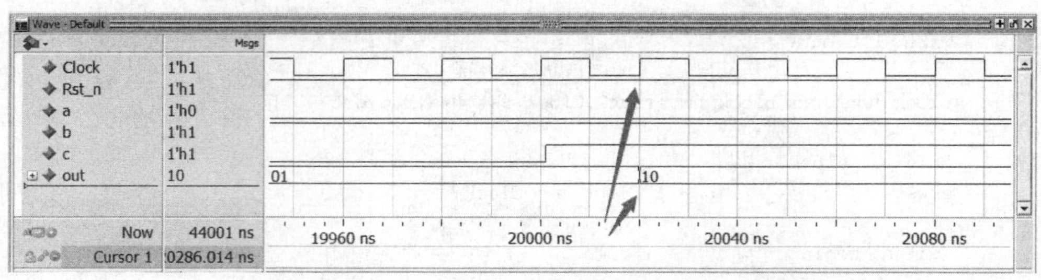

图 3.57　非阻塞赋值部分功能仿真图(1)

因为变化在第一个时钟上升沿之后，所以第一个时钟沿检测不到，下一个时钟检测到 011 直接赋值计算。

放大细节可以看出，在第一个上升沿 out 的值依旧为 0，设计虽然采用非阻塞赋值方式，且此刻 d 值已经更新为 1，但是实际电路中总会存在延迟，这个时钟沿时刻 out 已经采样不到当前 d 的值，继续保持数值 0。为了更好地解释这种现象，现进行时序仿真。继续放大细节如图 3.58 所示。

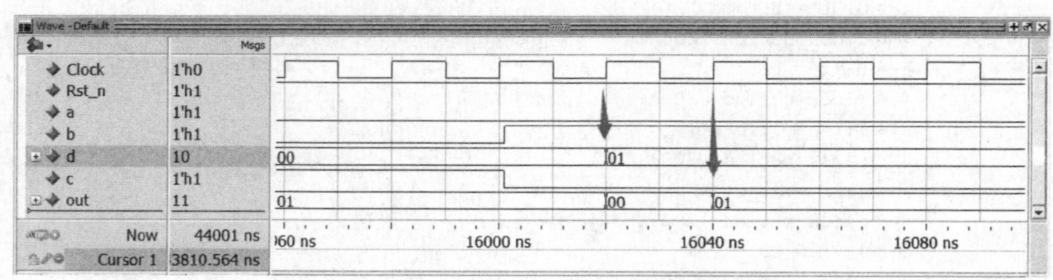

图 3.58　非阻塞赋值部分功能仿真图(2)

全编译后进行时序仿真，可以在图 3.59 中清晰地看到这种现象。

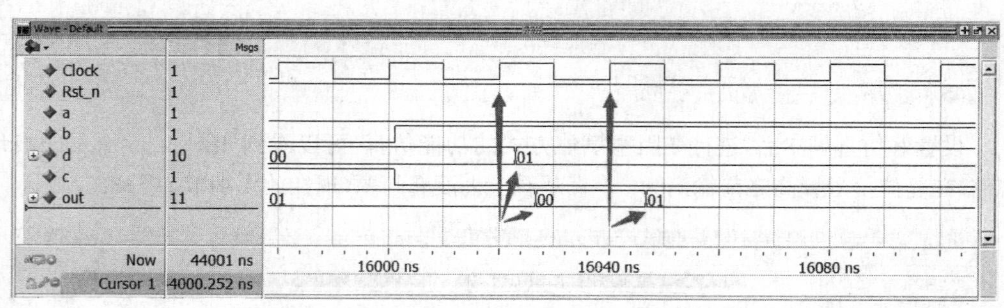

图 3.59　非阻塞赋值时序仿真图

再次改为另一种非阻塞赋值方式，如下面代码所示，综合起来如图 3.60 所示，可以与图 3.52 进行比较分析。

```
always@(posedge Clk or negedge Rst_n)
if(!Rst_n)
```

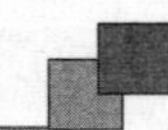


```
        out  <= 2'b0;
    else begin
        out  <=   a + b + c;
    end
```

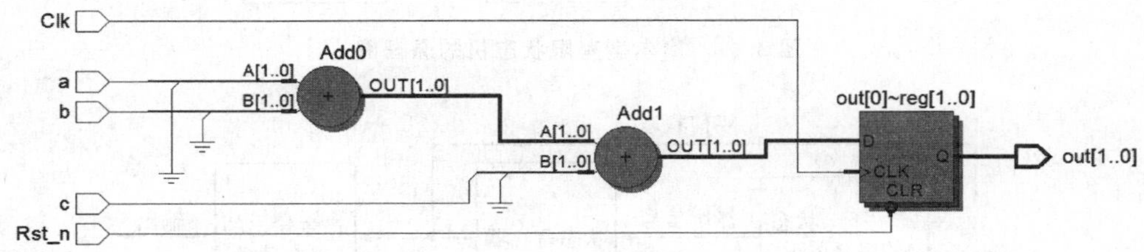

图 3.60　非阻塞赋值的第三种设计方式

本节小结：

本节对比了 Verilog 语法中阻塞赋值和非阻塞赋值的区别。通过证明非阻塞赋值多种赋值顺序生成电路的唯一性，与阻塞赋值多种赋值顺序生成电路的不确定性，来展示使用非阻塞赋值对设计可预测性的重要意义。在今后的设计中会经常用到这两种赋值方式，请读者多加思考其中的区别及意义。

在今后的设计中掌握以下 6 个原则，可解决综合后仿真中出现的绝大多数的冒险竞争问题。

① 时序电路建模时，用非阻塞赋值；

② 锁存器电路建模时，用非阻塞赋值；

③ 用 always 块建立组合逻辑模型时，用阻塞赋值；

④ 在同一个 always 块中建立时序和组合逻辑电路时，用非阻塞赋值；

⑤ 在同一个 always 块中不要既用非阻塞赋值又用阻塞赋值；

⑥ 不要在一个以上的 always 块中为同一个变量赋值。

3.6　状态机设计实例

状态机的全称是有限状态机（Finite State Machine，FSM），表示有限个状态以及在这些状态之间的转移和动作等行为的数学模型。本节将学习状态机的相关概念并使用状态机实现特定字符串的检测，理解一段式、两段式、三段式状态机的区别以及优缺点。

3.6.1　状态机工作原理

状态机分为摩尔（Moore）型有限状态机与米利（Mealy）型有限状态机。摩尔型有限状态机的输出是由输入确定的有限状态机（不直接依赖于当前状态）。米利型有限状态机的输出不只与其输入有关还与它的当前状态相关，这也是它与摩尔型有限状态机的不同之处。摩尔型有限状态机和米利型有限状态机的原理图如图 3.61 和图 3.62 所示。

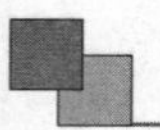

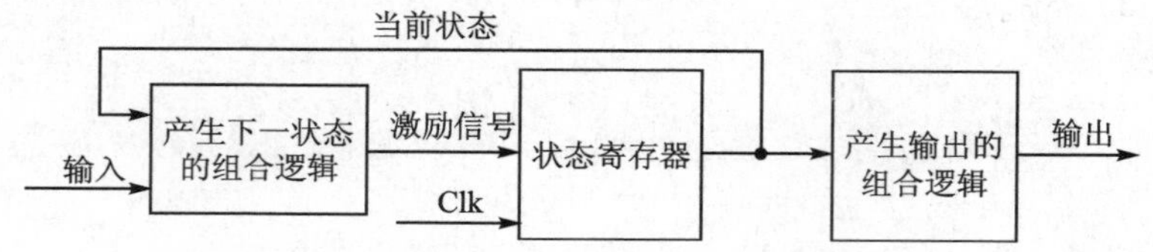

图 3.61　摩尔型有限状态机的原理图

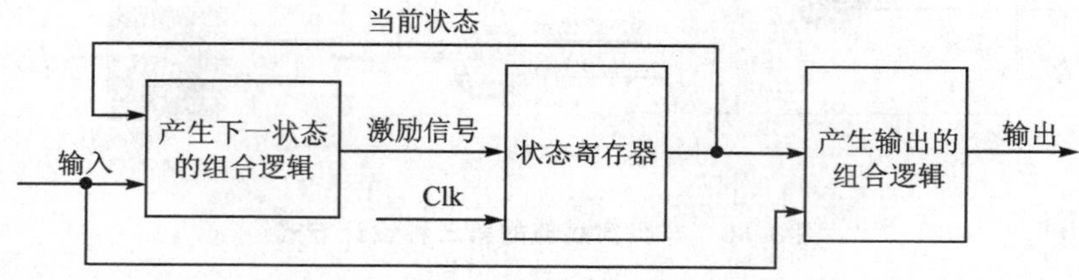

图 3.62　米利型有限状态机的原理图

状态机可根据控制信号按照预先设定的状态进行状态转移，这就出现了如何对状态进行有效编码的问题。编码方式，最简单的就是直接使用二进制编码进行表示，除此之外还可使用格雷码、独热码。假设有 8 个状态从 A 到 H，利用不同的编码格式如表 3.6 所列。

表 3.6　状态不同的编码格式

编码格式 / 状态	二进制	独热码	格雷码
A	3'b000	8'b0000_0000	4'b0000
B	3'b001	8'b0000_0010	4'b0001
C	3'b010	8'b0000_0100	4'b0011
D	3'b011	8'b0000_1000	4'b0010
E	3'b100	8'b0001_0000	4'b0110
F	3'b101	8'b0010_0000	4'b0111
G	3'b110	8'b0100_0000	4'b0101
H	3'b111	8'b1000_0000	4'b0100

从表 3.6 中可以发现：独热码，每一个状态均使用一个寄存器，在与状态比较时仅需要比较一位，相比其他译码电路简单；格雷码，所需寄存器数与二进制码一样，译码复杂，但相邻位只跳动一位，一般用于异步多时钟域多位的转换，如异步 FIFO；二进制码，最为常见的编码方式，所用寄存器少，译码较复杂。

按照 Altera 给的建议，选择哪一种编码格式是要根据状态机的复杂度、器件类型以及从非法状态中恢复出来的要求来确定的。在使用不同的编码格式生成出来的 RTL 视图中可以看出二进制比独热码使用更少的寄存器。二进制用 7 个寄存器就可以实现 100 个状态的状态机，但是独热码就需要 100 个寄存器。另一方面，虽然独热码使用更多的寄存器，但是其组合逻辑相对简单。一般推荐，在 CPLD 中，由于提供较多

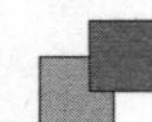

的组合逻辑资源故多使用前者；在FPGA中，由于提供较多的时序逻辑故多用后者。

状态机的描述方式可分为一段式、两段式及三段式。

一段式，整个状态机写到一个always模块里面。在该模块中既描述状态转移，又描述状态的输入和输出。

两段式，用两个always模块来描述状态机。其中一个always模块采用同步时序描述状态转移，另一个模块采用组合逻辑判断状态转移条件，描述状态转移规律及其输出。

三段式，在两个always模块描述方法基础上，使用三个always模块。一个always模块采用同步时序描述状态转移；一个always采用组合逻辑判断状态转移条件，描述状态转移规律；另一个always模块描述状态输出（可以用组合电路输出，也可以用时序电路输出）。

可以看出两段式有限状态机与一段式有限状态机的区别是将时序部分（状态转移）和组合部分（判断状态转移条件和产生输出）分开，写成两个always语句，即为两段式有限状态机。将组合部分中的判断状态转移条件和产生输出再分开写，则为三段式有限状态机。两段式在组合逻辑特别复杂时，注意需在后面加一个触发器以消除组合逻辑对输出产生的毛刺的影响。三段式则没有这个问题，这是由于第三个always会生成触发器。其实现在的器件根本不在乎这一点资源消耗，推荐使用两段式或者三段式以及输出寄存的状态机输出来描述有限状态机。

编写状态机还应注意的主要事项：为了避免不必要的锁存器生成，需要穷举所有状态对应的输出动作，或者使用default来定义未定义状态动作；在定义状态时，推荐使用本地化参数定义localparam，这样可以在编写时状态更清晰且不容易出错，也方便修改；在复位或者跑飞时能回到初始态或者预定态；要有异步或者同步复位来确保状态机上电有个初始态。

3.6.2　字符串检测状态机实现

为了实现对字符串Hello的检测，首先画出其状态转移图，如图3.63所示，状态机模块端口功能描述如表3.7所列。

由图3.63可以看出，每个状态都有三个跳转可能，如果输入字符为当前状态需要

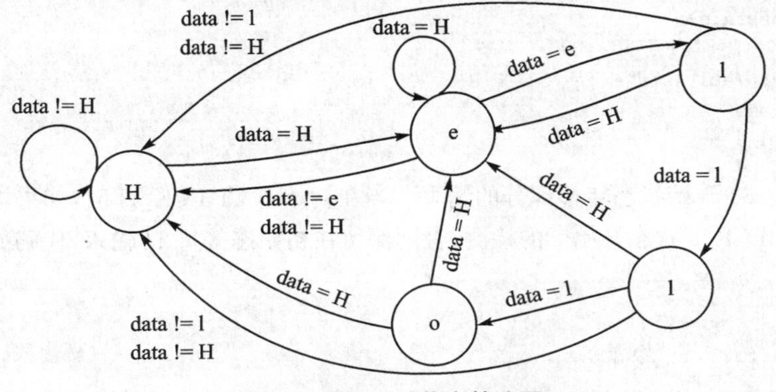

图3.63　"Hello"状态转移图

判断的正确字符，则跳转到检测下一个字符状态；若输入的字符为“H”，则跳转到检测“e”状态，否则跳回检测“H”状态。字符串检测模块示意图如图 3.64 所示。

图 3.64　字符串检测模块示意图

建立工程子文件夹后，新建一个名为 Hello 的工程保存在 prj 下，并在本工程目录的 rtl 文件夹下新建 Verilog File 文件，并以 Hello.v 保存。

表 3.7　状态机模块端口功能描述

端口名称	I/O	端口功能描述
Clk	I	模块的工作时钟，频率为 50 MHz
Rst_n	I	模块复位，低电平复位
data	I	字符数据输入端
led	O	LED 控制端，完成字符串输出后 LED 翻转一次

使用独热码对状态进行定义，代码如下：

```
localparam
    CHECK_H   = 5'b0_0001,
    CHECK_e   = 5'b0_0010,
    CHECK_la  = 5'b0_0100,
    CHECK_lb  = 5'b0_1000,
    CHECK_o   = 5'b1_0000;
```

首先设置初始状态，代码如下：

```
reg [4:0] state;
always@(posedge Clk or negedge Rst_n)
if(!Rst_n)begin
    led <= 1'b1;
    state <=  CHECK_H;
end
else begin
    case(state)
        //此部分见下
        default:state <=  CHECK_H;
    endcase
end
```

依照图 3.63 开始状态转移部分的编写。当在初始态 CHECK_H 时，如果检测到输入为 H 则跳入 CHECK_e 状态开始 e 的检测，否则保留在初始态等待 H 输入，代码如下：

```
CHECK_H:
    if(data == "H")
        state <=  CHECK_e;
    else
        state <=  CHECK_H;
```

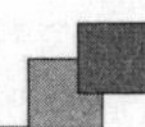

当在状态CHECK_e时，如果检测到输入为e则跳CHECK_la状态开始第一个l的检测；如果输入是H，则有可能是新正确序列的第一个字符，因此继续跳转到CHECK_e，也就是当前状态，检测下一个字符是否为e，否则跳回初始状态等待新的一轮检测，代码如下：

```
CHECK_e:
    if(data == "e") state <= CHECK_la;
    else if(data == "H") state <= CHECK_e;
    else state <= CHECK_H;
```

当在状态CHECK_la时，如果检测到输入为l则跳入CHECK_lb状态开始第二个l的检测；如果输入是H，则有可能是新正确序列的第一个字符，因此继续跳转到CHECK_e，检测下一个字符是否为e，否则跳回初始状态等待新的一轮检测，代码如下：

```
CHECK_la:
    if(data == "l") state <= CHECK_lb;
    else if(data == "H") state <= CHECK_e;
    else state <= CHECK_H;
```

当在状态CHECK_lb时，如果检测到输入为l则跳入CHECK_o状态开始o的检测；如果输入是H，即有可能是新正确序列的第一个字符，因此继续跳转到CHECK_e，检测下一个字符是否为e，否则跳回初始状态等待新的一轮检测，代码如下：

```
CHECK_lb:
    if(data == "l") state <= CHECK_o;
    else if(data == "H") state <= CHECK_e;
    else state <= CHECK_H;
```

当在状态CHECK_o时，如果检测到输入为o则说明完成一次“Hello”字符串的检测；同时控制LED灯翻转一次；如果输入是H，则有可能是新正确序列的第一个字符，因此继续跳转到CHECK_e，检测下一个字符是否为e，否则跳回初始状态等待新的一轮检测，代码如下：

```
CHECK_o:
    if(data == "H") state <= CHECK_e;
    else begin
        state <= CHECK_H;
        if(data ="o")
            led <= ~led;
        else
            led <= led;
    end
```

进行分析和综合直至没有错误以及警告。可以在Netlist Viewer下的State Machine Viewer中看到实现的状态机如图3.65所示，与预期设计相同。

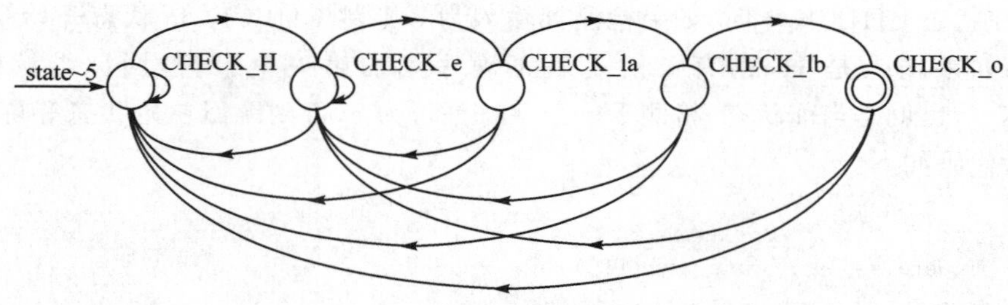

图 3.65　生成的状态转移图

3.6.3　激励创建及仿真测试

为了测试仿真编写测试激励文件，新建 Hello_tb.v 文件保存到 testbench 文件夹下。本激励文件除产生正常的时钟以及复位信号外，还模拟了不同字符串的输入情况，部分设计代码如下：

```
reg [7:0] ASCII;
Hello Hello0(
    .Clk(Clk),
    .Rst_n(Rst_n),
    .data(ASCII),
    .led(led)
);

initial begin
    Rst_n = 0;
    ASCII = 0;
    #(`clock_period * 20);
    Rst_n = 1;
    #(`clock_period * 20 + 1);
    forever begin
        ASCII = "I";
        #(`clock_period);
        ASCII = "A";
        #(`clock_period);
        ASCII = "M";
        #(`clock_period);
        ASCII = "X";
        #(`clock_period);
        ASCII = "i";
        #(`clock_period);
        ASCII = "a";
        #(`clock_period);
        ASCII = "o";
        #(`clock_period);
        ASCII = "M";
        #(`clock_period);
        ASCII = "e";
```

```
        #(`clock_period);
        ASCII = "i";
        #(`clock_period);
        ASCII = "g";
        #(`clock_period);
        ASCII = "e";

        #(`clock_period);
        ASCII = "H";
        #(`clock_period);
        ASCII = "E";

        #(`clock_period);
        ASCII = "M";
        #(`clock_period);
        ASCII = "l";

        #(`clock_period);
        ASCII = "H";
        #(`clock_period);
        ASCII = "E";
        #(`clock_period);
        ASCII = "L";
        #(`clock_period);
        ASCII = "L";
        #(`clock_period);
        ASCII = "O";
        #(`clock_period);

        ASCII = "H";
        #(`clock_period);
        ASCII = "e";
        #(`clock_period);
        ASCII = "l";
        #(`clock_period);
        ASCII = "l";
        #(`clock_period);
        ASCII = "o";

        #(`clock_period);
        ASCII = "l";
    end
end
```

设置好仿真脚本后进行功能仿真，可以看到如图 3.66 所示的波形文件，在复位信号置高之前状态均不发生转移。在复位有效后，只有当输入发生变化时状态才会根据设计进行转换，且没有出现转移错误，LED 的状态也能根据状态来进行翻转。局部放大波形如图 3.67 所示。

至此就完成了一个简单的状态机设计，在后面的章节中会经常用到状态机设计思

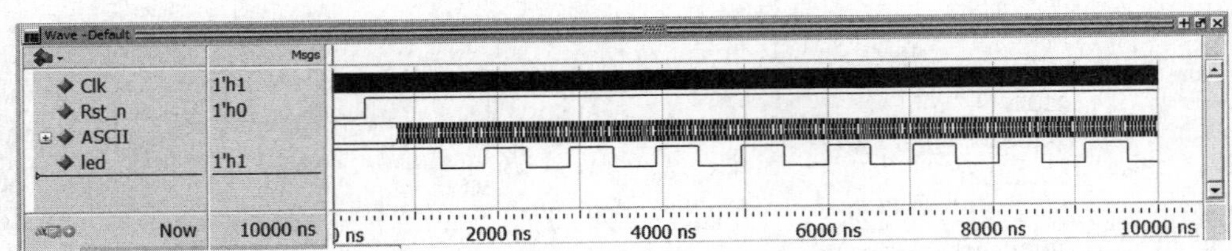

图 3.66 仿真波形文件

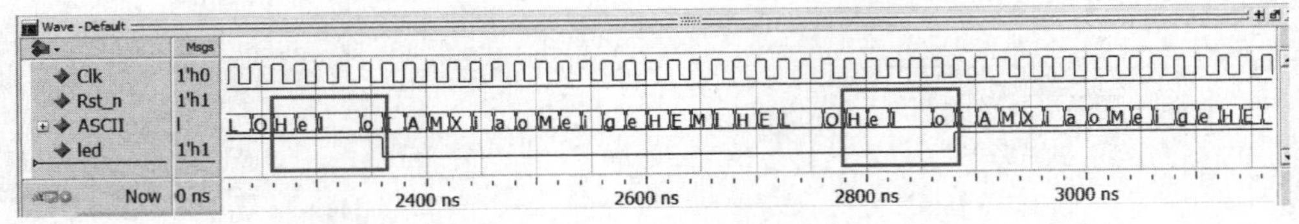

图 3.67 局部放大波形

想。这里不再对两段式、三段式状态机展开,而会在后面的具体实例中进行详细说明。

3.7 独立按键消抖设计与验证

按键作为一种基本的人机交互元件,在电子设计中广泛使用,从系统复位到控制设置均可以看到其身影。目前按键的种类也很多,常见的如多向按键、自锁按键、薄膜按键等。

本节将单 bit 数据的异步信号同步以及边沿检测的方法引入 FPGA 中的常用按键消抖设计,并在仿真测试激励文件中引入随机数发生函数以及激励模型,最后再以一个实际的例子来演示模块化设计的方式。

3.7.1 按键的物理结构及电路设计

普通按键的硬件示意图如图 3.68 所示。

AC620 开发板所载的为两脚贴片按键,分别位于学习板正面的右下角,原理图如图 3.69 所示。由原理图可以看出,按键未按下时 I/O 口为高电平,按键按下时则变为低电平,因此系统可通过检测 I/O 的电平来判断按键的状态。

从图 3.68 中可以看到按键存在一个反作用弹簧,因此当按下或者松开时均会产生额外的物理抖动,物理抖动会产生电平的抖动。在按键从按下再到松开的过程中,其电平变化如图 3.70 所示,上面为理想波形输出,下面为实际波形输出。

如图 3.70 所示,产生的抖动次数以及间隔时间均是不可预期的,这就需要通过滤波来消除抖动可能对外部其他设备造成的影响。一般情况下,抖动的总时间会持续 20 ms 以内。这种抖动,可以通过硬件电路或者逻辑设计的方式来消除,也可以通过软件的方式完成。其中硬件电路消除抖动适用于按键数目较少的场合。

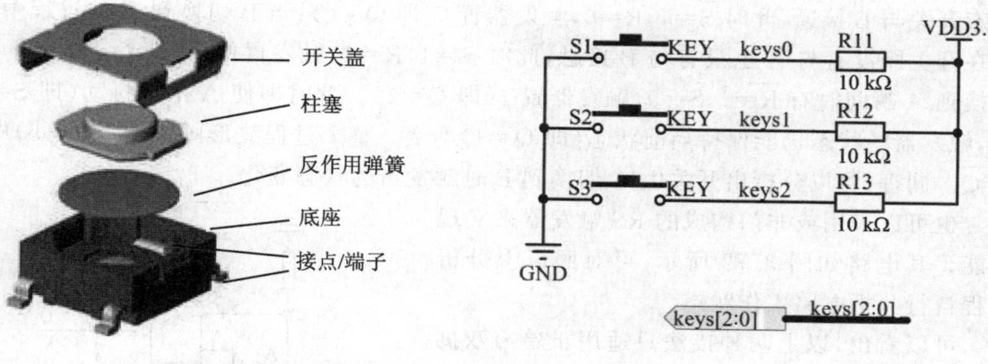

图 3.68　按键硬件结构示意图

图 3.69　按键原理图

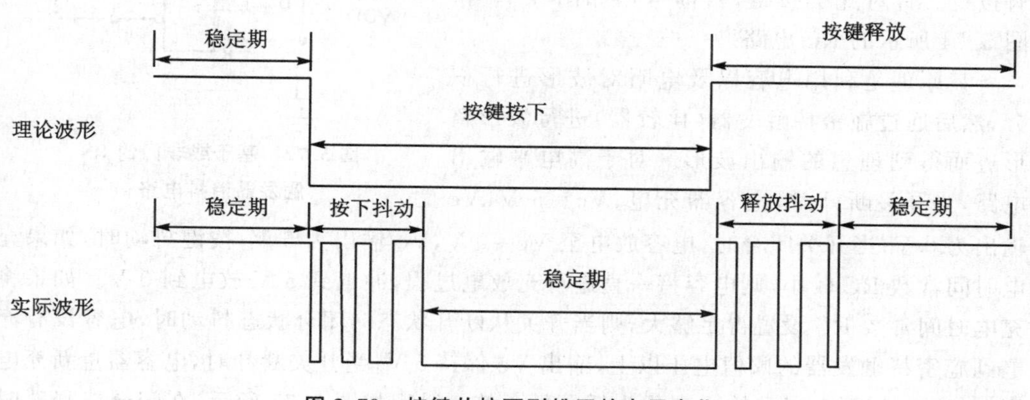

图 3.70　按键从按下到松开的电平变化

3.7.2　硬件电路实现按键消抖

使用基于与非门的 RS 触发器来消除抖动的电路图，如图 3.71(a)所示。假设初始

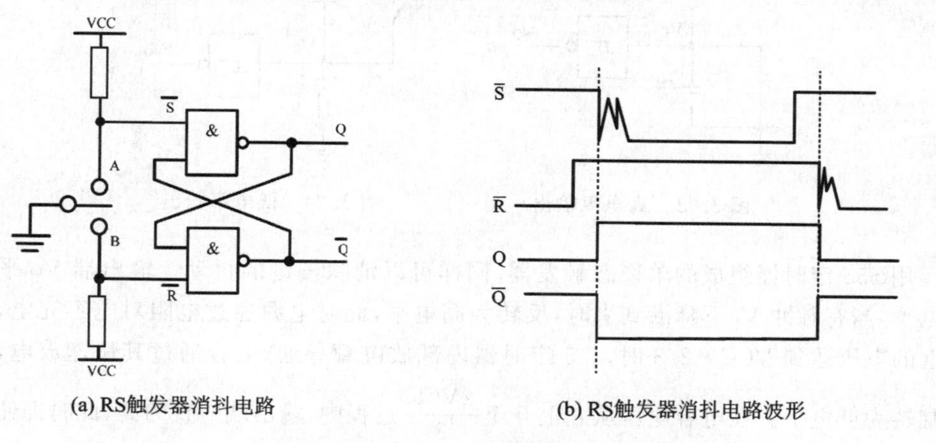

(a) RS触发器消抖电路　　(b) RS触发器消抖电路波形

图 3.71　基于与非门的 RS 触发器消抖电路及波形分析

状态开关与 B 接通，此时 $\overline{S}=1,\overline{R}=0$，触发器置 0(即 Q=0)；当 B 切换到 A 的过程中，存在开关既没有与 A 也没有与 B 接触，此时 $\overline{S}=1,\overline{R}=1$，触发器保持(即 Q=0)；当 B 切换到 A 瞬间时有 $\overline{R}=1,\overline{S}=0$，触发器置 1(即 Q=1)。此时即使 A 出现抖动(即 $\overline{S}=1$)，触发器的状态仍能保持当前状态(即 Q=1)不变。整个过程波形图如图 3.71(b)中的 $\overline{Q}$。同理，可以分析出开关由 A 切换到 B 时触发器的状态变化。

也可以采用或非门构成的 RS 触发器来实现功能。其电路如图 3.72 所示，可对照以上分析过程自行分析电路工作状态。

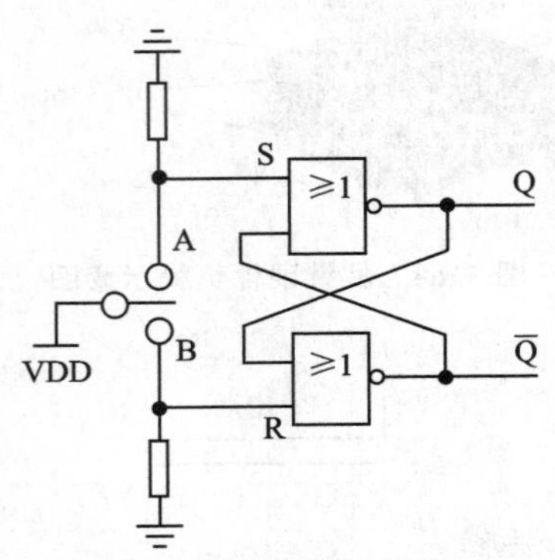

图 3.72　基于或非门的 RS 触发器消抖电路

可以看出，以上两种接法只适用于单刀双掷类开关按键，并不适用于目前常见的两脚或者四脚按键。针对此类按键，目前常用如图 3.73 和图 3.74 所示的 RC 电路。

其原理是利用电容以及电阻对波形进行积分，然后通过施密特触发器(比较器)进行波形整形进而得到理想的输出波形。对于高电平输出电路，当开关断开时，电容器充电，Vc=5 V，Vo 输出为 0 V；当开关闭合时，电容放电至 Vc=0 V，Vo 输出为 5 V；按键抖动时，如果充电时间常数 RC 较小，则电容将一直进行充放电过程，冲电到 5 V 放电到 0 V。如果将充电时间常数 RC 设置得足够大，则当开关从断开状态向闭合状态抖动时，电容没有充电到施密特触发器的阈值电压以上，输出 Vo 保持 5 V；当开关断开时，电容器重新充电到 5 V，超过阈值电压，输出变化为低电平。整个过程如图 3.75 所示，在闭合或释放时出现抖动，但一旦真正稳定了，输出端只会变化一次。

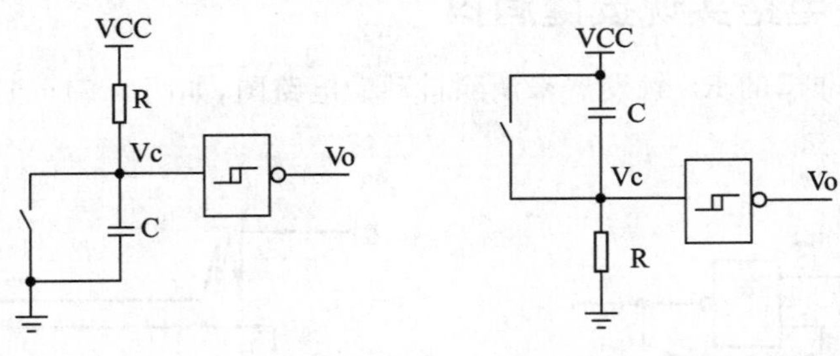

图 3.73　高电平输出　　　图 3.74　低电平输出

用 555 定时器组成的单稳态触发器，同样可以消除按键的抖动。输出端 Vo 平时为低电平，当有脉冲 Vi 下降沿到来时，反转为高电平，此时电源通过电阻对电容充电，当电容上的电压达到 VCC×2/3 时，555 定时器内部放电管导通，电容通过其快速放电，输出端翻转为低电平。在电容电压从 0 上升至 $\frac{2\text{VCC}}{3}$ 过程中，输出端一直为高，此时即使有抖动输出也不会发生变化。通过合理地选择暂稳态时间 Td，就能达到防抖动的效果。

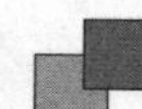

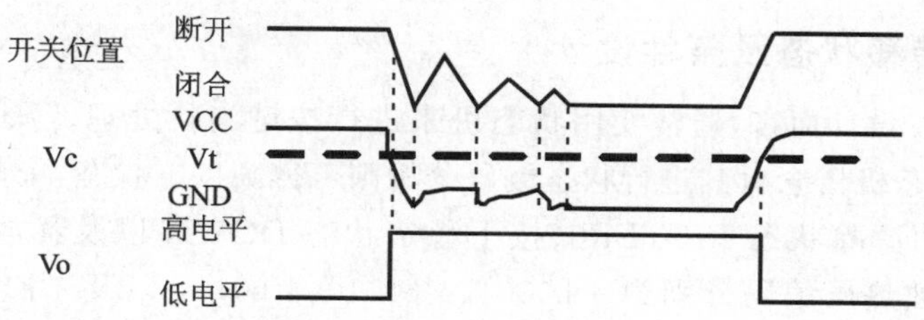

图 3.75 高电平输出的RC电路

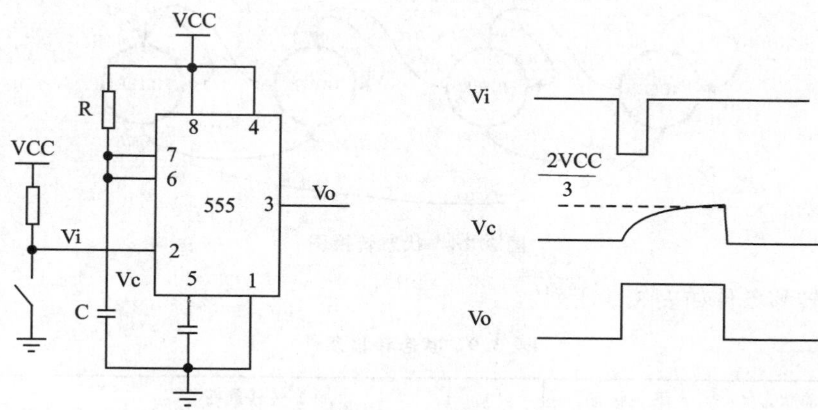

图 3.76 基于单稳态触发器的消抖电路及波形分析

3.7.3 状态机实现按键消抖

1. 模块接口设计

对于单按键的消抖模块，其接口如图 3.77 所示，接口声明功能描述如表 3.8 所列。

图 3.77 按键消抖模块接口

表 3.8 按键消抖模块接口功能描述

接口名称	I/O	功能描述
Clk	I	50 MHz 时钟
Rst_n	I	复位信号
key_in	I	按键输入
key_flag	O	按键状态切换的标志
key_state	O	按键状态标志

2. 状态机转移状态及条件设计

对于 FPGA 设计而言，通常使用状态机来进行按键消抖处理。从图 3.70 中可以看出，若按照状态机概念对其进行状态编码分析则可得到以下状态：未按下时空闲状态 IDLE、按下抖动滤除状态 FILTER0、按下稳定状态 DOWN 以及释放抖动滤除状态 FILTER1。其独热码编码分别为 4'b0001、4'b0010、4'b0100 以及 4'b1000。其状态转换图如图 3.78 所示，可以看出其为米利型状态机。

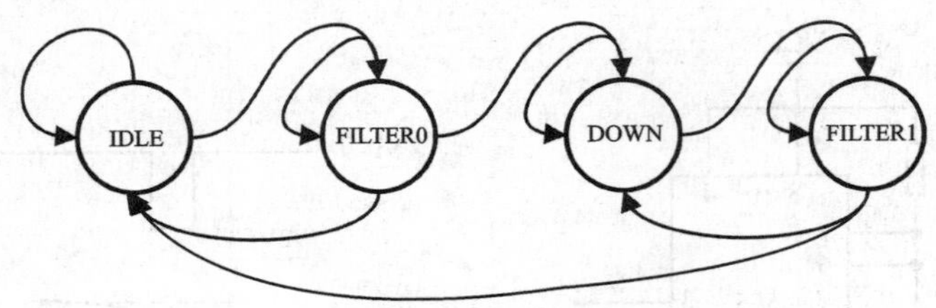

图 3.78　状态转换图

状态转移条件如表 3.9 所列。

表 3.9　状态转移条件

当前状态	下一状态	转移条件
IDLE	FILTER0	Nedge(按键检测到下降沿)
FILTER0	IDLE	Pedge(在按下消抖时如果检测到上升沿，则认为按键还在抖动中，仍未稳定因此回到初始态)
FILTER0	DOWN	Cnt_full(检测到下降沿即启动计时，判断其是否在基数值满时仍为低，如果满足则认为确实按下)
DOWN	FILTER1	Pedge(按下状态稳定后如果检测到上降沿，则启动释放消抖)
FILTER1	DOWN	Nedge(在防消抖中如果仍然检测到下降沿且计数值未满，则认为还在抖动中，继续消抖)
FILTER1	IDLE	Cnt_full(若最后一次抖动后计数值满，则认为释放完成)

3. 单 bit 异步信号同步设计

这里按键的输入信号 key_in 相对于 FPGA 内部信号来说是一个异步信号(key_in 的状态不依赖于时钟 Clk)，如果不进行处理直接将其输入使用，则容易出现时序违例导致亚稳态。因此这里需要先将信号同步到 FPGA 的时钟域内才可以供后续模块使用，常见的同步方法即使用两级触发器，也就是使用触发器对信号打两拍的方式与系统时钟进行同步，参考电路如图 3.79 所示。其中 key_in 为按键输入 key_in_b 为同步后的信号。

上述电路原理用 Verilog 语言描述出来，即为：

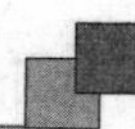

```
reg key_in_a,key_in_b;                          //声明同步寄存器
always@(posedge Clk or negedge Rst_n)
if(!Rst_n)begin
    key_in_a <= 1'b0;                           //第一个寄存器
    key_in_b <= 1'b0;                           //第二个寄存器
end
else begin
    key_in_a <= key_in;
    key_in_b <= key_in_a;
end
```

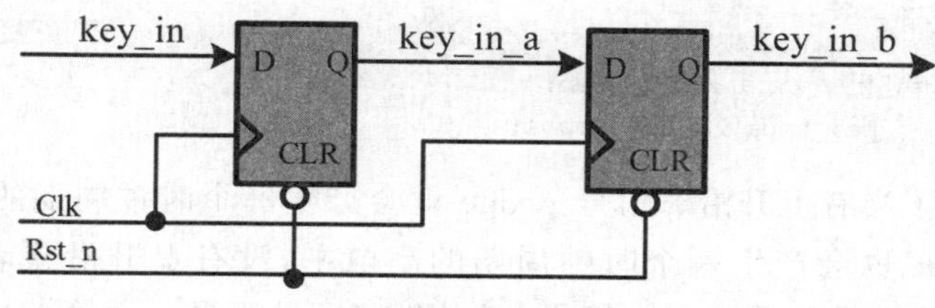

图 3.79　单 bit 信号同步示意图

在一些高速设计中，也有使用三级触发器进行单 bit 信号同步的设计，此方法只是为了提高平均故障时间(Mean Time Between Failure，MTBF)，其电路为在两级触发器后再接一级触发器。

4. 边沿检测设计

由状态转移表可以看出，其转换条件中需要检测到下降沿以及上升沿，而边沿检测其原理就是利用寄存器在时钟信号的控制下，输入状态即为下一时刻输出状态这一特性进行比较判断，如图 3.80 所示。

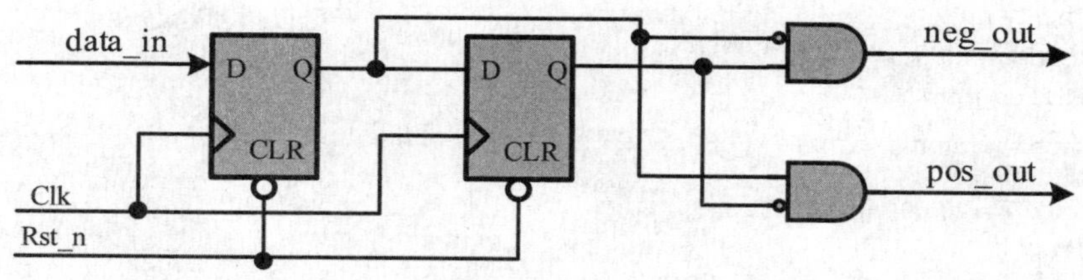

图 3.80　边沿检测原理图

边沿检测过程，可以假设 data_in 从 0 变 1，也就是上升沿，过程如下：

当第一个时钟到来时，第一个寄存器 regA_data 的输出为 0；

当第二个时钟沿到来后，第一个寄存器输出为 1，第二个寄存器输出为 0，这样对两个寄存器的输出进行相关组合逻辑运算则可检测出上升沿。

同理 data_in 从 1 变为 0，也就是下降沿，过程如下：

当第一个时钟到来时，第一个寄存器 regA_data 的输出为 1；

当第二个时钟沿到来后，第一个寄存器输出为 0，第二个寄存器输出为 1。

边沿检测逻辑设计代码如下：

```
reg key_tmpa,key_tmpb;
wire pedge,nedge;
always@(posedge Clk or negedge Rst_n)
if(!Rst_n)begin
    key_tmpa <= 1'b0;
    key_tmpb <= 1'b0;
end
else begin
    key_tmpa <=  key_in_b;
    key_tmpb <=  key_tmpa;
end
assign nedge = !key_tmpa & key_tmpb;
assign pedge =  key_tmpa &(!key_tmpb);
```

这样就实现了当有上升沿时信号 pedge 就会产生一个时钟周期的高电平，当有下降沿时信号 nedge 也会产生一个时钟周期的高电平，没有上升沿或者下降沿变化时 pedge 及 nedge 保持低电平状态。代码中使用的“!”是逻辑非运算，对 4'b0110 进行逻辑非运算后是 4'b0000；而“～”是按位取反，对 4'b0110 按位取反后是 4'b1001。

5. 计数器设计

在状态转移表中还应有 20 ms 计数器模块及计数器使能模块，这里也可以合并成一个 always 模块。一般还是推荐一个 always 块只对一个信号进行操作，计数器设计代码如下：

```
reg [19:0]cnt;
reg en_cnt;//使能计数寄存器
//计数使能模块
always@(posedge Clk or negedge Rst_n)
if(!Rst_n)
    cnt <= 20'd0;
else if(en_cnt)
    cnt <=  cnt + 1'b1;
else
    cnt <= 20'd0;
//计数模块
always@(posedge Clk or negedge Rst_n)
if(!Rst_n)
    cnt_full <= 1'b0;
else if(cnt == 20'd999_999)
    cnt_full <= 1'b1;
else
    cnt_full <= 1'b0;
```

6. 状态机设计

开始状态机设计，首先要用本地参数化对状态机的状态进行定义，代码如下：

```
localparam
    IDLE        = 4'b0001,
    FILTER0     = 4'b0010,
    DOWN        = 4'b0100,
    FILTER1     = 4'b1000;
```

由于状态及判断条件较少，此处先用一段式状态机来进行描述。当复位时将计数器清零，状态回到IDLE，key_flag与key_state也回到初始态。

```
reg [3:0]state;
always@(posedge Clk or negedge Rst_n)
if(!Rst_n) begin
    en_cnt <= 1'b0;
    state <= IDLE;
    key_flag <= 1'b0;
    key_state <= 1'b1;
end
else begin
    case(state)
        //此部分见下
        default:
            begin
                state <= IDLE;
                en_cnt <= 1'b0;
                key_flag <= 1'b0;
                key_state <= 1'b1;
            end
    endcase
end
```

在按键未按下时状态为IDLE，如果检测到下降沿则状态进入按下抖动滤除状态FILTER0，并使能计数器，否则继续保持IDLE状态。

```
IDLE:
    begin
        key_flag <= 1'b0;
        if(nedge)begin
            state <=  FILTER0;
            en_cnt <= 1'b1;
        end
        else
            state <= IDLE;
    end
```

在FILTER0状态时，如果20 ms尚未计时结束就有上升沿到来，则认为此时还是按键按下的抖动过程，状态回到IDLE并清0计数器。在按下过程中，当最后一次抖动后，不会存在上升沿，计数器则可以一直计数，计数满后则将key_flag置1、key_state置0，状态进入按下稳定状态DOWN并将计数器清0。这样就可以通过判断{key_flag && !key_state}来确定按键的状态，为1则按下。

```
FILTER0:
if(cnt_full) begin
    key_flag <= 1'b1;
    key_state <= 1'b0;
    en_cnt <= 1'b0;
    state <= DOWN;
end
else if(pedge) begin
    state <= IDLE;
    en_cnt <= 1'b0;
end
else
    state <= FILTER0;
```

进入按键稳定状态 DOWN 后，将 key_flag 清 0。如果检测到上升沿则进入释放抖动滤除状态 FILTER1，否则保持当前态。

```
DOWN:
    begin
        key_flag <= 1'b0;
        if(pedge) begin
            state <= FILTER1;
            en_cnt <= 1'b1;
        end
        else
            state <= DOWN;
    end
```

进入 FILTER1 状态后，如果 20 ms 计数尚未结束就检测到下降沿，则认为此时还是按键释放抖动过程，状态回到 DOWN 并清 0 计数器。释放过程中在最后一次抖动后，不会存在下降沿，计数器则可以一直计数，计数满后则将 key_flag 与 key_state 均置 1，状态进入 IDLE 并将计数器清 0，等待下一次按键被按下。

```
FILTER1:
    if(cnt_full) begin
        key_flag <= 1'b1;
        key_state <= 1'b1;
        state <= IDLE;
        en_cnt <= 1'b0;
    end
    else if(nedge) begin
        en_cnt <= 1'b0;
        state <= DOWN;
    end
    else
        state <= FILTER1;
```

这里如果改写为两段式状态机，则代码如下所示，状态转移部分省略。

```
always@(posedge Clk or negedge Rst_n)
if(!Rst_n)
```

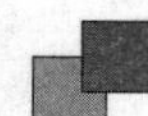

```
        state <=  IDLE;
    else
        state <=  nx_state;

always@(state or key_in or key_flag or key_state)
begin
    en_cnt  = 1'b0;
    key_flag = 1'b0;
    key_state = 1'b1;
    case(state)
        //此部分如一段式状态机
end
```

3.7.4 激励创建及仿真测试

本激励文件除产生正常的时钟以及复位信号外，还模拟了按键从按下到松手释放的过程，人为设计的抖动代码如下，复制几次并在合理范围内修改参数。再次进行分析和综合直至没有错误以及警告。

```
    //模拟按下抖动 20 ms 内
    key_in = 0;#1000;
    key_in = 1;#2000;
    key_in = 0;#1400;
    key_in = 1;#2600;
    key_in = 0;#1300;
    key_in = 1;#200;
    //产生一个低电平大于 20 ms,代表按下稳定
    key_in = 0;#20_000_100;
    #50_000_000;
    //模拟释放抖动 20 ms 内
    key_in = 1;#2000;
    key_in = 0;#1000;
    key_in = 1;#2000;
    key_in = 0;#1400;
    key_in = 1;#2600;
    key_in = 0;#1300;
    key_in = 1;#200;
    //产生一个高电平大于 20 ms,代表释放稳定
    key_in = 1;#50_000_100;
    #30000;
```

设置好仿真脚本后进行功能仿真，可以看到产生的按下抖动以及松开抖动如图 3.81 和图 3.82 所示。

按键消抖仿真波形如图 3.83 所示，可以看出当 key_in 从正常态到按下稳定后经历了 0001、0010、0100 三个状态，从按下到释放经历了 0100、1000、0001 三个状态，且按下稳定以及释放稳定均会产生一个时钟周期的 key_flag 高电平信号，key_state 也会正常变化。

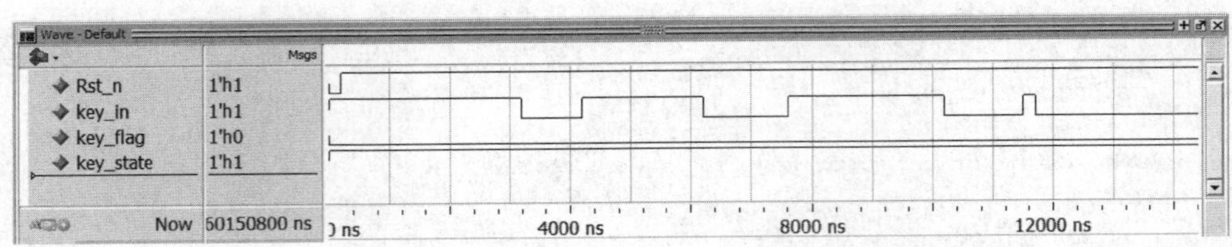

图 3.81　按下抖动

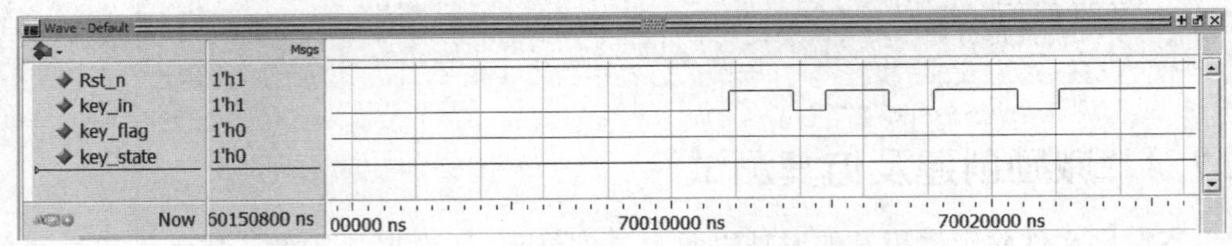

图 3.82　释放抖动

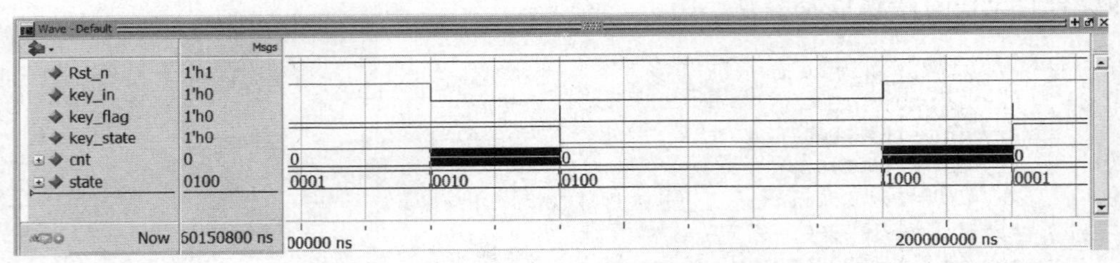

图 3.83　按键消抖仿真波形图

3.7.5　任务及随机函数的使用

从图 3.81 和图 3.82 可以看出抖动是人为地设计了一些固定值抖动，不具有随机性且编写出来的文件太长，这里可以采用随机数发生函数来产生抖动。

$random 这一系统函数可以产生一个有符号的 32 位随机整数。一般的用法是“$random%b”，其中 b>0。这样就会生成一个范围在－b+1～b－1 中的随机数。如果只得到正数的随机数，则可采用“{$random}%b”来产生。本节需要产生在 20 ms 以内的按下抖动与松手抖动，实际上应该产生 25'd20 000 000 以内随机数的抖动，这里为了节约仿真时间，只产生一个 16 位的随机数也就是 0～16'd65535。

在人为产生抖动时，复制多次抖动后可以看出激励文件比较长，这里采用使用任务 task，其语法如下：

```
task<任务名>;
    <端口及数据类型声明语句>
    <语句 1>
    <语句 2>
    <语句 n>
```

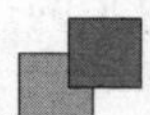

endtask

任务调用的语法如下：

<任务名>(端口 1,端口 2,…,端口 n)；

综合以上两点，编写出以下设计文件，这里实现了 50 次的 0～65 535 ns 按下抖动然后 key_in 赋固定值 0 且延时 50 ms(大于 20 ms 即为稳定)，同时也实现了释放抖动后，key_in 赋固定值 1 且延时 50 ms。

```
reg [15:0]myrand;

task press_key;
        begin
            repeat(50) begin                    //50 次随机时间按下抖动
                myrand = { $ random} % 65536;
                 # myrand key_in = ~key_in;
            end
            key_in = 0;
             # 50_000_000;                      //按下稳定

            repeat(50) begin                    //50 次随机时间释放抖动
                myrand = { $ random} % 65536;
                 # myrand key_in = ~key_in;
            end
            key_in = 1;
             # 50_000_000;                      //释放稳定
        end
endtask
```

这样在 key_filter_tb. v 中除了产生时钟以及复位信号外只需调用这个任务即可。

```
initial begin
    Rst_n = 1'b0;
    key_in = 1'b1;
     # (`clk_period * 10) Rst_n = 1'b1;
     # 30000;
    press_key; # 10000;
    press_key; # 10000;
    press_key; # 10000;
     $ stop;
end
```

编译无误后再次启动仿真，可以看到如图 3.84 和图 3.85 所示的仿真波形图，按下稳定以及释放稳定均会产生一个时钟周期的 key_flag 高电平信号，key_state 也会正常变化。这里放大产生的抖动过程可以看到每一个抖动的时间均不一样，这样就成功地模拟了随机抖动过程。

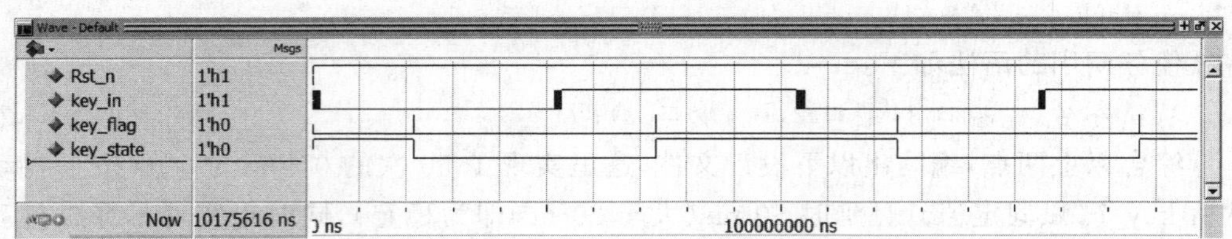

图 3.84　引入 task 后的仿真波形图

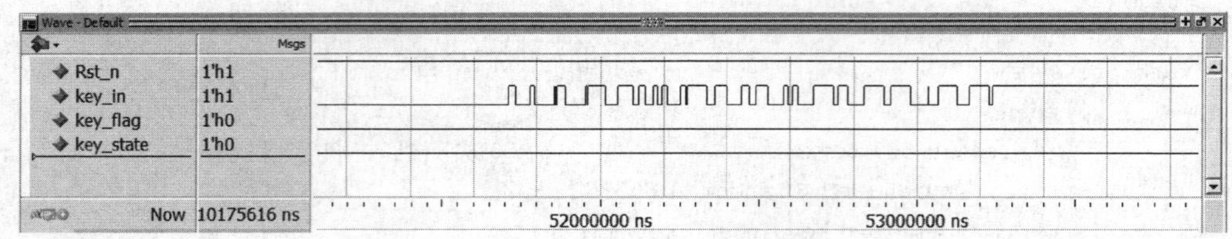

图 3.85　随机抖动过程

这里再提出一个仿真模型的概念，新建 key_module. v 保存到 testbench 文件夹下，代码如下：

```
`timescale 1ns/1ns
module key_model(key);
    output reg key;

    reg [15:0]myrand;

    initial begin
        key = 1'b1;
        press_key;
        #10000;
        press_key;
        #10000;
        press_key;
        $stop;
    end

    task press_key;
        begin
            //此部分同上面设计
        end
    endtask

endmodule
```

这样在 key_filter_tb 中只调用这个仿真模型，并产生复位和时钟信号即可，简化了激励文件。key_in 就是一个内部信号了，需要将 reg 型改为 wire 型，代码如下：

```
    key_model key_model(.key(key_in));
```

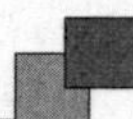

整个激励文件的内部结构如图 3.86 所示。

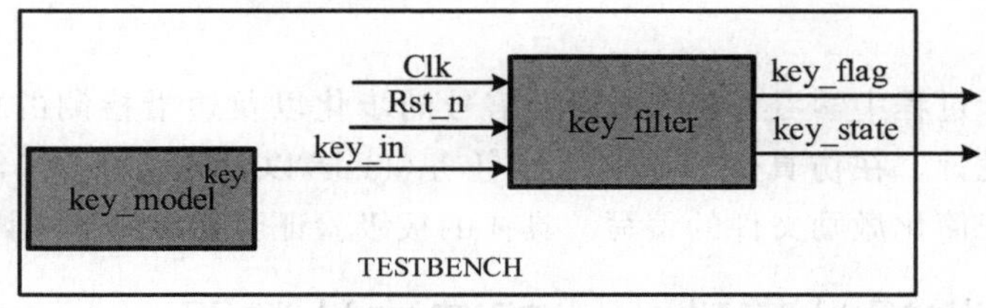

图 3.86 激励文件内部结构

这里的仿真模型也是不可综合的，需要在设置脚本时额外添加进来，如图 3.87 所示。

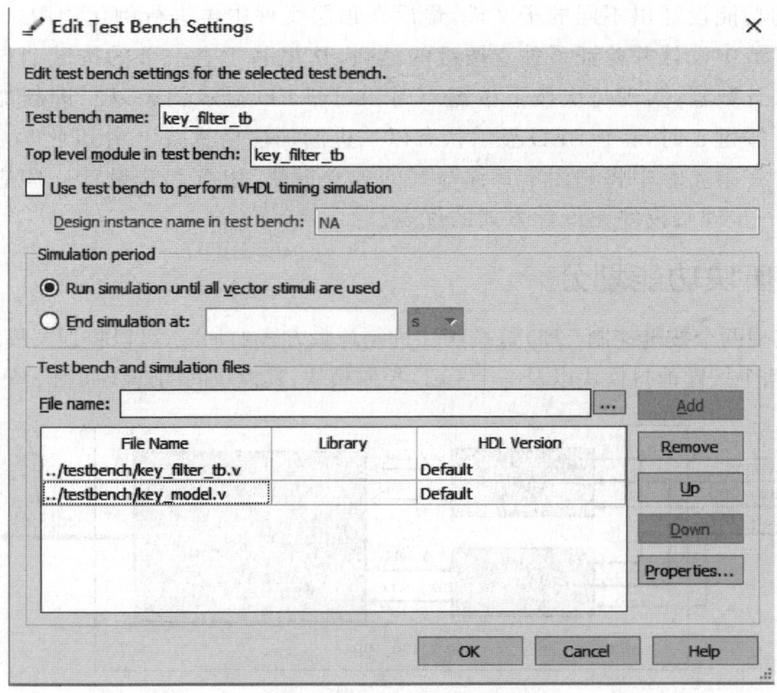

图 3.87 将仿真模型加入激励文件

再次运行仿真，可以看到如图 3.88 所示的仿真波形图。

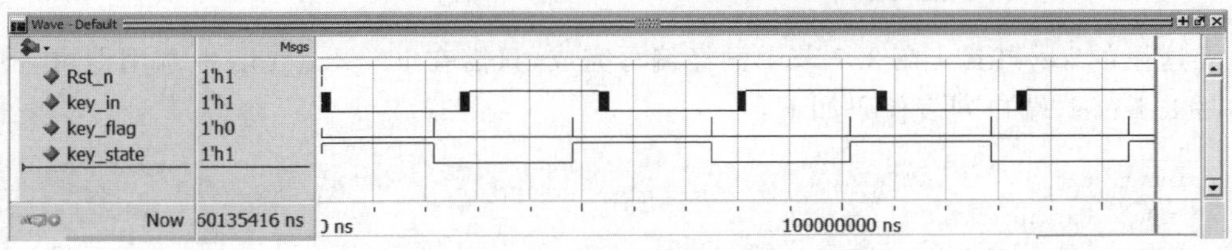

图 3.88 引入按键仿真模型后的仿真波形图

从以上的波形分析可以看出本节设计的独立按键消抖功能仿真正常。

本节小结：

本节在设计过程中学习了单 bit 异步信号同步化以及边沿检测的相关内容，复习了状态机相关设计。在仿真过程中引入了任务（task）以及随机函数（$random）并使用了仿真模型来简化激励文件的编写。具体的板级验证会在下一节中详细介绍。

3.8 模块化设计基础——加减法计数器

在相对大一点的工程设计过程中，设计内容通常不会写在一个设计文件中，而是会针对不同的功能设计出不同的子文件，最后在顶层文件中再进行例化调用。

在 3.7 节中设计并验证了独立按键的消抖，这里基于上一节的按键消抖模块实现一个加减法计数器，实现每次按下按键 0 时，4 个 LED 显示状态以二进制加法格式加 1；每次按下按键 1 时，4 个 LED 显示状态以二进制加法格式减 1，并以此学习模块化的设计方式。在第 4 章中将利用本章编写好的独立模块，组合起来设计一些应用性较强的项目，进一步理解模块化设计方式的优点。

3.8.1 模块功能划分

为了实现两个按键控制 LED 灯按照二进制计数方式的加减，可以将顶层模块 key_led_top 划分为两个按键消抖模块以及一个 LED 控制模块，其模块间的连线如图 3.89 所示。

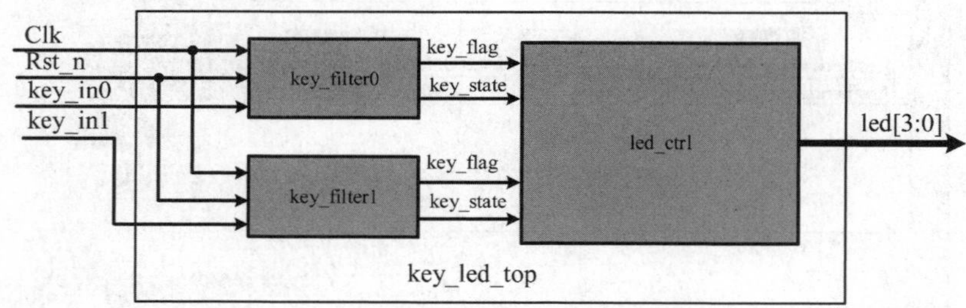

图 3.89 顶层模块端口图

3.8.2 模块功能设计

这里的 key_filter 在 3.7 节中已经编写完成，只需在 key_led_top 中调用即可。现编写 led_ctrl，端口列表代码如下：

```
input  Clk;
input  Rst_n;
input  key_flag0,key_flag1;
input  key_state0,key_state1;
output [3:0]led;
```

本模块需要根据两个按键的状态来进行计数器的加减，且由上一节可以看出当 key_flag &&！ key_state 时，即为按键按下，代码如下：

```
reg [3:0]led_r;
always@(posedge Clk or negedge Rst_n)
    if(!Rst_n)
        led_r <= 4'b0000;
    else if(key_flag0 &&! key_state0)
        led_r <=  led_r + 1'b1;
    else if(key_flag1 &&! key_state1)
        led_r <=  led_r - 1'b1;
    else
        led_r <=  led_r;
```

计数器的 led_r 初值为 4'b0000，这里当按键 0 被按下时计数器加 1，计数器变为 4'b0001，由开发板上的 LED 灯电路图可知（见图 3.90），LED 灯为低电平点亮，此时就会出现 LED0～LED3 分别为亮、亮、亮、暗。为了更直观地显示效果，对输出数据进行取反，这样 LED 的数据就会变为暗、暗、暗、亮，与正常的思路相符合。

```
assign led = ~led_r;
```

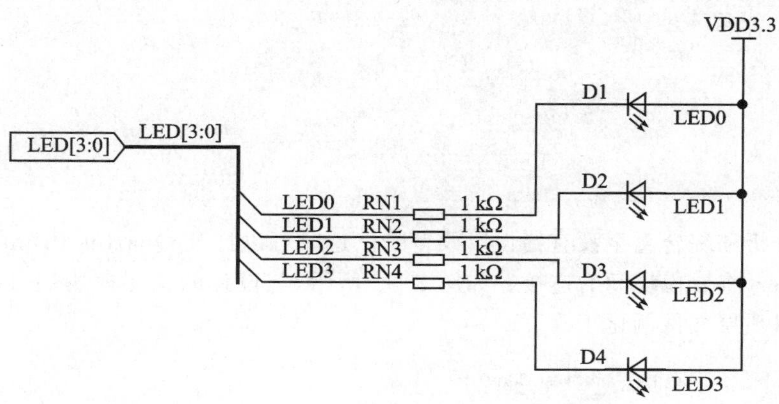

图 3.90　LED 灯电路图

这样各个独立的模块即编写完成，下面开始顶层文件的设计，在新建好的 key_led_top 中，例化三个模块并将内部信号类型设置为 wire，代码如下：

```
module key_led_top(Clk,Rst_n,key_in0,key_in1,led);

    input  Clk;
    input  Rst_n;
    input  key_in0;
    input  key_in1;

    output [3:0]led;

    wire key_flag0,key_flag1;
```

```
    wire key_state0,key_state1;

    key_filter key_filter0(
        .Clk(Clk),
        .Rst_n(Rst_n),
        .key_in(key_in0),
        .key_flag(key_flag0),
        .key_state(key_state0)
    );

    key_filter key_filter1(
        .Clk(Clk),
        .Rst_n(Rst_n),
        .key_in(key_in1),
        .key_flag(key_flag1),
        .key_state(key_state1)
    );

    led_ctrl led_ctrl0(
        .Clk(Clk),
        .Rst_n(Rst_n),
        .key_flag0(key_flag0),
        .key_flag1(key_flag1),
        .key_state0(key_state0),
        .key_state1(key_state1),
        .led(led)
    );

endmodule
```

进行分析和综合直至没有错误以及警告。这时可以打开 Quartus Prime 软件中的 RTL Viewer，查看模块间的连接。如图 3.91 所示，与设计的顶层模块端口图一样，因此可以看出顶层文件例化正确。

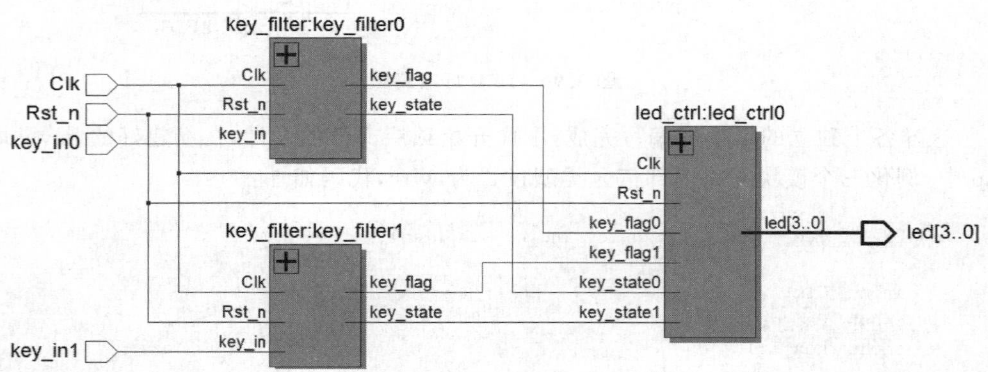

图 3.91　顶层模块 RTL 视图

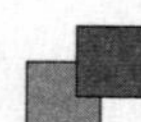

3.8.3 仿真及板级验证

为了测试仿真编写测试激励文件，这里由于调用了两个按键进行仿真，因此需要将前面设计的按键仿真模型进行改写，加入使能信号 press，即 press 上升沿时就执行一次输出 key，其中任务 task press_key 部分是不变的。这里如果不改写调用的两个仿真模型则会同时执行，导致出错。

```
`timescale 1ns/1ns
module key_model(press,key);
    input  press;
    output reg key;
    reg [15:0]myrand;
    initial begin
        key = 1'b1;
    end

    always@(posedge press)
        press_key;

    task press_key;
        begin
        //本部分同上一节相关内容
        end
    endtask
endmodule
```

新建 key_led_top_tb. v 文件输入以下代码，并保存到 testbench 文件夹下，再次进行分析和综合直至没有错误以及警告。以下内容除了生成了时钟和复位信号以外，还模拟了按键 0 按下释放两次，以及按键 1 按下释放两次的过程。整体的代码如下：

```
`timescale 1ns/1ns
`define clk_period 20
module key_led_top_tb;
    reg Clk;
    reg Rst_n;
    wire key_in0;
    wire key_in1;
    reg press0,press1;
    wire [3:0]led;
    key_led_top key_led_top0(
        .Clk(Clk),
        .Rst_n(Rst_n),
        .key_in0(key_in0),
        .key_in1(key_in1),
        .led(led)
    );

    key_model key_model0(
        .press(press0),
        .key(key_in0)
```

```
    );

    key_model key_model1(
        .press(press1),
        .key(key_in1)
    );
    initial  Clk = 1;
    always #(`clk_period/2) Clk = ~Clk;
    initial begin
        Rst_n = 1'b0;
        press0 = 0;
        press1 = 0;
        #(`clk_period * 10) Rst_n = 1'b1;
        #(`clk_period * 10 + 1);

        press0 = 1;                         //按键 0 第一次按下
        #(`clk_period * 3)
        press0 = 0;                         //按键 0 第一次释放
        #80_000_000;

        press0 = 1;                         //按键 0 第二次按下
        #(`clk_period * 3)
        press0 = 0;                         //按键 0 第二次释放
        #80_000_000;

        press1 = 1;                         //按键 1 第一次按下
        #(`clk_period * 3)
        press1 = 0;                         //按键 1 第一次释放
        #80_000_000;

        press1 = 1;                         //按键 1 第二次按下
        #(`clk_period * 3)
        press1 = 0;                         //按键 1 第二次释放
        #80_000_000;
        $stop;
    end

endmodule
```

设置好仿真脚本后进行功能仿真，可以看到如图 3.92 所示的波形文件。每当按键 0 按下时，计数器 led_r 会加 1；当按键 1 按下时，计数器 led_r 会减 1。

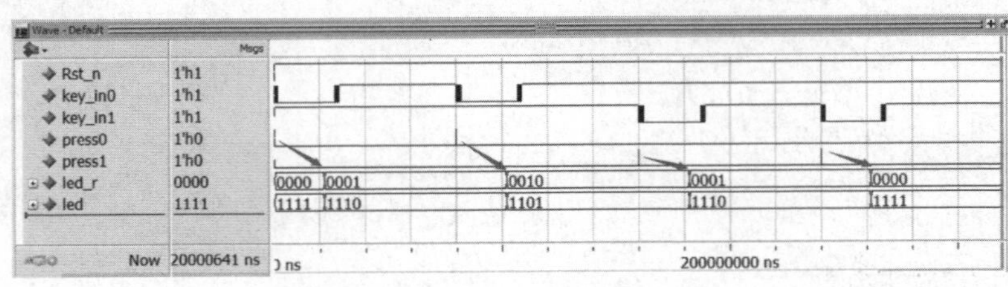

图 3.92　功能仿真波形图

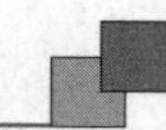

分配引脚并全编译无误后下载工程到开发板中，看到与之对应的现象，即为设计无误。至此，通过仿真以及板级验证说明该加减法计数器设计正确。

本节小结：

本节通过模块化设计实现了加减法计数器的设计并进行了行为仿真与板级验证。模块化的设计方式将在后面的章节中广泛使用，特别是在第6章综合实验中，更能体会到这种设计方式的优点。

3.9 8位七段数码管驱动设计与验证

电子系统中常用的显示设备有数码管、LCD液晶以及VGA显示器等。其中数码管又可分为段式显示（七段、米字型等）以及点阵显示（8×8、16×16等），LCD液晶的应用可以分为字符式液晶（1602、12864等）以及真彩液晶屏。AC620开发板对以上三种设备均提供了硬件接口。

本节将实现FPGA驱动数码管动态显示，并提取出实现的电路结构，从电路结构入手编写代码，仿真对设计进行验证。最终板级调试时使用系统的源和探测器工具（In-System Sources and Probes Editor，ISSP），输入需要显示的数据，数码管则显示对应数值。本节的核心不再是代码，而是电路结构，电路结构确定后编写代码只是照图施工的过程。这也越来越接近FPGA设计本质的硬件思维。

3.9.1 数码管驱动原理

八段数码管的结构图如图3.93所示。

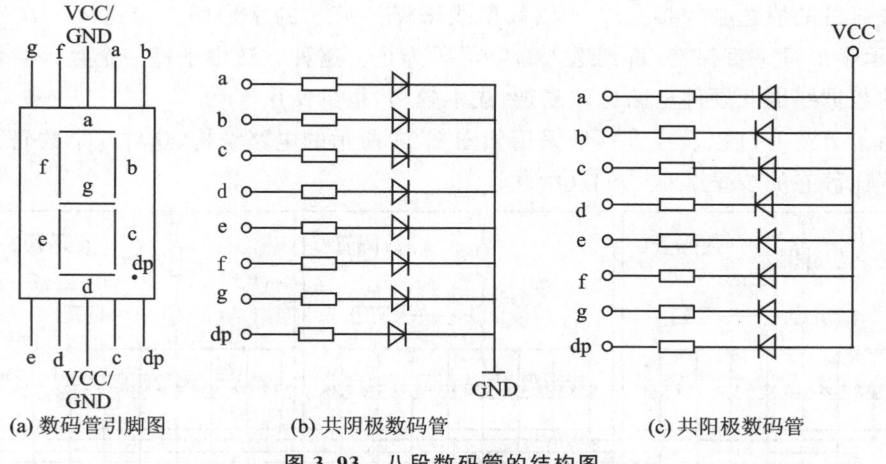

图3.93 八段数码管的结构图

由图3.93可以看出数码管有两种结构：共阴极与共阳极。这两者的区别在于，公共端是连接到地还是高电平，对于共阴数码管需要给对应段以高电平才会使其点亮，而对于共阳极数码管则需要给低电平才会点亮。AC620上板载的是共阳数码管。同时为了显示数字或字符,必须对数字或字符进行编码译码。这里先不考虑小数点简化为七段数码管,其编码译码格式如表 3.10 所列。

表 3.10　数码管编码译码表

待显示内容 Data_disp	段码(二进制格式)								段码(十六进制格式)
	a	b	c	d	e	f	g	h	
0	0	0	0	0	0	0	1	1	8'hc0
1	1	0	0	1	1	1	1	1	8'hf9
2	0	0	1	0	0	1	0	1	8'ha4
3	0	0	0	0	1	1	0	1	8'hb0
4	1	0	0	1	1	0	0	1	8'h99
5	0	1	0	0	1	0	0	1	8'h92
6	0	1	0	0	0	0	0	1	8'h82
7	0	0	0	1	1	1	1	1	8'hf8
8	0	0	0	0	0	0	0	1	8'h80
9	0	0	0	0	1	0	0	1	8'h90
a	0	0	0	1	0	0	0	1	8'h88
b	1	1	0	0	0	0	0	1	8'h83
c	0	1	1	0	0	0	1	1	8'hc6
d	1	0	0	0	0	1	0	1	8'ha1
e	0	1	1	0	0	0	0	1	8'h86
f	0	1	1	1	0	0	0	1	8'h8e

段式数码管工作方式有两种:静态显示方式和动态显示方式。静态显示的特点是每个数码管的段选必须接一个 8 位数据线来保持显示的字形码。当送入一次字形码后,显示字形可一直保持,直到送入新字形码为止。这种方法由于每一个数码管均需要独立的数据线因此硬件电路比较复杂,成本较高,很少使用。

为了节约 I/O 以及成本一般采用如图 3.94 所示的电路结构,这样 3 个数码管接在一起就比静态的少了 7×2 个 I/O。

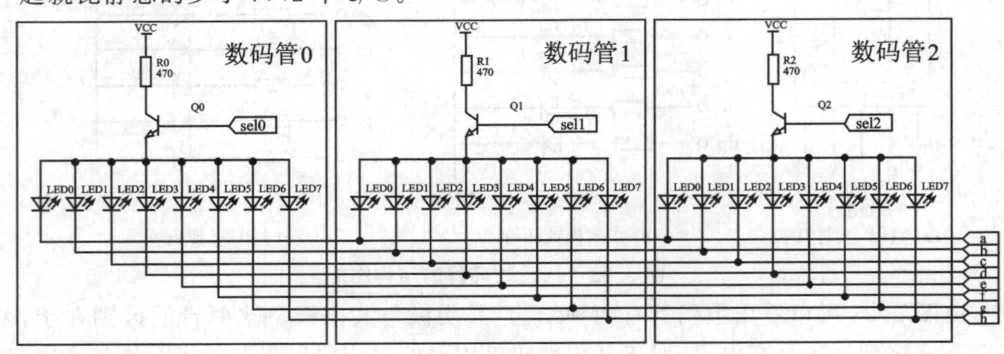

图 3.94　三位数码管等效电路图

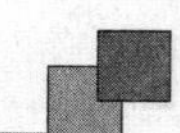

这样就实现了另一种显示模式，动态显示。动态显示的特点是将所有位数码管的段选线并联在一起，由位选线控制是哪一位数码管有效。选亮数码管采用动态扫描显示。所谓动态扫描显示即轮流向各位数码管送出字形码和相应的位选，利用发光管的余晖和人眼视觉暂留作用，使人感觉好像各位数码管同时都在显示。

现在举例，假设将扫描时间定为 1 s，这三个数码管分成 3 s：第 1 秒时，sel 数据线上为 'b100，这时数码管 0 被选中，a=0，数码管 0 的 LED0 就可以点亮；第 2 秒时，sel 数据线上为 'b010，这时数码管 1 被选中，b=0，数码管 1 的 LED1 就可以点亮；第 3 秒时，sel 数据线上为 'b001，这时数码管 2 被选中，c=0，数码管 2 的 LED2 就可以点亮。此时的效果是数码管 0 的 LED0 亮 1 s 后数码管 1 的 LED1 亮 1 s，最后是数码管 2 的 LED2 亮 1 s，然后往复循环。

这样如果使用 1 ms 刷新时间则由于数码管的余晖效应以及人的视觉暂留这样就会出现数码管 0 的 LED0、数码管 1 的 LED1 以及数码管 2 的 LED2 "同时"点亮，并不会有闪烁感。

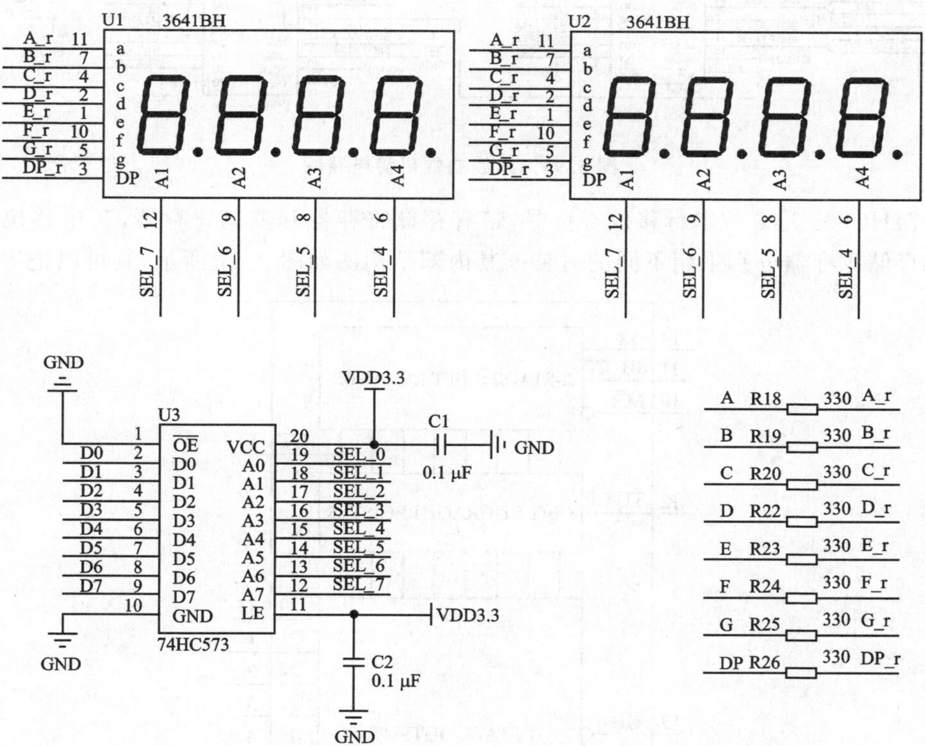

图 3.95 七段 8 位的数码管电路图

3.9.2 三线制数码管电路设计

AC620 开发板上配备的是八段 8 位的数码管，如果按照图 3.95 的电路进行设计，可以看出仍需要 16 个 I/O 进行驱动。下面提出了另外一种三线制数码电路设计方法，其电路图如图 3.96 所示。这样的电路设计仍属于动态显示，为了节约占用 I/O 口数量，实现直接通过 3 个 I/O 控制 8 位八段数码管，这里通过外接两片 74HC595 级联后构成 16 位移位寄存器将级联后的输出连接到位选及段选口。

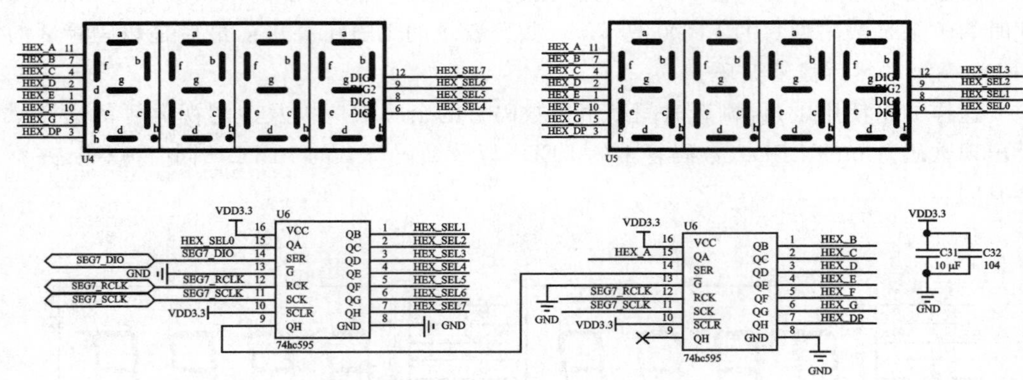

图 3.96　三线制数码管电路图

74HC595 是 8 位串行移位寄存器，带有存储寄存器和三态寄存器，其中移位寄存器和存储寄存器分别采用不同的时钟。其内部结构图如图 3.97 所示，其可以把串行的

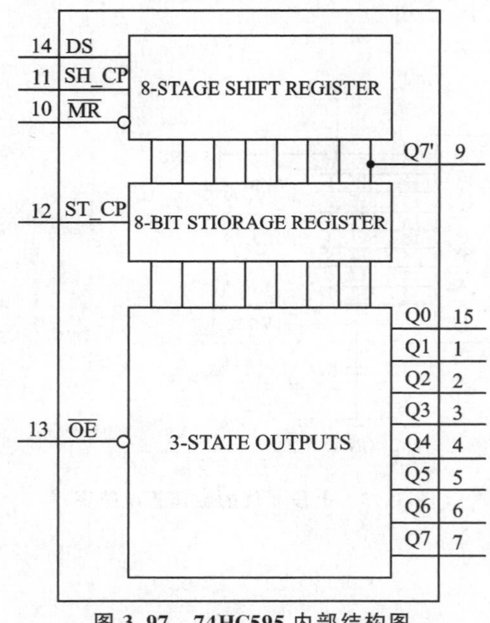

图 3.97　74HC595 内部结构图

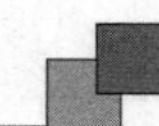

信号转为并行的信号，因此常用作各种数码管以及点阵屏的驱动芯片。芯片的 I/O 功能描述如表 3.11 所列。

表 3.11 74HC595 I/O 功能描述

I/O 名称	功 能
QA～QH	8 位数据输出
$\overline{G}$	使能端，高电平时禁止输出。此处直接接地
$\overline{SCLR}$	数据清零端，低电平时将移位寄存器的数据清零。此处直接接高
QH	级联输出端，级联时接下一个 595 的 SER 端
SER	串行数据输入端
RCK	存储寄存器的时钟输入。上升沿时移位寄存器中的数据进入存储寄存器，下降沿时存储寄存器中的数据保持不变。应用时通常将 ST_CP 置为低电平，移位结束后再在 ST_CP 端产生一个正脉冲更新显示数据
SCK	移位寄存器的时钟输入。上升沿时移位寄存器中的数据依次移动一位，即 Q0 中的数据移到 Q1 中，Q1 中的数据移到 Q2 中，依次类推；下降沿时移位寄存器中的数据保持不变

3.9.3 数码管动态扫描驱动设计

1. 模块接口设计及内部功能划分

由上面的分析可以得出如图 3.98 所示的框图，其接口列表如表 3.12 所列。

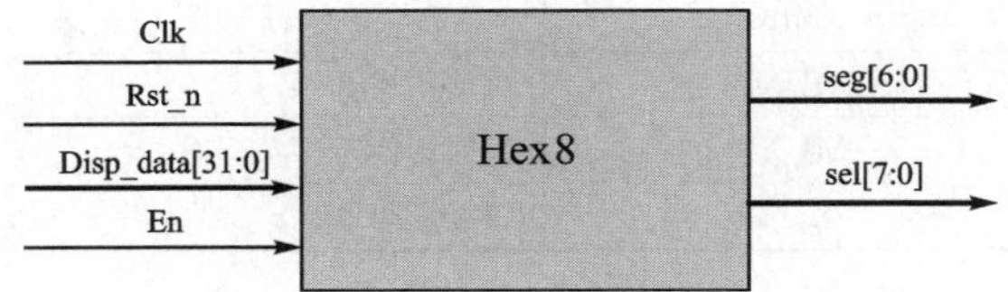

图 3.98 数码管模块框图

表 3.12 模块接口列表

信号名称	I/O	功能描述
Clk	I	50 MHz 时钟
Rst_n	I	复位信号
En	I	数码管使能信号：1 使能，0 关闭
Disp_data [31:0]	I	8 个数码管待显示数据，每 4 位组成一个 BCD 码
sel [7:0]	O	数码管位选，选择当前要显示的数码管
seg [6:0]	O	数码管段选，当前要显示的内容

根据以上的分析可知，首先要有一个周期为 1 ms 的驱动时钟，因此需要一个分频电路；在进行数码管的位选时，需要一个循环移位；在选择位后，需要选择器来选通数据

输入位;要实现表 3.10 的功能需要一个译码器。

数码管驱动模块逻辑电路图可以简化为图 3.99,其中每一部分的作用如表 3.13 所列。

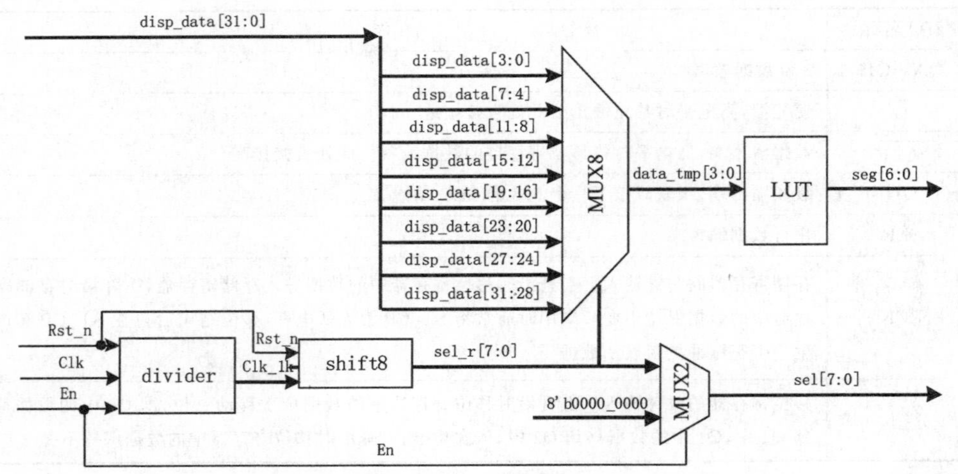

图 3.99 数码管驱动模块逻辑电路图

表 3.13 子功能块功能描述

名 称	功能描述
divider	分频产生 1 kHz 的扫描时钟
shift8	8 位循环移位寄存器
MUX8	数据输入选择
MUX2	使能选择
LUT	数据译码器

2. 扫描时钟模块设计

从系统时钟 50 MHz 分频得到 1 kHz 的扫描时钟,计数器值即为 25000d,这样计数器的位宽定义为 15 位即可。代码如下:

```
reg [14:0]divider_cnt;
reg clk_1K;
always@(posedge Clk or negedge Rst_n)
if(!Rst_n)
    divider_cnt <= 15'd0;
else if (!En)
    divider_cnt <= 15'd0;
else if (divider_cnt == 15'd24999)
    divider_cnt <= 15'd0;
else
    divider_cnt <= divider_cnt + 1'b1;

always@ (posedge Clk or negedge Rst_n)
```

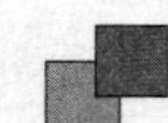

```
if(!Rst_n)
    clk_1K <= 1'b0;
else if (divider_cnt == 15'd24999)
    clk_1K <= ~clk_1K;
else
    clk_1K <= clk_1K;
```

3. 数码管位选模块设计

接下来编写 8 位循环移位寄存器，这里利用循环移位寄存器实现 0000_0001b→1000_0000b 的变化，进而实现数码管的位选，即实现每个扫描时钟周期选择一个数码管。移位寄存器输出值与数码管选通的对应关系如表 3.14 所列，其中 sel7 为高位。

表 3.14 移位寄存器与数码管对应关系

sel0	sel1	sel2	sel3	sel4	sel5	sel6	sel7	被选通数码管
1	0	0	0	0	0	0	0	数码管 0
0	1	0	0	0	0	0	0	数码管 1
0	0	1	0	0	0	0	0	数码管 2
⋮	⋮	⋮	⋮	⋮	⋮	⋮	⋮	⋮
0	0	0	0	0	0	0	1	数码管 7

```
reg [7:0]sel_r;
always @ (posedge clk_1K or negedge Rst_n)
if(!Rst_n)
    sel_r <= 8'b0000_0001;
else if (sel_r == 8'b1000_0000)
    sel_r <= 8'b0000_0001;
else
    sel_r <= sel_r << 1;
```

4. 数码管数据显示设计

利用 8 选 1 多路器，选择端为当前扫描到的数码管也就是循环移位寄存器的输出端，利用多路器将待显示数据输送到对应的数码管上。

```
reg [3:0]data_tmp;
always @(*)
    case(sel_r)
    8'b0000_0001:data_tmp =  disp_data [3:0];
    8'b0000_0010:data_tmp =  disp_data [7:4];
    8'b0000_0100:data_tmp =  disp_data [11:8];
    8'b0000_1000:data_tmp =  disp_data [15:12];
    8'b0001_0000:data_tmp =  disp_data [19:16];
    8'b0010_0000:data_tmp =  disp_data [23:20];
    8'b0100_0000:data_tmp =  disp_data [27:24];
    8'b1000_0000:data_tmp =  disp_data [31:28];
    default:data_tmp = 4'b0000;
endcase
```

5. 显示数据译码设计

如前所述，如果要使数码管显示数字或字符，须对数字或字符进行编码译码。这里利用一个 4 输入查找表，来实现 7 位的输出显示译码。

```
always@(*)
    case(data_tmp)
        4'h0:seg = 7'b1000000;
        4'h1:seg = 7'b1111001;
        4'h2:seg = 7'b0100100;
        4'h3:seg = 7'b0110000;
        4'h4:seg = 7'b0011001;
        4'h5:seg = 7'b0010010;
        4'h6:seg = 7'b0000010;
        4'h7:seg = 7'b1111000;
        4'h8:seg = 7'b0000000;
        4'h9:seg = 7'b0010000;
        4'ha:seg = 7'b0001000;
        4'hb:seg = 7'b0000011;
        4'hc:seg = 7'b1000110;
        4'hd:seg = 7'b0100001;
        4'he:seg = 7'b0000110;
        4'hf:seg = 7'b0001110;
    endcase
```

6. 模块使能设计

模块化的设计理念是使得每个模块独立化，其端口设计要便于以后被调用与控制。基于这种理念，这里需要加入使能信号。关于使能子模块，直接利用一个二选一多路器即可实现。

```
assign sel = (En)? sel_r:8'b0000_0000;
```

7. 数码管显示模块仿真测试

下面生成了复位信号、使能信号以及待显示数据的初始化和切换，分别在数码管上显示“87654321”以及“89abcdef”。

```
initial begin
    Rst_n = 1'b0;
    En = 1;
    disp_data = 32'h12345678;
    #(`clk_period*20);
    Rst_n = 1;
    #(`clk_period*20);
    #20000000;
    disp_data = 32'h87654321;
    #20000000;
    disp_data = 32'h89abcdef;
```

```
        #20000000;
        $ stop;
    end
```

设置好仿真脚本后进行功能仿真，可以看到如图 3.100 所示的局部波形文件，可以看出在复位信号置高之前数码管均显示 0，在复位结束后数码管才开始正常显示，且当待显示数据为 89ABCDEFh(MSB)后，数码管从 1～8 依次被选通且分别显示为 FEDCBA98h(LSB)，即仿真通过。

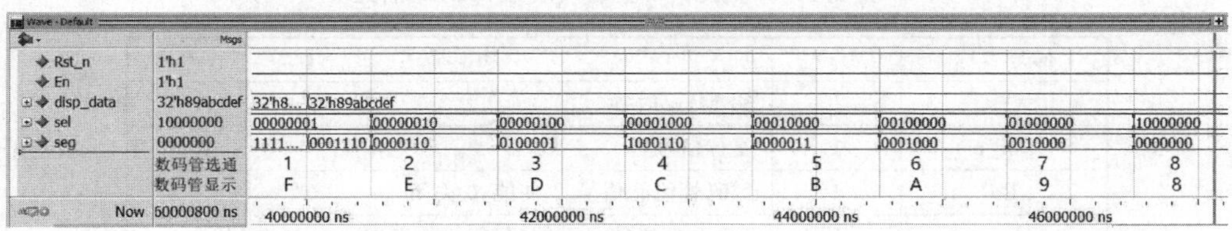

图 3.100　数码管功能仿真波形图

8. 74HC595 驱动设计

从数据手册中可以看出，不同工作温度和工作电压下的芯片工作频率值不同，如表 3.15 和表 3.16 所列。由于学习板中的芯片采用 3.3 V 供电，所以在设计工作频率时，可直接使用 50 MHz 晶振 4 分频后的时钟作为其工作时钟。

表 3.15　芯片工作频率与温度对照(1)

符　号	参　数	Vcc/V	最小值	典型值	最大值	单　位
f_{max}	最大时钟频率 SH_CP 和 ST_CP	2.0	9	30	—	MHz
		4.5	30	91	—	MHz
		6.0	35	108	—	MHz
T_{amb}＝－40～＋85 ℃						

表 3.16　芯片工作频率与温度对照(2)

符　号	参　数	Vcc/V	最小值	典型值	最大值	单　位
f_{max}	最大时钟频率 SH_CP 和 ST_CP	2.0	4.8	—	—	MHz
		4.5	24	—	—	MHz
		6.0	28	—	—	MHz
T_{amb}＝－40～＋125 ℃						

9. 74HC595 模块接口设计

从上面的分析可得出如图 3.101 所示的框图，其接口功能描述如表 3.17 所列。

图 3.101 74HC595 驱动模块框图

表 3.17 74HC595 驱动模块接口功能描述

信号名称	I/O	功能描述
Clk	I	50 MHz 时钟
Rst_n	I	复位信号
En	I	数码管使能信号:1 使能,0 关闭
Data [15:0]	I	8 个数码管待显示数据,每 4 位组成一个 BCD 码
DS	O	串行数据输出
SH_CP	O	移位寄存器的时钟输出
ST_CP	O	存储寄存器的时钟输出

10. 74HC595 驱动模块设计

首先产生工作时钟,对 50 MHz 时钟进行 4 分频。

```
parameter CNT_MAX = 3;              //分频数
reg [15:0] divider_cnt;             //分频计数器

always @ (posedge Clk or negedge Rst_n)
if(! Rst_n)
    divider_cnt <= 16'd0;
else if (divider_cnt == CNT_MAX)
    divider_cnt <= 16'd0;
else
    divider_cnt <= divider_cnt + 1'b1;

wire sck_pluse;
assign sck_pluse = (divider_cnt == CNT_MAX);
```

对 sck_pluse 进行计数,用查找表实现数据的串行输入以及移位时钟 SH_CP 与存储时钟 ST_CP 的产生,代码如下:

```
reg [4:0]SHCP_EDGE_CNT;        //SH_CP EDGE counter
always @ (posedge Clk or negedge Rst_n)
if(! Rst_n)
    SHCP_EDGE_CNT <= 5'd0;
else if (sck_pluse) begin
    if (SHCP_EDGE_CNT == 5'd31)
        SHCP_EDGE_CNT <= 5'd0;
    else
```

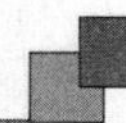

```
            SHCP_EDGE_CNT <=  SHCP_EDGE_CNT + 1'd1;
    end
    else
        SHCP_EDGE_CNT <=  SHCP_EDGE_CNT;
```

查找表实现状态输出,代码如下:

```
always@ (posedge Clk or negedge Rst_n)
if(!Rst_n) begin
    SH_CP  <= 1'b0;
    ST_CP  <= 1'b0;
    DS  <= 1'b0;
end
else begin
    case(SHCP_EDGE_CNT)
        5'd0:begin SH_CP  <= 1'b0; ST_CP  <= 1'b1; DS  <=  r_data [15];end
        5'd1:begin SH_CP  <= 1'b1; ST_CP  <= 1'b0;end
        5'd2:begin SH_CP  <= 1'b0; DS  <=  r_data [14];end
        5'd3:begin SH_CP  <= 1'b1;end
        5'd4:begin SH_CP  <= 1'b0; DS  <=  r_data [13];end
        5'd5:begin SH_CP  <= 1'b1;end
        5'd6:begin SH_CP  <= 1'b0; DS  <=  r_data [12];end
        5'd7:begin SH_CP  <= 1'b1;end
        5'd8:begin SH_CP  <= 1'b0; DS  <=  r_data [11];end
        5'd9:begin SH_CP  <= 1'b1;end
        5'd10:begin SH_CP  <= 1'b0; DS  <=  r_data [10];end
        5'd11:begin SH_CP  <= 1'b1;end
        5'd12:begin SH_CP  <= 1'b0; DS  <=  r_data [9];end
        5'd13:begin SH_CP  <= 1'b1;end
        5'd14:begin SH_CP  <= 1'b0; DS  <=  r_data [8];end
        5'd15:begin SH_CP  <= 1'b1;end
        5'd16:begin SH_CP  <= 1'b0; DS  <=  r_data [7];end
        5'd17:begin SH_CP  <= 1'b1;end
        5'd18:begin SH_CP  <= 1'b0; DS  <=  r_data [6];end
        5'd19:begin SH_CP  <= 1'b1;end
        5'd20:begin SH_CP  <= 1'b0; DS  <=  r_data [5];end
        5'd21:begin SH_CP  <= 1'b1;end
        5'd22:begin SH_CP  <= 1'b0; DS  <=  r_data [4];end
        5'd23:begin SH_CP  <= 1'b1;end
        5'd24:begin SH_CP  <= 1'b0; DS  <=  r_data [3];end
        5'd25:begin SH_CP  <= 1'b1;end
        5'd26:begin SH_CP  <= 1'b0; DS  <=  r_data [2];end
        5'd27:begin SH_CP  <= 1'b1;end
        5'd28:begin SH_CP  <= 1'b0; DS  <=  r_data [1];end
        5'd29:begin SH_CP  <= 1'b1;end
        5'd30:begin SH_CP  <= 1'b0; DS  <=  r_data [0];end
        5'd31:begin SH_CP  <= 1'b1;end
    endcase
end
```

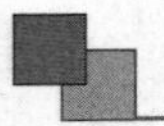

11. 74HC595 驱动模块仿真测试

此处仿真与前面类似，不再重复。部分波形如图 3.102 所示，可以看出在模块复位结束后，每当移位时钟 SH_CP 在上升沿时，串行数据依次输出且高位在前。移位结束后 ST_CP 产生一个高电平更新显示数据，因此各信号工作正常。

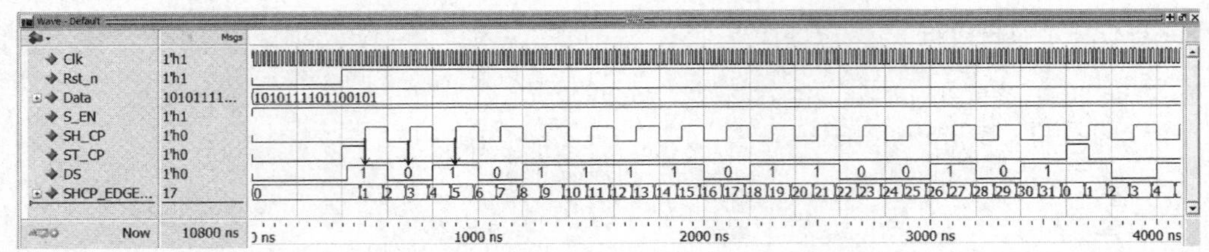

图 3.102　74HC595 驱动仿真

3.9.4　ISSP 生成及使用

为了更便捷地进行板级调试，这里介绍 Qusrtus Prime 自带的 In-System Sources and Probes Editor(ISSP)调试工具，测试数码管可以只用其提供的源，其探针功能的使用会在第 4 章介绍。这样整体测试模块框图就可以简化为图 3.103。

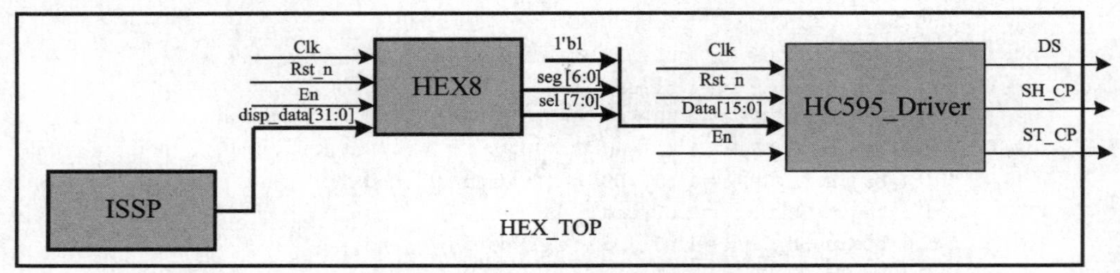

图 3.103　整体测试框图

这里 ISSP 是以 IP 核的形式提供的，因此第一步单击 Tools 来启动 IP Catalog 新建一个定制的 IP 核。这里需要指出的是这里与 Quartus Ⅱ 不同，在 Quartus Prime 中与 Qsys 相关的 IP 核均集中到 Qsys 中。Quartus Ⅱ 的使用方法在本节末有相应的讲解，可以对比参考。

在弹出的如图 3.104 所示的 IP 目录中，找到"Simulation;Debug and Verification"下的 Altera In-System Source & Probes，并将输出目录确定为工程文件夹下的 ip 文件夹，并以 hex_data 保存(见图 3.105)，单击 Next 按钮。

在弹出的如图 3.106 所示的配置界面中将源位宽定义为 32，探针位宽定义为 0，然后单击 Next 按钮并将语言类型选择为 Verilog HDL。

在图 3.107 中单击 Generate 按钮后软件会将 ISSP 先保存为 Qsys 系统。在提示系统保存成功后单击 Close 按钮会自动启动转换(见图 3.108)，弹出如图 3.109 所示界面，表示转换完成。

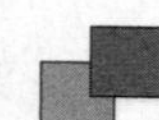

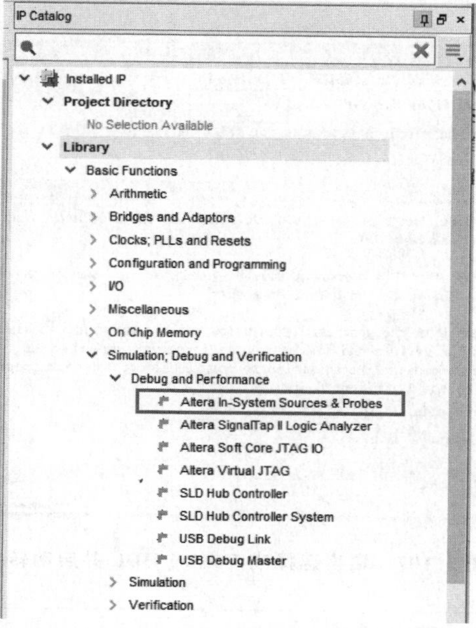

图 3.104　新建 ISSP

图 3.105　设置 ISSP 名称及文件位置

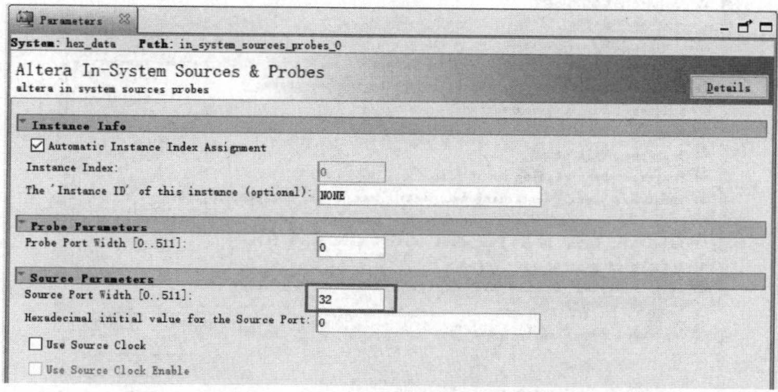

图 3.106　ISSP 配置界面

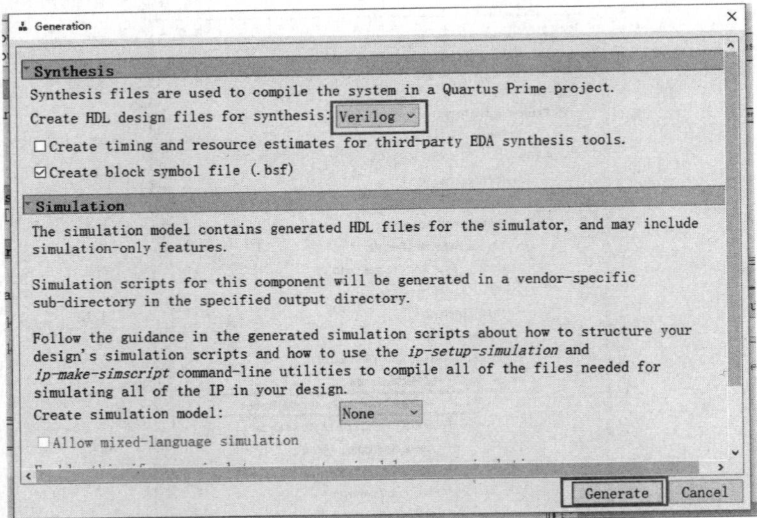

图 3.107　语言选择成 Verilog HDL 并启动转换

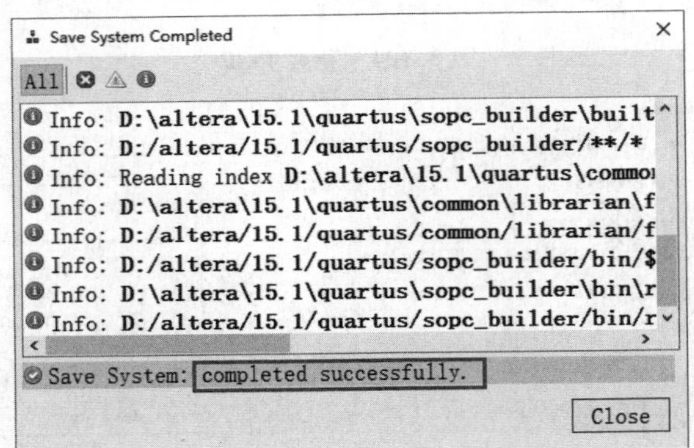

图 3.108　Qsys 系统保存完成

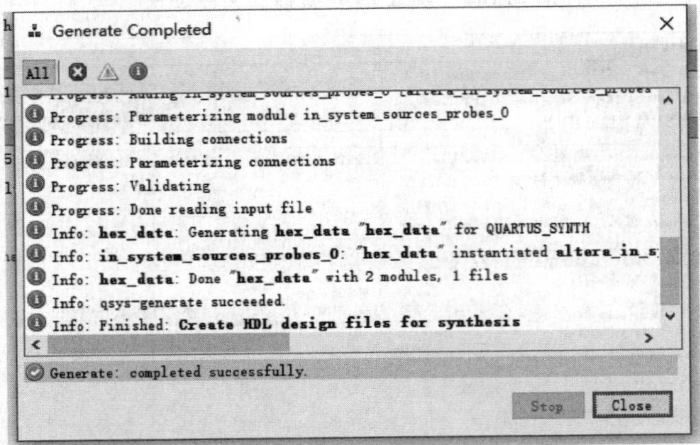

图 3.109　转换完成

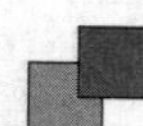

单击 Close 按钮，然后在主界面单击 Finish 按钮。此时会弹出如图 3.110 所示的汇总信息，确认无误后单击 Close 按钮即可。

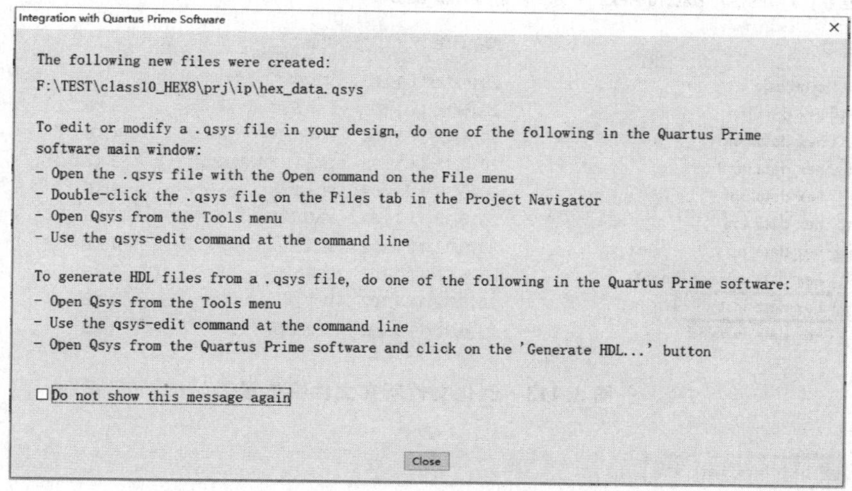

图 3.110　汇总信息

这时会弹出如图 3.111 所示界面，提示需要手动将 Qsys 系统添加到工程中。单击 Files，右键选择 Add/Remove Files in Project（见图 3.112），找到对应的文件即可。

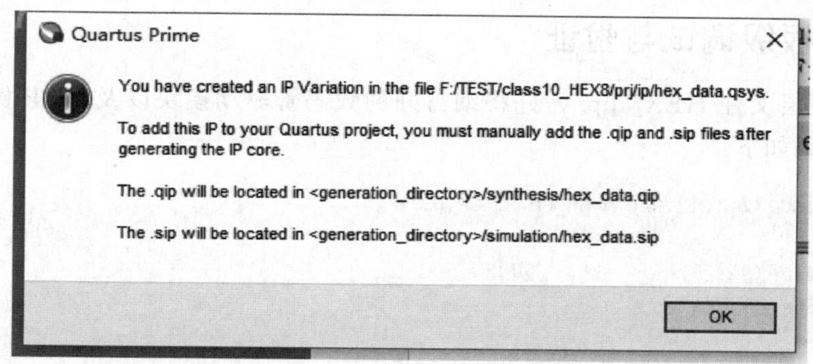

图 3.111　添加 Qsys 到工程

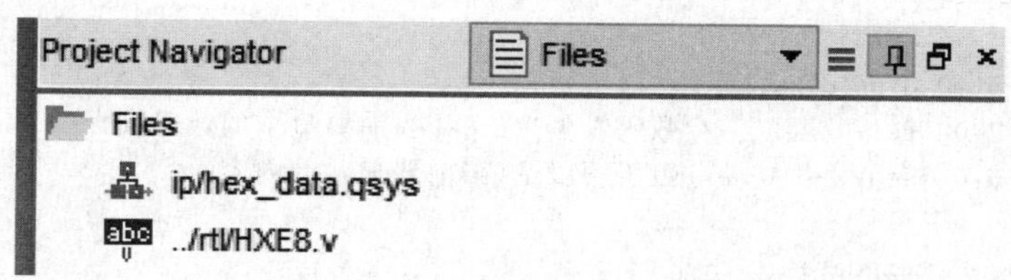

图 3.112　手动添加 Qsys 到工程

ISSP 也属于 IP 核，因此在使用前需要将其在工程文件中进行例化。ISSP 在生成的文件中含有例化模板可以直接打开进行复制修改。可以打开生成的 IP 目录下的

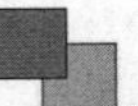

hex_data_inst. v 文件，如图 3.113 所示，文件打开后的内容如图 3.114 所示。

文档 (F:) › TEST › class10_HEX8 › prj › ip › hex_data ›

名称	修改日期	类型	大小
synthesis	2016/12/11 19:02	文件夹	
hex_data.bsf	2016/12/11 19:02	BSF 文件	3 KB
hex_data.cmp	2016/12/11 19:02	CMP 文件	1 KB
hex_data.html	2016/12/11 19:02	Liebao HTML D...	8 KB
hex_data.ppf	2016/12/11 19:02	PPF 文件	1 KB
hex_data.xml	2016/12/11 19:02	XML 文档	6 KB
hex_data_bb.v	2016/12/11 19:02	V 文件	1 KB
hex_data_generation.rpt	2016/12/11 19:02	文本文档	2 KB
hex_data_inst.v	2016/12/11 19:02	V 文件	1 KB
hex_data_inst.vhd	2016/12/11 19:02	文本文档	1 KB

图 3.113　例化文件所在文件夹位置

hex_data_inst. v

```
hex_data u0 (
    .source (<connected-to-source>)  // sources.source
);
```

图 3.114　例化模板

3.9.5　板级调试与验证

新建顶层文件 HEX_top. v，并将编写好的数码管驱动模块以及 ISSP 例化到顶层文件中，代码如下：

```
module HXE_top(Clk,Rst_n,SH_CP,ST_CP,DS);

    input  Clk;            //50 MHz
    input  Rst_n;

    output SH_CP;          //shift clock
    output ST_CP;          //latch data clock
    output DS;             //shift serial data

    wire [31:0]disp_data;
    wire [7:0] sel;        //数码管位选(选择当前要显示的数码管)
    wire [6:0] seg;        //数码管段选(当前要显示的内容)

    hex_data  hex_data(
        .probe(),
        .source(disp_data)
    );
```

```
    HXE8 HXE8(
        .Clk(Clk),
        .Rst_n(Rst_n),
        .En(1'b1),
        .disp_data(disp_data),
        .sel(sel),
        .seg(seg)
    );


    HC595_Driver HC595_Driver(
        .Clk(Clk),
        .Rst_n(Rst_n),
        .Data({1'b1,seg,sel}),
        .S_EN(1'b1),
        .SH_CP(SH_CP),
        .ST_CP(ST_CP),
        .DS(DS)
    );

endmodule
```

分配引脚并全编译无误后下载到开发板中。这时可以看到数码管全显示0,与设计一致。在 Quartus Prime 中选择 Tools→In - System Source and Probes Editor 启动 ISSP,如图3.115所示。启动后的界面如图3.116所示。这里需手动选择下载器,并将数据格式改为设计中的 hex 格式,如图3.117所示。

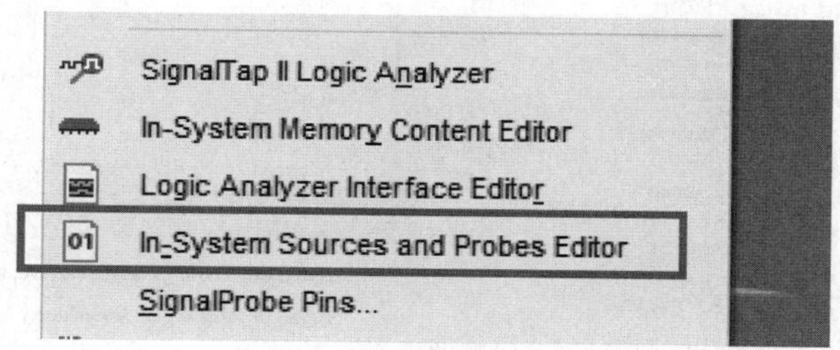

图3.115 启动 ISSP

这样在 ISSP 界面的 Data 中输入相应的数据即可在数码管上看到与之对应的显示,如图3.118所示。至此完成了数码管的动态显示。

本小节介绍了数码管的两种驱动方式,静态扫描与动态扫描,最终实现了三线制数码管的驱动显示。得益于模块化设计的优势,如果需要实现 FPGA 直接驱动数码管,只需直接调用 HEX8 文件即可。在板级验证中使用了 In - System Sources and Probes Editor(ISSP)调试工具。

在本节的基础上,可以结合3.2节和3.7节的相关内容,设计一款具有清零及暂停功能的秒表。

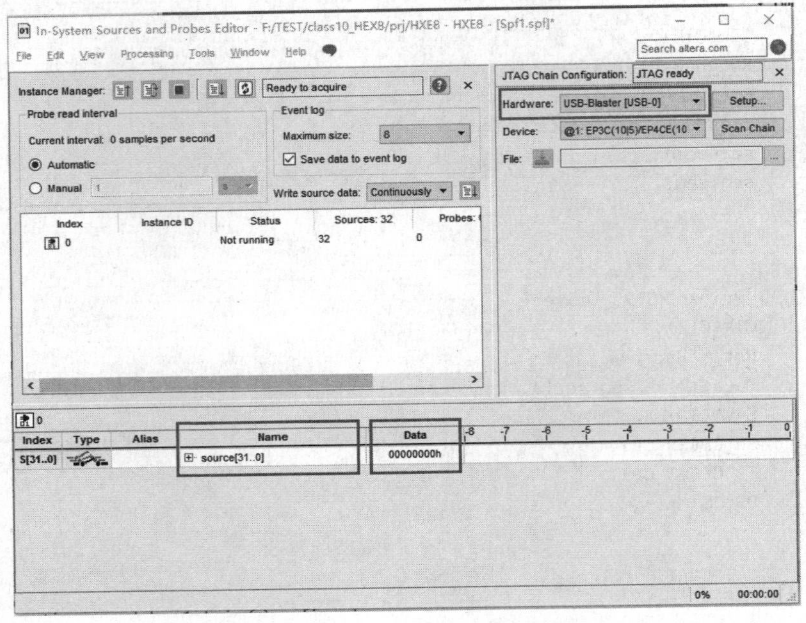

图 3.116　ISSP 操作界面

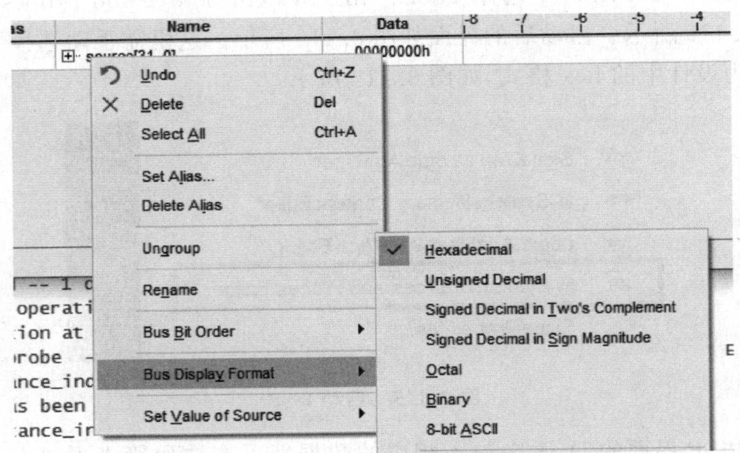

图 3.117　切换数据格式

图 3.118　数码管显示数据

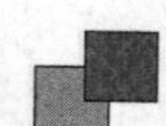

3.9.6　Quartus Ⅱ中 ISSP 的使用方法

这里 ISSP 是以 IP 核的形式提供的，因此第一步单击 Tools→MegaWizard Plug-In Manager 来启动 MegaWizard 插件管理器（见图 3.119），并新建一个定制 IP 核。

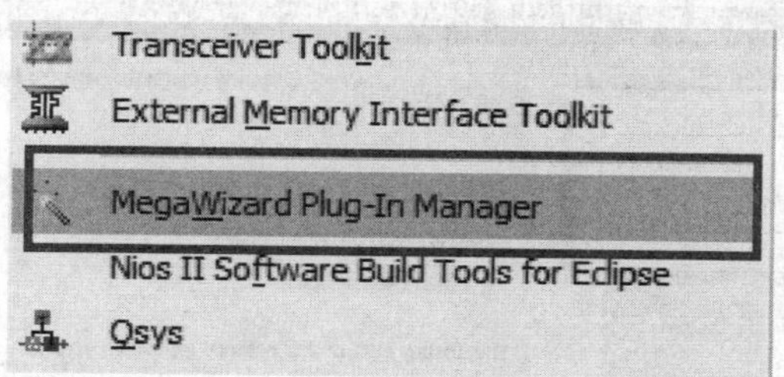

图 3.119　启动 MegaWizard 插件管理器

在弹出的如图 3.120 所示的 MegaWizard 插件管理器参数设置界面中，找到 JTAG-accessible Extensions 文件夹选择 In-System Sources and Probes，并将输出目录确定为工程文件夹下的 ip 文件夹，并以 hex_data 保存，单击 Next 按钮。

在弹出的如图 3.121 所示的配置界面中将源位宽定义为 32，探针位宽定义为 0，然后单击 Next 按钮即可。

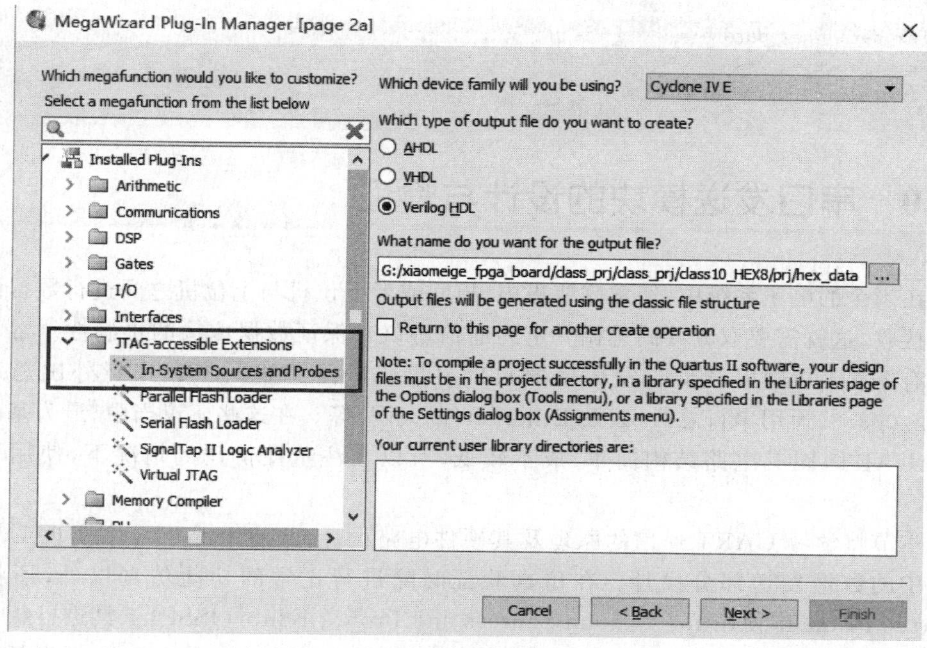

图 3.120　MegaWizard 插件管理器参数设置

在调用时打开生成后的 hex_data.v 复制端口并进行相应修改即可。接下来的使用方式就与 Quartus Prime 一致了。

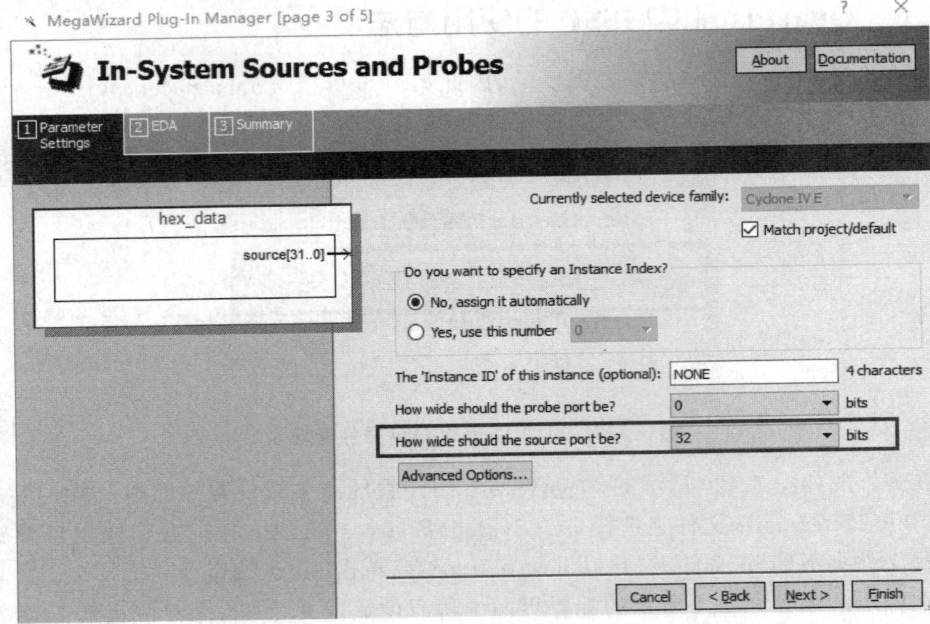

图 3.121　ISSP 配置界面

```
hex_data   hex_data(
    .probe(),
    .source(disp_data)
);
```

3.10　串口发送模块的设计与验证

在当今的电子系统中，经常需要板内、板间或者下位机与上位机之间进行数据的发送与接收，这就需要双方共同遵循一定的通信协议来保证数据传输的正确性。常见的协议有 UART（通用异步收发传输器）、I²C（集成电路总线）、SPI（串行外围总线）、USB2.0/3.0（通用串行总线）以及 Ethernet（以太网）等。在这些协议当中，最为基础的就是 UART，因其电路结构简单、成本较低，所以在注重性价比的情况下，使用非常广泛。

本节将学习 UART 通信的原理及其硬件电路设计，并使用 FPGA 来实现 UART 通信中的数据发送部分设计。在仿真验证时除进行正常的功能仿真以外，还将在 Quartus Prime 中使用 In－System Sources and Probes Editor（ISSP）工具进行板级验证，具体方法是：输入需要通过串口发送出去的数据，然后通过按下 AC620 开发板上的按键来控制 FPGA，将待发送的数据发送出去，并在串口助手中查看 PC 端接收到的数据。

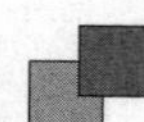

3.10.1 异步串行通信原理及电路设计

1. RS232通信接口标准

通用异步收发传输器(Universal Asynchronous Receiver/Transmitter,UART)是一种异步收发传输器,其在数据发送时将并行数据转换成串行数据来传输,在数据接收时将接收到的串行数据转换成并行数据,可以实现全双工传输和接收。它包括了RS232、RS449、RS423、RS422和RS485等接口标准规范和总线标准规范。换句话说,UART是异步串行通信的总称。而RS232、RS449、RS423、RS422和RS485等,是对应各种异步串行通信口的接口标准和总线标准,它们规定了通信口的电气特性、传输速率、连接特性和接口的机械特性等内容。

本节要重点学习的RS232是美国电子工业联盟(EIA)制定的串行数据通信的接口标准,原始编号全称是EIA-RS-232(简称232,RS232),被广泛用于计算机串行接口外设连接。其DB9接口的针脚定义如图3.122所示,引脚功能如表3.18所列。若系统存在多个UART接口,则可分别称为COM1、COM2等。

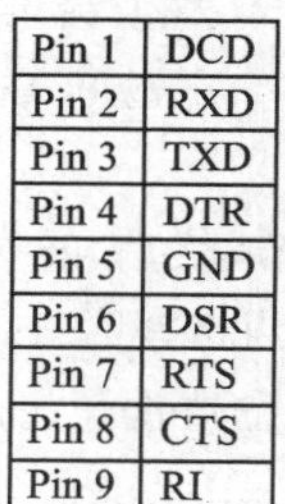

Pin 1	DCD
Pin 2	RXD
Pin 3	TXD
Pin 4	DTR
Pin 5	GND
Pin 6	DSR
Pin 7	RTS
Pin 8	CTS
Pin 9	RI

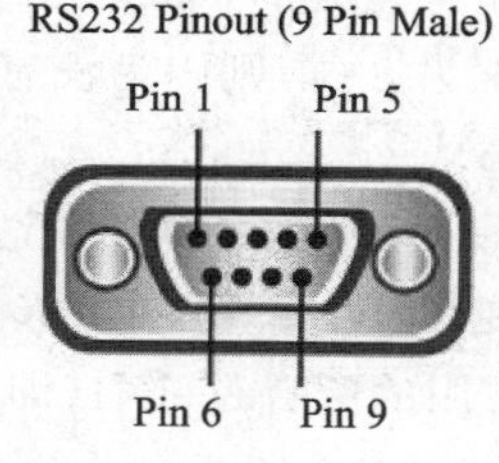

图3.122 RS232的DB9针脚定义

表3.18 针脚功能

脚 位	简 写	意 义	说 明
Pin1	DCD	Carrier Detect	调制解调器通知计算机有载波被侦测到
Pin2	RXD	Receiver	接收数据
Pin3	TXD	Transmit	发送数据
Pin4	DTR	Data Terminal Ready	计算机告诉调制解调器可以进行传输
Pin5	GND	Ground	地线
Pin6	DSR	Data Set Ready	调制解调器告诉计算机一切准备就绪
Pin7	RTS	Request To Send	计算机要求调制解调器将数据提交
Pin8	CTS	Clear To Send	调制解调器通知计算机可以传数据过来
Pin9	RI	Ring Indicator	调制解调器通知计算机有电话进来

2. UART 关键参数及时序图

UART 通信在使用前需要做多项设置，最常见的设置包括数据位数、波特率大小、奇偶校验类型和停止位数。

数据位(Data bits)：该参数定义了单个 UART 数据从传输开始到停止期间发送的数据位数。可选择为：5、6、7 或者 8(默认)。

波特率(Baud)：是指从一设备发到另一设备的波特率，即每秒钟可以通信的数据比特个数。典型的波特率有 300，1 200，2 400，9 600，19 200，115 200 等。一般通信两端的设备都要设为相同的波特率，但有些设备可设置为自动检测波特率。

奇偶校验类型(Parity Type)：是用来验证数据的正确性。奇偶校验一般不使用，如果使用，则既可以做奇校验(Odd)又可以做偶校验(Even)。在偶校验中，因为奇偶校验位会被相应地置 1 或 0(一般是最高位或最低位)，所以数据会被改变使所有传送的数位(含字符的各数位和校验位)中“1”的个数为偶数；在奇校验中，使所有传送的数位(含字符的各数位和校验位)中“1”的个数为奇数。奇偶校验可以用于接收方检查传输是否发送生错误，如果某一字节中“1”的个数发生了错误，那么这个字节在传输中一定有错误发生。如果奇偶校验是正确的，那么要么没有发生错误，要么发生了偶数个的错误。如果用户选择数据长度为 8 位，则因为没有多余的位可被用来作为奇偶校验位，因此就叫做“无奇偶校验(Non)”。

停止位(Stop bits)：在每个字节的数据位发送完成之后，发送停止位，来标志一次数据的传输完成，同时用来帮助接收信号方硬件重同步。可选择为：1(默认)、1.5 或者 2 位。

在 RS232 标准中，最常用的配置是 8N1(即 8 位数据位、无奇偶校验、1 位停止位)，其发送一字节的时序图如图 3.123 所示。

按照一个完整的字节包括 1 位起始位、8 位数据位、1 位停止位总共 10 位数据来算，要想完整地实现这 10 位数据的发送，就需要 11 个波特率时钟脉冲，第 1 个脉冲标记一次传输的起始，第 11 个脉冲标记一次传输的结束，如图 3.123 所示。

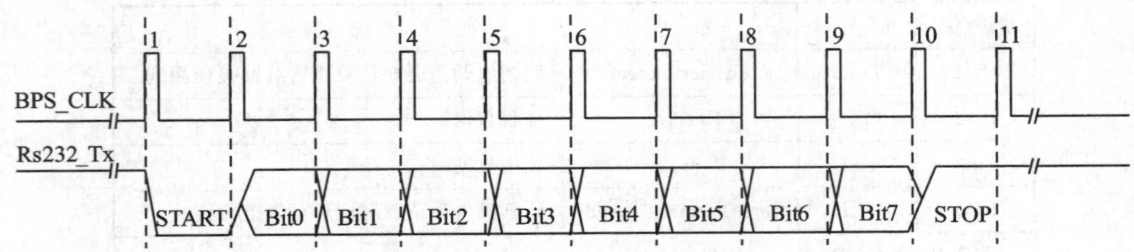

图 3.123　UART 发送一字节的时序图

当 BPS_CLK 信号的第 1 个上升沿到来时，字节发送模块开始发送起始位，接下来的 2～9 个上升沿，发送 8 个数据位，第 10 个上升沿到第 11 个上升沿为停止位的发送。

3. RS232 通信电路设计

RS232 通信协议需要一定的硬件支持，早期大多使用的方案是 RS232 转 TTL，这

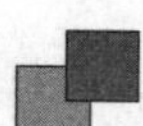

时需要 MAX232 或者 SP3232 等电平转换芯片来做数据转换。其外围电路简单，最少只需要 4 个电容即可正常工作，其典型电路图如图 3.124 所示。在这里只使用了两路通信中的一路，且通过加入的 D7、D8 两个发光二极管可以更好地观察数据状态。

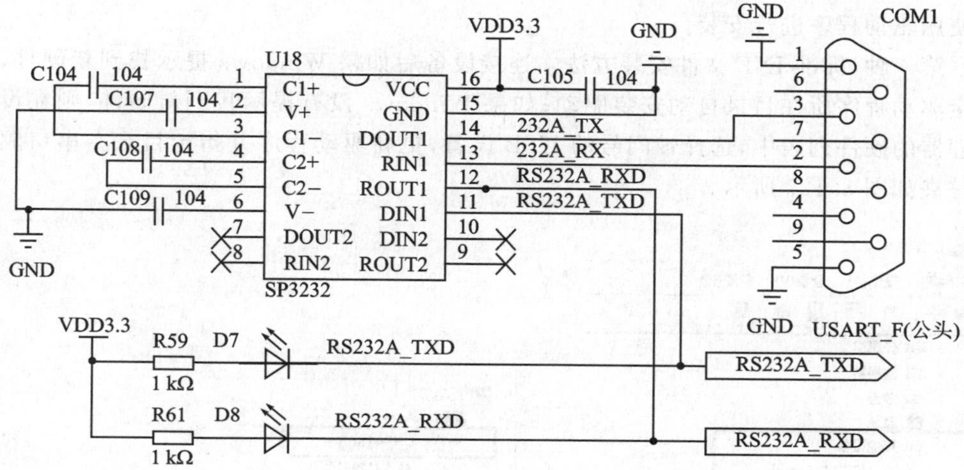

图 3.124　RS232 转 TTL 电路图

现在系统集成度越来越高，DB9 的 RS232 接口占用 PCB 面积过大，多数系统已经转用 USB 转 TTL，其电路图如图 3.125 所示。

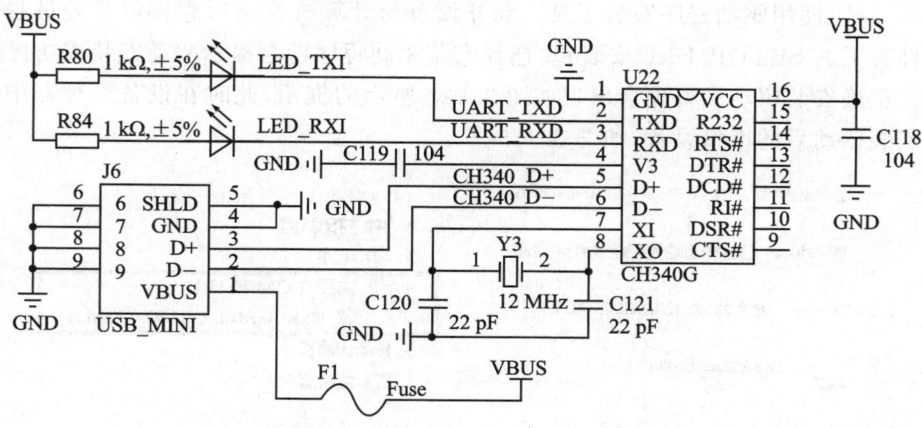

图 3.125　USB 转 TTL 电路图

CH340G 是一个支持 5 V 或 3.3 V 供电的 USB 总线的转接芯片，实现 USB 转串口、USB 转 IrDA 红外或者 USB 转打印口；支持硬件全双工串口，内置收发缓冲区，支持通信波特率 50 bps～2 Mbps，并支持常用的 MODEM 联络信号 RTS、DTR、DCD、RI、DSR、CTS；还可通过外加电平转换器件，提供 RS232、RS485、RS422 等接口。在 Windows 操作系统下，CH340G 的驱动程序能够仿真标准串口，所以与绝大部分原串口应用程序完全兼容，不需要做任何修改。

4. UART 驱动安装

在第一次使用串口时，可能会出现如图 3.126 所示的驱动找不到或者驱动没有被正确安装。这样就需要先安装驱动，安装方式可以分为两种，即标准 INF 文件安装法和使用驱动程序进行安装。

第一种，标准 INF 文件安装方法。连接设备后如果 Windows 提示找到新硬件，则指定驱动程序所在目录自动安装驱动；如果 Windows 没有提示找到新硬件，则在设备管理器的硬件列表中，选择带问号的 USB 设备，更新驱动程序并指定目录。串口驱动文件夹如图 3.127 所示。

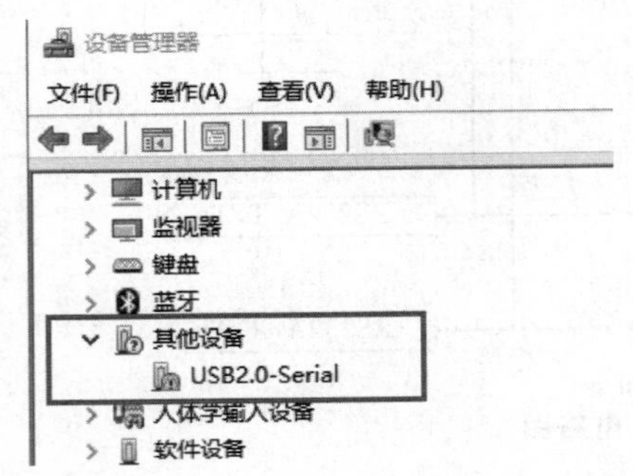

图 3.126 未安装合适驱动的串口设备

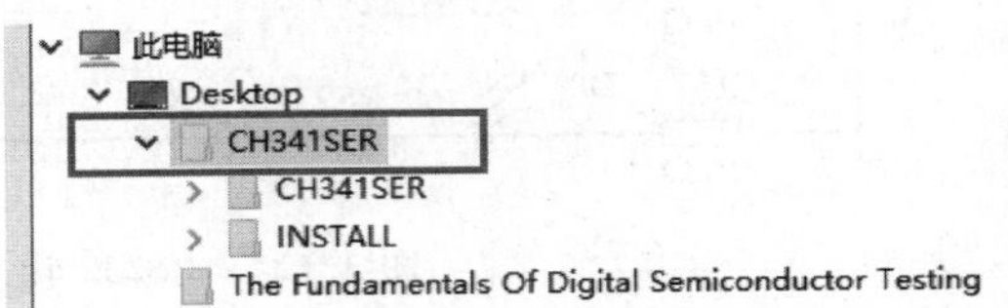

图 3.127 串口驱动文件夹

第二种，使用驱动程序安装工具。断开设备与计算机连接后直接以管理员身份运行文件夹下的 SETUP.EXE 安装包，选择安装驱动程序即会提示驱动安装成功提醒。

在正确安装驱动后首先会出现如图 3.128 所示的提示，此时在设备管理器中可以看到安装驱动后的串口设备，如图 3.129 所示。

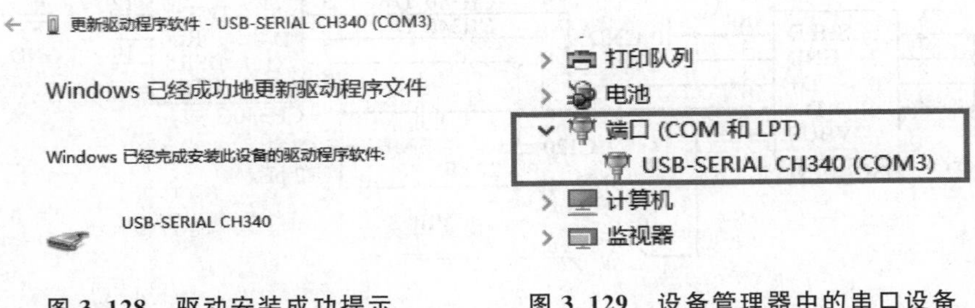

图 3.128 驱动安装成功提示　　图 3.129 设备管理器中的串口设备

3.10.2 UART 异步串行通信发送模块的设计与实现

1. 串口发送模块接口设计

基于上述原理，本小节要实现的串口发送模块整体框图如图 3.130 所示，其接口列表如表 3.19 所列。

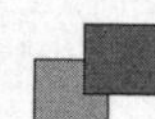

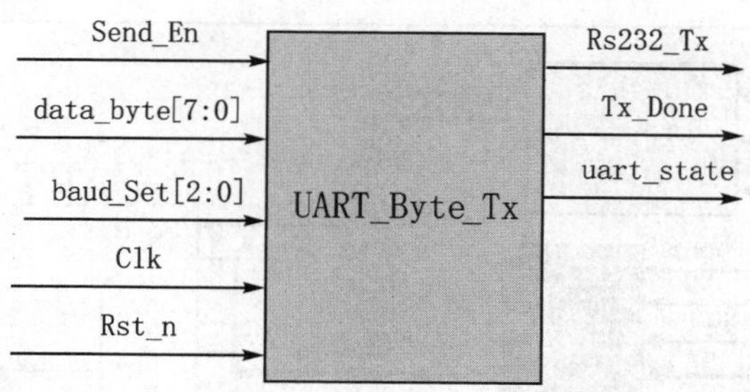

图 3.130　串口发送模块整体框图

表 3.19　模块接口列表

信号名称	I/O	功能描述
Clk	I	系统时钟 50 MHz
Rst_n	I	系统复位信号
data_byte	I	待传输 8 bit 数
send_en	I	发送使能信号
baud_Set	I	波特率设置信号
Rs232_Tx	O	RS232 信号输出
Tx_Done	O	发送结束信号，一个时钟周期高电平
uart_state	O	发送状态，处于发送状态时为 1

根据功能需求，串口发送模块可进一步细化为如图 3.131 所示的详细结构图，其中每一子模块的作用如表 3.20 所列。其中深灰色框代表单一结构的寄存器，用来实现数据的稳定输入以及输出。

表 3.20　子功能块功能描述

名　称	功能描述
Div_cnt	产生波特率时钟
bps_cnt	对波特率时钟进行计数
DR_LUT	查找表，以适用于不同波特率
MUX10	根据 bps_cnt 的值来确定需要发送的位
"＝＝"运算符	判断一次传输是否结束
MUX2	模块的使能信号

2. 波特率时钟生成模块设计

从原理部分可知，波特率是 UART 通信中需要设置的参数之一。在波特率时钟生成模块中，计数器需要的计数值与波特率之间的关系如表 3.21 所列，其中系统时钟周期为 System_clk_period，这里为 20 ns。如果接入到该模块的时钟频率为其他值，则需要根据具体的频率值修改该参数。

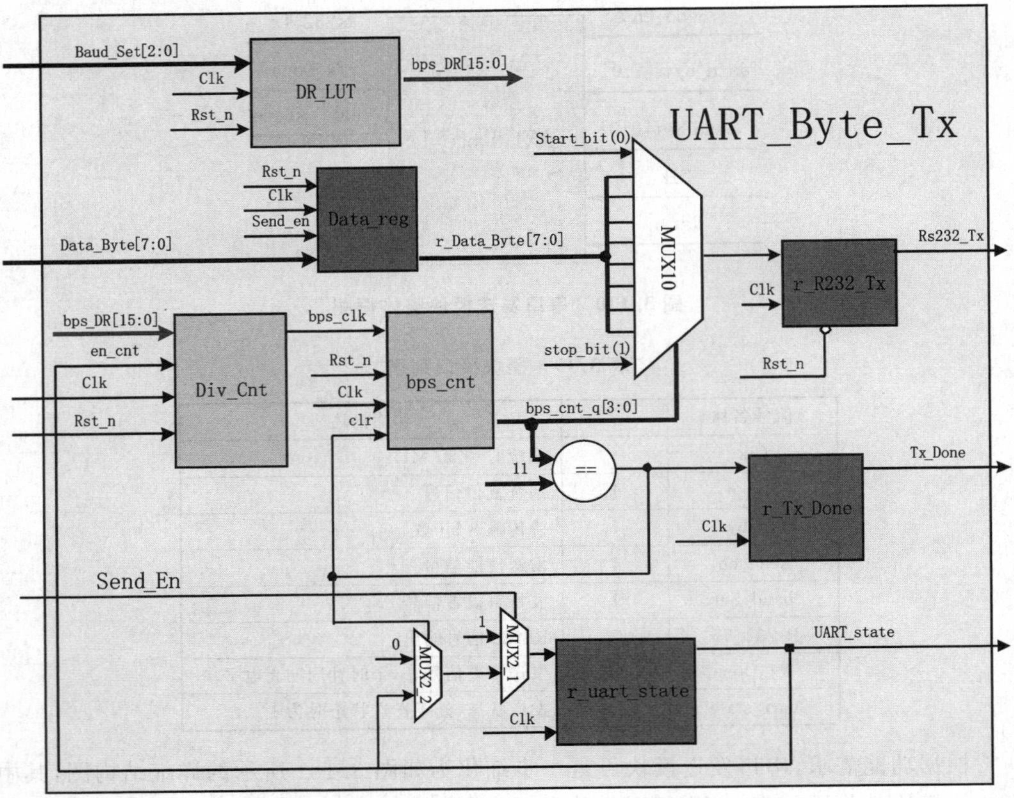

图 3.131　串口发送模块结构图

表 3.21　波特率计算

baud_set	波特率/bps	波特率周期/ns	波特率分频计数值	50 MHz 系统时钟计数值
0	9 600	104 167	104 167/ System_clk_period	5 208－1
1	19 200	52 083	52 083/ System_clk_period	2 604－1
2	38 400	26 041	26 041/ System_clk_period	1 302－1
3	57 600	17 361	17 361/ System_clk_period	868－1
4	115 200	8 680	8 680/ System_clk_period	434－1

本模块的设计是为了保证模块的复用性。当需要不同的波特率时，只需设置不同的波特率时钟计数器的计数值。使用查找表即可实现，下面设计的代码中只包含了针对 5 个波特率的设置，如需要其他波特率可根据实际使用情况具体修改。

```
reg [15:0]bps_DR;                                    //分频计数最大值
always@ (posedge Clk or negedge Rst_n)
if(! Rst_n)
    bps_DR <= 16'd5207;
else begin
```

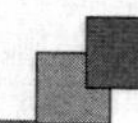

```
    case(baud_set)
        0:bps_DR <= 16'd5207;        //9 600 bps
        1:bps_DR <= 16'd2603;        //19 200 bps
        2:bps_DR <= 16'd1301;        //38 400 bps
        3:bps_DR <= 16'd867;         //57 600 bps
        4:bps_DR <= 16'd433;         //115 200 bps
        default:bps_DR <= 16'd5207;
    endcase
end
```

利用计数器来生成波特率时钟，代码如下：

```
reg bps_clk;                    //波特率时钟
reg [15:0]div_cnt;              //分频计数器
always @ (posedge Clk or negedge Rst_n)
if(! Rst_n)
    div_cnt <= 16'd0;
else if(uart_state) begin
    if(div_cnt ==  bps_DR)
        div_cnt <= 16'd0;
    else
        div_cnt <=  div_cnt + 1'b1;
end
else
    div_cnt <= 16'd0;

always@(posedge Clk or negedge Rst_n)
if(! Rst_n)
    bps_clk <= 1'b0;
else if(div_cnt == 16'd1)
    bps_clk <= 1'b1;
else
    bps_clk <= 1'b0;
```

波特率生成，就是用一个定时器来定时，产生频率与对应波特率时钟频率相同的时钟信号。例如，若波特率为115 200 bps，则需要产生一个频率为115 200 Hz的时钟信号。那么如何产生这样一个115 200 Hz的时钟信号呢？这里首先将115 200 Hz时钟信号的周期计算出来，1 s为1 000 000 000 ns，因此波特率时钟的周期Tb＝ 1 000 000 000 ns÷115 200≈8 680.6 ns，即115 200 Hz时钟信号的一个周期为8 680.6 ns，那么，我们只需要设定定时器的定时时间为8 680.6 ns，每当定时时间到，产生一个系统时钟周期长度的高脉冲信号即可。系统时钟频率为50 MHz，即周期为20 ns，那么，我们只需要计数8 680/20个系统时钟，就可获得8 680 ns的定时，“bps115200”＝Tb/Tclk－1＝Tb * fclk－1＝fclk/115 200－1。相应的，其他波特率定时值的计算与此相同。

为了能从外部控制波特率，设计中使用了一个3位的波特率选择端口：Baud_Set。通过给此端口设定不同的值，就能选择不同的波特率，此端口控制不同波特率的原理很简单，就是一个多路选择器，多路选择器通过选择不同的定时器计数最大值来设置不同的比特率时钟频率。Baud_Set的值与各波特率的对应关系如下：

000b：9 600 bps；

001b：19 200 bps；

010b：38 400 bps；

011b：57 600 bps；

100b：115 200 bps。

3. 数据输出模块设计

通过对波特率时钟进行计数，来确定数据发送的循环状态。

```
reg [3:0]bps_cnt;//波特率时钟计数器
always@(posedge Clk or negedge Rst_n)
if(!Rst_n)
    bps_cnt <= 4'd0;
else if (bps_cnt == 4'd11)
    bps_cnt <= 4'd0;
else if (bps_clk)
    bps_cnt <= bps_cnt + 1'b1;
else
    bps_cnt <= bps_cnt;
```

同样为了使模块可以对其他模块进行控制或者调用，这里产生一字节的传送结束信号。一个数据位传输结束后，Tx_done 信号输出一个时钟的高电平。

```
always@(posedge Clk or negedge Rst_n)
if(!Rst_n)
    Tx_Done <= 1'b0;
else if (bps_cnt == 4'd11)
    Tx_Done <= 1'b1;
else
    Tx_Done <= 1'b0;
```

产生数据传输状态信号，即在正常传输时 uart_state 信号为高电平，其他情况均为低电平。这里实现的电路结构同样是具有优先级顺序的，但与 C 语言本质是不同的。图 3.131 中的 MUX2_1 和 MUX2_2 就是由下面的设计实现的 if - else if - else 的电路结构。

```
always@(posedge Clk or negedge Rst_n)
if(!Rst_n)
    uart_state <= 1'b0;
else if (send_en)
    uart_state <= 1'b1;
else if (bps_cnt == 4'd11)
    uart_state <= 1'b0;
else
    uart_state <= uart_state;
```

由于 RS232 是一个异步的收发器，因此为了保证发送的数据在时钟到来时是稳定的，这里还需要对输入数据进行寄存。

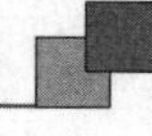

```
reg [7:0]r_data_byte;
always@(posedge Clk or negedge Rst_n)
if(!Rst_n)
    r_data_byte <= 8'd0;
else if (send_en)
    r_data_byte <=  data_byte;
else
    r_data_byte <=  r_data_byte;
```

4. 数据传输状态控制模块设计

在模块结构图 3.131 中还有一个十选一多路器，作用是根据 bps_cnt 的值来确定数据传输的状态。如时序图 3.123 所示，不同的波特率时钟计数值，有不同的传输数据对应。

```
localparam START_BIT = 1'b0;
localparam STOP_BIT = 1'b1;
always@(posedge Clk or negedge Rst_n)
if(!Rst_n)
    Rs232_Tx <= 1'b1;
else begin
    case(bps_cnt)
        0:Rs232_Tx <= 1'b1;
        1:Rs232_Tx <=  START_BIT;
        2:Rs232_Tx <=  r_data_byte[0];
        3:Rs232_Tx <=  r_data_byte[1];
        4:Rs232_Tx <=  r_data_byte[2];
        5:Rs232_Tx <=  r_data_byte[3];
        6:Rs232_Tx <=  r_data_byte[4];
        7:Rs232_Tx <=  r_data_byte[5];
        8:Rs232_Tx <=  r_data_byte[6];
        9:Rs232_Tx <=  r_data_byte[7];
        10:Rs232_Tx <=  STOP_BIT;
        default:Rs232_Tx <= 1'b1;
    end case
end
```

3.10.3 激励创建及仿真测试

设计完成之后，需要对其进行功能仿真。在下面的仿真文件中，生成了复位信号、使能信号、待传输数据。这里将所有数据变化与系统时钟错开 1 ns，就是为了能更清楚地看到输入/输出数据与时钟的时序关系。

```
initial begin
    Rst_n = 1'b0;
    data_byte = 8'd0;
    send_en = 1'd0;
    baud_set = 3'd4;
    #(`clk_period * 20 + 1)
```

```
        Rst_n = 1'b1;
        #(`clk_period * 50);
        data_byte = 8'haa;
        send_en = 1'd1;
        #`clk_period;
        send_en = 1'd0;

        @(posedge Tx_Done)

        #(`clk_period * 5000);
        data_byte = 8'h55;
        send_en = 1'd1;
        #`clk_period;
        send_en = 1'd0;
        @(posedge Tx_Done)
        #(`clk_period * 5000);
        $stop;
    end
```

设置好仿真脚本后进行功能仿真，得到如图 3.132 所示的波形文件，可以看出在复位信号置高以及使能信号有效之前输出信号 Rs232_Tx 均为 1，在复位结束以及使能后输出信号才开始正常，且当输入数据为 10101010b(MSB)后，输出信号依次为 1、0(起始位)、01010101b(LSB)、1(停止位)；当输入数据为 01010101b(MSB)后，输出信号依次为 1、0(起始位)、10101010b(LSB)、1(停止位)。同时 uart_state 处于发送状态时为 1，即仿真通过。

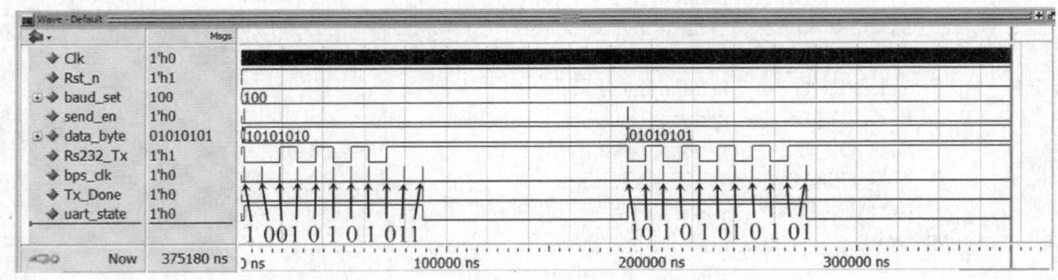

图 3.132　单字节数据传输仿真波形图

3.10.4　按键控制串口发送设计

为了实现导读中所设定的目标，将以前编写好的按键消抖模块添加到工程当中，并再次使用 ISSP，其主要参数配置如图 3.133 所示，并加入到工程中。

然后，新建一个顶层文件，将按键消抖、串口发送以及 ISSP 例化，并将按键状态与串口发送使能端连接即可。部分设计代码如下，将串口发送状态连接到 LED 上，可以更好地观察数据发送状态。

```
assign send_en = key_flag0 & !key_state0;
uart_byte_tx uart_byte_tx(
    .Clk(Clk),
    .Rst_n(Rst_n),
    .data_byte(data_byte),
    .send_en(send_en),
    .baud_set(3'd0),

    .Rs232_Tx(Rs232_Tx),
    .Tx_Done(),
    .uart_state(led)
);
```

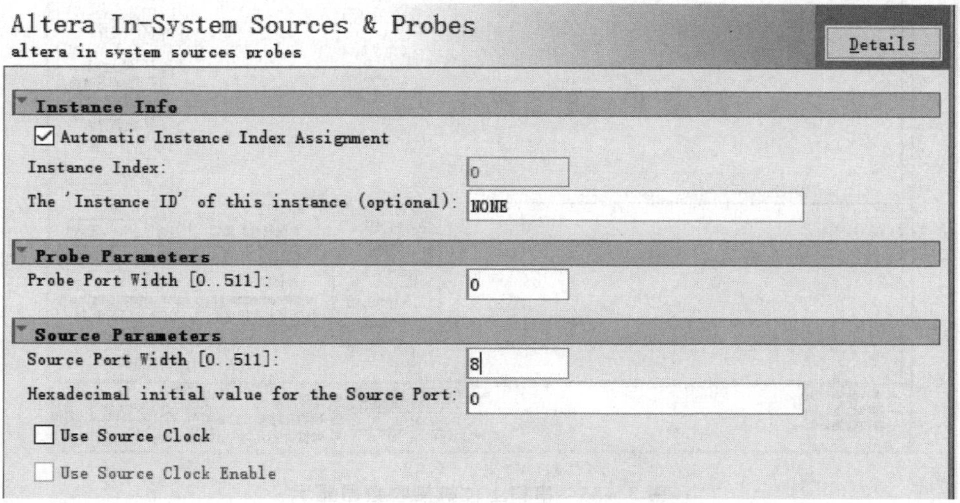

Altera In-System Sources & Probes
altera in system sources probes
Details

Instance Info
Automatic Instance Index Assignment
Instance Index: 0
The 'Instance ID' of this instance (optional): NONE

Probe Parameters
Probe Port Width [0..511]: 0

Source Parameters
Source Port Width [0..511]: 8
Hexadecimal initial value for the Source Port: 0
Use Source Clock
Use Source Clock Enable

图 3.133　ISSP 主要参数配置

编译无误后，单击 RTL Viewer 可以看到如图 3.134 所示的各模块连接图。

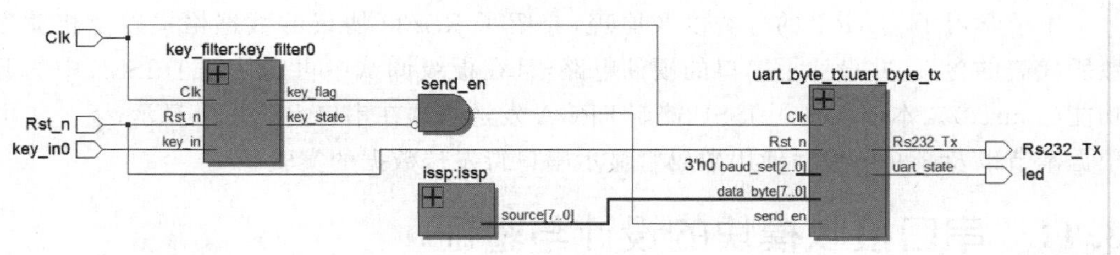

图 3.134　各模块连接图

分配引脚并全编译无误后下载工程到 AC620 开发板中。然后，在 Quartus Prime 中选择 Tools→In - System Sources and Probes Editor 启动 ISSP，手动选择下载器后，并将数据格式修改为设计中的 hex 格式。打开计算机上的串口助手，将主要参数设置为：波特率为 9 600、无校验位、8 位数据位以及 1 位停止位。

在 Quartus Prime 中，使用 In－System Sources and Probes Editor 工具，输入需要通过串口发送出去的数据，然后按下学习板上的按键 0，FPGA 自动将所需要发送的数据发送出去，即可在串口助手中看到相关数据。板载的 LED_RX 每接收 1 字节数据均会亮一下，这里由于时钟较快，数据传输过程很快，因此代表传输状态的 led0 看着"常亮"。串口上位机接收数据显示如图 3.135 所示。

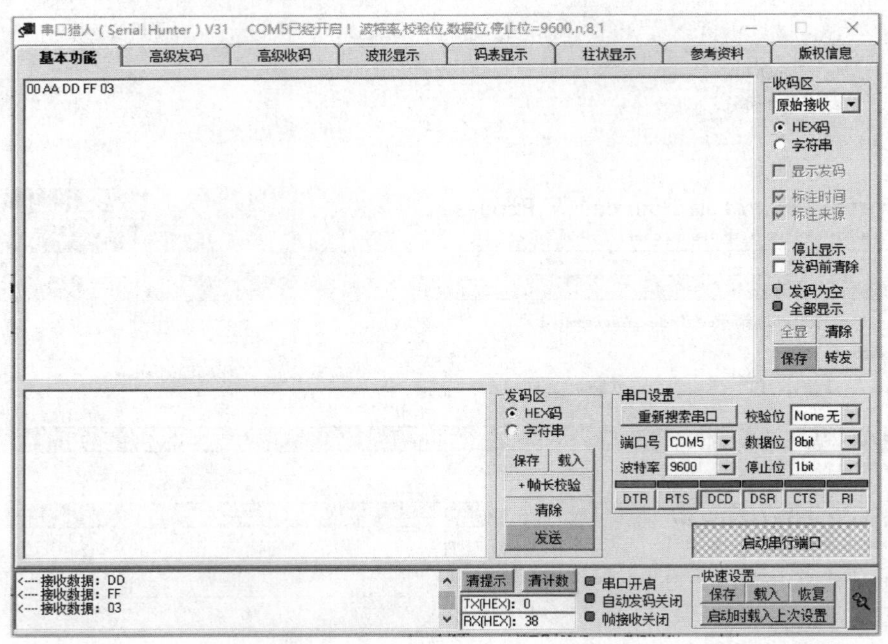

图 3.135　串口上位机接收数据显示

至此，完成了基于 FPGA 串口通信发送部分的实现。

本节小结：

本节学习了 UART 的分类以及原理，介绍了 RS232 协议的数据格式以及相关参数所代表的含义，并设计了串口的硬件电路，且在板级调试中再次使用了 ISSP 中的源功能（source）。本节实现了 ISSP 控制 FPGA 发送数据在串口上位机上显示，下一步可根据本节以及 3.9 节编写使用数码管显示串口待发送数据的实验。

3.11　串口接收模块的设计与验证

本节将学习 UART 的数据接收设计，针对实际使用中强电磁干扰可能会对数据的影响，提出一种改进型的串口接收模块设计方式。除了进行常规的功能仿真以外依旧使用 ISSP 工具进行板级测试。

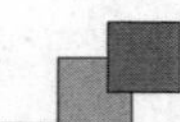

3.11.1　串口接收原理分析

上一节学习了串口发送模块的设计与实现，其 UART 发送端发送 1 字节数据时序图如图 3.136 所示。

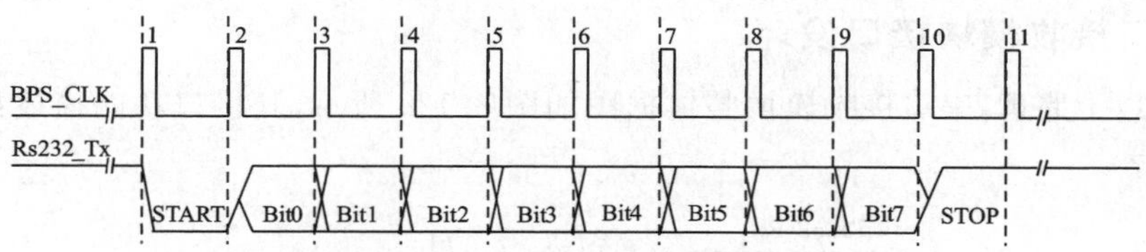

图 3.136　发送 1 字节数据时序图

下面介绍串口接收模块的设计与实现。当对数据线 Rs232_Rx 上的每一位进行采样时，一般情况下认为每一位数据的中间点是最稳定的。因此在一般应用中，采集中间时刻时的电平即认为是此位数据的电平，如图 3.137 所示。

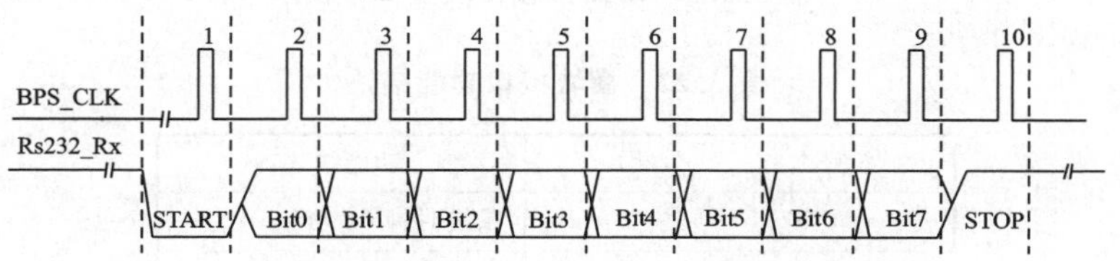

图 3.137　串口接收时序图

但是在实际工业应用中，现场往往有非常强的电磁干扰，只采样一次就作为该数据的电平状态是不可靠的。很有可能恰好采集到被干扰的信号而导致结果出错，因此这里提出以下改进型的单位数据接收方式示意图，使用多次采样求概率的方式进行状态判定，如图 3.138 所示。

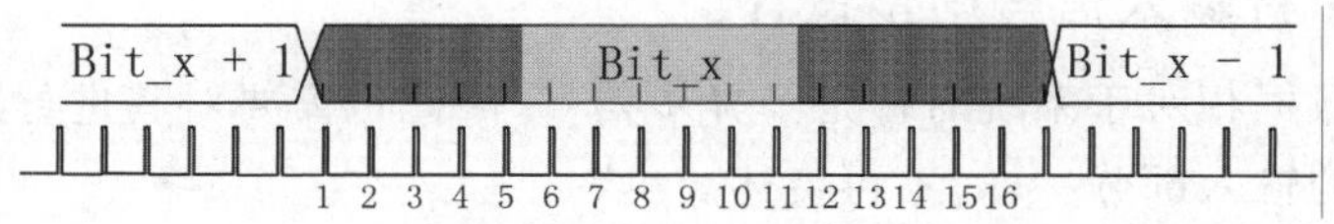

图 3.138　改进型串口接收方式示意图

在图 3.138 中，将每一位数据再平均分成了 16 小段。对于 Bit_x 这一位数据，考虑到数据在刚刚发生变化和即将发生变化的这一时期，数据极有可能是不稳定的(用深灰色标出的两段)，所以在这两个时间段采集数据，很有可能得到错误的结果，因此判定这两段时间的电平无效，采集时直接忽略。而中间这一时间段(用浅灰色标出)，数据本身是比较稳定的，一般都代表了正确的结果，也就是前面提到的中间测量方式，但是也不排除该段数据受强电磁干扰而出现错误的电平脉冲。因此对这一段电平，应进行多次采样，并求高低电平发生的概率，6 次采集结果中，取出现次数多的电平作为采样结果。例如，采样 6 次的结果分别为 1/1/1/1/0/1/，则取电平结果为 1；若为 0/0/1/0/0/

0,则取电平结果为 0;当 6 次采样结果中 1 和 0 各占一半(各 3 次),则可判断当前通信线路环境非常恶劣,数据不具有可靠性,不进行处理。

3.11.2 UART 异步串行通信接收模块的设计与实现

1. 串口接收模块接口设计

基于以上原理,串口接收模块整体框图如图 3.139 所示,其接口功能描述如表 3.22 所列。

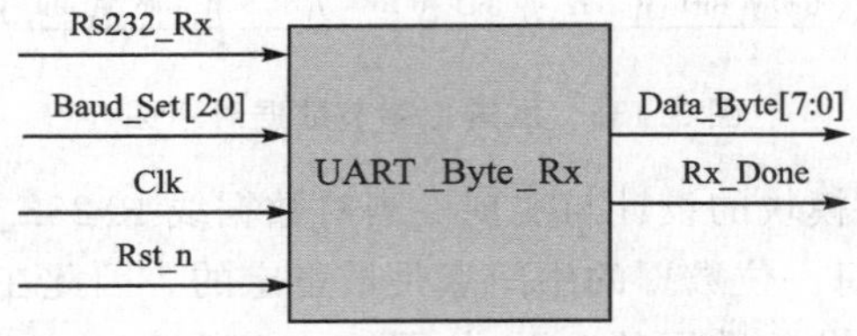

图 3.139 串口接收模块整体框图

表 3.22 模块接口功能描述

信号名称	I/O	功能描述
Clk	I	系统时钟 50 MHz
Rst_n	I	系统复位信号
Rs232_Rx	I	串行数据输入
Band_Set	I	波特率选择信号
Data_Byte	O	并行数据输出
Rx_Done	O	接收结束信号

2. RS232 串行输入信号同步设计

这里输入数据相对于系统时钟是个异步信号,因此也需要对其进行同步,这里的处理方式与按键的输入部分一样,不再赘述。

```
reg s0_Rs232_Rx,s1_Rs232_Rx;            //同步寄存器
reg tmp0_Rs232_Rx,tmp1_Rs232_Rx;        //数据寄存器

//同步寄存器,阻止亚稳态的传播
always @ (posedge Clk or negedge Rst_n)
if(!Rst_n) begin
    s0_Rs232_Rx <= 1'b0;
    s1_Rs232_Rx <= 1'b0;
end
else begin
    s0_Rs232_Rx <=  Rs232_Rx;
    s1_Rs232_Rx <=  s0_Rs232_Rx;
end
```

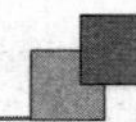

```
//数据寄存器
always@(posedge Clk or negedge Rst_n)
if(!Rst_n) begin
    tmp0_Rs232_Rx <= 1'b0;
    tmp1_Rs232_Rx <= 1'b0;
end
else begin
    tmp0_Rs232_Rx <=  s1_Rs232_Rx;
    tmp1_Rs232_Rx <=  tmp0_Rs232_Rx;
end

assign nedege = !tmp0_Rs232_Rx && tmp1_Rs232_Rx;
```

3. 采样时钟生成模块设计

串口接收模块的主要构成之一即为波特率时钟生成模块。这里可根据本节提到的过采样方式,即实际的采样频率是波特率的 16 倍,得出计数值与波特率之间的关系如表 3.23 所列,其中系统时钟周期为 System_clk_period,这里为 20 ns。

表 3.23 采样时钟计算

波特率	波特率周期/ns	采样时钟分频计数值	System_clk_period=20 ns 时计数值
9 600	104 167	104 167/ System_clk_period/16	325－1
19 200	52 083	52 083/ System_clk_period/16	163－1
38 400	26 041	26 041/ System_clk_period/16	81－1
57 600	17 361	17 361/ System_clk_period/16	54－1
115 200	8 680	8 680/ System_clk_period/16	27－1

这里依旧使用一个选择器,来实现不同波特率与采样时钟分频计数值之间的对应关系。设计代码如下:

```
reg [15:0]bps_DR;
always@(posedge Clk or negedge Rst_n)
if(!Rst_n)
    bps_DR <= 16'd324;
else begin
    case(baud_set)
        0:bps_DR <= 16'd324;
        1:bps_DR <= 16'd162;
        2:bps_DR <= 16'd80;
        3:bps_DR <= 16'd53;
        4:bps_DR <= 16'd26;
        default:bps_DR <= 16'd324;
    end case
end
```

现在产生采样时钟,即波特率时钟的 16 倍。代码如下:

```
reg [15:0]div_cnt;
reg bps_clk;
always@(posedge Clk or negedge Rst_n)
if(!Rst_n)
    div_cnt <= 16'd0;
else if (uart_state) begin
    if(div_cnt ==  bps_DR)
        div_cnt <= 16'd0;
    else
        div_cnt <=  div_cnt + 1'b1;
end
else
    div_cnt <= 16'd0;

always@(posedge Clk or negedge Rst_n)
if(!Rst_n)
    bps_clk <= 1'b0;
else if (div_cnt == 16'd1)
    bps_clk <= 1'b1;
else
    bps_clk <= 1'b0;
```

采样时钟计数器，计数器清零条件之一，“bps_cnt == 8'd159”语句代表 1 字节接收完毕。“(bps_cnt == 8'd12 && (START_BIT > 2))”语句是实现起始位检测是否出错，在后面会对此进行详细解释。

```
reg [7:0]bps_cnt;
always@(posedge Clk or negedge Rst_n)
if(!Rst_n)
    bps_cnt <= 8'd0;
else if (bps_cnt == 8'd159||(bps_cnt == 8'd12 && (START_BIT >2)))
    bps_cnt <= 8'd0;
else if (bps_clk)
    bps_cnt <=  bps_cnt + 1'b1;
else
    bps_cnt <=  bps_cnt;

always@(posedge Clk or negedge Rst_n)
if(!Rst_n)
    Rx_Done <= 1'b0;
else if (bps_cnt == 8'd159)
    Rx_Done <= 1'b1;
else
    Rx_Done <= 1'b0;
```

4. 采样数据接收模块设计

以图 3.138 起始位为例，位于中间的采样时间段对应的 bps_cnt 值分别为 6、7、8、9、10、11，在这些时刻直接累加本位数据。后一位数据采样时间段的第一个 bps_cnt 值为前一位数据采样时间段的第一个 bps_cnt 值加 16。所以，起始位后面紧跟的第一个

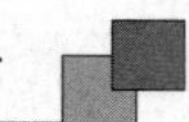

数据位Bit0的采样时间段的bps_cnt值分别是22、23、24、25、26、27,同样,在这些时刻,直接累加本位数据。以此类推,可以得到其他位的采样时间段对应的bps_cnt值。

现解释为何在上面清零条件之一为"(bps_cnt == 8'd12 && (START_BIT > 2))",在理想情况下(真正的起始位)也就是当bps_cnt计数值为12时,START_BIT的计算值应该为0。而在实际中,有可能会出现一个干扰信号,而并非真正的起始信号,也会导致下降沿的出现。此时,如果不加判断,直接视之为起始信号,进入接收状态,那么必然会接收到错误数据,还可能导致错过正确数据的接收。为了增加抗干扰能力,这里采样了这样的一种思路:当数据线上出现了下降沿时,先假设它是起始信号,然后对其进行中间段采样。如果这6次采样值累加结果大于2,即6次采样中有至少一半的状态为高电平时,那么这显然不符合真正起始信号的持续低电平要求,此时就把刚才到来的下降沿视为干扰信号,而不视为起始信号。

```
always@(posedge Clk or negedge Rst_n)
if(!Rst_n) begin
    START_BIT <= 3'd0;
    r_data_byte[0] <= 3'd0;      r_data_byte[1] <= 3'd0;
    r_data_byte[2] <= 3'd0;      r_data_byte[3] <= 3'd0;
    r_data_byte[4] <= 3'd0;      r_data_byte[5] <= 3'd0;
    r_data_byte[6] <= 3'd0;      r_data_byte[7] <= 3'd0;
    STOP_BIT = 3'd0;
end
else if (bps_clk) begin
    case(bps_cnt)
        0:begin
                START_BIT <= 3'd0;
                r_data_byte[0] <= 3'd0;
                r_data_byte[1] <= 3'd0;
                r_data_byte[2] <= 3'd0;
                r_data_byte[3] <= 3'd0;
                r_data_byte[4] <= 3'd0;
                r_data_byte[5] <= 3'd0;
                r_data_byte[6] <= 3'd0;
                r_data_byte[7] <= 3'd0;
                STOP_BIT <= 3'd0;
          end
        6,7,8,9,10,11:START_BIT <=  START_BIT +  s1_Rs232_Rx;
        22,23,24,25,26,27:r_data_byte[0] <=  r_data_byte[0] +  s1_Rs232_Rx;
        38,39,40,41,42,43:r_data_byte[1] <=  r_data_byte[1] +  s1_Rs232_Rx;
        54,55,56,57,58,59:r_data_byte[2] <=  r_data_byte[2] +  s1_Rs232_Rx;
        70,71,72,73,74,75:r_data_byte[3] <=  r_data_byte[3] +  s1_Rs232_Rx;
        86,87,88,89,90,91:r_data_byte[4] <=  r_data_byte[4] +  s1_Rs232_Rx;
        102,103,104,105,106,107:r_data_byte[5] <=  r_data_byte[5] +  s1_Rs232_Rx;
        118,119,120,121,122,123:r_data_byte[6] <=  r_data_byte[6] +  s1_Rs232_Rx;
        134,135,136,137,138,139:r_data_byte[7] <=  r_data_byte[7] +  s1_Rs232_Rx;
        150,151,152,153,154,155:STOP_BIT <=  STOP_BIT +  s1_Rs232_Rx;
        default:
          begin
```

```
                START_BIT <=  START_BIT;
                r_data_byte [0] <=  r_data_byte [0];
                r_data_byte [1] <=  r_data_byte [1];
                r_data_byte [2] <=  r_data_byte [2];
                r_data_byte [3] <=  r_data_byte [3];
                r_data_byte [4] <=  r_data_byte [4];
                r_data_byte [5] <=  r_data_byte [5];
                r_data_byte [6] <=  r_data_byte [6];
                r_data_byte [7] <=  r_data_byte [7];
                STOP_BIT <=  STOP_BIT;
            end
    endcase
end
```

5. 数据状态判定模块设计

在原理部分介绍过，对一位数据需要进行 6 次采样，然后取出现次数较多的数据作为采样结果，也就是说，6 次采样中出现次数多于 3 次的数据才能作为最终的有效数据。

对此，可用接收到的数据 r_data_byte [n]结合数值比较器来判断，也可以直接令其等于当前位的最高位数据。下面举例说明：当 r_data_byte [n]分别为二进制的 011b/010b/100b/101b 时，这几个数据的十进制格式分别为 3d/2d/4d/5d，可以发现大于或等于 4d 的为 100b/101b。当最高位是 1 即此时的数据累加值大于或等于 4d 时，可说明数据真实值为 1；当最高位是 0 即此时的数据累加值小于或等于 3d 时，可说明数据真实值为 0，因此只需判断最高位即可。

```
always@(posedge Clk or negedge Rst_n)
if(! Rst_n)
    data_byte <= 8'd0;
else if (bps_cnt == 8'd159) begin
    data_byte [0] <=  r_data_byte [0] [2];
    data_byte [1] <=  r_data_byte [1] [2];
    data_byte [2] <=  r_data_byte [2] [2];
    data_byte [3] <=  r_data_byte [3] [2];
    data_byte [4] <=  r_data_byte [4] [2];
    data_byte [5] <=  r_data_byte [5] [2];
    data_byte [6] <=  r_data_byte [6] [2];
    data_byte [7] <=  r_data_byte [7] [2];
end
```

3.11.3 仿真及板级验证

设计完成之后，对其进行功能仿真。在下面的仿真文件中，使用上一节的发送数据模块的输出来实现。因此本节需要的仿真文件只需在上一节仿真文件的基础上修改端口信息、例化本模块以及将发送模块输出的 Rs232_Tx 连接到接收模块上的 Rs232_Rx 即可。修改后的部分激励文件代码如下：

```
wire Rs232_Tx;

uart_byte_rx uart_byte_rx(
    .Clk(Clk),
    .Rst_n(Rst_n),
    .baud_set(baud_set),
    .Rs232_Rx(Rs232_Tx),

    .data_byte(data_byte_r),
    .Rx_Done(Rx_Done)
);

uart_byte_tx uart_byte_tx(
    .Clk(Clk),
    .Rst_n(Rst_n),
    .data_byte(data_byte_t),
    .send_en(send_en),
    .baud_set(baud_set),

    .Rs232_Tx(Rs232_Tx),
    .Tx_Done(Tx_Done),
    .uart_state(uart_state)
);
```

设置好仿真脚本后进行功能仿真，可以看到如图 3.140 所示的波形文件，每当 1 字节发送结束后，数据输出 data_byte_r 均会更新输出一次。图 3.140 中由于 Rs232_Rx 仅声明了但并未调用，因此无数据显示，可以直接删除。

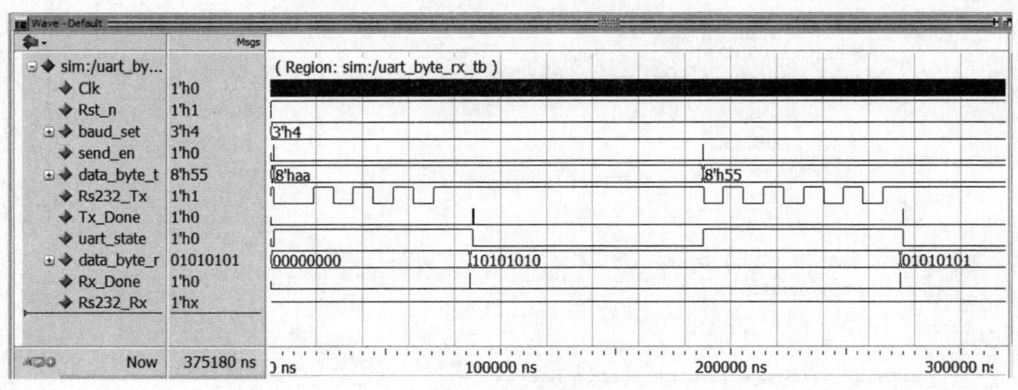

图 3.140　单字节数据接收仿真波形图

与上一节不同，这里使用 ISSP 的探针功能，对本次数据接收模块进行板级调试与验证。其主要配置如图 3.141 所示，并加入到工程中。

新建一个顶层文件 uart_rx_top.v，这里例化数据接收模块以及 ISSP 工具。只有接收成功后才采集下一次数据，符合实际使用情况。

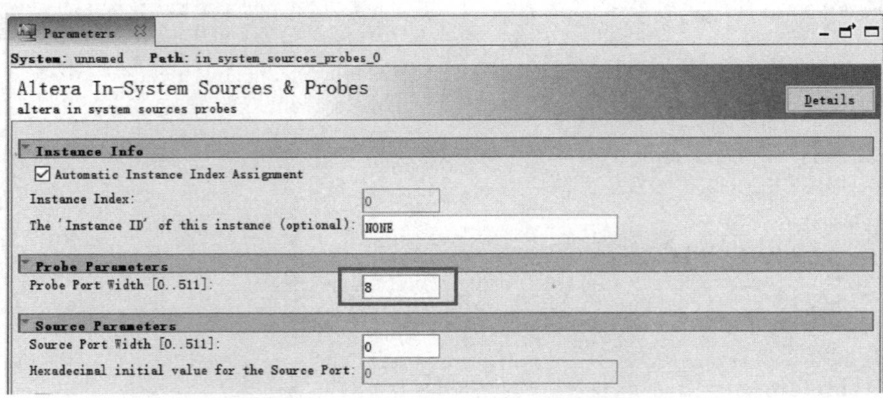

图 3.141 ISSP 主要参数配置

```
module uart_rx_top(Clk,Rst_n,Rs232_Rx);

    input  Clk;
    input  Rst_n;
    input  Rs232_Rx;

    reg [7:0]data_rx_r;
    wire [7:0]data_rx;
    wire Rx_Done;

    uart_byte_rx uart_byte_rx(
        .Clk(Clk),
        .Rst_n(Rst_n),
        .baud_set(3'd0),
        .Rs232_Rx(Rs232_Rx),

        .data_byte(data_rx),
        .Rx_Done(Rx_Done)
    );

    issp issp(
        .probe(data_rx_r)
    );

    always@(posedge Clk or negedge Rst_n)
    if(!Rst_n)
        data_rx_r <= 8'd0;
    else if (Rx_Done)
        data_rx_r <=  data_rx;
    else
        data_rx_r <=  data_rx_r;

endmodule
```

分配引脚并全编译无误后下载工程到开发板中。在 Quartus Prime 中选择 Tools→

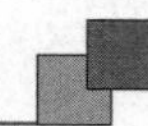

In－System Sources and Probes Editor 启动 ISSP，手动选择下载器后，并将数据格式改为设计中的 hex 格式，持续触发模式。打开计算机上的串口助手，将主要参数设置为：波特率为 9 600、无校验位、8 位数据位以及 1 位停止位。串口助手设置界面如图 3.142 所示，ISSP 工具设置界面如图 3.143 所示。

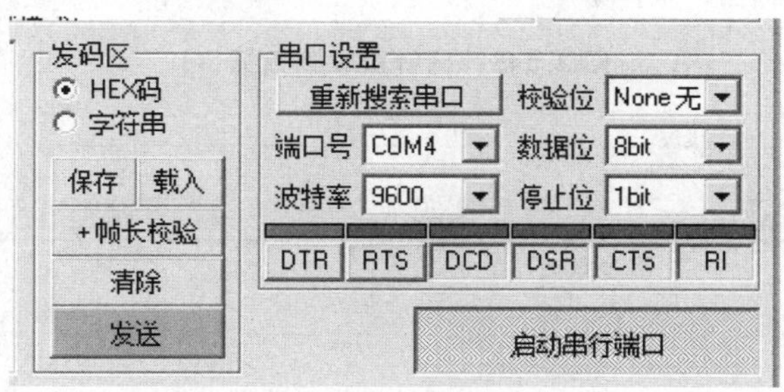

图 3.142　串口助手设置界面

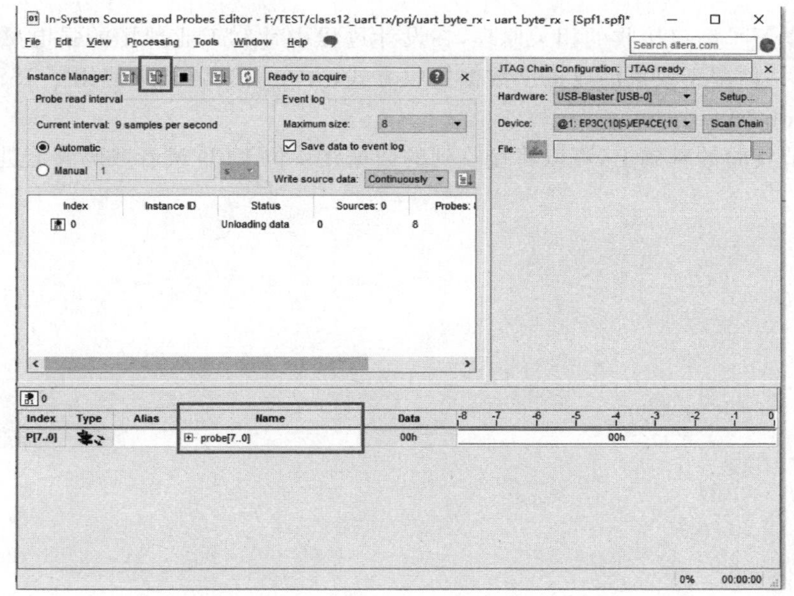

图 3.143　ISSP 工具设置界面

在串口助手上先后输入 aa、38，如图 3.144 所示。然后在 ISSP 使用界面可以看到 Data 会随之对应变化如图 3.145 和图 3.146 所示。

图 3.144　串口助手发送数据

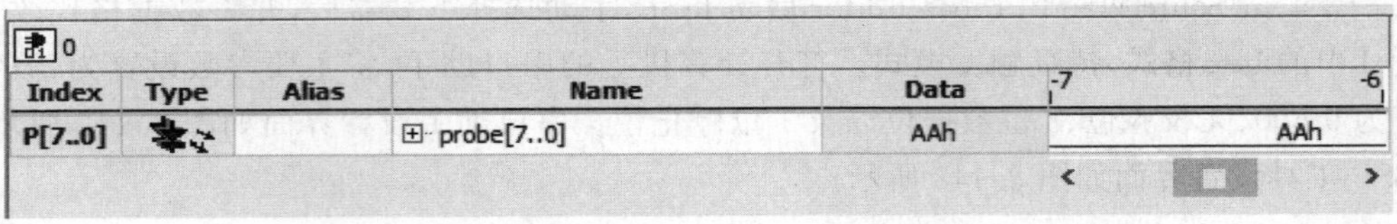
0
Index
Type
Alias
Name
Data
-7
-6
P[7..0]
probe[7..0]
AAh
AAh

图 3.145　探针接收到数据(1)

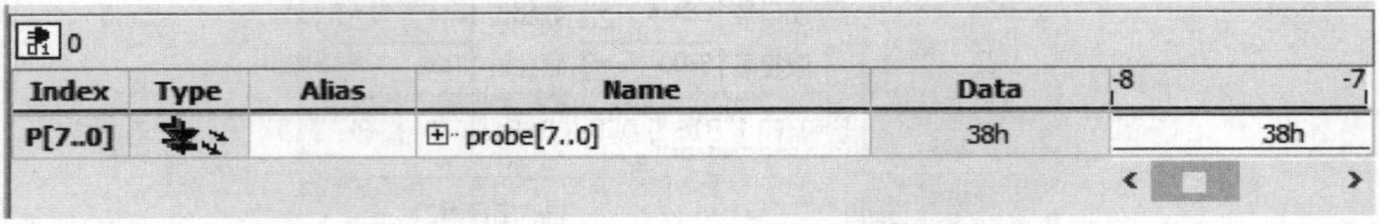
0
Index
Type
Alias
Name
Data
-8
-7
P[7..0]
probe[7..0]
38h
38h

图 3.146　探针接收到数据(2)

本节小结：

本节学习了串口接收的相关原理，在设计过程中针对工业现场的强电磁干扰等问题，提出了一种基于权重的改进型数据接收方式，并在板级调试中使用了 ISSP 中的探针功能(probe)。

在本节实验的基础上，可以将接收到的数据在 4 位 LED 或者数码管上进行更直观的显示。

第4章

FPGA 片上专用资源使用

本章导读：

Cyclone Ⅳ E FPGA 中提供了多种专用硬件资源，本章将通过对这些资源使用方法的介绍，带领读者掌握各种专用硬件资源的使用方式，在了解这些专用硬件资源的情况下，将其合理地应用到对应的系统中。

4.1 嵌入式 RAM 的使用——双端口 RAM

本节将学习 Intel 公司 Cyclone Ⅳ系列器件的内部结构并学会调用 Quartus Prime 软件中的双口 RAM 核并进行仿真。

4.1.1 Cyclone Ⅳ体系结构及嵌入式存储器原理

AC620 开发板中使用的是 Intel 公司的 Cyclone Ⅳ系列芯片，体系结构如图 4.1 所示。其核心架构是 4 输入查找表（LUT）构成的逻辑单元（LE）、存储器模块以及乘法器。体系结构中还包括通用锁相环（PLL）以及引脚（I/O），其他诸如多功能 PLL、高速收发器以及 PCIe 硬核模块会在其高端系列Ⅳ GX 中存在。

逻辑单元在 Cyclone Ⅳ器件结构中是最小的逻辑单位。LE 紧密且有效地提供了高级功能的逻辑使用，其内部结构如图 4.2 所示。LE 基本包含以下几个部分：4 输入查找表 LUT、D 触发器（可以对每个 LE 配置可编程的寄存器为 D、T、JK 或 SR 触发器操作）以及其他组合逻辑，详细介绍可参考 Cyclone Ⅳ FPGA 器件的相关手册。

嵌入式存储器结构由一列列 M9K 存储器模块组成，通过对这些 M9K 存储器模块进行配置，可以实现各种存储器功能，例如：RAM、移位寄存器、ROM 以及 FIFO 缓冲器。详细介绍可参考 Cyclone Ⅳ FPGA 器件的相关手册。

图 4.3 为一个嵌入式乘法器列以及相邻的逻辑阵列模块（LAB）。嵌入式乘法器可以配置成一个 18×18 乘法器，或者配置成两个 9×9 乘法器。对于那些大于 18×18 的乘法运算，Quartus Prime 软件会将多个嵌入式乘法器模块级联在一起。虽然没有

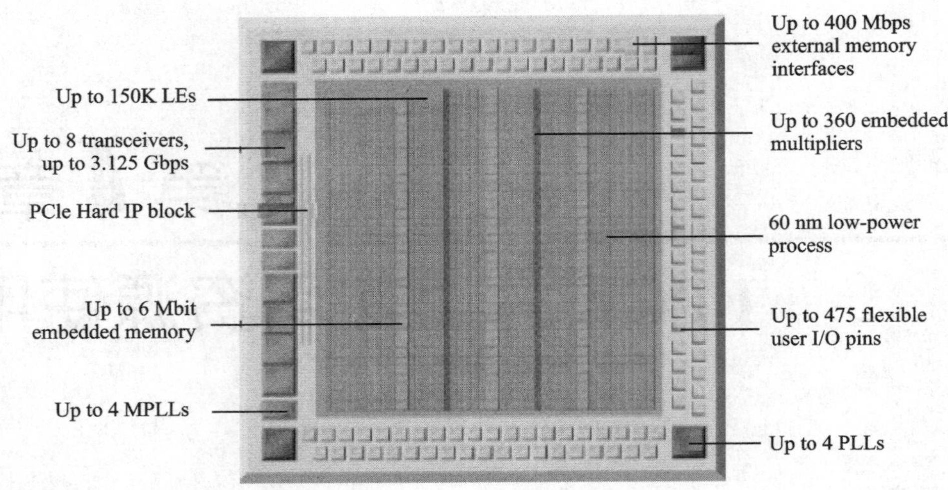

图 4.1　Cyclone Ⅳ体系结构

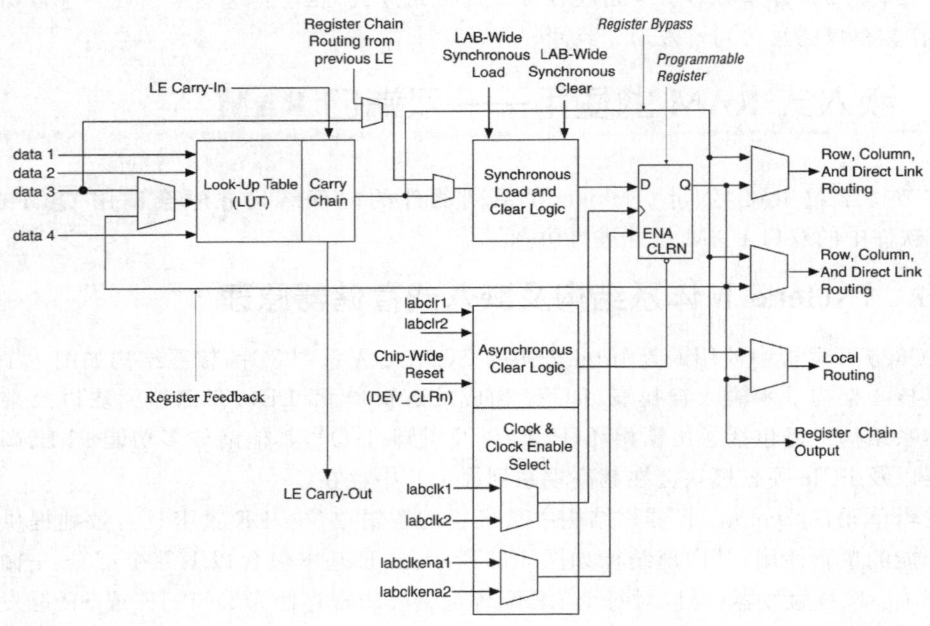

图 4.2　逻辑单元内部结构

乘法器数据位宽的限制，但数据位宽越大，乘法运算就会越慢。每个嵌入式乘法器均由以下几个单元组成：乘法器、输入与输出寄存器以及输入与输出接口，其乘法器模块的体系结构如图 4.4 所示，详细介绍可参考 Cyclone Ⅳ FPGA 器件的相关手册。

Cyclone Ⅳ内部的其他部分功能均可在官网提供的 Cyclone Ⅳ器件手册中下载学习。

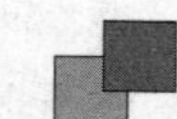

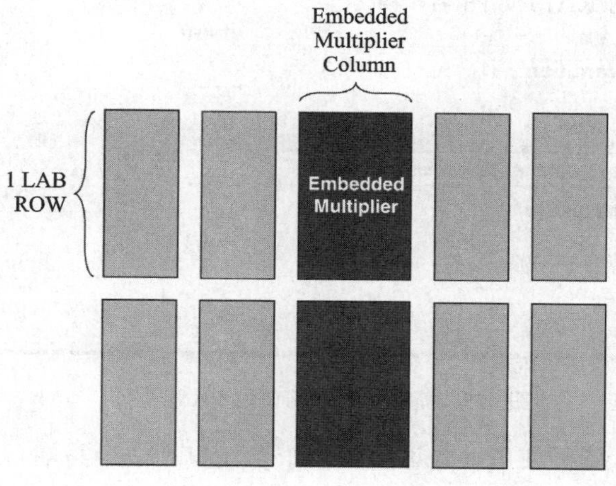

图 4.3 与LAB相邻的按列排列的嵌入式乘法器

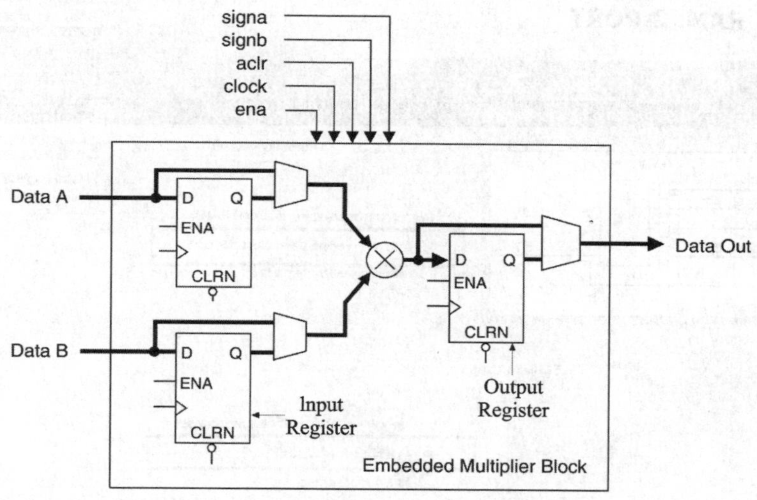

图 4.4 乘法器模块的体系结构

4.1.2 IP核使用——DPRAM

新建一个名为 dpram 的工程保存在 prj 下，然后单击 Tools→IP Catalog 找到 Basic Functions 中 On Chip Memory 下的"RAM:2-PORT"，并将输出目录确定为工程文件夹下的 ip 文件夹，并以 dpram 保存，单击 Next 按钮。对于单端口 RAM，读/写操作共用端口 A 的地址，数据通过端口 A 写入和读出；对于本节使用的双端口 RAM，则是一个读端口和一个写端口。

新建一个双端口的 RAM 如图 4.5 所示。

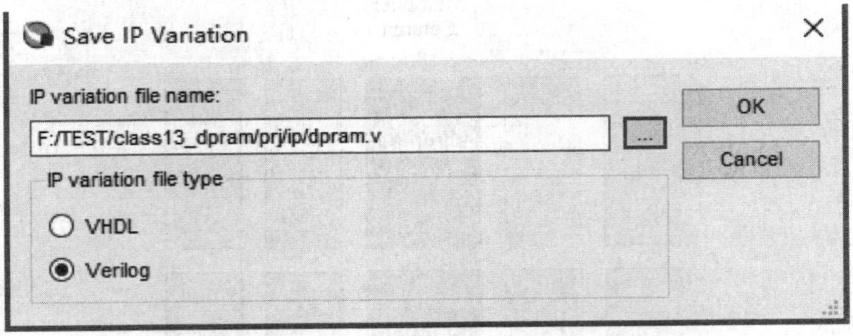

图 4.5　新建一个双端口的 RAM

这里将双端口 RAM 的使用方式设置为一个读端口和一个写端口，另一种方式为两个端口都可用作读/写。如图 4.6 所示为设置一般的简单双端口 RAM 还是真正的双端口 RAM。

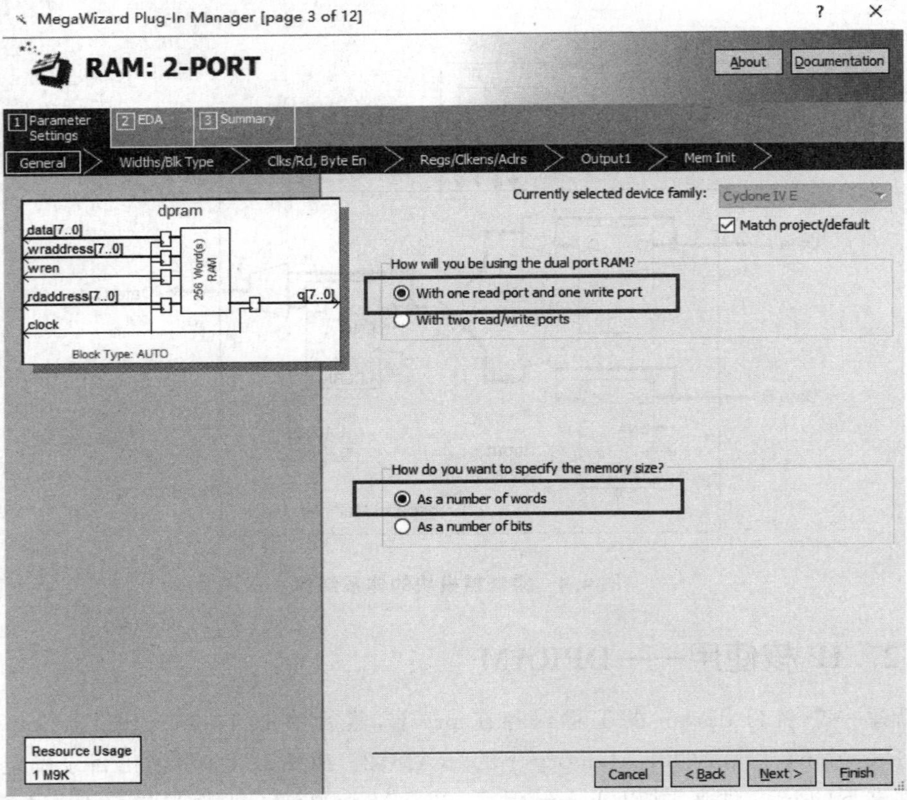

图 4.6　双端口 RAM 设置第 3 页

设置存储器大小的方式：一种为按照字数确定，另一种为按照位数确定；不同端口

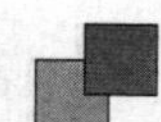

使用相同的位宽；端口位宽为 8；存储器使用的存储块类型为软件自动选择；存储器深度为软件自动选择，如图 4.7 所示。

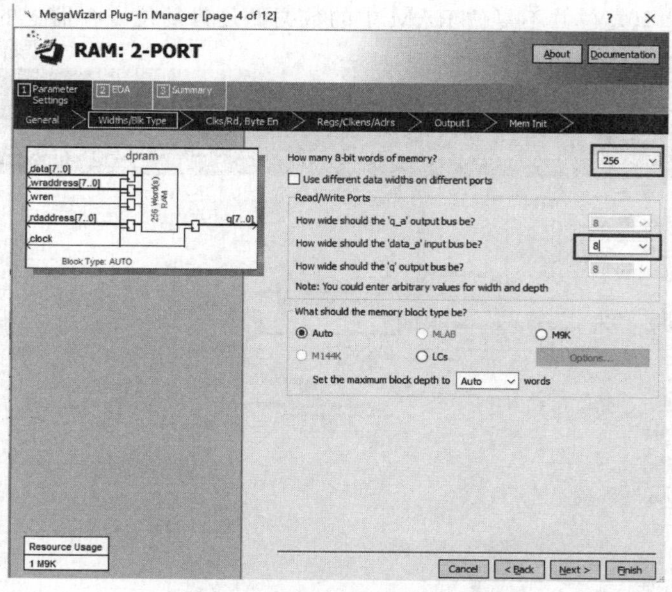

图 4.7　双端口 RAM 设置第 4 页

时钟选择这里为单时钟，不勾选创建读使能信号，如图 4.8 所示。这里用一个时钟信号和一个时钟使能信号控制存储块所有的寄存器。其他应用场所还可以设置为双时钟使用独立的输入时钟和输出时钟，或者双时钟使用单独的读时钟和写时钟。

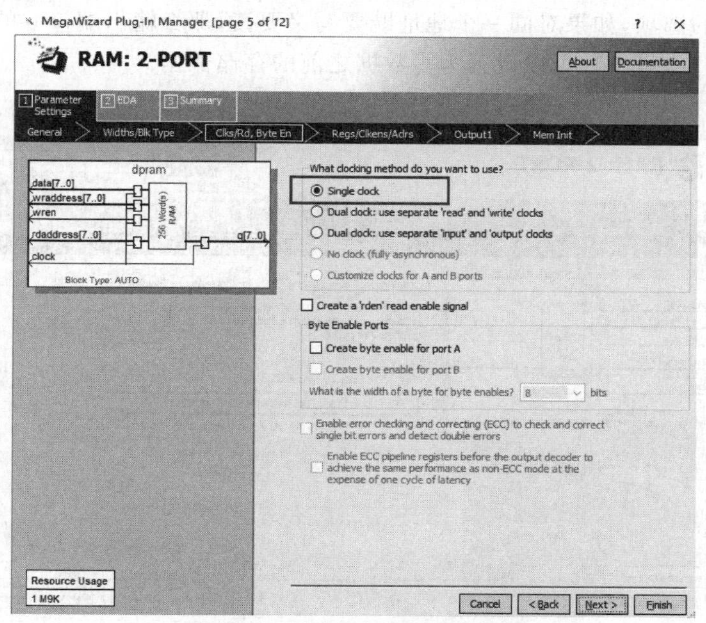

图 4.8　双端口 RAM 设置第 5 页

如图 4.9 所示，选择对读输出端口采用寄存器输出。时钟使能信号和寄存器异步清零信号根据实际应用可选择勾选或不勾选，本例选择不使用这两个信号，因此不勾选。需要注意这里复位并不复位 RAM 中的数据而是只复位寄存器上的值。

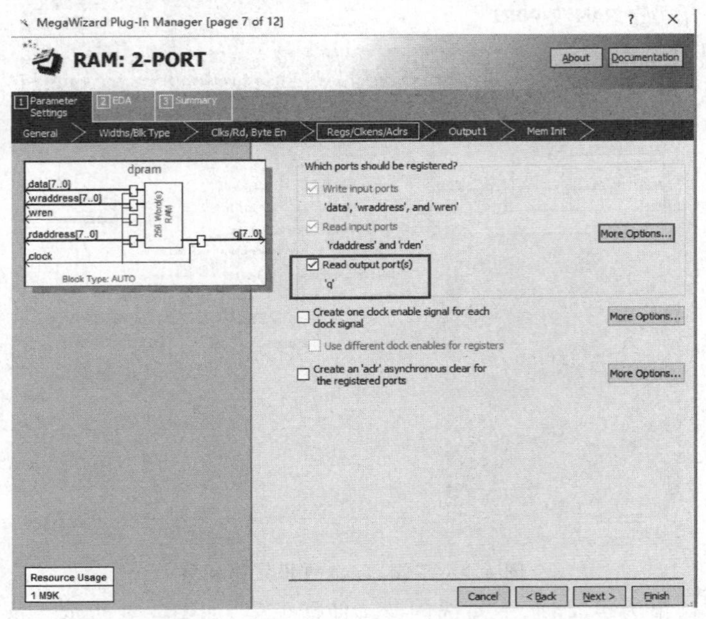

图 4.9　双端口 RAM 设置第 7 页

当在前面选择“一个读端口和一个写端口”或者“两个端口都可用读/写”时，会出现如图 4.10 中的选项，如果对同一个地址既要写又要读，那么输出端口 q 的输出是什么？这里选择不关心，另一种可以设置为写数据之前的存储数据。

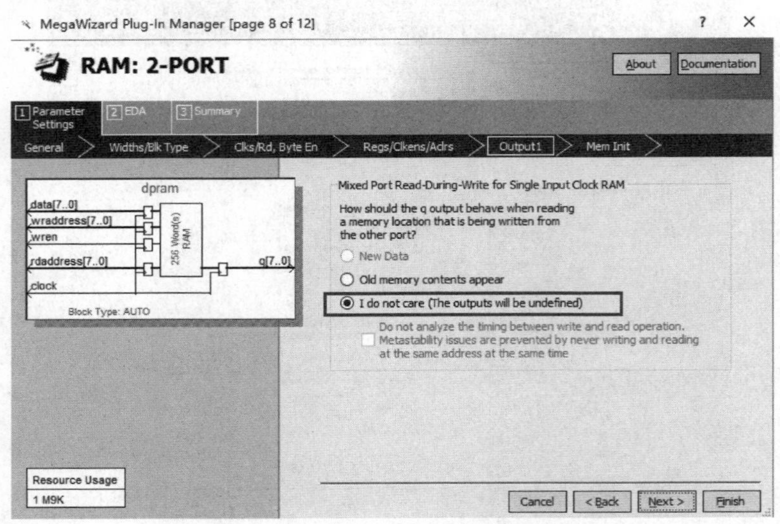

图 4.10　双端口 RAM 设置第 8 页

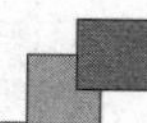

这里不对RAM进行初始化，如图4.11所示，在后面使用ROM时必须进行初始化，初始化步骤将在ROM部分进行讲解。

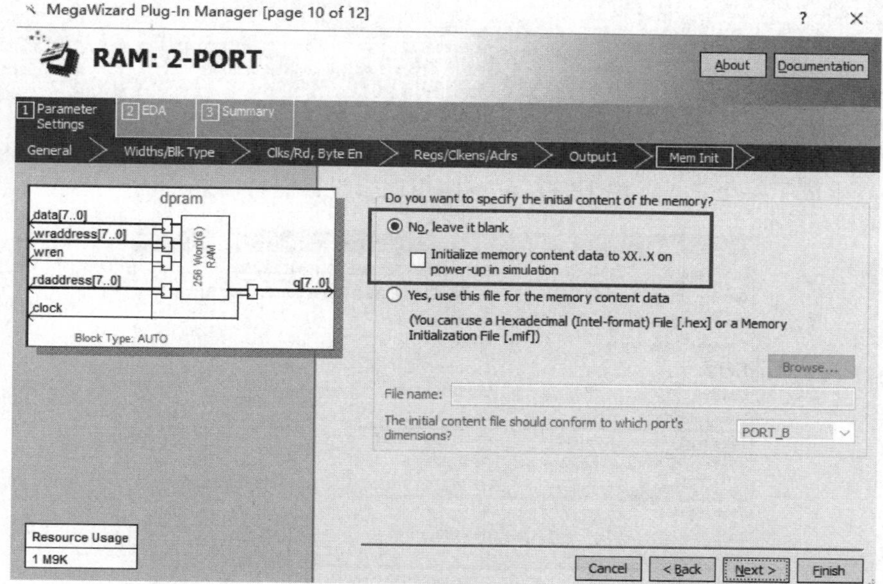

图4.11　双端口RAM设置第10页

确定配置信息后单击Finish按钮完成配置。

将生成的IP核加入工程，即可在工程下看到加入的IP核文件并设置为顶层文件。

4.1.3　激励创建及仿真测试

为了测试双端口RAM，可以通过实际写入一些数据再读取部分数据的方式来验证双端口RAM读/写是否正常。下面的激励文件实现了在地址0～16上写入数据255～240，延时一段时间后读地址为0～16上的数据。

```
initial begin
    data = 0;
    rdaddress = 0;
    wraddress = 0;
    wren = 0;
    #(`clk_period * 20 + 1);
    for(i = 0;i <= 15;i = i + 1) begin
        wren = 1;
        data = 255 -  i;
        wraddress =  i;
        #`clk_period;
    end
    wren = 0;
    #(`clk_period * 20);
```

```
        for(i = 0;i <= 15;i = i + 1) begin
            rdaddress = i;
            #`clk_period;
        end
        #(`clk_period * 20);
        $stop;
    end
```

编译无误后可以在图 4.12 的设计报告中看到本设计的使用逻辑单元为 0，这是因为这里只生成了一个 RAM 的 IP 核，没有使用逻辑设计。

Flow Summary	
Flow Status	Successful - Tue Dec 13 16:46:28 2016
Quartus Prime Version	15.1.0 Build 185 10/21/2015 SJ Standard Edition
Revision Name	dpram
Top-level Entity Name	dpram
Family	Cyclone IV E
Device	EP4CE10F17C8
Timing Models	Final
Total logic elements	0 / 10,320 (0 %)
Total combinational functions	0 / 10,320 (0 %)
Dedicated logic registers	0 / 10,320 (0 %)
Total registers	0
Total pins	34 / 180 (19 %)
Total virtual pins	0
Total memory bits	2,048 / 423,936 (< 1 %)
Embedded Multiplier 9-bit elements	0 / 46 (0 %)
Total PLLs	0 / 2 (0 %)

图 4.12　设计报告

设置好仿真脚本后进行功能仿真，可以看到如图 4.13 所示的数据写入时的波形文件。在写入信号使能有效后，上升沿到来时地址 0 写入数据 255d，下一个上升沿在地址 1 处写入数据 254d，以此类推。分析图 4.13 可以看出数据写入正常。

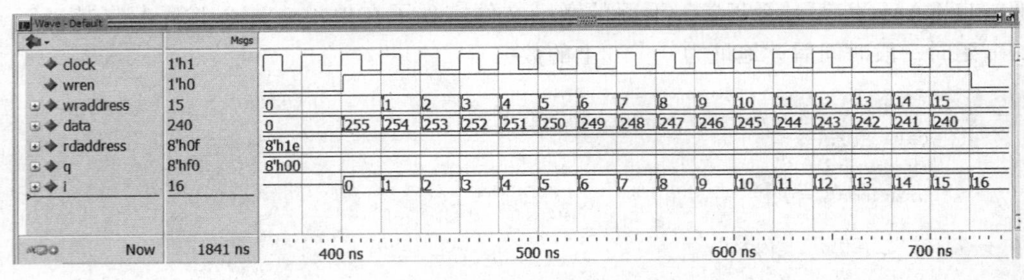

图 4.13　数据写入时的波形

放大读取部分的数据波形，在图 4.14 中发现在写入与读取间隔中，输出端口一直是 255d 不利于分析数据。这里将激励代码中的 rdaddress 初始值改为一个写操作作用不到的地址，大于 15 即可："rdaddress =30;"，重启仿真即可看到图 4.15 所示的波形数据。可以看出输出总是延迟一个系统时钟周期。

为了更好地观察时钟沿与地址、数据变化的过程，全编译后进行时序仿真。读数据

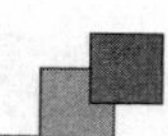

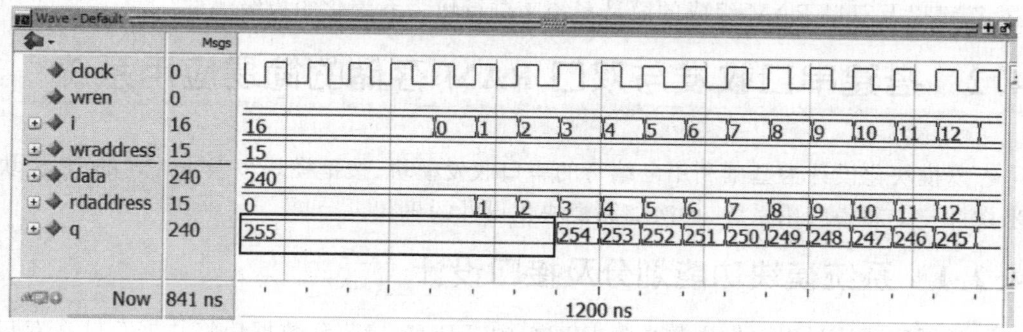

图 4.14　读数据波形文件

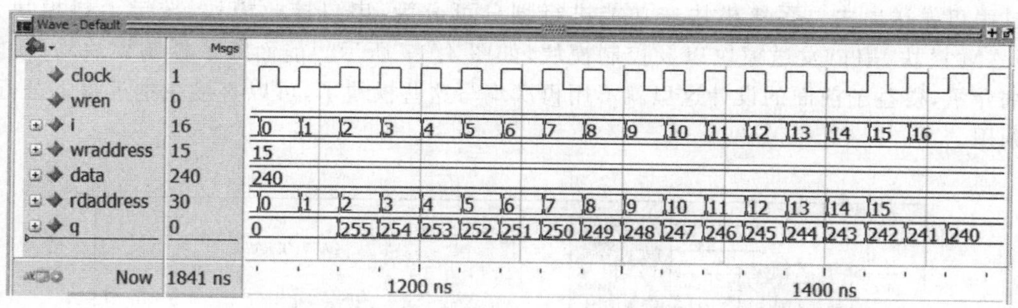

图 4.15　修改后的读取波形数据

时，可以看出第一个箭头指向的时钟上升沿采集到的地址数据为 0；第二个时钟上升沿开始赋值，但是由于逻辑延迟（黑框）后才开始赋值，因此第三个时钟上升沿的数据才是稳定的。时序仿真波形如图 4.16 所示。

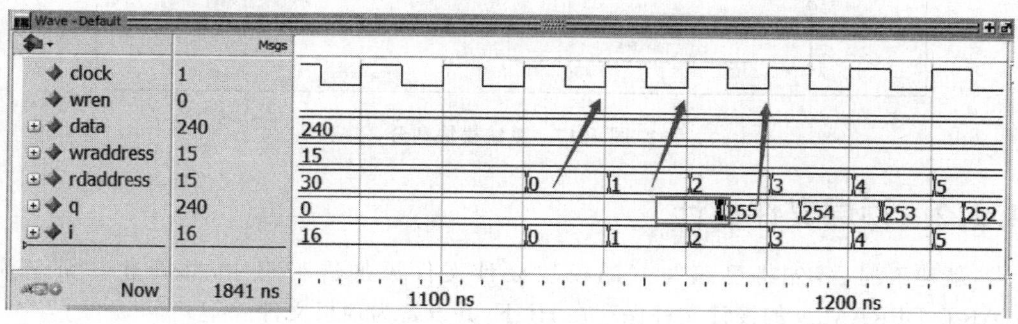

图 4.16　时序仿真波形

通过对以上波形的分析可以看出设计的双端口 RAM 工作正常。

本节小结：

本节简单介绍了 Cyclone Ⅳ 的体系结构以及逻辑单元、存储器模块的构成原理。通过调用 IP 核的方式实现了一个双端口的 RAM。下一节将以此为基础，进行串口收发、按键以及双口 RAM 组成的简易系统来进行更为系统化的板级测试。

4.2 搭建串口收发与双口 RAM 存储的简易应用系统

以模块化设计为基础利用已编写的串口收发模块、按键模块以及 RAM 的 IP 模块来设计一个简易应用系统，再次加深模块化设计的思想。

4.2.1 系统模块功能划分及接口设计

为了实现通过串口发送数据到 FPGA 中，FPGA 接收到数据后将数据存储在双口 RAM 的一段连续空间中，当需要时，按下按键 S0，则 FPGA 将 RAM 中存储的数据通过串口发送出去。系统模块按功能进行划分可分为：串口接收模块、按键消抖模块、RAM 模块、串口发送模块以及控制模块，如图 4.17 所示。前面除了控制模块均已详细介绍，得益于前面的设计这里就不用再次编写这些模块了，可以直接在本工程下进行调用。

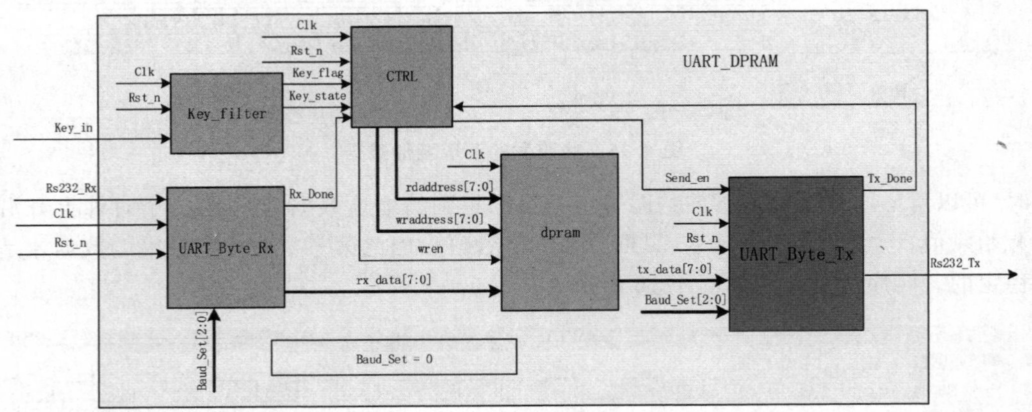

图 4.17 系统模块划分

4.2.2 顶层文件设计

新建工程后，先将已编写好的模块设计文件添加进工程中，并新建一个名为 UART_DPRAM.v 的设计文件保存在 rtl 下，并设置为顶层文件。

对照图 4.17 用 Top - Down 的设计方式就可以先把顶层文件写出来。结构图左边的端口为 input 类型，右边的为 output 类型，内部连线均为 wire 型。可以看出，在进行一个系统的设计时，良好的模块划分以及设计的重要性。例化各个模块，这里将波特率设置为 9 600 bps。

如表 4.1 所列为模块接口功能描述。

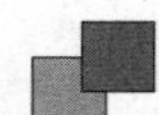

表 4.1　模块接口功能描述

信号名称	I/O	功能描述
Clk	I	系统时钟 50 MHz
Rst_n	I	系统复位信号
Rs232_Rx	I	串行数据输入
Band_Set	I	波特率选择信号
Key_in	I	按键输入
Rs232_Tx	O	串行数据输出

4.2.3　控制模块设计

下面编写本系统的控制模块 CTRL.v，模块的接口可参照系统结构图写出。为了实现 FPGA 接收到数据后将数据存储在双口 RAM 的一段连续空间中，就需要设计一个可以实现写地址数据自加的控制逻辑，且其控制信号为串口接收模块输出的 Rx_Done 信号。每来一个 Rx_Done 信号也就是每成功接收 1 字节数，地址数进行加 1。

```
assign wren =  Rx_Done;
always@(posedge Clk or negedge Rst_n)
if(!Rst_n)
    wraddress  <= 8'd0;
else if (Rx_Done)
    wraddress  <=  wraddress  + 1'b1;
else
    wraddress  <=  wraddress;
```

为了实现当按下按键 0 时，FPGA 将 RAM 中存储的数据通过串口发送出去，也就是实现按键按下即启动连续读操作，再次按下即可暂停读操作，可编写如下代码：

```
reg do_send;
always@(posedge Clk or negedge Rst_n)
if(!Rst_n)
    do_send  <= 1'd0;
else if (Key_flag && !Key_state)
    do_send  <= ~do_send;

always@(posedge Clk or negedge Rst_n)
if(!Rst_n)
    rdaddress  <= 8'd0;
else if (do_send && Tx_Done)
    rdaddress  <=  rdaddress  + 8'd1;
else
    rdaddress  <=  rdaddress;
```

在上一节仿真双端口 RAM 时发现其输出延迟了两个系统时钟周期。这是为了保证数据变化稳定之后才进行数据输出，所以将驱动 Send_en 的信号接两级寄存器进行

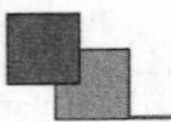

延迟两拍。当按键按下后启动一次发送，然后判断上一字节是否发送结束，是则进行下一字节发送否则不进行下一次发送。

```
reg r0_send_done,r1_send_done;
always@(posedge Clk or negedge Rst_n)
if(!Rst_n) begin
    r0_send_done <= 1'b0;
    r1_send_done <= 1'b0;
end
else begin
    r0_send_done <= (do_send && Tx_Done);
    r1_send_done <=  r0_send_done;
end

always@(posedge Clk or negedge Rst_n)
if(!Rst_n)
    Send_en <= 1'b0;
else if (Key_flag && !Key_state)
    Send_en <= 1'b1;
else if (r1_send_done)
    Send_en <= 1'b1;
else
    Send_en <= 1'b0;
```

编译无误后，可以在 RTL Viewer 中查到如图 4.18 所示的顶层结构图，可与实验之初设计的系统结构图进行对比。

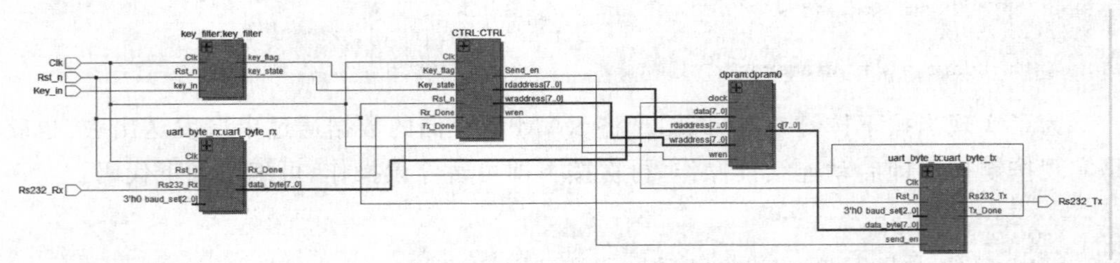

图 4.18　系统顶层 RTL 视图

4.2.4　仿真及板级验证

为了测试仿真编写测试激励文件，这里由于使用了按键消抖模块，因此须将之前创建的 key_modle.v 仿真模型加入到工程中。新建 UART_DPRAM_tb.v 文件除了例化各模块，其激励文件可以直接复制串口发送模块的测试激励文件。再次进行分析和综合直至没有错误以及警告，并保存到 testbench 文件夹下，如图 4.19 所示。

这里需将按键的仿真模型加仿真脚本后进行功能仿真，可以看到如图 4.20 所示的波形文件。每当写入地址加 1 时数据均可以有效地写入，按键按下后每当一次输出结束后读地址也进行加 1，实现数据输出。

放大波形文件的数据发送部分，如图 4.21 所示。可以看出在第一次给出写使能信

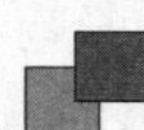

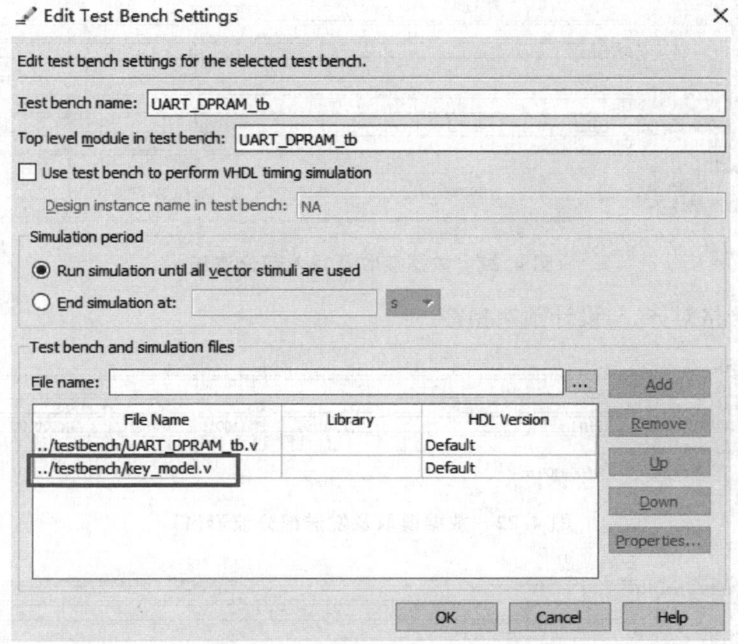

图 4.19　仿真脚本中加入按键仿真模型

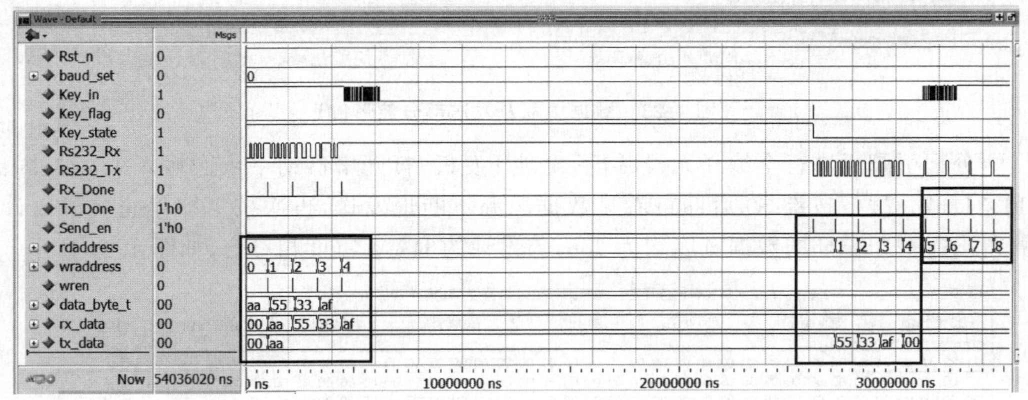

图 4.20　功能仿真波形文件

号后，数据 aa 写入地址 0，写入成功后写入地址加 1。tx_data 之所以会在没有 Send_en 时更新数据，是因为读取地址在复位时地址初始值为 0，在成功写入数据 aa 后，自然就会显示更新，但是 Rs232_Tx 不会有数据更新。延迟两个系统时钟周期是因为 RAM IP 本身的特性。可以放大后面数据写入的过程，tx_data 的值并不会更新。

放大波形文件的发送部分，如图 4.22 和图 4.23 所示。可以看出，每当 Send_en 有效后均会进行 1 字节数据的发送。传输完激励中的 4 个数据后即输出 0，这是由于这里将 RAM 定为 256 宽度，只用了前 4 个，没有用到的数据全为 0。并且可以看出，Send_en

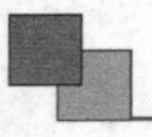

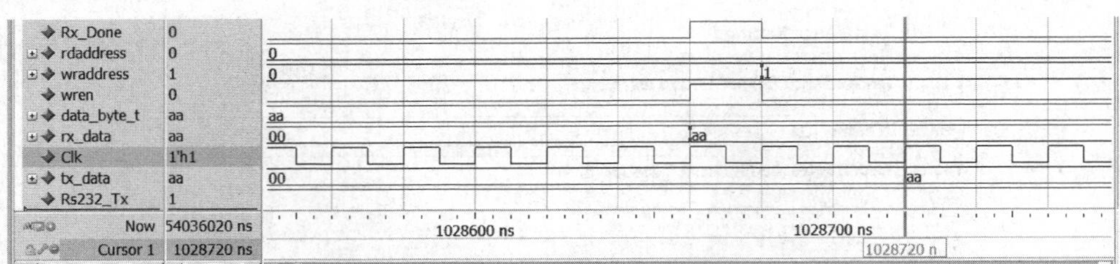

图 4.21　数据接收及写入部分波形

与数据发送严格对齐，与设计预期相符。

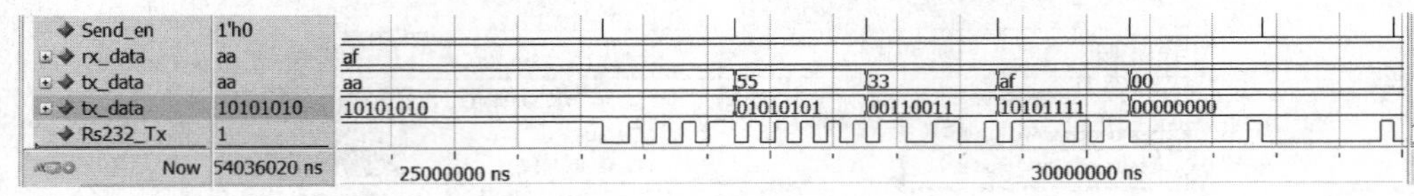

图 4.22　数据读取及发送部分波形(1)

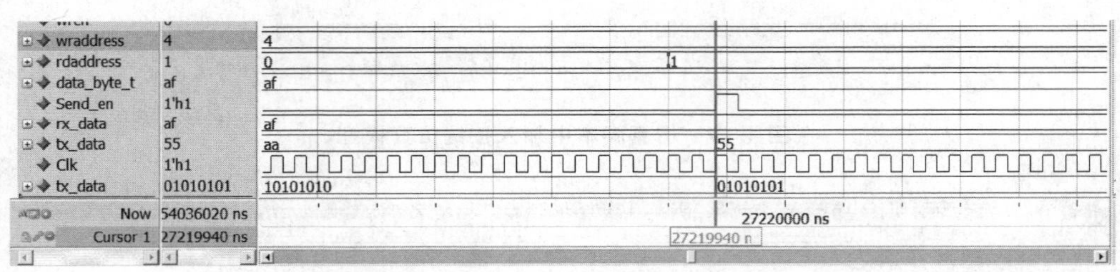

图 4.23　数据读取及发送部分波形(2)

分配引脚后进行全编译无误后，下载到开发板，打开串口助手依次输入 11、22、aa、dd、34、67。按下按键 S0 后即可看见数据源源不断地发送，再次按下即停止。可以计算得出每一个循环的数据宽度均为 256，与设计的 RAM 宽度相符合，如图 4.24 所示。

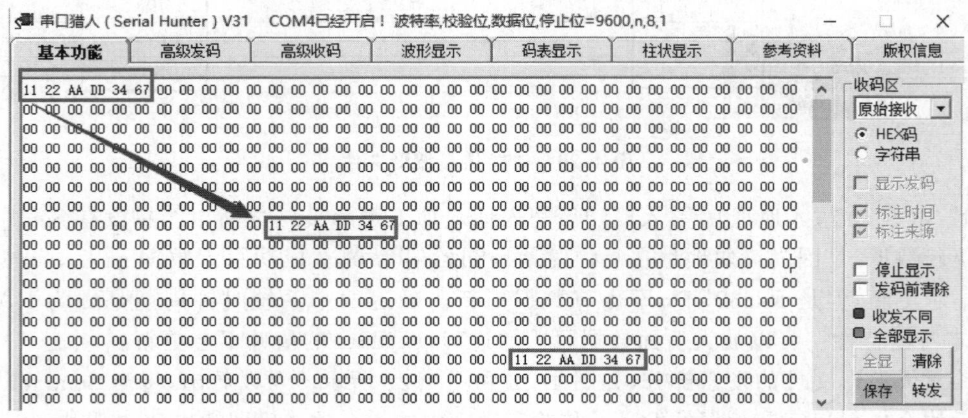

图 4.24　串口助手接收数据显示(1)

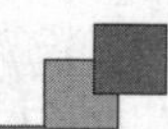

现在按下复位键再次发送 68、76、ff，可以看出，RAM 中已有的数据并不会消除，只是会加入新的数据，且一个循环数据间隔也是 256，如图 4.25 所示。

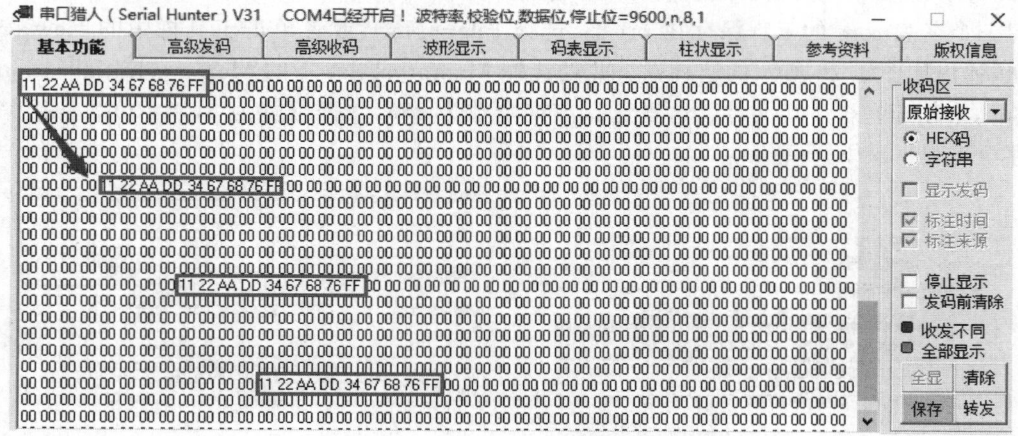

图 4.25　串口助手接收数据显示(2)

本节小结：

本节利用在前面相关章节编写好的按键消抖、串口发送与接收以及双端口 RAM 模块实现了串口发送数据到 FPGA 中，FPGA 接收到数据后将数据存储在双口 RAM 中，当按下按键时 FPGA 将 RAM 中存储的数据再通过串口发送出去。得益于之前编写模块的可移植性本节实际编写的程序代码内容并不多，再次显示了模块化设计的优点，希望读者在今后的设计中多加体会。

4.3　嵌入式 RAM 的使用——ROM

FPGA 内部的嵌入式存储器结构由一系列 M9K 存储器模块组成，通过对这些 M9K 存储器模块进行配置，可以实现各种存储器功能，例如：RAM、移位寄存器、ROM 以及 FIFO 缓冲器。

在进行系统调试时除了示波器还会经常用到逻辑分析仪，Intel 提供了一组 FPGA 的片上调试工具集：SignalTap Ⅱ 逻辑分析仪、SignalProbe（信号探测器）、逻辑分析仪接口（LAI）、In－System Memory Content Editor（系统内存储器内容编辑器）、ISSP（系统内的源和探针）以及虚拟 JTAG 接口。

本节将实现一组固定的数据（三角波形表）存储在 FPGA 中，并使用 IP 核构建的片上 ROM，开发板上电后，系统开始从 ROM 中读出数据，并将数据直接通过并口输出。通过使用 SignalTap Ⅱ 软件实时抓取并口上的数据，显示得到三角波形。使用 Quartus Prime 软件中提供的 In-System Memory Content Editor 工具在线更改 ROM 中的数据（将数据更改为正弦波形表），然后再次观察 SignalTap Ⅱ 工具抓取到的波形数据。

4.3.1 IP 核的使用——ROM

ROM 在上电后需要进行初始化，这里支持 hex 以及 mif 格式文件的初始化。新建一个名为 rom 的工程保存在 prj 下，选择 File→New，或者单击工具栏中的 New 按钮，弹出如图 4.26 所示的选择框。此处选择 Memory Files 下的 Memory Initialization File，来创建一个 mif 文件。这里选择数据个数为 256，数据位宽为 8，以 ROM.mif 保存至工程目录下。

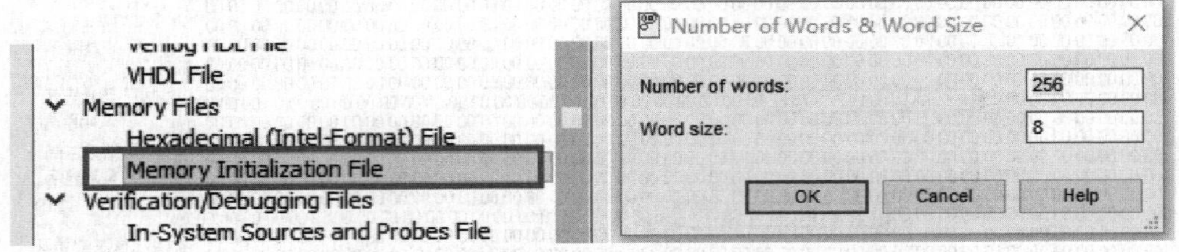

图 4.26　创建 mif 文件

为了生成三角波数据，最简便的方法是使用 Excel，在一列里使数据从 0 加到 127 再减为 0；然后直接复制此列粘贴到生成的 mif 中即可。

选择 Tools→IP Catalog 启动 IP 核目录，选择 On Chip Memory 下的"ROM：1-PORT"（单端口 ROM），并将输出目录确定为工程文件夹下的 ip 文件夹，以 rom 为文件名保存为 Verilog 格式，单击 Next 按钮如图 4.27 所示为新建一个单端口的 ROM。

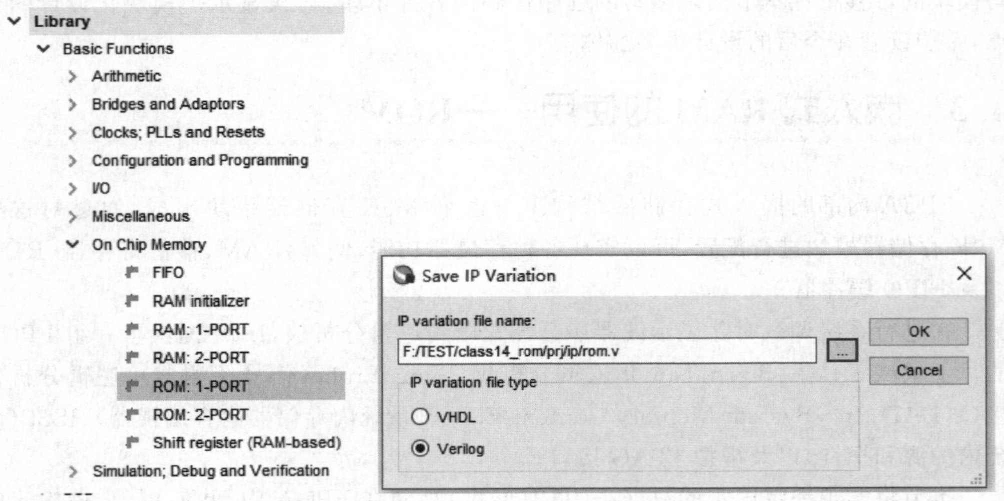

图 4.27　新建一个单端口的 ROM

这里将 ROM 的数据个数与位宽设置成与 mif 文件大小一致，存储块类型自动，单时钟操作，如图 4.28 所示。

选择输出端口 q 寄存，如图 4.29 所示。

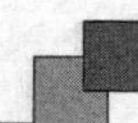

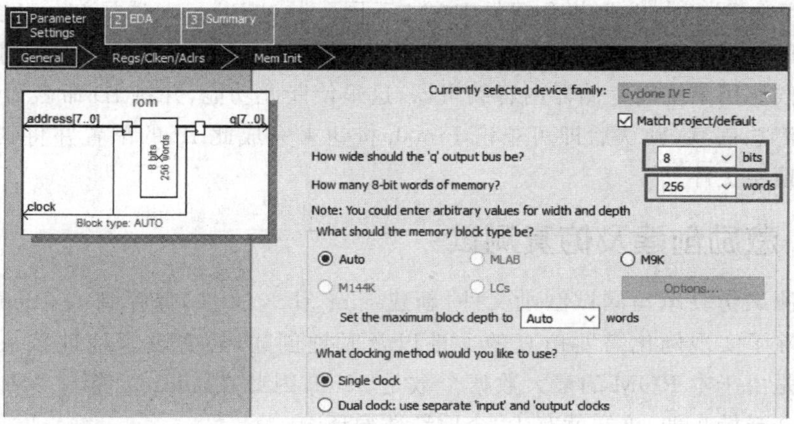

图 4.28　设置 ROM 深度与宽度

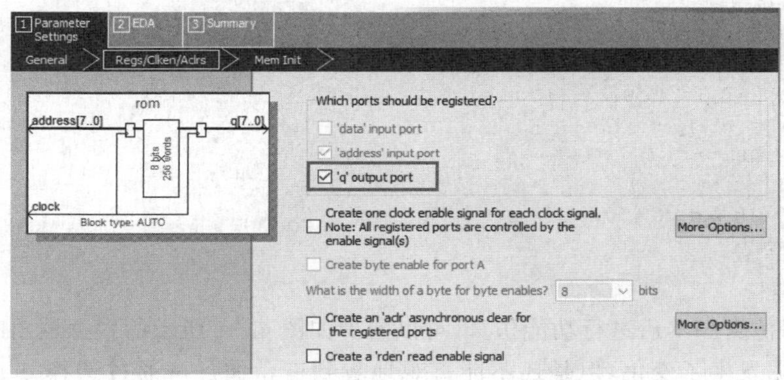

图 4.29　端口寄存方式选择

ROM 的初始化设置(见图 4.30),这里可以看出必须进行初始化即“No,leave it

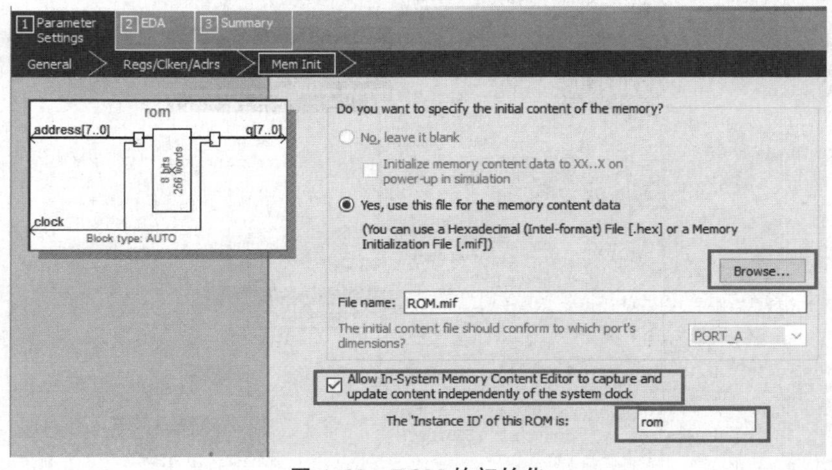

图 4.30　ROM 的初始化

blank”不可选，这里与上一节介绍的 RAM 不同。通过 Browse 选择初始化文件，初始化文件可以选择为 hex 或者 mif 格式，这里选择前面生成的三角波 mif 文件。为了在调试的时候使用系统内存储器内容编辑器，这里使能此功能，并将 ID 命名为 ROM。

预览汇总信息，确认后即可单击 Finish 按钮来完成此 IP 的配置并将其加入工程中设置为顶层文件。

4.3.2 激励创建及仿真测试

为了测试仿真编写测试激励文件，新建 rom_tb.v 文件，保存到 testbench 文件夹下。这里除了实现例化需要仿真的文件以及时钟创建，还实现了地址数从 0 自加到 2550d，但是由于本 ROM 的最大数据个数是 255d，因此在 address 第一次加满 255 后会重新从 0 开始自加，这样就有 10 个地址数循环。

```
integer i;
initial begin
    addr = 0;
    #21;
    for(i = 0;i<2550;i = i + 1) begin
        #`clk_period;
        addr =  addr + 1;
    end
    #(`clk_period * 50);
    $stop;
end
```

设置好仿真脚本后进行功能仿真，可以看到如图 4.31 所示的数据输出时的波形文件，发现数据发生了变化，但是还不能直观地看到三角波。可通过选择 q 并右击选择 Format→Analog(automatic)，将所有信号均切换到无符号数，把输出数据格式改为模拟的自动模式，这样即可看到如图 4.32 所示的 10 个周期的三角波波形文件。

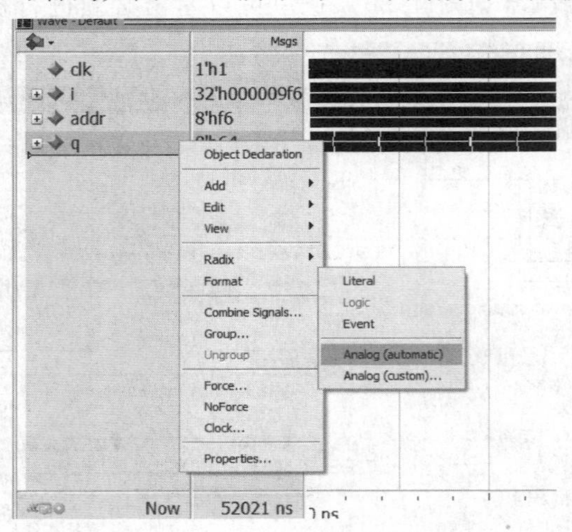

图 4.31 修改输出数据显示格式

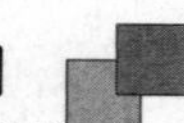

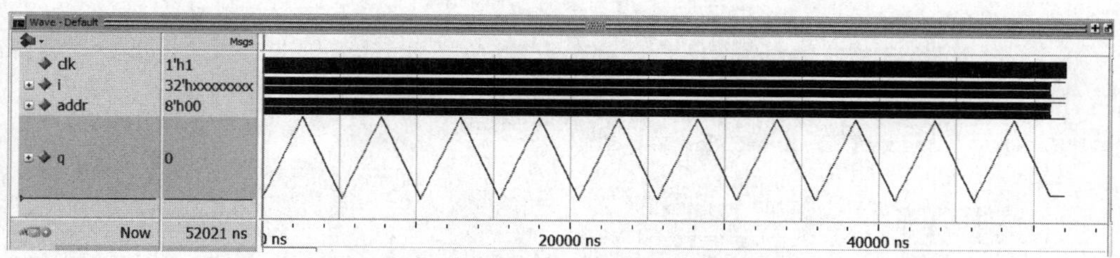

图 4.32　三角波仿真波形

下面仿真正弦波，使用 Sin3e 软件生成一个正弦波的 mif 文件，并以此初始化 ROM。再次启动仿真可看到如图 4.33 所示的波形，这是由于数据格式为有符号整型，只需要将其修改为无符号整型即可。如果看到如图 4.34 所示的波形，则是因为当前波形数据的范围设置有问题，只需右键打开 Properties，按照图 4.35 修改即可。设置无误后，即可看到如图 4.36 所示的正弦波波形，这样 ROM 的仿真即为通过。

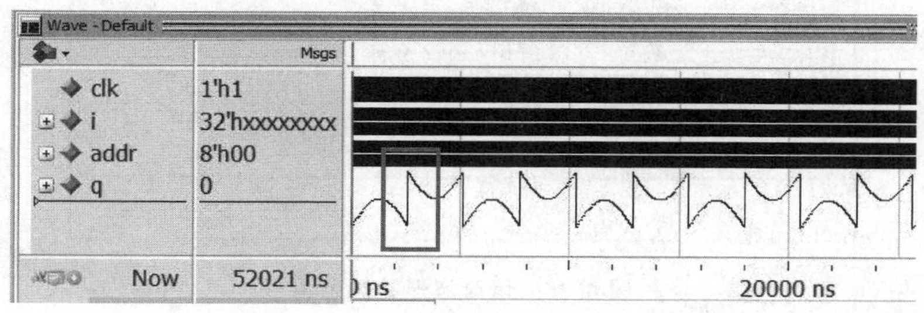

图 4.33　正弦波仿真波形(1)

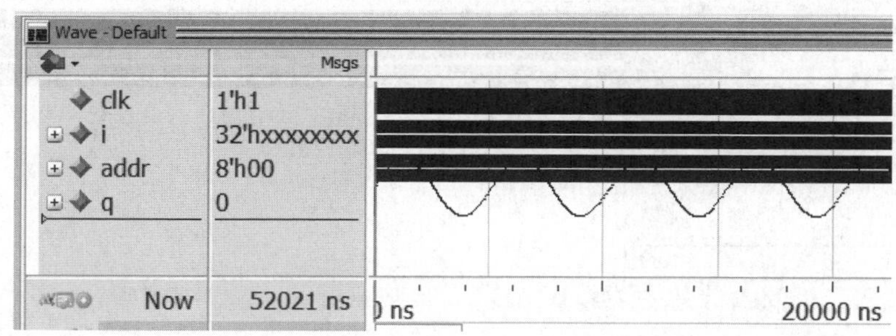

图 4.34　正弦波仿真波形(2)

为了实现用 SignalTap Ⅱ 逻辑分析仪以及 In－System Memory Content Editor 进行板级测试，编写一个顶层文件并以 ROM_top.v 文件名保存。除了实现调用已经设计好的 ROM IP 核外，还实现了每当系统时钟上升沿到来后，ROM 地址进行加 1。

```
reg [7:0]addr;

rom rom(
    .address(addr),
```

```
        .clock(Clk),
        .q(q)
    );

    always@(posedge Clk or negedge Rst_n)
    if(!Rst_n)
        addr <= 8'd0;
    else
        addr <=  addr + 1'b1;
```

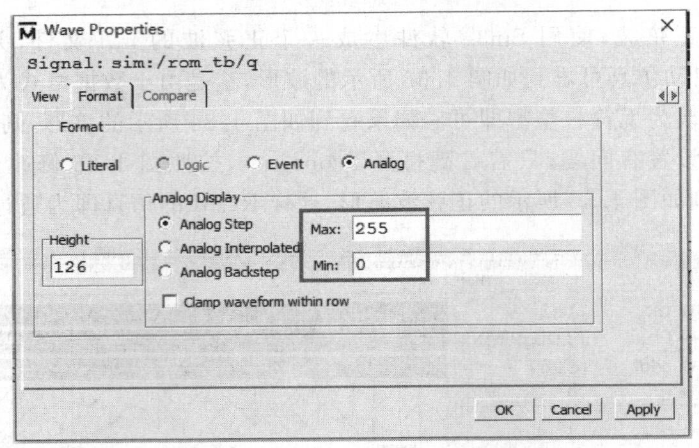

图 4.35　修改波形数据范围

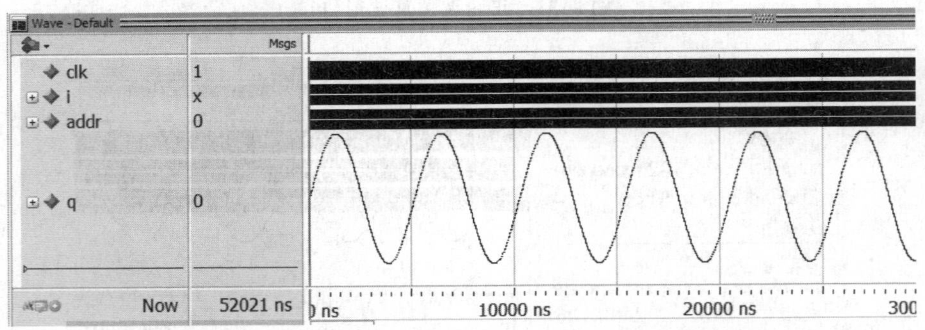

图 4.36　正弦波仿真波形(3)

4.3.3　SignalTap Ⅱ使用及板级验证

SignalTap Ⅱ逻辑分析仪，用于辅助设计调试过程，提供了全速运行在 FPGA 芯片上时不使用外部 I/O 引脚就能检查内部信号状态的解决方案。其与传统的外部物理逻辑分析仪类似，可以在不使用硬件测试设备的前提下，调试正常操作期间的 FPGA 设计。

选择 File→New，新建一个 SignalTap Ⅱ文件，如图 4.37 所示。

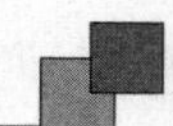

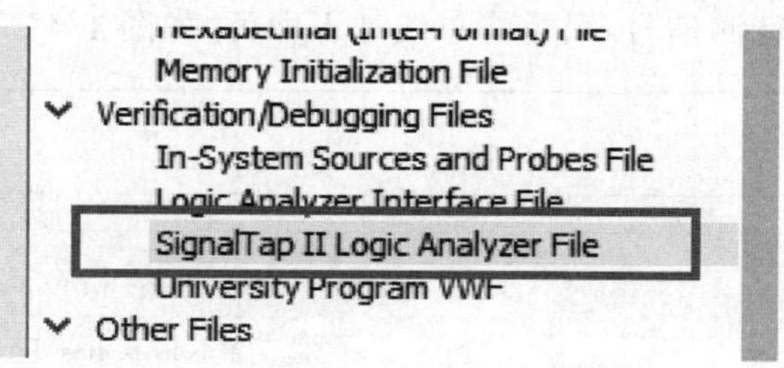

图 4.37　新建 SignalTap Ⅱ 文件

在 Signal Configuration 对话框中选择采样时钟，如图 4.38 所示。

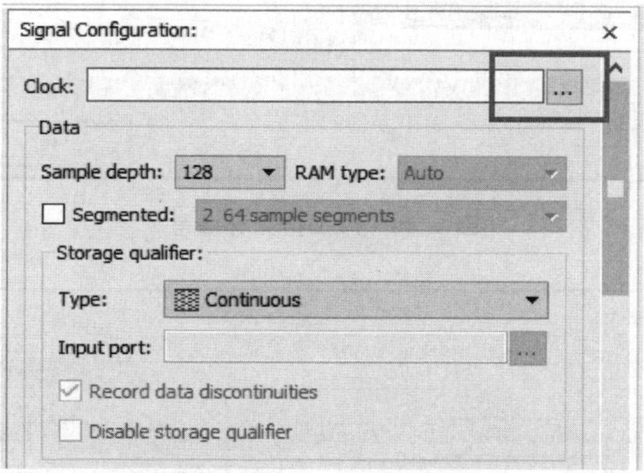

图 4.38　设置采样时钟(1)

先将筛选关键字设置为“Pin:all”，单击 List 按钮列出所有符合筛选标准的引脚。这里选中 Clk，然后单击“>”按钮将其确定为采样时钟，也可以直接双击 Clk 确定，如图 4.39 所示。

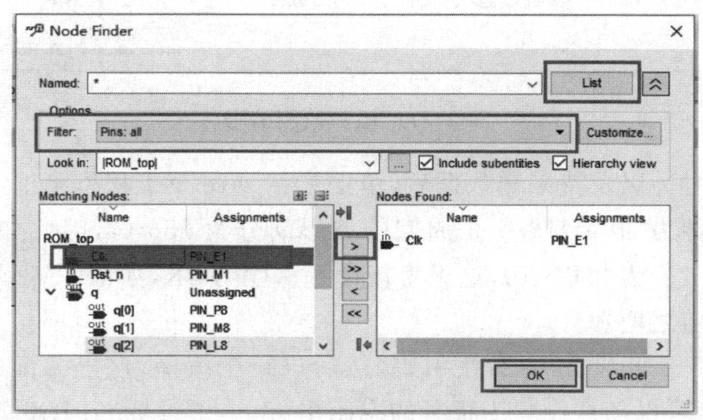

图 4.39　设置采样时钟(2)

现添加待采样信号，在 Setup 界面中双击空白处弹出如图 4.40 所示的界面。这里选择输出信号 q 作为待测信号，只需将总线加入即可，如图 4.41 所示。

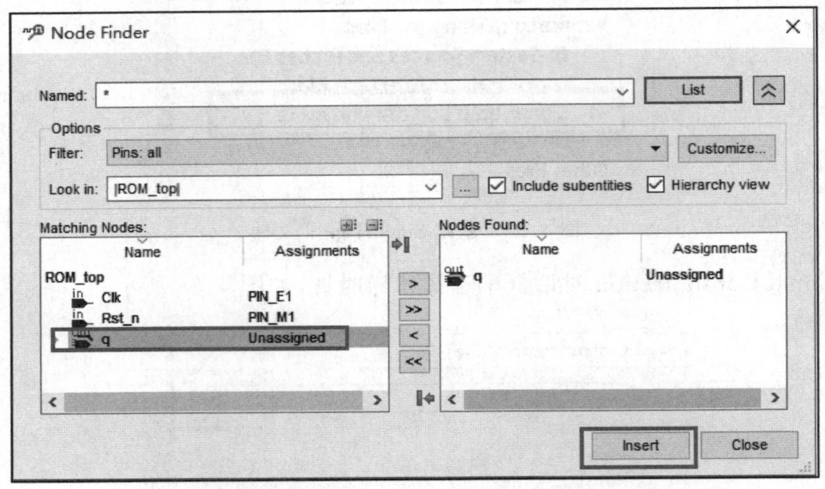

图 4.40　添加待采样信号

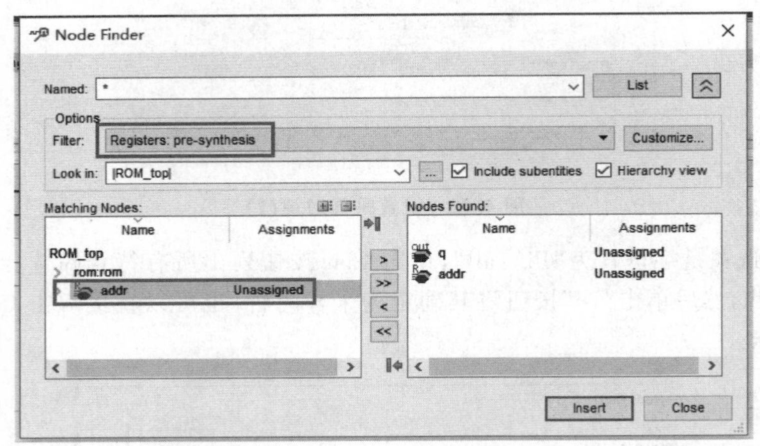

图 4.41　添加待测信号

设置好采样时钟以及待采样数据后，单击 File save 至工程目录下，名字可自取。

这里采样时钟为 50 MHz，一个周期的波形划分为 256 份，因此如果想看 10 个周期的波形则深度最少为 256×10，这里直接设置深度为 4K，如图 4.42 所示。修改后可以看到资源使用随之增加。

保存 SignalTap Ⅱ 设置后，分配引脚，然后进行全编译，这里分配的 Pin 并没有实际意义，因此输出可以随意设置为板子的空闲引脚，这里设置 GPIO0。编译无误后，下载到开发板。引脚分配如图 4.43 所示。

下载后双击工程下的 STP 文件使用 SignalTap Ⅱ 逻辑分析仪并设置好 JTAG，如图 4.44 所示。这里有两种采样方式：一种为单次采样，即单次抓取数据直到 4K 深度

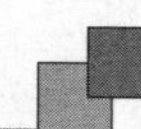

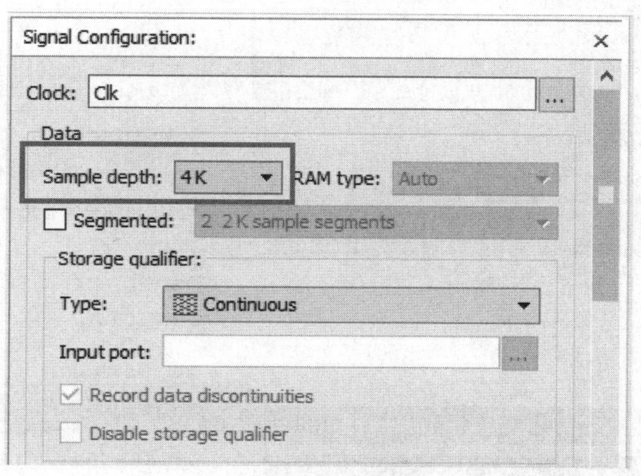

图 4.42　深度修改为 4K

Node Name	Direction	Location	I/O Bank	VREF Group	I/O Standard	Reserved	Current Strength	Slew Rate	Differential Pair
Clk	Input	PIN_E1	1	B1_N0	3.3-V LVTTL		8mA (default)		
Rst_n	Input	PIN_M1	2	B2_N0	3.3-V LVTTL		8mA (default)		
q[7]	Output	PIN_M11	4	B4_N0	3.3-V LVTTL		8mA (default)	2 (default)	
q[6]	Output	PIN_M10	4	B4_N0	3.3-V LVTTL		8mA (default)	2 (default)	
q[5]	Output	PIN_N9	4	B4_N0	3.3-V LVTTL		8mA (default)	2 (default)	
q[4]	Output	PIN_M9	4	B4_N0	3.3-V LVTTL		8mA (default)	2 (default)	
q[3]	Output	PIN_L9	4	B4_N0	3.3-V LVTTL		8mA (default)	2 (default)	
q[2]	Output	PIN_L8	3	B3_N0	3.3-V LVTTL		8mA (default)	2 (default)	
q[1]	Output	PIN_M8	3	B3_N0	3.3-V LVTTL		8mA (default)	2 (default)	
q[0]	Output	PIN_P8	3	B3_N0	3.3-V LVTTL		8mA (default)	2 (default)	
<<new node>>									

图 4.43　引脚分配

填满；一种为循环采集。这里选择循环采集，可看到图 4.45 的数据。

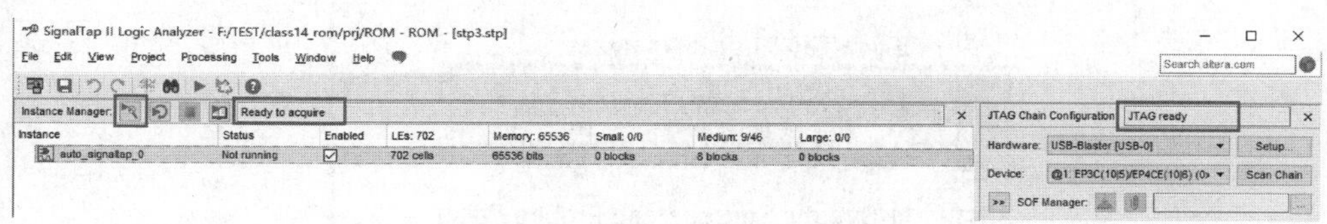

图 4.44　设置 JTAG

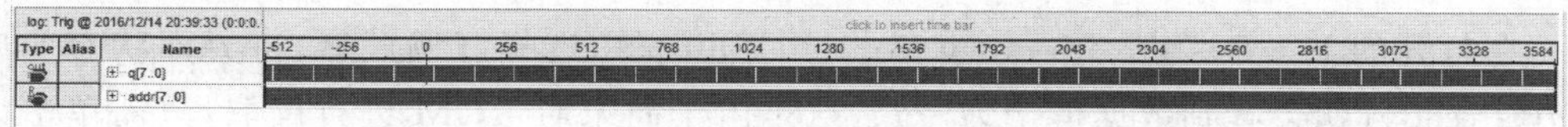

图 4.45　SignalTap Ⅱ 逻辑分析仪采样数据

这里与 ModelSim 仿真时数据类似。如果想看到更直观的波形，只需选择信号 q 然后右击，选择 Bus Display Fomat→Unsigned Line Chart（见图 4.46），即可看到调整后的数据显示，如图 4.47 所示。

至此就成功地实现了 SignalTap Ⅱ 逻辑分析仪抓取数据。为了实现在线更改 ROM 中的数据，下面介绍 In－System Memory Content Editor 工具的使用。

在 Tools 中选择 In－System Memory Content Editor（如图 4.48 所示）即可打开

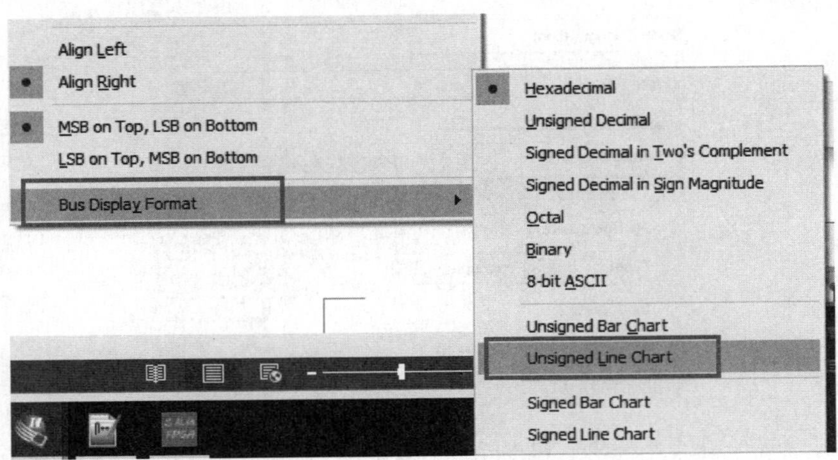

图 4.46　设置数据显示格式

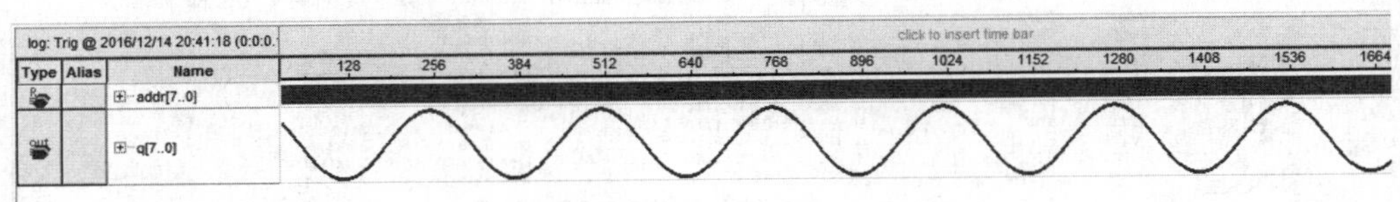

图 4.47　修改后数据显示格式的采样数据

In－System Memory Content Editor。

图 4.48　启动 In－System Memory Content Editor

在打开的 In－System Memory Content Editor 中选择好调试器，待界面状态变成 JTAG ready，就会看到数据框全为“??”，这是由于尚未对 ROM 进行读取，只需单击读取键即可，ROM 中的数据就会被读取出来，如图 4.49 所示。此时可与 mif 文件进行比对，看是否一致。

实现在线数据读取后，准备实现数据写入。如图 4.50 所示，选择 Inport Data from File 可弹出相应的对话框，在其中，选择需要替换的三角波 mif 文件即可。选择后单击写入(见图 4.51)，回到 SignalTap Ⅱ 界面即可看到更改 ROM 后的输出 q 的波形已切换为三角波，如图 4.52 所示。

这时可以回到 In－System Memory Content Editor 界面，单击读取，ROM 中的数据就会被再次读取出来，如图 4.53 所示。此时可与 mif 文件进行比对，看是否一致。

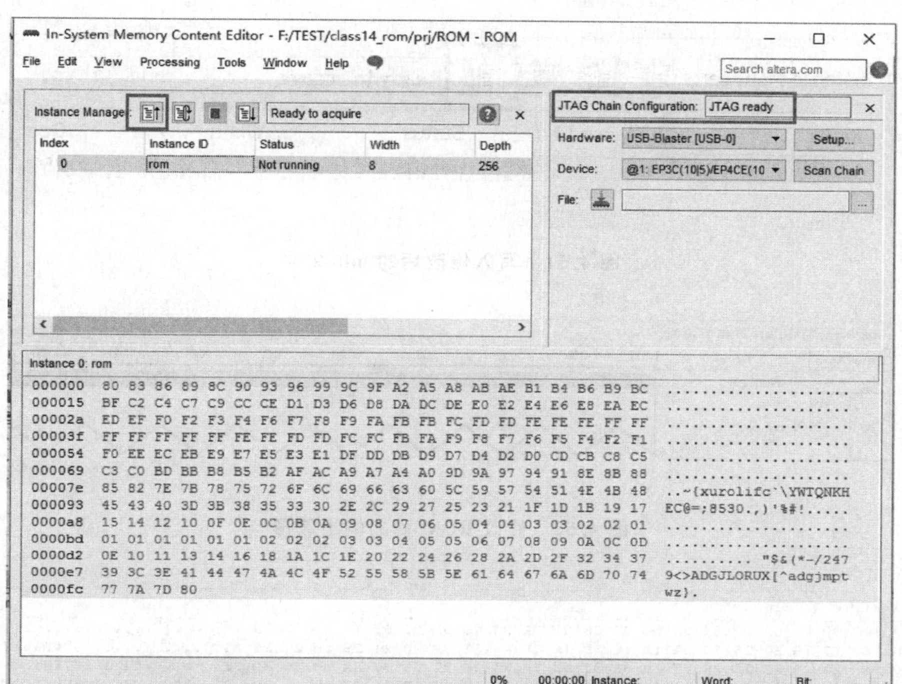

图 4.49　使用 In-System Memory Content Editor 读取 ROM 数据

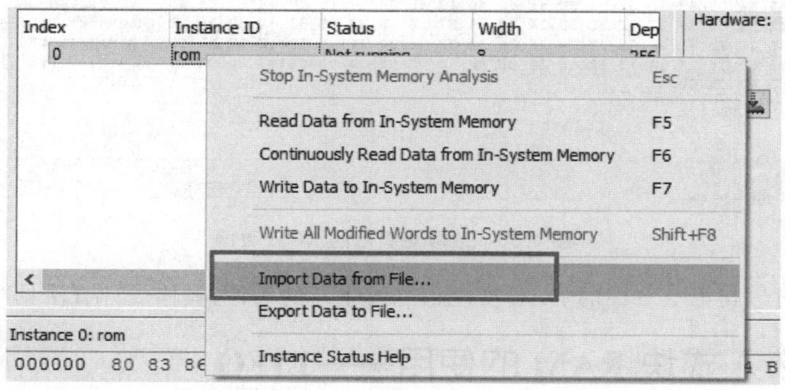

图 4.50　在线修改 ROM 文件

至此板级调试结束。这样就实现了将一组固定的数据(三角波形表)存储在 FPGA 中,使用嵌入式块配置为 ROM,开发板上电后,系统开始从 ROM 中读出数据,并将数据直接通过并口输出。通过使用 SignalTap Ⅱ软件实时抓取并口上的数据,显示得到三角波形。然后使用 Quartus Prime 软件中提供的 In-System Memory Content Editor 工具在线更改 ROM 中的数据(将数据更改为正弦波形表),再次观察 SignalTap Ⅱ 工具抓取到的波形数据。

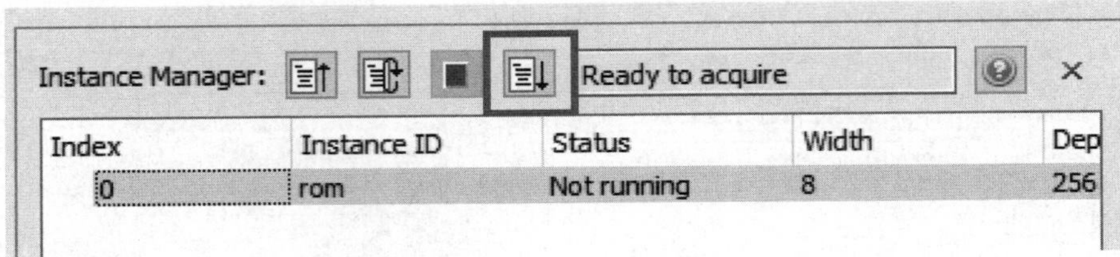

图 4.51　写入修改后的 mif 文件

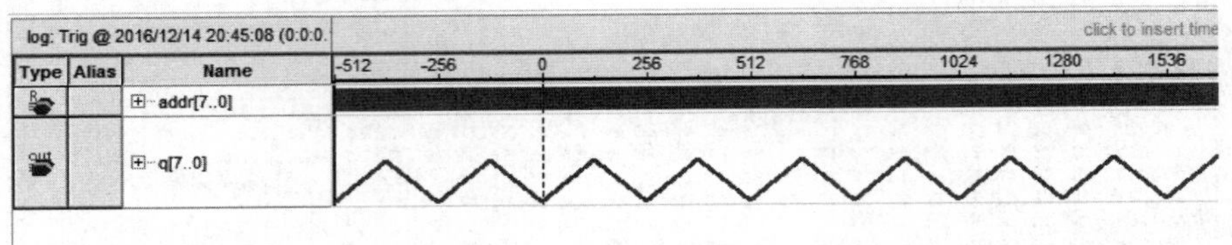

图 4.52　修改 ROM 后的输出波形

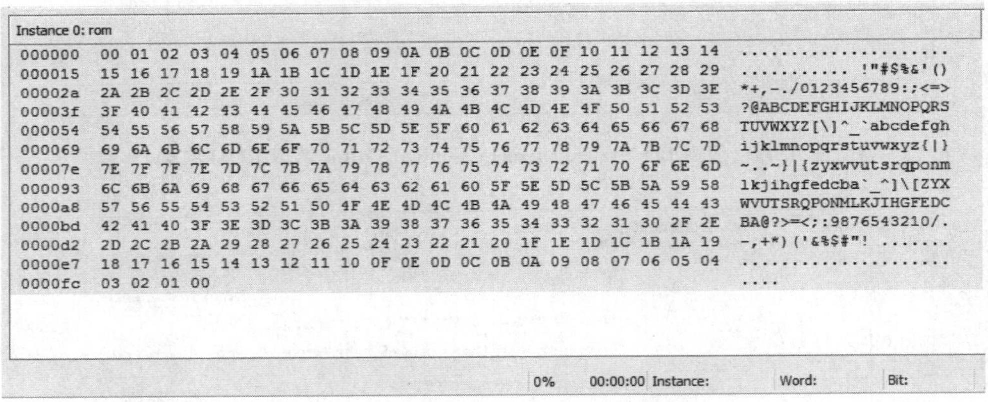

```
Instance 0: rom
000000  00 01 02 03 04 05 06 07 08 09 0A 0B 0C 0D 0E 0F 10 11 12 13 14  .....................
000015  15 16 17 18 19 1A 1B 1C 1D 1E 1F 20 21 22 23 24 25 26 27 28 29  ........... !"#$%&'()
00002a  2A 2B 2C 2D 2E 2F 30 31 32 33 34 35 36 37 38 39 3A 3B 3C 3D 3E  *+,-./0123456789:;<=>
00003f  3F 40 41 42 43 44 45 46 47 48 49 4A 4B 4C 4D 4E 4F 50 51 52 53  ?@ABCDEFGHIJKLMNOPQRS
000054  54 55 56 57 58 59 5A 5B 5C 5D 5E 5F 60 61 62 63 64 65 66 67 68  TUVWXYZ[\]^_`abcdefgh
000069  69 6A 6B 6C 6D 6E 6F 70 71 72 73 74 75 76 77 78 79 7A 7B 7C 7D  ijklmnopqrstuvwxyz{|}
00007e  7E 7F 7F 7E 7D 7C 7B 7A 79 78 77 76 75 74 73 72 71 70 6F 6E 6D  ~..~}|{zyxwvutsrqponm
000093  6C 6B 6A 69 68 67 66 65 64 63 62 61 60 5F 5E 5D 5C 5B 5A 59 58  lkjihgfedcba`_^]\[ZYX
0000a8  57 56 55 54 53 52 51 50 4F 4E 4D 4C 4B 4A 49 48 47 46 45 44 43  WVUTSRQPONMLKJIHGFEDC
0000bd  42 41 40 3F 3E 3D 3C 3B 3A 39 38 37 36 35 34 33 32 31 30 2F 2E  BA@?>=<;:9876543210/.
0000d2  2D 2C 2B 2A 29 28 27 26 25 24 23 22 21 20 1F 1E 1D 1C 1B 1A 19  -,+*)('&%$#"! .......
0000e7  18 17 16 15 14 13 12 11 10 0F 0E 0D 0C 0B 0A 09 08 07 06 05 04  .....................
0000fc  03 02 01 00                                                      ....

0%   00:00:00  Instance:   Word:   Bit:
```

图 4.53　读取更新后的 ROM 数据

本节可以与第 5 章中的 DAC 实现信号发生器的设计，具体设计方法见第 6 章。

4.4　嵌入式块 RAM 的使用——FIFO

FIFO(First In First Out)，即先进先出。在 FPGA 或者 ASIC 中使用到的 FIFO 一般是指对数据的存储具有先进先出特性的一个缓存器，常被用于数据的缓存或者高速异步数据的交互。它与普通存储器的区别是没有外部读/写地址线，这样使用起来相对简单，但缺点就是只能顺序地写入数据，或顺序地读出数据，其数据地址由内部读/写指针自动加 1 完成，不能像普通存储器那样可以由地址线决定读取或写入某个指定的地址。

本节将着重介绍 FIFO 的基础知识，使用 IP 核实现单时钟 FIFO 和双时钟 FIFO 的办法。

4.4.1　FIFO 的相关知识

1. FIFO 结构

FIFO 从读/写端口和同步时钟关系来分，有两类结构：单时钟 FIFO(SCFIFO)和双时钟 FIFO(DCFIFO)，其中双时钟 FIFO 又可以分为普通双时钟(DCFIFO)和混合宽度双时钟 FIFO (DCFIFO_MIXED_WIDTHS)。

图 4.54 和图 4.55 展示了单时钟 FIFO 和双时钟 FIFO 的端口名称。从图 4.54 中可以看到，单时钟 FIFO 具有一个独立的时钟端口 clock，因此所有输入信号的读取都是在 clock 的上升沿进行的，所有输出信号的变化也是在 clock 信号的上升沿的控制下进行的，即单时钟 FIFO 的所有输入/输出信号都是同步于 clock 信号的。而在双时钟 FIFO 结构中，写端口和读端口分别有独立的时钟，所有与写相关的信号都是同步于写时钟 wrclk 的，所有与读相关的信号都是同步于读时钟 rdclk 的。在图 4.55 中，位于上部分的为与写相关的所有信号，位于中间部分的为与读相关的所有信号，位于下部的为异步清零信号。

关于 SCFIFO 和 DCFIFO 各个端口的详细功能解释可参考 Intel 提供的 *SCFIFO and DCFIFO IP Cores User Guide* 中的相关内容。

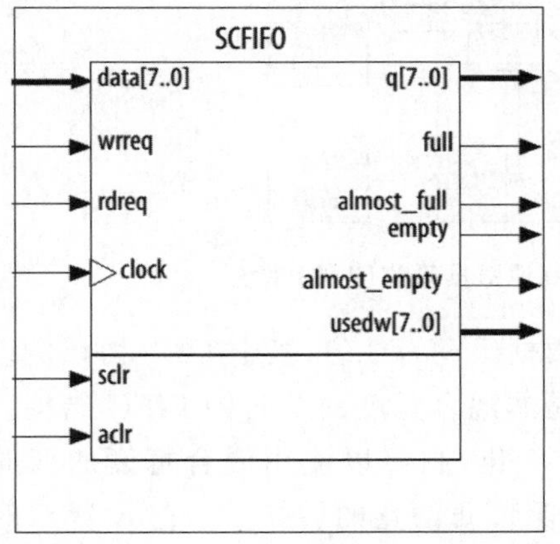

图 4.54　单时钟 FIFO

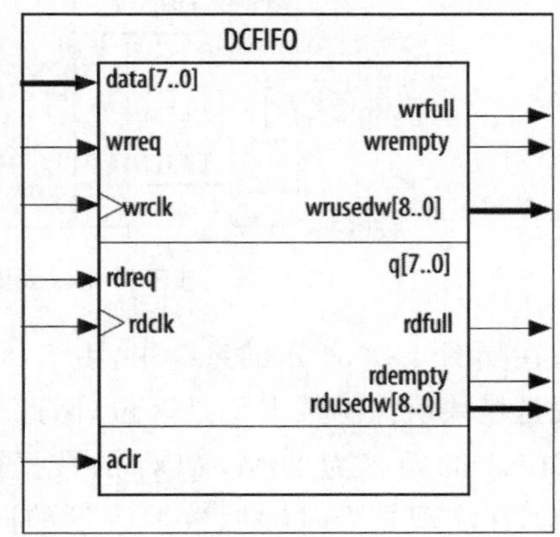

图 4.55　双时钟 FIFO

2. FIFO 应用场景

(1) 单时钟 FIFO

单时钟 FIFO 常用于片内数据交互。例如，在 FPGA 的控制下从外部传感器读取到的一连串传感器数据，首先被写入 FIFO 中，然后再通过 UART 串口波特率将数据依次发送出去。传感器的单次读取数据可能很快，但并不是时刻都需要采集数据，例如某传感器使用 SPI 接口的协议，FPGA 以 2M 的 SPI 数据速率从该传感器中读取 20 个数据，然后以 9 600 的波特率通过串口发送出去。因为 2M 的数据速率远高于串口

9600 的波特率，因此需要将从传感器中采集到的数据首先用 FIFO 缓存起来，然后再以串口的数据速率缓慢发送出去。这里，由于传感器数据的读取和串口数据的发送都是可以同步于同一个时钟的，因此可以使用单时钟结构的 FIFO 来实现此功能。

(2) 双时钟 FIFO

双时钟 FIFO 的一个典型应用就是异步数据的收发，所谓异步数据是指数据的发送端和接收端分别使用不同的时钟域。使用双时钟 FIFO 能够将不同时钟域中的数据同步到所需的时钟域系统中。例如，在一个高速数据采集系统中，实现将高速 ADC 采集的数据通过千兆以太网发送到 PC。ADC 的采样时钟(CLK1)由外部专用锁相环芯片产生，则高速 ADC 采样得到的数据就是同步于该 CLK1 时钟信号。在 FPGA 内部，如果 FPGA 工作时钟(CLK2)是由独立的时钟芯片加片上锁相环产生的，则 CLK1 和 CLK2 就是两个不同域的时钟，它们的频率和相位没有必然的联系。假如 CLK1 为 65M，CLK2 为 125M，那么就不能使用 125M 的数据来直接采集 65M 速率的数据，因为两者数据速率不匹配。在采集过程中可能会出现包括亚稳态问题在内的一系列问题，所以这里就可以使用一个具备双时钟结构的 FIFO 来进行异步数据的收发。如图 4.56 所示为使用 FIFO 进行异步数据收发的简易系统框图。

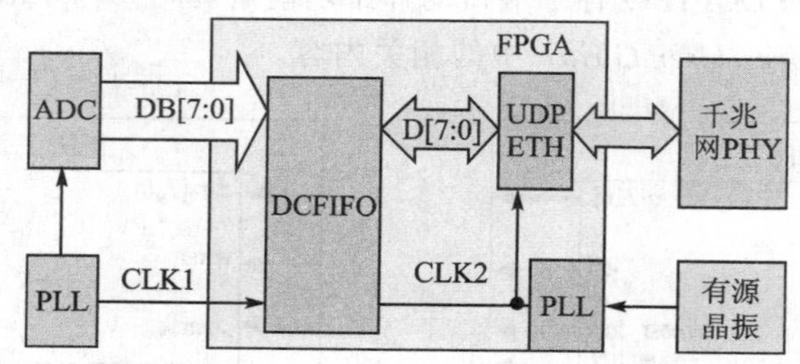

图 4.56　基于千兆以太网传输的高速数据采集(8 位)系统

在如图 4.56 所示的系统中，由于 ADC 的数据位宽为 8 位，基于 UDP 协议的以太网发送模块所需的数据也是 8 位，因此使用的是非混合宽度的双时钟 FIFO 结构。假如 CLK1 的频率为 20M，ADC 的数据位宽为 16 位，则可以使用混合宽度的双时钟 FIFO，在实现异步时钟域数据收发的同时，实现数据位宽的转换。通过设置双时钟 FIFO 的写入位宽为 16 位，读取位宽为 8 位，可以实现将 16 位的 ADC 数据转换为以太网支持的 8 位发送数据，然后再通过以太网发送到 PC。

3. FIFO 常见参数

FIFO 的宽度：指的是 FIFO 一次读/写操作的数据位。

FIFO 的深度：指的是 FIFO 可以存储多少个 N(如果宽度为 N)位的数据。

满标志：FIFO 已满或将要满时由 FIFO 的状态电路送出的一个信号，以阻止 FIFO 的写操作继续向 FIFO 中写数据而造成溢出。

空标志：FIFO 已空或将要空时由 FIFO 的状态电路送出的一个信号，以阻止 FIFO 的读操作继续从 FIFO 中读出数据而造成无效数据的读出。

读时钟：读操作所遵循的时钟，在每个时钟沿来临时读数据。

写时钟：写操作所遵循的时钟，在每个时钟沿来临时写数据。

4. 实现FIFO的方法

在Intel FPGA中使用FIFO实现用户功能设计主要有三种实现方式。

第一种，为用户根据需求自己编写FIFO逻辑，当对FIFO的功能有特殊需求时，可以使用此种方式实现。

第二种，为使用第三方提供的开源IP核，此种IP核以源码的形式提供，能够快速地应用到用户系统中，当用户对FIFO功能有特殊需求时，可以在此源码的基础上进行修改，以适应自己的系统需求。

第三种，为使用Quartus Prime软件提供的免费FIFO IP核。在此种方式下，Quartus Prime软件为用户提供了友好的图形化界面方便用户对FIFO的各种参数和结构进行配置，生成的FIFO IP核针对Altera不同系列的器件，还可以实现结构上的优化。该FIFO IP核也是通过Verilog语言进行描述的，例如对于scfifo，在Quartus Prime软件中，该IP核的源码存放于Quartus Prime软件安装目录quartus\eda\sim_lib下的altera_mf.v文件中的第51 101行。而对于scfifo，由于其结构类型较多，因此代码内容很多，与之相关的代码有几千行，可以在文件中搜索scfifo即可找到各种不同结构的scfifo代码。由于该FIFO IP核已经提供了大部分设计所需的所有功能，因此在系统设计中推荐使用该FIFO IP核进行系统设计。

4.4.2 IP核的使用——FIFO

1. 单时钟FIFO的实现与测试

新建一个名为myscfifo的工程保存在prj下，然后选择Tools→IP Catalog找到Basic Functions中On Chip Memory下的FIFO，并将输出目录修改为工程文件夹下的ip文件夹，并以dpram保存，单击Next按钮。

这里首先创建一个单时钟FIFO也就是SCFIFO，数据位宽为16 bits，数据深度为256 words，如图4.57所示。此处可修改数据位宽及深度，并且注意观察界面左边下角的资源使用情况。

在IP核FIFO中提供了很多接口，如图4.58所示，勾选满、空、已使用存储单元数量、接近满、接近空以及异步清零项的复选框。almost full，当usedw大于或等于设置的值时该信号为高电平，是满的提前提示信号。almost empty，当usedw小于或等于设置的值时该信号为低电平，是空的提前提示信号。

读操作请求确认信号有两种模式：普通模式与前显(show - ahead)模式。定义读请求信号以及块模式如图4.59所示。

选择器件优化方式是面积优先还是速度优先。更换可以看到资源占用率是不一样的，选择速度优先必然使用资源会上升。定义优化策略如图4.60所示。

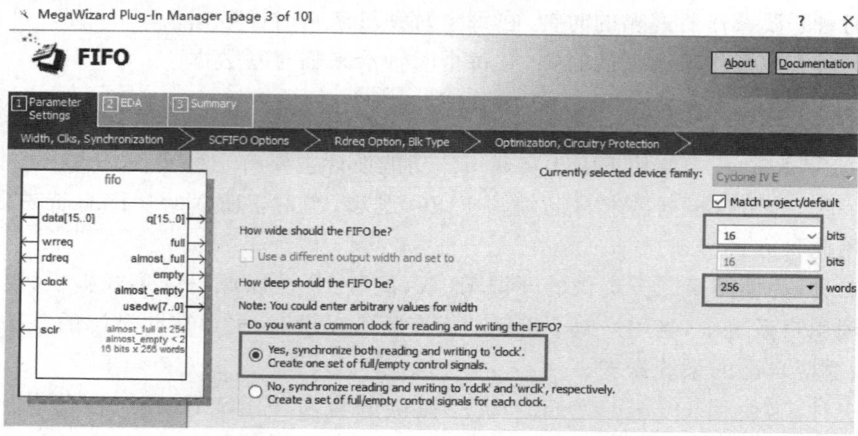

图 4.57　定义 FIFO 的类型以及位宽、深度

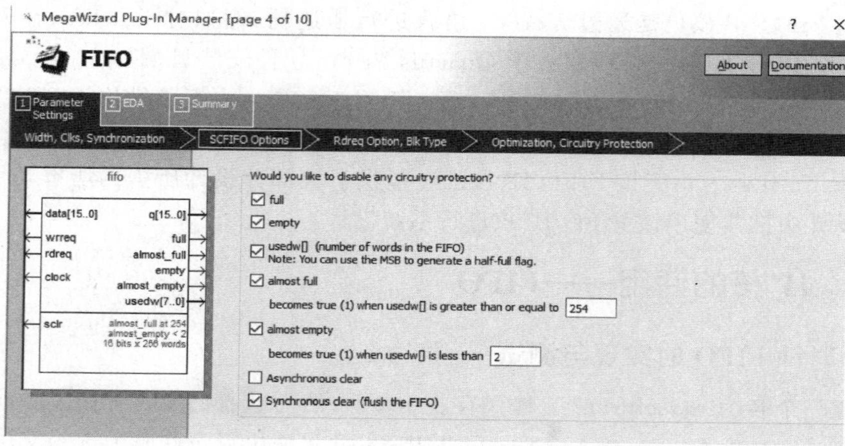

图 4.58　定义 FIFO 接口

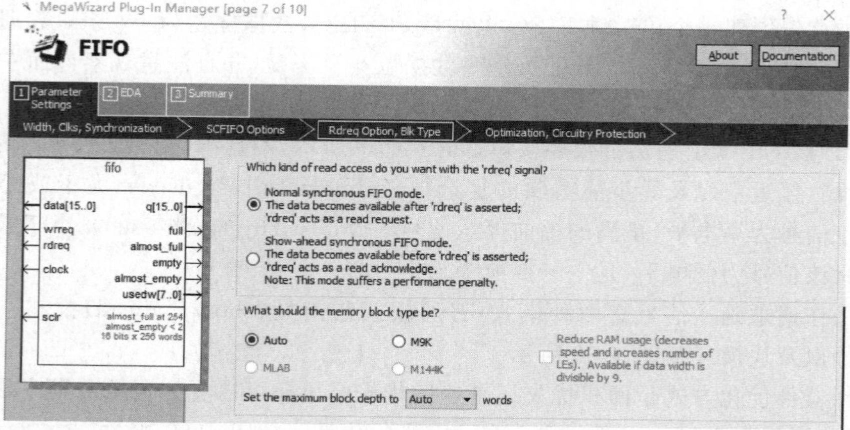

图 4.59　定义读请求信号以及块模式

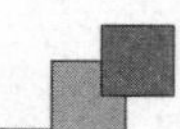

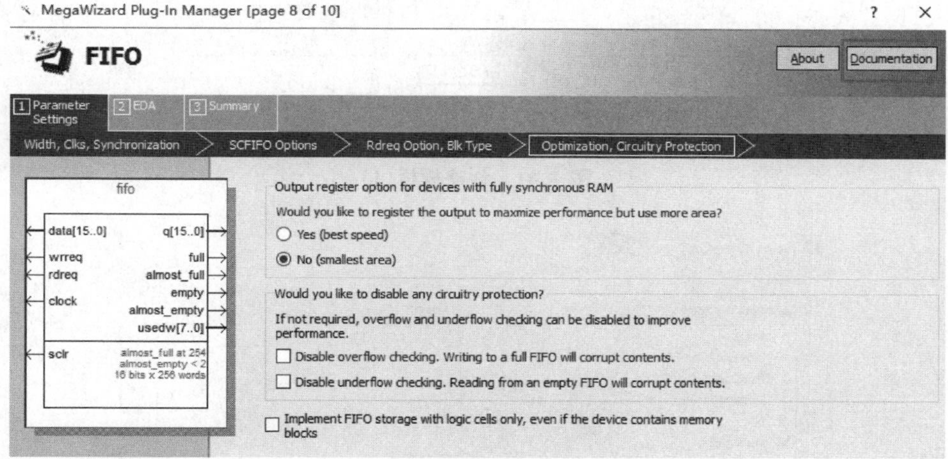

图 4.60　定义优化策略

确定配置信息后即可单击 Finish 按钮完成配置。

将生成的 IP 核加入工程，即可在工程下看到加入的 IP 核文件，并设置为顶层文件。

为了测试仿真编写测试激励文件，新建 myscfifo_tb.v 文件并输入以下代码再次进行分析和综合直至没有错误以及警告，然后保存到 testbench 文件夹下。除了实现例化需要仿真的文件以及时钟创建以外，还需实现写入 256 个数据后并依次读出。

```
initial begin
    wrreq = 0;
    data = 0;
    rdreq = 0;
    sclr = 0;
    #(`clk_period * 20 + 1);
    for(i = 0;i <= 255;i = i + 1) begin
        wrreq = 1;
        data = i;
        #`clk_period;
    end
    wrreq = 0;
    #(`clk_period * 20);
    for(i = 0;i <= 255;i = i + 1) begin
        rdreq = 1;
        #`clk_period;
    end
    rdreq = 0;
    $stop;
```

下面介绍如何使用软件提供的模板进行设计。单击工具栏的打开新建模板（见图 4.61），然后在 Verilog HDL 下的 User 上右击选择 New Template（见图 4.62），这样就可以输入自己的模板了。下次使用时可以直接调用。

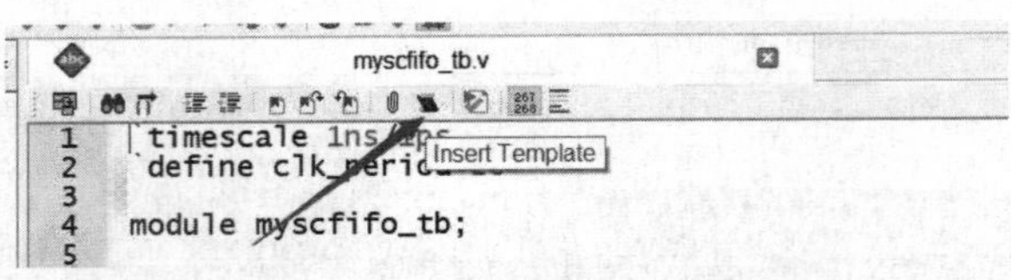

图 4.61　创建模板(1)

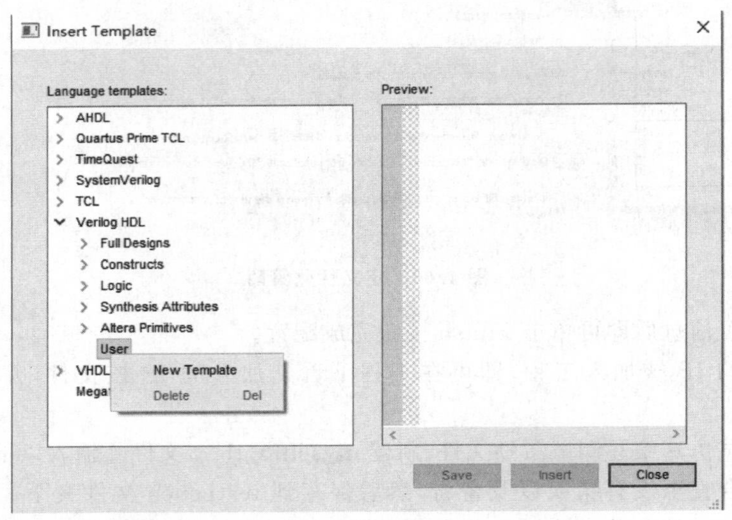

图 4.62　创建模板(2)

设置好仿真脚本后进行功能仿真，可以看到如图 4.63～图 4.65 所示的波形文件。可以看出实现了数据的写入与读出。在放大写数据部分，可以看到每当时钟上升沿时均会写入对应的数据，且 empty 信号在写入一个数据后即置低，almost_empty 信号在写入两个数据后即置低，符合前面有关的配置。

在数据持续写入 254 个后 almost_full 信号置高，在写入 256 个后 full 信号置高。

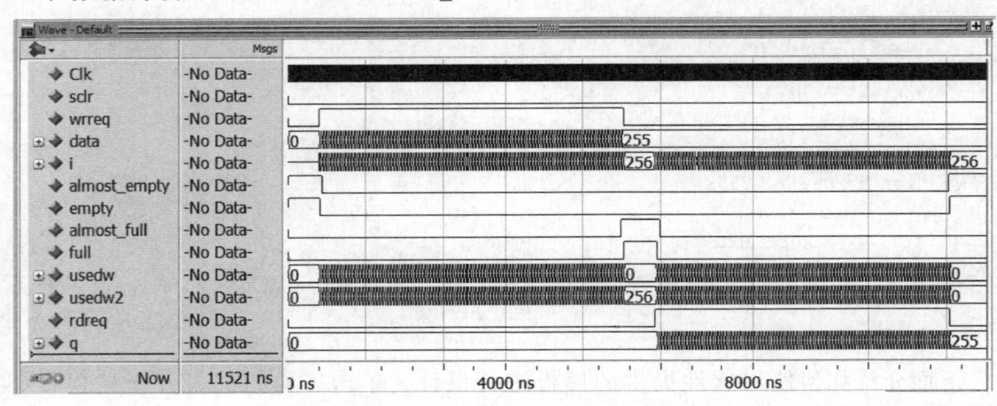

图 4.63　SCFIFO 数据写入与读取仿真波形

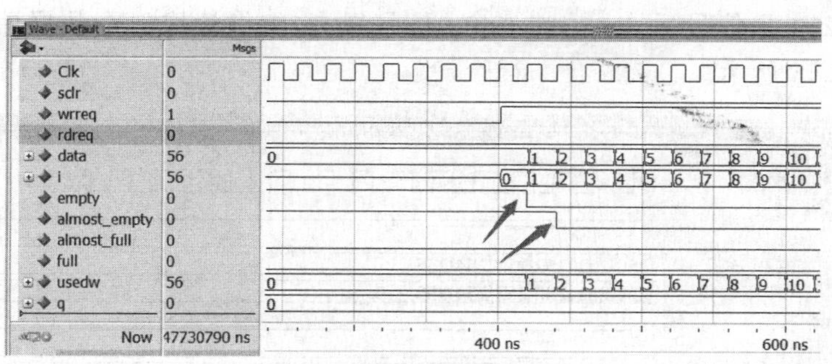

图 4.64 SCFIFO 数据写入部分波形

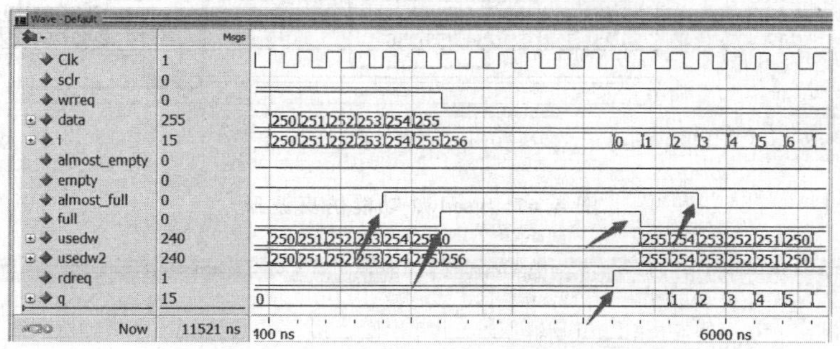

图 4.65 SCFIFO 数据写入以及读取部分波形

在读取使能信号有效后，读出一个数据后 full 信号置低同样读出 2 个数据后 almost_full 信号置低。

需指出这里的 usedw 在写入 255 个数据后再写入第 256 个数据之所以变为 0，是因为在前面的设置中此数据的位宽是 8 位，所以最大计数到 255。这里可以通过同时判断 full 的状态来判断实际剩余数据的个数。同时选中 full 与 usedw，右键选择 Combine Signals，在如图 4.66 所示的图中将合并后的信号命名为 usedw2。重启仿真即可看到如图 4.67 所示的波形，这时 usedw2 即为真实 FIFO 中数据的个数。

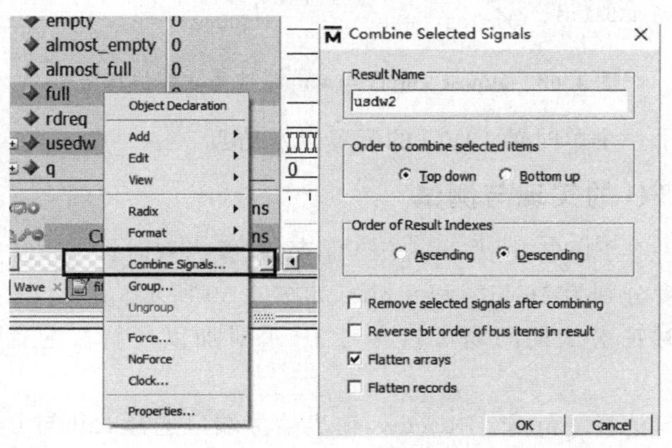

图 4.66 合并信号

在读取 254 个信号后 almost_empty 信号置高，继续读取一个数据后 empty 信号置高，如图 4.68 所示。

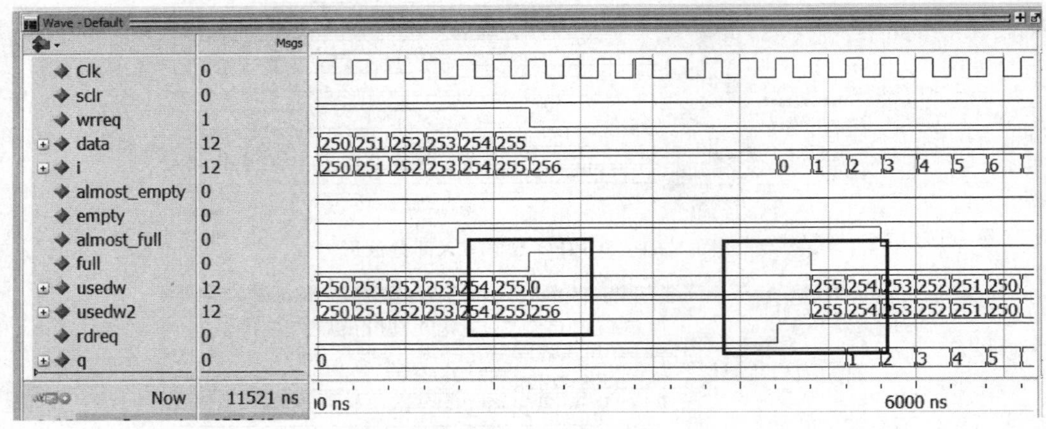

图 4.67　usedw2 功能仿真波形

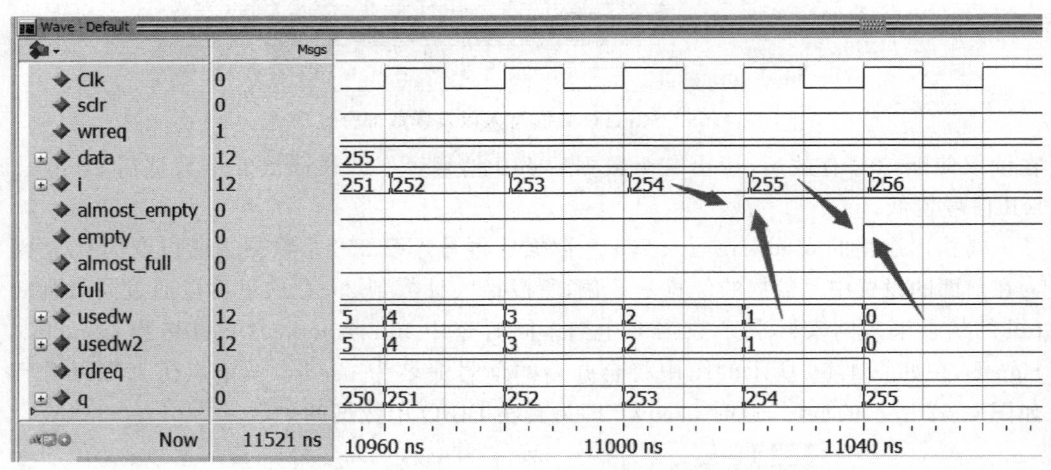

图 4.68　almost_empty 与 empty 信号功能仿真波形

这样就完成了一个单时钟 FIFO 的配置以及仿真。

2. 双时钟 FIFO 的实现与测试

现在再新建一个 FIFO 并以 mydcfifo 保存，配置为双时钟 FIFO 也就是 DCFIFO，且写入和读取宽度分别为 16 bits 和 8 bits，如图 4.69 所示。

这里关于双时钟潜伏期问题可以参考 IP 手册加以了解。配置双时钟潜伏期如图 4.70 所示。

输入信号接口选择 empty 与 usedw，输出信号端口选择 full 与 usedw，这里可根据实际需求情况进行选择，如图 4.71 所示。DCFIFO 读请求以及块模式选择如图 4.72 所示，DCFIFO 优化策略选择如图 4.73 所示。

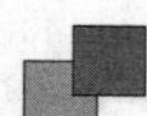

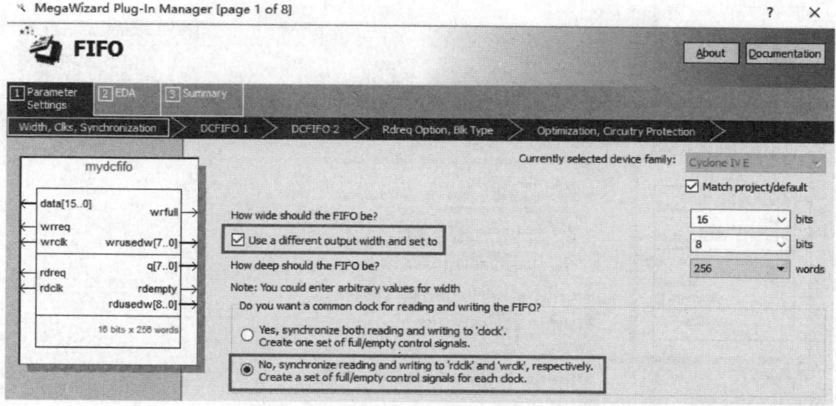

图 4.69　DCFIFO 不同宽度配置

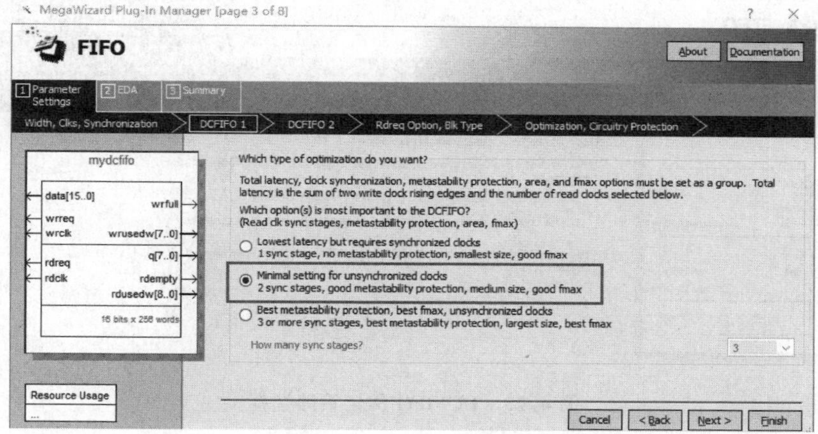

图 4.70　配置双时钟潜伏期

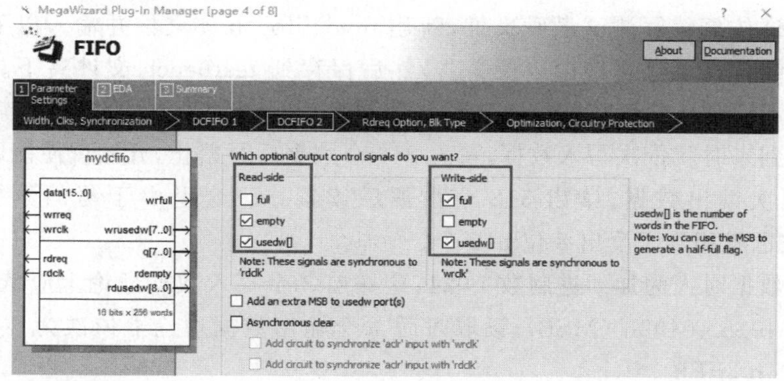

图 4.71　DCFIFO 接口配置

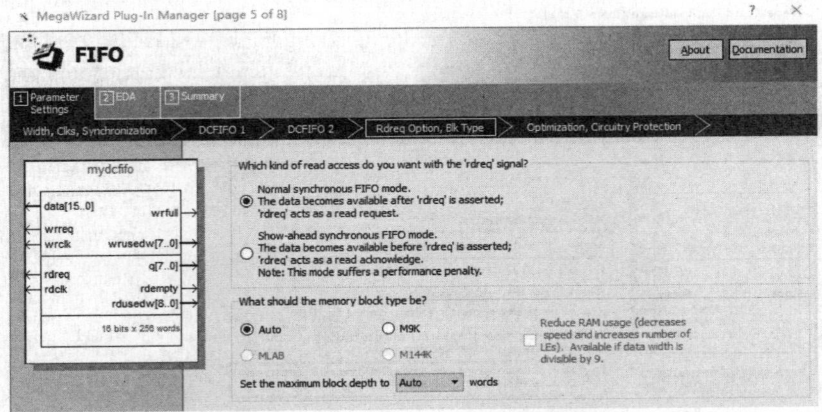

图 4.72　DCFIFO 读请求以及块模式选择

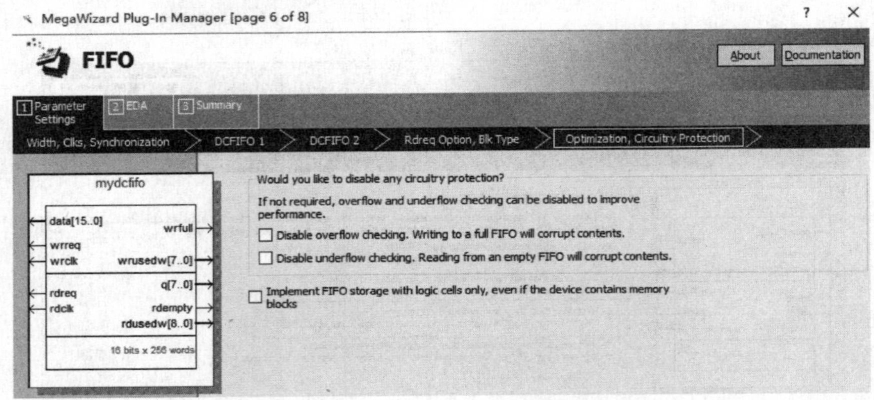

图 4.73　DCFIFO 优化策略选择

预览汇总信息，确认后单击 Finish 按钮来完成此 IP 的配置并将其加入工程中设置为顶层文件。

为了测试仿真编写测试激励文件，新建 mydcfifo_tb.v 文件并输入以下代码再次进行分析和综合直至没有错误以及警告，然后保存到 testbench 文件夹下。这里首先定义产生了不同频率的读/写时钟，且读时钟频率为写时钟频率的两倍，然后写使能即每当写时钟到来时就依次写入数据，写入 256 个数据后写禁止，开始读使能即每当读时钟到来时依次读出数据，读出 512 个数据后读禁止。这里由于写的数据为 16 位 256 个，因此也就相当于读出 8 位 512 个。

在写入数据时人为加十进制数 1 024，这样前 3 个写入数据理论上应依次为 16 位的 0400h 、0401h 、0402h (MSB)，读取时后 6 个输出数据理论上依次为 8 位的 FDh、04h 、FEh、04h 、FFh 、04h 。

```
`define wrclk_period 20
`define rdclk_period 10
```

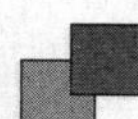

```
initial  wrclk  = 1;
always # (`wrclk_period/2)wrclk  = ~wrclk;

initial  rdclk  = 1;
always # (`rdclk_period/2)rdclk  = ~rdclk;

integer i;

initial begin
    data  = 0;
    rdreq  = 0;
    wrreq  = 0;
    #(`wrclk_period * 20 + 1);
    for(i = 0;i  <= 255;i  =   i  + 1) begin
        wrreq  = 1;
        data  =   i  + 1024;
        #`wrclk_period;
    end
    wrreq  = 0;
    #(`rdclk_period * 20);
    for(i = 0;i  <= 511;i  =   i  + 1) begin
        rdreq  = 1;
        #`rdclk_period;
    end
    rdreq  = 0;
    #(`rdclk_period * 20);
    $ stop;
end
```

设置好仿真脚本后进行功能仿真，可以看到如图 4.74 和图 4.75 所示的波形文件，在写入时地址每次加 2 而不是加 1，与前面解释一致。同时第一个数据是 1025d＝0100 0000 0001b 分成两个 8 位十六进制数即为 4、1，低位在前，符合设计。同样可以分析出读出数据规则。

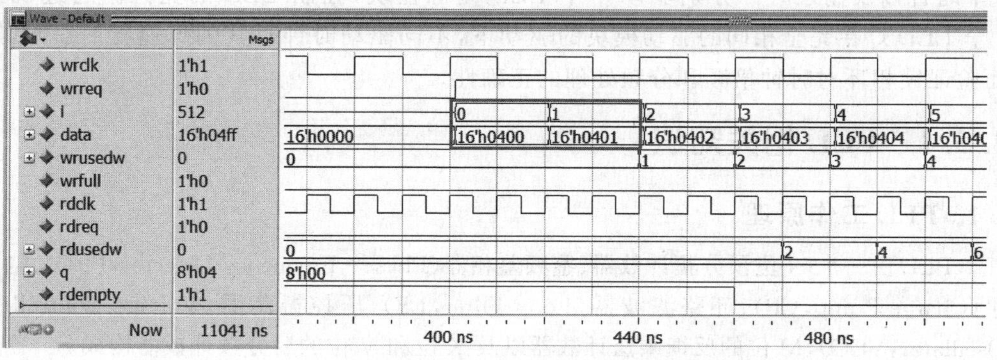

图 4.74　写数据部分仿真波形

通过对以上的波形可以看出 FIFO 的工作状态正常。

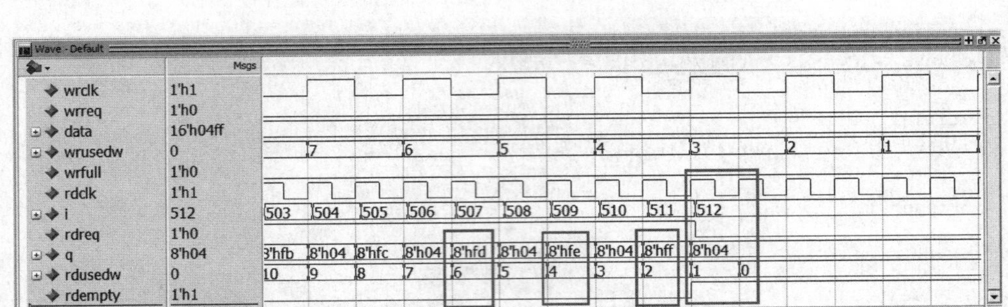

图 4.75　读数据部分仿真波形

本节小结:

本节介绍了 FIFO 的分类、区别以及相关概念,并实现了单时钟 FIFO 与双时钟 FIFO 的配置且进行了仿真。可以参考相关资料编写一个稍微简单的 FIFO 逻辑,来加深对其的理解,在 6.5 节中有 FIFO 在实际数据缓存系统中的应用实例。

4.5　PLL 锁相环介绍与简单应用

PLL(Phase - Locked Loop)即相位锁定环路,也就是常说的锁相环。锁相环在模拟电路和数字电路系统中均有广泛的使用,很多的 MCU 芯片如 STM32、MSP430 等都集成了片上 PLL,用来通过片外较低频率的晶振产生的时钟倍频得到较高频率的时钟信号以供 MCU 的内核和片上外设使用。

在本节中,将调用、配置 Intel FPGA 提供的 PLL IP 核并对其进行仿真以了解其工作时序,然后介绍参数化设计方法。本节实验的具体内容是:在 AC620 开发板上,使用 PLL 分别生成 1 个 25 MHz、1 个 75 MHz、1 个 100 MHz 的时钟,然后使用生成的 3 个时钟以及输入时钟分别驱动 1 个 LED 闪烁模块,控制 LED 的亮灭。通过观察 4 个 LED 灯在完全相同的驱动模块的驱动下,不同驱动时钟对其闪烁速度的影响,从而验证锁相环对时钟倍频和分频处理的正确性。

4.5.1　PLL 相关知识

1. PLL 工作原理

PLL 由一个 N 位预分频计数器、鉴频鉴相器(Phase - Frequency Detector,PFD)、电荷泵(Charge Pump,CP)、环路滤波器(Loop Filter,LF)、压控振荡器(Voltage Controlled Oscillator,VCO)、M 位的反馈乘法计数器以及 K 位和 V 位的后分频计数器构成。

在工作时,鉴频鉴相器检测 F_{REF} 与返回信号(Feedback)之间的相位以及频率差异可将相位差异转换成电压的环路滤波器,进而控制压控振荡器产生更高或者更低的频率振荡。当 F_{REF} 与返回信号的频率相位相等时,输出电压与输入电压保持固定的相位

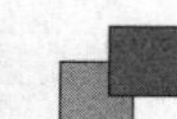

差值，即输出电压与输入电压的相位被锁住，这就是锁相环名称的由来。

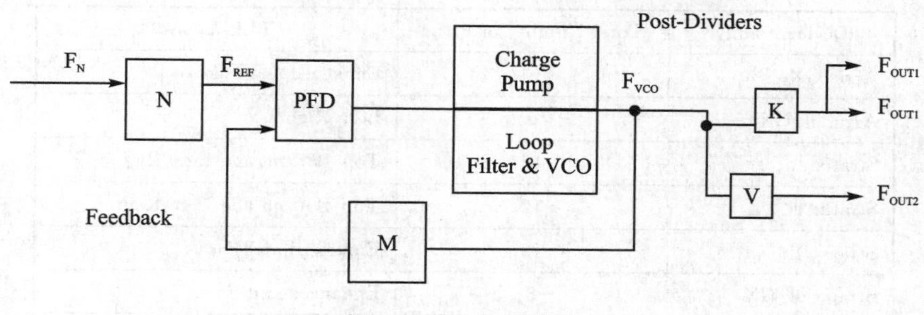

图4.76 PLL结构图

2. PLL在FPGA系统中的应用

在某些对系统时钟频率没有固定要求的系统中，外部晶振输入的时钟可以直接作为逻辑驱动时钟。一些应用中可通过PLL将外部晶振输入的时钟进行降频，以得到较低的工作时钟，在不影响系统功能实现的前提下降低系统功耗。

而另外一些应用，则必须在指定频率的时钟信号下才能正常工作，常见于通信协议类应用，如以太网、USB以及PCIe等。在这些应用中，必须使用指定频率的时钟信号，如果没有刚好满足条件的外部时钟源，则可通过片内PLL生成相应的时钟信号来进行驱动。

在某些实时性要求较高的应用中，如数字信号处理、图像处理等等，提高系统工作时钟能够提升系统的性能，在这一类应用中，往往使用PLL进行倍频和分频，以得到较高频率的时钟，用以提升系统整体性能。

还有一个常见的应用是对同一PLL生成的多个时钟的相位进行控制，以保证在两个时钟域的逻辑工作时有确定的时间差。例如生成两路频率相同、相位不同的时钟，供SDRAM控制器和SDRAM芯片使用。根据SDRAM芯片的工作原理，SDRAM控制器的工作时钟和SDRAM芯片的工作时钟需要保持一定的相位差才能保证正确的读/写数据。所以这里就可以使用PLL的相位控制功能来产生两路相位不同的时钟，以分别供控制器和SDRAM芯片使用。

3. Intel系列FPGA的PLL特性

Intel的不同系列FPGA，提供了不同特性的PLL，包括增强型(Enhanced)、快速型(Fast)、左右型(Left_Right)、顶底型(Top_Bottom)以及Cyclone各代所具备的PLL类型。如表4.2所列为目前Intel FPGA系列器件对应支持的锁相环类型。

从表4.2中可以看到，各种不同系列的器件，对应的PLL类型不同。因此，在选定一款FPGA器件之后，其对应的PLL类型也就确定了。不同类型的PLL，具有不同的特点，例如支持高速收发器，支持LVDS差分时钟输出等，这里不做过多讲解，具体内容请参考各个器件系列的数据手册。

表 4.2　不同系列 FPGA 对应的 PLL 数目以及类型

Device Family	Total Number of PLLs	PLL Types
Arria GX	8	Enhanced and Fast
Arria Ⅱ GX	6	Left_Right
Stratix Ⅳ	12	Top_Bottom and Left_Right
Stratix Ⅲ	12	Top_Bottom and Left_Right
Stratix Ⅱ	12	Enhanced and Fast
Stratix Ⅱ GX	8	Enhanced and Fast
Stratix	12	Enhanced and Fast
Stratix GX	8	Enhanced and Fast
Cyclone Ⅳ	4	Cyclone Ⅳ PLL
Cyclone Ⅲ	4	Cyclone Ⅲ PLL
Cyclone Ⅱ	4	Cyclone Ⅱ PLL
Cyclone	2	Cyclone PLL

PLL 从具体实现锁定的时钟回路结构分，包括 5 种结构：普通模式、源同步模式、零延时缓存模式、无补偿模式以及外部反馈模式。

关于这 5 种模式的具体介绍，可以查阅各个系列的数据手册，例如初学 FPGA 最常用的 Cyclone Ⅳ系列器件支持的各种运行模式的介绍在官方手册 *Cyclone Ⅳ Device Handbook* 的第 85 页。

虽然每个锁相环支持多种时钟反馈模式，且每种模式也都具有各自的特点。然而，作为初学者，并不需要十分深入地去对每一种结构进行了解。当具备独立的开发能力后，再根据具体项目需求，在仔细评估各种运行模式的优缺点后，合理选择运行模式即可。

对于同一个系列的 FPGA 器件，不同容量的 FPGA 芯片往往具有不同数量的 PLL 功能单元，例如对于 Cyclone Ⅳ E 系列的 FPGA，小容量产品（如 EP4CE10）具有两个 PLL，而从 EP4CE15 开始，所有的 FPGA 器件具有 4 个 PLL。

4.5.2　IP 核的使用——PLL

在 IP Catalog 下选择 Basic Function 中 PLL 下的 ALTPLL，并将输出目录确定为工程文件夹下的 ip 文件夹，并以 pll 保存，单击 Next 按钮。

这里芯片速度等级修改为适配 AC620 开发板的 8，输入时钟频率修改为学习板的 50 MHz，时钟反馈模式为普通模式，如图 4.77 所示。

areset 将所有计数器的值复位到初始值；pfdena 为使能相位频率检测器。禁止 PFD 时，PLL 不管输入时钟如何都连续工作；locked 标志着 PLL 实现了相位锁定，在 PLL 锁定后保持为高电平，失锁时保持为低电平。PLL 配置界面如图 4.78 所示。

PLL 的带宽也支持可编程。*ug_altpll.pdf* 手册中对 PLL 带宽定义为 PLL 跟踪

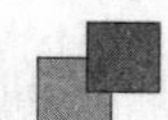

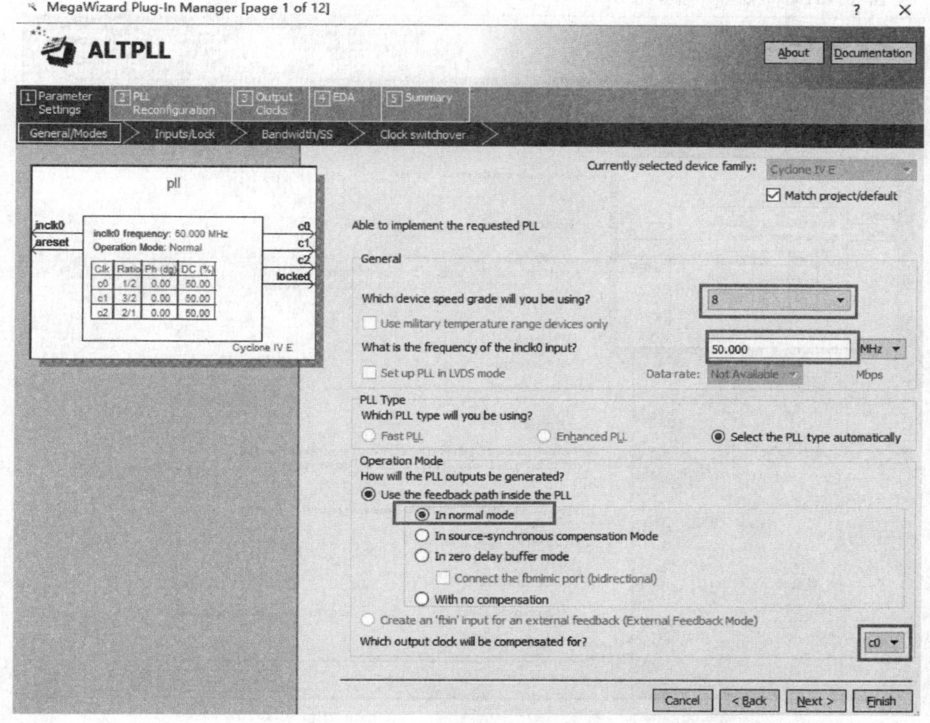

图 4.77　PLL 配置界面(1)

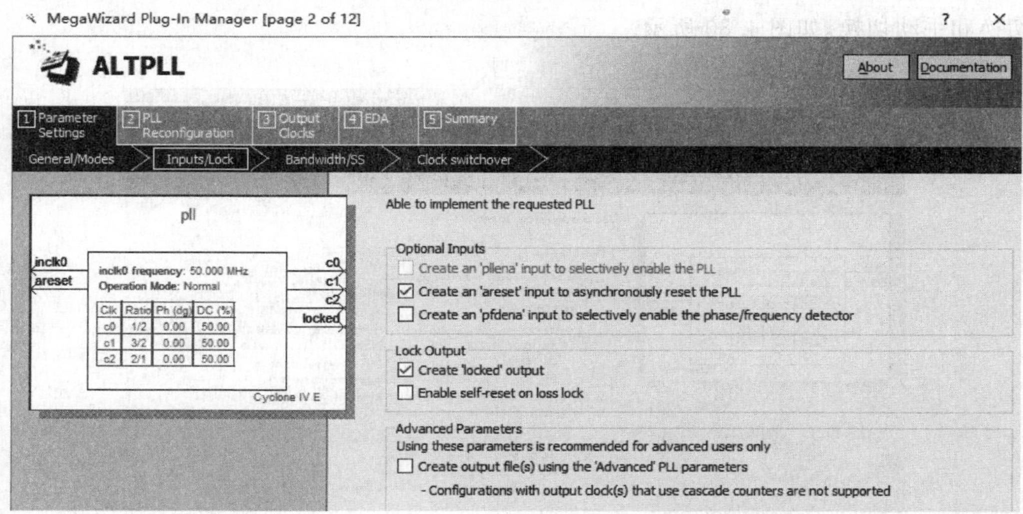

图 4.78　PLL 配置界面(2)

输入时和抖动的能力，带宽用 PLL 中闭环增益的－3 dB 测量，或近似为 PLL 开环响应的联合增益点。这里使用默认设置(见图 4.79)，如有特殊需求可对应修改。

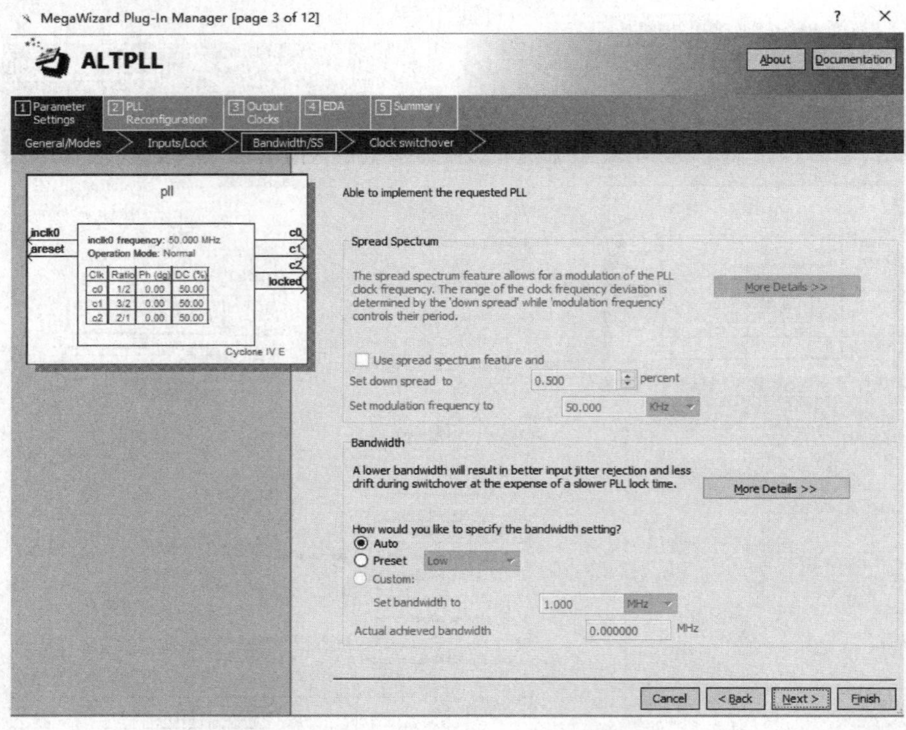

图 4.79 PLL 配置界面(3)

时钟切换支持 PLL 在两个输入参考时钟之间进行切换。切换模式可以选择自动切换和手动切换，如图 4.80 所示。

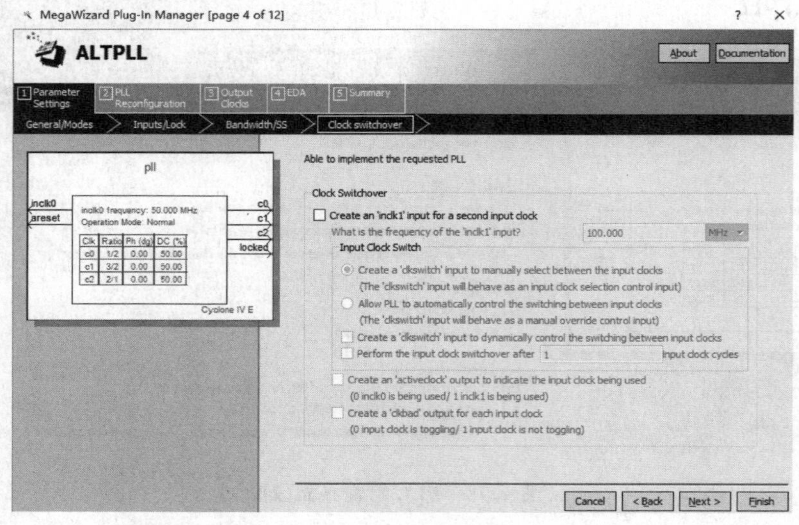

图 4.80 PLL 配置界面(4)

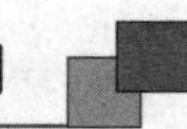

PLL 动态重配置和动态相位重配置，相关应用请参看数据手册，这里保持默认设置，如图 4.81 所示。

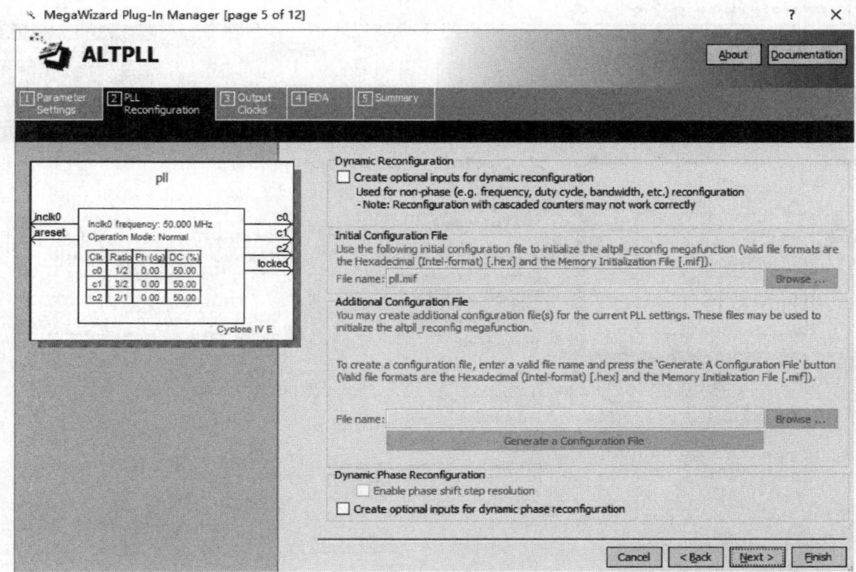

图 4.81　PLL 配置界面(5)

现在修改决定输出频率大小的参数。这里提供了两种方式选择输出频率，即可以通过修改倍频因子以及分频因子来确定输出频率，也可以直接修改输出频率。两种操作分别如图 4.82 和图 4.83 所示，这里需指出并不是任意频率 PLL 均能输出，当指定

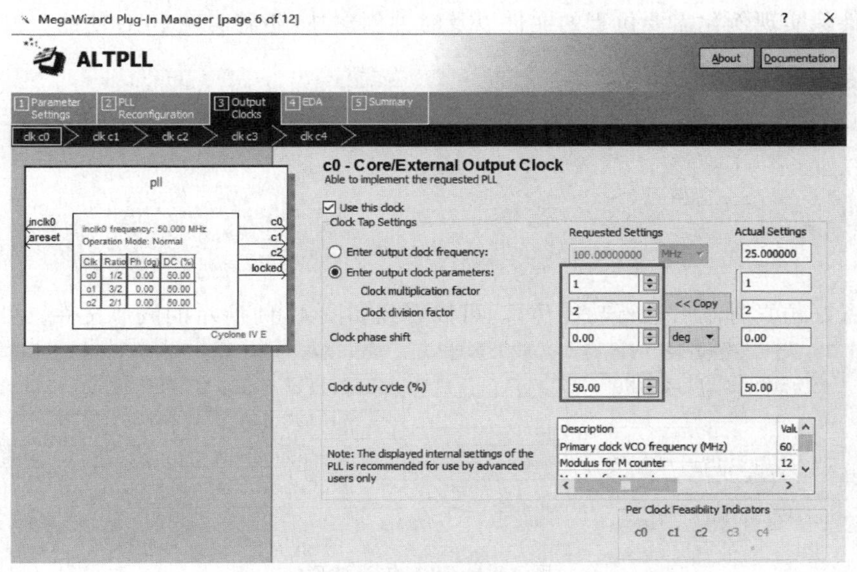

图 4.82　PLL 配置界面(6)

的频率 PLL 实现不了，其会生成一个与该预期频率最接近的输出频率。这里分别配置 PLL 输出 25 MHz、75 MHz、100 MHz。

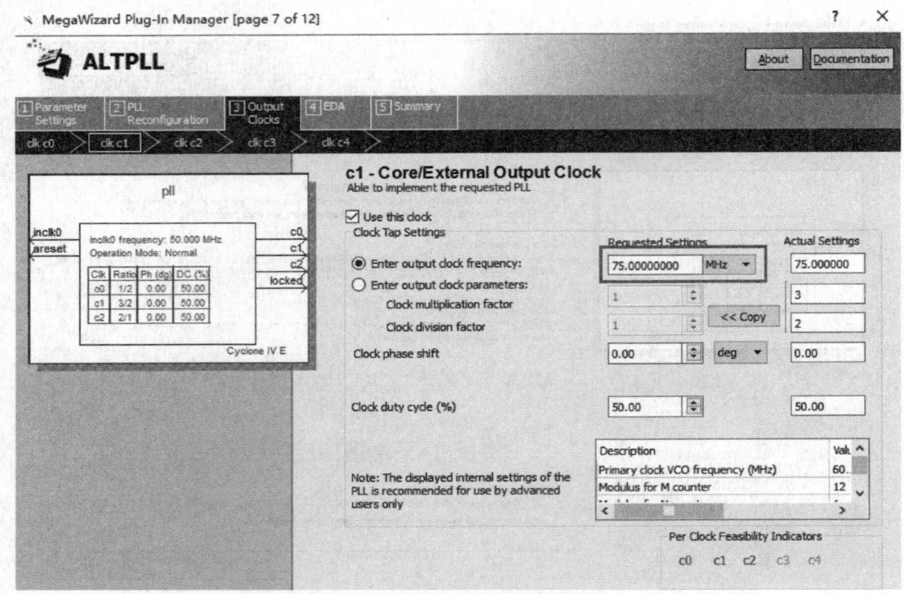

图 4.83　PLL 配置界面(7)

核对好配置信息后即可单击 Finish 按钮完成配置。

4.5.3　仿真及板级验证

将生成的 IP 核加入工程，即可在工程下看到加入的 IP 核文件并设置为顶层文件。激励文件除实现例化需要仿真的文件以及时钟创建外，还需实现 PLL 使能。

```
initial begin
    areset = 1'b1;
    #(`clk_period * 100 + 1);
    areset = 1'b0;
    #(`clk_period * 200 + 1);
    $stop;
end
```

设置好仿真脚本后进行功能仿真，可以看到如图 4.84 所示的波形文件。可以看出

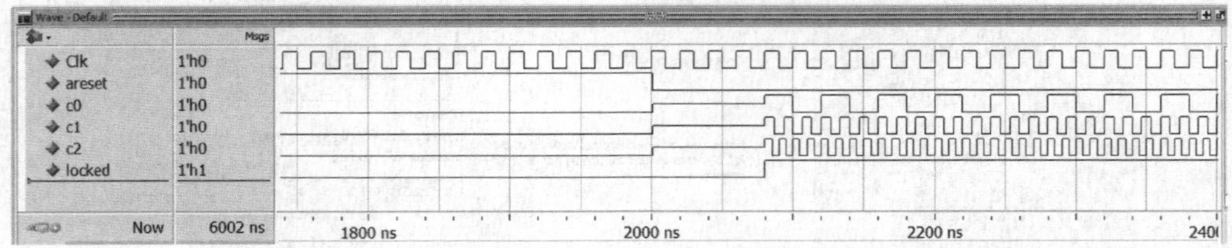

图 4.84　PLL 仿真波形

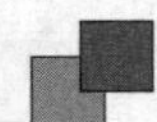

在 areset 为高电平时，各个输出时钟均无输出。在 areset 为低电平后一段时间，输出时钟并没有立即更新出来而是有一段时间的不确定期，且在此过程中 locked 信号保持低电平状态。只有当输出信号稳定时才有 locked 信号置高。

现在进行板极验证，利用生成的三路时钟以及输入时钟分别驱动 4 个 LED。其简化系统框图如图 4.85 所示。

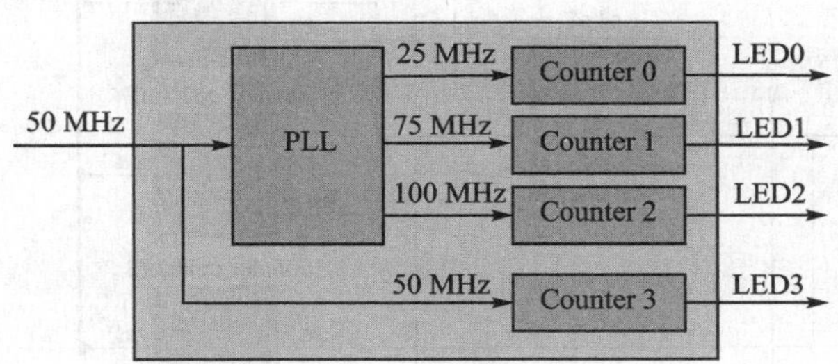

图 4.85　简化系统框图

这里调用并修改 3.2 节编写好的计数器模块。使用参数化定义的方式先声明一个参数化常量 CNT_MAX，并将计数器进程的判断条件修改为"else if(cnt == CNT_MAX)"，代码如下：

```
parameter CNT_MAX = 25'd24_999_999;
always @ (posedge Clk or negedge Rst_n)
if(Rst_n == 1'b0)
    cnt <= 25'd0;
else if (cnt ==  CNT_MAX)
    cnt <= 25'd0;
else
    cnt <=  cnt + 1'b1;
```

这样在调用时在顶层文件中就可以按照以下方式进行调用，代码如下：

```
counter
#(
    .CNT_MAX(25'd24_999_999)
)
counter0(
    .Clk(c0),
    .Rst_n(Rst_n),
    .led(LED[0])
);
```

编译无误后，可以在 RTL Viewer 中查到如图 4.86 所示的顶层结构图，可与实验之初设计的系统结构图进行对比。

为了测试仿真编写测试激励文件，同时为了减少仿真时间，这里将计数器的计数值从 24_999_999d 修改为 24d。这样仿真出的时钟应该对应为 1 MHz、3 MHz、4 MHz、2 MHz。

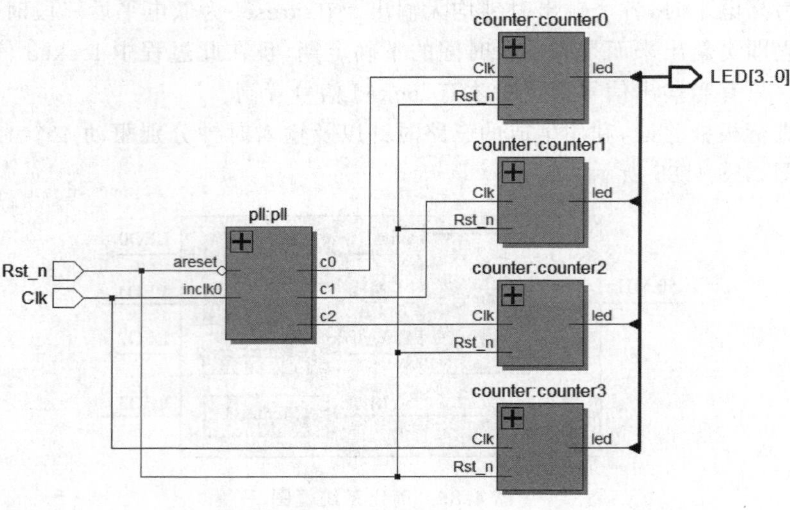

图 4.86　PLL_LED 的 RTL 视图

```
`timescale 1ns/1ps
`define clk_period 20

module PLL_LED_tb;

//source define
    reg Clk;
    reg Rst_n;

//probe define
    wire [3:0]LED;

//instant user module
    PLL_LED PLL_LED(
        .Clk(Clk),
        .Rst_n(Rst_n),
        .LED(LED)
    );

    defparam PLL_LED.counter0.CNT_MAX = 24;
    defparam PLL_LED.counter1.CNT_MAX = 24;
    defparam PLL_LED.counter2.CNT_MAX = 24;
    defparam PLL_LED.counter3.CNT_MAX = 24;

//generater clock
    initial  Clk = 1;
    always #(`clk_period/2)Clk = ~Clk;

    initial begin
        Rst_n = 1'b0;
        #(`clk_period * 20 + 1);
```

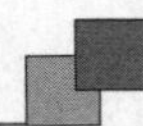

```
        Rst_n = 1'b1;
        #(`clk_period * 2000);
        $ stop;
    end

endmodule
```

此时的波形图如图 4.87 所示。

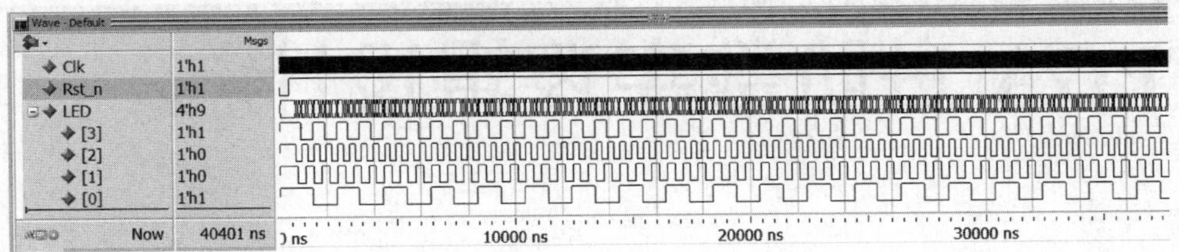

图 4.87　顶层文件仿真波形

分配引脚并进行全编译无误后下载到开发板，可以观察到对应的现象。LED3 闪烁频率是 LED0 的一倍。如需要详细的验证，可外接示波器进行观察。

本节小结：

本节介绍了锁相环 PLL 的组成及各部分的功能，使用 IP 核实现一个含有倍频和分频的 PLL，并在设计过程中学习了参数化定义的使用方法。

第 5 章 FPGA 进阶数字逻辑设计

本章导读：

本章重点介绍一些带有协议和硬件知识背景的功能电路的控制逻辑设计，包括红外遥控解码、SPI 接口协议、TFT/VGA 显示器行场同步协议等。掌握这些常见协议的实现，从中领悟出解决各种协议编解码的一般规律，从而将其应用到各种不同的应用场合，是本章的目的。

5.1 无源蜂鸣器驱动设计与验证

蜂鸣器是一种产生声音的器件，广泛应用于报警器、电子玩具、汽车电子设备、定时器等电子产品中作发声器件。

蜂鸣器按照构造方式的不同，可分为压电式蜂鸣器和电磁式蜂鸣器两种类型。压电式蜂鸣器主要由多谐振荡器、压电蜂鸣片、阻抗匹配器、共鸣箱以及外壳等组成。电磁式蜂鸣器由振荡器、电磁线圈、磁铁、振动膜片及外壳等组成。由于两种蜂鸣器发声原理不同，压电式结构简单耐用但音调单一、音色差，适用于报警器等设备；而电磁式由于音色好，所以多用于语音、音乐等设备。

蜂鸣器按照驱动电路的不同可以分为有源蜂鸣器与无源蜂鸣器。有源蜂鸣器内部带振荡源，所以只要通电就会鸣叫；而无源蜂鸣器内部不带振荡源，因此如果用直流信号无法令其鸣叫，这就需要用 2～5 kHz 的方波（声音频率）去驱动。

本节将介绍 AC620 开发板上使用的蜂鸣器电路，并使用 FPGA 来实现驱动无源蜂鸣器按照低音 1 到高音 7 的循环发声。

5.1.1 无源蜂鸣器电路设计

AC620 开发板上使用了一个 3.3 V 直流电压驱动的电磁式无源蜂鸣器，其电路如图 5.1 所示。

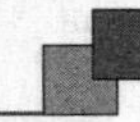

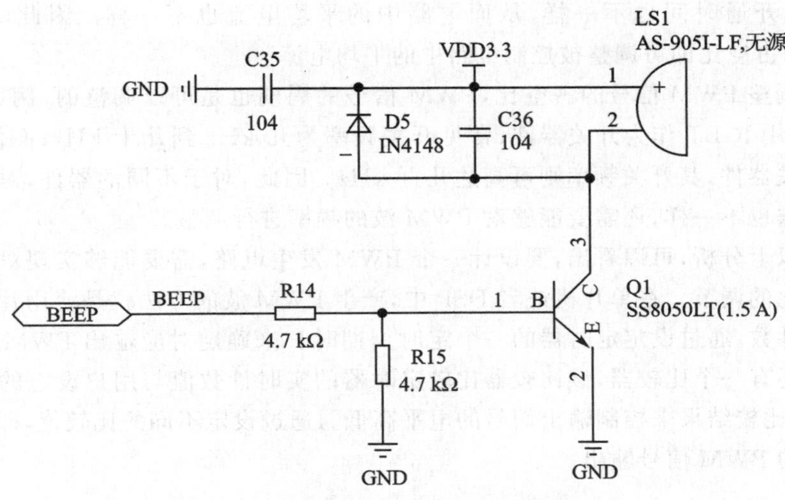

图 5.1 无源蜂鸣器驱动电路

在上述电路中，电容C36用于提高电路的抗干扰性能；D5起保护三极管的作用，当三极管突然截止时，无源蜂鸣器两端产生的瞬时感应电动势可以通过D5迅速释放掉，避免叠加到三极管集电极上从而击穿三极管；BEEP端口接FPGA输出引脚，使用时只需要在BEEP信号上输入2～5 kHz的PWM波，就能驱动蜂鸣器按照既定的频率产生振动信号。

5.1.2 无源蜂鸣器驱动原理

通过前面对无源蜂鸣器的特点介绍可知，要使无源蜂鸣器能够正常发声，需要在控制端BEEP给出相应频率的PWM波。因此，对于无源蜂鸣器的控制，就转化为了设计一个PWM波发生电路，接下来将介绍PWM波发生部分的相关设计。

PWM波即脉冲宽度调制，英文全称Pulse Width Modulation。PWM控制技术广泛应用在测量、通信、功率控制与变换的等众多领域中，应用的逆变电路绝大部分是PWM型。如图5.2所示为周期1 kHz，脉冲宽度（占空比）分别为20%、50%、90%的波形图。

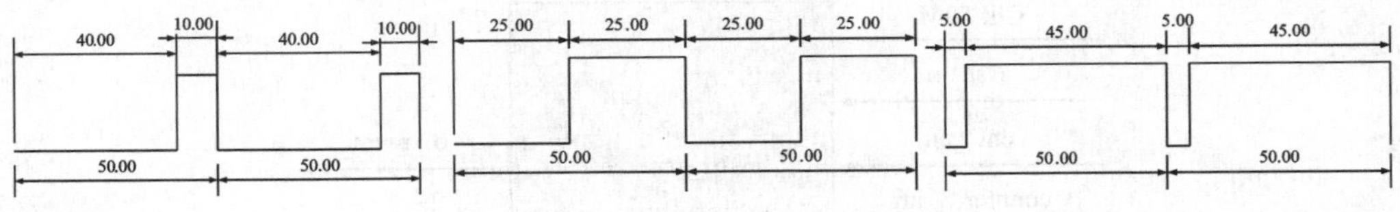

图 5.2 占空比示意图

由图5.2可知，当信号周期一定时，信号高电平时间所占信号周期的百分比不一样，即为不同占空比的PWM波。在逆变电路中，当使用这样的波形去驱动MOS管的导通时，由于一个周期内不同占空比的PWM信号其高电平持续长度不一样，因此使得

MOS 管的开通时间也不一样,从而电路中的平均电流也不一样。因此,通过调整 PWM 波的占空比即可调整被控制电路中的平均电流。

除了调整 PWM 信号的占空比,PWM 信号的周期也是可以调整的,例如,在逆变电路中,使用 IGBT 作为开关器件,常见开关频率为几 kHz 到几十 kHz;而使用 MOS 管作为开关器件,其开关频率则可高达几百 kHz。因此,对于不同的器件,对驱动信号的频率要求也不一样,还需要能够对 PWM 波的频率进行调整。

通过以上分析,可以看出,要设计一个 PWM 发生电路,需要能够实现对信号的频率和占空比的调节。在单片机或者 DSP 中,产生 PWM 波的方法就是使用片上定时器进行循环计数,通过设定定时器的一个定时周期时长来确定对应输出 PWM 信号的频率。同时还有一个比较器,该比较器比较定时器的实时计数值与用户设定的比较值的大小,根据比较结果来控制输出信号的电平高低。通过设定不同的比较值,即可实现不同占空比的 PWM 信号输出。

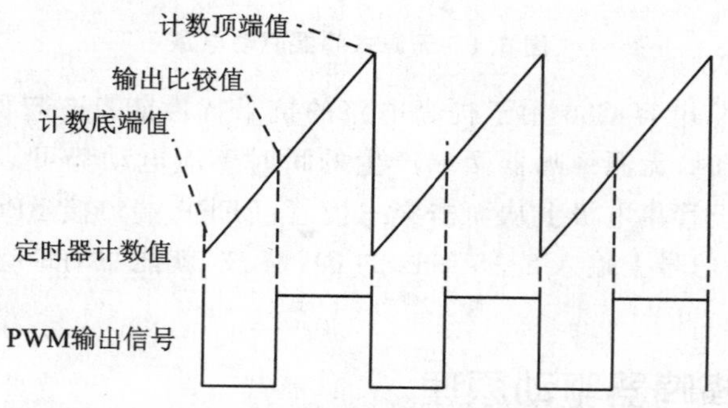

图 5.3　使用定时器产生 PWM 原理

5.1.3　PWM 发生器模块设计

对于 FPGA 来说,要产生 PWM 波,也可以借鉴单片机或 DSP 使用定时器产生 PWM 波的思路。依据图 5.3 所示的 PWM 产生原理可得出以下两个主要电路:定时器/计数器电路以及输出比较电路。可以设计出如图 5.4 所示的 PWM 发生器模块。PWM 发生器模块接口功能描述如表 5.1 所列。

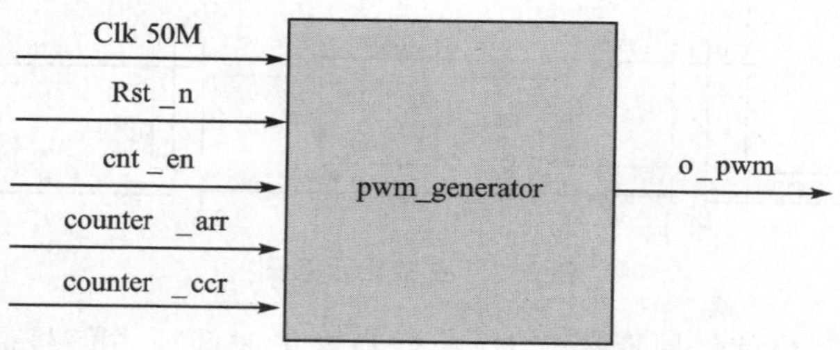

图 5.4　PWM 发生器模块接口

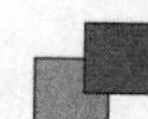

表 5.1 PWM 发生器模块接口功能描述

接口名称	I/O	功能描述
Clk50M	I	50 MHz 时钟
Rst_n	I	复位信号
cnt_en	I	使能信号
counter_arr	I	输入 32 位预重装值，确定频率
counter_ccr	I	输入 32 位输出比较值，确定占空比
o_pwm	O	PWM 输出信号

最终输出 PWM 波的频率计算公式为

$$f_{\text{pwm}} = \frac{f_{\text{clk}}}{\text{counter\_arr} + 1}$$

因此，当输出频率确定时，可计算得到预重装值，计算公式为

$$\text{counter\_arr} = \frac{f_{\text{clk}}}{f_{\text{pwm}}} - 1$$

例如，当希望设置输出信号频率为 5 kHz 时，计算公式为

$$\text{counter\_arr} = \frac{f_{\text{clk}}}{f_{\text{pwm}}} - 1 = \frac{50\ 000\ 000}{5\ 000} - 1 = 9\ 999$$

因此，只需要设置 counter_arr 值为 9 999 即可使最终输出信号的频率为 5 kHz。

当输出 PWM 频率确定后，其输出占空比计算为输出比较值与预重装值之商，计算公式为

$$\text{PW} = \frac{\text{counter\_ccr}}{\text{counter\_arr} + 1}$$

因此，当输出占空比确定时，可计算得到输出比较值，计算公式为

$$\text{counter\_ccr} = \text{PW} \times (\text{counter\_arr} + 1)$$

例如，当输出频率为 5 kHz，输出占空比为 70％时：

$$\text{counter\_ccr} = \text{PW} \times \text{counter\_arr} = (9\ 999 + 1) \times 0.7 = 7\ 000$$

在运行过程中，修改预重装值可以设置输出 PWM 信号的频率，并将同时影响输出占空比；而在预重装值确定的情况下，修改输出比较值，则可以设置输出占空比。

这里先写一个 32 位的计数器，来实现频率控制。代码如下：

```
reg [31:0]counter;                              //定义 32 位计数器
always @ (posedge Clk50M or negedge Rst_n)
if(! Rst_n)
    counter <= 32'd0;
else if (cnt_en) begin
    if(counter == 0)
        counter <=  counter_arr;                //计数到 0,加载自动预重装寄存器值
    else
        counter <=  counter - 1'b1;             //计数器自减 1
```

```
    end
    else
        counter <=  counter_arr;//没有使能时,计数器值等于预重装寄存器值
```

再写一个比较器(比较器的输出即为 PWM 的输出),来实现占空比控制,代码如下:

```
always@(posedge Clk50M or negedge Rst_n)
if(!Rst_n)                                  //让 PWM 输出信号复位时输出低电平
    o_pwm  <= 1'b0;
else if (counter >=  counter_ccr)           //计数值大于比较值
    o_pwm  <= 1'b0;                         //输出为 0
else                                        //计数值小于比较值
    o_pwm  <= 1'b1;                         //输出为 1
```

5.1.4 仿真及板级验证

这里的激励文件只需要产生 50 MHz 基准计数时钟源,然后给出预重装值和输出比较值,在最后使能计数来模拟 PWM 输出。部分激励代码如下:

```
initial begin
    Rst_n  = 0;
    cnt_en  = 0;
    counter_arr  = 0;
    counter_ccr  = 0;
    #(`clk_period * 20 + 1);
    Rst_n  = 1;
    #(`clk_period * 10 + 1);
    counter_arr  = 999;                 //设置输出信号频率为 50 kHz
    counter_ccr  = 400;                 //设置输出 PWM 波占空比为 40 %
    #(`clk_period * 10);
    cnt_en  = 1;                        //启动计数以产生 PWM 输出
    #100050;
    counter_ccr  = 700;                 //设置输出 PWM 波占空比为 70 %
    #100050;
    cnt_en  = 0;                        //停止计数以关闭 PWM 输出
    counter_arr  = 499;                 //设置输出信号频率为 100 kHz
    counter_ccr  = 250;                 //设置输出 PWM 波占空比为 50 %
    #(`clk_period * 10);
    cnt_en  = 1;                        //启动计数以产生 PWM 输出
    #50050;
    counter_ccr = 100;                  //设置输出 PWM 波占空比为 20 %
    #50050;
    $stop;
end
```

设置好仿真脚本后进行功能仿真,可以看到如图 5.5 所示的波形文件。

放大局部波形,图 5.6 为设置输出 PWM 波频率为 50 kHz(counter_arr 为 999)、占空比为 40%(counter_ccr 为 400)时的仿真波形。由图可知,低电平周期为 12 μs,高

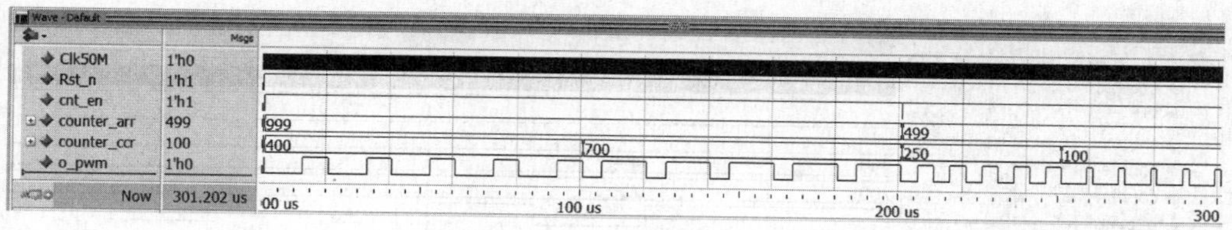

图 5.5　仿真波形图

电平周期为 8 μs，整个信号周期为 20 μs，即频率为 50 kHz，占空比为 8/20＝0.4，符合既定设计。同理可以分析其他波形图。

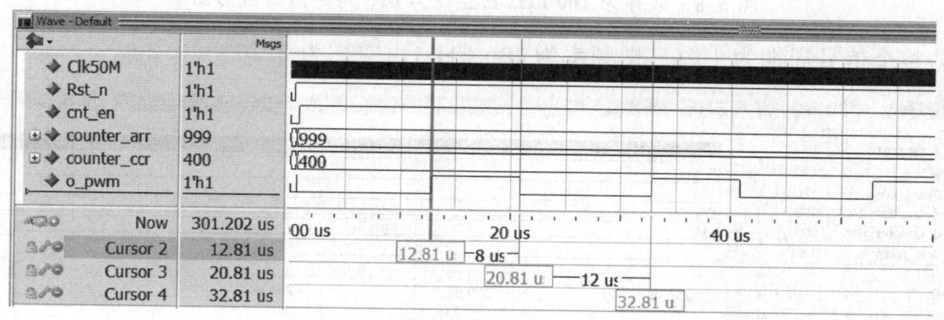

图 5.6　频率为 50 kHz 占空比为 0.4 时的仿真波形图

图 5.7 为设置输出 PWM 波频率为 50 kHz(counter_arr 为 999)、占空比为 70％(counter_ccr 为 700)时的仿真波形。由图可知，低电平周期为 6 μs，高电平周期为 14 μs，整个信号周期为 20 μs，即频率为 50 kHz，占空比为 14/20＝0.7。

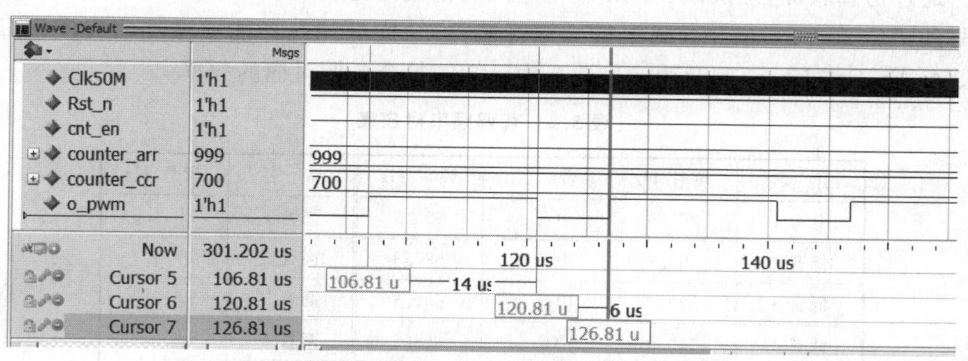

图 5.7　频率为 50 kHz 占空比为 0.7 时的仿真波形图

图 5.8 为设置输出 PWM 波频率为 100 kHz(counter_arr 为 499)、占空比为 50％(counter_ccr 为 250)时的仿真波形。由图可知，低电平周期为 5 μs，高电平周期为 5 μs，整个信号周期为 10 μs，即频率为 100 kHz，占空比为 5/10 ＝ 0.5。

图 5.9 为设置输出 PWM 波频率为 100 kHz(counter_arr 为 499)、占空比为 20％(counter_ccr 为 100)时的仿真波形。由图可知，低电平周期为 8 μs，高电平周期为

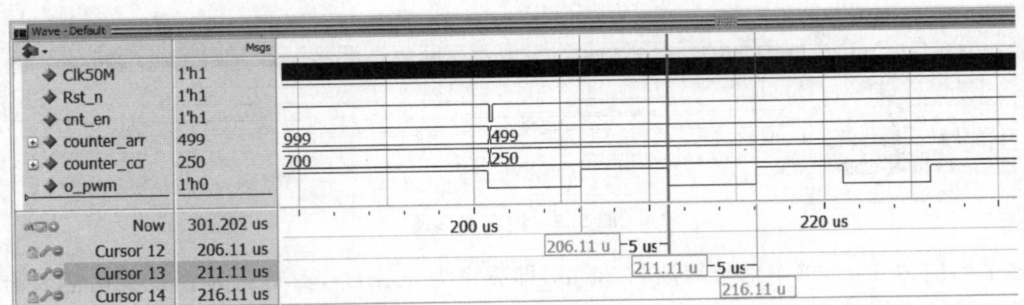

图 5.8　频率为 100 kHz 占空比为 0.5 时的仿真波形图

2 μs，整个信号周期为 10 μs，即频率为 100 kHz，占空比为 2/10 = 0.2。

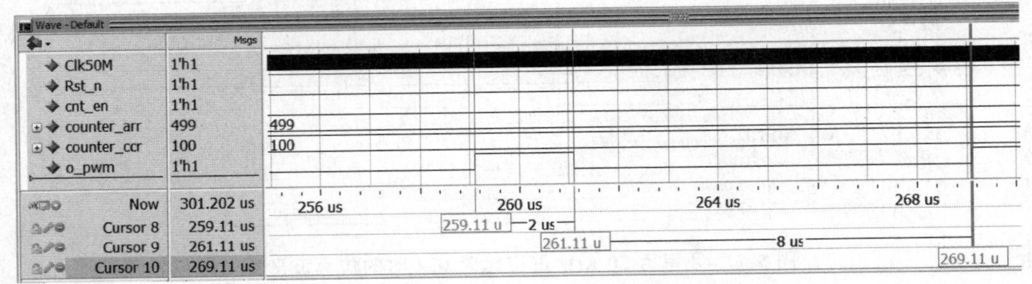

图 5.9　频率为 100 kHz 占空比为 0.2 时的仿真波形图

由此可知，该 PWM 生成电路能够正确产生 PWM 输出信号。

通过仿真验证，确认该 PWM 发生电路理论设计正确，接下来使用该 PWM 发生模块驱动 AC620 FPGA 开发板上的无源蜂鸣器，让无源蜂鸣器能够循环依次发出 Do、Re、Mi、Fa、Sol、La、Si 的音调。表 5.2 为已知的每个音调对应的频率。

表 5.2　音调频率对应表

音　名	频率/Hz	音　名	频率/Hz	音　名	频率/Hz
低音 1	261.6	中音 1	523.3	高音 1	1 045.5
低音 2	293.7	中音 2	587.3	高音 2	1 174.7
低音 3	329.6	中音 3	659.3	高音 3	1 318.5
低音 4	349.2	中音 4	698.5	高音 4	1 396.9
低音 5	392	中音 5	784	高音 5	1 568
低音 6	440	中音 6	880	高音 6	1 760
低音 7	493.9	中音 7	987.8	高音 7	1 975.5

根据每个音调的频率值，可以计算得出 PWM 发送模块的预重装值，表 5.3 为计算得出的音调频率与对应 PWM 发送模块输出相应频率的预重装值。

表 5.3　频率预装值对应表

频率/Hz	预重装值	频率/Hz	预重装值	频率/Hz	预重装值
261.6	191130	523.3	95546	1045.5	47823
293.7	170241	587.3	85134	1174.7	42563
329.6	151698	659.3	75837	1318.5	37921
349.2	143183	698.5	71581	1396.9	35793
392	127550	784	63775	1568	31887
440	113635	880	56817	1760	28408
493.9	101234	987.8	50617	1975.5	25309

本例中，保持 PWM 波的占空比为 50%即可，而通过前面仿真验证可知，当占空比为 50%时，输出比较值刚好为预重装值的一半，即只需要将预重装值除以 2(右移一位)的结果直接赋值给输出比较值即可，这样可以避免再重复计算输出比较值。

另外，为了保证音调的切换能够容易分辨，设计一个 500 ms 的定时器，每 500 ms 切换一次音调。该部分电路非常简单，因此本板级验证部分将不再讲解代码的详细设计思路，只给出具体代码。

蜂鸣器播放音调电路的代码如下：

```
module pwm_generator_test(
    Clk50M,
    Rst_n,
    beep
);

    input  Clk50M;
    input  Rst_n;
    output beep;

    reg [31:0]counter_arr;          //预重装值寄存器
    wire [31:0]counter_ccr;         //输出比较值

    reg [24:0]delay_cnt;            //500 ms 延时计数器
    reg [4:0]Pitch_num;             //音调编号

    localparam
        L1  = 191130,               //低音 1
        L2  = 170241,               //低音 2
        L3  = 151698,               //低音 3
        L4  = 143183,               //低音 4
        L5  = 127550,               //低音 5
        L6  = 113635,               //低音 6
        L7  = 101234,               //低音 7
//为节约篇幅，可自行添加中音 M1～M7，高音 H1～H7 数值

//输出比较值为预重装值一半
```

```
assign counter_ccr =  counter_arr >> 1;

pwm_generator pwm_generator(
    .Clk50M(Clk50M),
    .Rst_n(Rst_n),
    .cnt_en(1'b1),
    .counter_arr(counter_arr),
    .counter_ccr(counter_ccr),
    .o_pwm(beep)
);

//500 ms 延时计数器计数
always@(posedge Clk50M or negedge Rst_n)
if(!Rst_n)
    delay_cnt <= 25'd0;
else if (delay_cnt == 0)
    delay_cnt <= 25'd24999999;
else
    delay_cnt <=  delay_cnt - 1'b1;

//每 500 ms 切换一次音调
always@(posedge Clk50M or negedge Rst_n)
if(!Rst_n)
    Pitch_num <= 5'd0;
else if (delay_cnt == 0) begin
    if(Pitch_num == 5'd20)
        Pitch_num <= 5'd0;
else
        Pitch_num <=  Pitch_num + 5'd1;
end
else
    Pitch_num <=  Pitch_num;

//根据音调编号给预重装值相应的值
always@(*)
    case(Pitch_num)
        0:counter_arr   =  L1;
        1:counter_arr   =  L2;
        2:counter_arr   =  L3;
        3:counter_arr   =  L4;
        4:counter_arr   =  L5;
        5:counter_arr   =  L6;
        6:counter_arr   =  L7;
        7:counter_arr   =  M1;
        //为节约篇幅,可自行添加中音 M1~M7,高音 H1~H7 数值
        default:counter_arr   =  L1;
    endcase

endmodule
```

引脚分配完成后对工程全编译,然后下载到 AC620 开发板上,下载完成后蜂鸣器

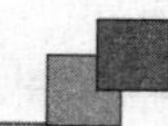

即开始循环从低音 1 播放到高音 7。

待学习红外解码部分后，可尝试设计一款电子琴，来加深对本节内容的理解。

5.2　线性序列机与串行接口 DAC 驱动设计与验证

数/模转换器即 D/A 转换器，或简称 DAC(Digital to Analog Conver)，是指将数字信号转变为模拟信号的电子元件。

DAC 的内部电路构成无太大差异，一般按输出是电流还是电压，能否作乘法运算等进行分类。大多数 DAC 由电阻阵列和 n 个电流开关（或电压开关）构成，按数字输入值切换开关，并依据开关状态来产生对应的输入电流（或电压）。此外，也有为了改善精度而把恒流源放入器件内部的。DAC 可分为电压型和电流型两大类，电压型 DAC 有权电阻网络、T 形电阻网络和树形开关网络等；电流型 DAC 有权电流型电阻网络和倒 T 形电阻网络等。

电压输出型（如 TLV5618）。虽然电压输出型 DAC 可直接从电阻阵列输出电压，但一般采用内置输出放大器以低阻抗输出。直接输出电压的器件仅用于高阻抗负载，由于无输出放大器部分的延迟，故常作为高速 DAC 使用。

电流输出型（如 THS5661A）。电流输出型 DAC 很少直接利用电流输出，大多外接电流-电压转换电路得到电压输出。电流-电压转换有两种方法：一是只在输出引脚上接负载电阻而进行电流-电压转换，二是外接运算放大器。

乘算型（如 AD7533）。DAC 中有使用恒定基准电压的，也有在基准电压输入上加交流信号的，后者由于能得到数字输入和基准电压输入相乘的结果，因而称为乘算型 DAC。一般乘算型 DAC 不仅可以进行乘法运算，而且还可以作为使输入信号数字化衰减的衰减器及对输入信号进行调制的调制器使用。

一位 DAC。一位 DAC 与前述转换方式全然不同，它将数字值转换为脉冲宽度调制或频率调制的输出，然后用数字滤波器作平均化而得到一般的电压输出，用于音频等场合。

本节以 TLV5618 为例介绍 DAC 的工作原理及时序图，并用线性序列机(LSM)来描述时序图进而正确驱动此类设备。在 Quartus Prime 软件中，使用 ISSP 工具输入希望输出的电压值，控制 FPGA 进而操作 TLV5618 芯片输出对应的电压值。

5.2.1　DAC 芯片概述及电路设计

1. TLV5618 型 DAC 内部工作原理

本节使用的 DAC 芯片为 TLV5618，其芯片内部结构如图 5.10 所示。TLV5618 是一个基于电压输出型的双通道 12 位单电源数/模转换器，其由串行接口、速度和电源控制器、电阻网络、2 倍增益的输出缓冲器组成。

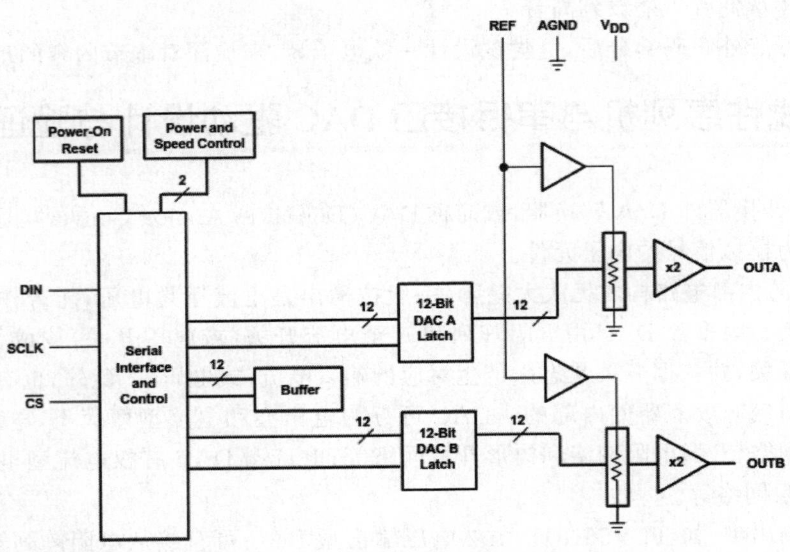

图 5.10　TLV5618 芯片内部框图

TLV5618 使用 CMOS 电平兼容的三线制串行总线与各种处理器进行连接，接收控制器发送的 16 位的控制字，这 16 位的控制字被分为 2 个部分，包括 4 位的编程位和 12 位的数据位。

2. TLV5618 型 DAC 芯片引脚功能

TLV5618 芯片引脚及功能描述如表 5.4 所列。

表 5.4　芯片引脚功能描述

引脚名称	编　号	I/O	功能描述
DIN	1	I	数字串行数据输入
SCLK	2	I	数字串行时钟输入
$\overline{\text{CS}}$	3	I	片选端。低电平数据输入有效，用作使能输入端
OUTA	4	O	DAC A 模拟电压输出
AGND	5	供电	地
REF	6	I	模拟基准电压输入
OUTB	7	O	DAC B 模拟电压输出
VDD	8	供电	正电源

3. TLV5618 电路设计

TLV5618 部分电路图如图 5.11 所示。其中参考电压为由 LM4040 提供的 2.048 V，与 FPGA 采用三线制 SPI 通信。

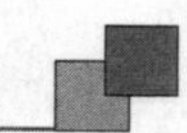

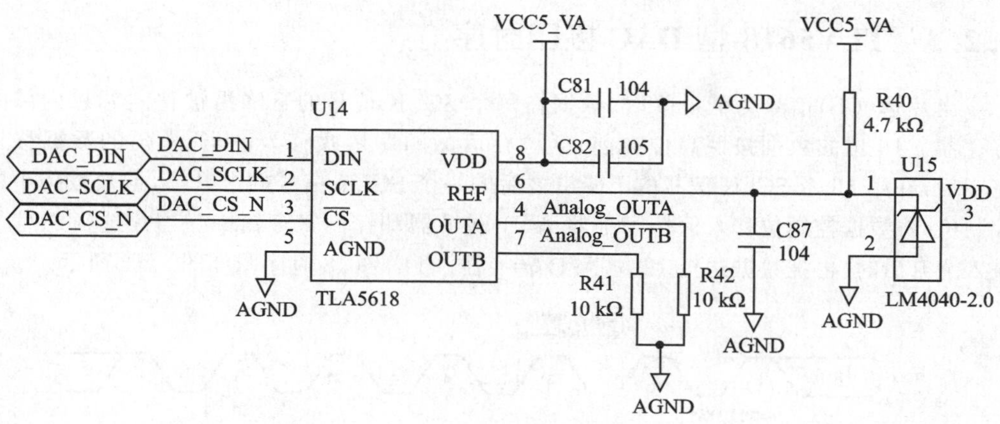

图 5.11　TLV5618 部分电路图

5.2.2　TLV5618 型 DAC 芯片输出电压计算原理

TLV5618 是由两个电阻网络来实现两路数/模转换的，每路 DAC 的核心是一个拥有 4 096(2^{12})个节点的电阻，对应了 4 096 种不同的组合，每个电阻网络的一端连接到 GND，另一端来自参考电压经过缓冲器后的输出。如果不考虑其他情况，该电阻网络型 DAC 的输出电压范围应该为 0～V_{REF}，对应到 AC620 板上的电路，即 0～2.048 V。另外在每个 DAC 通道的电阻网络电压输出后级，连接了一个 2 倍增益的轨对轨放大器。将电阻网络 DAC 单元的输出电压放大为 2 倍后输出到引脚。所以，TLV5618 芯片的实际输出电压范围为 0～2×V_{REF}，对应到 AC620 板上的电路，即 0～4.096 V。当芯片上电时，DAC 的值被全部复位到 0。每个 DAC 通道的输出可由下列公式计算得出：

$$V_o(\text{DAC A} \mid \text{B}) = 2 \times V_{REF} \times \text{CODE}/2^{12} \quad (V)$$

式中：V_{REF} 是基准电压，本电路中为 2.048 V；CODE 是数字电压输入值，范围 0～$2^{12}-1$。当串行控制字中的数据部分为 0～4095d 时，与输出电压对应关系如表 5.5 所列。需要注意的是满量程输出电压由基准电压决定。

表 5.5　输出电压与控制字的对应关系

D11	D10	D9	D8	D7	D6	D5	D4	D3	D2	D1	D0	输出电压
0	0	0	0	0	0	0	0	0	0	0	0	0 V
0	0	0	0	0	0	0	0	0	0	0	1	2×(1/4 096)×V_{REF}
⋮	⋮	⋮	⋮	⋮	⋮	⋮	⋮	⋮	⋮	⋮	⋮	⋮
0	1	1	1	1	1	1	1	1	1	1	1	2×(2 047/4 096)×V_{REF}
1	0	0	0	0	0	0	0	0	0	0	0	2×(2 048/4 096)×V_{REF}
⋮	⋮	⋮	⋮	⋮	⋮	⋮	⋮	⋮	⋮	⋮	⋮	⋮
1	1	1	1	1	1	1	1	1	1	1	1	$2\times\frac{4\,095}{4\,096}\times V_{REF}$

5.2.3 TLV5618 型 DAC 接口时序

当片选($\overline{CS}$)信号为低电平时，数据在每个 SCLK 信号的下降沿被移入芯片内部的寄存器。16 位的数据按照高位在前、低位在后的顺序依次移入。当 16 位的数据移入完毕后，在第 16 个 SCLK 信号的下降沿之后的一个 SCLK 信号的上升沿，据根数据中的控制位，将数据控制位移入保持寄存器 A、B、缓冲器和控制寄存器中。当片选($\overline{CS}$)信号进入上升沿时，再把数据送至 12 位 A/D 转换器。TLV5618 时序图如图 5.12 所示。

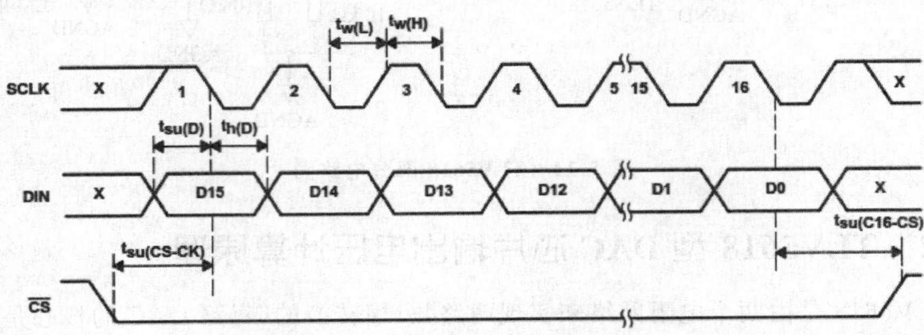

图 5.12 TLV5618 时序图

TLV5618 的 16 位数据格式如下：

D15	D14	D13	D12	D11	D10	D9	D8	D7	D6	D5	D4	D3	D2	D1	D0
R1	SPD	PWR	R0	MSB					12 位数据						LSB

其中，SPD 为速度控制位，PWR 为电源控制位。上电时，SPD 和 PWR 复位到 0(低速模式和正常工作)。SPD、PWR 功能描述如表 5.6 所列。

表 5.6 SPD、PWR 功能描述

数 值	功能描述	
	SPD	PWR
1	快速模式	掉电模式
0	低速模式	正常工作

R1 与 R0 所有可能的组合以及代表的含义如表 5.7 所列。如果其中一个寄存器或者缓冲区被选择，那么 12 位数据将决定新的 DAC 输出电压值。

表 5.7 R1、R0 功能描述

R1	R0	描 述
0	0	写数据到 DAC B 和缓冲区
0	1	写数据到缓冲区
1	0	写数据到 DAC A 同时把缓冲区内容更新到 DAC B
1	1	保留

这样针对 D[15:12]不同组合构成的典型操作如下：

① 设置 DAC A 输出，选择快速模式：写新的 DAC A 的值，更新 DAC A 输出。DAC A 的输出在 D0 后的时钟上升沿更新。

D15	D14	D13	D12	D11	D10	D9	D8	D7	D6	D5	D4	D3	D2	D1	D0
1	1	0	0	MSB					新的 DAC A 输出值						LSB

② 设置 DAC B 输出，选择快速模式：写新的 DAC B 的值到缓冲区，并且更新 DAC B 输出。DAC B 的输出在 D0 后的时钟上升沿更新。

D15	D14	D13	D12	D11	D10	D9	D8	D7	D6	D5	D4	D3	D2	D1	D0
0	1	0	0	MSB					新的 DAC B 输出值						LSB

③ 设置 DAC A、DAC B 的值，选择低速模式：在写 DAC A 的数据 D0 后时钟上升沿 DAC A 和 B 同时更新输出。

a. 写 DAC B 的数据到缓冲区。

D15	D14	D13	D12	D11	D10	D9	D8	D7	D6	D5	D4	D3	D2	D1	D0
0	0	0	1	MSB					新的 DAC B 输出值						LSB

b. 写新的 DAC A 的值并且同时更新 DAC A 和 B。

D15	D14	D13	D12	D11	D10	D9	D8	D7	D6	D5	D4	D3	D2	D1	D0
1	0	0	0	MSB					新的 DAC A 输出值						LSB

④ 设置掉电模式：×＝不关心。

D15	D14	D13	D12	D11	D10	D9	D8	D7	D6	D5	D4	D3	D2	D1	D0
×	×	1	×						××××××						

5.2.4　线性序列机设计思想与接口时序设计

从图 5.12 中可以看出，该接口的时序是一个很有规律的序列，SCLK 信号什么时候由低变高，什么时候由高变低。DIN 信号什么时候该传输哪一位数据，都是可以根据时序参数唯一确定的。

这样就可以将该数据波形放到以时间为横轴的一个二维坐标系中，纵轴就是每个信号对应的状态，如图 5.13 所示。

因此只需要在逻辑中使用一个计数器来计数，然后每个计数值就相当于在 t 轴上对应了一个相应的时间点，那么在这个时间点上，各个信号需要进行什么操作，直接赋值即可。

查阅手册可知器件工作频率 SCLK 最大为 20 MHz，设计时留下一定余量，因此这里定义其工作频率为 12.5 MHz。设置一个两倍于 SCLK 的采样时钟 SCLK2X，使用 50 MHz 系统时钟二分频即 SCLK2X 为 25 MHz。针对 SCLK2X 进行计数来确定图 5.13

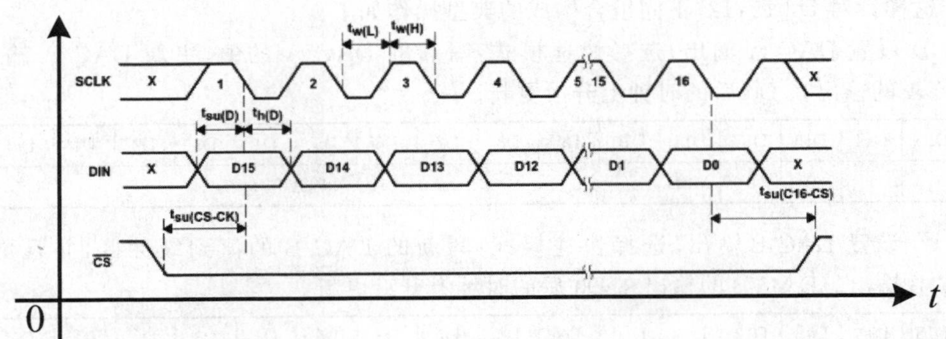

图 5.13　时序图数字化

中各个信号的状态,可得出每个时间点对应信号操作如表 5.8 所列。

表 5.8　时间点对应信号操作表

计数器值	对应信号状态
0	SCLK= 1;DIN=DAC_DATA [15]
1	SCLK= 0
2	SCLK= 1;DIN=DAC_DATA [14]
3	SCLK= 0
4	SCLK= 1;DIN=DAC_DATA [13]
5	SCLK= 0
6	SCLK= 1;DIN=DAC_DATA [12]
7	SCLK= 0
8	SCLK= 1;DIN=DAC_DATA [11]
9	SCLK= 0
10	SCLK= 1;DIN=DAC_DATA [10]
11	SCLK= 0
12	SCLK= 1;DIN=DAC_DATA [9]
13	SCLK= 0
14	SCLK= 1;DIN=DAC_DATA [8]
15	SCLK= 0
16	SCLK= 1;DIN=DAC_DATA [7]
17	SCLK= 0
18	SCLK= 1;DIN=DAC_DATA [6]
19	SCLK= 0
20	SCLK= 1;DIN=DAC_DATA [5]
21	SCLK= 0

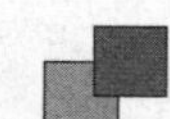

续表 5.8

计数器值	对应信号状态
22	SCLK= 1;DIN=DAC_DATA [4]
23	SCLK= 0
24	SCLK= 1;DIN=DAC_DATA [3]
25	SCLK= 0
26	SCLK= 1;DIN=DAC_DATA [2]
27	SCLK= 0
28	SCLK= 1;DIN=DAC_DATA [1]
29	SCLK= 0
30	SCLK= 1;DIN=DAC_DATA [0]
31	SCLK= 0

线性序列机计数器的控制逻辑判断依据,如表 5.9 所列。

表 5.9　计数器功能判断条件

基本条件	对 SCLK_GEN_CNT 操作
SCLK_GEN_CNT<32	SCLK_GEN_CNT⩽SCLK_GEN_CNT+ 1'b1
SCLK_GEN_CNT = 32	SCLK_GEN_CNT⩽0

以上就是通过线性序列机设计接口时序的一个典型案例,可以看到,线性序列机可以大大简化设计思路。线性序列机的设计思想就是使用一个计数器不断计数,由于每个计数值都会对应一个时间,那么当该时间符合需要操作信号的时刻时,就对该信号进行操作。这样,就能够轻松设计出各种时序接口了。

5.2.5　基于线性序列机的 DAC 驱动设计

设计 TLV5618 接口逻辑的模块如图 5.14 所示。

图 5.14　模块接口示意图

其中,每个端口的功能描述如表 5.10 所列。

生成使能信号,当输入使能信号有效后便将使能信号 en 置 1,当转换完成信号有效时便将其重新置 0。

表 5.10　模块端口功能描述

端口名称	I/O	端口功能描述
Clk	I	控制器的工作时钟,频率为 50 MHz
Rst_n	I	控制器复位,低电平复位
Start	I	模块使能控制
Dac_data [15:0]	I	控制器控制字
Set_Done	O	更新 DAC 完成标志,每次完成更新产生一个高电平脉冲,脉冲宽度为 1 个时钟周期
CS_N	O	TLV5618 的 CS_N 接口
DIN	O	TLV5618 的 DIN 接口
SCLK	O	TLV5618 的 SCLK 接口
DAC_STATE	O	模块状态标识,低电平时为忙标志,高电平为空闲状态

```
reg en;    //转换使能信号
always@(posedge Clk or negedge Rst_n)
if(!Rst_n)
    en  <= 1'b0;
else if (Start)
    en  <= 1'b1;
else if (trans_Done)
    en  <= 1'b0;
else
    en  <=  en;
```

在数据手册中,SCLK 的频率最大为 20 MHz。这里为了方便适配不同的频率需求,设置了一个可调的计数器,改变 DIV_PARAM 的值即可改变 DAC 的工作频率。根据表 5.8 中的内容可以看出,需要根据计数器的值周期性地产生 SCLK 时钟信号,这里可以将计数器的值等倍数放大,形成过采样。这里产生一个两倍于 SCLK 的信号,命名为 SCLK2X。

首先编写用于生成时钟 SCLK2X 的计数器。

```
//生成 2 倍 SCLK 使能时钟计数器
reg [7:0]DIV_CNT;     //分频计数器
always@(posedge Clk or negedge Rst_n)
if(!Rst_n)
    DIV_CNT <= 4'd0;
else if (en) begin
    if(DIV_CNT == (DIV_PARAM - 1'b1))
        DIV_CNT <= 4'd0;
    else
        DIV_CNT <=  DIV_CNT + 1'b1;
```

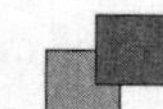

```
end else
    DIV_CNT <= 4'd0;
```

根据使能信号以及计数器状态生成 SCLK2X 时钟。

```
//生成 2 倍 SCLK 使能时钟计数器
always@(posedge Clk or negedge Rst_n)
if(!Rst_n)
    SCLK2X <= 1'b0;
else if (en && (DIV_CNT == (DIV_PARAM - 1'b1)))
    SCLK2X <= 1'b1;
else
    SCLK2X <= 1'b0;
```

每当使能转换后，对 SCLK2X 时钟进行计数。

```
always@(posedge Clk or negedge Rst_n)
if(!Rst_n)
    SCLK_GEN_CNT <= 6'd0;
else if (SCLK2X && en) begin
    if(SCLK_GEN_CNT == 6'd33)
        SCLK_GEN_CNT <= 6'd0;
    else
        SCLK_GEN_CNT <=  SCLK_GEN_CNT + 1'd1;
end else
    SCLK_GEN_CNT <=  SCLK_GEN_CNT;
```

根据 SCLK2X 计数器的值来确认工作状态以及数据传输进程。

```
//依次将数据移出到 DAC 芯片
    always@(posedge Clk or negedge Rst_n)
    if(!Rst_n) begin
        DIN <=  1'b1;
        SCLK <=  1'b0;
        CS_N <=  1'b1;
    end
    else if(!Set_Done && SCLK2X) begin
    case(SCLK_GEN_CNT)
        0:
            begin
                CS_N <=  1'b0;
                DIN <=  r_DAC_DATA[15];
                SCLK <=  1'b1;
            end

        1,3,5,7,9,11,13,15,17,19,21,23,25,27,29,31:
            begin
                SCLK <=  1'b0;
            end

        2:  begin DIN <=  r_DAC_DATA[14]; SCLK <=  1'b1; end
        4:  begin DIN <=  r_DAC_DATA[13]; SCLK <=  1'b1; end
        6:  begin DIN <=  r_DAC_DATA[12]; SCLK <=  1'b1; end
```

```
            8:  begin DIN  <=  r_DAC_DATA [11]; SCLK  <=  1'b1; end
            10: begin DIN  <=  r_DAC_DATA [10]; SCLK  <=  1'b1; end
            12: begin DIN  <=  r_DAC_DATA [9];  SCLK  <=  1'b1; end
            14: begin DIN  <=  r_DAC_DATA [8];  SCLK  <=  1'b1; end
            16: begin DIN  <=  r_DAC_DATA [7];  SCLK  <=  1'b1; end
            18: begin DIN  <=  r_DAC_DATA [6];  SCLK  <=  1'b1; end
            20: begin DIN  <=  r_DAC_DATA [5];  SCLK  <=  1'b1; end
            22: begin DIN  <=  r_DAC_DATA [4];  SCLK  <=  1'b1; end
            24: begin DIN  <=  r_DAC_DATA [3];  SCLK  <=  1'b1; end
            26: begin DIN  <=  r_DAC_DATA [2];  SCLK  <=  1'b1; end
            28: begin DIN  <=  r_DAC_DATA [1];  SCLK  <=  1'b1; end
            30: begin DIN  <=  r_DAC_DATA [0];  SCLK  <=  1'b1; end

            32: SCLK   <=  1'b1;
            33: CS_N   <=  1'b1;
            default:;
        endcase
    end
```

一次转换结束的标志，即 SCLK_GEN_CNT [5] && SCLK2X，并产生一个高脉冲的转换完成标志信号 Set_Done。

```
    assign trans_done = (SCLK_GEN_CNT == 33) && SCLK2X;

    always@(posedge Clk or negedge Rst_n)
    if(!Rst_n)
        Set_Done <= 1'b0;
    else if(trans_done)
        Set_Done <= 1'b1;
    else
        Set_Done <= 1'b0;
```

5.2.6 仿真及板级验证

这里仿真文件需输出几次并行数据，观测串行数据输出 DIN 的状态即可判断是否能驱动正常。这里输出 4 次数据，分别为 C_AAAh、4_555h、1_555h、F_555h。部分代码如下，这里只写出了前两个数据，后面两个直接复制修改即可。

```
    initial begin
        Rst_n = 0; Start = 0; DAC_DATA = 0; #201;
        Rst_n = 1; #200;

        DAC_DATA = 16'hC_AAA; Start = 1; #20;
        Start = 0;
        #200;
        wait(Set_Done);

        #20000;
```

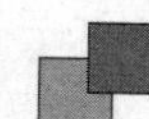

```
    DAC_DATA = 16'h4_555; Start = 1;#20;
    Start = 0;
    #200;
    wait(Set_Done);
    $ stop;
end
```

开始仿真后，可看出人为控制 DAC_DATA 数据输入状态正常。整体功能仿真波形如图 5.15 所示。

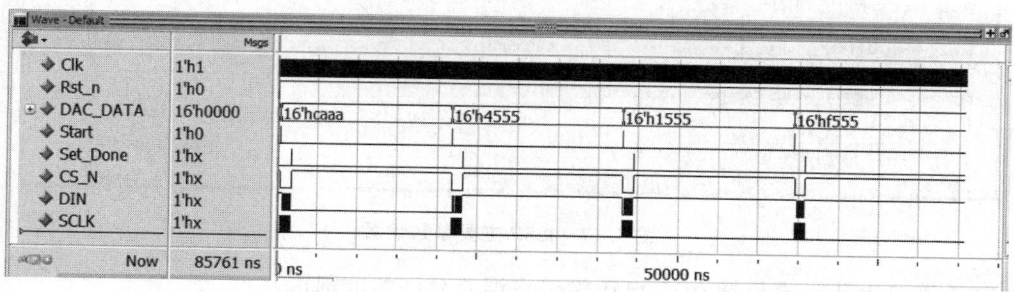

图 5.15　整体功能仿真波形

放大第一个数据传输过程，如图 5.16 所示，可以看出 DIN 数据线上可正常传输 1100_1010_1010_1010b，且计数器 SCLK_GEN_GNT 计数到 32d 后清零，每个传输过程中 CS_N 为低。传输完成后产生一个时钟周期的 Set_Done 标志信号。

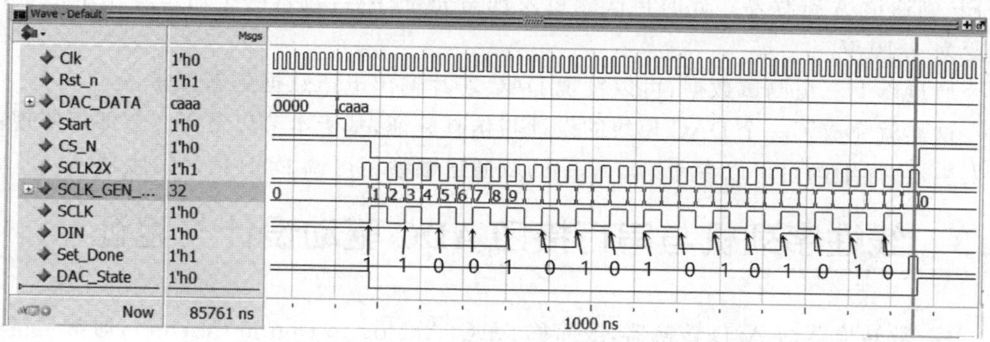

图 5.16　第一次数据传输过程仿真波形

为了再次验证 TLV5618 驱动模块设计的正确性，使用 ISSP 在线调试工具。创建一个 ISSP IP 核，主要配置如图 5.17 所示，详细步骤可参考 3.9 节的相关内容。

加入工程后新建顶层文件 DAC_test. v，并对 ISSP 以及设计好的 TLV5618 进行例化。

在接口时序介绍中指出，TLV5618 有三种更新输出电压方式，下面分别测试这三种电压更新方式。上电复位后两通道输出电压初始值均为 0 V。

① 单独测试 A 通道，依次输入 CFFFh、C7FFh、C1FFh，理论输出电压值应为 4.096 V、2.048 V、0.512 V。可在通道 A 测量输出电压依次为 4.10 V、2.05 V、0.51 V，

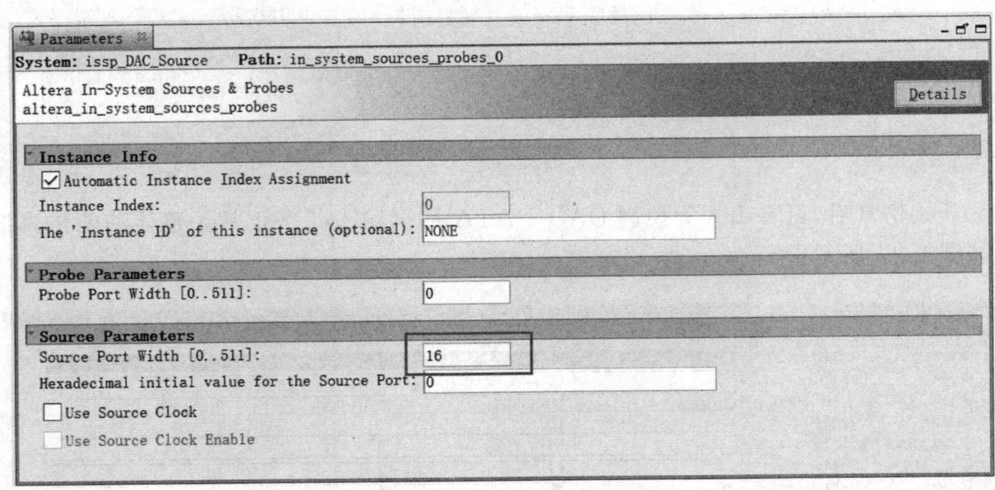

图 5.17　ISSP 主要参数设置

此时通道 B 电压一直保持 0 V,电压输出在误差允许的范围内。

② 单独测试 B 通道,依次输入 4FFFh、47FFh、4000h,可在通道 B 测量输出电压依次为 4.10 V、2.05 V、0 V。此时通道 A 电压一直保持 0.51 V,电压输出在误差允许范围内。

③ 测量 A、B 两通道同时更新,首先输入 1FFF 将数据写入通道 B 寄存器,再写入 8FFF 到通道 A 寄存器。此时再次测量发现写完寄存器值后,两个通道输出电压会同时变为 4.10 V。

通过以上三组测试数据,可以发现 DAC 芯片输出电压数据更新正常。

这样就完成了一个 DAC 模块的设计与仿真验证,基于本节以及 4.3 节即可实现信号发生器,详细内容可以参考第 6 章中的双通道幅频相可调 DDS 信号发生器。

5.3　线性序列机与串行接口 ADC 驱动设计与验证

模/数转换器即 A/D 转换器,或简称 ADC(Analog to Digital Conver),通常是指一个将模拟信号转变为数字信号的电子元件。通常的模/数转换器是把经过与标准量比较处理后的模拟量转换成以二进制数值表示的离散信号的转换器。

模/数转换器的种类很多,按工作原理的不同,可分成间接 ADC 和直接 ADC。间接 ADC 是先将输入模拟电压转换成时间或频率,然后再把这些中间量转换成数字量,常用的有双积分型 ADC。直接 ADC 是直接转换成数字量,常用的有并联比较型 ADC 和逐次逼近型 ADC。

并联比较型 ADC:采用各量级同时并行比较,各位输出码也是同时并行产生,所以转换速度快。并联比较型 ADC 的缺点是成本高、功耗大。

逐次逼近型 ADC:它产生一系列比较电压 VR,但它是逐个产生比较电压,逐次与输入电压分别进行比较的，以逐渐逼近的方式进行模/数转换。它比并联比较型 ADC 的转换速度慢，但比双积分型 ADC 要快得多，属于中速 ADC 器件。

双积分型 ADC：它先对输入采样电压和基准电压进行两次积分，获得与采样电压平均值成正比的时间间隔，同时用计数器对标准时钟脉冲计数。它的优点是抗干扰能力强，稳定性好；缺点是转换速度低。

本节以 ADC128S102 为例介绍 ADC 的工作原理及对时序图进行解释，并用线性序列机来描述时序图进而正确驱动此类设备。本实验中，直接使用 A/D、D/A 模块上的 DAC 模块的输出直接接到 ADC 模块的输入，通过控制 DAC 输出不同电压值，然后比较 DAC 的输出与 ADC 采样到的值的大小，从而评估 ADC 驱动的正确性。

5.3.1　ADC 芯片概述及电路设计

1. ADC128S102 型 ADC 内部工作原理

在 AC620 开发板上使用的模/数转换器为逐次逼近型的低功耗芯片 ADC128S102，其具有 8 通道以及 12 位的分辨率。电源采用独立的模拟供电以及数字供电，其中模拟电源 V_A 输入范围为 2.7～5.25 V，数字电源 V_D 输入范围为 2.7 V～V_A。其与外部通信支持多种接口，如 SPI、QSPI、MICROWIRE 以及通用的 DSP 接口，转换速率在 500～1 M ksps，典型情况下当 3 V 供电时，功耗为 1.2 mW；当 5 V 供电时，功耗为 7.5 mW。内部功能框图如图 5.18 所示。

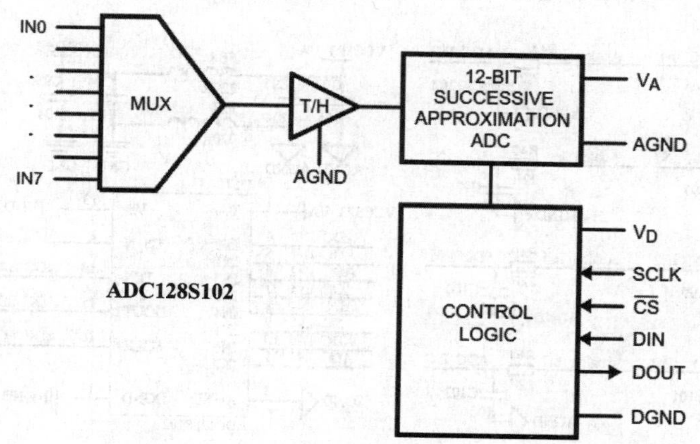

图 5.18　内部功能框图

本款 ADC 为 12 位分辨率，因此 1 bit 代表的电压值即为 $V_A/4096$。手册中同时指出，当模拟输入电压低于 $V_A/8\,192$ 时，输出数据即为 0000_0000_0000b。同理由于芯片本身内部构造当输出数据 0000_0000_0000b 变为 0000_0000_0001b 时，实际输入电压变化为 $V_A/8\,192$ 而不是 $V_A/4\,096$。当输入电压大于或等于 $V_A-1.5\times V_A/4\,096$ 时，输出数据即为 1111_1111_1111b。

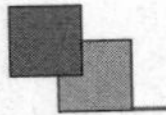

2. ADC128S102 型 ADC 芯片引脚功能

ADC128S102 芯片引脚及功能描述如表 5.11 所列。

表 5.11　ADC128S102 芯片引脚及功能描述

引脚名称	编　号	I/O	功能描述
$\overline{CS}$	1	I	片选端，下降沿时开始测量转换，低电平状态为正在转换
V_A	2	供电	模拟电源输入正，也就是参考电压，2.7～5.25 V
AGND	3	供电	模拟地
IN0～IN7	4～11	I	模拟输入脚，电压输入范围为 $0\sim V_{REF}$
DGND	12	供电	数字地
V_D	13	供电	数字电源输入正，2.7 V～V_A
DIN	14	I	串行数据输入脚，SCLK 上升沿采样输入
DOUT	15	O	转换结构输出脚，SCLK 下降沿输出
SCLK	16	I	时钟输入，频率范围为 0.8～3.2 MHz

3. ADC128S102 电路设计

ADC128S102 部分电路图如图 5.19 所示。这里外接了一个抗混叠低通滤波器，其作用是为了避免输入信号的高频成分在 ADC 的基带中引起混叠。数字电源与模拟电源电压均为 3.3 V，且数字电源与模拟电源之间串联磁珠用于抑制电磁干扰。

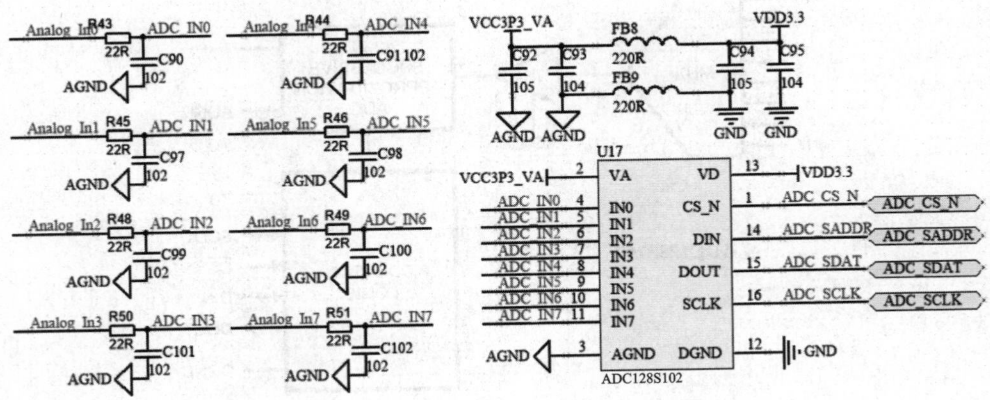

图 5.19　ADC128S102 部分电路图

5.3.2　ADC128S102 型 ADC 接口时序

微控制器与 ADC128S102 的接口如图 5.20 所示，该接口使用标准的 SPI 接口，因此可以直接连接到微控制器的片上 SPI。对于 FPGA，则可按照 SPI 时序搭建控制电路，以实现对 ADC128S102 的控制。

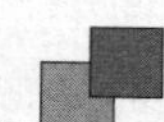

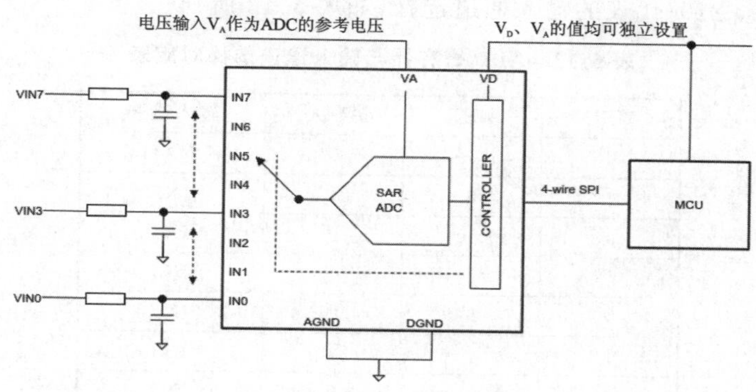

图 5.20　主机与 ADC128S102 接口示意图

ADC128S102 通过 SPI 接口与控制器进行通信的时序图如图 5.21 所示。一个串行帧开始于 $\overline{CS}$ 的下降沿，结束于 $\overline{CS}$ 的上升沿。一帧包含 16 个上升沿 SCLK。当 ADC 的 DOUT 引脚 $\overline{CS}$ 为高时代表空闲状态，为低时代表传输状态，相当于 $\overline{CS}$ 可以充当输出使能。在 $\overline{CS}$ 为高时 SCLK 默认高。在前 3 个 SCLK 循环，ADC 处于采样(Track)模式；在接下来的 13 个循环为保持(Hold)模式，转换完成并且完成数据输出。下降沿1～4 为前导零，5～16 为输出转换结果。如果在持续测量模式中，则 ADC 在 $N\times16$ 个 SCLK 的上升沿会自动进入采样模式，在 $N\times16+4$ 个下降沿进入保持/转换模式。

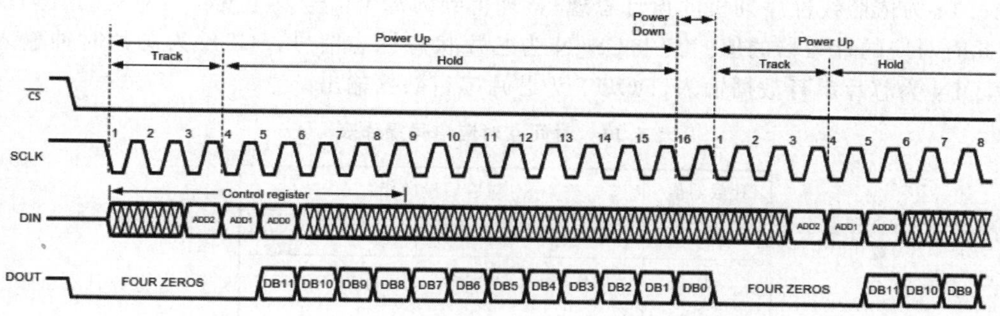

图 5.21　SPI 接口时序图

进入采样模式有三种方式：第一种当 SCLK 为高电平时 CS 变为低，当 SCLK 的第一个下降沿到来时便进入采样模式；第二种当 SCLK 为低电平时 $\overline{CS}$ 变低，自动进入采样模式，$\overline{CS}$ 的下降沿即视为 SCLK 的第一个下降沿；第三种当 SCLK 与 $\overline{CS}$ 同时变为低时，这样对于两信号上升沿没有时序约束，但对于其下降沿有要求。

DIN 的 8 个控制寄存器，每一位代表的含义如表 5.12 所列。

表 5.12　DIN 控制寄存器

Bit7(MSB)	Bit6	Bit5	Bit4	Bit3	Bit2	Bit1	Bit0
DONTC	DONTC	ADD2	ADD1	ADD0	DONTC	DONTC	DONTC

其中 ADD [2:0]代表的输入通道选择，如表 5.13 所列。

表 5.13　ADD 寄存器与输入通道选择对应表

ADD2	ADD1	ADD0	输入通道
0	0	0	IN0 (Default)
0	0	1	IN1
0	1	0	IN2
0	1	1	IN3
1	0	0	IN4
1	0	1	IN5
1	1	0	IN6
1	1	1	IN7

5.3.3　ADC128S102 接口时序设计

经查阅手册可知器件工作频率 SCLK 的推荐范围为 8～16 MHz，这里定义其工作频率为 12.5 MHz(周期为 80 ns)。设置一个两倍于 SCLK 的采样时钟 SCLK2X，使用 50 MHz 系统时钟的 2 分频即 SCLK2X 为 25 MHz。针对 SCLK2X 进行计数来确定图 5.21 中各个信号的状态。结合前面 ADC 的接口时序图，按照线性序列机的设计思路，可以整理得到每个信号发生变化时对应的时刻以及此时对应的计数器的值。表 5.14 为依照线性序列机的设计思想，整理得到的每个信号发生变化时对应的时刻以及此时对应的计数器的值。其中 CS_N 为芯片状态标志信号，SCLK 为芯片时钟输入脚，DIN 为芯片串行数据输入，DOUT 为芯片串行数据输出。

表 5.14　时间点对应信号操作表

计数器值	对应信号操作
0	CS_N = 0
1	SCLK = 0; DIN=0
2	SCLK = 1
3	SCLK = 0
4	SCLK = 1
5	SCLK = 0; DIN= ADD2
6	SCLK = 1
7	SCLK = 0; DIN= ADD1
8	SCLK = 1
9	SCLK = 0;DIN= ADD0
10	SCLK = 1;r_data [11]=DOUT

续表 5.14

计数器值	对应信号操作
11	SCLK = 0
12	SCLK = 1; r_data [10]=DOUT
13	SCLK = 0
14	SCLK = 1; r_data [9]=DOUT
15	SCLK = 0
16	SCLK = 1; r_data [8]=DOUT
17	SCLK = 0
18	SCLK = 1; r_data [7]=DOUT
19	SCLK = 0
20	SCLK = 1; r_data [6]=DOUT
21	SCLK = 0
22	SCLK = 1; r_data [5]=DOUT
23	SCLK = 0
24	SCLK = 1; r_data [4]=DOUT
25	SCLK = 0
26	SCLK = 1; r_data [3]=DOUT
27	SCLK = 0
28	SCLK = 1; r_data [2]=DOUT
29	SCLK = 0
30	SCLK = 1; r_data [1]=DOUT
31	SCLK = 0
32	SCLK = 1; r_data [0]=DOUT
33	CS_N = 1

线性序列机计数器的控制逻辑判断依据，如表 5.15 所列。

表 5.15　计数器功能判断条件

基本条件	对 SCLK_GEN_CNT 操作
SCLK_GEN_CNT<33	SCLK_GEN_CNT≤ SCLK_GEN_CNT+1'b1
SCLK_GEN_CNT = 33	SCLK_GEN_CNT≤0

以上就是通过线性序列机设计接口时序的一个典型案例，可以看到，线性序列机可以大大简化设计思路。线性序列机的设计思想就是使用一个计数器不断计数，由于每个计数值都会对应一个时间，那么当该时间符合需要操作信号的时刻时，就对该信号进行操作。这样，就能够轻松地设计出各种时序接口了。

5.3.4 基于线性序列机的 ADC 驱动设计

ADC128S102 接口逻辑模块图如图 5.22 所示。

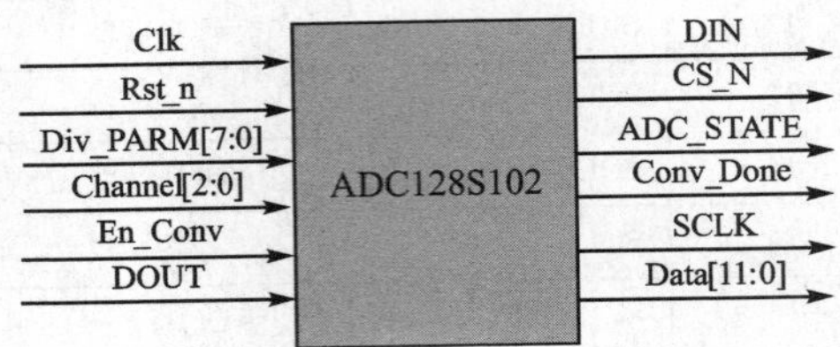

图 5.22 ADC 模块接口示意图

每个端口功能描述如表 5.16 所列。

表 5.16 模块端口功能描述

端口名称	I/O	功能描述
Clk	I	控制器的工作时钟，频率为 50 MHz
Rst_n	I	控制器复位，低电平复位
Div_PARM [7:0]	I	时钟分频设置，实际 SCLK 时钟频率＝Clk/(DIV_PARAM×2)
Channel [2:0]	I	通道选择
En_Conv	I	使能单次转换，该信号为单周期有效，高脉冲使能一次转换
DOUT	I	ADC 转换结果，由 ADC 输出给 FPGA
DIN	O	ADC 控制信号，由 FPGA 发送通道控制字给 ADC
CS_N	O	ADC 串行数据接口使能信号
ADC_STATE	O	ADC 工作状态，ADC 处于转换时为低电平，空闲时为高电平
Conv_Done	O	转换完成信号，完成转换后产生一个时钟周期的高脉冲
SCLK	O	ADC 串行数据接口时钟信号
Data [11:0]	O	ADC 转换结果

在每次使能转换的时候，寄存当前状态通道选择 Channel 的值，以防止在转换过程中该值发生变化对转换过程产生影响。

```
reg [2:0]r_Channel;      //通道选择内部寄存器
always@(posedge Clk or negedge Rst_n)
if(!Rst_n)
    r_Channel <= 3'd0;
else if (En_Conv)
```

```
        r_Channel <= Channel;
    else
        r_Channel <= r_Channel;
```

生成使能信号，当输入使能信号有效后便将使能信号 en 置 1，当转换完成信号有效时便将其重新置 0。

```
    reg en;    //转换使能信号
    always@(posedge Clk or negedge Rst_n)
    if(!Rst_n)
        en <= 1'b0;
    else if (En_Conv)
        en <= 1'b1;
    else if (Conv_Done)
        en <= 1'b0;
    else
        en <= en;
```

在数据手册中 SCLK 的频率范围为 8～16 MHz。这里为了方便适配不同的频率需求率，设置了一个可调的计数器。由表 5.15 可以看出，需要根据计数器的值周期性地产生 SCLK 时钟信号，这里可以将计数器的值等倍数放大，形成过采样。这里产生一个两倍于 SCLK 的信号，命名为 SCLK2X。

首先编写用于生成时钟 SCLK2X 的计数器。

```
    reg [7:0]DIV_CNT;                          //分频计数器
    always@(posedge Clk or negedge Rst_n)
    if(!Rst_n)
        DIV_CNT <= 8'd0;
    else if (en) begin
        if(DIV_CNT == (DIV_PARAM - 1'b1))      //时钟分频设置
            DIV_CNT <= 8'd0;
        else
            DIV_CNT <= DIV_CNT + 1'b1;
    end
    else
        DIV_CNT <= 8'd0;
```

根据使能信号以及计数器状态生成 SCLK2X 时钟。

```
    always@(posedge Clk or negedge Rst_n)
    if(!Rst_n)
        SCLK2X <= 1'b0;
    else if (en && (DIV_CNT == (DIV_PARAM - 1'b1)))
        SCLK2X <= 1'b1;
    else
        SCLK2X <= 1'b0;
```

每当使能转换后，对 SCLK2X 时钟进行计数。

```
always@(posedge Clk or negedge Rst_n)
if(!Rst_n)
    SCLK_GEN_CNT  <= 6'd0;
else if (SCLK2X && en) begin
    if(SCLK_GEN_CNT == 6'd33)
        SCLK_GEN_CNT  <= 6'd0;
    else
        SCLK_GEN_CNT  <=  SCLK_GEN_CNT  + 1'd1;
end
else
    SCLK_GEN_CNT  <=  SCLK_GEN_CNT;
```

根据 SCLK2X 计数器的值来确认工作状态以及数据传输进程。

```
reg [11:0]r_data;                          //转换结果读取内部寄存器
reg [5:0]SCLK_GEN_CNT;                     //SCLK2X 计数器
always@(posedge Clk or negedge Rst_n)
if(!Rst_n) begin
    SCLK  <= 1'b1;CS_N  <= 1'b1;DIN  <= 1'b1;
end
else if (en) begin
    if(SCLK2X) begin
        case(SCLK_GEN_CNT)
        //本部分见下
        end case
    end
    else;
end
else
    CS_N  <= 1'b1;
```

对照表 5.14 可知，每个上升沿，使用循环移位寄存器来寄存芯片数据输出线上的转换结果。一次转换过程中总共循环 12 次。

```
case(SCLK_GEN_CNT)
    6'd0:begin CS_N  <= 1'b0;end
    6'd1:begin SCLK  <= 1'b0; DIN  <= 1'b0;end
    6'd2:begin SCLK  <= 1'b1;end
    6'd3:begin SCLK  <= 1'b0;end
    6'd4:begin SCLK  <= 1'b1;end
    6'd5:begin SCLK  <= 1'b0; DIN  <=  r_Channel [2];end
    6'd6:begin SCLK  <= 1'b1;end
    6'd7:begin SCLK  <= 1'b0; DIN  <=  r_Channel [1];end
    6'd8:begin SCLK  <= 1'b1;end
    6'd9:begin SCLK  <= 1'b0; DIN  <=  r_Channel [0];end
    6'd10,6'd12,6'd14,6'd16,6'd18,6'd20,6'd22,6'd24,6'd26,6'd28,6'd30,6'd32:
        begin
            SCLK  <= 1'b1; r_data  <= {r_data [10:0], DOUT};end
    6'd11,6'd13,6'd15,6'd17,6'd19,6'd21,6'd23,6'd25,6'd27,6'd29,6'd31:
        begin SCLK  <= 1'b0;end
    6'd33:begin CS_N  <= 1'b1;end //将转换结果输出
```

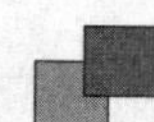

```
    default:begin CS_N <= 1'b1;end
endcase
```

一次转换结束的标志，即“en && SCLK2X && (SCLK_GEN_CNT == 6'd33)”为真，产生一个高脉冲的转换完成标志信号 Conv_Done。一次转换结束后将内部寄存器 r_data 的数据输出到输出端 Data 上。

```
always@(posedge Clk or negedge Rst_n)
if(!Rst_n) begin
    Data <= 12'd0;
    Conv_Done <= 1'b0;
end
else if (en && SCLK2X && (SCLK_GEN_CNT == 6'd33)) begin
    Data <=  r_data;
    Conv_Done <= 1'b1;
end
else begin
    Data <=  Data;
    Conv_Done <= 1'b0;
end
```

ADC 工作状态，在手册中看出 CS_N 在工作时为低电平，因此直接将此信号作为工作状态指示。

```
assign ADC_State =  CS_N;
```

5.3.5　仿真及板级验证

为了测试模块功能，模拟 ADC 芯片的输出。这里用 Sin3e 产生一个正弦波文件，位宽 12 位，个数为 4 096，并以 sin_12bit.txt 文件保存在当前工程 simulation 目录下的 modelsim 文件夹中。

这样就需要将产生的数据，发送到 ADC 驱动模块的输入线 DOUT 上，这里使用系统任务 $readmemh，其可以用来从文件中读取数据到存储器中。其格式有以下三种：

$readmemh("＜数据文件名＞",＜存储器名＞);
$readmemh("＜数据文件名＞",＜存储器名＞,＜起始地址＞);
$readmemh("＜数据文件名＞",＜存储器名＞,＜起始地址＞,＜结束地址＞)。

首先定义文件存放位置。

```
`define sin_data_file "./sin_12bit.txt"
```

定义 4 096 个 12 位的存储单元，然后将波形数据读取到存储器中。

```
reg [11:0] memory [4095:0];//测试波形数据存储空间
initial $readmemh(`sin_data_file,memory);
```

在测试时将这些数据整体循环 3 次，进行验证。其中“gene_DOUT(memory [address]);"依次将存储器中存储的波形数据读出，按照 ADC 芯片转换结果输出方式送到 DOUT 信号线上。

```
integer i;
initial begin
    Rst_n = 0;Channel = 0; En_Conv = 0;
    DOUT = 0;address = 0;#101;
    Rst_n = 1;#100;
    Channel = 5;
    for(i = 0;i<3;i = i + 1) begin
        for(address = 0;address<4095;address = address + 1) begin
            En_Conv = 1;
            #20;
            En_Conv = 0;
            gene_DOUT(memory[address]);
            @(posedge Conv_Done);//等待转换完成信号
            #200;
        end
    end
    #20000;
    $stop;
end
```

将存储空间的数据按照 ADC 的数据输出格式，发送到 DOUT 信号线上，供控制模块采集。

```
task gene_DOUT;
    input [15:0]vdata;
    reg [4:0]cnt;
    begin
        cnt = 0;
        wait(!CS_N);
        while(cnt<16) begin
            @(negedge SCLK) DOUT =  vdata[15 - cnt];
            cnt  =  cnt + 1'b1;
        end
    end
endtask
```

全编译后进行仿真，可以看出此次信号较多。这里首先查看与 ADC 相关的使能信号、状态标志信号以及 SCLK 时钟信号等。选中以上这些信号，可以看出，每当外界输入一个周期的 En_Conv 转换信号，模块内部使能信号 en 就置高，一直到转换完成标志信号 Conv_Done 有效再置 0。当 SCLK2X 计数器值为 33d 且当 SCLK2X 为高时，便输出一个时钟周期的高脉冲信号，标志着本次转换过程结束。同时 SCLK2X 时钟频率为 ADC 工作时钟 SCLK 的两倍。以上各信号符合既定的设计。功能仿真波形如图 5.23 所示。

DIN 为 FPGA 控制 ADC 通道选择的信号，这里选择的通道五也就是 ADD[2:0]=101b，可以看出图 5.24 中每个测量循环中发送的 DIN 状态均一致。

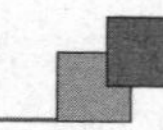

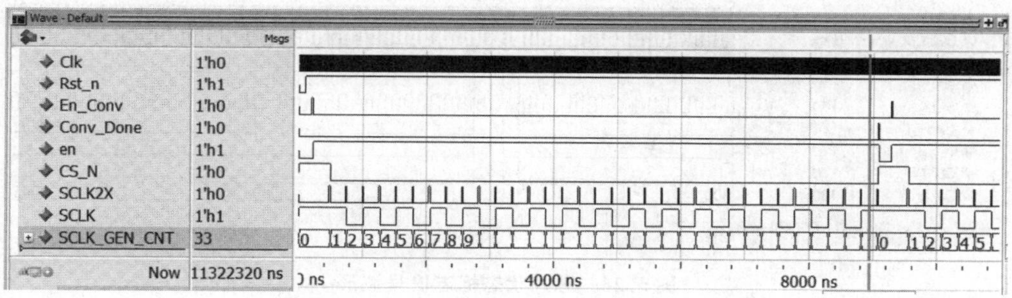

图 5.23　功能仿真波形

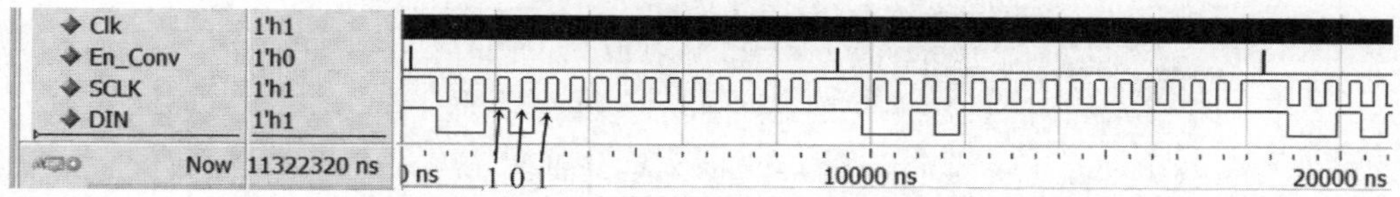

图 5.24　通道选择信号仿真波形

查看 DOUT 串行数据输出信号，在每个 SCLK 上升沿 DOUT 均会输出一位数据。在第一个转换过程中，DOUT 首先输出 4 个前导 0，然后依次输出 1000_0000_0000b(MSB)，也就是在激励文件中例化的正弦波的第一个数据 800h。在一次转换完成后，输出并行数据 Data，符合既定设计，读者可以自行分析第二个转换过程。A/D 转换过程波形如图 5.25 所示。

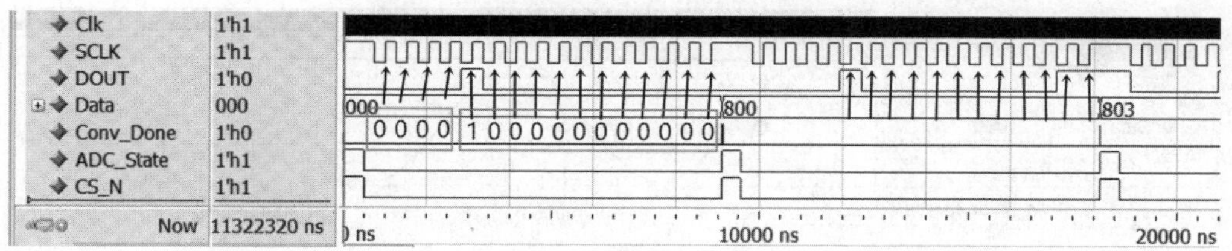

图 5.25　A/D 转换过程波形

查看 CS_N 与 ADC_State 工作状态标志信号，可看出当 ADC 处于转换时为低电平，空闲时为高电平，符合设计要求。芯片状态标志信号波形如图 5.26 所示。

将并行输出数据 Data 设置为模拟形式，主要参数如图 5.27 所示，其中波形所占高度可根据实际情况自行设计，此处暂定 100。

重启仿真后可看出数据输入为 3 个周期的正弦波也就是采样正确(见图 5.28)，符合既定设计。这里如不重启仿真可能会出现如图 5.29 所示的波形影响观测，此为仿真软件本身问题，可不深究。

为了进行板级仿真，新建测试 ADC_test 顶层文件，在顶层文件中例化 ADC 以及 DAC 驱动，并设置好相关使能以及标志信号；再分别生成两个 ISSP 文件，其中驱动 DAC 电压数据的命名为 ISSP_DAC(源位宽为 16)，采集 ADC 电压以及通道设置的为

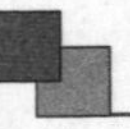

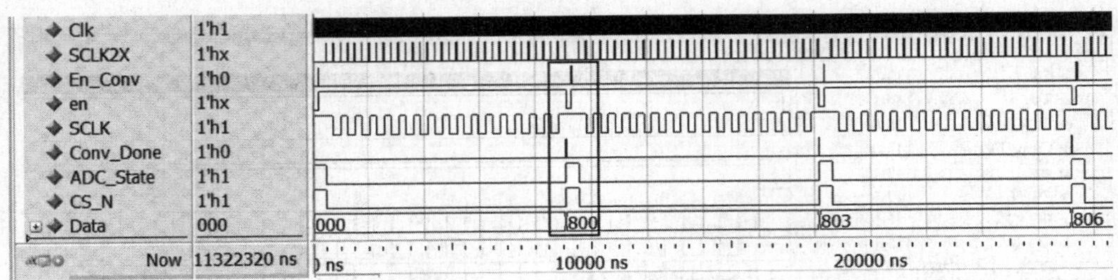

图 5.26 芯片状态标志信号波形

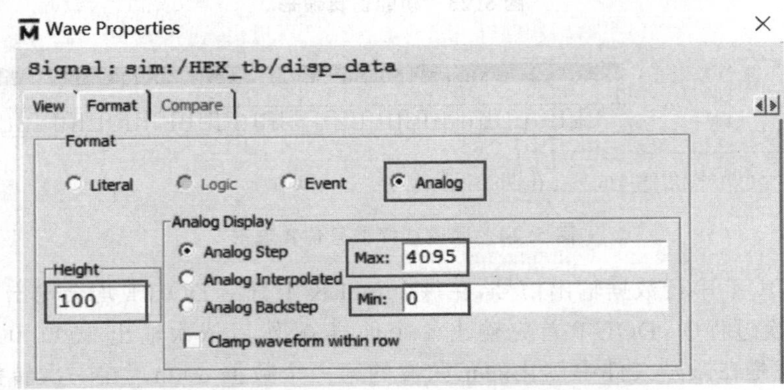

图 5.27 Data 波形设置

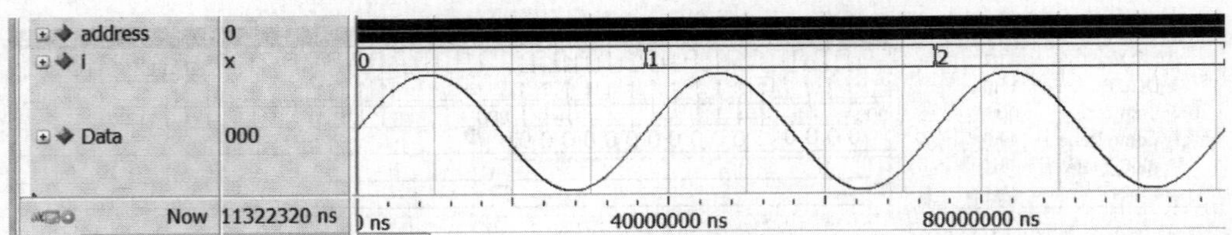

图 5.28 采样数据波形

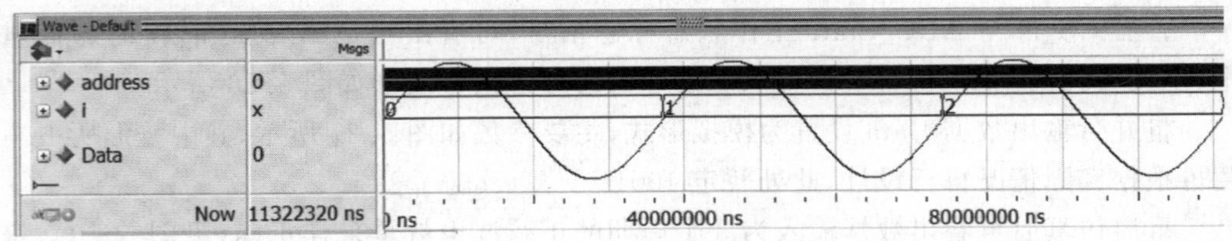

图 5.29 采样数据偏移波形

ISSP_ADC(源位宽为 3,探针位宽为 12);分配引脚并全编译后,下载程序,启动 ISSP。

① DAC 的 DA 输出端连接 ADC 的 A0 输入端。如图 5.30 所示,使 DAC 输出电压为 0,可测得电压为 0。

0
Index Type Alias Name Data -16 -14 -12 -10 -8
S[15..0] source[15..0] C000h
1
Index Type Alias Name Data -16 -14 -12 -10 -8
P[11..0] probe[11..0] 000h 000h 006h 008h 000h 008h 003h 000h
S[2..0] source[2..0] 0 0

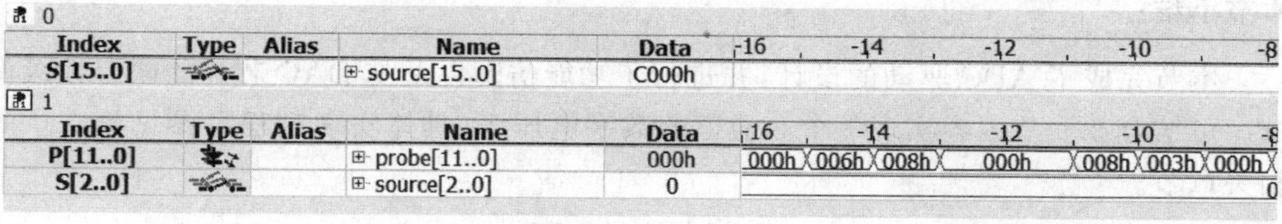

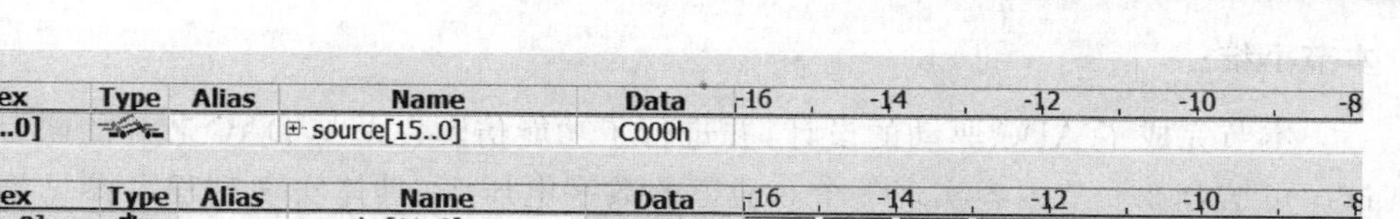

图 5.30　联合测试图(1)

② DAC 的 DA 输出端连接 ADC 的 A0 输入端。此时更新 DB 的输出值，如图 5.31 所示，可以看出 A0 测量数据保持 0 不变。

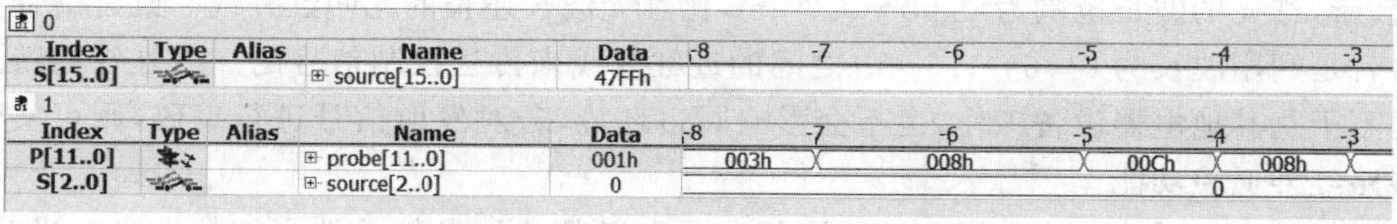

0
Index Type Alias Name Data -8 -7 -6 -5 -4 -3
S[15..0] source[15..0] 47FFh
1
Index Type Alias Name Data -8 -7 -6 -5 -4 -3
P[11..0] probe[11..0] 001h 003h 008h 00Ch 008h
S[2..0] source[2..0] 0 0

图 5.31　联合测试图(2)

③ DAC 的 DB 输出端接 ADC 的 A1 输入端。此时更新 DB 值，其理论输出电压为 7FF/FFF×4.096 V=2.048 V，如图 5.32 所示，使能 A1 测量端可测得输入电压为 2 535/4 096×3.3 V=2.04 V，在误差允许范围内。

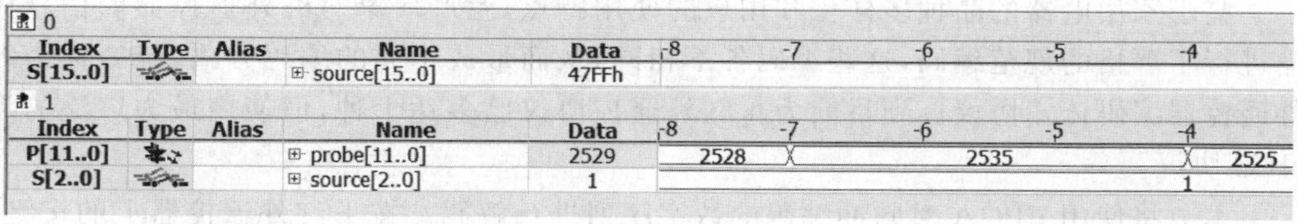

0
Index Type Alias Name Data -8 -7 -6 -5 -4
S[15..0] source[15..0] 47FFh
1
Index Type Alias Name Data -8 -7 -6 -5 -4
P[11..0] probe[11..0] 2529 2528 2535 2525
S[2..0] source[2..0] 1 1

图 5.32　联合测试图(3)

④ DAC 的 DB 输出端接 ADC 的 A1 输入端。此时更新 DB 值，其理论输出电压为 BD3/FFF×4.096 V=3.072 V，如图 5.33 所示，使能 A1 测量端可测得输入电压为 3 815/4 096×3.3 V=3.07 V，在误差允许范围内。

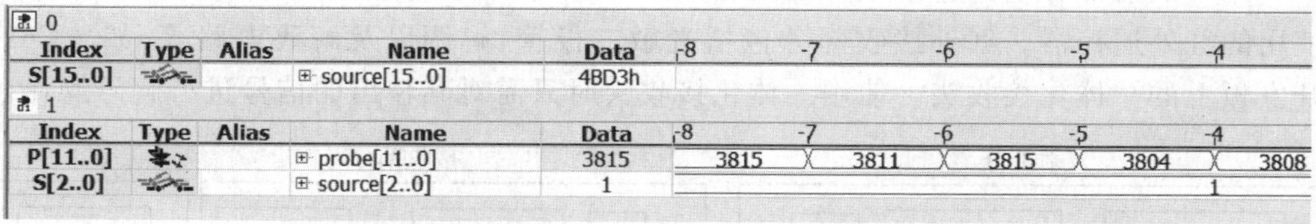

0
Index Type Alias Name Data -8 -7 -6 -5 -4
S[15..0] source[15..0] 4BD3h
1
Index Type Alias Name Data -8 -7 -6 -5 -4
P[11..0] probe[11..0] 3815 3815 3811 3815 3804 3808
S[2..0] source[2..0] 1 1

图 5.33　联合测试图(4)

同理可测试其他 DAC 输出电压以及 ADC 输入测量电压值。此处换算时需注意，DAC 电路输出电压范围为 0～4 V，ADC 电路测量电压范围为 0～3.3 V。

本节小结：

本节完成了 ADC 驱动的设计，并进行了功能仿真以及与 DAC 芯片的联合板级调试。可结合 3.9 节内容实现一个 8 通道的数字电压表，具体实现过程可参见第 6 章的相关章节。

5.4 HT6221 红外遥控解码设计与验证

人的眼睛能看到的可见光，若按波长排列，则依次（从长到短）为红、橙、黄、绿、青、蓝、紫，红光的波长范围为 0.62～0.7 μm，比红光波长还长的光叫红外线。红外线遥控器就是利用波长为 0.76～1.5 μm 之间的近红外线来传送控制信号的。红外线的特点是不干扰其他电器设备工作，也不会影响周边环境，若对发射信号进行编码，则可实现多路红外遥控功能。

红外遥控系统分为发射和接收两部分。发射部分的发射元件为红外发光二极管，它发出的是红外线而不是可见光。接收电路的红外接收管是一种光敏二极管，使用时要给红外接收二极管加反向偏压，它才能正常工作而获得高的灵敏度。然而现在不论是业余制作或正式的产品，大都采用成品的一体化接收头。红外线一体化接收头是集红外接收、放大、滤波和比较器输出等的模块，性能稳定、可靠。

鉴于家用电器的品种多样化和用户的使用特点，生产厂家对红外遥控器的信号传输进行了严格的规范编码，这些编码各不相同，从而形成不同的编码方式，统一称为红外遥控器编码传输协议。到目前为止红外遥控协议已多达十种，但使用最为广泛的为 NEC 协议。

本节将使用 FPGA 对脉冲编码的数字序列进行解码。按下红外遥控器上的按键，然后使用 ISSP 观察解码结果，根据解码结果与红外遥控实际发出的数值进行比较从而判断解码是否正确。

5.4.1 红外遥控系统的组成及电路设计

红外发射部分电路包括矩阵键盘、红外发光二极管、编码以及调制电路等，如本节使用的红外遥控器。红外接收部分包括光敏二极管、解调以及解码电路等，如 AC620 开发板上的一体化接收头。使用一体化接收头时只需对其输出的信号进行解码操作。

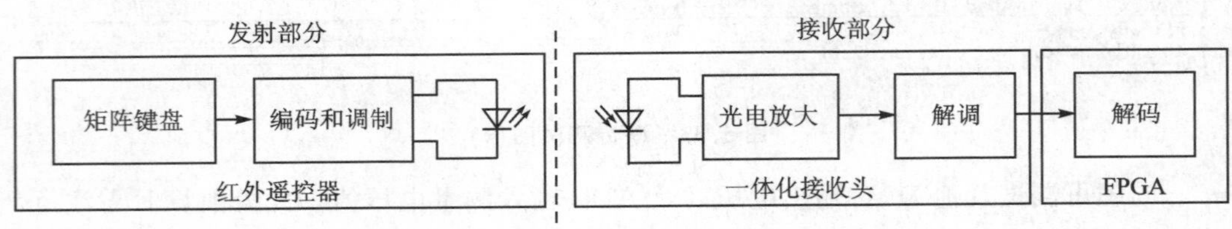

图 5.34 红外遥控系统组成

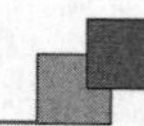

采用 HT6221 方案的红外遥控实物及键码图如图 5.35 所示。

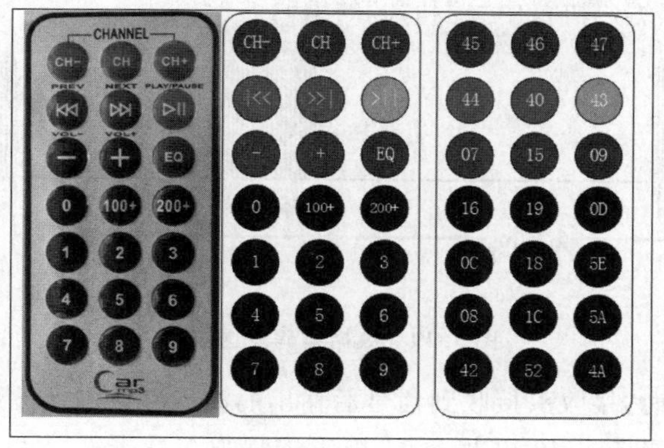

图 5.35　红外遥控键码图

常用的一体化红外线接收头的外形如图 5.36 所示，电路图如图 5.37 所示，3 个引脚分别是 5 V 电源、地以及信号输出。

图 5.36　一体化接收头实物图

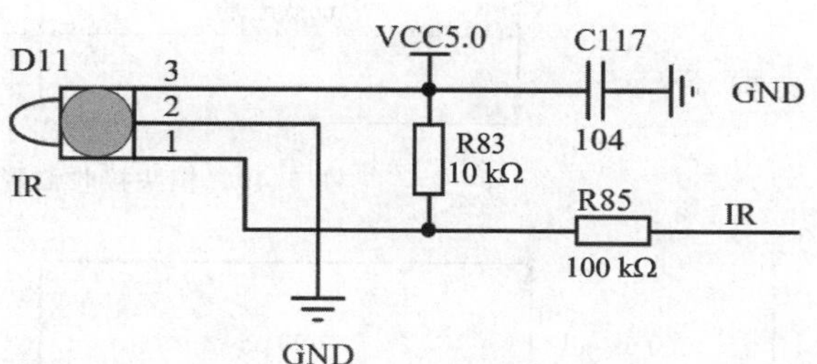

图 5.37　接收头电路图

5.4.2　红外遥控协议分析(NEC 协议)

HT6221 为 Holtek 公司生产的一款基于 NEC 红外通信协议的遥控编码芯片，其采用 PPM(Pulse Position Modulation)进行编码。基于 HT6221 芯片的红外遥控发送一次数据的数据帧定义如图 5.38 所示，一帧数据由帧头、地址码、数据码、数据反码以及 1 位结束位(可忽略)组成。

图 5.38　数据帧定义

其中，引导码由 9 ms 高电平的头码和 4.5 ms 低电平的间隙组成，其代表一个数据帧的帧头；地址码共 16 位，低位在前，高位在后。因此，NEC 协议理论上支持最高 65 536 个不同的用户；8 位数据码及其反码也是低位在前，高位在后。因此，理论上该协议支持高达 256 个用户指令。该协议采用脉冲之间不同时长的时间间隔来区分“1”和“0”,图 5.39 为其编码协议中“1”和“0”的编码波形。

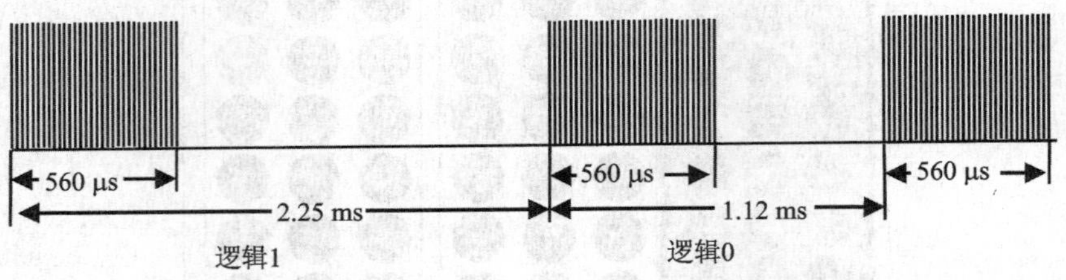

图 5.39 数据编码发送波形

而在实际接收时,接收头接收到信号后输出的波形刚好与此波形反相。因此,本模块的设计实际就是对图 5.40 以及 5.41 波形的提取。数据 0 是 0.56 ms 的低电平和 0.56 ms 的高电平;数据 1 是 0.56 ms 的低电平和 1.69 ms 的高电平。可见 0 和 1 的区别在于高电平持续时间的长短不同,根据这个区别就可以区别出 0 和 1 了。

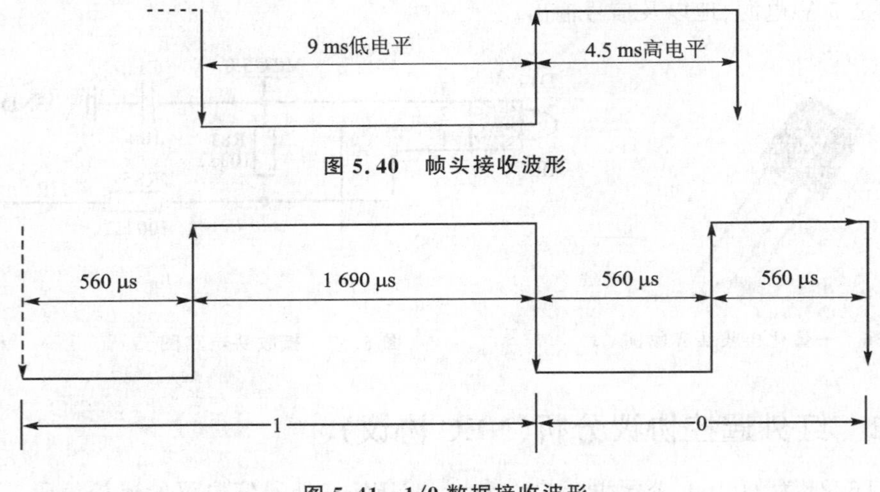

图 5.40 帧头接收波形

图 5.41 1/0 数据接收波形

以上说明了按键短按时的数据波形,当按键长按时输出波形如图 5.42 所示,此处不再详述。为了简化设计、方便理解,本模块设计先不对这种情况解析。

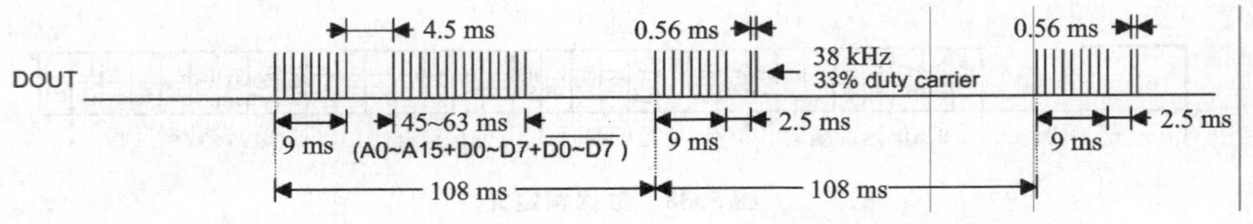

图 5.42 长按时输出波形

5.4.3 红外解码模块设计

1. 模块接口设计

由以上分析可得红外解码模块接口示意图(如图 5.43 所示)以及表 5.17 所列的模块接口功能描述。

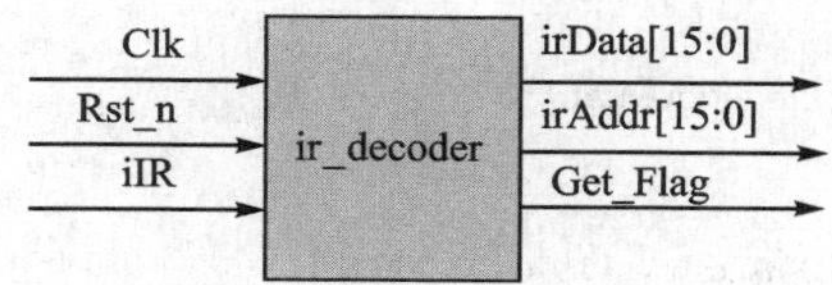

图 5.43 红外解码模块接口

表 5.17 红外解码模块接口功能描述

接口名称	I/O	功能描述
Clk	I	50 MHz 时钟
Rst_n	I	复位信号
iIR	I	一体化接收头输出数据
irData	O	解码得到的数据码
irAddr	O	解码得到的地址码
Get_Flag	O	一次解码完成标志信号

2. 解码模块关键功能分析与设计

通过以上对一帧数据的发送波形解读,可以发现解码的关键就是对 9 ms+4.5 ms 的引导码,以及“0”和“1”的识别。前面已经提到,实际接收头接收到信号后输出的波形为发送波形的反码。因此,解码模块设计的关键就是要识别 9 ms 的低电平、4.5 ms 的高电平、560 μs 的低电平、1690 μs 的高电平和 560 μs 的高电平。只要这 5 个电平识别无误,便能解码出正确的红外数据。

这样就可以得出如图 5.44 所示的一帧数据的解码流程。

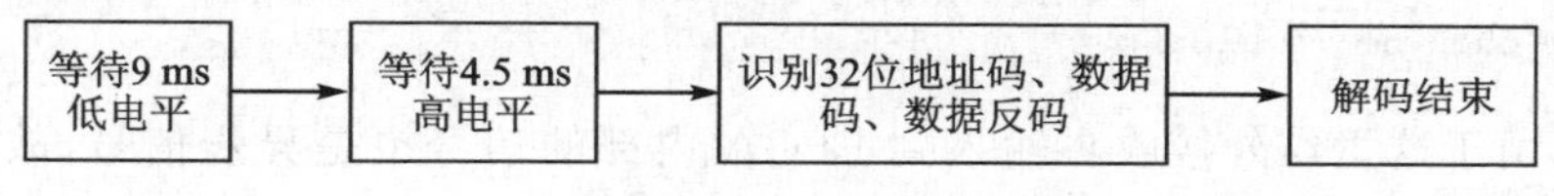

图 5.44 一帧数据解码流程

从上面的分析可知,这里需要 4 个计数器分别对 9 ms、4.5 ms、0.56 ms 以及 1.69 ms 进行计数判断。另外,由于不同遥控器厂家晶振精度不一致,因此不一定严格按照以上时序图的时序参数来产生波形,这里给每个计数器的值一定的范围来实现兼容不同的红外遥控器。这里的范围可以针对特定的红外遥控器再行修改,一般采取以下范围即可,代码如下:

```
reg T9ms_ok;reg T4_5ms_ok;reg T_56ms_ok;reg T1_69ms_ok;
reg Cnt_en;
always@(posedge Clk or negedge Rst_n)
if(!Rst_n)
    cnt <= 19'd0;
else if (Cnt_en == 1'b1)
    cnt <=  cnt + 1'b1;
else
    cnt <= 19'd0;
always@(posedge Clk or negedge Rst_n)
if(!Rst_n)
    T9ms_ok <= 1'b0;
else if (cnt >19'd325000&& cnt <19'd495000)
    T9ms_ok <= 1'b1;
else
    T9ms_ok <= 1'b0;

always@(posedge Clk or negedge Rst_n)
if(!Rst_n)
    T4_5ms_ok <= 1'b0;
else if (cnt >19'd152500&& cnt <19'd277500)
    T4_5ms_ok <= 1'b1;
else
    T4_5ms_ok <= 1'b0;

always@(posedge Clk or negedge Rst_n)
if(!Rst_n)
    T_56ms_ok <= 1'b0;
else if (cnt >19'd20000&& cnt <19'd35000)
    T_56ms_ok <= 1'b1;
else
    T_56ms_ok <= 1'b0;

always@(posedge Clk or negedge Rst_n)
if(!Rst_n)
    T1_69ms_ok <= 1'b0;
else if (cnt >19'd75000&& cnt <19'd90000)
    T1_69ms_ok <= 1'b1;
else
    T1_69ms_ok <= 1'b0;
```

同样，由于这里红外接收头输入到 FPGA 内部的信号也是异步信号，故也需要进行数据同步，同步后的数据再用两级寄存器来判断是上升沿还是下降沿。其具体设计及数据同步、边沿检测可参考独立按键消抖设计的相关内容。

3. 红外解码状态机分析与设计

现在对状态进行编码，由图 5.44 可以看出其状态分为：

S0：空闲状态(IDLE)，等待 IR 接收信号下降沿的到来；

S1：识别 9 ms 的低电平引导码，若识别成功则继续识别 4.5 ms 的高电平引导码，

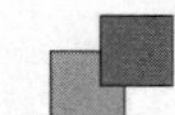

否则返回空闲态；

S2：识别 4.5 ms 的高电平引导码，若识别成功则进入读码状态，否则返回空闲态；

S3：读码状态，若 32 个码字已经读完或者读取过程中发生了错误，则返回空闲态。

但是在解码之前需要判断引导码，如果引导码不正确就不解码。所谓判断引导码，就是看是否有 9 ms 的低电平和 4.5 ms 的高电平。

由上面的分析可知，计数器最大计数时间为 9 ms，如果高脉冲或者低脉冲超过 9 ms 则出现错误，计数器可直接清零，在状态机进行切换的时候也判断是否计数值在这个范围内。

```
reg timeout;
always@(posedge Clk or negedge Rst_n)
if(!Rst_n)
    timeout <= 1'b0;
else if (cnt >= 19'd500000)
    timeout <= 1'b1;
else
    timeout <= 1'b0;
```

现在开始编写状态机，使能状态机时需先判断计数器的状态，如果计数器溢出则认为引导码尚未正确到来或者数据传输过程出错。

```
localparam
    IDLE          = 4'b0001,
    LEADER_T9     = 4'b0010,
    LEADER_T4_5   = 4'b0100,
    DATE_GET      = 4'b1000;

always@(posedge Clk or negedge Rst_n)
if(!Rst_n) begin
    state <= IDLE;
    Cnt_en <= 1'b0;
end
else if (!timeout) begin
    case(state)
        //本部分见下
        default:;
    end case
end
else begin
    Cnt_en <= 1'b0;
    state <= IDLE;
end
```

初始态就是检测到下降沿，如果检测到则进行引导码中 9 ms 低电平的判断，否则就保持初始态。

```
IDLE:
    if(ir_nedge) begin
        Cnt_en <= 1'b1;
```

```
        state <=  LEADER_T9;
    end
    else begin
        state <=  IDLE;
        Cnt_en <= 1'b0;
    end
```

在 9 ms 判断状态中,一旦有上升沿就开始判断是否是 9 ms 计时完成,如果不是则认为从上一个下降沿到这一上升沿并不是 9 ms 的载波,回到初始态。反之如果载波检测完成,则进入 4.5 ms 检测状态,同时计数器清零。帧头接收波形如图 5.40 所示。

```
LEADER_T9:
    if(ir_pedge) begin
        if(T9ms_ok) begin
            Cnt_en  <= 1'b0;
            state <=  LEADER_T4_5;
        end
        else begin
            state  <= IDLE;
        end
    end
    else begin
        state <=  LEADER_T9;
        Cnt_en <= 1'b1;
    end
```

4.5 ms 与 9 ms 检测类似,这里可以自行分析。

```
LEADER_T4_5:
    if(ir_nedge) begin
        if(T4_5ms_ok) begin
            Cnt_en  <= 1'b0;
            state <=  DATE_GET;
        end
        else begin
            state  <= IDLE;
        end
    end
    else begin
        state <=  LEADER_T4_5;
        Cnt_en <= 1'b1;
    end
```

读码状态时,从图 5.41 可以看出无论传输是 0 还是 1 均以 560 μs 的低电平开始。因此这里先开始下降沿判定然后进行 560 μs 的低电平判定。

```
DATE_GET:
    if(ir_pedge &&! T_56ms_ok)
        state <= IDLE;
    else if (ir_nedge &&(! T_56ms_ok &&! T1_69ms_ok))
        state <= IDLE;
```

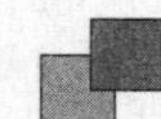

```
    else if (Get_Data_Done)
        state  <= IDLE;
    else if (ir_pedge && T_56ms_ok) begin
        Cnt_en  <= 1'b0;
    end
    else if (ir_nedge &&(T_56ms_ok || T1_69ms_ok)) begin
        Cnt_en  <= 1'b0;
    end
    else
        Cnt_en  <= 1'b1;
```

在 DATA_GET 状态接收时可以从图 5.38 中看出有 32 个数据即 32 个下降沿，分别为 16 位地址码以及 16 位数据。每当 1 位数据到来时也就是一个下降沿到来时，数据位数计数器加 1。当下降沿到来时，判断是 560 μs 还是 1 690 μs 计数完成，进而得到这个数据位是 0 还是 1。

```
    reg Get_Data_Done;
    reg [5:0]data_cnt;
    reg [31:0]data_tmp;
    assign irAddr =  data_tmp [15:0];
    assign irData =  data_tmp [31:16];

always@(posedge Clk or negedge Rst_n)
    if(!Rst_n) begin
        Get_Data_Done  <= 1'b0;
        data_cnt  <= 6'd0;
        data_tmp  <= 32'd0;
    end
    else if(state ==  DATE_GET) begin
        if(ir_pedge && (data_cnt  == 6'd32)) begin
            data_cnt  <= 6'd0;
            Get_Data_Done  <= 1'b1;
    end
    else begin
        if(ir_nedge)
            data_cnt  <=  data_cnt  + 1'b1;
        if(ir_nedge && T_56ms_ok)
            data_tmp [data_cnt] <= 1'b0;
        else if (ir_nedge && T1_69ms_ok)
            data_tmp [data_cnt] <= 1'b1;
        Get_Data_Done  <= 1'b0;
    end
end
```

这里直接将一次数据接收完成标志信号赋给 Get_Flag 接口。

```
assign Get_Flag =  Get_Data_Done;
```

5.4.4 仿真及板级验证

新建 ir_decode_tb.v 文件，这里除了实现例化需要仿真的文件以及时钟创建外，还需模拟两次数据发送。首先实现发送 32 位数据中 1 位数据时的波形。先输出 560 μs 的低电平，如果当前数据为 0 则继续输出 560 μs 的高电平，否则输出 1 690 μs 的高电平。此处参照图 5.41 不难理解。

```
task bit_send;
    input  one_bit;
    begin
        iIR = 0; #560000;
        iIR = 1;
        if(one_bit)
            #1690000;
        else
            #560000;
    end
endtask
```

由图 5.38 可以看出，一帧数据由 9 ms 低电平、4.5 ms 高电平、16 位地址码、8 位数据码、8 位数据反码以及 1 位结束位构成。可采用 3 个 for 循环来实现地址码以及数据码的发送。

```
task send_data;
    input [15:0]addr;
    input [7:0]data;
    begin
        iIR = 0; #9000000;
        iIR = 1; #4500000;
        for(i = 0; i <= 15; i = i + 1) begin
            bit_send(addr [i]);
        end
        for(i = 0; i <= 7; i = i + 1) begin
            bit_send(data [i]);
        end
        for(i = 0; i <= 7; i = i + 1) begin
            bit_send(~data [i]);
        end
        iIR = 0; #560000;
        iIR = 1;
    end
endtask
```

这样实现复位后连续两次发送数据的过程：第一次发送的地址码为 16'h1，数据码为 8'h12；第二次发送的地址码为 16'h3，数据码为 8'heb。

```
initial begin
    Rst_n = 1'b0;
    iIR = 1'b1;
```

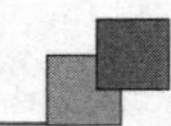

```
        #(`clk_period * 10 + 1'b1);
        Rst_n  = 1'b1;
        #2000;
        iIR  = 1'b1;
        send_data(1,8'h12);
        #60000000;
        send_data(3,8'heb);
        #60000000;
        $ stop;
    end
```

编译无误并设置好仿真脚本后进行功能仿真，可以看到如图 5.45 所示的部分波形文件。可以看出 iIR 正常产生了数据发送信号，且一帧数据传输结束后，Get_Flag 均会产生一个时钟周期的高电平。Get_Flag 有效后可以看到数据码接收到的是 1110_1101_0001_0010b(MSB)，高 8 位与低 8 位互为反码，将低 8 位转换为十六进制数后为 12h，与激励文件中产生的数据一致。地址码以及后一帧数据接收可以自行分析。

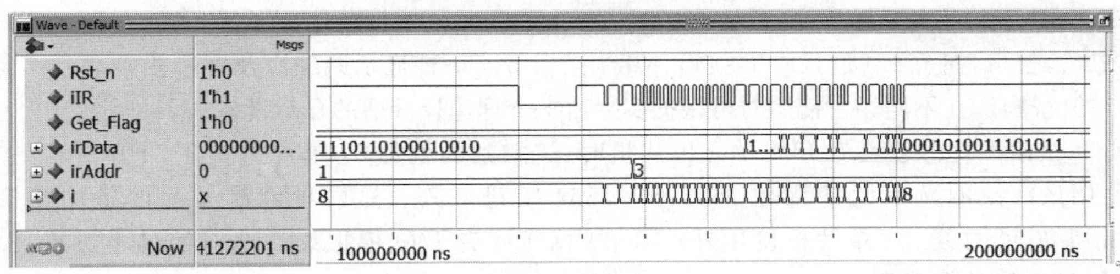

图 5.45　功能仿真波形

为了实现板级验证，这里使用 ISSP 进行测试。ISSP 主要设置如图 5.46 所示。

Altera In-System Sources & Probes
altera in system sources probes
Details
Instance Info
Automatic Instance Index Assignment
Instance Index: 0
The 'Instance ID' of this instance (optional): NONE
Probe Parameters
Probe Port Width [0..511]: 32
Source Parameters
Source Port Width [0..511]: 0
Hexadecimal initial value for the Source Port: 0

图 5.46　ISSP 主要设置

分配引脚并全编译无误后下载配置文件到开发板中，然后启动 ISSP。按下遥控器上的 CH－键也就是数据码 45h，此时 ISSP 抓取到的数据为 BA45FF00h（见图 5.47），可算出 45h 其反码为 BAh，符合设计要求。可以再按下其他按键进行测试分析，这样就实现了一个红外数据解码的模块设计。

图 5.47 ISSP 抓取数据

本节小结：

本节学习了红外解码的原理、电路设计以及实现方式，与常规的矩阵按键输入相比，不难发现，红外遥控在有效节约 PCB 面积的同时，也提升了其功能性。可以将红外遥控与数码管组合，实现在数码管上显示解码按键值。

5.5 TFT 显示屏驱动设计与验证

在电子系统中，经常会使用到相关设备来显示相关信息。从数码管、1602、12864 到现在高达 4K 分辨率的显示屏，显示技术经历了巨大的变革。根据应用领域的不同，有很多不同的屏幕接口，如 8080 接口、RGB 接口、MIPI 接口等。每种显示原理以及屏幕接口都有其各自的优缺点，在不同场合使用时可根据实际需求合理选择合适的显示设备。

相信大部分读者在开始学习单片机时，接触到的就是 51 单片机。在 51 单片机上，使用最广泛的显示设备就是 1602 和 12864 字符点阵。这两种液晶显示设备均支持 Intel 8080 总线，51 单片机使用外扩 8080 总线或者 I/O 模拟该总线对液晶屏进行读/写，以实现数据显示。

后来，当学习了较为高级的单片机，如 MSP430、STM32 后，开始接触到了彩色液晶显示屏。单片机经常使用的彩色液晶显示屏通常都是内部带有显示缓存存储器（简称显存）的，这样只要把待显示的内容写入到显存中，显示屏就会自动地依次读取每个像素点对应的显存数据并驱动液晶像素点显示对应颜色。彩色液晶显示屏模型和 12864 液晶屏较为类似，只不过其能够显示彩色图像，而 12864 只能显示黑白内容。这类彩色液晶屏驱动的方式之一为使用 STM32 的 FSMC 总线，将液晶显示屏映射为一块存储区，直接使用 FSMC 总线对该存储区进行读/写即可。

随着学习的进一步深入，部分读者接触到了嵌入式 ARM 处理器，如 ARM9、ARM11、Cortex - A8 等，这些处理器往往运行在成熟的操作系统上，如 Windows CE、Linux 等，它们都能驱动很多的大屏幕，如市面上最早流行的 2440 开发板，基本都标配有一块 4.3 英寸、分辨率为 480×272 的 RGB(Red、Green、Blue)显示屏，而且有些甚至支持到了 7 英寸、分辨率为 800×480 的显示屏。这些屏幕，使用普通的 MCU 是无法驱动的，因为这些屏幕本身不含显存，需要驱动器能够带有显存，并按照 RGB 时序准确地将显存中的数据送到屏幕上显示，而一般的单片机由于工作速度、总线带宽、存储容量有限，很难支持如此高的数据刷新速率。而 ARM 处理器由于性能较高，而且使用外部大容量的 DDR 存储器作为运行内存，因此能够支持这样一类的屏幕。

本节将学习使用 FPGA 来驱动其电路。

5.5.1　TFT 触摸屏驱动电路设计

市面上常用的 4.3/5 英寸显示屏都是以模组的形式提供的，各大厂家生产的模组，其接口引脚顺序都是兼容的，而且接口时序也都是标准的。AC620 开发套件提供了一款 4.3/5 英寸 TFT 触摸显示模块，实物图如图 5.48 所示。本模块使用了一片 AT043TN24 模组实现了对电阻触摸屏的模拟信号进行采样。在使用时将 TFT 屏的 24 位颜色数据转化为 16 位数据，然后通过 34 针排针接口与 AC620 主板相连。

图 5.48　TFT 触摸屏实物图

AT043TN24 模组的接口编号即功能描述如表 5.18 所列，模组接口如图 5.49 所示。

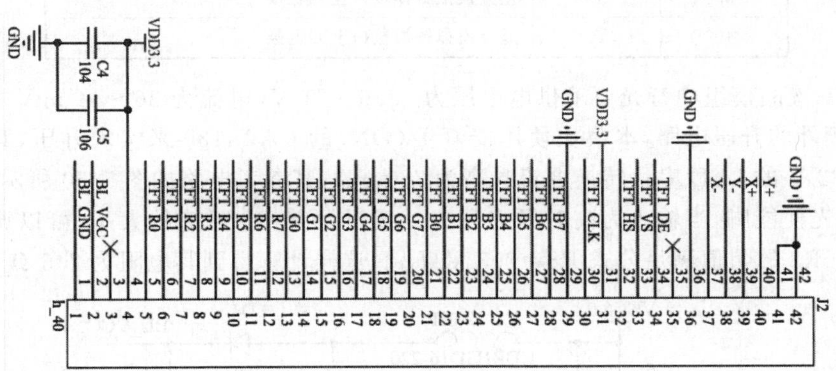

图 5.49　模组接口

表 5.18　AT043TN24 模组 I/O 说明

引脚编号	引脚名称	引脚功能说明
1	V_{LED-}	LED 背光灯供电阴极
2	V_{LED+}	LED 背光灯供电阳极
3	GND	TFT 工作电源地
4	VDD	TFT 工作电源 VCC
5～12	R0～R7	红色分量数据 0～7 位
13～20	G0～G7	绿色分量数据 0～7 位
21～28	B0～B7	蓝色分量数据 0～7 位

续表 5.18

引脚编号	引脚名称	引脚功能说明
29	GND	TFT 工作电源地
30	PCLK	TFT 像素时钟,驱动器与 TFT 屏的数据和控制信号全部需要同步于该像素时钟信号
31	DISP	显示开/关
32	HSYNC	行同步信号
33	VSYNC	场同步信号
34	DE	数据使能信号,即在显示有效区域,打开该信号以使能信号输入;在非有效区域,关闭该信号以禁止像素数据输入,以免影响到消隐
35	NC	悬空
36	GND	TFT 工作电源地
37	X1	差分模拟触摸接口右侧电极
38	Y1	差分模拟触摸接口底侧电极
39	X2	差分模拟触摸接口左侧电极
40	Y2	差分模拟触摸接口上方电极

TFT 液晶模组中背光要求供电电压为 18.6～21 V,电流为 36～44 mA 之间。这就需要额外的升压电路,本模块使用安森美(ON)的 CAT4139 来实现升压,其可以驱动最高 22 V 的 LED 串且转换电流最高为 750 mA,其参考电路如图 5.50 所示。LCD_BL 为背光使能脚,当输入为高时开启背光。通过调节 R8 阻值的大小,可以调节其输出电流。R8 的阻值满足公式 R8=0.3 V/I_{LED},这样计算得到其电阻为 7.5 Ω。

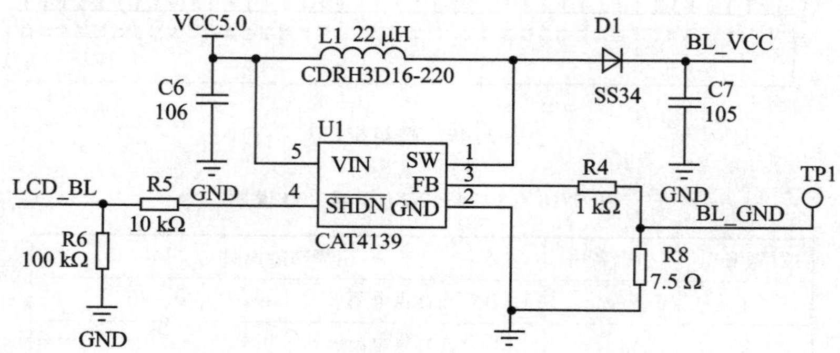

图 5.50 背光升压电路

为了使 TFT 屏幕有更好的兼容性,本模块不仅设计了配套学习板 34 Pin - 2.54 间距的接口,还提供了适配友晶 DE2 系列上的 40 Pin - 2.54 间距的接口,并提供了 50 Pin 的 FPC 软排线接口。

TFT 屏幕中触摸控制器采用的为矽普特科技的 XPT2046,鉴于篇幅有限,本部分

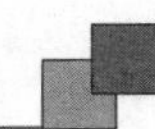

内容没有在本书中介绍，读者可以在 www.corecourse.cn 网站上下载参考代码和说明文档。

在前面的介绍中曾提到，TFT 屏幕的颜色数据支持 24 位输入，即每种颜色(RGB)由 8 位表示。由于在一般的数字系统中常常使用 16 位色(RGB565)进行图像显示，并且为了节约 FPGA 引脚，本节中，只选取了 24 位颜色数据中的一部分数据，将其精简为 16 位。为了保证精简数据后图像颜色能够不失真，因此分别选取 R、G、B 数据线的高 5、6、5 位，组成新的 16 位数据线。RGB 数据的格式如表 5.19 所列。

表 5.19　数据格式

D15	D14	D13	D12	D11	D10	D9	D8	D7	D6	D5	D4	D3	D2	D1	D1
R4	R3	R2	R1	R0	G5	G4	G3	G2	G1	G0	B4	B3	B2	B1	B0

经过以上转换，模组 24 位输入数据线和 FPGA 输出的 16 位数据线对应关系如表 5.20 所列，理论上可以显示 $2^{16}=65\,536$ 种颜色。

表 5.20　显示数据对应表

TFT24 位数据线	R[7:3]	R[2:0]	G[7:2]	G[1:0]	B[7:3]	B[2:0]
模组 16 位数据线	TFT_RGB [15:11]	NC	TFT_RGB [10:5]	NC	TFT_RGB [4:0]	NC

根据三基色原理，表 5.21 为常见的几种颜色对应的数据编码。

表 5.21　颜色数据编码

颜　色	黑	蓝	红	紫	绿	青	黄	白
R	0	0	1	1	0	0	1	1
G	0	0	0	0	1	1	1	1
B	0	1	0	1	0	1	0	1
数据编码	0x0000	0x001F	0XF800	0XF81F	0x07E0	0x07FF	0xFFE0	0xFFFF

5.5.2　RGB 接口 TFT 屏扫描方式

RGB 接口的 TFT 屏扫描方式和 VGA(Video Graphics Array)标准类似，也是使用行列扫描的方式。在介绍 TFT 屏扫描原理之前，先来介绍一下 VGA 显示器的扫描原理。

在 VGA 标准兴起的时候，彩色显示器一般由 CRT(阴极射线管)构成，色彩是由 RGB 三基色组成，显示是用逐行扫描的方式解决。阴极射线枪发出的电子束打在涂有荧光粉的荧光屏上，产生 RGB 三基色，合成一个彩色像素，扫描从屏幕的左上方开始，从左到右，从上到下进行扫描，每扫完一行，电子束都回到屏幕下一行左边的起始位置。在这期间，CRT 对电子束进行消隐。每行结束时，用行同步信号进行行同步；扫描完所有行，用场同步信号进行场同步，并使扫描回到屏幕的左上方。同时进行场消隐，预备下一场的扫描。

随着显示技术的发展，出现了液晶显示器，液晶显示器的成像原理与 CRT 不同，液晶显示器是通过对液晶像素点单元施加电压，来实现液晶单元的透明程度，并添加三色滤光片，分别使 R、G、B 这 3 种光线透过滤光片，最后通过 3 个像素点合成一个彩色像素点，从而实现彩色显示。由于液晶技术晚于 CRT 显示技术诞生，为了能够兼容传统的显示接口，液晶显示器通过内部电路实现了对 VGA 接口的完全兼容。因此，在使用显示器时，只要该显示器带有标准的 VGA 接口，就不用去关注其成像原理，直接使用标准的 VGA 时序即可驱动。

RGB 接口的 TFT 屏，扫描方式与 VGA 完全一致。不同之处只是在于，VGA 显示器是接收模拟信号，而 TFT 屏则省略了这一过程，直接接收数字信号。例如，在驱动 VGA 时首先产生对应像素颜色的数字信号编码，再使用数/模转换电路（例如 ADV7123）将数字信号转换为模拟信号，然后通过 VGA 线缆将模拟信号传输到 VGA 显示器上进行显示。而 TFT 屏则省略了数/模转换这一过程，直接将接收到的数字信号进行显示。因此在控制器设计端，并没有任何区别，因此本节学习结束可以只适当修改时序参数便可驱动学习套件中的 VGA 接口。

5.5.3 RGB 接口 TFT 屏时序分析

图 5.51 为该屏接口的行扫描。手册中对行扫描时序要求（单位：输出一个像素的时间间隔，即像素时钟）：T_{ha}（行同步头），41；T_{hb}（行消隐前肩），2；T_{hd}（行图像），480；T_{hf}（行消隐后肩），2；T_{hg}，525。

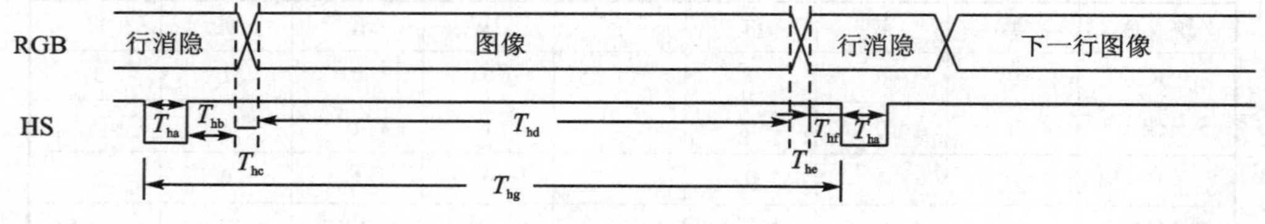

图 5.51 行扫描时序图

图 5.52 为屏幕场扫描的时序图。场扫描时序要求（单位：输出一行 Line 的时间间隔）：T_{va}（场同步头），10；T_{vb}（场消隐前肩），2；T_{vd}（场图像），272；T_{vf}（场消隐前肩），2；T_{vg}（一次场扫描），286。

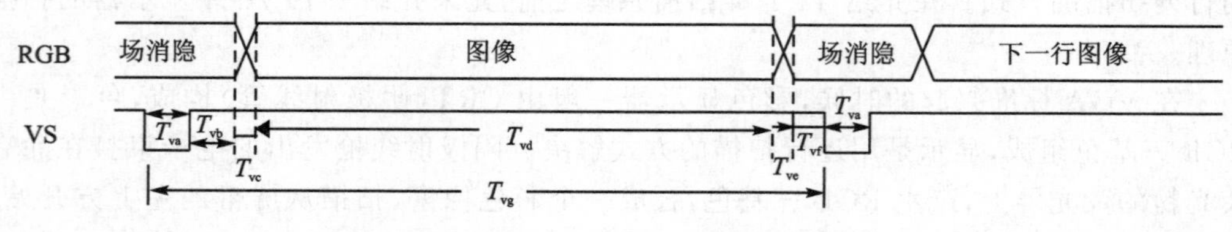

图 5.52 场扫描时序图

图 5.53 是分辨率为 480×272 的 RGB 屏的图像显示扫描示意图。在设计时，可用

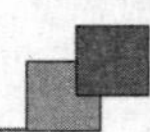

两个计数器进行计数(行、场扫描计数器),行计数器的驱动时钟为 9 MHz,场计数器的驱动时钟为行计数器的溢出信号。计数的同时控制行、场同步信号输出,并在适当的时候送出数据,就能显示相应的图像。注意,消隐器件送出的数据应该为 0x0000。显示器的刷新频率为 9 MHz÷525÷286=59.94 Hz,等于 VGA 工业标准场帧频59.94 Hz。

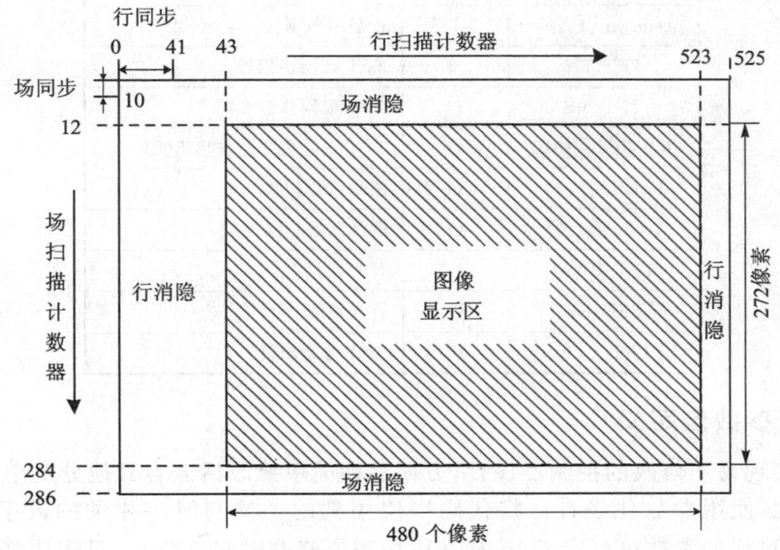

图 5.53　分辨率为 480×272 的显示扫描示意图

5.5.4　RGB 接口 TFT 屏驱动设计

1. 模块接口设计

通过以上介绍,我们了解了实现 RGB 接口的 LED 屏驱动的行列扫描方法,即使用两个计数器分别进行行、场计数,然后根据计数器的计数值确定像素数据内容和行、场同步信号的电平状态。同时,也知道了只需要给 D0～D15 不同的色彩数据,即可显示不同的颜色。

TFT 屏幕驱动模块接口示意图如图 5.54 所示,其功能描述如表 5.22 所列。

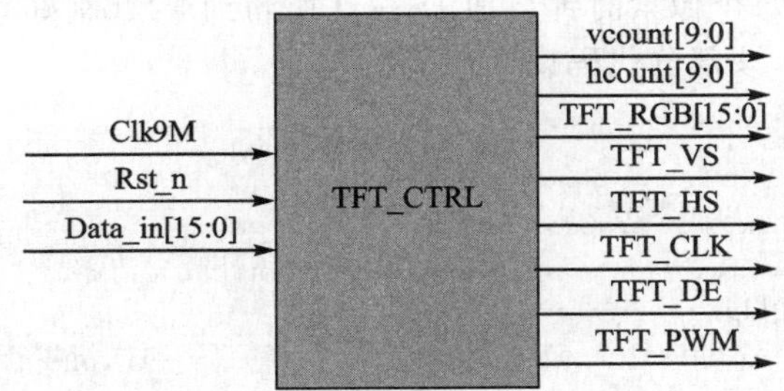

图 5.54　TFT 驱动模块接口示意图

表 5.22 模块接口功能描述

端口名	I/O	端口功能
Clk9M	I	系统时钟,9 MHz
Rst_n	I	系统复位,低电平复位
Data_in [15:0]	I	待显示数据
TFT_HS	O	TFT 行同步信号
TFT_VS	O	TFT 场同步信号
TFT_RGB [15:0]	O	TFT 三元色数据输出 RGB565
hcount [9:0]	O	图像区行扫描地址
vcount [9:0]	O	图像区场扫描地址
TFT_PWM	O	背光控制
TFT_DE	O	背光使能
TFT_CLK	O	TFT 像素时钟

2. 时序参数宏定义

为了实现易于修改的控制器设计,方便后期简单修改后兼容其他分辨率,我们对代码进行优化,使用参数化设计。将代码中使用到的一些与时序相关的数字直接使用 parameter 这样的参数进行定义,这样在以后需要修改时间参数时,只需要修改 parameter 定义的内容即可,不需要再深入到代码中一个一个地修改。

```
//TFT 行、场扫描时序参数表
parameter TFT_HS_end = 10'd40,
          hdat_begin = 10'd42,
          hdat_end = 10'd522,
          hpixel_end = 10'd524,
          TFT_VS_end = 10'd9,
          vdat_begin = 10'd11,
          vdat_end = 10'd283,
          vline_end = 10'd285;
```

3. 行扫描计数器设计

行扫描计数器即每个像素时钟自加 1,一旦加满到 524(刚好 525 个时钟周期),计数器清零并重新计数,该部分代码设计如下:

```
reg [9:0] hcount_r;                  //TFT 行扫描计数器
//行扫描计数器
always@(posedge Clk9M or negedge Rst_n)
if(! Rst_n)                          //复位时,让行扫描计数器清零
    hcount_r <= 10'd0;
else if (hcount_r ==  hpixel_end)//当一行数据扫描完后,再次清零行扫描计数器
    hcount_r <= 10'd0;
else                                 //0~524 之间,每个像素时钟的行扫描计数器自加 1
    hcount_r <= hcount_r + 10'd1;
```

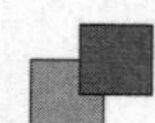

4. 场扫描计数器设计

由于场扫描计数器是在每次一行扫描完成后加 1 的，即场扫描计数器的自加条件是行扫描计数器的溢出。所以，场扫描计数器的自加条件为行扫描完成，即"hcount_r==10'd524"，场扫描计数器代码如下：

```
reg [9:0] vcount_r;                              //TFT 场扫描计数器
//场扫描计数器
always@(posedge Clk9M or negedge Rst_n)
if(! Rst_n)                                      //复位时让场计数器清零
    vcount_r <= 10'd0;
else if (hcount_r ==  hpixel_end) begin          //每次一行扫描完成
    if(vcount_r ==  vline_end)                   //每次一场扫描结束，清零计数器
        vcount_r <= 10'd0;
    else
        vcount_r <= vcount_r + 10'd1;            //场计数器在 0～285，满足条件，自加 1
end
else                                  //不满足行扫描结束条件期间，让场扫描计数器保持不变
    vcount_r <= vcount_r;
```

5. 行同步信号和场同步信号设计

根据分辨率为 480×272 的 RGB 屏接口标准时序，知道每一个完整的帧都包含了数据段和消隐段，在消隐段期间，行同步信号和列同步信号均有一段行同步头和场同步头。在同步期间，对应行同步信号或者场同步信号为低电平，因此可以根据行、场计数器的值来确定行、场同步信号的电平状态。对于行同步信号，其行同步头为一行扫描的前 41 个像素时钟周期，因此行同步信号可用如下的简单方式控制：

```
assign TFT_HS = (hcount_r>TFT_HS_end)? 1'b1:1'b0;
```

对于场同步信号，其场同步头为一行扫描的前 10 个像素时钟周期，因此行同步信号可用如下的简单方式控制：

```
assign TFT_VS = (vcount_r>TFT_VS_end)? 1'b1:1'b0;
```

6. 数据输出状态设计

TFT 控制器的设计目的是为了驱动 TFT 显示屏显示需求的图像内容，因此需要设计数据输出部分。这里，数据来源可以为其他部分产生的图像信号，如摄像头数据、BMP 图片数据等。在驱动 TFT 时，只需要保证在扫描正确的像素点时，其他部分产生的图像信号能够与该像素点位置对应上，就不需要对图像数据再进行二次处理，但在行、场消隐期间，需要保证输出到 TFT 屏的 RGB 数据线上的数据全部为 0，因此可以设置一个二选一多路器，只有在非消隐期间，TFT 控制器才直接输出其他部分输入的图像数据，而消隐期间则强制输出全 0。

可以首先产生一个图像数据有效标志信号，然后使用该标志信号控制 TFT 输出数据的内容，即切换二选一多路器的通道，从而实现消隐期间数据全 0 的功能。

图像数据有效标志信号产生代码如下，dat_act 即为图像数据有效标志信号。

```
//数据、同步信号输出
assign dat_act = ((hcount_r>= hdat_begin)&&(hcount_r< hdat_end))
                && ((vcount_r>= vdat_begin)&&(vcount_r< vdat_end));
```

利用二选一多路器实现消隐强制输出 0，代码如下，其中，TFT_RGB 是输出到 VGA 接口上的数据，而 data_in 则是其他模块传递过来的正确的图像数据。

```
assign TFT_RGB = (dat_act)? data_in:16'h0000;
```

7. 行列扫描位置输出设计

为了使其他模块能够根据当前扫描位置正确输出图像数据，因此需要将 TFT 控制器的实时扫描位置输出，以供其他模块使用。

```
assign hcount = hcount_r - hdat_begin;
assign vcount = vcount_r - vdat_begin;
```

8. 时钟及使能控制设计

TFT_DE 直接与 dat_act 信号相连，即当在有效显示区域时使能 LED 屏幕；TFT_PWM 直接与复位输入相连，即当复位结束后便一直开启背光；TFT_CLK 直接与模块的系统时钟相连，即为 9 MHz。

```
assign TFT_CLK = Clk9M;
assign TFT_DE = dat_act;
assign TFT_PWM = Rst_n;
```

至此就完成了设计，为了验证其正确性，分别进行功能仿真及板级验证。

5.5.5 仿真及板级验证

对设计的 TFT 控制器进行仿真验证，只需通过仿真查看行、场同步信号是否满足时序规则。这里只需要产生一个 9 MHz 的时钟信号，然后在 data_in 端口上给一个固定的数据编码，为了与消隐时的强制输出全 0 相区分，因此只需要是 data_in 上的数据不为 0 即可。testbench 内容如下，当两次场计数结束后结束仿真。

```
`define clk_period 120
initial  Clk9M = 0;
always#(`clk_period/2) Clk9M = ~Clk9M;

initial begin
    Rst_n = 0;
    data_in = 8'd0;
    #(`clk_period * 20 + 1);
    Rst_n = 1;
    data_in = 8'hff;
```

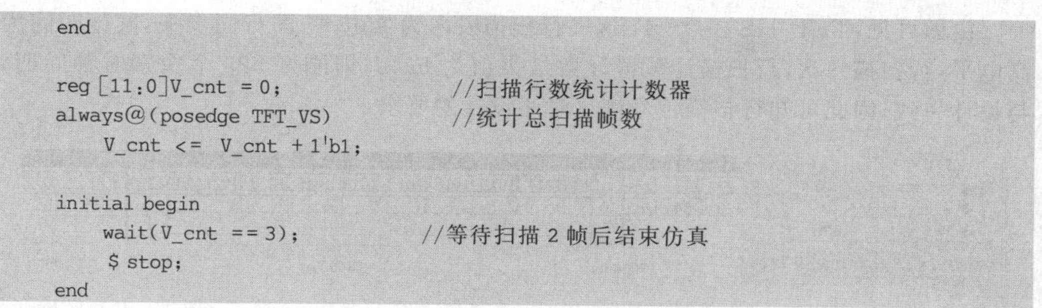

```
    end

    reg [11:0]V_cnt = 0;                    //扫描行数统计计数器
    always@(posedge TFT_VS)                 //统计总扫描帧数
        V_cnt <= V_cnt + 1'b1;

    initial begin
        wait(V_cnt == 3);                   //等待扫描 2 帧后结束仿真
        $ stop;
    end
```

设置好仿真脚本后进行功能仿真，可以看到如图 5.55 所示的波形。可以看出 16 位输入数据复位结束后保持 fffh，TFT_VS 两次场信号生成正常，且当场计数器计数到 3 时仿真结束。

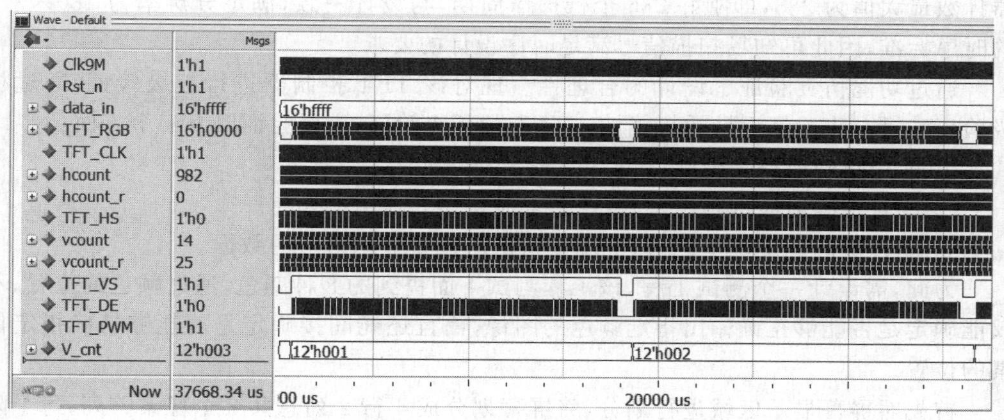

图 5.55　整体仿真波形图

放大以上波形文件，首先观测 TFT_HS 信号，如图 5.56 和图 5.57 所示。

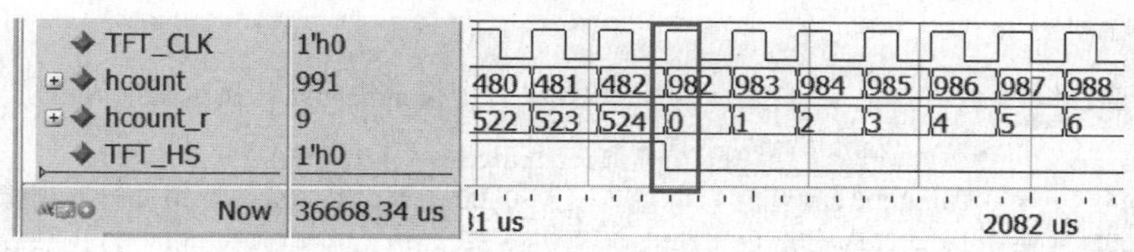

图 5.56　行信号头

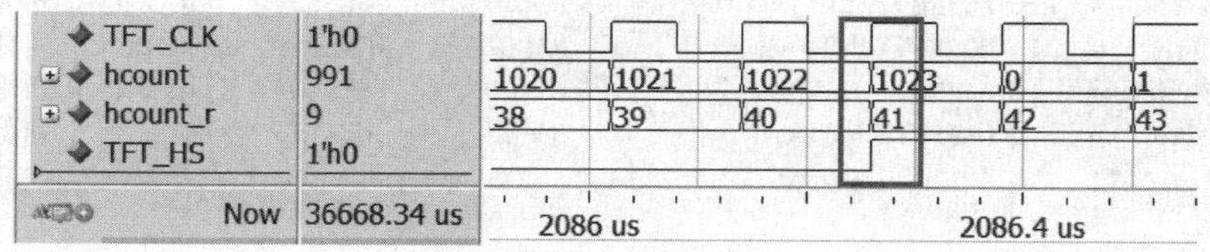

图 5.57　行信号尾

由图可见，TFT_HS 在 0～41 这一行扫描段内为低电平，即行同步头，其他时间为高电平，行扫描一次，行扫描计数器计数最大值为 524d，即刚好 525 个像素时钟周期，与设计一致，因此可知行扫描信号满足时序设计的要求。

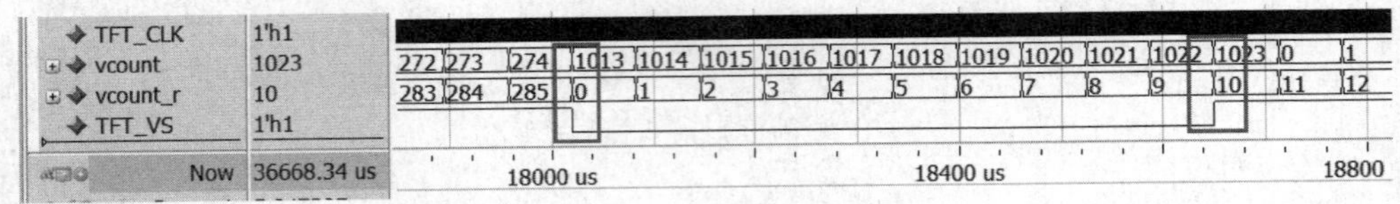

图 5.58　场信号波形

再次放大 TFT_VS 信号，如图 5.58 所示。由图可见，TFT_VS 信号在 0～10 这一段场扫描时间内为低电平，即场同步头，其他时间为高电平。场扫描一次，场扫描计数器计数最大值为 285，即刚好 286 个行扫描周期，与设计一致，满足分辨率为 480×272 的时序标准，因此可知场扫描信号满足时序设计的要求。

通过功能仿真验证了设计的合理性。现对该 TFT 控制器进行板级验证，通过板级验证来进一步验证设计的正确性。TFT 的板级验证，主要验证以下三个方面：

① 能否正确地点亮全屏，显示稳定。

② 能否正确地显示颜色，即按照需求制定需要显示的颜色。

③ 能否正确地定位坐标，即实现在指定的位置显示对应的数据。

为此，需设计一个测试工程，该工程测试下面提到的 8 种颜色，通过颜色的位置，不仅能确定是否能够正确输出指定颜色的图像，而且还能间接确定是否能够精确指定像素的位置。

首先对屏幕显示区域进行划分，将屏幕划分成 4 行 2 列总共 8 个像素阵列，每个阵列分别显示一种颜色。据此，可以首先定义每种颜色的具体数据编码，然后再定义每个像素阵列的基本显示颜色，这里首先使用 localparam 定义每种颜色的具体数据编码：

```
//定义颜色编码
localparam
    BLACK   =  16'h0000,//黑色
    BLUE    =  16'h001F,//蓝色
    RED     =  16'hF800,//红色
    PURPPLE =  16'hF81F,//紫色
    GREEN   =  16'h07E0,//绿色
    CYAN    =  16'h07FF,//青色
    YELLOW  =  16'hFFE0,//黄色
    WHITE   =  16'hFFFF;//白色
```

```
//定义每个像素块的默认显示颜色值
localparam
    R0_C0  =  BLACK,   //第 0 行 0 列像素块
    R0_C1  =  BLUE,    //第 0 行 1 列像素块
    R1_C0  =  RED,     //第 1 行 0 列像素块
    R1_C1  =  PURPPLE, //第 1 行 1 列像素块
    R2_C0  =  GREEN,   //第 2 行 0 列像素块
    R2_C1  =  CYAN,    //第 2 行 1 列像素块
    R3_C0  =  YELLOW,  //第 3 行 0 列像素块
    R3_C1  =  WHITE;   //第 3 行 1 列像素块
```

从上面的分析可知，如果板级验证正确，则屏幕区域与显示色彩对应表如表 5.23 所列。

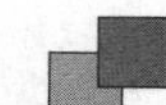

表 5.23　显示区域与色彩对应表

颜色（行＼列）	第 0 列	第 1 列
第 0 行	黑色	蓝色
第 1 列	红色	紫色
第 2 列	绿色	青色
第 3 列	黄色	白色

产生每一列的处于扫描状态标志信号，屏幕每行总共 480 个像素点，前面将屏幕划分成了 2 列，因此：

① 当行扫描范围在 0～239 这一段像素内时，第 0 列处于活跃阶段；

② 当行扫描范围在 240～479 这一段像素内时，第 1 列处于活跃阶段。

这样可得：

```
wire C0_act =  hcount >= 0&& hcount <240;       //正在扫描第 0 列
wire C1_act =  hcount >= 240&& hcount <480;     //正在扫描第 1 列
```

产生每一行的处于扫描状态标志信号，屏幕每列总共 272 个像素点，前面将屏幕划分成了 4 行，因此：

① 当场扫描范围在 0～67 这一段像素内时，第 0 行处于活跃阶段；

② 当场扫描范围在 68～135 这一段像素内时，第 1 行处于活跃阶段；

③ 当场扫描范围在 136～203 这一段像素内时，第 2 行处于活跃阶段；

④ 当场扫描范围在 204～272 这一段像素内时，第 3 行处于活跃阶段。

因此可得：

```
wire R0_act =  vcount >= 0&& vcount <68;          //正在扫描第 0 行
wire R1_act =  vcount >= 68&& vcount <136;        //正在扫描第 1 行
wire R2_act =  vcount >= 136&& vcount <204;       //正在扫描第 2 行
wire R3_act =  vcount >= 204&& vcount <272;       //正在扫描第 3 行
```

产生扫描每一个像素块的标志信号代码如下：

```
wire R0_C0_act =  R0_act & C0_act;        //第 0 行 0 列像素块被扫描中
wire R0_C1_act =  R0_act & C1_act;        //第 0 行 1 列像素块被扫描中
wire R1_C0_act =  R1_act & C0_act;        //第 1 行 0 列像素块被扫描中
wire R1_C1_act =  R1_act & C1_act;        //第 1 行 1 列像素块被扫描中
wire R2_C0_act =  R2_act & C0_act;        //第 2 行 0 列像素块被扫描中
wire R2_C1_act =  R2_act & C1_act;        //第 2 行 1 列像素块被扫描中
wire R3_C0_act =  R3_act & C0_act;        //第 3 行 0 列像素块被扫描中
wire R3_C1_act =  R3_act & C1_act;        //第 3 行 1 列像素块被扫描中
```

根据当前被扫描的像素块范围来确定需要给 TFT 输出什么颜色，这里采用一个多路器即可实现，代码如下：

```
always@(*)
    case({R3_C1_act,R3_C0_act,R2_C1_act,R2_C0_act,
          R1_C1_act,R1_C0_act,R0_C1_act,R0_C0_act})
        8'b0000_0001:disp_data = R0_C0;
        8'b0000_0010:disp_data = R0_C1;
        8'b0000_0100:disp_data = R1_C0;
        8'b0000_1000:disp_data = R1_C1;
        8'b0001_0000:disp_data = R2_C0;
        8'b0010_0000:disp_data = R2_C1;
        8'b0100_0000:disp_data = R3_C0;
        8'b1000_0000:disp_data = R3_C1;
        default:disp_data = R0_C0;
    end case
```

通过以上步骤，就完成了 TFT 控制器测试电路的主要电路设计。在前面我们曾经提到，TFT 控制器的像素时钟为 9 MHz，而 AC620 FPGA 开发板上为 50 MHz 的晶振，因此需要使用锁相环对时钟进行分频得到 9 MHz 的时钟，以供 TFT 控制器使用。具体 PLL 配置可参考第 3 章的相关内容，主要参数设置如图 5.59 所示。

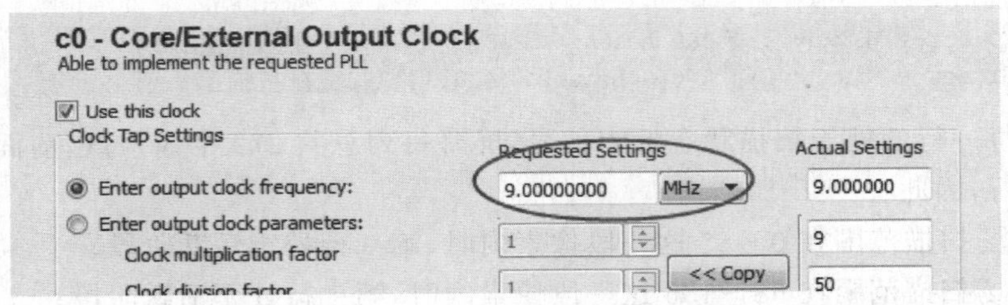

图 5.59　PLL 设置

分配引脚后再次全编译直至没有错误并下载，最终测试效果如图 5.60 所示。

图 5.60　TFT 屏幕驱动测试图片

通过照片可知，TFT 屏驱动设计能够稳定正确地刷新 TFT 显示屏，并控制正确的显示位置，因此设计无误。

后续，就可以使用该控制器再结合一定的图像信号产生电路实现更多更复杂的显示系统设计，并且可以稍微修改相关参数直接应用于 VGA 接口显示系统。AC620 开发套件配套基于 ADV7123 的 VGA 模块驱动代码以及文档，可在 www.corecourse.cn 网站上下载。

第6章

FPGA综合数字系统设计

本章导读：

本章通过若干个具备一定综合性知识的项目实例，为读者展现复杂数字系统设计的常见方式，包括模块划分，验证方法等。如果读者在学习了本章的理论讲解后，参照我们提供的设计实例思想，能够自己独立地设计出类似的系统，那么就实现了本书的目的，即通过学习，获得独立思考并实现项目功能的能力。

6.1 八通道数字电压表

本章将结合第3章中的独立按键消抖模块、三线制数码管驱动模块以及5.3节的ADC驱动模块实现一个八通道的数字电压表。其中可以用按键切换测量通道并分别在前4位数码管上显示当前通道值，在后4位数码管显示对应的电压测量值。

6.1.1 数字电压表功能划分

数字电压表的工作原理：被测信号接入ADC模块的输入引脚，FPGA控制ADC的转换进程以及原始数据的采集，并将其采集到的二进制数据首先转换为实际电压值，再将电压值转换成可以在数码管上显示的数据。其中按键可以选择ADC模块不同的测量通道。其系统工作原理图如图6.1所示。

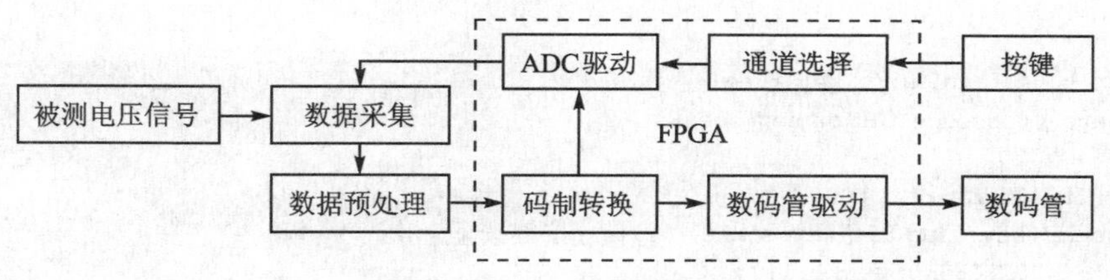

图6.1 系统工作原理图

由工作原理图可以暂时将本系统划分为按键输入模块、通道控制模块、ADC 驱动模块、数据预处理模块、码制转换模块，以及数码管驱动模块。

6.1.2 按键输入模块

按键输入模块在第 3 章的相关章节中已经做过介绍，此处只给出其端口示意图，如图 6.2 所示。

图 6.2 按键输入模块接口示意图

6.1.3 通道选择模块

通过开发板上的按键 S1 进行 ADC 芯片测量通道的选择，本模块接口示意图如图 6.3 所示，其 I/O 功能描述如表 6.1 所列。

图 6.3 通道选择模块接口示意图

表 6.1 通道选择模块接口功能描述

接口名称	I/O	功能描述
Clk	I	系统时钟，50 MHz
Rst_n	I	系统复位
Key_in	I	按键输入
ADC_CHSEL	O	ADC 通道选择输出

本模块内部除了例化按键消抖模块，还需根据按键状态来产生通道选择信号。复位后默认通道 A0 输入，每当按键按下一次通道自加 1 直到通道 A7，再开始下一个通道循环。

```
wire key_state; wire key_flag;
always@(posedge Clk or negedge Rst_n)
if(!Rst_n)
    ADC_CHSEL <= 3'b000;
else if (key_flag && !key_state) begin//按键按下一次
    if(ADC_CHSEL == 3'b111)
        ADC_CHSEL <= 3'b000;
else
```

```
            ADC_CHSEL <=  ADC_CHSEL  + 1'd1;
    end
    else
        ADC_CHSEL <=  ADC_CHSEL;
```

6.1.4　ADC 控制模块——ADC128S102

ADC 采样芯片本系统采用的是 ADC128S102，其分辨率为 12 位。因此其理论测量精度为 $3.3/2^{12} \approx 0.0008$ V，且当其输出为十进制 x 时，实际电压为 $(x \times 3.3)$ V$/2^{12}$。本模块的设计在 5.3 节已经进行了详细的讲解，此处不再详述。其模块接口示意图如图 6.4 所示。

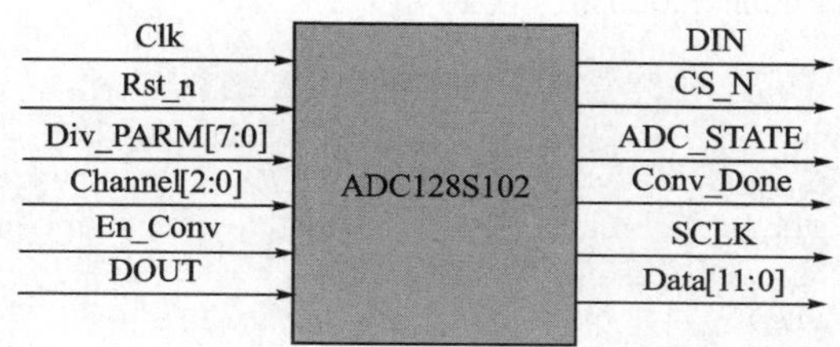

图 6.4　ADC 模块接口示意图

6.1.5　数据预处理模块

本系统中使用的 ADC 模块输出的是一个 12 位二进制数，因此需要通过下式先将数据转换成实际电压值。

$$V_{in} = 3.3 \times \text{data}/4\,096$$

上式中 3.3 为满量程电压，data 为输出的二进制数，4 096(2^{12})为 ADC 总的阶梯数。

但是这样得出的数据太小，这里先将其放大 65 536(2^{16})倍，也可以放大其他倍数。

$$V_{in} = [(3.3 \times 65\,536) \times \text{data}/4\,096] \gg 16$$

经过上式的转换，V_{in} 还是一个小数，这里再放大 1 000 倍以消除小数，即实际显示的数据单位为 mV。这样就完成了二进制数到实际电压的转换。

$$V_{in} \times 1\,000 = [((3.3 \times 65\,536) \times \text{data}/4\,096) \times 1\,000] \gg 16$$

即

$$V = 52\,800 \times \text{data} \gg 16$$

从理论上讲，以上过程已经完成了数据预处理的过程，但是在实际测量系统中存在各种不确定因素的干扰。如输出数据不加处理，则这些干扰可能会使显示数据出现波动，不利于观察。因此此处为了使电压表显示数据稳定，加入了均值滤波程序。本模块接口示意图如图 6.5

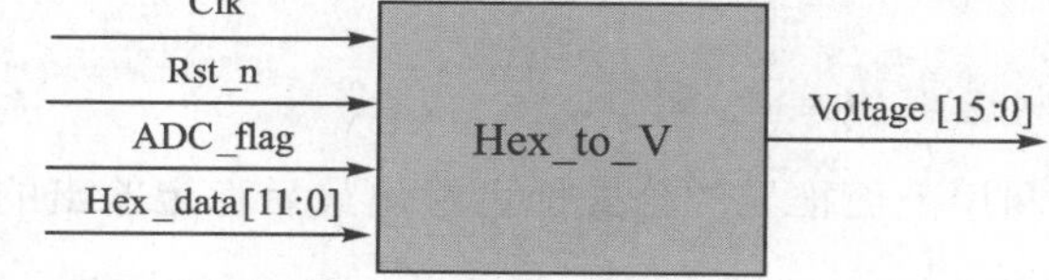

图 6.5　数据预处理模块接口示意图

所示,其接口功能如表 6.2 所列。

表 6.2 数据预处理模块接口功能描述

接口名称	I/O	功能描述
Clk	I	系统时钟,50 MHz
Rst_n	I	系统复位,低电平有效
ADC_flag	I	ADC 一次数据传输完成标志
Hex_data	I	ADC 模块输入 12 位数据
Voltage	O	输出稳定电压值

先将原始数据进行累加 1 024 次,代码如下:

```
reg [11:0]Hex;                          //累加平均后的数据
reg [21:0]Hex_SUM;                      //累加 1 024 次后的总数
reg [9:0]cnt;                           //累加器计数
always @ (posedge Clk or negedge Rst_n)
    if(!Rst_n)
        cnt <= 10'b0;
    else if (ADC_flag)
        cnt <=  cnt + 1'b1;
    else
        cnt <=  cnt;

always@(posedge Clk or negedge Rst_n)
    if(!Rst_n)
        Hex_SUM <= 22'd0;
    else if (cnt == 10'd1023 && ADC_flag)
        Hex_SUM <= 22'd0;
    else if (ADC_flag)
        Hex_SUM <=  Hex_SUM + Hex_data;
    else
        Hex_SUM <=  Hex_SUM;
```

将累加后的数据除以 1 024,也就是右移 10 位,这里数据总位数为 22 直接取其高 10 位即可。

```
always@(posedge Clk or negedge Rst_n)
    if(!Rst_n)
        Hex <= 12'b0;
    else if (cnt == 10'd1023 && ADC_flag)
        Hex <=  Hex_SUM [21:10];
    else
        Hex <=  Hex;
```

利用上面推导的公式即可输出最后稳定输出的数据。

```
assign Voltage = (52800 *  Hex) >> 16;
```

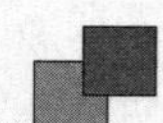

6.1.6　码制转换模块

由于 ADC 数据预处理模块的输出数据依旧为 12 位二进制数，而数码管需要的是 BCD 码的格式，因此需要将其进行码制的转换。

首先，了解二进制与 BCD 码的位数对应关系。比如一个 8 位二进制码，可以表示的最大十进制数为 255，转换成 BCD 码为 0010_0101_0101，共需 12 位，其中每 4 位组成一个 BCD 单元。n 位二进制码转换成 D 个 BCD 码的 $n-D$ 对应关系表见表 6.3。

表 6.3　$n-D$ 对应关系

n	D	n	D	n	D
1～3	1	24～26	8	47～49	15
4～6	2	27～29	9	50～53	16
7～9	3	30～33	10	54～56	17
10～13	4	34～36	11	57～59	18
14～16	5	37～39	12	60～63	19
17～19	6	40～43	13	64～66	20
20～23	7	44～46	14		

此处采用加 3 移位法进行码制转换，6.1.9 小节列举了另一种方式来进行转换。此处以 8 位二进制转换为 3 位 BCD 码为例，转换步骤是：将待转换的二进制码从最高位开始左移 BCD 的寄存器（从高位到低位排列），每移一次，检查每一位 BCD 码是否大于 4，是则加上 3，否则不变。左移 8 次后，即完成了转换。需要注意的是第八次移位后不需要检查是否大于 4。这里之所以检查每一个 BCD 码是否大于 4，是因为如果大于 4（比如 5、6），下一步左移就要溢出了，所以加 3 等于左移后的加 6，起到十进制调节的作用。

表 6.4 给出了一个二进制码 1110 1011 转换成 8421 BCD 码的时序。

表 6.4　二进制转换 BCD 码的时序

时钟脉冲	移位结果（移位方向←）			输入的二进制码
	BCD 码高位	BCD 码次高位	BCD 码最低位	
	0000	0000	0000	11101011
1	0000	0000	0001	1101011
2	0000	0000	0011	101011
3	0000	0000	0111	01011
修正			+0011	
	0000	0000	1010	01011
4	0000	0001	0100	1011
5	0000	0010	1001	011
修正			+0011	

续表 6.4

时钟脉冲	移位结果(移位方向←)			输入的二进制码
	BCD 码高位	BCD 码次高位	BCD 码最低位	
	0000	0010	1100	011
6	0000	0101	1000	11
修正		+0011	+0011	
	0000	1000	1011	11
7	0001	0001	0111	1
修正			+0011	
	0001	0001	1010	1
8	0010	0011	0101	
结果(十进制)	2	3	5	

首先判断一个 BCD 码是否大于 4,若是则加 3,否则输出原数值。代码如下:

```
module bcd_single_modify(bcd_in,bcd_out);
    input [3:0] bcd_in;
    output [3:0] bcd_out;

    reg [3:0] bcd_out;
    always@(bcd_in)
    if(bcd_in > 4)
        bcd_out =  bcd_in + 2'd3;
    else
        bcd_out =  bcd_in;
endmodule
```

由以上原理可看出,这里需要定义一个 10+12 位的寄存器。同时从表 6.3 中看出有几位二进制数就需移位几次。这里为了增加适用范围,将输入定位 20 位的二进制数,因此输出为 7×4 位 BCD 数。这样定义一个 48 位的移位寄存器,低 20 位为二进制数,高 28 位为 BCD 码。

每移位一次就需验证高 28 位 BCD 码是否大于 4,因此编写代码如下:

```
module bcd_modify(data_in, data_out);
    input [47:0] data_in;
    output [47:0] data_out;

    bcd_single_modify
bcd6(.bcd_in(data_in [47:44]),.bcd_out(data_out [47:44]));
    bcd_single_modify
bcd5(.bcd_in(data_in [43:40]),.bcd_out(data_out [43:40]));
    bcd_single_modify
bcd4(.bcd_in(data_in [39:36]),.bcd_out(data_out [39:36]));
    bcd_single_modify
bcd3(.bcd_in(data_in [35:32]),.bcd_out(data_out [35:32]));
```

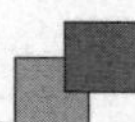

```
    bcd_single_modify
bcd2(.bcd_in(data_in [31:28]),.bcd_out(data_out [31:28]));
    bcd_single_modify
bcd1(.bcd_in(data_in [27:24]),.bcd_out(data_out [27:24]));
    bcd_single_modify
bcd0(.bcd_in(data_in [23:20]),.bcd_out(data_out [23:20]));
    assign data_out [19:0] = data_in [19:0];
endmodule
```

现在编写顶层文件,其端口示意图如图6.6所示,功能描述如表6.5所列。

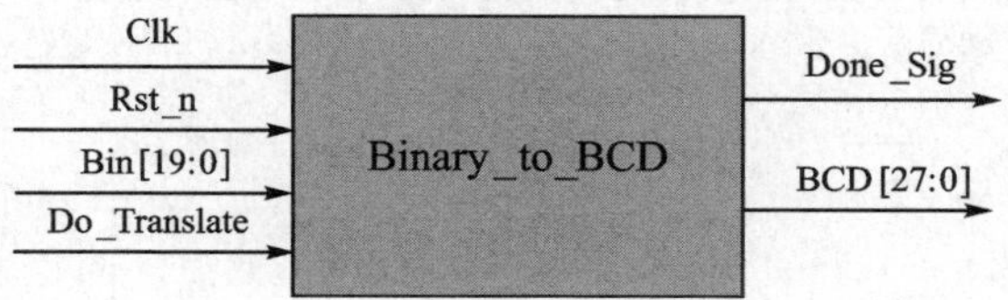

图6.6　码制转换模块接口示意图

表6.5　码制转换模块接口功能描述

接口名称	I/O	功能描述
Clk	I	系统时钟,50 MHz
Rst_n	I	系统复位
Do_Translate	I	转换使能信号,高电平有效
Bin	I	输入二进制数
BCD	O	输出BCD码
Done_Sig	O	转换完成标志信号

顶层文件使用时序逻辑实现20位二进制转28位BCD码格式的代码如下:

```
reg [47:0] shift_reg;wire [47:0] shift_reg_out;
reg [47:0]bcd_tmp;wire [47:0]tmp;
reg [4:0] cnt = 5'b0;
assign tmp = {28'b0,Bin};
```

向左移位20次。

```
always@(posedge Clk or negedge Rst_n)
begin
    if(!Rst_n)
        begin
            Done_Sig <= 1'b0;
            cnt <= 5'd0;
            shift_reg <= 48'd0;
        end
    else
    begin
        case(cnt)
            0:begin
```

```
                    Done_Sig <= 1'b0;
                    if(Do_Translate)
                        begin
                            cnt <=  cnt + 1'b1;
                            shift_reg <=  tmp << 1;
                        end
                    else
                        cnt <= 1'b0;
                end

            1,2,3,4,5,6,7,8,9,10,11,12,13,14,15,16,17,18:
                begin
                    shift_reg <= (shift_reg_out << 1);
                    cnt <=  cnt + 1'b1;
                end

            19:
                begin
                    bcd_tmp <=  shift_reg_out << 1;
                    Done_Sig <= 1;
                    cnt <= 5'b0;
                end
            default:cnt <= 5'b0;
        endcase
    end
end
```

校验以及输出最终输出数据。

```
assign Bcd =  bcd_tmp[47:20];

bcd_modify bcd_modify
(
    .data_in(shift_reg),
    .data_out(shift_reg_out)
);
```

6.1.7 数码管驱动模块

数码管驱动模块在第 3 章中也有介绍，此处只给出其内部结构示意图以及端口示意图，如图 6.7 和图 6.8 所示。

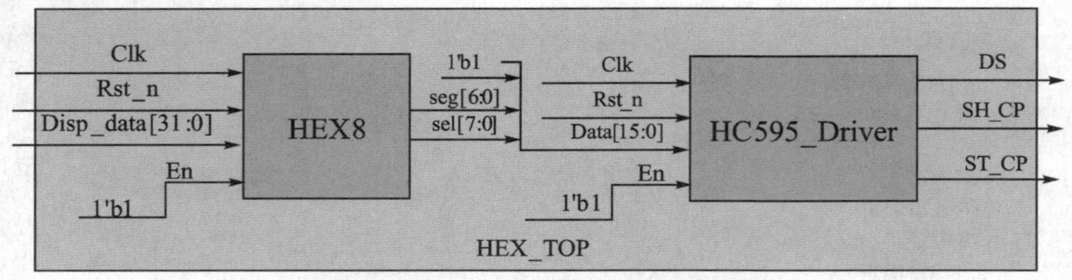

图 6.7　数码管驱动模块内部结构示意图

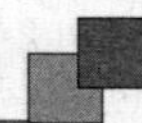

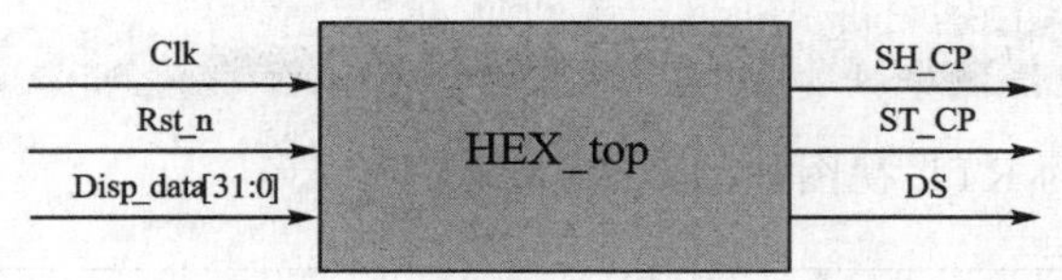

图 6.8　数码管驱动模块接口示意图

同时这里由于通道较多，加入了通道显示功能，这样 8 个数码管的功能划分如表 6.6 所列，其中第 3 个数码管不做显示，方便隔开通道数以及电压数据，方便读取并区别。

表 6.6　数码管功能划分(1)

数码管(左到右)	0	1	2	3	4	5	6	7
功能描述	C	H	被选通道数	不显示	电压值(mV)			

从表 6.6 中可以看出，需要数码管显示 0～9、C、H 以及全暗。但在前面章节中在进行译码时，数码管只会显示为 0～F。如不进行修改则显示不出 H 以及全暗功能。这里与之前编写的代码略有不同，修改 HEX8 文件里面的译码模块，如下：

```
always@(*)
    case(data_tmp)
        4'h0:seg = 7'b1000000; 4'h1:seg = 7'b1111001;
        4'h2:seg = 7'b0100100; 4'h3:seg = 7'b0110000;
        4'h4:seg = 7'b0011001; 4'h5:seg = 7'b0010010;
        4'h6:seg = 7'b0000010; 4'h7:seg = 7'b1111000;
        4'h8:seg = 7'b0000000; 4'h9:seg = 7'b0010000;
        4'ha:seg = 7'b1000110; //显示 C
        4'hb:seg = 7'b0001001; //显示 H
        4'hc:seg = 7'b1111111; //不显示
    endcase
```

6.1.8　顶层设计

得益于较好的模块划分，在顶层文件中只需例化各个模块即可，顶层模块接口示意图如图 6.9 所示。这里其他 ADC 标志信号没有引出，可针对实际情况自行修改。

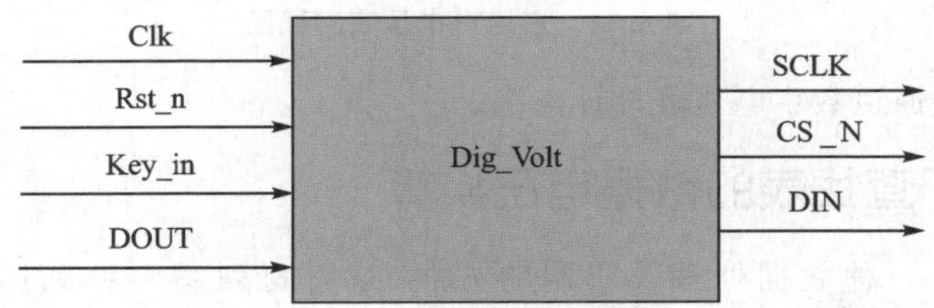

图 6.9　顶层模块接口示意图

同时在顶层文件中将数码管待显示数据按照表 6.6 进行拼接。

```
wire [31:0] disp_data;
assign disp_data = {4'ha,4'hb,{1'b0,ADC_CHSEL},4'hc,Voltage_BCD};
```

全编译无误后的 RTL 视图如图 6.10 所示。

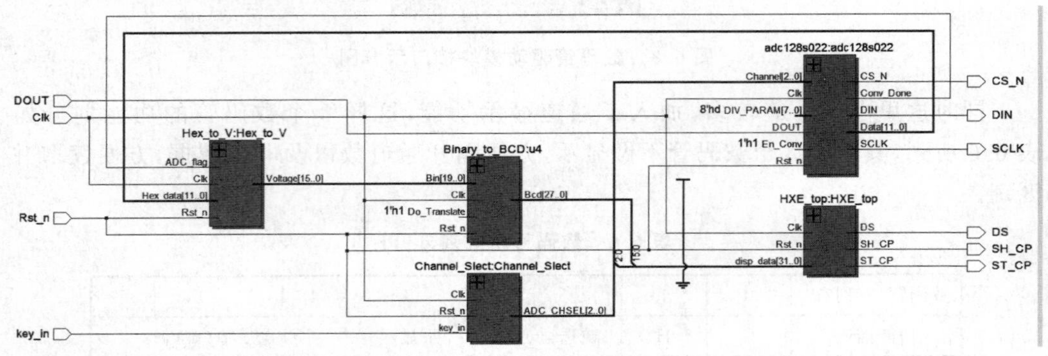

图 6.10　RTL 视图

分配好引脚下载后，通过在不同通道外接一个电压为 3.3 V 的滑动变阻器，任意改变滑动变阻器阻值可改变输入电压，由图 6.11 可以看出数码管上均有正常的显示，且切换通道时数据可以随之更新。

图 6.11　多通道电压表测试图

至此一个 8 通道数字电压表设计完毕。

6.1.9　基于查找表的数据电压换算

前面指出了一种数据处理及码制的方式，这里再列举一种利用查找表的实现方式。

这里因为输入的是 12 位二进制数，也就是说每一位变化对应的变化量即为精度，这样就可以得出以表 6.7 待转换数据与实际电压的对照表，保留小数点后三位。

表 6.7　二进制数与电压对照表(1)

代表实际电压			数　据
高 4 位	中 4 位	低 4 位	二进制
0.000	0.000	0.000	0000
0.206	0.013	0.001	0001
0.413	0.026	0.002	0010
0.619	0.039	0.002	0011
0.825	0.052	0.003	0100
1.031	0.064	0.004	0101
1.238	0.077	0.005	0110
1.444	0.090	0.006	0111
1.650	0.103	0.006	1000
1.856	0.116	0.007	1001
2.063	0.129	0.008	1010
2.269	0.142	0.009	1011
2.475	0.155	0.010	1100
2.681	0.168	0.010	1101
2.888	0.180	0.011	1110
3.094	0.193	0.012	1111

这样就可以建立一个查找表，来分别计算其对应位的电压值的 BCD 码，然后相加。代码如下：

```
reg [15:0] data1; //低四位
reg [15:0] data2; //中四位
reg [15:0] data3; //高四位
case(ADC_DATA [3:0])
        4'b0000:data1 [15:0] = 16'b0000_0000_0000_0000;
        4'b0001:data1 [15:0] = 16'b0000_0000_0000_0001;//.001
        4'b0010:data1 [15:0] = 16'b0000_0000_0000_0010;//.002
        4'b0011:data1 [15:0] = 16'b0000_0000_0000_0011;//.003
        4'b0100:data1 [15:0] = 16'b0000_0000_0000_0100;//.004
        4'b0101:data1 [15:0] = 16'b0000_0000_0000_0101;//.005
        4'b0110:data1 [15:0] = 16'b0000_0000_0000_0110;//.006
        4'b0111:data1 [15:0] = 16'b0000_0000_0000_0111;//.007
        4'b1000:data1 [15:0] = 16'b0000_0000_0000_1000;//.008
        4'b1001:data1 [15:0] = 16'b0000_0000_0000_1001;//.009
        4'b1010:data1 [15:0] = 16'b0000_0000_0001_0010;//.010
        4'b1011:data1 [15:0] = 16'b0000_0000_0001_0001;//.011
        4'b1100:data1 [15:0] = 16'b0000_0000_0001_0010;//.012
        4'b1101:data1 [15:0] = 16'b0000_0000_0001_0011;//.013
        4'b1110:data1 [15:0] = 16'b0000_0000_0001_0100;//.014
        4'b1111:data1 [15:0] = 16'b0000_0000_0001_0101;//.015
```

```
endcase
case(ADC_DATA [7:4])
//原理同上,文中省略,可见网络资源
endcase
case(ADC_DATA [11:8])
//原理同上,文中省略,可见网络资源
endcase
```

如果 0～3 位相加大于 9,则加 6 调整为 BCD 码,并产生进位信号。再进行 4～7 位相加加上进位信号判断,再判断 8～9 位。代码如下:

```
reg [3:0] c1;                    //低 4 位 BCD 进位信号
    reg [3:0] c2;                //中
    reg [3:0] c3;
if(data1 [3:0] + data2 [3:0] + data3 [3:0]<5'b01010) begin
    disp_data [3:0] =  data1 [3:0] + data2 [3:0] + data3 [3:0];
    c1  = 0000;
end
else begin
    disp_data [3:0] =  data1 [3:0] + data2 [3:0] + data3 [3:0] - 4'b1010;
    c1  = 0001;
end

if(c1 + data1 [7:4] + data2 [7:4] + data3 [7:4]<5'b01010) begin
    disp_data [7:4] =  c1 + data1 [7:4] + data2 [7:4] + data3 [7:4];
    c2  = 0000;
end
else begin
    disp_data [7:4] =  c1 + data1 [7:4] + data2 [7:4] + data3 [7:4] - 4'b1010;
    c2  = 0001;
end

if(c2 + data1 [11:8] + data2 [11:8] + data3 [11:8]<5'b01010) begin
    disp_data [11:8] =  c2 + data1 [11:8] + data2 [11:8] + data3 [11:8];
    c3  = 0000;
end
else begin
    disp_data [11:8] =  c2 + data1 [11:8] + data2 [11:8] + data3 [11:8] - 4'b1010;
    c3  = 0001;
end

if(c3 + data1 [15:12] + data2 [15:12] + data3 [15:12]<5'b01010) begin
    disp_data [15:12] = c3 + data1 [15:12] + data2 [15:12] + data3 [15:12];
end
else begin
    disp_data [15:0] = 1'bz;
end
```

以上也可完成码制的转换,如想提高显示精度,可以保留到小数点后四位,如表 6.8 所列。如进行此操作,同时需修改数码管定义如表 6.9 所列。

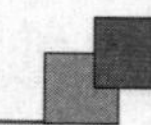

表 6.8　二进制数与电压对照表(2)

代表实际电压			数　据
高 4 位	中 4 位	低 4 位	二进制
0.0000	0.0000	0.0000	0000
0.2063	0.0129	0.0008	0001
0.4125	0.0258	0.0016	0010
0.6188	0.0387	0.0024	0011
0.8250	0.0516	0.0032	0100
1.0313	0.0645	0.0040	0101
1.2375	0.0773	0.0048	0110
1.4438	0.0902	0.0056	0111
1.6500	0.1031	0.0064	1000
1.8563	0.1160	0.0073	1001
2.0625	0.1289	0.0081	1010
2.2688	0.1418	0.0089	1011
2.4750	0.1547	0.0097	1100
2.6813	0.1676	0.0105	1101
2.8875	0.1805	0.0113	1110
3.0938	0.1934	0.0121	1111

表 6.9　数码管功能划分(2)

数码管(左到右)	0	1	2	3	4	5	6	7
功能描述	C	H	被选通道数	电压值(mV)				

6.2　双通道幅频相可调 DDS 信号发生器

本节将结合第 3 章中的串口收发模块，第 4 章中的 ROM 使用知识以及第 5 章中的 DAC 驱动模块，实现一个双通道幅度、频率、相位均可调的 DDS 信号发生器。

其中，输出信号的频率、相位、幅度的调节通过 PC 端串口发送命令实现，最终由 DAC 芯片 TLV5618 输出对应的模拟信号。PC 端通过串口发出控制命令，由串口接收命令并解析转换得到相应的幅度、频率、相位控制字，这些控制字直接作用在两个 DDS 信号发生器电路上，从而设定信号发生器输出信号的幅度、频率、相位，然后经过 DAC 控制模块将两个通道的数据分别经由 DAC 驱动模块写入 TLV5618 型 DAC 中，DAC 即可输出对应的模拟电压信号。其系统工作框图如图 6.12 所示。通过本节，我们将实现一个通过上位机可控的双通道幅频相信号发生器，信号发生器输出信号的最高频率与 DAC 的转换速率相关。

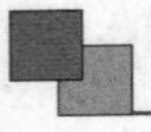

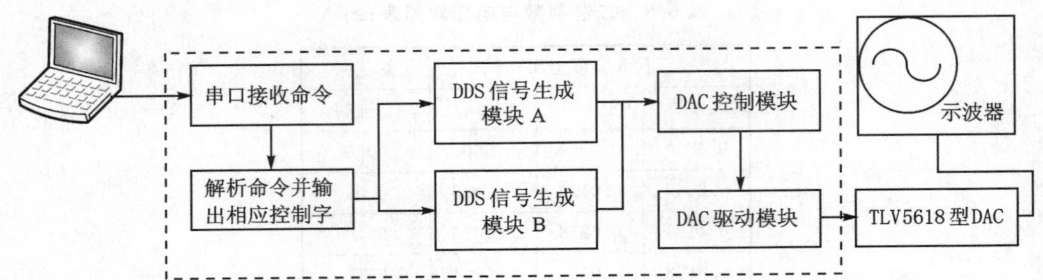

图 6.12　基于 AC620 开发板的双通道 DDS 系统架构图

由工作原理图可以暂时将本系统划分为串口接收模块、命令解析模块、DDS 信号生成模块、DAC 控制模块和 DAC 驱动模块。

6.2.1　DDS 原理与实现

1. DDS 基本原理

DDS(Direct Digital Synthesizer)即数字合成器,是一种新型的频率合成技术,具有相对带宽大,频率转换时间短、分辨率高和相位连续性好等优点。其较容易实现频率、相位以及幅度的数控调制,广泛应用于通信领域。

DDS 的基本结构图如图 6.13 所示。

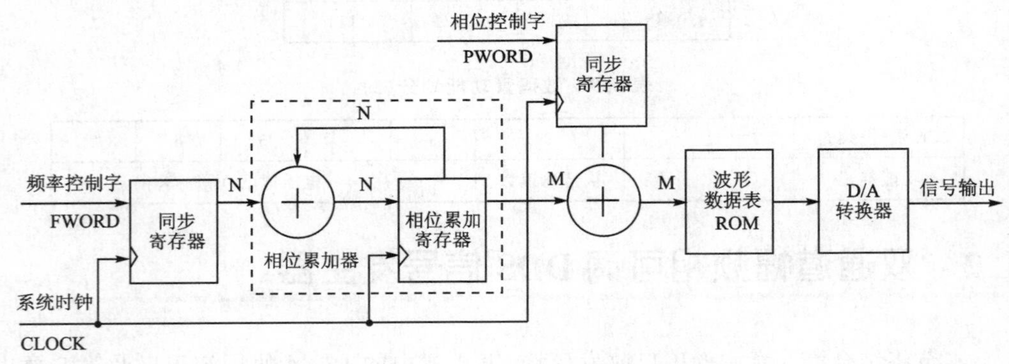

图 6.13　DDS 基本结构图

由图 6.13 可以看出,DDS 主要由相位累加器、相位调制器、波形数据表以及 D/A 转换器构成。

其中相位累加器由 N 位加法器与 N 位寄存器构成。每来一个时钟,加法器就将频率控制字与累加寄存器输出的相位数据相加,相加的结果又反馈至累加寄存器的数据输入端,以使加法器在下一个时钟脉冲的作用下继续与频率控制字相加。这样,相位累加器在时钟作用下,不断对频率控制字进行线性相位累加,即在每一个时钟脉冲输入时,相位累加器便把频率控制字累加一次。

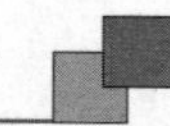

相位累加器输出的数据就是合成信号的相位。相位累加器的溢出频率，就是 DDS 输出的信号频率。用相位累加器输出的数据，作为波形存储器的相位采样地址，这样就可以把存储在波形存储器里的波形采样值经查表找出，完成相位到幅度的转换。波形存储器的输出数据送到 D/A 转换器，由 D/A 转换器将数字信号转换成模拟信号输出。

DDS 信号流程示意图如图 6.14 所示。

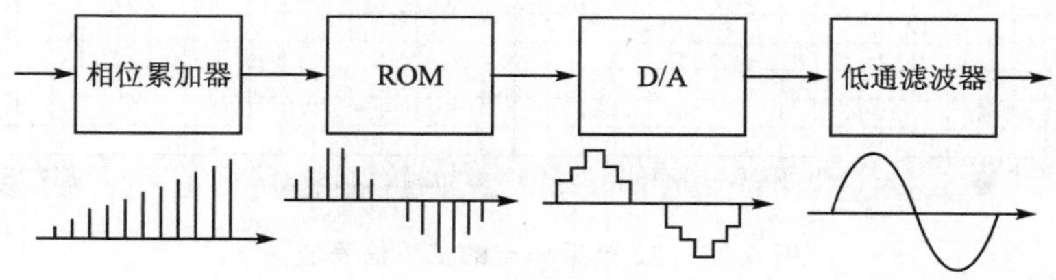

图 6.14　DDS 原理流程图

这里相位累加器位数为 N 位（N 的取值范围在实际应用中一般为 24～32），相当于把正弦信号在相位上的精度定义为 N 位，所以其分辨率为 $1/2^N$。

若 DDS 的时钟频率为 F_{clk}，频率控制字 fword 为 1，则输出频率为 $F_{\text{out}}=\dfrac{F_{\text{clk}}}{2^N}$，这个频率相当于“基频”。若 fword 为 B，则输出频率为 $F_{\text{out}}=B\times\dfrac{F_{\text{clk}}}{2^N}$。

因此理论上由以上三个参数就可以得出任意的输出频率 f_o，且可得出频率分辨率由时钟频率和累加器的位数决定。参考时钟频率越高，累加器位数越高，输出频率分辨率就越高。

从上式分析可得，当系统输入时钟频率 F_{clk} 不变时，输出信号频率由频率控制字 B 所决定，由上式可得：$B=2^N\times\dfrac{F_{\text{out}}}{F_{\text{clk}}}$。其中 B 为频率字且只能取整数。为了合理控制 ROM 的容量此处选取 ROM 查询的地址时，可以采用截断式，即只取 32 位累加器的高 M 位。这里相位寄存器输出的位数一般取 10～16 位。

以上通过理论计算加数据变换的形式对 DDS 原理进行了较为严谨的解释，但是 DDS 究竟是怎么实现频率和相位的控制的呢，以下通过一个简化的实例来描述 DDS 实现频率和相位控制的过程。

图 6.15 为一个完整周期的正弦信号波形，总共有 33 个采样点，其中第 1 点和第 33 点的值相同，第 33 点为下一个周期的起始点，因此，实际一个周期为 32 个采样点(1～32)。

当使用 FPGA 控制 DAC 输出一个周期的正弦信号时，每 1 ms 输出一个数值。如果每个点都输出，则一个完整的周期信号需要输出 32 个点，因此输出一个完整的信号需要 32 ms，则输出信号的频率为 1 000/32 Hz。

当需要用这一组数据来输出一个 2×(1 000/32) Hz 的正弦信号时，因为输出信号频率为 2×(1 000/32) Hz，那么输出一个完整的周期的正弦波所需要的时间为 32 ms/2，

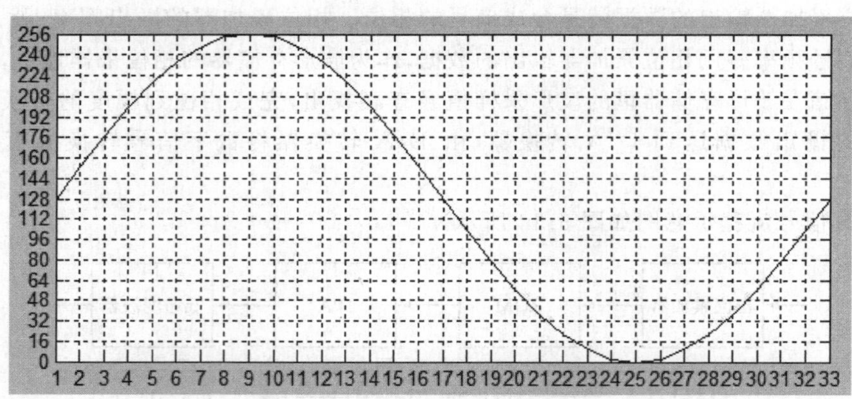

图 6.15　32 个采样点的正弦信号波形

即 16 ms。为了保证输出信号的周期为 16 ms,需要对输出策略进行更改,上面输出周期为 32 ms 的信号时,采用的是逐点输出的方式,以 32 个点来输出一个完整的正弦信号,而 FPGA 控制 DAC 输出信号的频率固定为 1 ms,因此,要输出周期为 16 ms 的信号,只能输出 16 个点来表示一个完整的周期,故选择每隔一个点输出一个数据的方式来输出即可。可以选择输出 1,3,5,7,…,29,31 这些点,因为采用这些点能够组成一个完整的周期正弦信号,而输出时间缩短为一半,即频率提高了一倍,最终结果如图 6.16 所示。

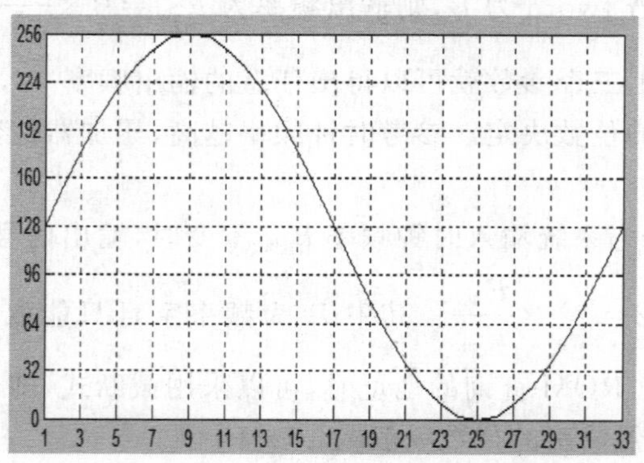

图 6.16　16 个采样点的正弦信号波形

如果需要使用该组波形数据输出频率为(1/2)×(1 000/32) Hz 的信号,即周期为 64 ms,则只需要以此组数据为基础,每 2 ms 输出一个数据即可,例如第 1 ms 和第 2 ms 输出第 1 个点,第 3 ms 和第 4 ms 输出第 2 个点,以此类推,第 63 ms 和第 64 ms 输出第 32 个点,即可实现周期加倍,即频率减半的效果。

对于相位的调整,则更加简单。只需要在每个取样点的序号上加上一个偏移量,便可实现相位的控制。例如,上面默认的是第 1 ms 时输出第 1 个点的数据,假如现在在第 1 ms 时从第 9 个点开始输出,则将相位左移了 90°,这就是控制相位的原理。

实现 DDS 输出时,将横坐标上的数据作为 ROM 的地址,纵坐标上的数据作为

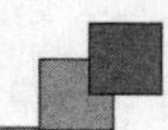

ROM 的输出，那么指定不同的地址就可实现对应值的输出。而 DDS 输出控制频率和相位，归结到底就是控制 ROM 的地址。

2. DDS 模块功能设计

在本设计中参考时钟频率 F_{clk} 为 50 MHz，相位累加器位数 N 取 32 位，频率控制字位数 M 取 12 位。

经过以上的分析，可以得出 DDS 模块的接口图如图 6.17 所示。

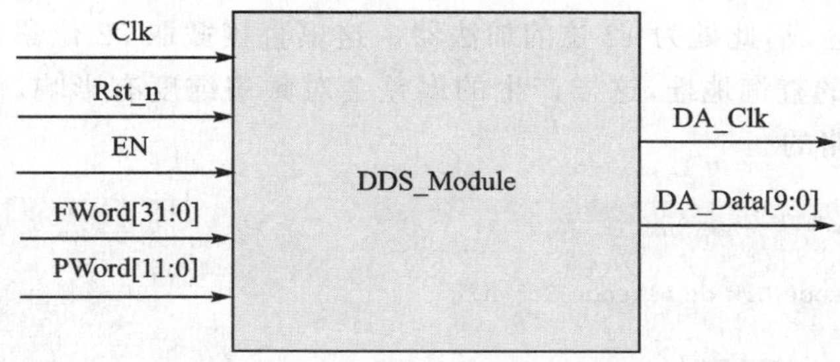

图 6.17　DDS 模块接口示意图

其中，每个端口的功能描述如表 6.10 所列。

表 6.10　DDS 模块信号功能描述

端口名称	I/O	功能描述
Clk	I	模块的工作时钟，频率为 50 MHz
Rst_n	I	控制器复位，低电平复位
EN	I	DDS 模块使能信号
FWord	I	频率控制字
PWord	I	相位控制字
DA_Clk	O	D/A 数据输出时钟
DA_Data	O	D/A 数据输出

新建 DDS_Module.v 保存至 rtl 文件夹下。从图 6.17 和表 6.10 可得到端口列表，代码如下：

```
input Clk;
input Rst_n;
input EN;
input [31:0]Fword;
input [11:0]Pword;

output DA_Clk;
output [9:0]DA_Data;
```

以下只需按照图 6.13 进行编写。相位累加器此处为一个 32 位的加法器。

```
reg [31:0]Fre_acc;

always @(posedge Clk or negedge Rst_n)
if(!Rst_n)
    Fre_acc <= 32'd0;
else if(!EN)
    Fre_acc <= 32'd0;
else
    Fre_acc <= Fre_acc + Fword;
```

查找表地址生成,此处为12位的加法器。这里直接截取32位累加器结果中的高12位作为ROM的查询地址,这样产生的误差会对频谱纯度有影响,但是对波形精度的影响是可以忽略的。

```
reg [11:0]Rom_Addr;

always @(posedge Clk or negedge Rst_n)
if(!Rst_n)
    Rom_Addr <= 12'd0;
else if(!EN)
    Rom_Addr <= 12'd0;
else
    Rom_Addr <= Fre_acc [31:20] + Pword;
```

D/A数据输出时钟模块使能,通过选择器来进行控制。

```
assign DA_Clk = (EN)? Clk:1'b1;
```

3. 制作波形数据存储器

现在只需要例化存有波形文件的ROM即可。其中单端口ROM的主要配置数据如图6.18所示,其初始化文件选为已经生成的正弦mif文件。此处mif位宽为10,深度为4096。

这样例化到DDS_Module中的内容如下:

```
ddsrom ddsrom(
    .address(Rom_Addr),
    .clock(Clk),
    .q(DA_Data)
);
```

本模块编译无误后,单击RTL Viewer后可以看到如图6.19所示的模块逻辑电路图,可与DDS原理图对比。这里有两个选择器的原因是加了使能端的缘故,如果将使能端去掉则可看到如图6.20所示的电路图。

设置此文件为顶层进行功能仿真。激励文件中除了产生正常的时钟以及模块例化调用,还需使能模块以及设置自加字。此处简化将Fword设置为固定值32'd5000。

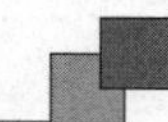

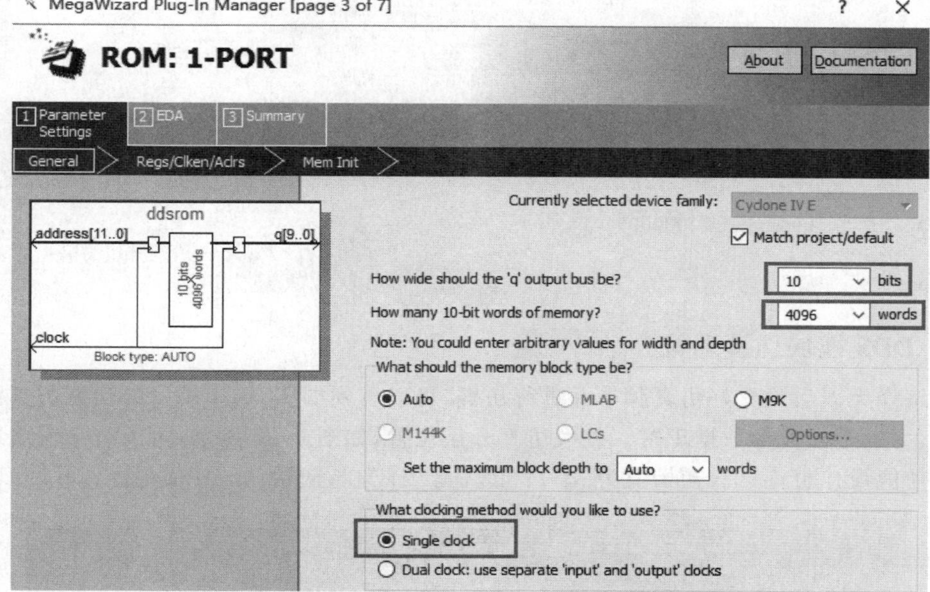

图 6.18　ROM 的主要配置参数

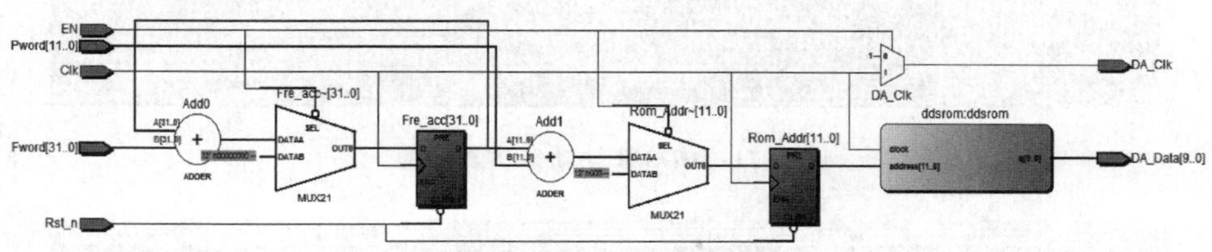

图 6.19　DDS 模块设计逻辑电路图

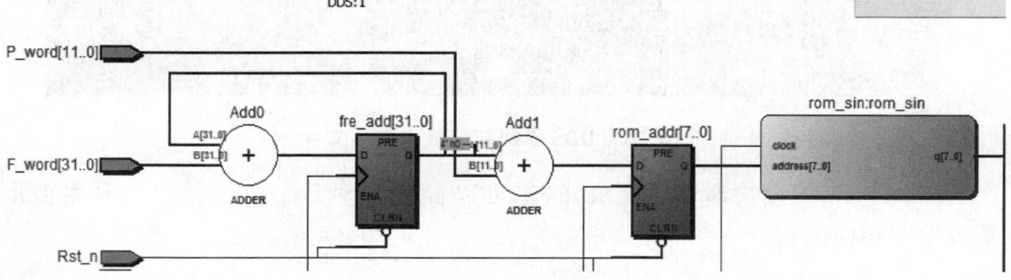

图 6.20　DDS 模块简化逻辑电路图

```
initial begin
    Rst_n = 1'b0;
    EN = 1'b0;
    Fword = 32'd0;
```

```
        Pword = 12'd0;

        #(~clk_period * 20)
        Rst_n = 1'b1;
        #(~clk_period * 20)
        EN = 1'b1;
        Fword = 32'd5000;

        #(~clk_period * 2000000)
        $ stop;
    end
```

4. DDS 模块仿真验证

编译无误后设置好仿真脚本并进行仿真，可以看到如图 6.21 所示的功能仿真波形文件，可以看出波形数据正常。放大仿真开始位置，如图 6.22 所示，可以看出输出D/A 时钟使能设计也正常。初始值为 'd511 也就是 'h1ff，与初始化 mif 文件一致。

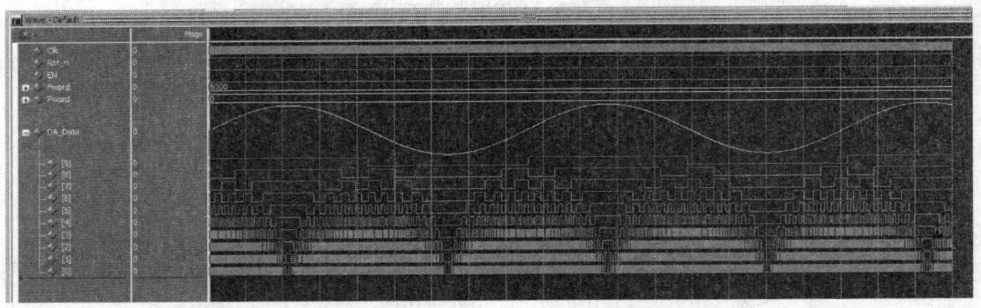

图 6.21 DDS 模块功能仿真波形

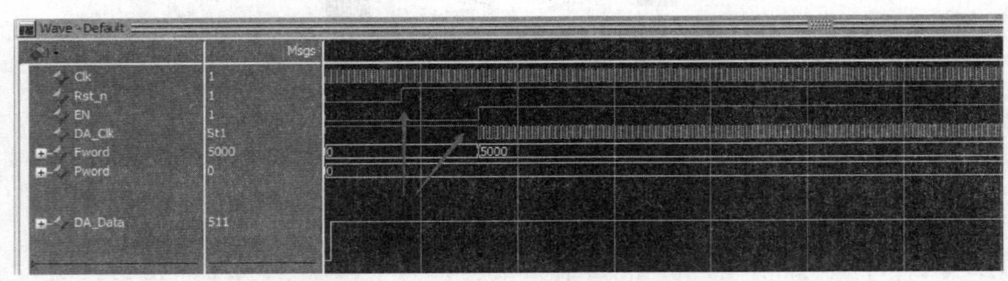

图 6.22 DDS 模块部分放大波形文件

这样一个 DDS 模块即设计完成，这里可以自行修改 Pword 的值进行观察波形相位是否发生相应变化。

6.2.2 数/模转换器(DAC)驱动模块设计

1. TLV5618 DAC 驱动模块

这里采用的 DAC 芯片为 AC620 开发套件上的 TLV5618。其中 TLV5618 模块的设计与实现已在第 5 章详细阐述，此处不再对本部分内容进行解释。其模块接口示意

图如图 6.23 所示，其接口对应的功能描述如表 6.11 所列。

图 6.23　D/A 模块接口示意图

表 6.11　D/A 模块接口功能描述

端口名称	I/O	端口功能描述
Clk	I	控制器的工作时钟，频率为 50 MHz
Rst_n	I	控制器复位，低电平复位
Start	I	转换启动信号，每次该信号的一个时钟周期的高脉冲启动一次数据到 DAC 芯片的传输。注意，该信号只能为 1 个时钟周期的高电平脉冲
Dac_data [15:0]	I	控制字和 DAC 数据端口，高 4 位为控制字，低 12 位为数据
Set_Done	O	更新 DAC 完成标志，每次完成更新产生一个高电平脉冲，脉冲宽度为 1 个时钟周期
CS_N	O	TLV5618 的 CS_N 接口
DIN	O	TLV5618 的 DIN 接口
SCLK	O	TLV5618 的 SCLK 接口
DAC_STATE	O	模块状态标识，低电平时为忙标志，高电平为空闲状态

2. 多通道数据输出实现

本小节需实现的是双通道的信号发生器。而 DAC 的两个通道的数据是通过一个数据通道＋不同的控制字实现的，因此这里就要轮转控制两个通道并输入相应的控制字。将此模块命名为 DAC_2CH，该模块例化了 TLV5618 模块作为 DAC 的实际驱动模块。另外需要说明的是，本例中的 DDS 模块生成的数据为 10 位，而 DAC 是 12 位，因此在实际连接时，将 DDS 输出的数据左移了两位，转换为 12 位的数据，然后再送给 DAC 进行数/模转换。其模块接口示意图如图 6.24 所示。

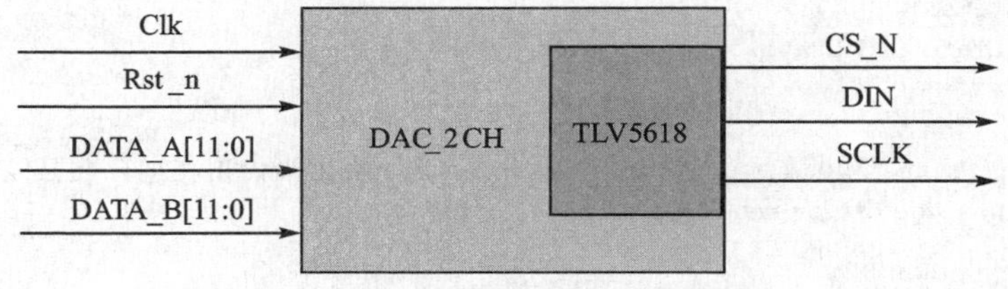

图 6.24　DAC 通道选择模块接口示意图

其每个接口功能描述如表 6.12 所列。

表 6.12　DAC 通道选择模块接口功能描述

端口名称	I/O	功能描述
Clk	I	控制器的工作时钟，频率为 50 MHz
Rst_n	I	控制器复位，低电平复位
DATA_A	I	DDS 产生通道 A 的数据
DATA_B	I	DDS 产生通道 B 的数据
CS_N	O	TLV5618 的 CS_N 接口
DIN	O	TLV5618 的 DIN 接口
SCLK	O	TLV5618 的 SCLK 接口

由表 6.12 分析可知其端口列表，代码如下：

```
input Clk;
input Rst_n;
input [11:0]DATA_A,DATA_B;//每个通道的数据
output CS_N;
output DIN;
output SCLK;
```

这里在调用 TLV5618 时，设计器件一直处于工作状态，使用 state 信号来确定 TLV5618 驱动模块的工作状态，state 为 0 表示当前 DAC 空闲，state 为 1 表示当前正在进行数据的传输。每当 DAC 控制器处于空闲时，就切换状态到数据传输状态。然后根据 state 的值来控制转换启动信号，每当 state 为 0，即 DAC 控制器为空闲时，就设置 Start 信号为高电平，启动一次传输。

```
tlv5618 tlv5618(
    .Clk(Clk),
    .Rst_n(Rst_n),

    .DAC_DATA({CtrlWord,DATA}),
    .Start(Start),
    .Set_Done(UpdateDone),
    .DIV_PARAM(8),

    .CS_N(CS_N),
    .DIN(DIN),
    .SCLK(SCLK),
    .DAC_State(DAC_State)
);

reg state;//state 为 0 表示当前 DAC 空闲,state 为 1 表示当前正在进行数据传输
always@(posedge Clk or negedge Rst_n)
if(!Rst_n)
    state <= 1'b0;
else if(state == 0)//每当 DAC 空闲时,就切换状态到数据传输状态
    state <= 1'b1;
```

```
    else if(Set_Done)
        state <= 1'b0;

    //根据 DAC 控制状态,设置 DAC 传输数据启动信号
    always@(posedge Clk or negedge Rst_n)
    if(!Rst_n)
        Start <= 1'b0;
    else if(state == 0)
        Start <= 1'b1;
    else
        Start <= 1'b0;
```

实现轮询,就是在时钟上升沿到来时,每当一次 TLV5618 转换完成后,就开始选通下一个通道。代码如下:

```
    /*每完成一次转换,通道编号加 1,由于总共为两个通道,所以 Current_CH 将循环在 0 和 1 之间变化*/
    always@(posedge Clk or negedge Rst_n)
    if(!Rst_n)
        Current_CH <= 0;
    else if(Set_Done)
        Current_CH <= Current_CH + 1'b1;

    //根据通道编号从两个 DDS 数据源中选择 DAC 数据
    always@(*)
    begin
        case(Current_CH)
            0: DATA = DATA_A;
            1: DATA = DATA_B;
            default:DATA = DATA_A;
        endcase
    end
```

在选通对应通道后,最终传递给 DAC 控制模块进行传输的数据应该是 16 位,高4 位为控制字,包含通道信息,低 12 位为 DAC 期望输出的电压编码,而控制字 CtrlWord 则根据当前选择的通道不同,其值也不同。具体情况如下:当通道选择为 1 时,选择通道 B,此时控制字为 4'b1100,即写数据到通道 B 缓冲区;当通道选择为 0 时,选择通道 A 并同时更新缓冲器中的数据到 DAC 输出,此时控制字为 4'b0101。

```
    assign CtrlWord = Current_CH? 4'b0101:4'b1100;
```

最终传递给 DAC 驱动模块 TLV5618 的数据应该是由 4 位的 CrtlWord 和 12 位的 DATA 拼接而成的 16 位数据,代码如下:

```
    .DAC_DATA({CtrlWord,DATA}),
```

至此,我们就完成了两个 DDS 生成的数据分别传递给 DAC 芯片两个输出通道的功能。后续,DDS 模块输出什么信号,该信号就将直接传递给 DAC 对应的通道并最终输出在 DAC 的模拟电压输出引脚。

6.2.3 串口命令接收与解析

这里使用的串口接收模块波特率为 9 600，具体实现方式在第 3 章已经阐述过，此处不再详细解释。其模块接口示意图如图 6.25 所示，接口对应的功能描述如表 6.13 所列。

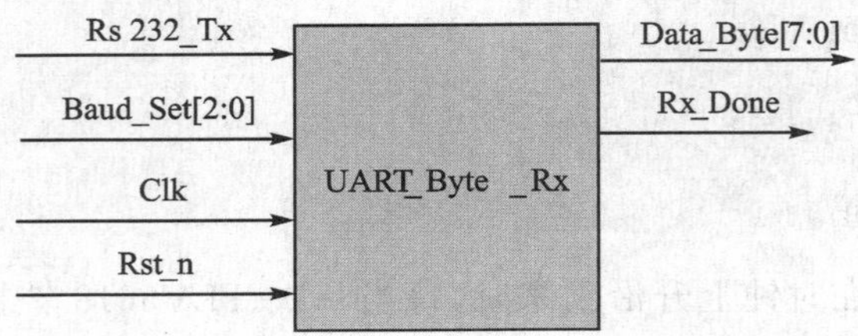

图 6.25 串口接收模块接口示意图

表 6.13 串口接收模块接口功能描述

信号名称	I/O	功能描述
Clk	I	控制器的工作时钟，频率为 50 MHz
Rst_n	I	控制器复位，低电平复位
Rs232_Tx	I	串行数据输入
Band_Set	I	波特率选择信号
Data_Byte	O	并行数据输出
Rx_Done	O	接收结束标志信号

1. 信号发生器的自定义帧

由于 DDS 输出信号的频率、相位、幅度都需要能够调节，因此系统需要有一个较为灵活的输入设备来完成对应控制信号的接收。传统的按键在面对如此多的输入量时，略显力不从心，而且，信号发生器设备一般都需要通过上位机来控制，所以本系统直接使用串口来接收控制信号，控制信号的产生可以是 PC 或其他带有串口设备的智能控制器。

在通信行业，存在各种符合一定标准的通信协议，如最经典的 ModBus 协议，通过收发双方遵循相同的协议，可以实现两者间数据的可靠传输。当然，在某些情况下，也可以根据实际应用情况，定义一些简化的自定义协议。

本系统采用自定义帧的方式来进行数据传输。一帧数据为 8 字节，包含帧头＋地址＋数据＋帧尾四个组成部分，无数据帧校验部分。通过发送不同地址和数据部分，可以实现对特定地址寄存器写入对应的数据。串口命令数据的格式如下：

Byte0	Byte1	Byte2	Byte3	Byte4	Byte5	Byte6	Byte7
帧头 0	帧头 1	寄存器地址	数据低字节	数据中低字节	数据中高字节	数据高字节	帧尾
0xAA	0x03	Addr	Data [7:0]	Data [15:8]	Data [23:16]	Data [31:24]	0x88

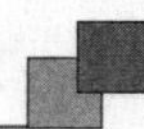

不同的寄存器地址对应不同通道的不同被控制数。系统设计了 6 个实体寄存器分别存储每个通道的相关控制参数。6 个寄存器分为 2 组，分别对应了 2 个通道。每组包含 3 个寄存器，即频率控制字寄存器、相位控制字寄存器和幅度控制字寄存器。各实体控制寄存器地址与对应功能如表 6.14 所列。当想控制某个通道的信号参数时，直接写实体寄存器，控制模块就会立即更新控制参数到对应通道上。

表 6.14　实体寄存器地址与功能对应表

地址(十六进制)	寄存器名	寄存器位宽	寄存器功能
10	Fword0	32	通道 0 频率控制字寄存器
11	Fword1	32	通道 1 频率控制字寄存器
12	Pword0	12	通道 0 相位控制字寄存器
13	Pword1	12	通道 1 相位控制字寄存器
14	Aword0	4	通道 0 幅度控制字寄存器
15	Aword1	4	通道 1 幅度控制字寄存器

现在举例说明如何使用实体寄存器控制对应控制字。

① 使用实体寄存器控制某通道信号频率。

例如：设置通道 0 的频率为 100 Hz。

地址：0x10。

控制字：$\text{Fword}=2^N\times\dfrac{F_{\text{out}}}{F_{\text{clk}}}=2^{32}\times\dfrac{100}{50\,000\,000}=8\,590$。

8 590 换算成十六进制就是 0x218E。因此数据段为 8E 21 00 00。

这样最终发送的指令为：AA 03 10 8E 21 00 00 88。

② 使用实体寄存器控制某通道信号相位。

例如：设置通道 1 的相位为 90°。

地址：0x13。

控制字：$\text{Pword}=2^M\times\dfrac{P_{\text{out}}}{360}=2^{12}\times\dfrac{90}{360}=1\,024$。

1 024 换算成十六进制就是 0x400，因此数据段为 00 04 00 00。

这样最终发送的指令为：AA 03 13 00 04 00 00 88。

③ 使用实体寄存器控制某通道信号幅度。

系统设置支持 8 级信号幅度调节，此 8 级幅度的信号控制字与满幅的对应关系如表 6.15 所列。

注意：虽然系统设计支持 8 级调幅，但是由于本系统的调幅原理仅为简单的通过将数据右移除以 2 的方式减小实际送给 DAC 的数据值，因此，数据在按照倍数减小的同时，其精度也会降低，输出模拟信号也会因为精度的丢失而失真，当实测幅度衰减到 1/8 时，波形失真就已经无法接受了。在实际的调幅电路中，应该采用模拟电路对信号进行放大或衰减。

表 6.15　控制字与幅度关系

控制字	信号缩减比例	最大输出电压/V
0	满幅	3.3
1	半幅	1.65
2	1/4 满幅	0.825
3	1/8 满幅	0.413
4	1/16 满幅	0.206
5	1/32 满幅	0.103
6	1/64 满幅	0.052
7	1/128 满幅	0.026

例如：设置通道 1 的幅度为半幅。

地址：0x15。

控制字：01，因此数据段为 01 00 00 00。

这样最终发送的指令为：AA 03 15 01 00 00 00 88。

另外，为了实现同时控制所有通道同时更新，特为以上所有实体寄存器设置了影子寄存器。当需要设置某通道的数据，但并不立即执行时，可使用影子寄存器功能。影子寄存器会预先存储所有的设置数据，这些数据不会立即更新到每个模块，而是在收到更新指令后，系统同时更新指令选择的所有影子寄存器中的值到实体寄存器，这样所有通道的参数就被同时更新。在操作时只需要先将要更新的数据逐次写入每个通道需要更新的寄存器中的影子寄存器中，然后发出更新指令，系统会自动将影子寄存器中的数据同时更新到实体寄存器。更新指令由更新寄存器完成，更新寄存器每一位对应一个功能寄存器。这样，就可以通过对更新寄存器写入不同的值来选择具体更新哪些影子寄存器中的值到实体寄存器中。影子寄存器的地址、名称与功能对应表如表 6.16 所列。

表 6.16　影子寄存器的名称与功能对应表

地址(十六进制)	寄存器名	寄存器位宽	寄存器功能
00	s_Fword0	32	通道 0 频率控制字影子寄存器
01	s_Fword1	32	通道 1 频率控制字影子寄存器
02	s_Pword0	12	通道 0 相位控制字影子寄存器
03	s_Pword1	12	通道 1 相位控制字影子寄存器
04	s_Aword0	4	通道 0 幅度控制字影子寄存器
05	s_Aword1	4	通道 1 幅度控制字影子寄存器

更新寄存器以及通道控制地址与功能对应关系，如表 6.17 所列。

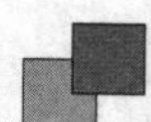

表 6.17 更新寄存器以及通道控制地址与功能对应表

地址(十六进制)	寄存器名	寄存器位宽	寄存器功能
06	CH_Sync	4	通道使能(兼同步功能)寄存器
07	Ctrl	8	影子寄存器更新控制寄存器

Ctrl 寄存器每一位对应的功能如下：

bit7	bit6	bit5	bit4	bit3	bit2	bit1	bit0
X	X	更新 Aword1	更新 Aword0	更新 Pword1	更新 Pword0	更新 Fword1	更新 Fword0

当该位为1时，使能更新对应的影子寄存器到实体寄存器中；为0时，则禁止。

使用影子寄存器更新多个通道多个寄存器的操作顺序如下：

① 写一个或多个通道中一个或多个影子寄存器的值；

② 发出更新指令。

例如，需要设置通道0的频率为100 Hz，相位为90°，幅度不变；设置通道1的频率为100 Hz，相位为180°，幅度为半幅。由于需要保持通道0的幅度不变，因此该寄存器不可直接从影子寄存器中更新，所以更新寄存器指令时数据应为8'b00101111，可按照如下指令顺序进行发送：

① AA 03 00 8E 21 00 00 88（设置通道0的频率为100 Hz）；

② AA 03 02 00 04 00 00 88（设置通道0的相位为90°）；

③ AA 03 01 8E 21 00 00 88（设置通道1的频率为100 Hz）；

④ AA 03 03 00 08 00 00 88（设置通道1的相位为180°）；

⑤ AA 03 05 01 00 00 00 88（设置通道1的幅度为半幅）；

⑥ AA 03 07 2F 00 00 00 88（更新影子寄存器中的数据到实体寄存器，其中Aword0不更新）。

地址06为控制2个通道的运行和停止的寄存器。该寄存器占2位，每一位对应一个通道的开关。当需要同步某2个通道时，也可使用这个寄存器来实现，实现方式为首先设置这2个通道的寄存器对应的控制位为0，然后重新设置这2个通道的寄存器位为1，即可实现同步。

所以，在上述6个步骤操作完成后，我们还需要进行同步操作，所谓同步就是先关闭两个通道，然后再同时打开。同步时的指令如下：

① AA 03 06 00 00 00 00 88（关闭两个通道）；

② AA 03 06 03 00 00 00 88（开启两个通道）。

2. 串口数据帧接收

使用前面定义的数据帧格式，就需要一次发送多字节的数据，这样就不排除多字节发送错误或者多发、少发。例如，本来一帧数据应该是8字节，但是PC端在发送了2字节的数据后被人为中断，然后重新启动该帧数据的发送。对于FPGA的接收端来说，由于之前已经接收了2字节的数据，如果不做合理的判断，那么新接收到的一帧数据会被认为是之前一帧数据的从第三个数据开始的后续内容，此时 FPGA 端接收的数据就被误判了，所以使用相邻字节间间隔时长来作为一帧数据传输完成或失败的依据。例如，设置相邻两字节间的最大间隔时间不能超过 3.5 字节传输时间长度，如果超过 3.5 字节的时间传输长度，则认为一帧数据传输完成。通过此种方式，就能强制判断帧的结束或者中断了。

这里新建 uart_rx_frameend.v，来进行帧格式判断。其模块接口示意图如图 6.26 所示。

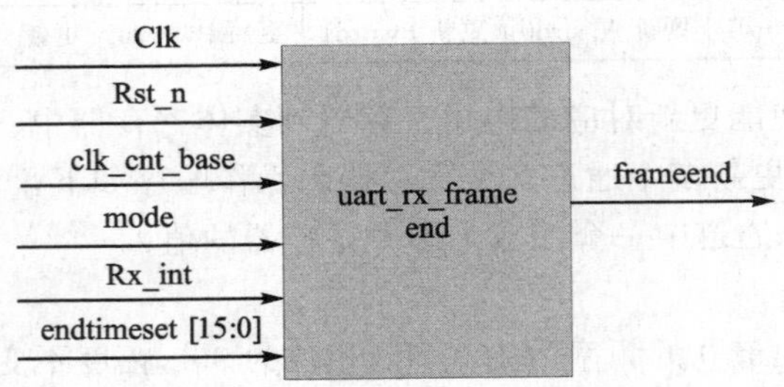

图 6.26 帧判断模块接口示意图

帧判断模块接口功能描述如表 6.18 所列。

表 6.18 帧判断模块接口功能描述

端口名称	I/O	功能描述
Clk	I	控制器的工作时钟，频率为 50 MHz
Rst_n	I	控制器复位，低电平复位
clk_cnt_base	I	基本计数时钟，帧结束计数器计数时基
mode	I	模式 0，使用内部 1 kHz 的基准时钟；模式 1，使用外部计数时钟
Rx_int	I	字节接收成功信号
endtimeset	I	帧结束判定时间设置
frameend	O	帧结束标志信号

帧结束判断模块实际是一个定时器，该定时器的计时基准时间可以由其他模块输入，也可以在内部通过对全局时钟分频得到。模块内部默认产生一个 1 kHz 的单时钟周期脉冲时钟，并使用一个 mode 信号来选择内部产生的 1 kHz 频率时钟或外部输入时钟信号作为计数器计数时钟。对于常见的 9600 波特率的串口传输，使用内部 1 kHz 的时钟信号即可，如果串口传输波特率大于 9600，则需要使用外部基准时钟。

```
reg [15:0]internal_base_cnt;
reg internal_base_clk;                  //内部计数基准时钟
wire base_clk;                          //定时器计数基准时钟

//内部 1 kHz 基准计数时钟计数器
```

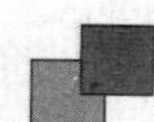

```
always@(posedge Clk or negedge Rst_n)
if(!Rst_n)
    internal_base_cnt <= 16'd0;
else if(internal_base_cnt == 49_999)
    internal_base_cnt <= 16'd0;
else
    internal_base_cnt <= internal_base_cnt + 1'd1;

//产生内部 1 kHz 基准时钟
always@(posedge Clk or negedge Rst_n)
if(!Rst_n)
    internal_base_clk <= 1'd0;
else if(internal_base_cnt == 49_999)
    internal_base_clk <= 1'd1;
else
    internal_base_clk <= 1'd0;

//通过模式选择位选择使用内部计数基准时钟或外部计数基准时钟
//模式 0,使用内部 1 kHz 的基准时钟;模式 1,使用外部计数时钟
assign base_clk = mode? clk_cnt_base:internal_base_clk;
```

串口数据标志接收部分,每当接收到 1 字节的数据后均会产生 1 个时钟周期的高电平标志信号。此处以 cnt_state 为标志来定义状态进而使能计数器。每当接收到 1 字节数据即开始计数,当帧超时则停止计数。

```
always@(posedge Clk or negedge Rst_n)
if(!Rst_n)
    cnt_state <= 1'b0;
else if(Rx_int)                        //接收到数据,开始计数
    cnt_state <= 1'd1;
else if(frameend)                      //帧超时,停止计数
    cnt_state <= 1'b0;
```

计数器使能时每当到来一个参考时钟就将计数器加 1。当接收到新的字节数据时或者当达到预设的帧结束判定时间就将计数器清零,且当到达帧结束判定时间时产生 1 帧数据接收完成标志信号。

```
//计数进程
always@(posedge Clk or negedge Rst_n)
if(!Rst_n)
    cnt <= 16'd0;
//接收到数据或者字节间间隔时长已达设定超时值,清零计数器
else if(Rx_int || (base_clk && (cnt == endtimeset)))
    cnt <= 16'd0;
else if(base_clk && cnt_state)
    cnt <= cnt + 16'd1;

//字节间时间间隔时长已经达到设定值,产生帧结束信号
always@(posedge Clk or negedge Rst_n)
if(!Rst_n)
```

```
        frameend <= 1'b0;
    else if(base_clk && (cnt == endtimeset))
        frameend <= 1'b1;
    else
        frameend <= 1'b0;
```

为了简化测试激励，这里先使用外部时钟进行功能仿真。因此在激励文件中例化待测试文件如下：

```
    uart_rx_frameend uart_rx_frameend(
        .Clk(Clk),
        .Rst_n(Rst_n),
        .clk_cnt_base(clk_cnt_base),
        .mode(1),
        .Rx_int(Rx_int),
        .endtimeset(endtimeset),
        .frameend(frameend)
    );
```

激励文件中除产生正常的系统时钟 50 MHz 以外，还产生了 4.5 MHz 的外部时钟。

```
    initial clk_cnt_base = 0;
    always begin
        clk_cnt_base = 1;
        #20;
        clk_cnt_base = 0;
        #200;
    end
```

循环产生接收到的数据标志信号 36 次，且最后一个延迟有足够长的时间。这里也就是用时钟 clk_cnt_base 计数 20 以上即可(大约 5 000 ns)。

```
    integer i;

    initial begin
        Rst_n = 0;
        endtimeset = 19;
        Rx_int = 0;
        #201;
        Rst_n = 1;
        #200;
        for(i = 0;i<36;i = i + 1) begin
            Rx_int = 1;
            #20;
            Rx_int = 0;
            #2000;
        end
        #200000;
        for(i = 0;i<36;i = i + 1) begin
            Rx_int = 1;
```

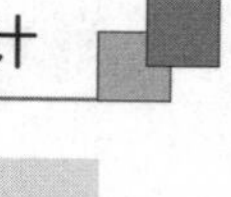

```
        #20;
        Rx_int = 0;
        #2000;
    end
    #200000;
    $ stop;
end
```

设置好仿真脚本以后，开始运行，从图 6.27 中可以看出 Rx_int 信号产生正常，且计数使能信号正常，在一次帧数据传输结束后经过一定时间后 frameend 有一个标志信号。放大部分数据，在图 6.28 中查看此时的 cnt 信号，可以看出在 19 时产生信号，符合预期设计。

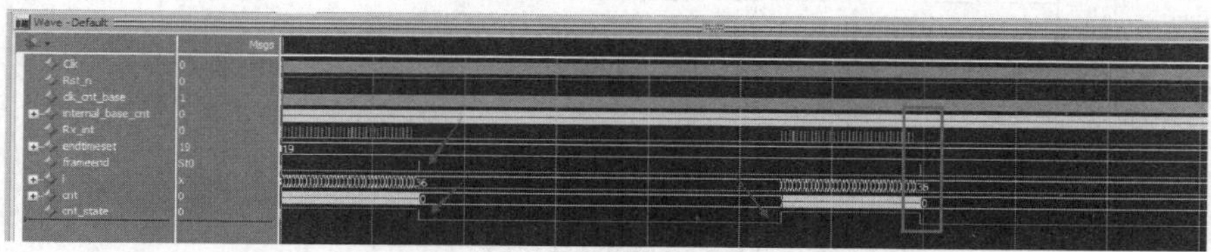

图 6.27 帧判断模块功能仿真波形

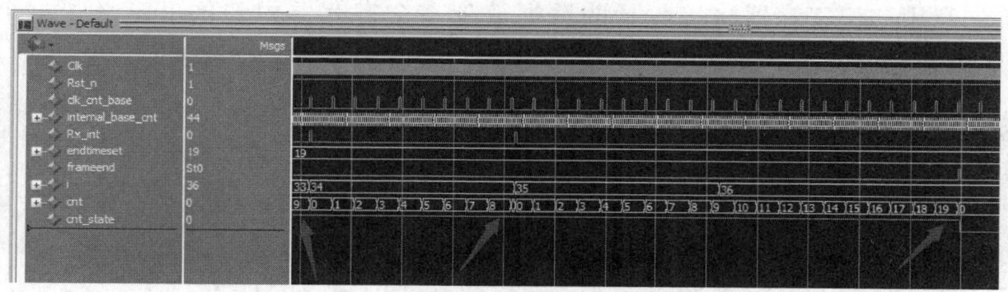

图 6.28 帧判断模块部分波形

3. 串口数据解析

上面自定义了数据格式，总共为 8 个 8 位数据，因此先用移位寄存器把 8 个数据移入进来。串口数据解析模块接口示意图如图 6.29 所示。

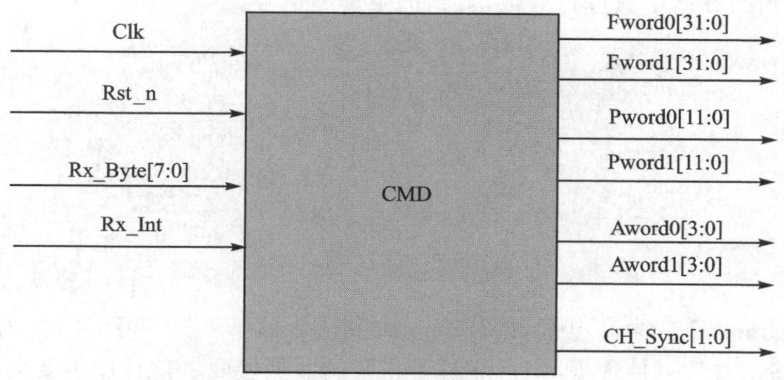

图 6.29 CMD 模块接口示意图

CMD 模块接口名称及功能描述如表 6.19 所列。

表 6.19 CMD 模块接口及功能描述

端口名称	I/O	功能描述
Clk	I	控制器的工作时钟，频率为 50 MHz
Rst_n	I	控制器复位，低电平复位
Rx_Byte	I	串口接收模块接收到的数据字节
Rx_Int	I	串口接收模块接收到的数据标志
Fword0	O	通道 0 频率控制字
Fword1	O	通道 1 频率控制字
Pword0	O	通道 0 相位控制字
Pword1	O	通道 1 相位控制字
Aword0	O	通道 0 幅度控制字
Aword1	O	通道 1 幅度控制字
CH_Sync	O	通道选择控制字

首先利用移位寄存器将接收到的数据放到一个寄存器中。这里定义了一个清零端，其作用是在一帧数据接收完成后将计数器以及移位寄存器数据清零。

```
reg [63:0]shift_data;
reg clr;

//移位寄存数据，接收串口发送的数据并存入移位寄存器中
always@(posedge Clk or negedge Rst_n)
if(!Rst_n)
    shift_data <= 64'd0;
else if(clr)
    shift_data <= 64'd0;
else if(Rx_Int)
    shift_data <= {Rx_Byte,shift_data[63:8]};
```

对接收到的数据个数进行计数，直到产生清零信号。

```
//计数接收到的数据总数
always@(posedge Clk or negedge Rst_n)
if(!Rst_n)
    data_cnt <= 4'd0;
else if(clr)
    data_cnt <= 4'd0;
else if(Rx_Int)
    data_cnt <= data_cnt + 1'b1;
```

每当 frameend 变为高电平，即代表一次数据传输结束。注意：此处一次数据传输结束，可能是正常的一帧数据，也可能是不正常的数据接收。这样就需要对此次接收的数据进行判断是否为正常的一帧数据。定义正常的一帧数据的格式可参考信号发生器

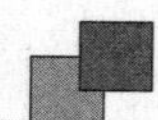

的串口命令数据的格式，数据个数为 8 且帧头为 'haa、'h03，帧尾为 'h88。这样判断正确后才认为是正常的数据，可以根据寄存器地址来进行相对应的操作。一次传输结束后就将计数器清零等待下一次传输。

```
always@(posedge Clk or negedge Rst_n)
    if(!Rst_n) begin
        Fword0 <= 0; Fword1 <= 0; Pword0 <= 0; Pword1 <= 0;
        Aword0 <= 0; Aword1 <= 0; s_Fword0 <= 0; s_Fword1 <= 0;
        s_Pword0 <= 0; s_Pword1 <= 0; s_Aword0 <= 0; s_Aword1 <= 0;
        CH_Sync <= 2'b00; clr <= 1'b0;
    end
    else if(frameend) begin
    //帧结束，将接收到的数据提取出来，根据其中的地址段和数据段，写数据到对应寄存器
        clr <= 1'b1;
        if(data_cnt == 8 && shift_data[7:0] == Header0 &&
          shift_data[15:8] == Header1 && shift_data[63:56] == Tail) begin
            case(shift_data[23:16])
                8'h10:Fword0 <= shift_data[55:24];
                8'h11:Fword1 <= shift_data[55:24];

                8'h12:Pword0 <= shift_data[35:24];
                8'h13:Pword1 <= shift_data[35:24];

                8'h14:Aword0 <= shift_data[27:24];
                8'h15:Aword1 <= shift_data[27:24];

                8'h00:s_Fword0 <= shift_data[55:24];
                8'h01:s_Fword1 <= shift_data[55:24];

                8'h02:s_Pword0 <= shift_data[35:24];
                8'h03:s_Pword1 <= shift_data[35:24];

                8'h04:s_Aword0 <= shift_data[27:24];
                8'h05:s_Aword1 <= shift_data[27:24];

                8'h06:CH_Sync <= shift_data[25:24];

                8'h07:begin

                    Fword0 <= shift_data[24]? s_Fword0:Fword0;
                    Fword1 <= shift_data[25]? s_Fword1:Fword1;

                    Pword0 <= shift_data[26]? s_Pword0:Pword0;
                    Pword1 <= shift_data[27]? s_Pword1:Pword1;

                    Aword0 <= shift_data[28]? s_Aword0:Aword0;
                    Aword1 <= shift_data[29]? s_Aword1:Aword1;
                end
                default:;
            endcase
```

```
        end
    end
    else
        clr <= 1'b0;
```

在调用写好的一次数据传输结束模块时，使用内部的 1 kHz 时钟，且将帧结束判定时间设置为 9。这里的时钟速度选择以及判定时间设置需根据不同的情况采用不同的设置。

```
uart_rx_frameend uart_rx_frameend(
    .Clk(Clk),
    .Rst_n(Rst_n),
    .clk_cnt_base(1'b0),
    .mode(1'b0),
    .Rx_int(Rx_Int),
    .endtimeset(4'd9),
    .frameend(frameend)
);
```

由待测试文件可以看出如果产生帧结束标志信号会至少经过 9/1 000 s，这里激励文件发送一次正常的数据为 AA 03 10 8E 21 00 00 88 然后延时 0.01 s，这样 0.01 s 大于 0.009 s，再发送 83 00 数据后再延迟 0.01 s。具体实现代码如下。这里故意使每一次数据持续时间不同。

```
initial begin
    Rst_n = 1'b0;
    Rx_Byte = 8'd0;
    Rx_Int = 1'b0;
    #(`clk_period * 20 + 1 )
    Rst_n = 1'b1;

    #(`clk_period * 50);
    Rx_Byte = 8'haa;
    #`clk_period;
    Rx_Int = 1'b1;
    #`clk_period;
    Rx_Int = 1'd0;

    #(`clk_period * 5000);
    Rx_Byte = 8'h03;
    #`clk_period;
    Rx_Int = 1'b1;
    #`clk_period;
    Rx_Int = 1'd0;

    #(`clk_period * 1500);
    Rx_Byte = 8'h10;
    #`clk_period;
    Rx_Int = 1'b1;
```

```
    #`clk_period;
    Rx_Int = 1'd0;

    #(`clk_period * 500);
    Rx_Byte = 8'h8e;
    #`clk_period;
    Rx_Int = 1'b1;
    #`clk_period;
    Rx_Int = 1'd0;

    #(`clk_period * 500);
    Rx_Byte = 8'h21;
    #`clk_period;
    Rx_Int = 1'b1;
    #`clk_period;
    Rx_Int = 1'd0;

    #(`clk_period * 500);
    Rx_Byte = 8'h00;
    #`clk_period;
    Rx_Int = 1'b1;
    #`clk_period;
    Rx_Int = 1'd0;

    #(`clk_period * 500);
    Rx_Byte = 8'h00;
    #`clk_period;
    Rx_Int = 1'b1;
    #`clk_period;
    Rx_Int = 1'd0;

    #(`clk_period * 500);
    Rx_Byte = 8'h88;
    #`clk_period;
    Rx_Int = 1'b1;
    #`clk_period;
    Rx_Int = 1'd0;

    #(`clk_period * 500000);
//////////////////////////
    #(`clk_period * 1000);
    Rx_Byte = 8'h83;
    #`clk_period;
    Rx_Int = 1'b1;
    #`clk_period;
    Rx_Int = 1'd0;

    #(`clk_period * 15000);
    Rx_Byte = 8'h00;
    #`clk_period;
    Rx_Int = 1'b1;
    #`clk_period;
```

```
        Rx_Int = 1'd0;

        #(`clk_period * 500000);
        $stop;
    end
```

编译无误后设置好仿真脚本,可以看到如图 6.30 所示的现象,每当接收 1 字节数据时 Rx_Int 信号均会有 1 个系统周期的高电平,且数据计数器 cnt 能够正常的自加及清零。8 字节数据接收过程中移位寄存器 shift_data 工作正常,且当完成后控制字 Fword0 值被正确更新。当 1 帧数据接收完成后,再次发送 1 字节数据时 cnt 又开始重新计数。

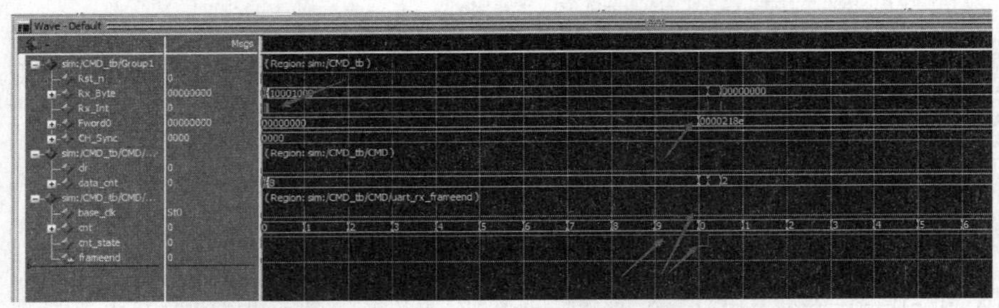

图 6.30　串口接收即命令解析模块功能仿真波形

如果想看到一次数据发送中 data_cnt 以及 shift_data 的细节,则可以增加 base_clk 频率并修改计数器,仿真波形如图 6.31 所示。这里修改频率的同时也修改了计数器值,从仿真波形中看出在该种设置下同样可以进行帧结束位的判定。

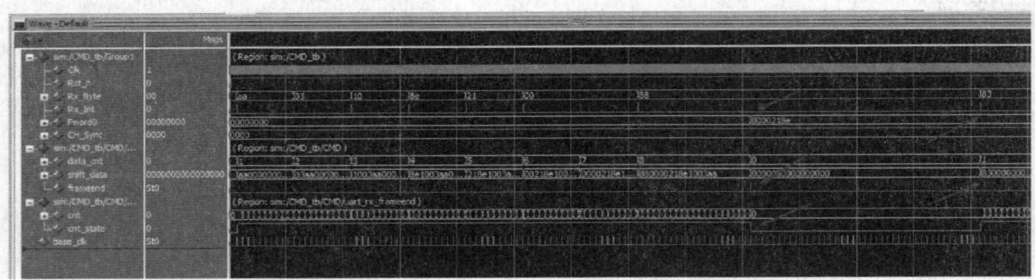

图 6.31　模块部分仿真波形

6.2.4　信号发生器顶层设计

综合以上的分析,可以得出其中模块顶层如图 6.32 所示。将内部信号全部定义为

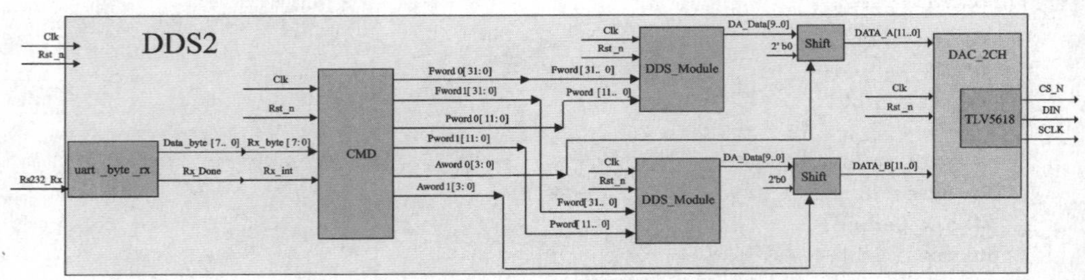

图 6.32　顶层模块接口示意图

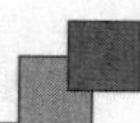

wire 即可,其接口功能描述如表 6.20 所列。

表 6.20 顶层模块接口及功能描述

端口名称	I/O	功能描述
Clk	I	控制器的工作时钟,频率为 50 MHz
Rst_n	I	控制器复位,低电平复位
Rs232_Rx	I	串口接收接口,接收串口助手发送数据
CS_N	O	TLV5618 的 CS_N 接口
DIN	O	TLV5618 的 DIN 接口
SCLK	O	TLV5618 的 SCLK 接口

其输入/输出端口定义如下所示。

```
input Clk;              //控制器的工作时钟,频率为 50 MHz
input Rst_n;            //控制器复位,低电平复位
input Rs232_Rx;         //串口接收接口,接收串口助手发送数据
output CS_N;            //TLV5618 的 CS_N 接口
output DIN;             //TLV5618 的 DIN 接口
output SCLK;            //TLV5618 的 SCLK 接口
```

这里,幅度的运算采用了移位的方式,即幅度控制寄存器的值就是 DDS 模块数据需要右移的位数。

```
wire [9:0]DA_Data0,DA_Data1;                //DDS 输出的波形数据
wire [11:0]DATA_A,DATA_B;                   //送给 DAC 通道的波形数据(幅度受控)

wire DA_Clk0,DA_Clk1;

assign DATA_A = {DA_Data0,2'b00} >> Aword0;
assign DATA_B = {DA_Data1,2'b00} >> Aword1;
```

根据实际使用情况将各个模块例化进来,例化后的顶层 RTL 视图如图 6.33 所示。

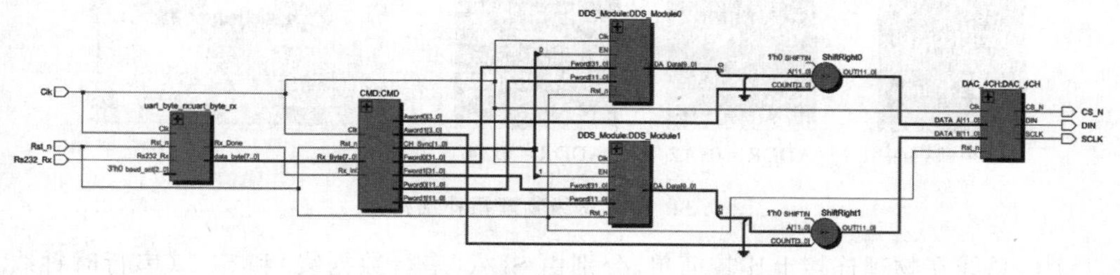

图 6.33 顶层 RTL 视图

6.2.5 系统测试

经过上述工作,DDS2 的所有代码都已经设计完毕,由于之前已经对子模块分别完成了仿真验证,这里对顶层模块暂不进行仿真。按照 AC620 开发板的引脚分配表分配

正确的引脚并将整个工程修改编译至没有错误，下载 sof 文件到 FPGA 中。使用 MicroUSB 数据线连接 PC 的 USB 口和 AC620 开发板的 USB 串口电路。打开串口猎人调试工具，设置正确的端口号，选择波特率为 9 600。然后依次发送命令帧给 FPGA，即可控制实现相应的功能。

6.3 串口读/写 EEPROM

本节将学习掌握两线制 I^2C 协议的基本知识和概念，熟悉 I^2C 器件之间数据通信的过程。并在此基础上设计一个可进行读/写操作的 I^2C 控制器，结合前面设计的串口收发模块实现串口对 EEPROM 存储器的读/写功能，并进行相应的板级验证。

6.3.1 I^2C 基本概念

I^2C 总线（I^2C bus，Inter - IC bus）是一个双向的两线连续总线，提供集成电路（ICs）之间的通信线路。I^2C 总线是一种串行扩展技术，最早由 Philips 公司推出，广泛应用于电视、录像机和音频设备。I^2C 总线的意思是完成集成电路或功能单元之间信息交换的规范或协议。Philips 公司推出的 I^2C 总线采用一条数据线（SDA），加一条时钟线（SCL）来完成数据的传输及外围器件的扩展。I^2C 总线物理拓扑结构如图 6.34 所示。

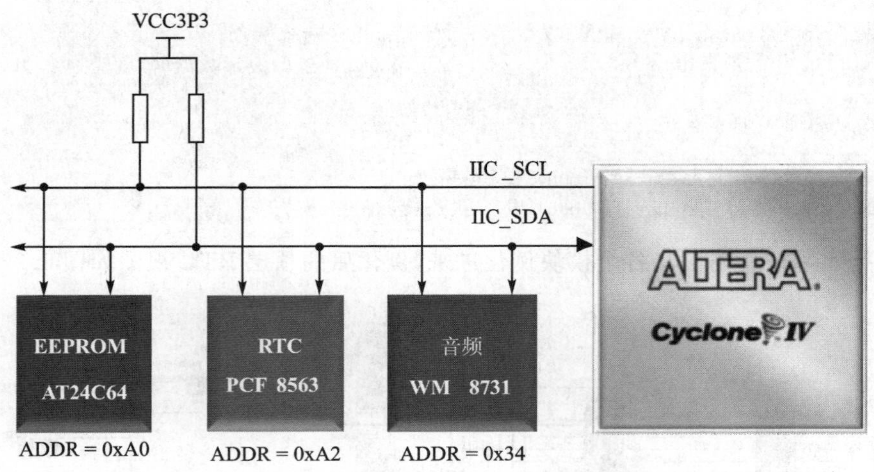

图 6.34 I^2C 总线物理拓扑结构图

I^2C 总线在物理连接上比较简单，分别由 SDA（串行数据线）和 SCL（串行时钟线）两条总线及上拉电阻组成。通信的原理是通过控制 SCL 和 SDA 的时序，使其满足 I^2C 的总线协议从而进行数据的传输。

I^2C 总线上的每一个设备都可以作为主设备或者从设备，而且每一个设备都会对应一个唯一的地址（可以从 I^2C 器件数据手册得知），主从设备之间就是通过这个地址

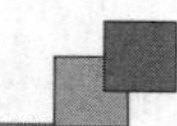

来确定与哪个器件进行通信。本次实验把 FPGA 作为主设备，把挂载在总线上的其他设备（如 EEPROM、PFC8563 等 I^2C 器件）作为从设备。

I^2C 总线数据传输速率在标准模式下可达 100 kbps，快速模式下可达 400 kbps，高速模式下可达 3.4 Mbps。I^2C 总线上的主设备与从设备之间以字节（8 位）为单位进行双向的数据传输。

6.3.2　I^2C 协议时序介绍

I^2C 协议整体时序图如图 6.35 所示。

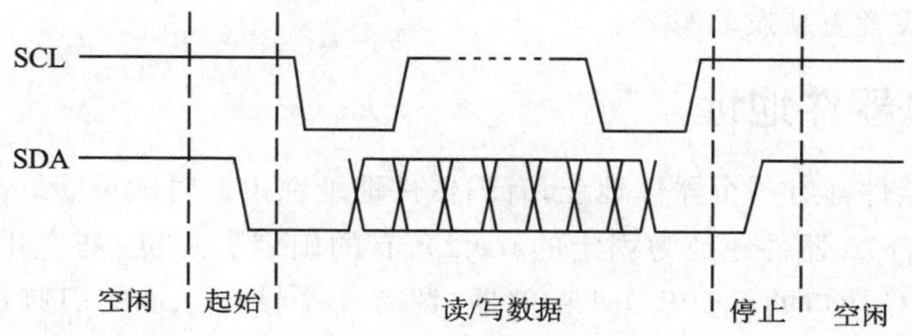

图 6.35　I^2C 协议整体时序图

I^2C 协议整体时序说明如下。

① 总线空闲状态：SDA 为高电平，SCL 为高电平；

② I^2C 协议起始位：SCL 为高电平时，SDA 出现下降沿，产生一个起始位；

③ I^2C 协议结束位：SCL 为高电平时，SDA 出现上升沿，产生一个结束位；

④ I^2C 读/写数据状态：主要包括数据的串行输出/输入和数据接收方对数据发送方的响应信号，具体时序如图 6.36 所示。

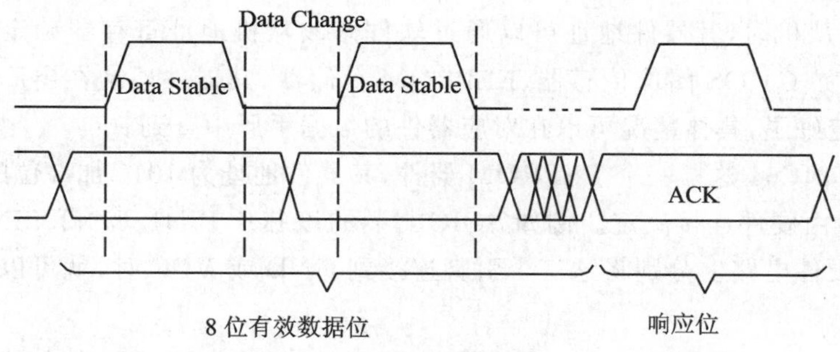

图 6.36　I^2C 读/写数据时序图

当 I^2C 主机（后面简称主机）向 I^2C 从机（后面简称从机）写入数据时，SDA 上的每一位数据在 SCL 的高电平期间被写入从机中。从主机角度来看，需要在 SCL 低电平期间改变要写入的数据。而当主机读取从机中的数据时，从机在 SCL 低电平期间将数据输出到 SDA 总线上，在 SCL 的高电平期间保持数据稳定。从主机角度来看，需要在 SCL 的高电平期间将 SDA 线上的数据读取并存储。

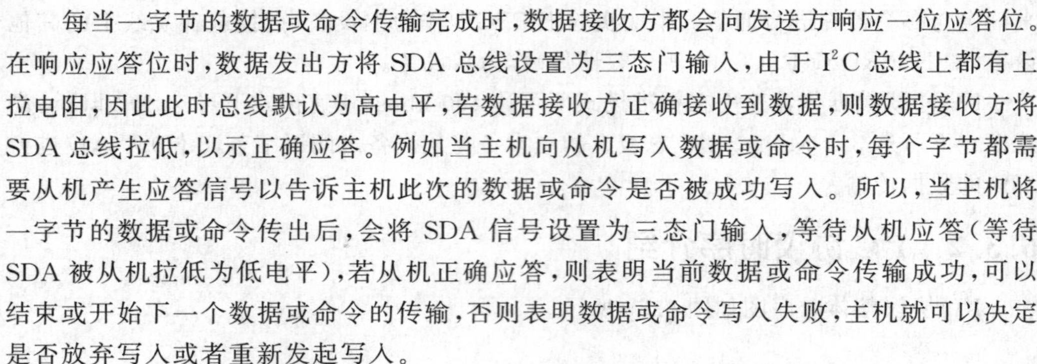

每当一字节的数据或命令传输完成时，数据接收方都会向发送方响应一位应答位。在响应应答位时，数据发出方将 SDA 总线设置为三态门输入，由于 I^{2}C 总线上都有上拉电阻，因此此时总线默认为高电平，若数据接收方正确接收到数据，则数据接收方将 SDA 总线拉低，以示正确应答。例如当主机向从机写入数据或命令时，每个字节都需要从机产生应答信号以告诉主机此次的数据或命令是否被成功写入。所以，当主机将一字节的数据或命令传出后，会将 SDA 信号设置为三态门输入，等待从机应答（等待 SDA 被从机拉低为低电平），若从机正确应答，则表明当前数据或命令传输成功，可以结束或开始下一个数据或命令的传输，否则表明数据或命令写入失败，主机就可以决定是否放弃写入或者重新发起写入。

6.3.3 I^{2}C 器件地址

每个 I^{2}C 器件都有一个器件地址，有的器件地址在出厂时就设置好了，用户不可以更改（例如 OV7670 器件地址为固定的 0x42），有的确定了几位，剩下几位由硬件确定（比如常见的 I^{2}C 接口的 EEPROM 存储器，留有 3 个控制地址的引脚，由用户自己在硬件设计时确定）。

严格讲，主机不是直接向从机发送地址，而是主机往总线上发送地址，所有的从机都能接收到主机发出的地址，然后每个从机都将主机发出的地址与自己的地址比较，如果匹配上了，这个从机就会向总线发出一个响应信号。主机收到响应信号后，开始向总线上发送数据，这时与这个从机的通信就建立起来了。如果主机没有收到响应信号，则表示寻址失败。

通常情况下，主从器件的角色是确定的，也就是说从机一直工作在从机模式。不同器件定义地址的方式是不同的，有的是软件定义，有的是硬件定义。例如某些单片机的 I^{2}C 接口作为从机时，其器件地址可以通过软件修改从机地址寄存器确定。而对于一些其他器件，如 CMOS 图像传感器、EEPROM 存储器，其器件地址在出厂时就已经完全或部分设定好了，具体情况可以在对应器件的数据手册中查到。

对于 AT24C64 这样一个 EEPROM 器件，其器件地址为 1010 加 3 位的片选信号。3 位片选信号由硬件连接决定。例如 SOIC 封装的该芯片 PIN1、PIN2、PIN3 为片选地址引脚。当硬件电路上分别将这三个引脚连接到 GND 或 VCC 时，就可以设置不同的片选地址。

I^{2}C 协议在进行数据传输时，主机需要首先向总线上发出控制命令，其中，控制命令就包含了从机器件地址和读/写控制；然后等待从机响应。如图 6.37 所示为 I^{2}C 控制命令传输的数据格式。

I^{2}C 传输时，按照从高到低的位序进行传输。控制字节的最低位为读/写控制位，当该位为 0 时表示主机对从机进行写操作，当该位为 1 时表示主机对从机进行读操作。例如，当需要对片选地址为 100b 的 AT24LC64 进行写操作，则控制字节应该为 1010_100_0b。若进行读操作，则控制字节应该为 1010_100_1b。

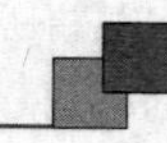

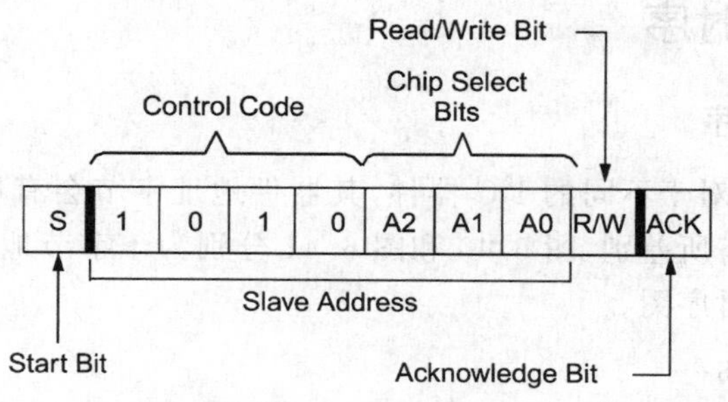

图 6.37　I²C 控制命令传输的数据格式示意图

6.3.4　I²C 存储器地址

每个支持 I²C 协议的器件，内部总会有一些可供读/写的寄存器或存储器，例如，EEPROM 存储器，内部就是顺序编址的一系列存储单元；型号为 OV7670 的 CMOS 摄像头(OV7670 的该接口叫 SCCB 接口，其实质也是一种特殊的 I²C 协议，可以直接兼容 I²C 协议)，其内部就是一系列编址的可供读/写的寄存器。因此，我们要对一个器件中的存储单元(寄存器和存储器，以下简称存储单元)进行读/写，就必须要能够指定存储单元的地址。I²C 协议设计了从机存储单元寻址地址段，该地址段为 1 字节或 2 字节长度，在主机确认收到从机返回的控制字节响应后由主机发出。对于不同的 I²C 器件类型，其地址段长度会有所不同，例如同是 EEPROM 存储器，AT24C04 的地址段长度为 1 字节，而 AT24C64 的地址段长度为 2 字节。具体是 1 字节还是 2 字节，与器件的存储单元数量有关。图 6.38 和图 6.39 分别为 AT24C04 和 AT24C64 存储单元地址的分布图。AT24C01 的存储器内存为 1 kbit(即 128 kbyte)，只有 7 位有效的存储器地址信号，而 AT24C64 的存储器内存为 64 kbit(即 8 kbyte)有 13 位有效的存储器地址信号。

注意：后面有关写或读时序均是以 EEPROM 器件为例进行说明的，并且 1 字节地址段器件以 AT24C04 为例，2 字节地址段器件以 AT24C64 为例，后面就不再重复说明了。

存储器地址							
X	A6	A5	A4	A3	A2	A1	A0

图 6.38　AT24C04 存储单元地址分布

存储器地址高字节							
X	X	X	A12	A11	A10	A9	A8

存储器地址低字节							
A7	A6	A5	A4	A3	A2	A1	A0

图 6.39　AT24C64 存储单元地址分布

6.3.5 I²C 写时序

1. 单字节写时序

根据前面所讲，对于不同的 I²C 器件，其器件地址字节会有所不同，从而导致 I²C 单字节写时序也会有所差别，图 6.40 和图 6.41 分别为 1 字节地址段器件和 2 字节地址段器件单字节写时序图。

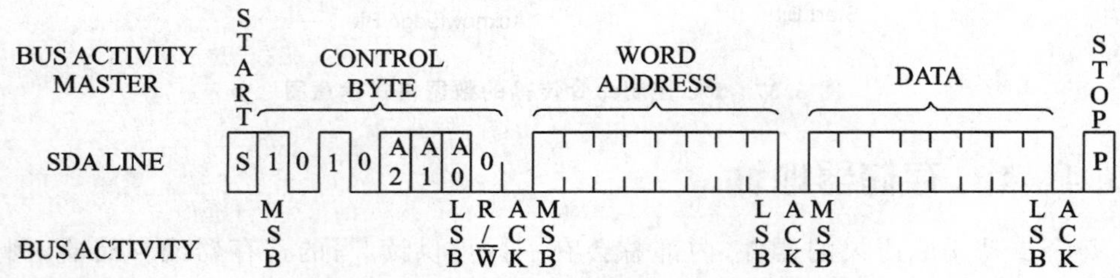

图 6.40　1 字节地址段器件单字节写时序

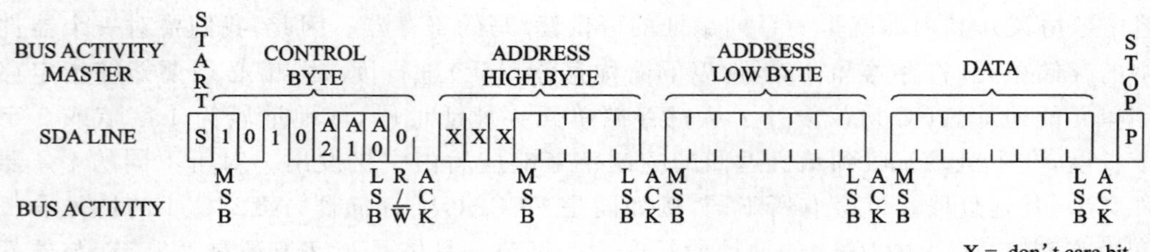

图 6.41　2 字节地址段器件单字节写时序

根据时序图，从主机角度来描述一次写入单字节数据过程如下：

① 主机设置 SDA 为输出。

② 主机产生起始信号。

③ 主机传输器件地址字节，其中最低位为 0，表明为写操作。

④ 主机设置 SDA 为三态门输入，读取从机应答信号。

⑤ 读取应答信号成功，主机设置 SDA 为输出，传输 1 字节地址数据。

⑥ 主机设置 SDA 为三态门输入，读取从机应答信号。

⑦ 读取应答信号成功，对于 2 字节地址段器件，传输地址数据低字节；对于 1 字节地址段器件，主机设置 SDA 为输出，传输待写入的数据。

⑧ 设置 SDA 为三态门输入，读取从机应答信号，对于 2 字节地址段器件，执行步骤⑨；对于 1 字节地址段器件，直接跳转到步骤⑪。

⑨ 读取应答信号成功，主机设置 SDA 为输出，传输待写入的数据。

⑩ 设置 SDA 为三态门输入，读取从机应答信号。

⑪ 读取应答信号成功，主机产生 STOP 位，终止传输。

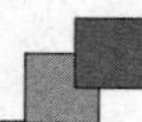

2. I²C 连续写时序

连续写（也称页写，需要注意的是 I²C 连续写时序仅部分器件支持）是主机连续写多字节数据到从机，这与单字节写操作类似，连续多字节写操作也分为 1 字节地址段器件写操作和 2 字节地址段器件写操作，图 6.42 和图 6.43 分别为 1 字节地址段器件和 2 字节地址段器件连续多字节写时序图。

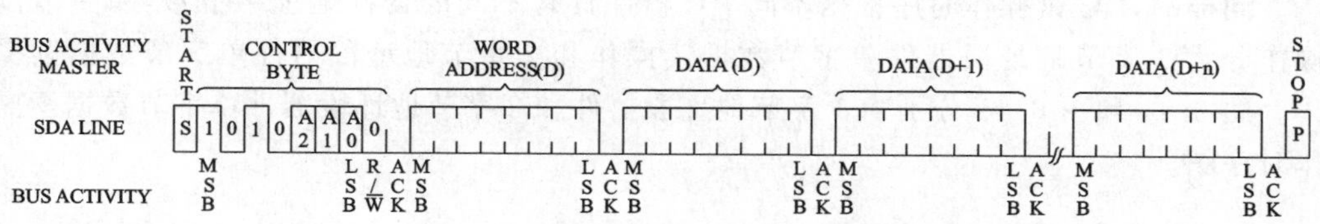

图 6.42　1 字节地址段器件连续多字节写时序

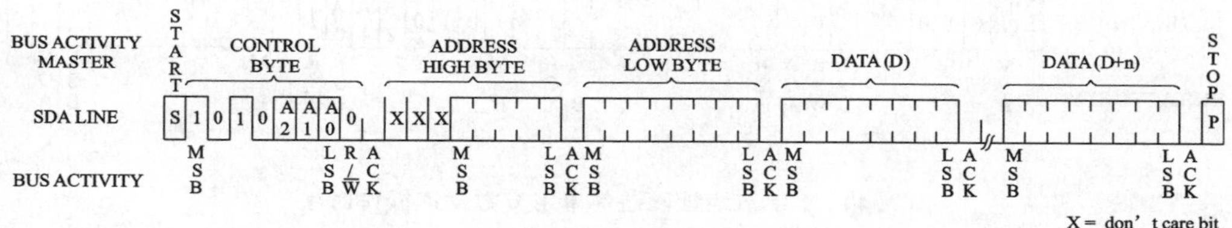

图 6.43　2 字节地址段器件连续多字节写时序

根据时序图，从主机角度来描述一次写入多字节数据过程如下：

① 主机设置 SDA 为输出。

② 主机产生起始信号。

③ 主机传输器件地址字节，其中最低位为 0，表明为写操作。

④ 主机设置 SDA 为三态门输入，读取从机应答信号。

⑤ 读取应答信号成功，主机设置 SDA 为输出，传输 1 字节地址数据。

⑥ 主机设置 SDA 为三态门输入，读取从机应答信号。

⑦ 读取应答信号成功后，主机设置 SDA 为输出，对于 2 字节地址段器件，传输低字节地址数据，对于 1 字节地址段器件，传输待写入的第 1 个数据。

⑧ 设置 SDA 为三态门输入，读取从机应答信号，对于 2 字节地址段器件，执行步骤⑨；对于 1 字节地址段器件，直接跳转到步骤⑪。

⑨ 读取应答信号成功后，主机设置 SDA 为输出，传输待写入的第 1 个数据。

⑩ 设置 SDA 为三态门输入，读取从机应答信号。

⑪ 读取应答信号成功后，主机设置 SDA 为输出，传输待写入的下一个数据。

⑫ 设置 SDA 为三态门输入，读取从机应答信号；n 个数据被写完，转到步骤⑬，若数据未被写完，则转到步骤⑪。

⑬ 读取应答信号成功后，主机产生 STOP 位，终止传输。

注意:对于 AT24Cxx 系列的 EEPROM 存储器,一次可写入的长度最长为 32 字节。

6.3.6 I²C 读时序

1. 单字节读时序

同样的,I²C 读操作时序根据不同 I²C 器件具有不同的器件地址字节数,单字节读操作分为 1 字节地址段器件单字节数据读操作和 2 字节地址段器件单字节数据读操作。图 6.44 和图 6.45 分别为 1 字节地址段器件和 2 字节地址段器件单字节数据读操作时序图。

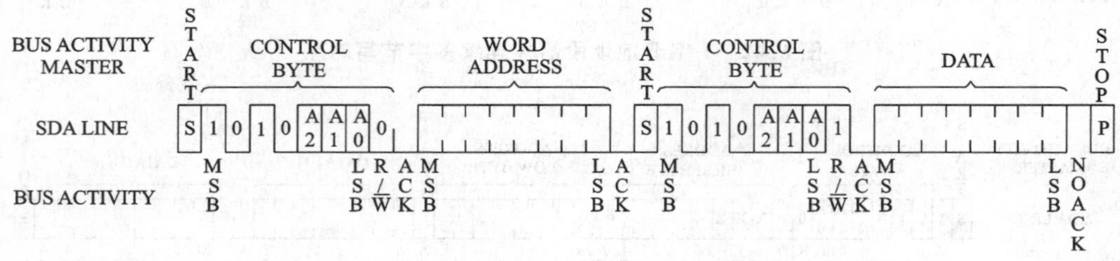

图 6.44　1 字节地址段器件单字节数据读操作时序

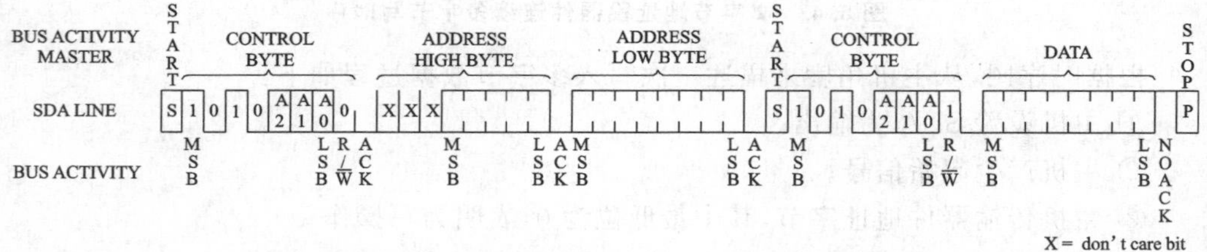

图 6.45　2 字节地址段器件单字节数据读操作时序

根据时序图,从主机角度描述一次读数据过程如下:

① 主机设置 SDA 为输出。

② 主机产生起始信号。

③ 主机传输器件地址字节,其中最低位为 0,表明为写操作。

④ 主机设置 SDA 为三态门输入,读取从机应答信号。

⑤ 读取应答信号成功,主机设置 SDA 输出,传输 1 字节地址数据。

⑥ 主机设置 SDA 为三态门输入,读取从机应答信号。

⑦ 读取应答信号成功,主机设置 SDA 输出,对于 2 字节地址段器件,传输低字节地址数据;对于 1 字节地址段器件,无此步骤,直接跳转到步骤⑧。

⑧ 主机产生起始信号。

⑨ 主机传输器件地址字节,其中最低位为 1,表明为读操作。

⑩ 设置 SDA 为三态门输入,读取从机应答信号。

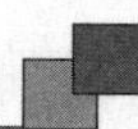

⑪ 读取应答信号成功，主机设置 SDA 为三态门输入，读取 SDA 总线上的 1 字节数据。

⑫ 产生无应答信号(高电平，无需设置为输出高电平，因为总线会被自动拉高)。

⑬ 主机产生 STOP 位，终止传输。

2. I²C 连续读时序

连续读(也称页读取)是主机连续从从机读取多字节数据，这与单字节读操作类似，连续多字节读操作也分为 1 字节地址段器件读操作和 2 字节地址段器件读操作，图 6.46 和图 6.47 分别为 1 字节地址段器件和 2 字节地址段器件连续多字节读时序图。

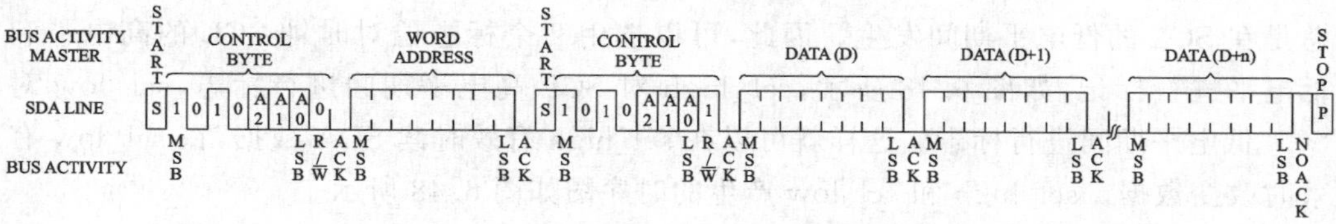

图 6.46　1 字节地址段器件多字节数据读操作时序

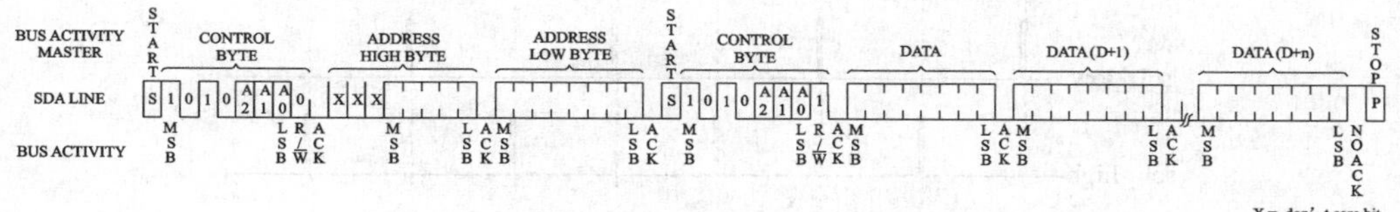

图 6.47　2 字节地址段器件多字节数据读操作时序

根据时序图，从主机角度描述多字节数据读取过程如下：

① 主机设置 SDA 为输出。

② 主机产生起始信号。

③ 主机传输器件地址字节，其中最低位为 0，表明为写操作。

④ 主机设置 SDA 为三态门输入，读取从机应答信号。

⑤ 读取应答信号成功，主机设置 SDA 输出，传输 1 字节地址数据。

⑥ 主机设置 SDA 为三态门输入，读取从机应答信号。

⑦ 读取应答信号成功，主机设置 SDA 输出，对于 2 字节地址段器件，传输低字节地址数据；对于 1 字节地址段器件，无此步骤，直接跳转到步骤⑧。

⑧ 主机产生起始信号。

⑨ 主机传输器件地址字节，其中最低位为 1，表明为读操作。

⑩ 设置 SDA 为三态门输入，读取从机应答信号。

⑪ 设置 SDA 为三态门输入，读取 SDA 总线上的第 1 个字节的数据。

⑫ 主机设置 SDA 输出，发送一位应答信号。

⑬ 设置 SDA 为三态门输入，读取 SDA 总线上的下一个字节的数据；若 n 个字节数据读完成，则跳转到步骤⑭；若数据未读完，则跳转到步骤⑫(对于 AT24Cxx，一次读

取长度最长为 32 字节，即 n 不大于 32）。

⑭ 主机设置 SDA 输出，产生无应答信号(高电平，无需设置为输出高电平，因为总线会被自动拉高）。

⑮ 主机产生 STOP 位，终止传输。

6.3.7 I²C 读/写器件控制器设计

通过上述的讲述，对 I²C 读/写器件数据时序有了一定的了解，下面将开始进行控制程序的设计。根据上面 I²C 基本概念中有关读/写操作中 SDA 与 SCL 时序，不管对于从机还是主机，SDA 上的每一位数据在 SCL 的高电平期间保持不变，而数据的改变总是在 SCL 的低电平期间发生。因此，可以选用 2 个标志位对时钟 SCL 的高电平和低电平进行标记，如图 6.48 所示，scl_high 对 SCL 高电平期间进行标志，scl_low 对 SCL 低电平期间进行标志。这样就可以在 scl_high 有效时读 SDA 数据，在 scl_low 有效时改变数据。scl_high 和 scl_low 产生的时序图如图 6.48 所示。

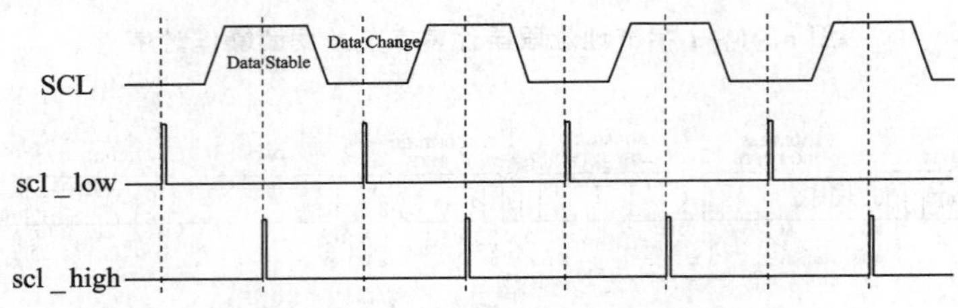

图 6.48 高低电平标志位产生的时序图

在本实验中，时钟信号 SCL 采用计数器方法产生，计数器最大计数值为系统时钟频率除以 SCL 时钟频率，即 SCL_CNT_M＝SYS_CLOCK/SCL_CLOCK。对于 scl_high 和 scl_low 则只需要分别在计数到四分之一的最大值和四分之三的最大值时产生标志位即可，具体的时钟信号 SCL 和标志信号 scl_high、scl_low 产生实现的代码如下：

```
//系统时钟采用 50 MHz
parameter SYS_CLOCK = 50_000_000;
//SCL 总线时钟采用 400 kHz
parameter SCL_CLOCK = 400_000;
//产生时钟 SCL 计数器最大值
localparam SCL_CNT_M =  SYS_CLOCK/SCL_CLOCK;

reg [15:0]scl_cnt;                  //SCL 时钟计数器
reg       scl_vaild;                //I2C 非空闲时期
reg       scl_high;                 //SCL 时钟高电平中部标志位
reg       scl_low;                  //SCL 时钟低电平中部标志位

//I2C 非空闲时期 scl_vaild 的产生
always@(posedge Clk or negedge Rst_n)
begin
   if(! Rst_n)
```

```
            scl_vaild <= 1'b0;
        else if (Wr | Rd)
            scl_vaild <= 1'b1;
        else if (Done)
            scl_vaild <= 1'b0;
        else
            scl_vaild <=  scl_vaild;
    end
    //SCL 时钟计数器
    always@(posedge Clk or negedge Rst_n)
    begin
        if(!Rst_n)
            scl_cnt <= 16'd0;
        else if (scl_vaild) begin
            if(scl_cnt ==  SCL_CNT_M - 1)
                scl_cnt <= 16'd0;
            else
                scl_cnt <=  scl_cnt + 16'd1;
        end
        else
            scl_cnt <= 16'd0;
    end
    //SCL 时钟,在计数器值到达最大值一半和 0 时翻转
    always@(posedge Clk or negedge Rst_n)
    begin
        if(!Rst_n)
            Scl <= 1'b1;
        else if (scl_cnt ==  SCL_CNT_M >> 1)
            Scl <= 1'b0;
        else if (scl_cnt == 16'd0)
            Scl <= 1'b1;
        else
            Scl <=  Scl;
    end
    //SCL 时钟高低电平中部标志位
    always@(posedge Clk or negedge Rst_n)
    begin
        if(!Rst_n)
            scl_high <= 1'b0;
        else if (scl_cnt == (SCL_CNT_M >> 2))
            scl_high <= 1'b1;
        else
            scl_high <= 1'b0;
    end
    //SCL 时钟低电平中部标志位
    always@(posedge Clk or negedge Rst_n)
    begin
        if(!Rst_n)
            scl_low <= 1'b0;
        else if (scl_cnt == (SCL_CNT_M >> 1) + (SCL_CNT_M >> 2))
            scl_low <= 1'b1;
```

```
    else
        scl_low <= 1'b0;
end
```

上述代码中 Wr 和 Rd 信号为 I^2C 进行一次写和读操作的门控使能信号，Done 信号为一次 I^2C 写和读操作完成标志位。"(SCL_CNT_M≫2)"和"(SCL_CNT_M≫1)+(SCL_CNT_M≫2)"语句分别为 1/4 的 SCL_CNT_M 和 3/4 的 SCL_CNT_M 的计数值。

在 SCL 时钟总线以及其高低电平标志位产生完成后，接下来的事情就是 SDA 数据线的产生，这个需要根据具体的读/写操作时序完成。本实验主要采用状态机实现，根据上面讲述的读/写数据的时序关系，设计了如图 6.49 所示的状态转移图，其状态机状态编码采用独热编码，若需要改变状态编码形式，则只需改变程序中的 parameter 定义即可。

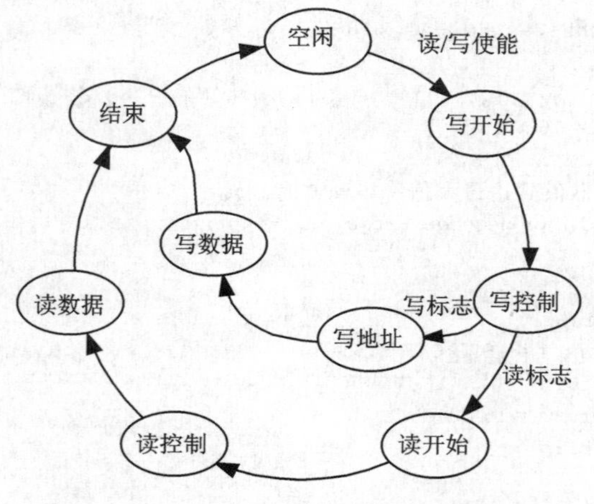

图 6.49　主状态机状态转移图

根据上面的 I^2C 基本概念可知，不同的器件其寄存器地址字节数分为 1 字节或 2 字节地址段，且有些 I^2C 器件是支持多字节数据读/写的，所以设计时在考虑到该 I^2C 控制器的通用性，将寄存器地址字节和读/写数据个数均设计为可自行设置的 I^2C 控制器，用户可根据自己的实际应用情况设置选择与器件对应的寄存器地址字节数或是读/写数据的字节数。寄存器地址字节数的变化主要是通过一个计数器对字节数进行计数，当计数值达到指定值后跳转到下一状态，具体内容可参见相关代码。

在状态机中，从主机角度来看，SDA 数据线上在写控制、写数据、读控制状态过程中需要串行输出数据，而在读数据状态过程中需要串行输入数据。根据数据在时钟高电平期间保持不变，在低电平期间改变数据的规则，本设计对时钟信号的高低电平进行计数，从而在指定的计数值进行输出或读取数据实现数据的串行输出和串行输入。串行输出和串行输入数据采用任务的形式进行表示，便于在主状态机中多次的调用。图 6.50 为计数的过程以及特定状态变化的时序图，这里的特定状态主要是指读/写控

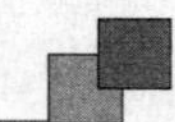

制、读/写地址和读/写数据状态。

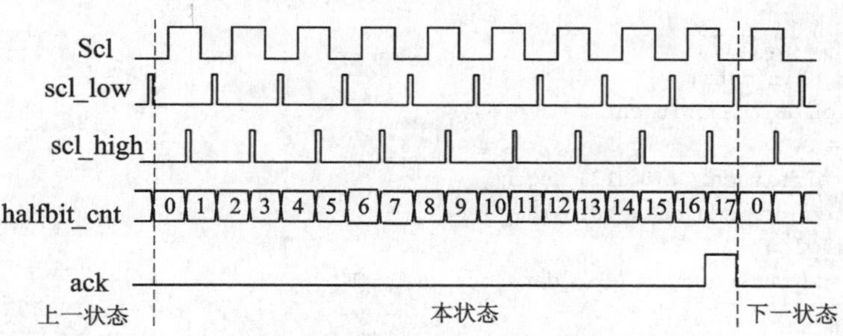

图 6.50　数据串行传输过程计数器和状态变化时序图

图 6.50 中计数器 halfbit_cnt、数据接收方对发送的响应检测标志位 ack 以及串行输出、输入数据任务的具体代码如下：

```
//SDA 串行接收与发送时 SCL 高低电平计数器
always@(posedge Clk or negedge Rst_n)
begin
    if(!Rst_n)
        halfbit_cnt <= 8'd0;
    else if ((main_state ==  WR_CTRL)||
            (main_state ==  WR_WADDR)||
            (main_state ==  WR_DATA)||
            (main_state ==  RD_CTRL)||
            (main_state ==  RD_DATA)) begin
        if(scl_low | scl_high) begin
            if(halfbit_cnt == 8'd17)
                halfbit_cnt <= 8'd0;
            else
                halfbit_cnt <=  halfbit_cnt + 8'd1;
        end
        else
            halfbit_cnt <=  halfbit_cnt;
    end
    else
        halfbit_cnt <= 8'd0;
end

//数据接收方对发送的响应检测标志位
always@(posedge Clk or negedge Rst_n)
begin
    if(!Rst_n)
        ack <= 1'b0;
    else if ((halfbit_cnt  == 8'd16) && scl_high && (Sda == 1'b0))
        ack <= 1'b1;
    else if ((halfbit_cnt  == 8'd17) && scl_low)
        ack <= 1'b0;
    else
        ack <=  ack;
```

```
    end

    //输出串行数据任务
    task send_8bit_data;
    if(scl_high && (halfbit_cnt == 8'd16))
        FF <= 1;
    else if (halfbit_cnt < 8'd17) begin
        sda_reg <=  sda_data_out [7];
        if(scl_low)
            sda_data_out <= {sda_data_out [6:0],1'b0};
        else
            sda_data_out <=  sda_data_out;
    end
    else
        ;
    endtask

    //串行数据输入任务
    task receive_8bit_data;
    if(scl_low && (halfbit_cnt == 8'd15))
        FF <= 1;
    else if ((halfbit_cnt < 8'd15)) begin
        if(scl_high)
            sda_data_in <= {sda_data_in [6:0],Sda};
        else begin
            sda_data_in <=  sda_data_in;
        end
    end
    else
        ;
    endtask
```

对于计数器 halfbit_cnt 只在写控制、写数据、读控制、读数据状态下才进行计数，其他状态为零。代码中 FF 是进行串行输出或输入任务的标志位，当 FF 为 1 时表示退出任务，FF 为 0 时表示进入任务。这样便于在状态机中对任务的调用，以及在指定的时间退出任务。

接下来就是主状态机的设计，主状态机的状态转移图上面已经给出，具体转移过程是依据 I^2C 读/写时序进行的，代码如下：

```
    //主状态机
    always@(posedge Clk or negedge Rst_n)
    begin
        if(!Rst_n) begin
            main_state <=  IDLE;
            sda_reg    <= 1'b1;
            W_flag     <= 1'b0;
            R_flag     <= 1'b0;
            Done       <= 1'b0;
            waddr_cnt  <= 2'd1;
```

```
            wdata_cnt <= 8'd1;
            rdata_cnt <= 8'd1;
        end
        else begin
            case(main_state)
                IDLE:begin
                    sda_reg     <= 1'b1;
                    W_flag      <= 1'b0;
                    R_flag      <= 1'b0;
                    Done        <= 1'b0;
                    waddr_cnt   <= 2'd1;
                    wdata_cnt   <= 8'd1;
                    rdata_cnt   <= 8'd1;
                    if(Wr) begin
                        main_state <=  WR_START;
                        W_flag     <= 1'b1;
                    end
                    else if (Rd) begin
                        main_state <=  WR_START;
                        R_flag     <= 1'b1;
                    end
                    else
                        main_state <=  IDLE;
                end

                WR_START:begin
                    if(scl_low) begin
                        main_state   <=  WR_CTRL;
                        sda_data_out <=  wr_ctrl_word;
                        FF           <= 1'b0;
                    end
                    else if (scl_high) begin
                        sda_reg      <= 1'b0;
                        main_state   <=  WR_START;
                    end
                    else
                        main_state   <=  WR_START;
                end

                WR_CTRL:begin
                    if(FF == 1'b0)
                        send_8bit_data;
                    else begin
                        if(ack == 1'b1) begin//收到响应
                            if(scl_low) begin
                                main_state <=  WR_WADDR;
                                FF         <= 1'b0;
                                if(Wdaddr_num == 2'b1)
                                    sda_data_out <=  Word_addr [7:0];
                                else
                                    sda_data_out <=  Word_addr [15:8];
```

```
                    end
                    else
                        main_state  <= WR_CTRL;
                end
                else//未收到响应
                    main_state  <= IDLE;
            end
        end

        WR_WADDR:begin
            if(FF == 1'b0)
                send_8bit_data;
            else begin
                if(ack == 1'b1) begin                //收到响应
                    if(waddr_cnt ==  Wdaddr_num) begin
                        if(W_flag && scl_low) begin
                            main_state     <=  WR_DATA;
                            sda_data_out   <=  Wr_data;
                            waddr_cnt      <= 2'd1;
                            FF             <= 1'b0;
                        end
                        else if (R_flag && scl_low) begin
                            main_state     <=  RD_START;
                            sda_reg        <= 1'b1;
                        end
                        else
                            main_state     <=  WR_WADDR;
                    end
                    else begin
                        if(scl_low) begin
                            waddr_cnt      <=  waddr_cnt  + 2'd1;
                            main_state     <=  WR_WADDR;
                            sda_data_out   <=  Word_addr [7:0];
                            FF             <= 1'b0;
                        end
                        else
                            main_state     <=  WR_WADDR;
                    end
                end
                else                                 //未收到响应
                    main_state <=  IDLE;
            end
        end

        WR_DATA:begin
            if(FF == 1'b0)
                send_8bit_data;
            else begin
                if(ack == 1'b1) begin       //收到响应
                    if(wdata_cnt ==  Wrdata_num) begin
                        if(scl_low) begin
```

```
                    main_state    <=  STOP;
                    sda_reg       <= 1'b0;
                    wdata_cnt     <= 8'd1;
                end
                else
                    main_state    <=  WR_DATA;
            end
            else begin
                if(scl_low) begin
                    wdata_cnt     <=  wdata_cnt + 8'd1;
                    main_state    <=  WR_DATA;
                    sda_data_out  <=  Wr_data;
                    FF            <= 1'b0;
                end
                else
                    main_state    <=  WR_DATA;
            end
        end
        else//未收到响应
            main_state            <=  IDLE;
    end
end

RD_START:begin
    if(scl_low) begin
        main_state   <=  RD_CTRL;
        sda_data_out <=  rd_ctrl_word;
        FF           <= 1'b0;
    end
    else if (scl_high) begin
        main_state   <=  RD_START;
        sda_reg      <= 1'b0;
    end
    else
        main_state   <=  RD_START;
end

RD_CTRL:begin
    if(FF == 1'b0)
        send_8bit_data;
    else begin
        if(ack == 1'b1) begin            //收到响应
            if(scl_low) begin
                main_state <=  RD_DATA;
                FF         <= 1'b0;
            end
            else
                main_state <=  RD_CTRL;
        end
        else                              //未收到响应
            main_state <=  IDLE;
```

```
                end
            end

            RD_DATA:begin
                if(FF == 1'b0)
                    receive_8bit_data;
                else begin
                    if(rdata_cnt ==  Rddata_num) begin
                        sda_reg <= 1'b1;
                        if(scl_low) begin
                            main_state <=  STOP;
                            sda_reg    <= 1'b0;
                        end
                        else
                            main_state <=  RD_DATA;
                    end
                    else begin
                        sda_reg <= 1'b0;
                        if(scl_low) begin
                            rdata_cnt   <=  rdata_cnt + 8'd1;
                            main_state  <=  RD_DATA;
                            FF          <= 1'b0;
                        end
                        else
                            main_state <=  RD_DATA;
                    end
                end
            end

            STOP:begin//结束操作
                if(scl_high) begin
                    sda_reg    <= 1'b1;
                    main_state <= IDLE;
                    Done       <= 1'b1;
                end
                else
                    main_state <=  STOP;
            end

            default:
                main_state <=  IDLE;
            end case
        end
    end
```

主状态机完成后，I^2C 控制器设计的总体框架就完成了，剩下的就是 SDA 数据线的输出了，该数据线采用三态使能输出，具体代码如下：

```
assign Sda  =  sda_en ?  sda_reg :1'bz;
```

对于使能信号 sda_en 由上面的时序关系图可知，该信号在不同的状态下，其高低

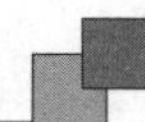

电平变化的时刻是有差别的，比如在开始和结束状态，它一直为高电平；在写控制、写数据、读控制状态，它在串行输出 1 字节数据期间（即 halfbit_cnt ＜ 16 时）为高电平，之外的 1 个数据位为低电平，而在读数据状态时串行输入 1 字节数据期间（即 halfbit_cnt＜16 时）为低电平，之外的 1 个数据位为高电平。具体代码如下：

```
//SDA 三态使能信号 sda_en
always@( * )
begin
    case(main_state)
    IDLE:
        sda_en = 1'b0;

    WR_START,RD_START,STOP:
        sda_en = 1'b1;

    WR_CTRL,WR_WADDR,WR_DATA,RD_CTRL:
        if(halfbit_cnt < 16)
            sda_en = 1'b1;
        else
            sda_en = 1'b0;

    RD_DATA:
        if(halfbit_cnt < 16)
            sda_en = 1'b0;
        else
            sda_en = 1'b1;
    default:

        sda_en = 1'b0;
    end case
end
```

本实验设计考虑了多字节数据的读取情况，所以增加了数据读取和数据写入时的有效标志位信号，主要是标志读取数据时数据有效时刻和写数据时提供待写入数据时刻。具体代码如下：

```
//写数据有效标志位
assign Wr_data_vaild = ((main_state == WR_WADDR) &&
                        (waddr_cnt == Wdaddr_num) &&
                        (W_flag && scl_low) &&
                        (ack == 1'b1))||
                        ((main_state ==  WR_DATA) &&
                        (ack == 1'b1) && (scl_low) &&
                        (wdata_cnt ! =  Wrdata_num));

//读数据有效标志位前寄存器
assign rdata_vaild_r = (main_state ==  RD_DATA)
                        && (halfbit_cnt == 8'd15) && scl_low;

//读出数据有效标志位
```

```
always@(posedge Clk or negedge Rst_n)
begin
if(!Rst_n)
    Rd_data_vaild <= 1'b0;
else if (rdata_vaild_r)
    Rd_data_vaild <= 1'b1;
else
    Rd_data_vaild <= 1'b0;
end

//读出的有效数据
always@(posedge Clk or negedge Rst_n)
begin
if(!Rst_n)
    Rd_data  <= 8'd0;
else if (rdata_vaild_r)
    Rd_data <=  sda_data_in;
else
    Rd_data <=  Rd_data;
end
```

6.3.8　I²C 控制器仿真验证

到目前为止，整个 I²C 控制器的设计就完成了，接下来就进入仿真验证环节，我们需要 EEPROM 的仿真模型进行仿真，这样能更好地检验 I²C 控制器设计是否存在问题，以便后面进行优化改进。本实验采用的是镁光官网提供的 EEPROM 仿真模型，具体下载网址为 http://www.microchip.com/zh/design-centers/memory/serial-eeprom/verilog-ibis-models。我们选择两个具有代表性的模型进行仿真，分别为 1 字节寄存器地址段的 24LC04 和 2 字节寄存器地址段的 24LC64 仿真模型，利用这两个模型对我们设计的 I²C 控制器进行仿真。如图 6.51 所示为仿真验证的结构框图。

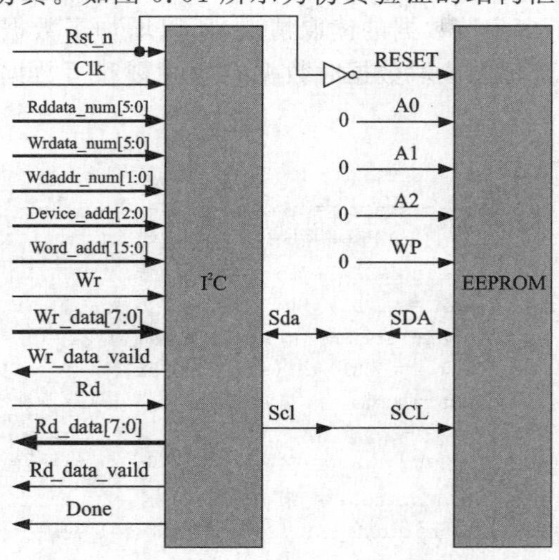

图 6.51　I²C 控制器读/写 EEPROM 仿真验证结构框图

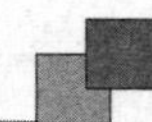

这里将1字节寄存器地址段的24LC04和2字节寄存器地址段的24LC64仿真模型的器件地址{A3,A2,A1}分别设置为3'b001和3'b000,仿真时为了能分别对不同型号的模型进行仿真,在编写的testbench文件中采用了声明方法选择当前使用哪个模型进行仿真,具体代码如下:

```
`timescale1ns/1ns
`define CLK_PERIOD 20

//仿真模型选择
//`define TEST_M24LC64                          //24LC64
`define TEST_M24LC04                            //24LC04

module I2C_tb;

    reg Clk;                                    //系统时钟
    reg Rst_n;                                  //系统复位信号
    reg [15:0]Word_addr;                        //I2C器件寄存器地址

    reg Wr;                                     //I2C器件写使能
    reg [7:0] Wr_data;                          //I2C器件写数据
    wire Wr_data_vaild;                         //I2C器件写数据有效标志位
    reg Rd;                                     //I2C器件读使能
    wire [7:0] Rd_data;                         //I2C器件读数据
    wire Rd_data_vaild;                         //I2C器件读数据有效标志位

    wire Scl;                                   //I2C时钟线
    wire Sda;                                   //I2C数据线
    wire Done;                                  //对I2C器件读/写完成标识位

localparam NUM       = 6'd4;                    //单次读/写数据字节数

`ifdef TEST_M24LC64
    localparam DevAddr  = 3'b000;               //I2C器件的器件地址
    localparam WdAr_NUM = 2;                    //I2C器件的存储器地址字节数
`elsif TEST_M24LC04
    localparam DevAddr  = 3'b001;               //I2C器件的器件地址
    localparam WdAr_NUM = 1;                    //I2C器件的存储器地址字节数
`endif

    I2C I2C(
        .Clk(Clk),
        .Rst_n(Rst_n),

        .Rddata_num(NUM),
        .Wrdata_num(NUM),
        .Wdaddr_num(WdAr_NUM),

        .Device_addr(DevAddr),
        .Word_addr(Word_addr),
```

```
        .Wr(Wr),
        .Wr_data(Wr_data),
        .Wr_data_vaild(Wr_data_vaild),
        .Rd(Rd),
        .Rd_data(Rd_data),
        .Rd_data_vaild(Rd_data_vaild),

        .Scl(Scl),
        .Sda(Sda),
        .Done(Done)
    );

`ifdef TEST_M24LC64

    M24LC64 M24LC64(
        .A0(1'b0),
        .A1(1'b0),
        .A2(1'b0),
        .WP(1'b0),
        .SDA(Sda),
        .SCL(Scl),
        .RESET(!Rst_n)
    );

`elsif TEST_M24LC04

    M24LC04B M24LC04(
        .A0(1'b1),
        .A1(1'b0),
        .A2(1'b0),
        .WP(1'b0),
        .SDA(Sda),
        .SCL(Scl),
        .RESET(!Rst_n)
    );

`endif

    //系统时钟产生
    initial  Clk = 1'b1;
    always#(`CLK_PERIOD/2)Clk = ~Clk;

    initial
    begin
        Rst_n         = 0;
        Word_addr     = 0;
        Wr            = 0;
        Wr_data       = 0;
        Rd            = 0;

        #(`CLK_PERIOD * 200 + 1)
```

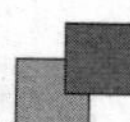

```
        Rst_n = 1;
        #200;

`ifdef TEST_M24LC64                           //仿真验证 24LC64 模型

        //写入 20 组数据
        Word_addr  = 0;
        Wr_data    = 0;
        repeat(20) begin
            Wr  = 1'b1;
            #(`CLK_PERIOD);
            Wr  = 1'b0;

            repeat(NUM) begin                 //在写数据有效前给待写入数据
                @(posedge Wr_data_vaild)
                Wr_data =  Wr_data + 1;
            end

            @(posedge Done);
            #2000;
            Word_addr  =  Word_addr  +  NUM;
        end

        #2000;

        //读出刚写入的 20 组数据
        Word_addr  = 0;
        repeat(20) begin
            Rd  = 1'b1;
            #(`CLK_PERIOD);
            Rd  = 1'b0;

            @(posedge Done);
            #2000;
            Word_addr  =  Word_addr  +  NUM;
        end

`elsif TEST_M24LC04                           //仿真验证 24LC04 模型

        //写入 20 组数据
        Word_addr  = 100;
        Wr_data  = 100;
        repeat(20) begin
            Wr  = 1'b1;
            #(`CLK_PERIOD);
            Wr  = 1'b0;

            repeat(NUM) begin                 //在写数据有效前给待写入数据
                @(posedge Wr_data_vaild)
                Wr_data =  Wr_data + 1;
            end
```

```
            @(posedge Done);
            #2000;
            Word_addr  =  Word_addr  +  NUM;
        end

        #2000;

        //读出刚写入的 20 组数据
        Word_addr = 100;
        repeat(20) begin
            Rd  = 1'b1;
            #(`CLK_PERIOD);
            Rd  = 1'b0;

            @(posedge Done);
            #2000;
            Word_addr  =  Word_addr  +  NUM;
        end

`endif

        #5000;
        $stop;
    end

endmodule
```

在 testbench 文件中，通过对 EEPROM 模型进行 20 次写操作，每次写字节数为 NUM，然后对 EEPROM 模型在刚写入数据的地址段进行读操作，通过比较读出和写入的数据验证 I^2C 控制器设计是否正确。这里分别通过声明选择 TEST_M24LC64 或 TEST_M24LC04 来作为当前的仿真模型。如图 6.52 所示为 2 字节地址的 EEPROM 模型 24LC64 仿真结果。图 6.53 和图 6.54 分别为 24LC64 仿真模型写操作时序和读操作时序放大后的波形图。

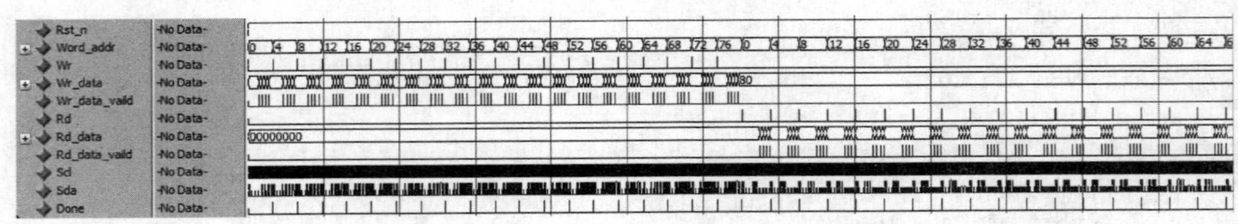

图 6.52　24LC64 型号 EEPROM 模型仿真结果

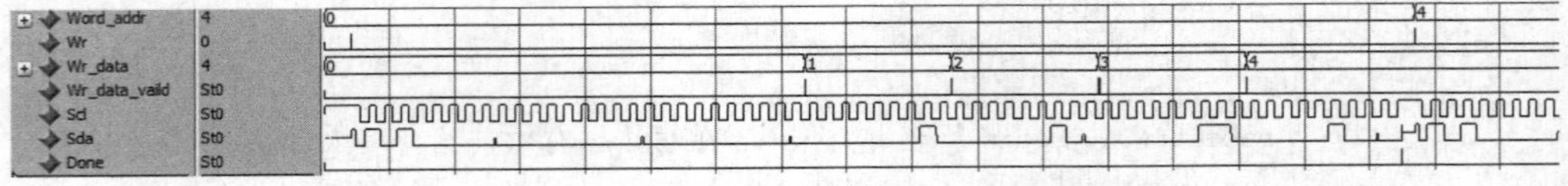

图 6.53　24LC64 型号 EEPROM 模型仿真写操作时序图

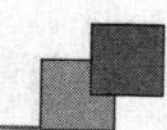

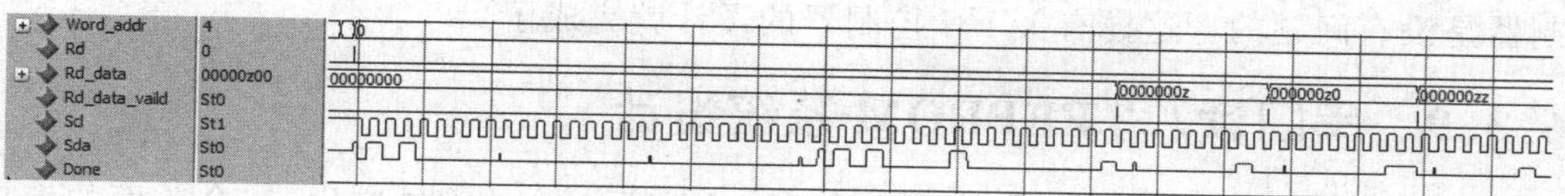

图 6.54　24LC64 型号 EEPROM 模型仿真读操作时序图

用同样的方式选择 24LC04 型号 EEPROM 模型进行仿真，如图 6.55 所示为 1 字节地址的 EEPROM 模型 24LC04 仿真结果，图 6.56 和图 6.57 分别为 24LC04 仿真模型写操作时序和读操作时序放大后的波形图。

图 6.55　24LC04 型号 EEPROM 模型仿真结果

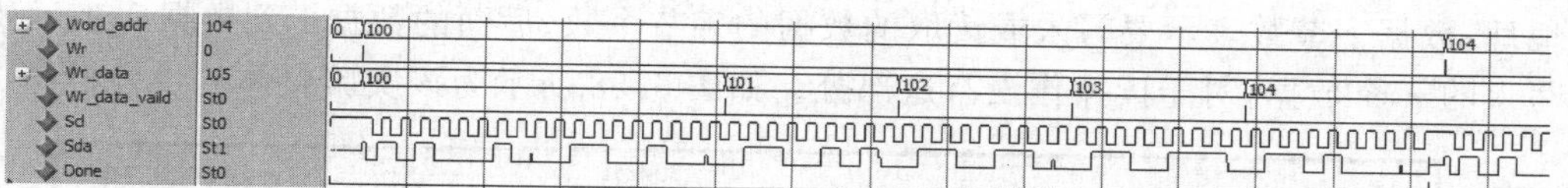

图 6.56　24LC04 型号 EEPROM 模型仿真写操作时序图

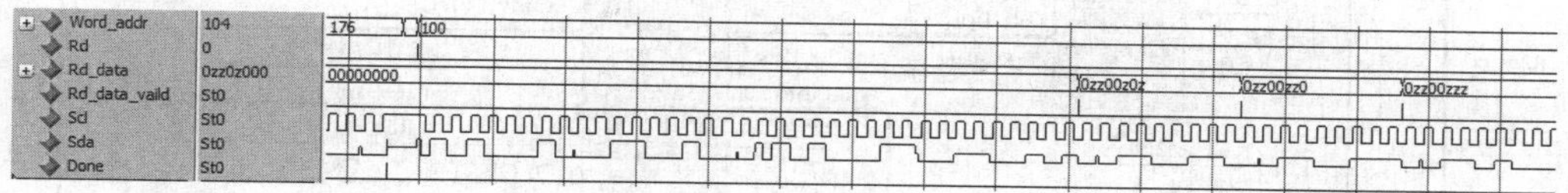

图 6.57　24LC04 型号 EEPROM 模型仿真读操作时序图

通过观察图 6.54 和图 6.57 的时序波形发现，在读操作时序结果中，读出的数据中某些位是高阻态。仔细观察波形可知，高阻态的位置正好是需要输出高电平的位置，其原因是 EEPROM 的仿真模型与实际的器件是一样的，对于器件来说，只在输出 0 时将数据线拉低，而在高阻态或本应该为高电平的时刻都设置为高阻态，这个在仿真模型的代码中也有体现，其代码如下：

```
bufif1 (SDA,1'b0, SDA_DriveEnableDlyd);
```

这里是通过调用一个三态驱动器的实例元件 bufif1 来实现 SDA 的三态输出的，在 SDA_DriveEnableDlyd 有效时 SDA 为低电平，无效时为高阻态。这样正好解释了读取数据过程中某些位为高阻的原因。前面已经讲过了，对于器件的 SDA 和 SCL 两线都是需要进行上拉处理的。这里的高阻态其实就是表示高电平，这样将高阻态看作高电平来观察波形时序图，通过比较读/写的数据是一致的，因此验证了我们设计的 I^2C 控制器是没有问题的。这样有关 I²C 控制器的设计就完成了。

6.3.9 串口读/写 EEPROM 系统设计

在完成 I²C 控制器设计后，接下来设计一个实际 I²C 的简易应用，结合前面的串口收发模块和 FIFO 模块等完成串口对 EEPROM 进行读/写数据。具体实验现象表现为，PC 通过串口向 FPGA 开发板发送读/写指令对 EEPROM 器件进行数据的读/写。首先规定读/写 EEPROM 的命令协议如下：

器件地址	功能码	起始地址	数据字节数(n)	数据 1	…	数据 n

其中，器件地址包括器件的地址字节数和 3 位的器件地址，具体分配如下：

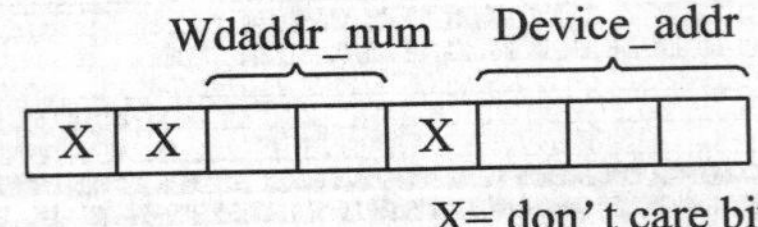

功能码主要区分是写数据操作还是读数据操作，为了方便，我们直接规定，功能码为 0xf1 表示写数据操作，0xf2 表示读数据操作；起始地址是我们要读/写数据的第一个地址；数据字节数表示要写入或读取的数据的字节个数，后面的数据 1 到数据 n 表示要写入的 n 个数据，对于读操作没有这部分。如图 6.58 所示为该实验整体的设计框图。

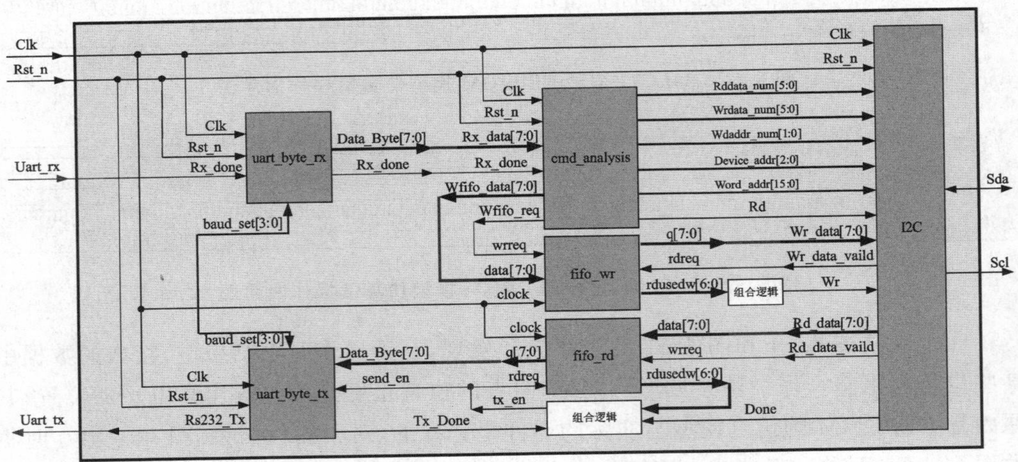

图 6.58 串口读/写 EEPROM 整体设计框图

有关串口发送和接收以及 FIFO 模块在前面章节都已经进行了讲解，这里就不再赘述了，而重点讲解命令解析模块的设计。命令解析模块的主要作用是对串口接收的数据进行解析，通过对接收的数据进行分析进而判断出进行何种操作。根据自己规定的数据协议，进行如下的设计：首先，将串口发送的数据的前 4 个数据存入一个缓冲区数据内，通过对功能码的识别判断是写操作还是读操作，如果是写操作，就将后面待写入的数据存入 FIFO 中；同时，将器件地址、地址字节数、起始地址、数据字节数赋值给 I²C 对应的信号线，如果是读操作，就在前 4 字节接收完成后将器件地址、地址字节数、

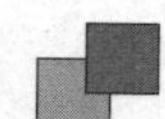

起始地址、数据字节数赋值给 I^2C 对应的信号线，同时给 I^2C 控制器模块的读使能一个时钟周期的门控信号，使能 I^2C 的读操作。读出的数据同样也是先存放在另外一个 FIFO 中，然后送给串口发送模块发出。具体实现代码如下：

```
module cmd_analysis(
    Clk,
    Rst_n,

    Rx_done,
    Rx_data,

    Wfifo_req,
    Wfifo_data,

    Rddata_num,
    Wrdata_num,
    Wdaddr_num,
    Device_addr,
    Word_addr,
    Rd
);

    input               Clk;                    //系统时钟
    input               Rst_n;                  //系统复位

    input               Rx_done;                //串口接收 1 字节数据完成
    input [7:0]         Rx_data;                //串口接收 1 字节数据

    output reg          Wfifo_req;              //写 fifo 请求信号
    output reg [7:0]    Wfifo_data;             //写 fifo 数据

    output reg [5:0]    Rddata_num;             //I2C 总线连续读取数据字节数
    output reg [5:0]    Wrdata_num;             //I2C 总线连续读取数据字节数
    output reg [1:0]    Wdaddr_num;             //I2C 器件数据地址字节数
    output reg [2:0]    Device_addr;            //EEPROM 器件地址
    output reg [15:0]   Word_addr;              //EEPROM 寄存器地址
    output reg          Rd;                     //EEPROM 读请求信号

    reg [7:0]           buff_data [4:0];        //串口接收数据缓存器

    //串口接收数据计数器
    reg [7:0]byte_cnt;
    always@(posedge Clk or negedge Rst_n)
    begin
        if(!Rst_n)
            byte_cnt  <= 8'd0;
        else if (Rx_done && byte_cnt == 8'd4) begin
            if(buff_data [1] == 8'hf2)          //读数据指令
                byte_cnt  <= 8'd0;
            else if (buff_data [1] == 8'hf1)    //写数据指令
```

```
                byte_cnt <= byte_cnt + 8'd1;
            else
                byte_cnt <= 8'd0;//错误指令
        end
        else if (Rx_done) begin
            if(byte_cnt == 8'd4 + buff_data [4])
                byte_cnt <= 8'd0;
            else
                byte_cnt <= byte_cnt + 8'd1;
        end
        else
            byte_cnt <= byte_cnt;
    end

    //串口接收数据缓存器
    always@(posedge Clk or negedge Rst_n)
    begin
        if(!Rst_n) begin
            buff_data [0] <= 8'h00;
            buff_data [1] <= 8'h00;
            buff_data [2] <= 8'h00;
            buff_data [3] <= 8'h00;
            buff_data [4] <= 8'h00;
        end
        else if (Rx_done && byte_cnt < 5)
            buff_data [byte_cnt] <= Rx_data;
        else
            ;
    end

    //写 fifo 请求信号 Wfifo_req
    always@(posedge Clk or negedge Rst_n)
    begin
        if(!Rst_n)
            Wfifo_req <= 1'b0;
        else if (byte_cnt >8'd4 && Rx_done)
            Wfifo_req <= 1'b1;
        else
            Wfifo_req <= 1'b0;
    end

    //写 fifo 数据 Wfifo_data
    always@(posedge Clk or negedge Rst_n)
    begin
        if(!Rst_n)
            Wfifo_data <= 8'd0;
        else if (byte_cnt >8'd4 && Rx_done)
            Wfifo_data <= Rx_data;
        else
            Wfifo_data <= Wfifo_data;
    end
```

```
    //EEPROM 读请求信号 Rd
    always@(posedge Clk or negedge Rst_n)
    begin
        if(!Rst_n)
            Rd <= 1'b0;
        else if (byte_cnt == 8'd4 && Rx_done
                && buff_data[1] == 8'hf2)
            Rd <= 1'b1;
        else
            Rd <= 1'b0;
    end

    //指令完成标志位
    reg cmd_flag;
    always@(posedge Clk or negedge Rst_n)
    begin
        if(!Rst_n)
            cmd_flag <= 1'b0;
        else if ((byte_cnt == 8'd4) && Rx_done)
            cmd_flag <= 1'b1;
        else
            cmd_flag <= 1'b0;
    end

    //EEPROM 读/写数据、寄存器地址字节数、器件地址、寄存器地址
    always@(posedge Clk or negedge Rst_n)
    begin
        if(!Rst_n) begin
            Rddata_num  <= 6'd0;
            Wrdata_num  <= 6'd0;
            Wdaddr_num  <= 2'd0;
            Device_addr <= 3'd0;
            Word_addr   <= 16'd0;
        end
        else if (cmd_flag == 1'b1) begin
            Rddata_num  <=  buff_data[4][5:0];
            Wrdata_num  <=  buff_data[4][5:0];
            Wdaddr_num  <=  buff_data[0][5:4];
            Device_addr <=  buff_data[0][2:0];
            Word_addr   <= {buff_data[2],buff_data[3]};
        end
        else
            ;
    end

endmodule
```

下面编写 testbench 测试文件对设计的命令解析模块进行仿真验证，该仿真主要是分别模拟发送写数据操作和读数据操作指令，来观察相应的输出时序波形结果。通过仿真时序结果可以对该模块进行优化改进，具体的 testbench 文件如下：

```
`timescale 1ns/1ns
`define CLK_PERIOD 20

module cmd_analysis_tb;

    reg             Clk;
    reg             Rst_n;

    reg             Rx_done;
    reg     [7:0]   Rx_data;

    wire            Wfifo_req;
    wire    [7:0]   Wfifo_data;

    wire    [5:0]   Rddata_num;
    wire    [5:0]   Wrdata_num;
    wire    [1:0]   Wdaddr_num;
    wire    [2:0]   Device_addr;
    wire    [15:0]  Word_addr;
    wire    Rd;

    reg     [15:0]  addr;
    reg     [7:0]   data_num;
    reg     [7:0]   wr_data;
    reg     [39:0]  wdata_cmd;
    reg     [39:0]  rdata_cmd;

    cmd_analysis cmd_analysis(
        .Clk(Clk),
        .Rst_n(Rst_n),

        .Rx_done(Rx_done),
        .Rx_data(Rx_data),

        .Wfifo_req(Wfifo_req),
        .Wfifo_data(Wfifo_data),

        .Rddata_num(Rddata_num),
        .Wrdata_num(Wrdata_num),
        .Wdaddr_num(Wdaddr_num),
        .Device_addr(Device_addr),
        .Word_addr(Word_addr),
        .Rd(Rd)
    );

    //写 FIFO 模块例化
    fifo_wr wr(
        .clock(Clk),
        .data(Wfifo_data),
        .rdreq(),
        .wrreq(Wfifo_req),
```

```
        .empty(),
        .full(),
        .q(),
        .usedw()
    );

    //系统时钟产生
    initial  Clk  = 1'b1;
    always #(`CLK_PERIOD/2)Clk  = ~Clk;

    initial
    begin
        Rst_n       = 0;
        Rx_done     = 0;
        Rx_data     = 0;
        addr        = 0;
        data_num    = 0;
        wr_data     = 0;
        wdata_cmd   = 0;
        rdata_cmd   = 0;

        #(`CLK_PERIOD * 200 + 1)
        Rst_n       = 1;
        #200;

        addr        = 0;
        data_num    = 4;
        wr_data     = 0;
        send_uart_data_wr;     //写数据
        #500;
        send_uart_data_rd;     //读数据
        #500;

        addr  = 4;
        data_num  = 8;
        wr_data  = 20;
        send_uart_data_wr;     //写数据
        #500;
        send_uart_data_rd;     //读数据

        #500;
        $ stop;
    end

    //串口发送写数据命令和待写入数据任务
    task send_uart_data_wr;
    begin
    //写数据指令
        wdata_cmd  = {8'h21,8'hf1,addr[15:8],addr[7:0],data_num};
        //发送写数据指令
        repeat(5) begin
```

```
                Rx_done     = 1;
                Rx_data     =  wdata_cmd[39:32];
                #(~CLK_PERIOD)
                Rx_done     = 0;
                #500;
                wdata_cmd = {wdata_cmd[31:0],8'h00};
            end

            //待写入数据
            Rx_data =  wr_data;
            repeat(data_num) begin
                Rx_done     = 1;
                Rx_data     =  Rx_data + 1;
                #(~CLK_PERIOD)
                Rx_done     = 0;
                #500;
            end
        end
        endtask

        //串口发送读数据命令任务
        task send_uart_data_rd;
        begin
        //读数据指令
            rdata_cmd = {8'h21,8'hf2,addr[15:8],addr[7:0],data_num};
            //发送读数据指令
            repeat(5) begin
                Rx_done     = 1;
                Rx_data     =  rdata_cmd[39:32];
                #(~CLK_PERIOD)
                Rx_done     = 0;
                #500;
                rdata_cmd = {rdata_cmd[31:0],8'h00};
            end
        end
        endtask

endmodule
```

仿真过程主要是模拟命令解析模块接收到写或读 EEPROM 操作指令后的操作与设计想要达到的目标是否一致。这里的写或读数据指令均采用任务的形式，在写数据指令中，待写入的数据是采用在给定一个值的基础上递增进行赋值的。命令解析模块仿真的时序波形如图 6.59 所示。

根据波形时序图，在模拟发送写操作命令 0x21，0xf1，0x00，0x00，0x04，0x06，0x07，0x08，0x09 时，接收完数据字节数这个数据后，后面收到的数据就存入 FIFO 中，与我们的设计是一致的，同理可以分析读数据操作命令，也没有问题，这样命令解析模块就设计完成了。

下面就是整个系统的设计，如图 6.58 所示的整体设计框图，在 I^2C 写数据操作之

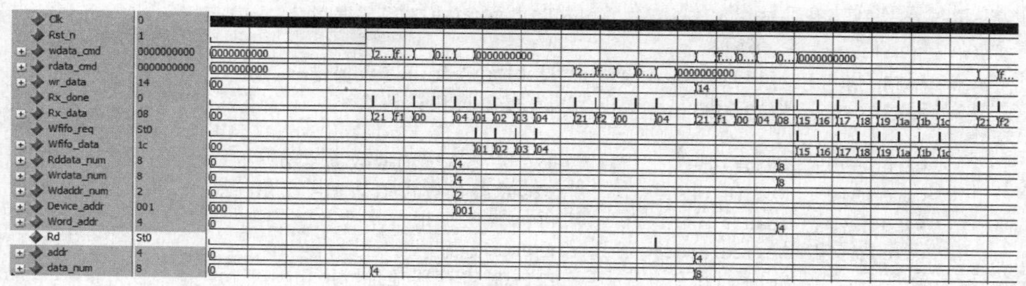

图 6.59　命令解析模块仿真的时序波形

前和读数据之后分别加入了 FIFO 模块。因为串口读/写速度和 I²C 读/写速度不一致，在它们之间加入的 FIFO 模块是同步 FIFO，一方面可以对数据进行一个缓存，另一方面能解决前后模块读/写数据速度不一致的问题。这里的两个 FIFO 模块的数据读出均设置为 showahead 模式，这样设计的目的是与其他模块待输入数据与使能信号相匹配，里面的 FIFO 模块都是通过 Quartus Prime 软件生成的 IP 核，FIFO 输入/输出数据位宽均设置为 8 位，深度设置为 64（多字节读取最多支持 32 字节，稍大于这个数就可以了）。在各模块设计完成后，整个系统的顶层电路设计就显得比较简单了，根据设计的系统框图进行整合就可以了。整个系统设计的代码如下：

```
module uart_eeprom(
    Clk,
    Rst_n,

    Uart_rx,
    Uart_tx,

    Sda,
    Scl
);

parameter Baud_set = 3'd4;          //波特率设置，这里设置为 115 200

    input       Clk;                //系统时钟
    input       Rst_n;              //系统复位

    input       Uart_rx;            //串口接收
    output      Uart_tx;            //串口发送

    inout       Sda;                //I2C 时钟线
    output      Scl;                //I2C 数据线

    wire [7:0]  Rx_data;            //串口接收 1 字节数据
    wire        Rx_done;            //串口接收 1 字节数据完成

    wire        wfifo_req;          //写 FIFO 模块写请求
    wire [7:0]  wfifo_data;         //写 FIFO 模块写数据
```

```
wire [5:0]   wfifo_usedw;         //写 FIFO 模块已写数据量

wire [5:0]   rfifo_usedw;         //读 FIFO 模块可读数据量
wirer        fifo_rdreq;          //读 FIFO 模块读请求

wire [5:0]   Rddata_num;          //I2C 总线连续读取数据字节数
wire [5:0]   Wrdata_num;          //I2C 总线连续读取数据字节数
wire [1:0]   Wdaddr_num;          //EEPROM 数据地址字节数
wire [2:0]   Device_addr;         //EEPROM 地址
wire [15:0]  Word_addr;           //EEPROM 寄存器地址
wire         Wr;                  //EEPROM 写使能
wire [7:0]   Wr_data;             //EEPROM 写数据
wire         Wr_data_vaild;       //EEPROM 写数据有效标志位
wire         Rd;                  //EEPROM 读使能
wire [7:0]   Rd_data;             //EEPROM 读数据
wire         Rd_data_vaild;       //EEPROM 读数据有效标志位
wire         Done;                //EEPRO 读/写完成标识位

wire         tx_en;               //串口发送使能
wire [7:0]   tx_data;             //串口待发送数据
wire         tx_done ;            //一次串口发送完成标志位

//串口接收模块例化
uart_byte_rx uart_rx(
    .Clk(Clk),
    .Rst_n(Rst_n),
    .Rs232_rx(Uart_rx),
    .baud_set(Baud_set),

    .Data_Byte(Rx_data),
    .Rx_Done(Rx_done)
);

//指令解析模块例化
cmd_analysis cmd_analysis(
    .Clk(Clk),
    .Rst_n(Rst_n),

    .Rx_done(Rx_done),
    .Rx_data(Rx_data),

    .Wfifo_req(wfifo_req),
    .Wfifo_data(wfifo_data),

    .Rddata_num(Rddata_num),
    .Wrdata_num(Wrdata_num),
    .Wdaddr_num(Wdaddr_num),
    .Device_addr(Device_addr),
    .Word_addr(Word_addr),
    .Rd(Rd)
);
```

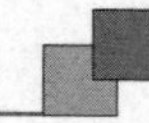

```
//写缓存 FIFO 模块例化
fifo_wr fifo_wr(
    .clock(Clk),
    .data(wfifo_data),
    .rdreq(Wr_data_vaild),
    .wrreq(wfifo_req),
    .empty(),
    .full(),
    .q(Wr_data),
    .usedw(wfifo_usedw)
);

//EEPROM 写使能
assign Wr = (wfifo_usedw ==  Wrdata_num) &&
            (wfifo_usedw != 6'd0);

//I2C 控制模块例化
I2C I2C(
    .Clk(Clk),
    .Rst_n(Rst_n),

    .Rddata_num(Rddata_num),
    .Wrdata_num(Wrdata_num),
    .Wdaddr_num(Wdaddr_num),

    .Device_addr(Device_addr),
    .Word_addr(Word_addr),

    .Wr(Wr),
    .Wr_data(Wr_data),
    .Wr_data_vaild(Wr_data_vaild),
    .Rd(Rd),
    .Rd_data(Rd_data),
    .Rd_data_vaild(Rd_data_vaild),

    .Scl(Scl),
    .Sda(Sda),
    .Done(Done)
);

//读缓存 FIFO 模块例化
fifo_rd fifo_rd(
    .clock(Clk),
    .data(Rd_data),
    .rdreq(rfifo_rdreq),
    .wrreq(Rd_data_vaild),
    .empty(),
    .full(),
    .q(tx_data),
    .usedw(rfifo_usedw)
```

```
    );

    //串口发送使能
    assign tx_en = ((rfifo_usedw ==  Rddata_num) && Done)||
                   ((rfifo_usedw <  Rddata_num) &&
                   (rfifo_usedw > 0) && tx_done);
    //读 FIFO 模块读请求
    assign rfifo_rdreq =  tx_en;

    //串口发送模块例化
        uart_byte_tx uart_tx(
        .Clk(Clk),
        .Rst_n(Rst_n),
        .send_en(tx_en),
        .baud_set(Baud_set),
        .Data_Byte(tx_data),

        .Rs232_Tx(Uart_tx),
        .Tx_Done(tx_done),
        .uart_state()
    );

endmodule
```

6.3.10 串口读/写 EEPROM 仿真验证

在完成了串口读/写 EEPROM 系统设计后，接下来编写 testbench 测试文件对设计的整个系统进行仿真验证。整个仿真主要是通过串口发送模块模拟对该系统发送指令进行仿真验证，这里只选用 M24LC64（与 AC620 开发板的 EEPROM 器件相对应）仿真模型进行仿真，M24LC04 的仿真模型与其类似，读者可尝试对该模型进行仿真。编写的 testbench 文件具体代码如下：

```
`timescale 1ns/1ns
`define CLK_PERIOD 20

module uart_eeprom_tb;
    reg         Clk;
    reg         Rst_n;

    reg         tx_en;
    reg [7:0]   tx_data;
    wire        tx_done;

    wire        Uart_rx;
    wire        Uart_tx;

    wire        Sda;
    wire        Scl;
```

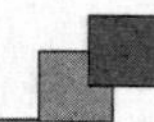

```
    reg [15:0]addr;
    reg [7:0] data_num;
    reg [7:0] wr_data;
    reg [39:0]wdata_cmd;
    reg [39:0]rdata_cmd;

localparam Baud_set  = 3'd4;        //波特率设置,这里设置为 115 200
localparam DevAddr   = 3'b000;      //I2C 器件的器件地址
localparam WdAr_NUM  = 2'd2;        //I2C 器件的存储器地址字节数

    //串口发送模块例化
    uart_byte_tx uart_tx(
        .Clk(Clk),
        .Rst_n(Rst_n),
        .send_en(tx_en),
        .baud_set(Baud_set),
        .Data_Byte(tx_data),

        .Rs232_Tx(Uart_rx),
        .Tx_Done(tx_done),
        .uart_state()
    );

    //串口读/写 EEPROM 模块例化
    uart_eeprom #(.Baud_set(Baud_set))
    uart_eeprom(
        .Clk(Clk),
        .Rst_n(Rst_n),

        .Uart_rx(Uart_rx),
        .Uart_tx(Uart_tx),

        .Sda(Sda),
        .Scl(Scl)
    );

    //EEPROM 模型例化
        M24LC64 M24LC64(
        .A0(1'b0),
        .A1(1'b0),
        .A2(1'b0),
        .WP(1'b0),
        .SDA(Sda),
        .SCL(Scl),
        .RESET(!Rst_n)
    );

    //系统时钟产生
    initial  Clk = 1'b1;
    always#(`CLK_PERIOD/2)Clk = ~Clk;
```

```
initial
begin
    Rst_n       = 0;
    tx_data     = 0;
    tx_en       = 0;
    addr        = 0;
    data_num    = 0;
    wr_data     = 0;
    wdata_cmd   = 0;
    rdata_cmd   = 0;

    #(`CLK_PERIOD * 200 + 1)
    Rst_n       = 1;
    #200;

    addr        = 0;
    data_num    = 4;
    wr_data     = 0;
    send_uart_data_wr;       //写数据
    @(posedge uart_eeprom.I2C.Done);
    #500;
    send_uart_data_rd;       //读数据
    @(posedge uart_eeprom.I2C.Done);
    #500;

    addr = 4;
    data_num = 8;
    wr_data = 20;
    send_uart_data_wr;       //写数据
    @(posedge uart_eeprom.I2C.Done);
    #500;
    send_uart_data_rd;       //读数据
    @(posedge uart_eeprom.I2C.Done);

    //从 EEPROM 读出的数据由串口发送出去,等待发送完成
    repeat(data_num) begin
        @(posedge uart_eeprom.tx_done);
    end

    #5000;
    $stop;
end

//串口发送写数据命令和待写入数据任务
task send_uart_data_wr;
begin
    //写数据指令
    wdata_cmd = {{2'b00,WdAr_NUM,1'b0,DevAddr},8'hf1,
            addr[15:8],addr[7:0],data_num};
    //发送写数据指令
```

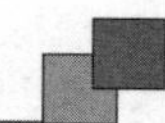

```
        repeat(5) begin
            tx_en     = 1;
            tx_data   =  wdata_cmd [39:32];
            #(`CLK_PERIOD)
            tx_en     = 0;
            @(posedge tx_done)
            #100;
            wdata_cmd = {wdata_cmd [31:0],8'h00};
        end

        //待写入数据
        tx_data        =  wr_data;
        repeat(data_num) begin
            tx_en     = 1;
            tx_data   =  tx_data + 1;
            #(`CLK_PERIOD)
            tx_en     = 0;
            @(posedge tx_done)
            #100;
        end
    end
    endtask

    //串口发送读数据命令任务
    task send_uart_data_rd;
    begin
    //读数据指令
        rdata_cmd = {{2'b00,WdAr_NUM,1'b0,DevAddr},8'hf2,
                    addr [15:8],addr [7:0],data_num};
        //发送读数据指令
        repeat(5) begin
            tx_en     = 1;
            tx_data   =  rdata_cmd [39:32];
            #(`CLK_PERIOD)
            tx_en     = 0;
            @(posedge tx_done)
            #100;
            rdata_cmd = {rdata_cmd [31:0],8'h00};
        end
    end
    endtask

endmodule
```

仿真过程主要是通过串口发送模块模拟对该系统发送读/写指令进行仿真验证，我们分别进行了 2 次写和读指令的发送，读指令主要是对刚写入地址的数据进行读出，可以通过观察时序波形图，比较写入数据与读出数据是否一致来验证系统设计的正确性。如图 6.60 所示为系统仿真波形时序图。

分别对一次写数据指令和一次读数据指令的波形进行放大然后观察分析，图 6.61

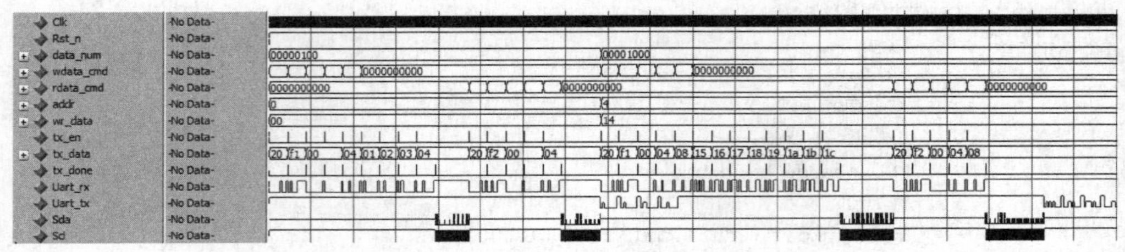

图 6.60　系统仿真波形时序

和图 6.62 分别为一次对 EEPROM 写数据过程和读数据过程的波形时序图。

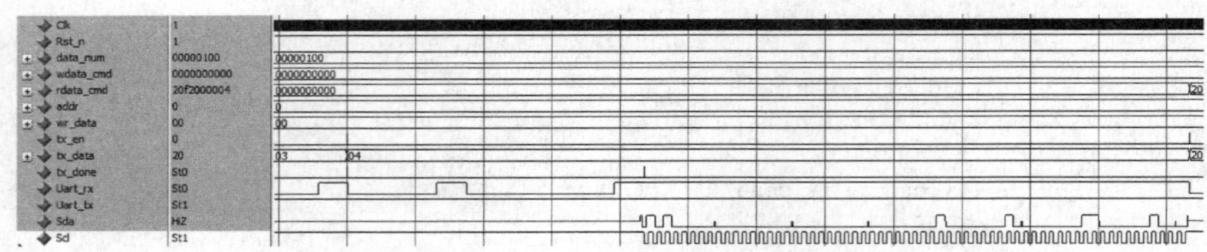

图 6.61　EEPROM 一次写数据过程波形时序图

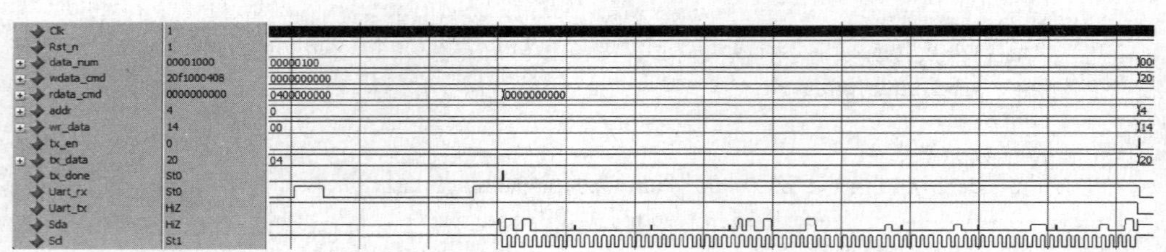

图 6.62　EEPROM 一次读数据过程波形时序图

这次写数据过程的仿真是通过串口发送模块模拟发送指令数据 0x21,0xf1,0x00,0x00,0x04,0x05,0x06,0x07,0x08,从 EEPROM 起始地址为 0 开始写入 0x05,0x06,0x07,0x08 四个数据,通过观察写数据过程中 SDA 和 SCL 的波形图可知,写入的数据确实是这 4 个数据,说明系统中串口写 EEPROM 部分是没有问题的。读数据过程的仿真是通过串口发送模块模拟发送指令数据 0x21,0xf2,0x00,0x00,0x04,从 EEPROM 起始地址为 0 开始读出 4 个数据,通过观察图 6.62 中 SDA 和 SCL 的波形图可知,读出的 4 个数据为 0x05,0x06,0x07,0x08,与之前在这些地址写入的数据是一致的,说明这次的读数据是没有问题的,用同样的方式经过多次验证,串口读/写 EEPROM 系统是可以正常工作的。

6.3.11　串口读/写 EEPROM 板级验证

仿真验证确定串口读/写 EEPROM 系统没有问题后,接下来就是进行板级验证,本实验的板级验证平台是 AC620 开发板,需要先了解 AC620 开发板上 EEPROM 部分的硬件原理图,如图 6.63 所示。

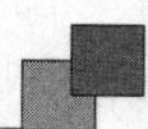

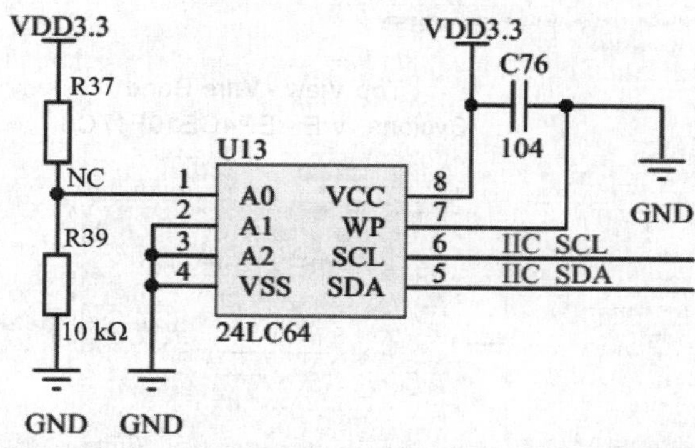

图 6.63　开发板 EEPROM 部分的硬件原理图

细心的读者会发现，I^2C 时钟线 SCL 和 I^2C 数据线 SDL 没有进行硬件上拉处理，与前面讲解的需要上拉处理不一样，可能会猜想是硬件设计的问题。这里说明一下，硬件设计是没有问题的，因为对于 FPGA 是可以通过软件对引脚进行上拉处理的，这也是本实验包含的一个知识点。通过 Quartus Prime 软件将引脚设置为上拉电阻（弱上拉），具体步骤如下：

① 如图 6.64 所示，在菜单 Assignments 中选择 Pin Planner，也可以直接单击面板上的引脚分配图标。

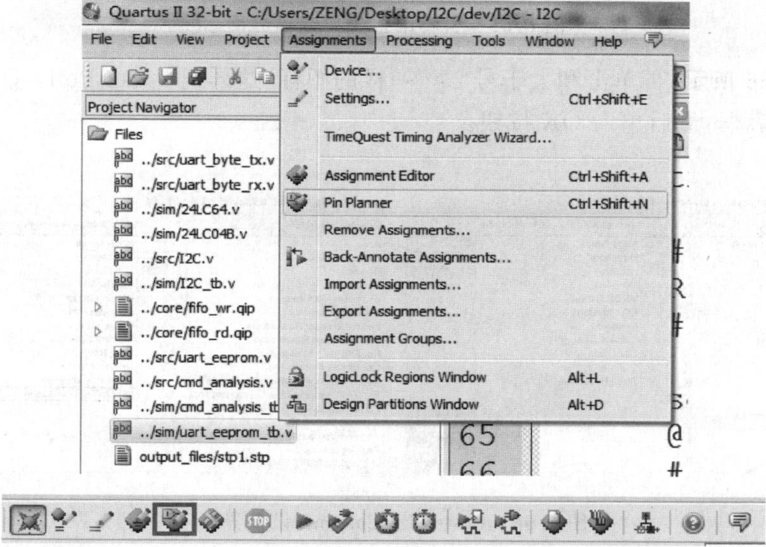

图 6.64　进入引脚分配界面选项

② 进入引脚分配的界面，在弹出的 Pin Planner 界面的 All Pins 区域里单击鼠标右键，找到 Customize Columns 并单击进入，如图 6.65 所示。

③ 在弹出的 Customize Columns 对话框的左列表框中选择 Weak Pull - Up Resis-

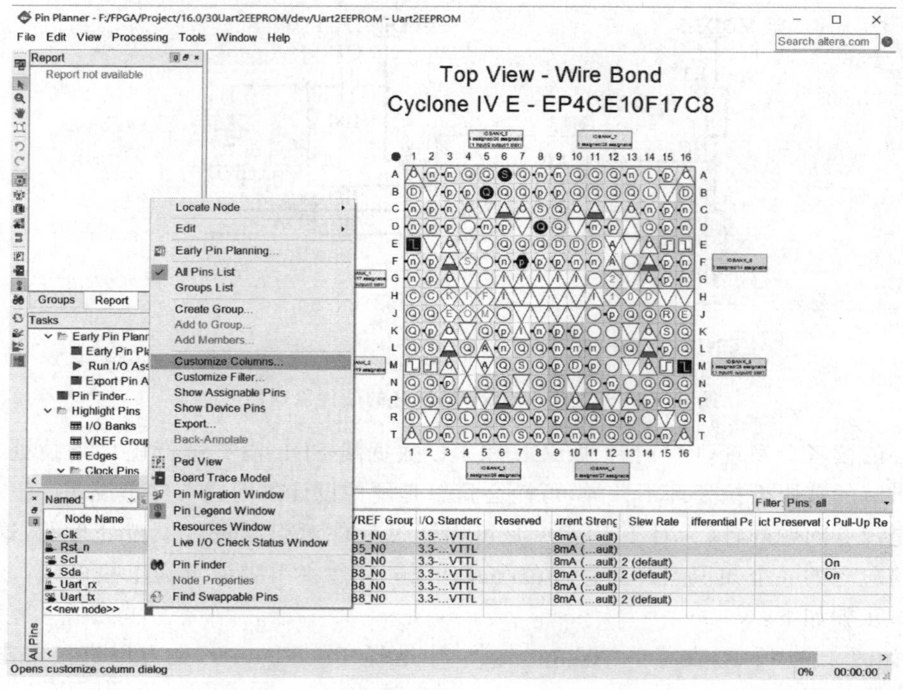

图 6.65 引脚配置工具选项界面

tor，如图 6.66 所示，再单击和大于号“>”一样的图标，这样把 Weak Pull-Up Resistor 添加到右列表框，最后单击 OK 按钮。

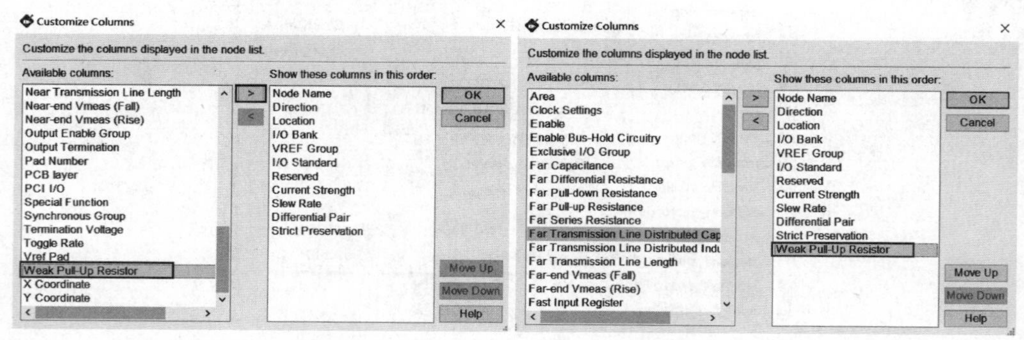

图 6.66 Customize Columns 设置界面

④ 经过步骤③后，在引脚分配界面就会多出一个 Weak Pull-Up Resistor 列，再把需要上拉的 SDA 和 SCL 在这列对应的位置双击鼠标左键，就会弹出一个 Off/On 的选项，选 On 就可以了。最后完成后的设置如图 6.67 所示。

设置完毕后。按照 AC620 开发板背面标注的功能把对应的引脚编号输入引脚分配表以完成引脚分配，如图 6.68 所示。

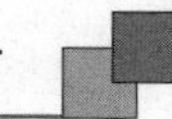

Node Name	Direction	Location	I/O Bank	/REF Grou	I/O Standarc	Reserved	Current Strength	Slew Rate	Differential Pair	Strict Preservation	Weak Pull-Up Resistor
Clk	Input				3.3-...VTTL		8mA (default)				
Rst_n	Input				3.3-...VTTL		8mA (default)				
Scl	Output				3.3-...VTTL		8mA (default)	2 (default)			On
Sda	Bidir				3.3-...VTTL		8mA (default)	2 (default)			On
Uart_rx	Input				3.3-...VTTL		8mA (default)				
Uart_tx	Output				3.3-...VTTL		8mA (default)	2 (default)			

图 6.67　SDA 和 SCL 设置上拉后的界面

Node Name	Direction	Location	I/O Bank	VREF Group	Fitter Location	I/O Standard	Reserved	Current Strength	Slew Rate	Differential Pair	/eak Pull-Up
Clk	Input	PIN_E1	1	B1_N0	PIN_E1	3.3-V LVTTL		8mA (default)			
Rst_n	Input	PIN_E16	6	B6_N0	PIN_E16	3.3-V LVTTL		8mA (default)			
Scl	Output	PIN_D8	8	B8_N0	PIN_D8	3.3-V LVTTL		8mA (default)	2 (default)		On
Sda	Bidir	PIN_F7	8	B8_N0	PIN_F7	3.3-V LVTTL		8mA (default)	2 (default)		On
Uart_rx	Input	PIN_B5	8	B8_N0	PIN_B5	3.3-V LVTTL		8mA (default)			
Uart_tx	Output	PIN_A6	8	B8_N0	PIN_A6	3.3-V LVTTL		8mA (default)	2 (default)		

图 6.68　引脚分配详情

上述工作完成后，接下来对设计的系统顶层文件进行综合布局布线生成 sof 下载文件，然后下载到 AC620 实验平台进行板级验证。板级验证需要用到串口软件工具，这里使用的是名叫格西烽火的串口工具(读者可以用其他类似工具，并无限制)，选择对应开发板的串口号和波特率，系统设计的波特率在顶层文件 uart_eeprom 中可进行设置，这里设置的波特率为 115 200 bps。

板级验证时，先往 EEPROM 里写入一些数据，也就是在串口发送 6 组数据，每组写入 4 个数据；写完后发送读数据命令，读出写入的数据，分两次读，一次读 20 个数据，一次读 4 个数据，具体的发送读/写指令操作和串口接收的数据如图 6.69 所示。

```
[2017-03-16 13:51:42.924 T]20 F1 00 00 04 A1 A2 A3 A4
[2017-03-16 13:51:44.455 T]20 F1 00 04 04 B1 B2 B3 B4
[2017-03-16 13:51:45.967 T]20 F1 00 08 04 C1 C2 C3 C4
[2017-03-16 13:51:46.937 T]20 F1 00 0C 04 D1 D2 D3 D4
[2017-03-16 13:51:48.214 T]20 F1 00 10 04 E1 E2 E3 E4
[2017-03-16 13:51:50.326 T]20 F1 00 18 04 F1 F2 F3 F4
[2017-03-16 13:51:51.889 T]20 F2 00 00 14
[2017-03-16 13:51:51.914 R]A1 A2 A3 A4 B1 B2 B3 B4 C1 C2 C3 C4 D1 D2 D3 D4 E1 E2 E3 E4
[2017-03-16 13:51:55.352 T]20 F2 00 18 04
[2017-03-16 13:51:55.377 R]F1 F2 F3 F4
```

图 6.69　板级验证效果图

从串口发送和接收的数据分析可得，从 EEPROM 读出的 24 个数据和写入的24 个数据是一样的，这就说明，设计的整个系统工作正常，读者可以进行多次多组测试来验证设计的完整性，整个的测试还可以利用 Quartus Prime 软件中的 SignalTap Ⅱ Logic Analyzer 工具对 SDA 和 SCL 的波形进行抓取，分析系统设计的正确性，这里就不详细说明了，读者可以自己进行尝试。串口读/写 EEPROM 系统的设计到此就完成了，其中还有很多需要完善优化的地方，有兴趣的读者可以进一步对本实验进行改进和拓展。

本节小结：

本节主要从两线制 I^2C 协议的基本知识和概念、I^2C 器件之间数据通信过程等方面，比较全面地讲解了 I^2C 协议，并以此设计了一个可进行读/写操作的 I^2C 控制器。结合前面设计的串口收发模块和 FIFO 模块设计了一个简单的应用，实现了串口对 EEPROM 存储器的读/写功能，并进行了相应的板级验证。读者可以在此基础上进行一定的优化和拓展，AC620 实验开发板上还有音频模块和时钟模块挂载在 I^2C 总线上，资源比较丰富，读者可以利用这些模块实现更丰富的应用。

6.4 基于串口猎人的虚拟示波器

在本书的一开始就提到，数据采集是 FPGA 最常见的应用领域。使用 FPGA 设计的数据采集设备在各种工业设备和实验室仪器中都非常常见。例如示波器、虚拟示波器、逻辑分析仪、工业摄像头等。本节将介绍一个教学型虚拟示波器的设计，该示波器使用 AC620 开发板上自带的 12 位 DAC 和 12 位 ADC 电路实现信号生成以及电压采集功能，然后将采集到的电压通过 UART 串口发送到 PC 端，PC 端通过一个带波形显示功能的串口调试软件——串口猎人，来实现数据的接收分析，并将数据分别以波形、码表、柱状图的形式动态显示出来，让使用者能够直观地看到 ADC 采集到的信号细节。同时，用户也可以使用串口猎人通过串口给下位机（FPGA）发送指令，下位机将对接收到的指令进行解码，然后依据解码结果来配置 FPGA 中各个子模块的控制寄存器，以实现通过串口控制 FPGA 中子模块工作状态的功能。

注意：本节中大部分内容已经在之前的章节中进行了详细的讲解，因此在本节中如果涉及之前的知识点则不再重复介绍，仅给出对应知识点所在的章节。

本实验中，涉及的应用模块和知识点如下：

- 串口收发模块的使用；
- 串口收发模块仿真模型的设计和使用；
- 串口简单数据帧的解码；
- 直接数字频率合成（DDS）的设计与实现；
- 串口帧转 Memory Mapped 总线的设计；
- Memory Mapped Slave 模块的设计；
- ADC 驱动的使用；
- 独立按键消抖模块的使用；
- 使能时钟对系统间模块协调工作的重要性；
- 串口猎人的详细使用；
- 完整系统的仿真验证设计；
- 头文件在设计中的运用；
- Quartus Prime 软件中可定制化存储器 ROM 的使用。

本实验不仅注重可综合的代码编写，同时注重代码的仿真验证。通过仿真，能够寻找设计中可能存在的问题并修正。最终，在整个系统仿真无误的基础上，下载到目标板上成功运行。

6.4.1 系统结构

图 6.70 为本设计的框架结构图。

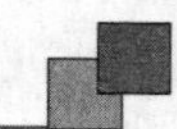

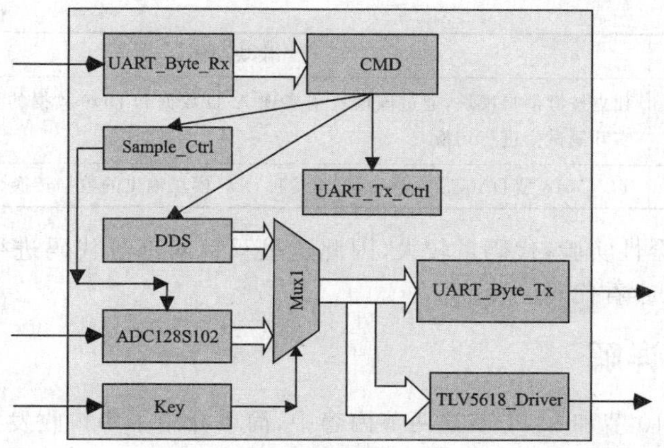

图 6.70　基于串口猎人的虚拟示波器框架

系统采用模块化设计，在模块划分的过程中，重点考虑了系统的可扩展性，表 6.21 为系统中各模块功能的简单介绍。

表 6.21　基于串口的虚拟示波器模块功能介绍

模块名	模块功能
Uart_Byte_Rx	串口字节接收模块，负责进行 PC 发送指令数据的接收工作
CMD	串口指令解析与控制模块，该模块通过解码 PC 发送的指令数据序列，获取控制命令，转换为 Memory Mapped Master 总线，以实现上位机通过串口控制下位机（FPGA）中各模块寄存器的功能
Sample_Ctrl	ADC 采样速率控制模块，该模块通过控制使能 ADC 采样的速率来调整 ADC 的采样率
UART_Byte_Tx	串口字节发送模块，该模块负责将需要发送的字节数据通过 UART 协议发送出去（发送到上位机）
UART_Tx_Ctrl	串口发送控制模块，根据数据有效标志信号来控制串口发送模块将数据发送出去
ADC128S102	ADC128S102 模/数转换（ADC）芯片驱动模块，负责驱动 ADC128S102 进行模/数转换
DDS	DDS 信号发生器模块，该模块生成一个固定频率的正弦波，在没有外部信号发生器的情况下，可通过该模块生成正弦波，并将输出数据接入到采样部分，以模拟采集正弦波信号并在上位机上显示
Mux1	A/D 采集结果和 DDS 数据结果多路选择模块，在测试时，用户可以选择需要采样的数据为内部信号发生器生成的正弦波数据（供演示用）或者 ADC 采集到的电压结果（实际测试）
Mux2	A/D 采集结果和 DDS 数据结果有效标志信号选择多路器，在 ADC 和 DDS 都处于工作的状态下，通过该多路器来实现数据有效标志信号的选择

续表 6.21

模块名	模块功能
Key	独立按键消抖模块，通过该模块来实现 A/D 数据和 DDS 数据的切换，即在演示和实际测试中进行切换
TLV5618_Driver	TLV5618 型 DAC 芯片驱动，该驱动将 DDS 模块输出的数据转换为模拟波形并输出

本实验为综合性实验，代码量较大，因此这里只针对部分代码进行讲解，书中没有讲到的内容，可以参看代码注释。

6.4.2 模块详解

在本书的 3.10 节和 3.11 节这两节内容中，简单介绍了串口收发模块的设计，我们采用最直观的思维设计波特率发生部分，将涉及波特率部分的参数都采用固定值的方式进行编写，没有过多考虑代码的可移植性。而由于串口模块可能工作在不同的系统中，每个系统的全局时钟都有可能不同，比如有的系统使用 48 MHz 时钟信号作为全局时钟，而另一些系统可能使用 100 MHz。之前我们在设计波特率时钟产生电路时，默认按照 50 MHz 时钟计算。所以应用在 100 MHz 或者 48 MHz 等非 50 MHz 的系统中时，波特率就会出现偏差。同时，串口接收部分使用了 16 倍采样的方式来对 1 位数据进行采样，此种方式对资源消耗较多，在能够接受的情况下，可以改为更低的采样频率，如 9 倍采样。本实验将对该部分设计进行一定的改进，编写一个全新的串口收发模块。

1. Tx_Bps_Gen

Tx_Bps_Gen 为发送波特率生成模块，每当有 Byte_En 信号到来时，即开始产生发送一个完整字节数据所需要的完整波特率时钟信号。

本设计中，波特率支持 9 600～921 600 bps。例如，需要产生的波特率为 9 600 bps，即波特率时钟频率为 9 600 Hz，周期为 104.17 μs。生成 9 600 Hz 波特率时钟的核心思想就是对系统时钟进行计数，这里设定系统时钟为 50 MHz，则一个时钟的周期为 20 ns，我们只需要对系统时钟计数 5 208 次，每计数 5 208 次产生一个时钟周期的高电平脉冲，即可实现生成 9 600 Hz 波特率时钟的功能。相应代码如下：

```
    parameter system_clk = 50_000_000;/ * 输入时钟频率设定，默认 50 MHz * /

/ * 根据输入时钟频率计算生成各波特率时分频计数器的计数最大值 * /
    localparam bps9600 =  system_clk/9600 - 1;
    localparam bps19200 =  system_clk/19200 - 1;
    localparam bps38400 =  system_clk/38400 - 1;
    localparam bps57600 =  system_clk/57600 - 1;
    localparam bps115200 =  system_clk/115200 - 1;
    localparam bps230400 =  system_clk/230400 - 1;
    localparam bps460800 =  system_clk/460800 - 1;
    localparam bps921600 =  system_clk/921600 - 1;

    reg [31:0]BPS_PARA;/ * 波特率分频计数器的计数最大值 * /
```

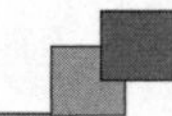

```

    always@(posedge Clk or negedge Rst_n)
    if(!Rst_n) begin
        BPS_PARA <=  bps9600;/*复位时波特率默认为 9 600 bps*/
    end
    else begin
        case(Baud_Set)/*根据波特率控制信号选择不同的波特率计数器计数最大值*/
            3'd0: BPS_PARA <=  bps9600;
            3'd1: BPS_PARA <=  bps19200;
            3'd2: BPS_PARA <=  bps38400;
            3'd3: BPS_PARA <=  bps57600;
            3'd4: BPS_PARA <=  bps115200;
            3'd5: BPS_PARA <=  bps230400;
            3'd6: BPS_PARA <=  bps460800;
            3'd7: BPS_PARA <=  bps921600;
            default: BPS_PARA <=  bps9600;
        endcase
    end

//=====================
    reg [12:0]Count;

    reg n_state;
    localparam IDEL_1  = 1'b0,
                  SEND     = 1'b1;

    reg BPS_EN;

/* -------波特率时钟生成控制逻辑 --------------*/
    always@(posedge Clk or negedge Rst_n)
    if(!Rst_n) begin
        BPS_EN <= 1'b0;
        n_state <=  IDEL_1;
  end
  else begin
        case(n_state)
            IDEL_1:
                if(Byte_En) begin/*如检测到字节发送使能信号,则启动波特率生成进程,同时进入发送状态*/
                    BPS_EN <= 1'b1;
                    n_state <=  SEND;
                end
                else begin
                    n_state <=  IDEL_1;
                    BPS_EN <= 1'b0;
                end
            SEND:
                if(Tx_Done == 1) begin/*发送完成,关闭波特率生成进程,回到空闲状态*/
                    BPS_EN <= 1'b0;
                    n_state <=  IDEL_1;
                end
```

```
081               else begin
082                   n_state <=  SEND;
083                   BPS_EN  <= 1'b1;
084               end
085           default:n_state <=  IDEL_1;
086       endcase
087   end
088
089/ * -------波特率时钟生成定时器 ---------------* /
090   always@(posedge Clk or negedge Rst_n)
091   if(! Rst_n)
092       Count  <= 13'd0;
093   else if (BPS_EN == 1'b0)
094       Count  <= 13'd0;
095   else begin
096       if(Count ==  BPS_PARA)
097           Count  <= 13'd0;
098       else
099           Count  <=  Count  + 1'b1;
100   end
101
102/ * 输出数据采样时钟 * /
103//--------------------------------------------------
104   always@(posedge Clk or negedge Rst_n)
105   if(! Rst_n)
106       Bps_Clk  <= 1'b0;
107   else if (Count == 1)
108       Bps_Clk  <= 1'b1;
109   else
110       Bps_Clk  <= 1'b0;
```

第 18 行“parameter system_clk = 50_000_000;”语句用一个全局参数定义了系统时钟,暂时设定为 50 MHz,可根据实际使用的板卡上的工作时钟进行修改。如果系统时钟为 100 MHz,则将该值改为 100_000_000 即可。

所谓波特率生成,就是用一个定时器来定时,产生频率与对应波特率时钟频率相同的时钟信号。例如,选择波特率为 115200 bps,则需要产生一个频率为 115200 Hz 的时钟信号。那么如何产生这样一个 115200 Hz 的时钟信号呢?这里,首先将 115200 Hz 时钟信号的周期计算出来,1 s=1000000000 ns,因此波特率时钟的周期 Tb=1000000000 ns/115200≈8680.6 ns,即 115200 信号的一个周期为 8680.6 ns,那么,只需要设定定时器定时时间为 8680.6 ns,每当定时时间到,产生一个系统时钟周期长度的高脉冲信号即可。若系统时钟频率为 50 MHz,即周期为 20 ns,则只需要计数 8680/20 个系统时钟,就可获得 8680 ns 的定时,即“bps115200”=Tb/Tclk − 1=Tb * fclk−1=fclk/115200−1。相应的,其他波特率定时值的计算与此类似,这里就不再一一分析。代码中 20～28 行为波特率定时器定时值的计算部分。

为了能够通过外部控制波特率,设计中使用了一个 3 位的波特率选择端口:Baud_Set。通过给此端口设定不同的值,就能选择不同的波特率,此端口控制不同波特率的

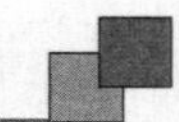

原理很简单，就是一个多路选择器，代码中第 32～48 行即为此多路选择器的控制代码，Baud_Set 的值与各波特率的对应关系如下：

000b：9 600 bps；

001b：19 200 bps；

010b：38 400 bps；

011b：57 600 bps；

100b：115 200 bps；

101b：230 400 bps；

110b：460 800 bps；

111b：921 600 bps；

2. Uart_Byte_Tx

Uart_Byte_Tx 为字节发送模块，该模块在波特率时钟的节拍下，依照 UART 通信协议发送一个完整的字节数据。当一字节发送完毕后，Tx_Done 产生一个高脉冲信号，以告知其他模块或逻辑一字节数据已经传输完成，可以开始下一字节的发送了。其发送一字节数据的实现代码如下：

```
    /*计数波特率时钟,11 个波特率时钟为一次完整的数据发送过程*/
    always@(posedge Clk or negedge Rst_n)
    if(!Rst_n)
        Bps_Clk_Cnt <= 4'b0;
    else if (Bps_Clk_Cnt == 4'd11)
        Bps_Clk_Cnt <= 4'b0;
    else if (Bps_Clk)
        Bps_Clk_Cnt <= Bps_Clk_Cnt + 1'b1;
    else
        Bps_Clk_Cnt <= Bps_Clk_Cnt;

/*生成数据发送完成标志信号*/
    always@(posedge Clk or negedge Rst_n)
    if(!Rst_n)
        Tx_Done <= 1'b0;
    else if (Bps_Clk_Cnt == 4'd11)
        Tx_Done <= 1'b1;
    else
        Tx_Done <= 1'b0;

/*在开始发送起始位的时候就读取并寄存 Data_Byte,以免 Data_Byte 变化导致数据的丢失*/
    always@(posedge Clk or negedge Rst_n)
    if(!Rst_n)
        Data = 8'd0;
    else if (Bps_Clk & Bps_Clk_Cnt == 4'd1)
        Data <= Data_Byte;
    else
        Data <= Data;

```

```
/*发送数据序列机*/
    always@(posedge Clk or negedge Rst_n)
    if(!Rst_n)
        Rs232_Tx <= 1'b1;
    else begin
        case(Bps_Clk_Cnt)
            4'd1: Rs232_Tx <= 1'b0;
            4'd2: Rs232_Tx <=  Data[0];
            4'd3: Rs232_Tx <=  Data[1];
            4'd4: Rs232_Tx <=  Data[2];
            4'd5: Rs232_Tx <=  Data[3];
            4'd6: Rs232_Tx <=  Data[4];
            4'd7: Rs232_Tx <=  Data[5];
            4'd8: Rs232_Tx <=  Data[6];
            4'd9: Rs232_Tx <=  Data[7];
            4'd10: Rs232_Tx <= 1'b1;
            default:Rs232_Tx <= 1'b1;
        endcase
    end
```

在 UART 协议中，一个完整的字节包括 1 位起始位、8 位数据位、1 位停止位总共 10 位数据，那么，要想完整地实现这 10 位数据的发送，就需要 11 个波特率时钟脉冲，如图 6.71 所示。

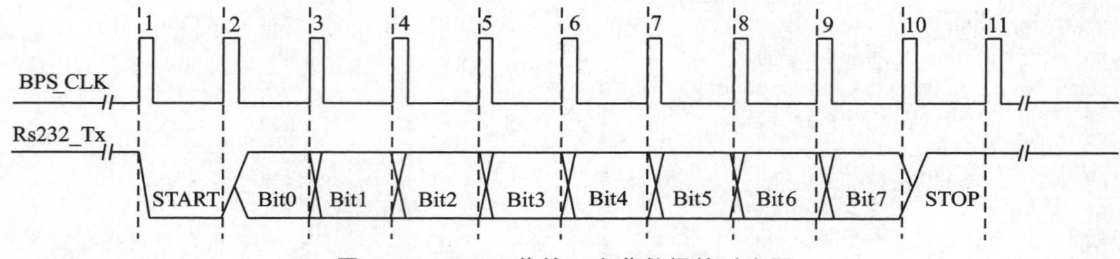

图 6.71　UART 传输一字节数据的时序图

BPS_CLK 信号的第一个上升沿到来时，字节发送模块开始发送起始位，接下来的 2～9 个上升沿，发送 8 个数据位，第 10 个上升沿到第 11 个上升沿为停止位的发送。

3. Uart_Byte_Rx

在单个串口接收模块中实现串口数据接收的主要代码如下：

```
    always@(posedge Clk or negedge Rst_n)
    if(!Rst_n) begin
        Rs232_Rx0 <= 1'b0;
        Rs232_Rx1 <= 1'b0;
        Rs232_Rx2 <= 1'b0;
        Rs232_Rx3 <= 1'b0;
    end
    else begin
        Rs232_Rx0 <=  Rs232_Rx;
        Rs232_Rx1 <=  Rs232_Rx0;
```

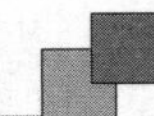

```
        Rs232_Rx2  <=  Rs232_Rx1;
        Rs232_Rx3  <=  Rs232_Rx2;
    end

    wire neg_Rs232_Rx =  Rs232_Rx3 & Rs232_Rx2 & ~Rs232_Rx1 & ~Rs232_Rx0;

    assign Byte_En  =  neg_Rs232_Rx;

/* ----------计数采样时钟 --------------*/
/* 9 倍波特率采样时钟,故一个完整的接收过程有 90 个波特率时钟 */
    reg [6:0]Sample_Clk_Cnt;
    always@(posedge Clk or negedge Rst_n)
    if(!Rst_n)
        Sample_Clk_Cnt  <= 7'd0;
    else if (Sample_Clk) begin
        if(Sample_Clk_Cnt  == 7'd89)
            Sample_Clk_Cnt  <= 7'd0;
        else
            Sample_Clk_Cnt  <=  Sample_Clk_Cnt  + 1'b1;
    end
    else
        Sample_Clk_Cnt  <=  Sample_Clk_Cnt;

    reg [1:0]Start_Bit;/* 起始位,这里虽然定义,但并未使用该位来判断接收数据的正确性,即默认接收都是成功的 */
    reg [1:0]Stop_Bit;/* 停止位,这里虽然定义,但并未使用该位来判断接收数据的正确性,即默认接收都是成功的 */
    reg [1:0]Data_Tmp [7:0];/* 此部分较为复杂,请参看说明文档中的相关解释 */

    always@(posedge Clk or negedge Rst_n)
    if(!Rst_n) begin
        Data_Tmp [0] <= 2'd0;
        Data_Tmp [1] <= 2'd0;
        Data_Tmp [2] <= 2'd0;
        Data_Tmp [3] <= 2'd0;
        Data_Tmp [4] <= 2'd0;
        Data_Tmp [5] <= 2'd0;
        Data_Tmp [6] <= 2'd0;
        Data_Tmp [7] <= 2'd0;
        Start_Bit  <= 2'd0;
        Stop_Bit  <= 2'd0;
    end
    else if (Sample_Clk) begin
        case(Sample_Clk_Cnt)
            7'd0:
                begin
                    Data_Tmp [0] <= 2'd0;
                    Data_Tmp [1] <= 2'd0;
                    Data_Tmp [2] <= 2'd0;
                    Data_Tmp [3] <= 2'd0;
                    Data_Tmp [4] <= 2'd0;
```

```
084                     Data_Tmp[5]<= 2'd0;
085                     Data_Tmp[6]<= 2'd0;
086                     Data_Tmp[7]<= 2'd0;
087                     Start_Bit  <= 2'd0;
088                     Stop_Bit  <= 2'd0;
089                 end
090             7'd3,7'd4,7'd5: Start_Bit <=  Start_Bit +  Rs232_Rx;
091             7'd12,7'd13,7'd14:Data_Tmp[0]<=  Data_Tmp[0]+  Rs232_Rx;
092             7'd21,7'd22,7'd23:Data_Tmp[1]<=  Data_Tmp[1]+  Rs232_Rx;
093             7'd30,7'd31,7'd32:Data_Tmp[2]<=  Data_Tmp[2]+  Rs232_Rx;
094             7'd39,7'd40,7'd41:Data_Tmp[3]<=  Data_Tmp[3]+  Rs232_Rx;
095             7'd48,7'd49,7'd50:Data_Tmp[4]<=  Data_Tmp[4]+  Rs232_Rx;
096             7'd57,7'd58,7'd59:Data_Tmp[5]<=  Data_Tmp[5]+  Rs232_Rx;
097             7'd66,7'd67,7'd68:Data_Tmp[6]<=  Data_Tmp[6]+  Rs232_Rx;
098             7'd75,7'd76,7'd77:Data_Tmp[7]<=  Data_Tmp[7]+  Rs232_Rx;
099             7'd84,7'd85,7'd86:Stop_Bit <=  Stop_Bit +  Rs232_Rx;
100             default:;
101         endcase
102     end
103     else;
```

根据串口发送协议，一字节的数据传输是以一个波特率周期的低电平作为起始位的，因此，成功接收 UART 串口数据的核心就是准确检测起始位。由于外部串口发送过来的数据与接收系统不在同一个时钟域，因此不能直接使用该信号的下降沿来作为检测标志，需要在 FPGA 中，采用专用的边沿检测电路来实现，第 25～37 行通过 4 个移位寄存器，存储连续 4 个时钟上升沿时外部发送数据线的状态，第 39 行通过比较前两个时钟数据线的状态与后两个时钟数据线的状态，来得到该数据线的准确下降沿，以此保证起始位的准确检测。

在简单的串口接收中，通常选取一位数据的中间时刻进行采样，因为此时数据最稳定，但是在工业环境中，存在着各种干扰，在干扰存在的情况下，如果采用传统的中间时刻采样一次的方式，采样结果就有可能受到干扰而出错。为了滤除这种干扰，这里采用多次采样求概率的方式。常见的采样方式为 16 倍时钟采样，但是 16 倍采样方式对于逻辑资源的消耗较大，在资源受限的 CPLD 器件上，可能造成资源紧张，以至于无法实现全部功能，因此这里采用 9 倍采样的方式。如图 6.72 所示，将一位数据平均分成 9 个时间段，对位于中间的三个时间段进行采样。然后对三个采样结果进行统计判断，如果某种电平状态在三次采样结果中占到了两次及以上，则可以判定此电平状态即为正确的数据电平。例如，若 4、5、6 时刻采样结果分别为 1、1、0，则取此位解码结果为 1；否则，若三次采样结果为 0、1、0，则解码结果就为 0。

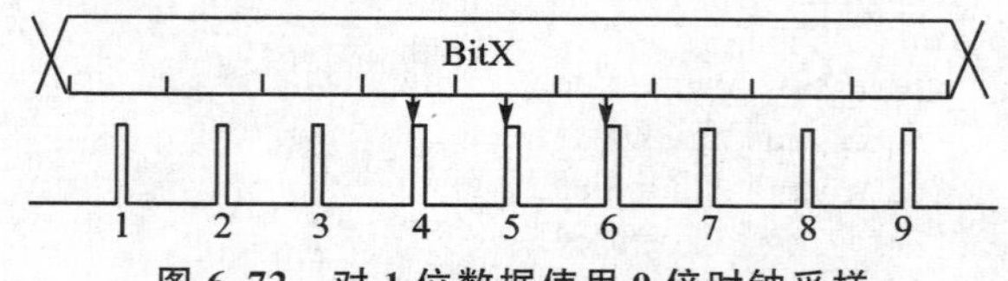

图 6.72　对 1 位数据使用 9 倍时钟采样

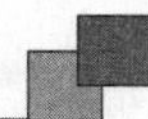

因为采样一位需要 9 个时钟上升沿，因此，采样一个完整的数据需要 10×9，即90 个时钟上升沿，这里，采样时钟为波特率时钟的 9 倍。产生采样时钟的部分代码如下：

```
    /* -------波特率时钟生成定时器 --------------*/
    always@(posedge Clk or negedge Rst_n)
    if(!Rst_n)
        Count <= 10'd0;
    else if (BPS_EN == 1'b0)
        Count <= 10'd0;
    else begin
        if(Count ==  BPS_PARA)
            Count <= 10'd0;
        else
            Count <=  Count + 1'b1;
    end

//==========================================
/*输出数据接收采样时钟*/
    always@(posedge Clk or negedge Rst_n)
    if(!Rst_n)
        Sample_Clk <= 1'b0;
    else if (Count == 1)
        Sample_Clk <= 1'b1;
    else
        Sample_Clk <= 1'b0;
```

这里，BPS_PARA 的计算原理和前面 Tx_Bps_Gen 模块中的 BPS_PARA 的计算原理一致，不过这里因为采样时钟为波特率时钟的 9 倍，所以，BPS_PARA 为 Tx_Bps_Gen 模块中的 BPS_PARA 的 1/9。计算 BPS_PARA 的相关代码如下：

```
    parameter system_clk = 50_000_000;        /*输入时钟频率设定，默认 50 MHz*/

/*根据输入时钟频率计算生成各波特率时分频计数器的计数最大值*/
    localparam bps9600 =  system_clk/9600/9 - 1;
    localparam bps19200 =  system_clk/19200/9 - 1;
    localparam bps38400 =  system_clk/38400/9 - 1;
    localparam bps57600 =  system_clk/57600/9 - 1;
    localparam bps115200 =  system_clk/115200/9 - 1;
    localparam bps230400 =  system_clk/230400/9 - 1;
    localparam bps460800 =  system_clk/460800/9 - 1;
    localparam bps921600 =  system_clk/921600/9 - 1;

    reg [31:0]BPS_PARA;/*波特率分频计数器的计数最大值*/

    always@(posedge Clk or negedge Rst_n)
    if(!Rst_n) begin
        BPS_PARA <=  bps9600;/*复位时波特率默认为 9 600 bps*/
    end
    else begin
        case(Baud_Set)/*根据波特率控制信号选择不同的波特率计数器计数最大值*/
```

```
            3'd0: BPS_PARA <=  bps9600;
            3'd1: BPS_PARA <=  bps19200;
            3'd2: BPS_PARA <=  bps38400;
            3'd3: BPS_PARA <=  bps57600;
            3'd4: BPS_PARA <=  bps115200;
            3'd5: BPS_PARA <=  bps230400;
            3'd6: BPS_PARA <=  bps460800;
            3'd7: BPS_PARA <=  bps921600;
            default: BPS_PARA <=  bps9600;/*异常情况,恢复到9600的波特率*/
        endcase
    end
```

4. CMD

CMD 模块为串口数据帧接收与解析模块,该模块负责对串口接收到的每一帧数据进行解码判断,并从数据帧中提取出地址字节和数据字节。最后将地址字节和数据字节转换为类似于 Avalon - MM 形式的总线,以实现对其他模块的控制寄存器的读/写,从而实现通过串口控制 FPGA 中各个模块工作的目的。

在工业应用中,串口指令大多以数据帧的格式出现,包含帧头、帧长、帧命令、帧内容、校验和以及帧尾,不会只是单纯的传输数据。在这个实验中,我们也使用了数据帧的形式来通过上位机向 FPGA 发送命令,不过这里使用的帧格式非常简单,帧格式以帧头、帧长、帧内容以及帧尾组成,忽略了校验部分的内容,帧头、帧长以及帧尾内容都是固定的,不固定的只是帧内容,下面为本设计中一个简化的数据帧。

帧头	帧长	地址	数据	数据	帧尾
0xAA	0x03	0xXX	0xXX	0xXX	0x88

由于数据帧本身结构简单,因此数据帧的解析过程也相对简洁,以下为数据帧解析状态机设计,该状态机分为帧头解析、帧长解析、数据接收以及帧尾解析。默认时,状态机处于帧头解析状态,一旦出现帧头数据,则跳转到帧长接收状态;若下 1 字节为帧长数据(这里严格意义上并不能算作帧长,因为长度固定,充其量只能算作帧头,读者不须过分纠结),则开始连续接收 3 字节的数据;若非指定的帧长内容,则表明这是一次无关传输,状态机将返回到帧头解析状态继续等待新的数据帧到来。在帧尾解析状态,若解析到的数据并非指定的帧尾数据,则表明此次数据帧非有效帧,并将此帧已解析到的数据舍弃;若为帧尾数据,则解析成功,产生命令有效标志信号(CMD_Valid),Memory Mapped 总线进程在检测到此命令有效信号后,即产生写外设寄存器操作。如图 6.73 所示为数据帧解析逻辑状态转移图。

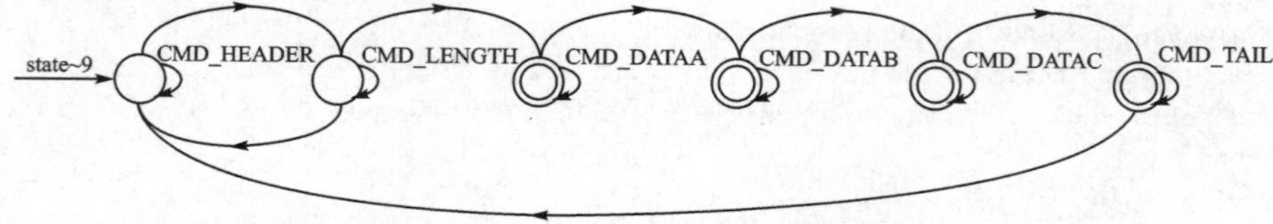

图 6.73　数据帧解析逻辑状态转移图

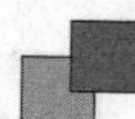

命令解析的状态机实现代码如下：

```
    localparam
        Header = 8'hAA,          /* 帧头 */
        Length = 8'd3,           /* 帧长 */
        Tail    = 8'h88;         /* 帧尾 */

/* ----------状态定义 -----------------*/
    localparam
        CMD_HEADER = 6'b00_0001,
        CMD_LENGTH = 6'b00_0010,
        CMD_DATAA  = 6'b00_0100,
        CMD_DATAB  = 6'b00_1000,
        CMD_DATAC  = 6'b01_0000,
        CMD_TAIL    = 6'b10_0000;


    always@(posedge Clk or negedge Rst_n)
    if(!Rst_n) begin
        reg_CMD_DATA <= 24'd0;
        CMD_Valid <= 1'b0;
        state <= CMD_HEADER;
    end
    else if (Rx_Int) begin
        case(state)
            CMD_HEADER:/* 解码帧头数据 */
                if(Rx_Byte == Header)
                    state <= CMD_LENGTH;
                else
                    state <= CMD_HEADER;

            CMD_LENGTH:/* 解码帧长数据 */
                if(Rx_Byte == Length)
                    state <= CMD_DATAA;
                else
                    state <= CMD_HEADER;

            CMD_DATAA:/* 解码数据 A */
                begin
                    reg_CMD_DATA[23:16] <= Rx_Byte;
                    state <= CMD_DATAB;
                end

            CMD_DATAB:/* 解码数据 B */
                begin
                    reg_CMD_DATA[15:8] <= Rx_Byte;
                    state <= CMD_DATAC;
                end

            CMD_DATAC:/* 解码数据 C */
                begin
```

```
066                     reg_CMD_DATA [7:0] <=  Rx_Byte;
067                     state <=  CMD_TAIL;
068                 end
069 
070             CMD_TAIL:/ * 解码帧尾数据 * /
071                 if(Rx_Byte ==  Tail) begin
072                     CMD_Valid <= 1'b1;/ * 解码成功,发送解码数据有效标志 * /
073                     state <=  CMD_HEADER;
074                 end
075                 else begin
076                     CMD_Valid <= 1'b0;
077                     state <=  CMD_HEADER;
078                 end
079             default:;
080         endcase
081     end
082     else begin
083         CMD_Valid <= 1'b0;
084         reg_CMD_DATA <=  reg_CMD_DATA;
085     end
```

第 23～29 行为状态机编码,这里采用独热码的编码方式。状态机的编码方式有很多种,包括二进制编码、独热码、格雷码等。二进制编码最接近我们的常规思维,但是在 FPGA 内部,其译码电路较为复杂,且容易出现竞争冒险,导致使用二进制编码的状态机最高运行速度相对较低。独热码的译码电路最简单,因此采用独热码方式编码的状态机运行速度较二进制编码方式快很多,但是编码会占用较多的数据位宽。格雷码以其独特的编码特性,能够非常完美地解决竞争冒险的问题,使状态机综合出来的电路能够运行在很高的时钟频率,但是格雷码编码较为复杂,尤其对于位宽超过 4 位的格雷码,编码实现较二进制编码和独热码编码要复杂得多。关于状态机编码方面更加细致的内容,请大家参看夏宇闻老师编写的经典书籍《Verilog 数字系统设计教程》第 12 章中的相关内容。

Memory Mapped 总线进程根据命令有效标志信号产生写外设寄存器操作的相关代码如下:

```
087     / * ------驱动总线写外设寄存器 --------* /
088     always@(posedge Clk or negedge Rst_n)
089     if(! Rst_n) begin
090         m_wr <= 1'b0;
091         m_addr <= 8'd0;
092         m_wrdata <= 16'd0;
093     end
094     else if (CMD_Valid) begin
095         m_wr <= 1'b1;
096         m_addr <=  reg_CMD_DATA [23:16];
097         m_wrdata <=  reg_CMD_DATA [15:0];
098     end
099     else begin
```

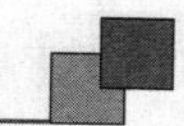

```
        m_wr <= 1'b0;
        m_addr <= m_addr;
        m_wrdata <= m_wrdata;
    end
```

在本系统中，需要通过该 Memory Mapped 总线配置的寄存器总共有 12 个，分别位于 ADC 采样速率控制模块（Sample_Ctrl）、串口发送控制模块（UART_Tx_Ctrl）、直接数字频率合成信号发生器模块（DDS）中，各寄存器的地址分配及物理意义如表 6.22 所列。

表 6.22 系统寄存器地址和功能描述

地 址	寄存器名称	寄存器宽度/位	寄存器功能
0x01	ADC_Sample_Cnt_Max_L	16	ADC 采样率设置分频计数器计数最大值的低 16 位
0x02	ADC_Sample_Cnt_Max_H	16	ADC 采样率设置分频计数器计数最大值的高 16 位
0x03	ADC_Sample_En	1	ADC 采样使能寄存器
0x04	En_Tx	1	串口发送使能寄存器
0x05	reg_Baud_Set	2	串口发送波特率设置寄存器
0x06	DDS_En	1	DDS 使能寄存器
0x07	reg_Fword_H	16	DDS 频率控制字高 16 位
0x08	reg_Fword_L	16	DDS 频率控制字低 16 位
0x09	reg_Pword	12	DDS 相位控制字
0x0a	DDS_Sample_Cnt_Max_L	16	DDS 采样率设置分频计数器计数最大值的低 16 位
0x0b	DDS_Sample_Cnt_Max_H	16	DDS 采样率设置分频计数器计数最大值的高 16 位
0x0c	DDS_Sample_En	1	DDS 采样使能寄存器

指令使用说明如表 6.23 所列。

表 6.23 系统控制指令说明

操 作	指 令
使能 DDS 生成数据	AA 03 06 00 01 88
停止 DDS 生成数据	AA 03 06 00 00 88
使能采样 DDS 数据	AA 03 0C 00 01 88
停止采样 DDS 数据	AA 03 0C 00 00 88
使能串口发送	AA 03 04 00 01 88
停止串口发送	AA 03 04 00 00 88
使能 ADC 采样	AA 03 03 00 01 88
停止 ADC 采样	AA 03 03 00 00 88
写 DDS 频率控制字高 16 位	AA 03 07 XX XX 88

续表 6.23

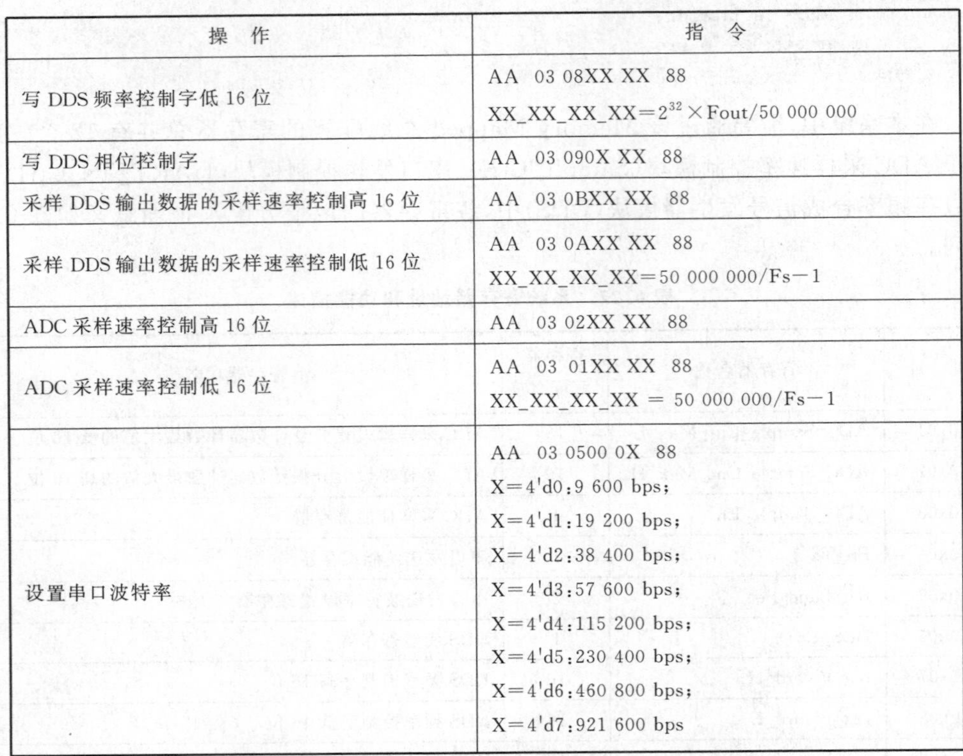

操　作	指　令
写 DDS 频率控制字低 16 位	AA　03 08XX XX　88 XX_XX_XX_XX=2^{32}×Fout/50 000 000
写 DDS 相位控制字	AA　03 090X XX　88
采样 DDS 输出数据的采样速率控制高 16 位	AA　03 0BXX XX　88
采样 DDS 输出数据的采样速率控制低 16 位	AA　03 0AXX XX　88 XX_XX_XX_XX=50 000 000/Fs－1
ADC 采样速率控制高 16 位	AA　03 02XX XX　88
ADC 采样速率控制低 16 位	AA　03 01XX XX　88 XX_XX_XX_XX = 50 000 000/Fs－1
设置串口波特率	AA　03 0500 0X　88 X=4'd0:9 600 bps; X=4'd1:19 200 bps; X=4'd2:38 400 bps; X=4'd3:57 600 bps; X=4'd4:115 200 bps; X=4'd5:230 400 bps; X=4'd6:460 800 bps; X=4'd7:921 600 bps

例如，系统在上电后，各个模块默认是没有工作的，要想在上位机上看到数据，就必须先通过上位机发送控制命令。因为系统上电后默认选择的数据通道为 DDS 生成的数据，为了以最快的方式在串口猎人上看到波形，一种可行的控制顺序如下所示：

使能 DDS 生成数据（AA　03 06 00 01 88）→使能采样 DDS 数据（AA　03 0C　00 01 88）→使能串口发送数据（AA　03 04 00 01 88）

这里，为了演示方便，在系统中对数据采样速率和 DDS 生成的信号的频率初始值都做了设置，因此不设置采样率和输出频率控制字这几个寄存器也能在串口猎人上接收到数据。

经过此操作后，串口猎人的接收窗口中就会不断地接收到数据了。当然，这离最终显示波形还有一段距离，这部分内容将放到本节最后，以一次具体的使用为例，来一步一步介绍给大家。

关于 Memory Mapped 总线如何实现各模块寄存器的配置，这里以 ADC 采样控制模块 Sample_Ctrl 中 3 个寄存器的配置来进行介绍。Sample_Ctrl 中 3 个寄存器的定义及配置代码如下：

```
reg [15:0]ADC_Sample_Cnt_Max_L;/*采样分频计数器计数最大值的低 16 位,ADDR = 8'd1 */
reg [15:0]ADC_Sample_Cnt_Max_H;/*采样分频计数器计数最大值的高 16 位,ADDR = 8'd2 */
```

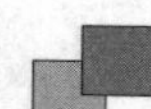

```
16    reg ADC_Sample_En;/*采样使能寄存器,ADDR = 8'd3*/
17
18/* -------设置采样分频计数器计数最大值 ---------*/
19    always@(posedge Clk or negedge Rst_n)
20    if(!Rst_n) begin
21        ADC_Sample_Cnt_Max_H <= 16'd0;
22        ADC_Sample_Cnt_Max_L <= 16'd49999;/*默认设置采样率为 1 kHz*/
23    end
24    else if (m_wr && (m_addr ==`ADC_S_Cnt_Max_L))//写采样分频计数器计数最大值的低 16 位
25        ADC_Sample_Cnt_Max_L <=  m_wrdata;
26    else if (m_wr && (m_addr ==`ADC_S_Cnt_Max_H))//写采样分频计数器计数最大值的高 16 位
27        ADC_Sample_Cnt_Max_H <=  m_wrdata;
28    else begin
29        ADC_Sample_Cnt_Max_H <=  ADC_Sample_Cnt_Max_H;
30        ADC_Sample_Cnt_Max_L <=  ADC_Sample_Cnt_Max_L;
31    end
32
33/* ---------写采样使能寄存器 -------------*/
34    always@(posedge Clk or negedge Rst_n)
35    if(!Rst_n)
36        ADC_Sample_En <= 1'b0;
37    else if (m_wr && (m_addr ==`ADC_Sample_En))
38        ADC_Sample_En <=  m_wrdata[0];
39    else
40        ADC_Sample_En <=  ADC_Sample_En;
```

采样率的控制采用定时器的方式实现。使用一个计数器持续对系统时钟进行计数,一旦计数满足设定时间,则产生一个时钟周期的高脉冲信号,作为ADC采样使能信号。这里,系统时钟周期为20 ns,因此,如果要实现采样1 kHz的采样率(采样周期为1 ms),则需要对系统时钟计数50 000次;若实现20 kHz的采样率(采样周期为50 μs),则需要对系统时钟计数2 500次。以此类推,可知改变采样率的实质就是改变计数器的计数最大值,因此,要想改变采样速率,只需要改变采样率控制计数器的计数最大值即可。这里,我们设计了两个16位的寄存器,分别存储采样率控制计数器的计数最大值的低16位和高16位,如代码的第14、15行所示。当需要修改ADC的采样率时,直接通过串口发送指令,修改这两个寄存器中的内容即可。

这里,设计使用一个简化版的Memory Mapped总线来配置各个寄存器,该总线包含3组信号,分别为写使能信号:m_wr;写地址信号:m_addr;写数据信号:m_wrdata。

那么,这3组信号是如何配合工作的呢?我们以配置ADC_Sample_Cnt_Max_H和ADC_Sample_Cnt_Max_L这两个寄存器来进行介绍。

```
18    /* -------设置采样分频计数器计数最大值 ---------*/
19    always@(posedge Clk or negedge Rst_n)
20    if(!Rst_n) begin
21        ADC_Sample_Cnt_Max_H <= 16'd0;
22        ADC_Sample_Cnt_Max_L <= 16'd49999;/*默认设置采样率为 1 kHz*/
23    end
24    else if (m_wr && (m_addr ==`ADC_S_Cnt_Max_L))//写采样分频计数器计数最大值的低 16 位
```

```
        ADC_Sample_Cnt_Max_L <=  m_wrdata;
    else if (m_wr && (m_addr ==`ADC_S_Cnt_Max_H))//写采样分频计数器计数最大值的高 16 位
        ADC_Sample_Cnt_Max_H <=  m_wrdata;
    else begin
        ADC_Sample_Cnt_Max_H <=  ADC_Sample_Cnt_Max_H;
        ADC_Sample_Cnt_Max_L <=  ADC_Sample_Cnt_Max_L;
    end
```

复位时，让{ADC_Sample_Cnt_Max_H，ADC_Sample_Cnt_Max_L}为 49 999，即设置默认采样率为 1 kHz，每当 m_wr 为高且 m_addr 等于 ADC_Sample_Cnt_Max_H 寄存器的地址时，就将 m_wrdata 的数据更新到 ADC_Sample_Cnt_Max_H 寄存器中；同理，若当 m_wr 为高且 m_addr 等于 ADC_Sample_Cnt_Max_L 寄存器的地址时，就将 m_wrdata 的数据更新到 ADC_Sample_Cnt_Max_L 寄存器中。其他寄存器的配置原理与此相同，因此不再阐述，相信大家举一反三，便可理解了。

关于 DDS 部分原理及实现已经在 6.2 节做过仔细和深入的讲解，此处不再做深入讨论。

6.4.3 仿真验证

前面介绍了系统的各个关键模块的设计。接下来对该设计进行仿真验证。因为该实验是基于串口的，为了实现仿真验证，这里分别编写了一个串口发送的仿真模型(Uart_Tx_Model)和一个串口接收的仿真模型(Uart_Rx_Model)，这两个仿真模型的设计都较为简单，但是却可以通过该模型模拟对串口数据的发送和接收，并实时打印仿真模型发送的数据与接收的数据。

串口接收仿真模型的代码如下：

```
`timescale 1ns/1ps

module Uart_RX_Model(Baud_Set,uart_rx);

    input [2:0]Baud_Set;/*波特率选择信号*/
    input  uart_rx;/*仿真模型串口接收引脚*/

    reg Clk;/*仿真模型内部时钟,50 MHz*/
    reg Rst_n;/*仿真模型内部复位信号*/

    wire Mid_Flag_Receive;/*数据中点(采样点)标志信号*/

    reg Receive_Baud_Start;/*接收波特率生成使能信号*/
    reg [7:0]rx_data;/*接收数据移位寄存器*/

    reg [7:0]Rx_Byte;/*最终接收结果*/

    initial  Clk = 1;
    always #10 Clk = ~Clk;
```

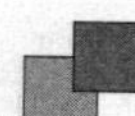

```
/*例化波特率设置模块*/
    baud_select baud_select_Receive(
        .Clk(Clk),
        .Rst_n(Rst_n),
        .Baud_Set(Baud_Set),
        .Baud_Start(Receive_Baud_Start),
        .Mid_Flag(Mid_Flag_Receive)
    );

    initial begin
        Rst_n = 0;
        Rx_Byte = 0;
        rx_data = 0;
        #100 Rst_n = 1;
    end

/*接收一个字节的数据*/
    initial begin
    forever begin
        @(negedge uart_rx)
            begin
                Receive_Baud_Start = 1;
                @(posedge Mid_Flag_Receive);
                @(posedge Mid_Flag_Receive)rx_data[0] = uart_rx;
                @(posedge Mid_Flag_Receive)rx_data[1] = uart_rx;
                @(posedge Mid_Flag_Receive)rx_data[2] = uart_rx;
                @(posedge Mid_Flag_Receive)rx_data[3] = uart_rx;
                @(posedge Mid_Flag_Receive)rx_data[4] = uart_rx;
                @(posedge Mid_Flag_Receive)rx_data[5] = uart_rx;
                @(posedge Mid_Flag_Receive)rx_data[6] = uart_rx;
                @(posedge Mid_Flag_Receive)rx_data[7] = uart_rx;
                @(posedge Mid_Flag_Receive) begin Receive_Baud_Start = 0;Rx_Byte =
                rx_data;end
                $display("Master_receive Data = %0h",Rx_Byte);
            end
        end
    end

endmodule
```

串口发送仿真模型的设计代码如下：

```
    `timescale 1ns/1ps

    module Uart_Tx_Model(Baud_Set,Tx_Data,Tx_En,uart_tx,Tx_Done);

        input [2:0]Baud_Set;              /*波特率选择信号*/
        input [7:0]Tx_Data;               /*待发送数据字节*/
        input  Tx_En;                     /*数据字节发送使能信号*/
        output reg uart_tx;               /*仿真串口发送模型发送信号*/
        output reg Tx_Done;               /*发送完成信号*/
```

```
    reg Clk;     /* 仿真模型内部工作时钟 */
    reg Rst_n;     /* 仿真模型内部复位信号 */

    wire Bps_Clk;     /* 发送波特率时钟波特率 */
    reg Bps_En;     /* 发送波特率使能信号 */

    initial  Clk = 1;
    always #10 Clk = ~Clk;

/* ----例化发送波特率时钟生成模块 ------*/
    TxModel_Bps_Gen TxModel_Bps_Gen_send(
        .Clk(Clk),
        .Rst_n(Rst_n),
        .Baud_Set(Baud_Set),
        .Tx_Done(Tx_Done),
        .Bps_Clk(Bps_Clk),
        .Byte_En(Bps_En)
    );

    initial begin
        Tx_Done = 0;
        uart_tx = 1;
        Rst_n = 0;
        Bps_En = 0;
        #100;
        Rst_n = 1;
        forever@(posedge Tx_En)/* 每来一个发送使能信号即执行一次发送过程 */
            Uart_Send(Tx_Data);
    end

/* 执行一次字节数据的发送 */
    task Uart_Send;
        input [7:0]Data;
        begin
            Bps_En = 1;
            Tx_Done = 0;
            $display("Uart_Send Data =  %0h",Data);/* 打印发送的数据 */
            @(posedge Bps_Clk)#0.1 uart_tx = 0;
            @(posedge Bps_Clk)#0.1 uart_tx =  Data[0];
            @(posedge Bps_Clk)#0.1 uart_tx =  Data[1];
            @(posedge Bps_Clk)#0.1 uart_tx =  Data[2];
            @(posedge Bps_Clk)#0.1 uart_tx =  Data[3];
            @(posedge Bps_Clk)#0.1 uart_tx =  Data[4];
            @(posedge Bps_Clk)#0.1 uart_tx =  Data[5];
            @(posedge Bps_Clk)#0.1 uart_tx =  Data[6];
            @(posedge Bps_Clk)#0.1 uart_tx =  Data[7];
            @(posedge Bps_Clk)#0.1 uart_tx = 1;
            @(posedge Bps_Clk)#0.1;
            Tx_Done = 1;
            Bps_En = 0;
```

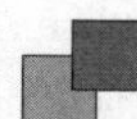

```
                #20 Tx_Done = 0;
            end
        endtask

    endmodule
```

仿真顶层模块的设计代码如下：

```
`timescale 1ns/1ns
`include"../rtl/header.v"
`define sin_data_file "./sin_12bit.txt"
module uart_scope_tb;

    reg Clk;
    reg Rst_n;
    reg [1:0]Key_in;

/* 波特率设置总线,此处默认为 9 600 bps,仿真不做波特率修改测试 */
    wire [2:0]Baud_Set;
    reg [7:0]Tx_Data;              /* 串口发送仿真模型待发送数据字节 */
    reg Tx_En;                     /* 串口发送仿真模型发送使能信号 */
    wire Rs232_MTSR;               /* 串口"主机(PC)发送 - 从机(FPGA)接收"信号 */
    wire Rs232_MRST;               /* 串口"主机(PC)接收 - 从机(FPGA)发送"信号 */
    wire Tx_Done;                  /* 串口字节发送完成信号 */

    assign Baud_Set = 3'd0;        /* 设置波特率为固定的 9 600 bps */

    wire ADC_SCLK;                 //ADC 串行数据接口时钟信号
    wire ADC_CS_N;                 //ADC 串行数据接口使能信号
    reg ADC_DOUT;                  //ADC 转换结果,由 ADC 输出给 FPGA
    wire ADC_DIN;                  //ADC 控制信号输出,由 FPGA 发送通道控制字给 ADC

    wire DAC_CS_N;
    wire DAC_DIN;
    wire DAC_SCLK;


    reg [11:0] memory [4095:0];    //测试波形数据存储空间

    reg [11:0] address;            //存储器地址

    //将原始波形数据从文件读取到定义的存储器中
    initial $readmemh(`sin_data_file,memory);//读取原始波形数据读到 memory 中

    integer i;

    initial begin
        Rst_n = 0;
        ADC_DOUT = 0;
        address = 0;
        #101;
```

```
        Rst_n = 1;
        #100;
        forever begin
            for(address = 0;address<4095;address = address + 10) begin
                gene_DOUT(memory[address]);//依次将存储器中存储的波形读出,按照 ADC
                                           //的转换结果输出方式送到 DOUT 信号线上
                #60;
            end
        end
        #20000;
        $stop;
    end

    //将并行数据按照 ADC 的数据输出格式,送到 ADC_DOUT 信号线上,供控制模块采集读取
    task gene_DOUT;
        input [15:0]vdata;
        reg [4:0]cnt;
        begin
            cnt = 0;
            wait(!ADC_CS_N);
            while(cnt<16) begin
                @(negedge ADC_SCLK) ADC_DOUT = vdata[15 - cnt];
                cnt = cnt + 1'b1;
            end
            wait(ADC_CS_N);
        end
    endtask

    localparam
        Header = 8'hAA,/*帧头*/
        Length = 8'd3,/*帧长*/
        Tail   = 8'h88;/*帧尾*/

/*------例化串口示波器顶层模块 ------*/
    uart_scope uart_scope(
        .Clk(Clk),
        .Rst_n(Rst_n),
        .Rs232_Rx(Rs232_MTSR),
        .Rs232_Tx(Rs232_MRST),
        .Key_in(Key_in),
        .ADC_SCLK(ADC_SCLK),
        .ADC_DOUT(ADC_DOUT),
        .ADC_DIN(ADC_DIN),
        .ADC_CS_N(ADC_CS_N),
        .DAC_CS_N(DAC_CS_N),
        .DAC_DIN(DAC_DIN),
        .DAC_SCLK(DAC_SCLK)
);

/*------例化串口发送仿真模型 ------*/
    Uart_Tx_Model Uart_Tx_Model(
```

```
        .Baud_Set(Baud_Set),
        .Tx_Data(Tx_Data),
        .Tx_En(Tx_En),
        .uart_tx(Rs232_MTSR),
        .Tx_Done(Tx_Done)
    );

/* ------例化串口接收仿真模型 -------*/
//该模型接收 FPGA 发送出来的数据并打印在 modelsim 的 transcript 窗口中
    Uart_RX_Model Uart_RX_Model(
        .Baud_Set(Baud_Set),
        .uart_rx(Rs232_MRST)
    );

/* -------生成 50 MHz 时钟信号 ---------*/
    initial  Clk = 0;
    always#10 Clk = ~Clk;

    initial begin
        Rst_n = 1'b0;
        Tx_En = 1'b0;
        Tx_Data = 8'd0;
        Key_in = 4'b1111;
        #200;
        Rst_n = 1'b1;/*释放复位信号,系统即进入正常工作状态*/
        #1000;
        En_DDS_Run;/*使能 DDS 信号发生器生成信号数据*/
        #10000;
        En_S_DDS;/*使能采样 ADC 数据*/
        En_S_ADC;/*使能采样 DDS 数据*/
        #10000;
        En_UART_Send;/*使能串口发送,此时串口猎人软件上将会开始持续接收到数据*/
    end

    initial begin
        #200_000_000;press_key(0);
        #200_000_000;press_key(1);
        #200_000_000;
        $stop;
    end



/* ---发送命令帧数据任务 -----*/
    task Send_CMD;
        input [7:0]DATAA,DATAB,DATAC;/*用户数据(地址、数据高字节,数据低字节)*/
        begin
            Tx_Data = Header;/*需发送数据为帧头*/
            Tx_En = 1;/*启动发送*/
            #20 Tx_En = 0;/*一个时钟周期后,清零发送启动信号*/
            @(posedge Tx_Done)/*等待发送完成信号*/
```

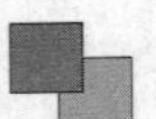


```
            #1000;

            Tx_Data =  Length;/*需发送数据为帧长,此处帧长只是数据内容的长度*/
            Tx_En =1;/*启动发送*/
            #20 Tx_En =0;/*一个时钟周期后,清零发送启动信号*/
            @(posedge Tx_Done)/*等待发送完成信号*/
            #1000;

            Tx_Data =  DATAA;/*需发送数据第一个字节,此数据代表外设寄存器的地址*/
            Tx_En =1;/*启动发送*/
            #20 Tx_En =0;/*一个时钟周期后,清零发送启动信号*/
            @(posedge Tx_Done)/*等待发送完成信号*/
            #1000;

            Tx_Data =  DATAB;/*需发送数据第二个字节,此数据代表写入外设寄存器内容高8位*/
            Tx_En =1;/*启动发送*/
            #20 Tx_En =0;/*一个时钟周期后,清零发送启动信号*/
            @(posedge Tx_Done)/*等待发送完成信号*/
            #1000;

            Tx_Data =  DATAC;/*需发送数据第三个字节,此数据代表写入外设寄存器内容低8位*/
            Tx_En =1;/*启动发送*/
            #20 Tx_En =0;/*一个时钟周期后,清零发送启动信号*/
            @(posedge Tx_Done)/*等待发送完成信号*/
            #1000;

            Tx_Data =  Tail;/*需发送数据为帧尾*/
            Tx_En =1;/*启动发送*/
            #20 Tx_En =0;/*一个时钟周期后,清零发送启动信号*/
            @(posedge Tx_Done)/*等待发送完成信号*/
            #1000;
            #10000;
        end
    endtask

    task En_DDS_Run;/*使能DDS生成数据*/
        begin
            Send_CMD(~DDS_En,8'h00,8'h01);
            $display("En DDS Run");
        end
    endtask

    task Stop_DDS_Run;/*停止DDS生成数据*/
        begin
            Send_CMD(~DDS_En,8'h00,8'h00);
            $display("Stop DDS Run");
        end
    endtask

    task En_S_DDS;/*使能采样DDS数据*/
```

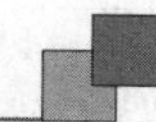

```
        begin
            Send_CMD(`DDS_Sample_En,8'h00,8'h01);
            $display("En Sample DDS data");
        end
    endtask

    task Stop_S_DDS;/*停止采样 DDS 数据*/
        begin
            Send_CMD(`DDS_Sample_En,8'h00,8'h00);
            $display("Stop Sample DDS data");
        end
    endtask

    task En_UART_Send;/*使能串口发送*/
        begin
            Send_CMD(`UART_En_Tx,8'h00,8'h01);
            $display("En UART Send");
        end
    endtask

    task Stop_UART_Send;/*停止串口发送*/
        begin
            Send_CMD(`UART_En_Tx,8'h00,8'h00);
            $display("Stop UART Send");
        end
    endtask

        task En_S_ADC;/*使能采集 ADC 数据*/
        begin
            Send_CMD(`ADC_Sample_En,8'h00,8'h01);
            $display("En Sample ADC data");
        end
    endtask

    task Stop_S_ADC;/*停止采集 ADC 数据*/
        begin
            Send_CMD(`ADC_Sample_En,8'h00,8'h00);
            $display("Stop Sample ADC data");
        end
    endtask

    task Set_ADC_Sample_Speed;/*设置 ADC 采样率*/
        input [25:0] Fs;/*采样率实际频率*/
        reg [31:0] S_cnt_top;/*分频计数器计数最大值*/
        begin
        /*由采样实际频率值换算出采样分频计数器计数最大值*/
            S_cnt_top = 50000000/Fs - 1;
        /*写采样分频计数器计数最大值低 16 位*/
            Send_CMD(`ADC_S_Cnt_Max_L,S_cnt_top[15:8],S_cnt_top[7:0]);
        /*写采样分频计数器计数最大值高 16 位*/
            Send_CMD(`ADC_S_Cnt_Max_H,S_cnt_top[31:24],S_cnt_top[23:16]);
```

```
            $ display("Set ADC Sample Speed as  =  % 0d",Fs);
        end
    endtask

    task Set_DDS_Sample_Speed;/ * 设置 DDS 数据的采样率 * /
        input [25:0] Fs;/ * 采样率实际频率 * /
        reg [31:0] S_cnt_top;/ * 分频计数器计数最大值 * /
        begin
        / * 由采样实际频率值换算出采样分频计数器计数最大值 * /
            S_cnt_top = 50000000/Fs - 1;
        / * 写采样分频计数器计数最大值低 16 位 * /
            Send_CMD(`DDS_S_Cnt_Max_L,S_cnt_top [15:8],S_cnt_top [7:0]);
        / * 写采样分频计数器计数最大值高 16 位 * /
            Send_CMD(`DDS_S_Cnt_Max_H,S_cnt_top [31:24],S_cnt_top [23:16]);
            $ display("Set DDS Sample Speed as  =  % 0d",Fs);
        end
    endtask

    task Set_DDS_Fout_Speed;/ * 设置 DDS 输出信号频率 * /
        input [25:0] Fs;/ * 输出信号实际频率 * /
        reg [31:0] r_fword;/ * DDS 频率控制字 * /
        begin
        / * 由实际要求输出频率数据换算出频率控制字 * /
            r_fword =  Fs * 65536 * 65536/50000000;
            Send_CMD(`DDS_Fword_L,r_fword [15:8],r_fword [7:0]);
            Send_CMD(`DDS_Fword_H,r_fword [31:24],r_fword [23:16]);
            $ display("Set DDS Fout as =  % 0d",Fs);
        end
    endtask


    task press_key;
        input [1:0]Key;
        reg [15:0]myrand;
        begin
            Key_in = 2'b11;
            / * 按下抖动 * /
            repeat(20) begin
                myrand = { $ random} % 65536;
                # myrand Key_in [Key] = ~Key_in [Key];
            end
            Key_in [Key] = 1'b0;

            # 22000000;/ * 稳定期 * /

            / * 释放抖动 * /
            repeat(20) begin
                myrand = { $ random} % 65536;
                # myrand Key_in [Key] = ~Key_in [Key];
            end
            Key_in [Key] = 1'b1;
```

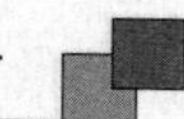

```
            #22000000;/*稳定期*/
        end
    endtask

endmodule
```

如图 6.74 所示为系统仿真架构示意图。

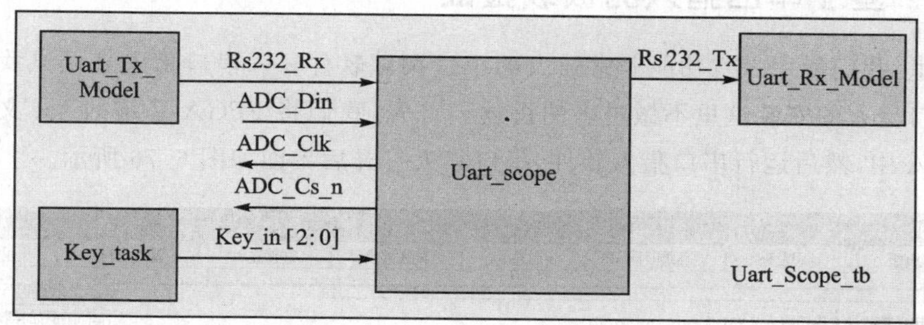

图 6.74　系统仿真架构示意图

这里,在提供的工程中,已经设置好了 Nativelink,用户只需要在 Quartus Prime 中选择 tools→run rtl simulation tool→rtl simulation 即可自动调用 modelsim - altera 并执行仿真。因为是完全模拟真实时序进行的仿真,因此运行完整个仿真大约需要 5～10 min。仿真完成后,结果如图 6.75 所示。

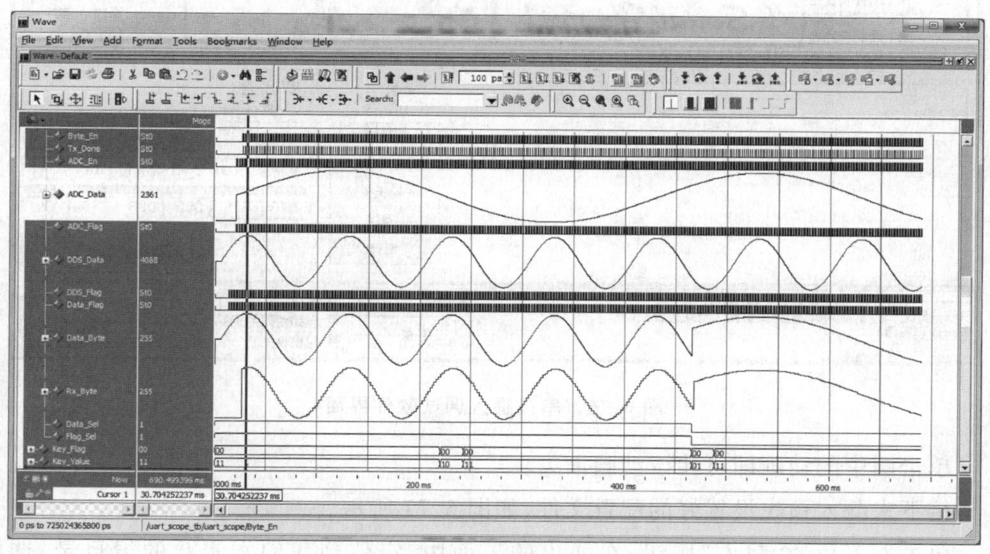

图 6.75　系统整体运行仿真图

图 6.75 中,Rx_Byte 为串口接收仿真模型接收到的数据,这里以波形的方式展示。ADC_Data 为 ADC 采样结果。DDS_Data 为 DDS 输出的数据,最下方为按键标志和按键结果,当按下按键 1 时,数据通道切换为 ADC 的采样结果;当按下按键 2 时,数据通

道切换为 DDS 的输出数据。

注意:如果用户在进行仿真的过程中发现仿真无法运行,在 modelsim 中提示错误,那么请删除 simulation→modelsim 文件夹下除 wave. do 和 mydo. do 文件外的其他所有文件,然后在 Quartus 中重新启动仿真。

6.4.4 基于串口猎人的板级验证

这里,我们使用一款功能非常强大的串口调试软件——串口猎人来调试我们的设计。串口猎人的安装这里不做过多的讲述。首先,我们将 FPGA 系统的 sof 文件配置到 FPGA 中,然后运行串口猎人软件,串口猎人打开后界面如图 6.76 所示。

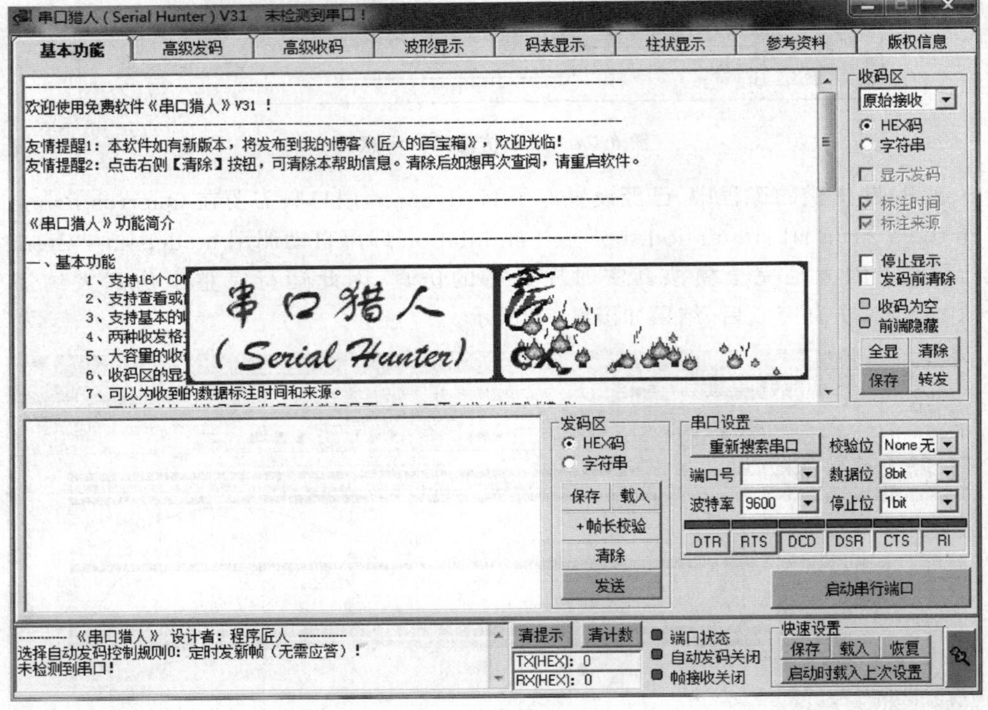

图 6.76 串口猎人调试软件界面

单击图中的动画即可让该动画消失。

接下来载入预先设置好的配置文件,如图 6.77 所示。

单击右下角的"载入"按钮,在弹出的界面中,定位到我们本实验的根目录,选择 serialhunter. ini 文件(见图 6.78),单击打开。

切换到"高级发码"选项卡,如图 6.79 所示。

单击"启动自动发码"按钮。

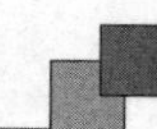

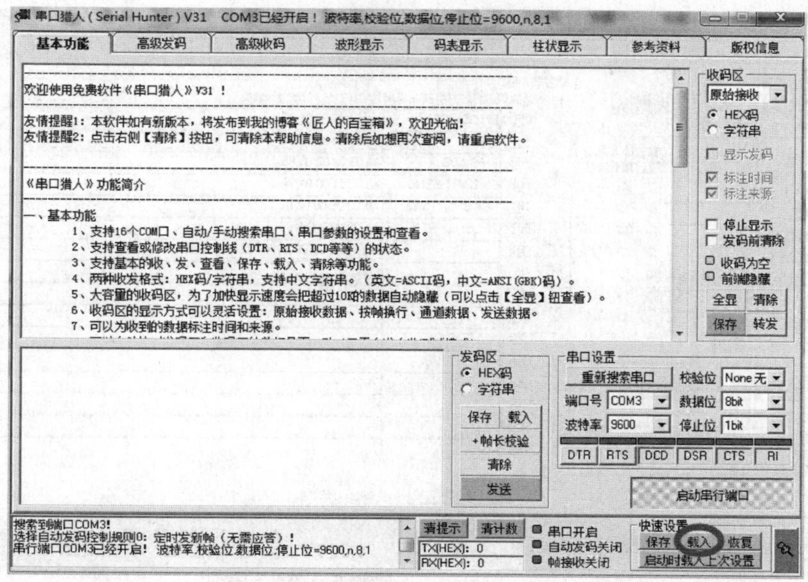

图 6.77　载入预先设置好的配置文件

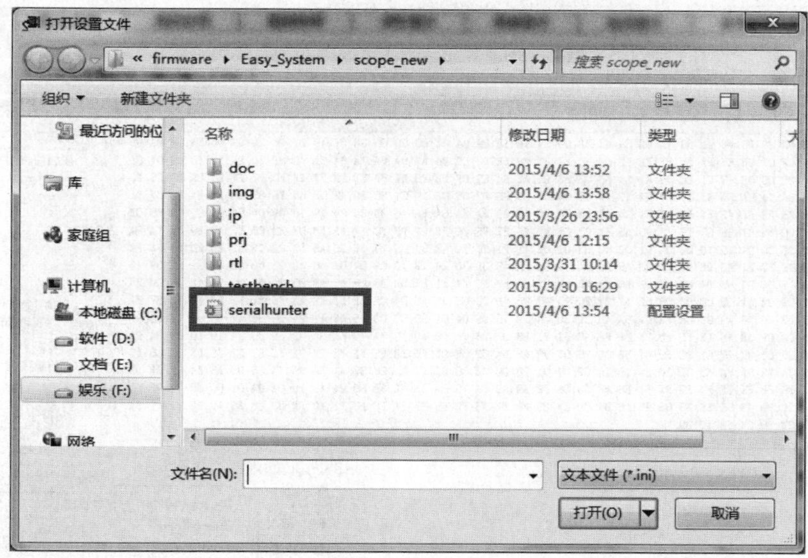

图 6.78　选择预先预置的文件

切换到“基本功能”选项卡，可以看到，窗口中开始连续不断地接收到数据，如图 6.80 所示。

此时，切换到“波形显示”选项卡，可看到如图 6.81 所示的效果，表明我们已经正确地接收到了波形数据。

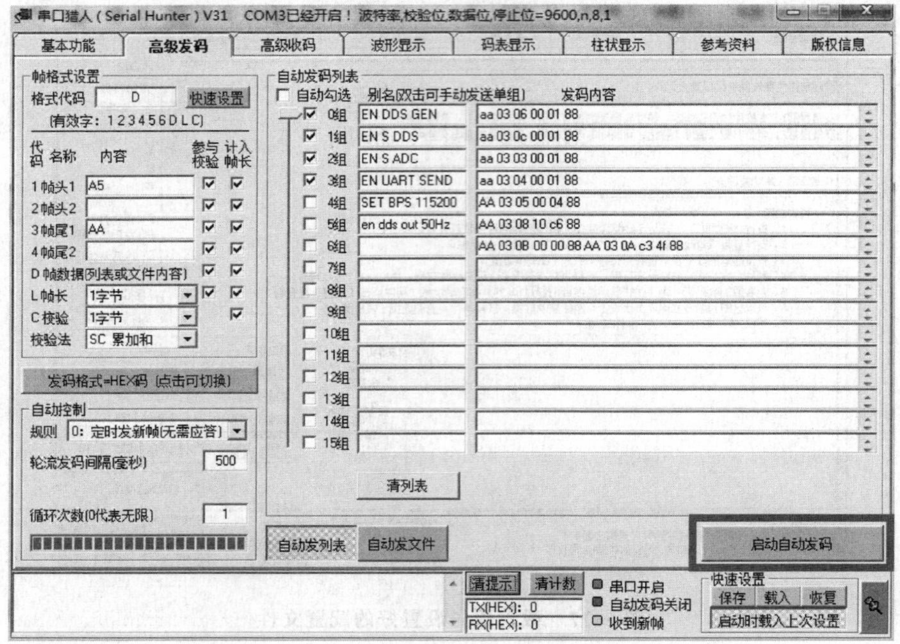

图 6.79　自动发码界面

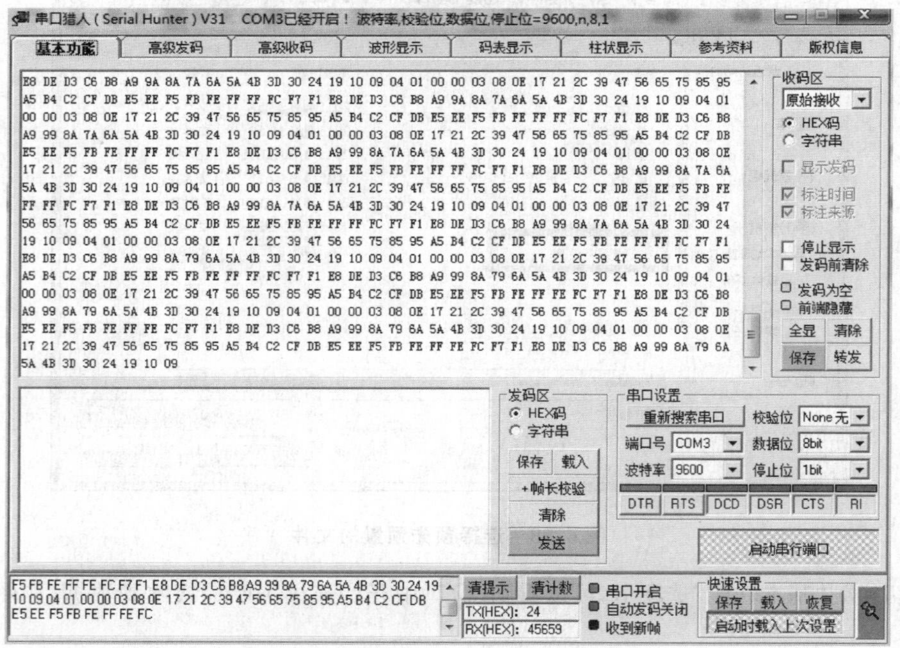

图 6.80　接收数据实时显示界面

切换到"码表显示"选项卡,效果如图 6.82 所示。

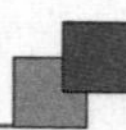

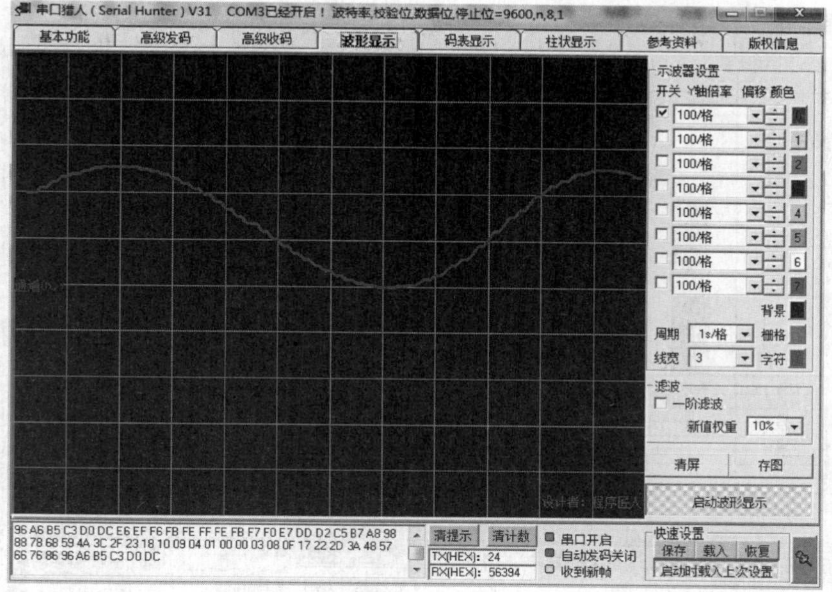

图 6.81　模拟波形方式显示界面

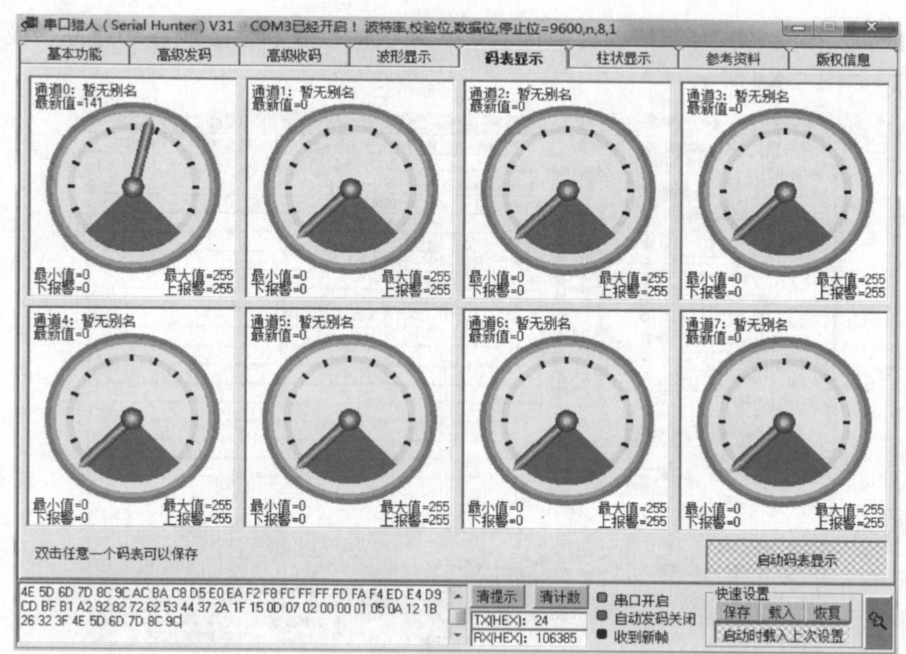

图 6.82　码表显示数据内容界面

然后，切换到“柱状显示”选项卡，效果如图 6.83 所示。

切换到“高级发码”选项卡，取消 0～3 组发码列表前的勾选，勾选第 4 组，然后单击

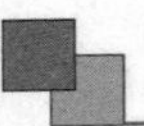

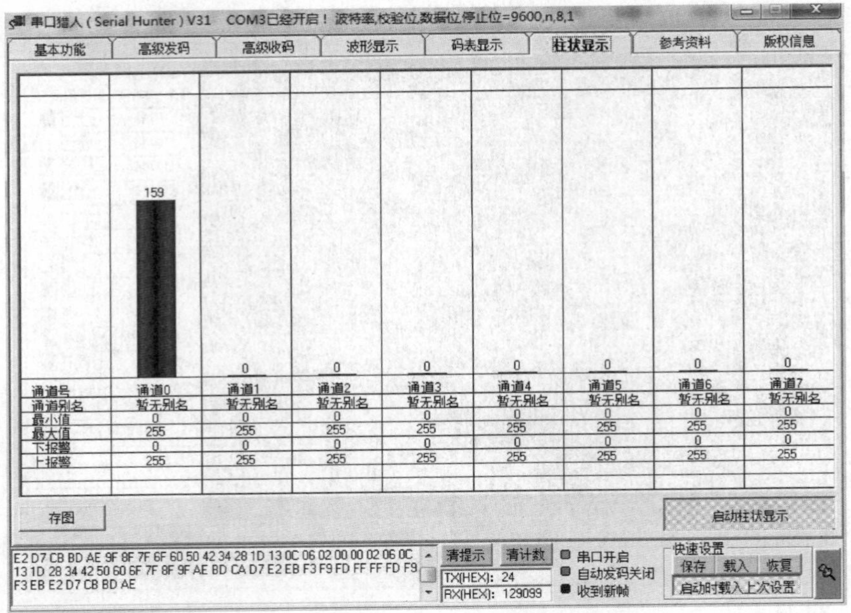

图 6.83　柱状图显示数据界面

“启动自动发码”按钮。此时，就已经将 FPGA 系统的接收和发送波特率速率切换到了 115 200，如图 6.84 所示。

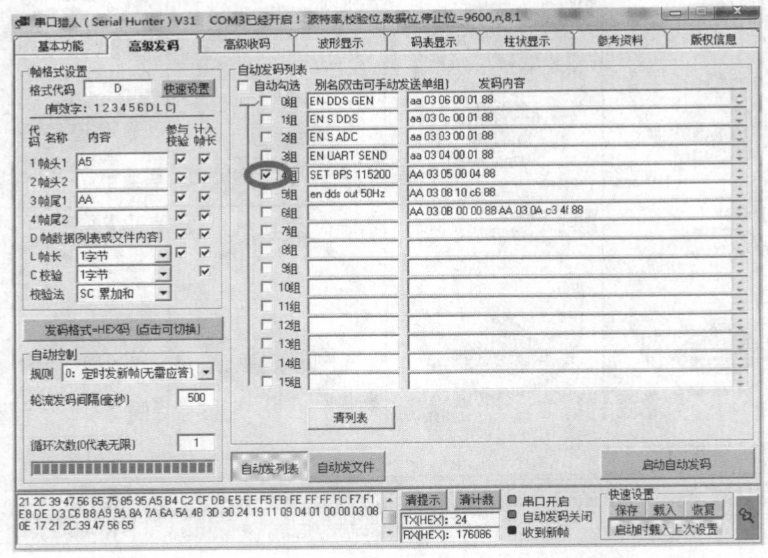

图 6.84　发送修改波特率指令

由于波特率不对，所以接收到的数据全部是错误的。我们切换到“基本功能”选项卡，将波特率切换为 115 200 bps，如图 6.85 所示。

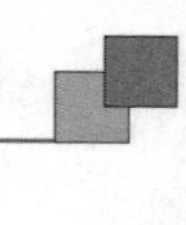

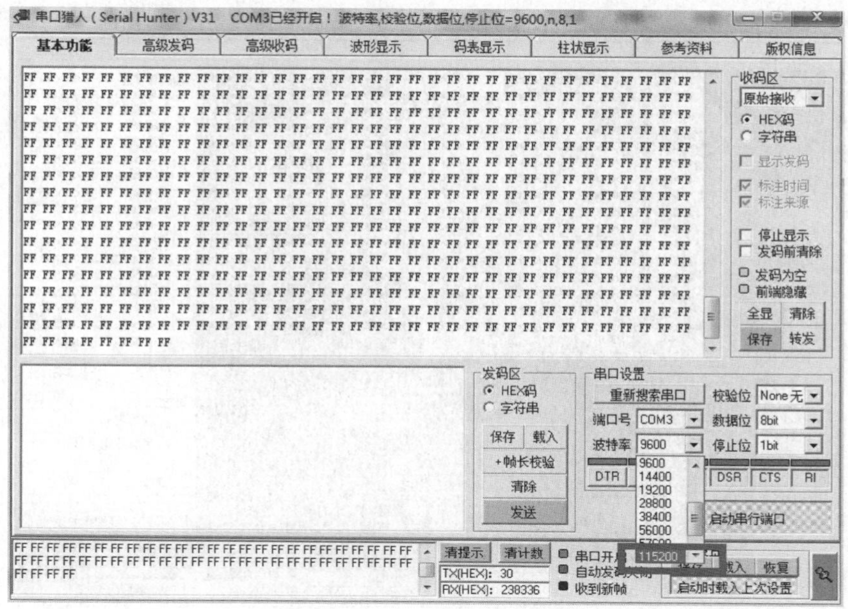

图 6.85　调整串口猎人的串口波特率设置

然后再回到“波形显示”选项卡，结果如图 6.86 所示。

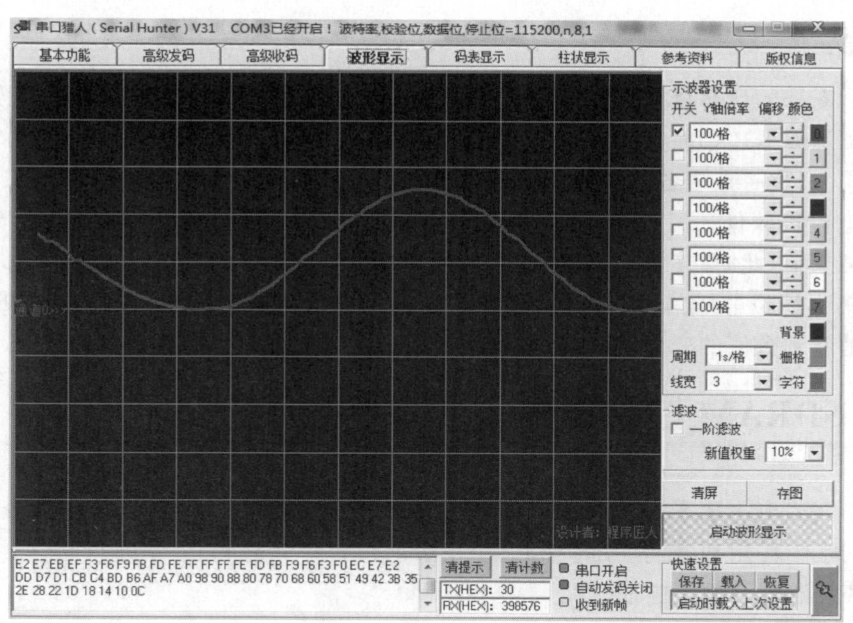

图 6.86　修改波特率后的模拟波形图

这时，我们再切换到“高级发码”选项卡，取消第 4 组发码的勾选，勾选第 5 组发码，然后单击“启动自动发码”按钮，再回到“波形显示”选项卡，结果如图 6.87 所示。

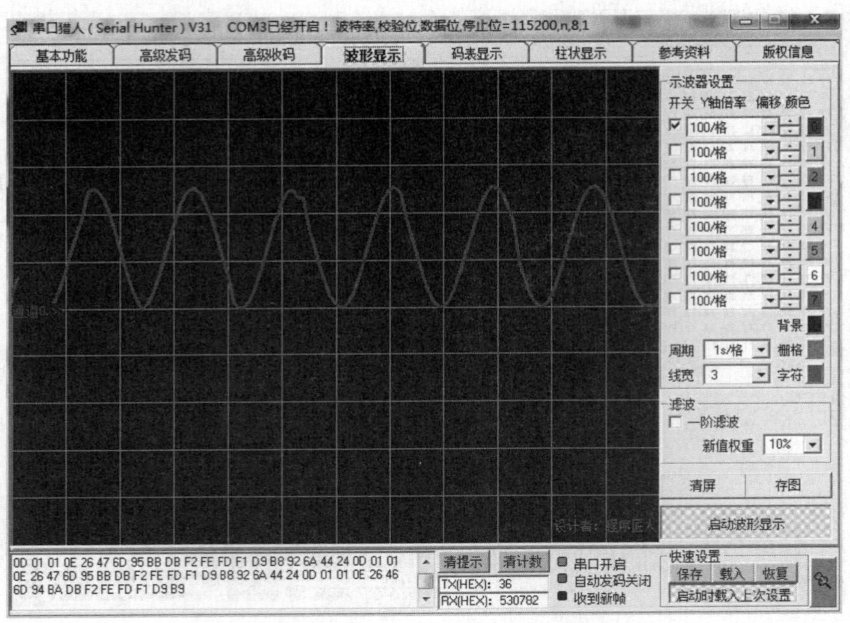

图 6.87　修改 DDS 信号频率后的波形图

此时，我们的 DDS 输出信号频率便更改为 50 Hz 了。

本节小结：

这个系统的最终目标是教会大家在 FPGA 中使用串口进行简单的数据收发，离真正的虚拟示波器还相差甚远。此串口猎人显示的波形频率并不能严格的和实际信号的频率对应上，这一点望各位悉知。同时欢迎有上位机开发基础的同学根据本系统开发独立的上位机软件。另外，在使用中只需要按下按键 2，就能将数据通道切换到 ADC 的采样结果上，此时，连接 DAC 的输出 B 通道"DB"到 ADC 的对应输入通道上，就能真正地采集到模拟电压信号了。在 ADC 的输入上给出不同的电压，在码表选项卡上就能明显地看到数值的变化，可作为电压表使用。按下按键 1 则切换到内部 DDS 通道。

6.5　SDRAM 控制器设计

本节将带着大家掌握 SDRAM 的基本概念、存取原理、功能特性、操作命令以及操作时序，同时利用以前学习的技巧与方法，设计一个简易的可进行读/写操作的 SDRAM 控制器并进行验证。

6.5.1　SDRAM 基本概念

SDRAM 的全称为同步动态随机存储器（Synchronous Dynamic Random Access Memory），这里的同步是指其时钟频率与对应控制器（CPU/FPGA）的系统时钟频率相同，并且内部命令的发送与数据传输都是以该时钟为基准；动态是指存储阵列需要不断地刷新来保证数据不丢失；随机是指数据的读取和写入可以随机指定地址，而不是必须按照严格的线性次序变化。

在 FPGA 和 DSP 系统中，包括现在的 MCU 系统，还经常见到一种名为 SRAM 的器件，该器件名字和 SDRAM 相比少了一个 D，也就表明该存储器不存在 SDRAM 的动态刷新特征。同时，这里 SRAM 的 S 也不是代表同步的意思。相反，SRAM 属于异步器件，在工作时是不需要外部提供时钟的，SRAM 的全称叫做 Asynchronous Static RAM，即异步静态随机存储器。

在存储数据的物理结构方面，SDRAM 使用电容的电荷存储特性存储数据，而 SRAM 使用 CMOS 晶体管存储数据。因此，从结构方面就决定了 SDRAM 的运行功耗要远远低于 SRAM。同时，由于使用晶体管存储数据，要正确存储一位数据，需要最少 6 个晶体管。因此，从芯片面积上来说，单片 SRAM 芯片的容量不可能做到很高。目前常见的有 512 KB 和 1 024 KB，而 SDRAM 则可以最多做到 64 MB(512 Mbit)。所以，在需要大量存储数据的场合，SDRAM 就成为首选。

6.5.2　SDRAM 存取原理

SDRAM 存储数据是利用了电容能够保持电荷以及其充放电的特性。一位数据的存取电路如图 6.88 所示，该存储单元主要由行列选通三极管、存储电容、刷新放大器组成。对于这一位的数据，首先需要打开行地址，然后打开列地址，则电容的电平状态就能呈现在数据线(data_bit)上，即实现了读取。或者，数据线上的电平值被送到电容上，从而实现写入数据。

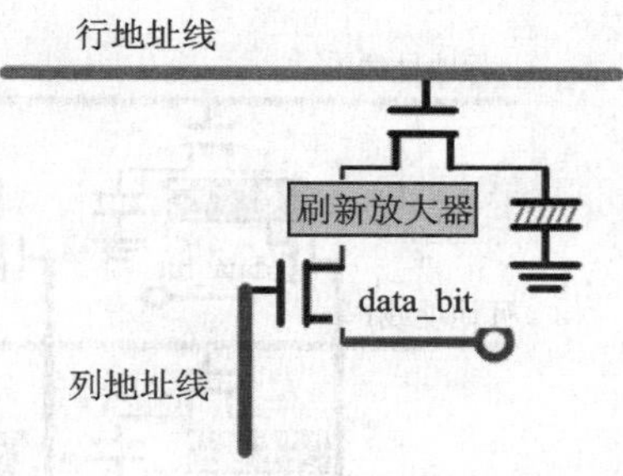

图 6.88　SDRAM 一位数据的存取电路

但是，打开行地址(激活行)是需要一定时间的，即从打开行地址到可以打开列地址进行数据读/写，这之间有一定的时间间隔，这个间隔叫做 t_{RCD}(ACTIVE - to - READ or WRITE delay)，对于不同型号或不同速度等级的器件，这个值是不一样的。如表 6.24 所列是型号为 HY57V281620 的不同速度等级 SDRAM 的 t_{RCD} 值。当 SDRAM 工作在 133 MHz 时，其一个时钟周期为 7.52 ns，对于速度等级为 5 的，t_{RCD} 最小值为15 ns，必须等待 2 个时钟周期之后才能选通列地址，而对于速度等级为 7 的，t_{RCD} 最小值为 20 ns，必须等待 3 个时钟周期(7.52×3>20)之后才能打开列地址。

表 6.24　不同速度等级的 SDRAM 的 t_{RCD} 值

时序参数	速度等级								单　位
	5		6		7		H		
	Min	Max	Min	Max	Min	Max	Min	Max	
t_{RCD}	15	—	18	—	20	—	20	—	ns

当列地址被打开后，数据并不是立即出现在最终的数据总线引脚上，而是有若干个时钟的延迟，这个延迟叫做列选通潜伏期(CL,CL=CAS (READ) latency)。如表 6.25 所列为不同速度等级的器件的列选通潜伏期值，速度等级不一样，其值是不一样的。

图 6.25　不同速度等级的 SDRAM 的 CL 值

速度等级	时钟频率/MHz	数据获取时间		建立时间/ns	保持时间/ns
		CL=2	CL=3		
−6A	167	—	5.4 ns	1.5	0.8
−7E	143	—	5.4 ns	1.5	0.8
−75	133	—	5.4 ns	1.5	0.8
−7E	133	5.4 ns	—	1.5	0.8
−75	100	6 ns	—	1.5	0.8

如图 6.89 是 SDRAM 内部存储矩阵的一个简化模型，对于每一行列，只展示了 1 位的数据。主要是为了展示行列地址与存储电容的对应关系。实际进行数据读/写时，打开一个确定的行和列，就能唯一确定一个存储单元。

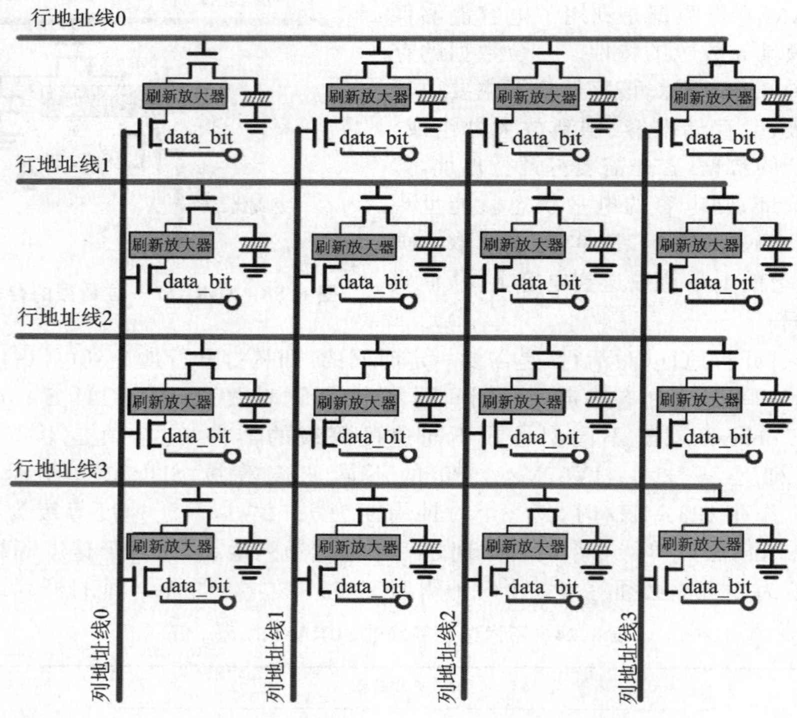

图 6.89　SDRAM 内部存储矩阵简化模型

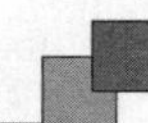

6.5.3 SDRAM 器件引脚说明

图 6.90 和图 6.91 分别为 SDRAM 器件引脚示意图和功能框图，其中每个引脚对应的功能说明如表 6.26 所列。

表 6.26　SDRAM 器件引脚功能介绍

引　脚	说　明	功能描述
CLK	系统时钟	时钟上升沿对所有输入进行采样
CKE	时钟使能	屏蔽系统时钟，来冻结当前操作，当该引脚为高电平时，所有引脚电平才能被正确送入 SDRAM 芯片
CS_N	片选	用于屏蔽和使能所有输入端口，但不包括 CLK、CKE 和 DQM，低电平有效
RAS_N	行地址选通	该信号为低时，在时钟的上升沿锁存行地址，使能行访问和预充电
CAS_N	列地址选通	该信号为低时，在时钟的上升沿锁存列地址，使能列访问
WE_N	写使能	该信号为低时，使能写操作和预充电
BA [1:0]	Bank 地址	用于选择不同的 Bank 进行读/写操作
A [12:0]	地址总线	关于地址线上的数据，在不同的命令中有不同的意义，详见下文对 A [12:0]的功能描述
DQM [1:0]	数据掩码	L(U)DQM，低(高)字节掩码，若该信号为高电平则下一个时钟周期的时钟上升沿时数据总线的低(高)字节为高阻态
DQ [15:0]	数据总线	数据输入/输出复用

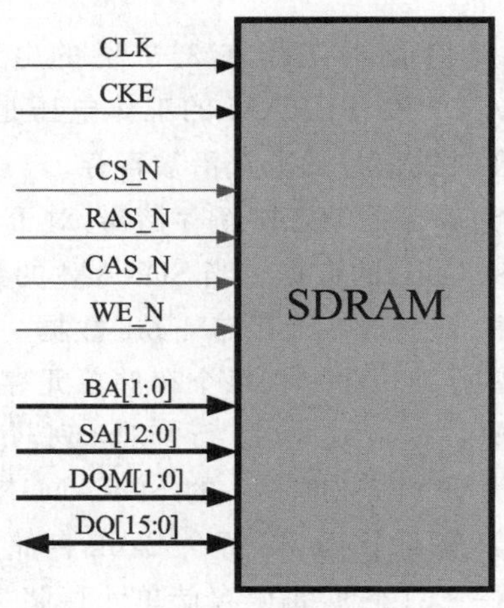

图 6.90　SDRAM 器件引脚示意图

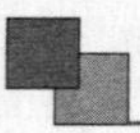

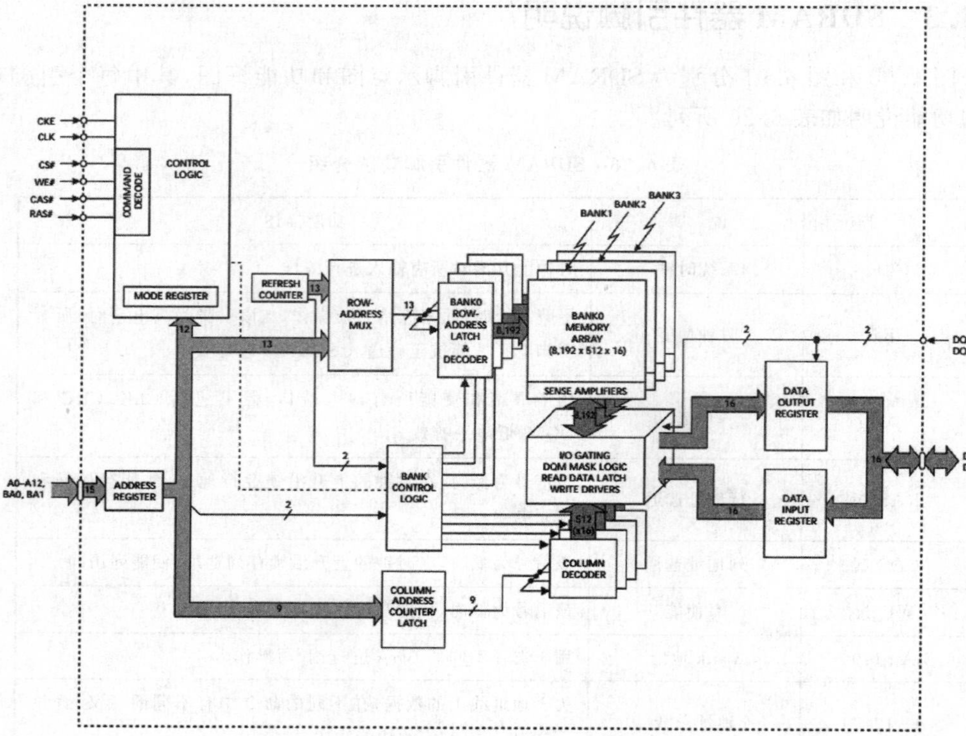

图 6.91　SDRAM 器件功能框图

6.5.4　SDRAM 特性

SDRAM 器件的特性如下：

① 通常情况下，SDRAM 存储器工作在 3.3 V 的电压下（需要注意的是 DDR DRAM 的工作电压是 2.5 V、DDR2 SDRAM 的工作电压是 1.8 V），拥有一个同步接口，SDRAM 的所有信号都在时钟信号的上升沿被寄存。

② SDRAM 是拥有 4 个 Bank 的动态刷新存储器，对于 256 Mbit 的 SDRAM，每个 Bank 存储 64 Mbit(67 108 864 bit)的数据。当 SDRAM 的数据位宽为 4 bit 时，这些数据组成 8 192 行×2 048 列，每个存储单元存储 4 bit 数据。当 SDRAM 的数据位宽为 8 bit 时，这些数据组成 8 192 行×1 024 列，每个存储单元存储 8 bit 数据。当 SDRAM 的数据位宽为 16 bit 时，这些数据组成 8 192 行×512 列，每个存储单元存储 16 bit 数据。例如，常用的一款型号为 HY57V281620 的 SDRAM 芯片，总共有 128 Mbit 的存储空间，数据位宽为 16 bit，具有 4 个 Bank，每个 Bank 存储 32 Mbit(33 554 432 bit)的数据。这些数据组成 4 096 行×512 列，每个存储单元存储 16 bit 数据。

③ 对于 SDRAM 的读/写是以突发的方式进行的，对 SDRAM 的操作（读或写）是从一个指定的地址开始，并按照编程好的数量（长度）的地址，顺序读/写数据。对

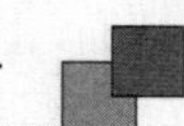

SDRAM 的操作(读或写)是以一个激活命令(包含打开行地址)开始,然后跟随一个读或写命令。伴随着激活命令,A0～A12 上同时被寄存的数据是期望获取位置的行地址,BA0 和 BA1 上被寄存的数据是期望获取位置的 Bank 地址。伴随着读/写命令,A0～A8 上同时被寄存的数据是期望获取位置的列地址的首地址。

6.5.5　SDRAM 操作命令介绍

对 SDRAM 的操作,是通过对应命令来控制的,这些命令是由 CS_N、RAS_N、CAS_N、WE_N 这四个控制信号组合成不同状态来表示的。同时,地址总线 ADDR 和 DQM 总线作为辅助信号,提供与命令相对应的地址(设置模式寄存器)或参数(读/写命令)。表 6.27 为 SDRAM 工作中使用到的所有命令与对应的控制信号线的状态。接下来将对 SDRAM 操作命令进行详细的说明。

表 6.27　SDRAM 操作命令与控制信号的对应关系

Name (Function)	CS#	RAS#	CAS#	WE#	DQM	ADDR	DQs
COMMAND INHIBIT(NOP)	H	X	X	X	X	X	X
NO OPERATION(NOP)	L	H	H	H	X	X	X
ACTIVE(选择 BANK 和行)	L	L	H	H	X	Bank/row	X
READ (选择 Bank 和列,并启动读突发)	L	H	L	H	L/H8	Bank/col	X
WRITE (选择 Bank 和列,并启动写突发)	L	H	L	L	L/H8	Bank/col	Valid
BURST TERMINATE(突发终止)	L	H	H	L	X	X	Active
PRECHARGE (关闭一个或多个 BANK 中的行)	L	L	H	L	X	Code	X
AUTO REFRESH or SELF REFRESH (自刷新/自动刷新模式)	L	L	L	H	X	X	X
LOAD MODE REGISTER (加载模式寄存器)	L	L	L	L	X	Op-code	X
Write enable/output enable (使能数据写入/输出)	—	—	—	—	L	—	Active
Write inhibit/output High-Z (禁止数据写入/输出)	—	—	—	—	H	—	High-Z

1. 禁止命令(INHIBIT)

禁止命令说明如表 6.28 所列。

表 6.28　禁止命令说明

控制信号组成	{CS_N,RAS_N,CAS_N,WE}=4'b1xxx
命令说明	禁止新的命令执行。执行此命令时,不用顾及 CLK 是否使能(CKE),已经执行的命令不受影响

2. 空命令(NO OPERATION)

空命令说明如表 6.29 所列。

6.29　空命令说明

控制信号组成	{CS_N,RAS_N,CAS_N,WE}=4'b0111
命令说明	该命令主要给被选中的 SDRAM 传递一个无需操作的信息,主要是为了防止在 SDRAM 处于空闲或者等待状态时,其他命令被写入 SDRAM。此命令对正在执行的操作没有影响

3. 加载模式寄存器命令(LOAD MODE REGISTER)

加载模式寄存器命令说明如表 6.30 所列。

表 6.30　加载模式寄存器命令说明

控制信号组成	{CS_N,RAS_N,CAS_N,WE}=4'b0000
命令说明	模式寄存器的值是通过地址线 A0～A11 写入 SDRAM,加载模式寄存器命令只有在所有的 Bank 都处于空闲状态(未激活)时才可进行,否则会出错。在执行了加载模式寄存器命令后,必须等待对应的响应周期(t_{MRD})后才能执行新的命令

模式寄存器的设置需要地址总线 ADDR 辅助,在设置模式寄存器命令时,地址总线中 A0～A11 定义了模式寄存器的值,不同的值对应不同的模式设置,A12 在此命令中没有用到,需要设置为低电平。表 6.31 为模式寄存器中各个位与功能的对应关系。

表 6.31　模式寄存器与功能的对应关系

模式位	对应功能
A0～A2	突发长度寄存器
A3	突发类型寄存器
A4～A6	列选通潜伏期设置寄存器
A7～A8	运行模式设置寄存器
A9	写突发模式设置寄存器

如图 6.92 所示为模式寄存器中各个位与具体模式功能的对应关系,可以很清楚地知道具体模式设置需要设置的参数寄存器。

接下来对 4 种不同模式进行详细的说明。

(1) 运行模式(Operating Mode)

运行模式设置位是第 7,8 位(A7,A8),SDRAM 器件一般存在多种模式,例如标准模式、测试模式等等,但是对普通用户,只开放了标准模式。因此,我们在使用的时候,需要设置{A7,A8}=2'b00,这样才能使 SDRAM 器件进入我们所希望的标准模式。

(2) 写突发模式(Write Burst Mode)

写突发模式设置位是第 9 位(A9),其控制着 SDRAM 的写突发模式,如果 A9 为 0,那么对于 SDRAM 的读和写都将采用突发方式,具体突发长度由突发长度寄存器

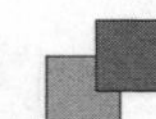

BA1	BA0	A11	A10	A9	A8	A7	A6	A5	A4	A3	A2	A1	A0
0	0	0	0	OP Code	0	0	CAS Latency			BT	Burst Length		

OP Code

A9	write Mode
	Burst Read and Burst Write
	Burst Read and Single Write

Burst Type

A3	Burst Type
0	Sequential
1	Interleave

CAS Latency

A6	A5	A4	CAS Latency
0	0	0	Reserved
0	0	1	1
0	1	0	2
0	1	1	3
1	0	0	Reserved
1	0	1	Reserved
1	1	0	Reserved
1	1	1	Reserved

Burst Length

A2	A1	A0	Burst Length	
			A3=0	A3=1
0	0	0	1	1
0	0	1	2	2
0	1	0	4	4
0	1	1	8	8
1	0	0	Reserved	Reserved
1	0	1	Reserved	Reserved
1	1	0	Reserved	Reserved
1	1	1	Full Page	Reserved

图 6.92　具体模式功能与寄存器的对应关系

A0～A2 设定。如果 A9 为 1 那么对于 SDRAM 的读依然遵从突发长度寄存器设定的值进行，而对于 SDRAM 的写，则不再具备突发属性，每个写入命令只能写入一个数据。

(3) 突发类型(Burst Type)

突发类型分为两类：顺序和隔行，这个模式主要用来适应一些嵌入式系统的大端小端模式。表 6.32 为不同突发类型对应的具体情况，可以很清楚地看出不同的设置，对应的情况是不一样的，具体的使用，需要结合实际情况进行设置。

(4) 列选通潜伏期(CAS (READ) latency，简称 CL)

列选通潜伏期是指从读命令被寄存到数据总线上到有第一个有效数据间的时钟间隔，这个潜伏期可以被设置为 2 个时钟或者 3 个时钟。图 6.93 和 6.94 分别是潜伏期为 2 个时钟和 3 个周期时的数据读出时序图。

表 6.32　不同突发类型对应的具体情况

Burst Length	Starting Column Address			Order of Accesses Within a Burst	
				Type=Sequential	Type=Interleaved
2			A0		
			0	0-1	0-1
			1	1-0	1-0
4		A1	A0		
		0	0	0-1-2-3	0-1-2-3
		0	1	1-2-3-0	1-0-3-2
		1	0	2-3-0-1	2-3-0-1
		1	1	3-0-1-2	3-2-1-0
8	A2	A1	A0		
	0	0	0	0-1-2-3-4-5-6-7	0-1-2-3-4-5-6-7
	0	0	1	1-2-3-4-5-6-7-0	1-0-3-2-5-4-7-6
	0	1	0	2-3-4-5-6-7-0-1	2-3-0-1-6-7-4-5
	0	1	1	3-4-5-6-7-0-1-2	3-2-1-0-7-6-5-4
	1	0	0	4-5-6-7-0-1-2-3	4-5-6-7-0-1-2-3
	1	0	1	5-6-7-0-1-2-3-4	5-4-7-6-1-0-3-2
	1	1	0	6-7-0-1-2-3-4-5	6-7-4-5-2-3-0-1
	1	1	1	7-0-1-2-3-4-5-6	7-6-5-4-3-2-1-0
Full page(y)	n=A0-A11/9/8 (location 0-y)			Cn,Cn+1,Cn+2, Cn+3,Cn+4,…, Cn-1,Cn…	Not supported

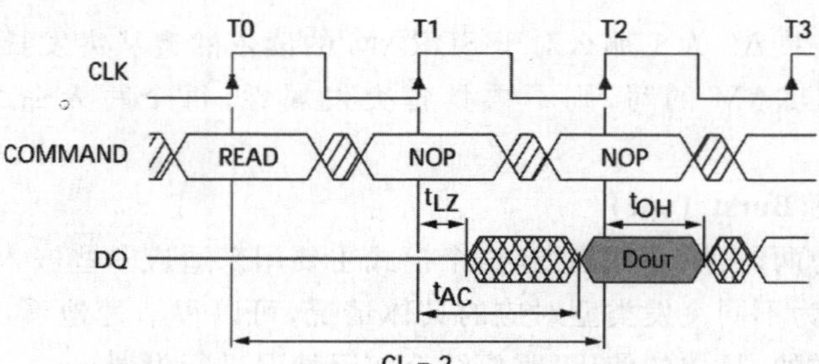

图 6.93　2 个时钟周期潜伏期的数据读出时序

4. 激活命令(ACTIVE)

激活命令说明如表 6.33 所列。

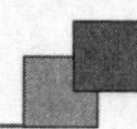

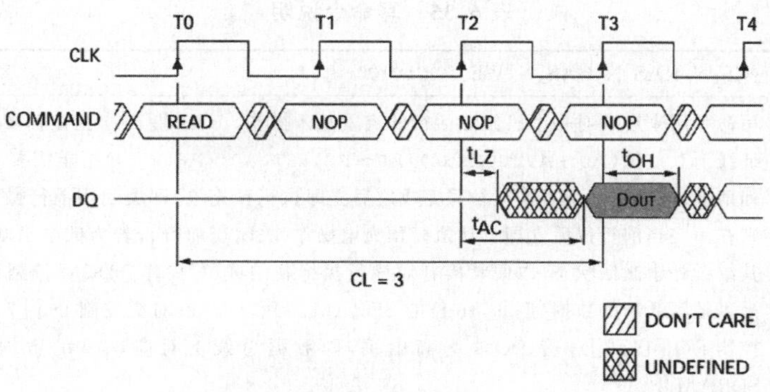

图6.94 3个时钟周期潜伏期的数据读出时序

表6.33 激活命令说明

控制信号组成	{CS_N,RAS_N,CAS_N,WE}=4'b0011
命令说明	激活命令是用来为后续的操作打开(或者叫激活)一个特定的Bank和行。BA0和BA1用来选择需要操作的Bank,地址线A0～A12选择指定的行(ROW)。该行会一直保持激活状态并可以进行读/写,只有执行一个预充电命令(PRECHARGE)后,该行才会被关闭。同一个Bank中,每次只能激活一行。在某行已经激活的状态下,当需要对该Bank中的另一行进行操作时,必须首先执行一个预充电命令来关闭当前行,然后才能激活另一行

5. 读命令(READ)

读命令说明如表6.34所列。

表6.34 读命令说明

控制信号组成	{CS_N,RAS_N,CAS_N,WE}=4'b0101
命令说明	读命令用来启动对一个已经激活行的突发读取操作。BA0和BA1指定需要读取的Bank,地址线上某些位(A0～A9, A11(x4),A0～A9(x8),A0～A8(x16))指定需要读取的数据起始列地址,A10控制是否在突发读取完成之后立即执行预充电,即关闭当前行操作。若为高电平则在读取完当前行以后立即自动执行预充电操作(关闭当前行),若为低电平则不关闭该行,使其继续处于激活状态,以便紧接着对该行执行新的读/写操作。DQM控制该位对应的数据是否被正常的读出(例如,16位的SDRAM芯片,DQM0对应控制DQ[7:0],DQM1对应控制DQ[15:8]),若DQM为高电平,则数据总线上对应字节的状态会变高阻态,即该字节数据被屏蔽。从DQM有效到数据总线状态对应发生变化,有两个时钟周期的延迟

6. 写命令(WRITE)

写命令说明如表6.35所列。

表 6.35 写命令说明

控制信号组成	{CS_N,RAS_N,CAS_N,WE}=4'b0100
命令说明	写命令用来启动对一个已经激活行的突发写入操作，BA0 和 BA1 指定需要写入的 Bank，地址线上某些位(A0～A9，A11(x4)，A0～A9(x8)，A0～A8(x16))指定需要写入的数据起始列地址，A10 控制是否在突发写完成之后立即执行预充电，即关闭当前行操作。若为高电平则在写完当前行以后立即自动执行预充电操作(关闭当前行)，若为低电平则不关闭该行，使其继续处于激活状态，以便紧接着对该行执行新的读/写操作。DQM 控制该位对应的字节是否被写入新的数据(例如，16 位的 SDRAM 芯片，DQM0 对应控制 DQ [7:0]，DQM1 对应控制 DQ [15:8])，若 DQM 为高电平，则数据总线上对应字节的数据不会被写入到 SDRAM 中

7. 预充电命令(PRECHARGE)

预充电命令说明如表 6.36 所列。

表 6.36 预充电命令说明

控制信号组成	{CS_N,RAS_N,CAS_N,WE}=4'b0010
命令说明	预充电命令的作用就是关闭在指定 Bank 或者全部 Bank(具体是单一或者全部 Bank 由 A10 状态选择)中已经打开的行，在预充电命令执行并经过 t_{RP}(PRECHARGE command period)时间后，对应的 Bank 将可以重新被操作，即从执行预充电命令到下一次能够对该 Bank 执行新的命令，需要等待 t_{RP} 的时间。若 A10 为高电平，则对所有 Bank 行进行预充电；若 A10 为低电平，则只对 BA0 和 BA1 指定的 Bank 中的行进行预充电。当某个 Bank 行被执行了预充电命令后，该 Bank 将处于空闲状态，在下次读/写操作之前必须重新激活

8. 自动预充电命令(AUTO PRECHARGE)

自动预充电命令说明如表 6.37 所列。

表 6.37 自动预充电命令说明

控制信号组成	{CS_N,RAS_N,CAS_N,WE}=4'bxxxx
命令说明	自动预充电是指在不额外增加执行指令的前提下，达到使用预充电指令一样的效果。该功能是在对 SDRAM 发出读/写命令时，使用 A10 指明是否在突发读/写完成后立即自动执行预充电操作来实现。自动预充电命令在突发长度为整页突发时是无效的。自动预充电命令每次操作只一次有效，即如果在下次执行读/写时，希望继续使用自动预充电方式，则需要使用 A10 重新指明

9. 突发中断命令(BURST TERMINATE)

突发中断命令说明如表 6.38 所列。

表 6.38　突发中断命令说明

控制信号组成	{CS_N,RAS_N,CAS_N,WE}＝4'b0110
命令说明	突发中断命令用来截断固定长度或者整页长度的突发。当突发中断命令被执行时，离该命令最近的一次被 SDRAM 寄存的读或者写命令截断，突发中断命令并不会对对应行进行预充电，即执行了突发中断操作后，该行仍然处于被激活状态，除非预充电命令被执行，该 Bank 才会被关闭。图 6.95 为中断一个写突发过程的时序图

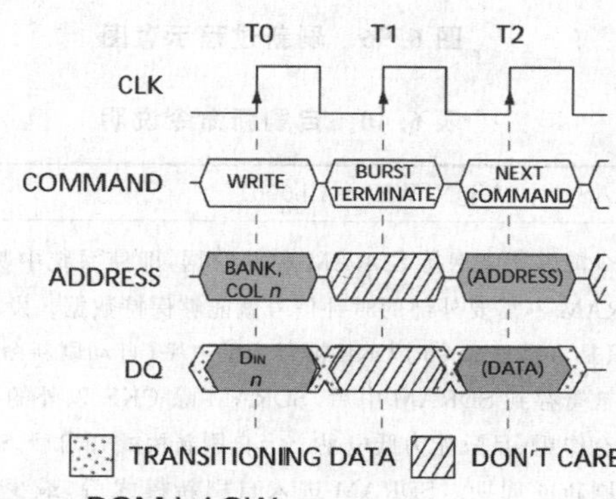

图 6.95　中断写突发过程的时序图

10. 自动刷新命令(AUTO REFRESH)

自动刷新命令说明如表 6.39 所列。

表 6.39　自动刷新命令说明

控制信号组成	{CS_N,RAS_N,CAS_N,WE}＝4'b0001
命令说明	自动刷新一般用于对 SDRAM 进行常规操作的过程中。该命令是非持续性的，即每次需要时，都需要发送此命令。在执行自动刷新命令之前，所有的 Bank 必须被预充电(关闭)。在自动刷新和预充电命令之间，必须间隔最少 t_{RP} 时间。自动刷新时，行地址由 SDRAM 芯片内部的刷新控制器自动更新，因此，在执行自动刷新命令时，用户不需要关心地址总线上的值。不管器件的数据位宽是多少，对于 256 Mbit 的 SDRAM，在商业和工业级的器件中，每 64 ms 内需要执行 8 192 次自动刷新操作，即每 7.813 μs 执行一次；在汽车级的器件中，每 16 ms 内执行 8 192 次自动刷新操作，即每 1.953 μs 执行一次。另外，自动刷新操作也可以采用突发的方式执行，即每 64 ms(商业和工业级)/16 ms(汽车级)都连续不间断地执行 8 192 次自动刷新命令，然后其他时间再执行读/写或者其他命令。如图 6.96 所示为刷新过程示意图

11. 自刷新命令(SELF REFRESH)

自刷新命令说明如表 6.40 所列。

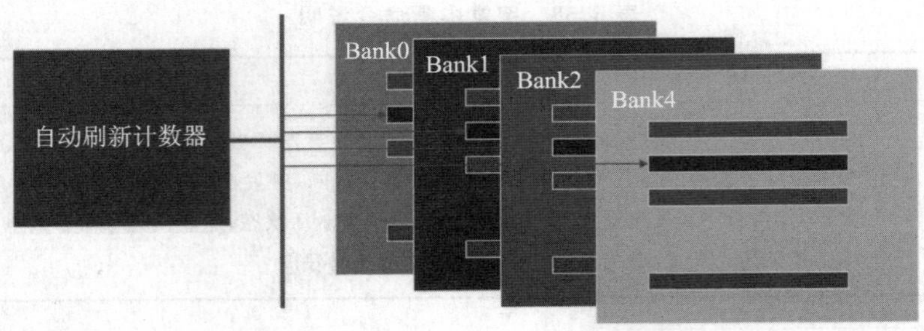

图 6.96 刷新过程示意图

表 6.40 自刷新命令说明

控制信号组成	{CS_N,RAS_N,CAS_N,WE}=4'b0001
命令说明	自刷新命令能够用来保持 SDRAM 中的数据,即使系统中其他部分已经掉电。在自刷新模式下,SDRAM 不需要外部的时钟信号就能够保持数据。发起自刷新命令和发起自动刷新非常类似,只是自刷新命令时 CKE 被置为低电平(自动刷新命令时 CKE 被置为高电平)。当自刷新命令被寄存到 SDRAM 中后,SDRAM 除 CKE 以外的所有引脚状态都将被忽略,CKE 信号继续有作用,且只能为低电平。当自刷新模式开启后,SDRAM 内部自己产生时钟,用来作为自动刷新的周期。SDRAM 进入自刷新模式后,最少需要保持在自刷新模式下 t_{RAS}(ACTIVE-to-PRECHARGE command)的时间,当然,对于运行在自刷新模式下的最大时间并没有任何限制。退出自刷新模式需要执行一串命令,首先,在 CKE 信号恢复到高电平之前,时钟信号 CLK 必须稳定(稳定的时钟可由对应的时钟引脚经过约束后的时钟提供)。当 CKE 信号恢复到高电平后,必须保持 NOP 命令最低 2 个时钟周期,因为必须保证内部可能正在执行的刷新操作已完成。在退出自刷新模式后,就需要每 64 ms 内执行 8 192 次自动刷新操作(自刷新和自动刷新都是利用了内部的行刷新计数器)。注意:汽车级器件不支持自刷新功能

6.5.6 SDRAM 操作时序

1. SDRAM 上电初始化时序

在对 SDRAM 进行正常的操作之前,SDRAM 必须被初始化。SDRAM 的上电和初始化需要按照预先定义好的方式进行,除了这些指定的操作以外的命令可能导致不可预知的操作。

当 SDRAM 的 VDD 和 VDDQ 上电,并且时钟稳定后,SDRAM 首先需要延时等待 100 μs,在这个等待期间,对于 SDRAM 只能赋给禁止命令(INHIBIT)或者空操作命令(NOP)。在 100 μs 的延时后,需要对 SDRAM 首先执行一次预充电命令,所有的 Bank(A10 为高电平)都必须被预充电,以使器件所有的 Bank 都处于空闲状态。

进入空闲状态后,至少需要执行两个周期的自动刷新命令,自动刷新命令完成之后,就可以对 SDRAM 进行加载模式寄存器了,因为模式寄存器上电后处于未知的状态,因此在执行任何操作命令之前必须加载模式寄存器。在模式寄存器加载完成后的

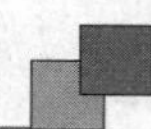

第二个时钟周期就可以执行激活等其他的命令了。SDRAM 上电初始化时序图如图 6.97 所示。

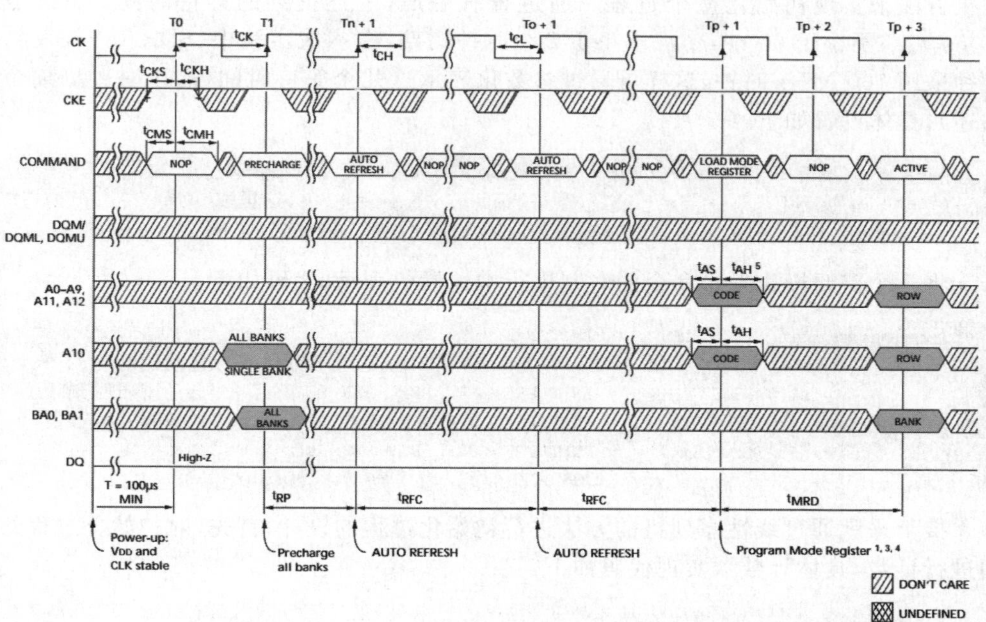

图 6.97　SDRAM 上电初始化时序图

根据时序图可知上电初始化过程大致需要经过如下步骤：

① 加载电源（VDD 和 VDDQ）；

② CKE 设置为低电平（LVTTL 逻辑低电平）；

③ 加载稳定的时钟信号；

④ 等待至少 100 μs 的时间，此过程中的命令保持为禁止命令或空操作命令；

⑤ 在步骤④中的 100 μs 的某个时刻，将 CKE 设置为高；

⑥ 在步骤④中的 100 μs 等待时间结束后，随即可发出一个全部 Bank 的预充电命令；

⑦ 等待时间 t_{RP}，此过程中命令保持为禁止命令或空操作命令；

⑧ 在步骤⑦中的等待时间 t_{RP} 结束时，发出一个自动刷新命令；

⑨ 等待时间 t_{RFC}（AUTO REFRESH period），此过程中命令仅允许为禁止命令或空操作命令；

⑩ 在步骤⑨中的等待时间 t_{RFC} 结束时，再发出一个自动刷新命令；

⑪ 再等待时间 t_{RFC}，此过程中命令仅允许为禁止命令或空操作命令；

⑫ 在步骤⑪中的等待时间 t_{RFC} 结束时，发出装载模式寄存器命令设置模式寄存器，具体模式寄存器的值由 A0～A11 传输；

⑬ 等待时间 t_{MRD}（LOAD MODE REGISTER command to ACTIVE or

REFRESH command)，此过程中命令仅允许为禁止命令或空操作命令。

通过对 SDRAM 上电初始化步骤的了解，我们可以采用前面章节中讲过的线性序列机方法来实现初始化整个过程。通过查看手册，上述提到的等待时间 t_{RP} 不小于 20 ns，t_{RFC} 不小于 66 ns，t_{MRD} 不小于 2 个时钟周期，在本次实验中，SDRAM 控制器的时钟采用 100 MHz 时钟，这样可通过参数化表示这几个等待时间（均以时钟周期个数描述），具体设置如下：

```
parameter   INIT_PRE = 20000; //初始化等待时间不小于 100 μs,这里取 200 μs
parameter   REF_PRE = 3;      //等待时间 tRP,不小于 20 ns,这里取 30 ns
parameter   REF_REF = 10;     //等待时间 tRFC,不小于 66 ns,这里取 100 ns
```

将几个需要操作发送命令的时刻进行本地参数表示，代码如下：

```
localparam init_PRE_TIME    =  INIT_PRE,                           //预充电时刻
           init_AREF1_TIME  =  INIT_PRE + REF_PRE,                 //自动刷新时刻
           init_AREF2_TIME  =  INIT_PRE + REF_PRE + REF_REF,       //自动刷新时刻
           init_LMR_TIME    =  INIT_PRE + REF_PRE + REF_REF * 2,   //加载模式寄存器
           init_END_TIME    =  INIT_PRE + REF_PRE + REF_REF * 2 +  //结束时刻
                               LMR_ACT;
```

接下来就通过线性序列机的方法进行初始化过程的设计，首先，对初始化过程的时间进行计数，具体计数器实现代码如下：

```
//SDRAM 初始化过程时间计数器
reg [15:0]init_cnt;
always@(posedge Clk or negedge Rst_n)
begin
    if(!Rst_n)
        init_cnt  <= 16'd0;
    else if (init_cnt <  init_END_TIME)
        init_cnt <=  init_cnt  + 16'd1;
    else
        init_cnt  <= 16'd0;
end
```

将 SDRAM 控制器各个命令和各种模式寄存器以及各种操作中不同的时序延时要求、地址和数据位宽等参数均通过全局参数化进行表示，并均放在以 Sdram_Params.h 命名的文件中，具体代码实现如下：

```
//地址和数据位宽
`define ASIZE          13                   //SDRAM 地址位宽
`define DSIZE          16                   //SDRAM 数据位宽
`define BSIZE          2                    //SDRAM 的 Bank 地址位宽

//操作命令{CS_N,RAS_N,CAS_N,WE}
parameter    C_NOP   = 4'b0111,             //空操作命令
             C_PRE   = 4'b0010,             //预充电命令
             C_AREF  = 4'b0001,             //自动刷新命令
             C_MSET  = 4'b0000,             //加载模式寄存器命令
             C_ACT   = 4'b0011,             //激活命令
```

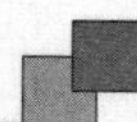

```
            C_RD        = 4'b0101,        //读命令
            C_WR        = 4'b0100;        //写命令

///////////100 MHz ///////////////
parameter   INIT_PRE      = 20000;        //初始化等待时间>100 μs,取 200 μs
parameter   REF_PRE       = 3;            //tRP≥18 ns,取 30 ns
parameter   REF_REF       = 10;           //tRFC≥60 ns,取 100 ns
parameter   AUTO_REF      = 1500;         //自动刷新周期<64 ms/4 096 = 15 625 ns
parameter   LMR_ACT       = 2;            //装在模式寄存器到可激活延时
parameter   WR_PRE        = 2;            //写操作写数据完成到预充电时间间隔
parameter   SC_RCD        = 3;            //激活到读命令或写命令延时 tRCD>18 ns

//SDRAM 模式寄存器参数化表示
parameter   SC_CL         = 2;            //列选通潜伏期
parameter   SC_BL         = 8;            //突发长度设置,1,2,4,8 可选
parameter   OP_CODE = 1'b0;               //写突发模式设置
parameter   SDR_BL  = (SC_BL == 1)? 3'b000:
                      (SC_BL == 2)? 3'b001:
                      (SC_BL == 4)? 3'b010:
                      (SC_BL == 8)? 3'b011:
                      3'b111;

parameter   SDR_BT  = 1'b0;               //突发类型设置
parameter   SDR_CL  = (SC_CL == 2)? 3'b10:3'b11;
```

在其他模块文件中如果需要使用这些参数,只需在其模块内部包含文件夹中的这个文件即可,文件的路径读者根据自己的实际情况进行更改,具体表示如下:

```
`include "../src/Sdram_Params.h"
```

接下来初始化过程就是在相应的操作时刻给出相对应的命令,对号入座即可,具体实现代码如下:

```
//SDRAM 初始化过程,类似线性序列机
//相应时刻发出对应的命令和操作
always@(posedge Clk or negedge Rst_n)
begin
    if(!Rst_n) begin
        Command <= C_NOP;
        Saddr <= 0;
    end
    else begin
        case(init_cnt)
            init_PRE_TIME:begin
                Command <= C_PRE;
                Saddr[10] <= 1'b1;
            end

            init_AREF1_TIME:begin
                Command <= C_AREF;
            end
```

```
            init_AREF2_TIME:begin
                Command  <= C_AREF;
            end

            init_LMR_TIME:begin
                Command  <= C_MSET;
                Saddr  <= {OP_CODE,2'b00,SDR_CL,SDR_BT,SDR_BL};
            end

            default:begin
                Command  <= C_NOP;
                Saddr  <= 0;
            end
        endcase
    end
end
```

对初始化的完成进行一个标识，可用于 SDRAM 控制器设计其他模块的使用，代码如下：

```
//SDRAM 初始化完成结束标志位
assign Init_done =(init_cnt ==  init_END_TIME);
```

完成 SDRAM 初始化后可对其进行仿真验证，利用 SDRAM 仿真模型(仿真模型在镁光官网上提供下载，读者可自己进入官网进行下载，地址为 https://www.micron.com/resource-details/d13af47e-2644-45bf-80d4-f56756b9ad03）和设计 testbench 文件可对设计的 SDRAM 初始化模块进行正确性验证。从镁光官网下载的 SDRAM 模型包含多个文件的压缩包，仿真需要用到是压缩包里的 sdr.v 和 sdr_parameters.vh 两个文件，sdr_parameters.vh 文件主要包含 SDRAM 模型的一些全局化参数和宏定义。仿真前需要对两个文件做一些改动，一是需要将 sdr_parameters.vh 改为 sdr_parameters.h，文件格式做改动，并在 sdr.v 中将包含文件也做相应的修改，即将"`include "sdr_parameters.vh""改为"`include "sdr_parameters.h""；二是在修改了文件格式的 sdr_parameters.h 文件中的代码开头添加 SDRAM 模型选择的宏定义，添加的代码如下：

```
`define sg6a
`define den128Mb
`define x16
```

上面的 3 行代码主要是选择 SDRAM 模型的内存大小、数据位宽和速度等级，不同型号的 SDRAM 这方面是有所不同的，读者可以根据自己的实际情况进行选择。接着是编写的 testbench 文件进行仿真，代码如下：

```
`timescale 1ns/1ns
`define CLK100_PERIOD 10

module sdram_init_tb;
```

```
`include"../src/Sdram_Params.h"

    reg                    Clk;
    reg                    Rst_n;
    wire [3:0]             Command;
    wire [`ASIZE - 1:0]    Saddr;
    wire                   Init_done;

    wire                   sd_clk;
    wire                   Cs_n;
    wire                   Ras_n;
    wire                   Cas_n;
    wire                   We_n;

    //SDRAM 初始化模块例化
    sdram_init sdram_init(
        .Clk(Clk),
        .Rst_n(Rst_n),
        .Command(Command),
        .Saddr(Saddr),
        .Init_done(Init_done)
    );

    assign{Cs_n,Ras_n,Cas_n,We_n} =  Command;
    assign sd_clk = ~Clk;

    //SDRAM 模型例化
    sdr sdram_model(
        .Dq(),
        .Addr(Saddr),
        .Ba(),
        .Clk(sd_clk),
        .Cke(Rst_n),
        .Cs_n(Cs_n),
        .Ras_n(Ras_n),
        .Cas_n(Cas_n),
        .We_n(We_n),
        .Dqm()
    );

    //系统时钟产生
    initial  Clk  = 1'b1;
    always #(`CLK100_PERIOD/2) Clk  = ~Clk;

    initial
    begin
        Rst_n  = 1'b0;
        #(`CLK100_PERIOD * 200 + 1);
        Rst_n  = 1'b1;

        @(posedge Init_done)
```

```
        #2000;
        $stop;
    end

endmodule
```

镁光提供的 SDRAM 仿真模型有实时打印当前的状态和读/写数据情况的功能，图 6.98 和图 6.99 分别为 SDRAM 初始化仿真输出打印结果和时序波形结果。

```
# run -all
# at time    202015 ns PRE  : Bank = ALL
# at time    202045 ns AREF : Auto Refresh
# at time    202145 ns AREF : Auto Refresh
# at time    202245 ns LMR  : Load Mode Register
#                             CAS Latency      = 2
#                             Burst Length     = 8
#                             Burst Type       = Sequential
#                             Write Burst Mode = Programmed Burst Length
```

图 6.98　SDRAM 初始化仿真输出打印结果

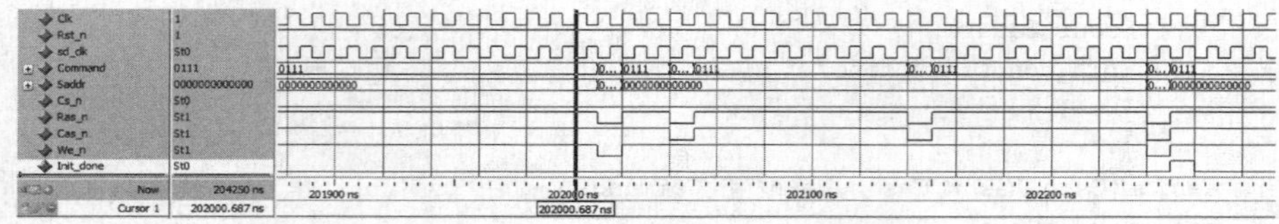

图 6.99　SDRAM 初始化仿真时序波形

从图 6.98 可以很清楚地看出，对 SDRAM 进行了正确的初始化过程，初始化的结果中读/写突发长度为 8，列选通潜伏期 CL 为 2，突发类型为连续，这些与我们在 Sdram_Params.h 文件中设置的相应参数是完全吻合的。图 6.99 的时序波形图也与 SDRAM 初始化要求的时序图是一致的，说明我们设计的 SDRAM 初始化模块是正确的。

2. SDRAM 自刷新与自动刷新时序

图 6.100 和图 6.101 分别为 SDRAM 自刷新与自动刷新时序图，可以看出两种不同的刷新模式是有差别的，两种刷新模式的比较如表 6.41 所列。

表 6.41　SDRAM 自刷新模式与自动刷新模式比较

内　容	自动刷新模式	自刷新模式
作用	保证数据不丢失	
是否需要控制器控制刷新	需要	不需要
使用场合	对 SDRAM 正常操作过程	掉电/低功耗模式
是否需要外部时钟信号	需要	不需要
刷新行地址自动控制	是	是

注：SDRAM 在进入和退出自刷新模式时的过程需要一系列的指令配合实现。SDRAM 进入自刷新模式有助于减小系统待机功耗。

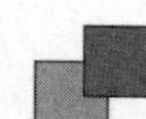

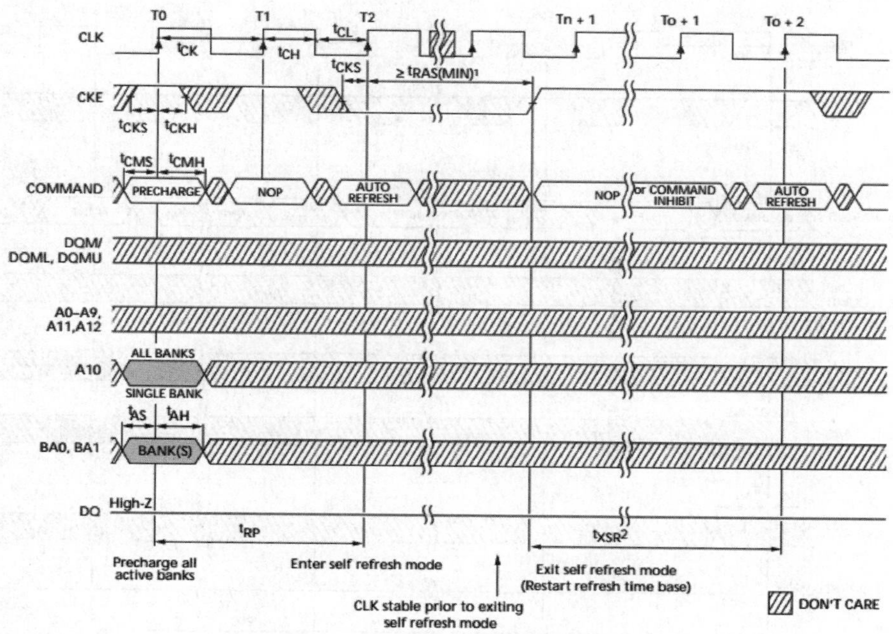

图 6.100　SDRAM 自刷新时序图

本节讲解的 SDRAM 控制器设计是工作在正常操作情况下的，采用的是自动刷新模式。设计时，将刷新操作以任务的形式进行表示，便于在主状态机的多个地方执行该任务。由于刷新过程时序很明确，所以刷新任务的实现也采用线性序列机的方法实现。首先将刷新过程中几个需要操作发送命令的时刻进行本地参数表示，具体代码如下：

```
//自动刷新操作任务，采用线性序列机方法
localparam ref_PRE_TIME  =  1'b1,
           ref_REF1_TIME =  REF_PRE + 1,
           ref_REF2_TIME =  REF_PRE + REF_REF + 1,
           ref_END       =  REF_PRE + REF_REF * 2;
```

然后对刷新过程中时钟进行计数，具体计数器实现代码如下：

```
//自动刷新过程时间计数器
always@(posedge Clk or negedge Rst_n)
begin
   if(!Rst_n)
      ref_cnt  <= 16'd0;
   else if (ref_cnt ==  ref_END)
      ref_cnt  <= 16'd0;
   else if (ref_req || ref_cnt>1'b0)
      ref_cnt  <=  ref_cnt  + 16'd1;
   else
      ref_cnt  <=  ref_cnt;
end
```

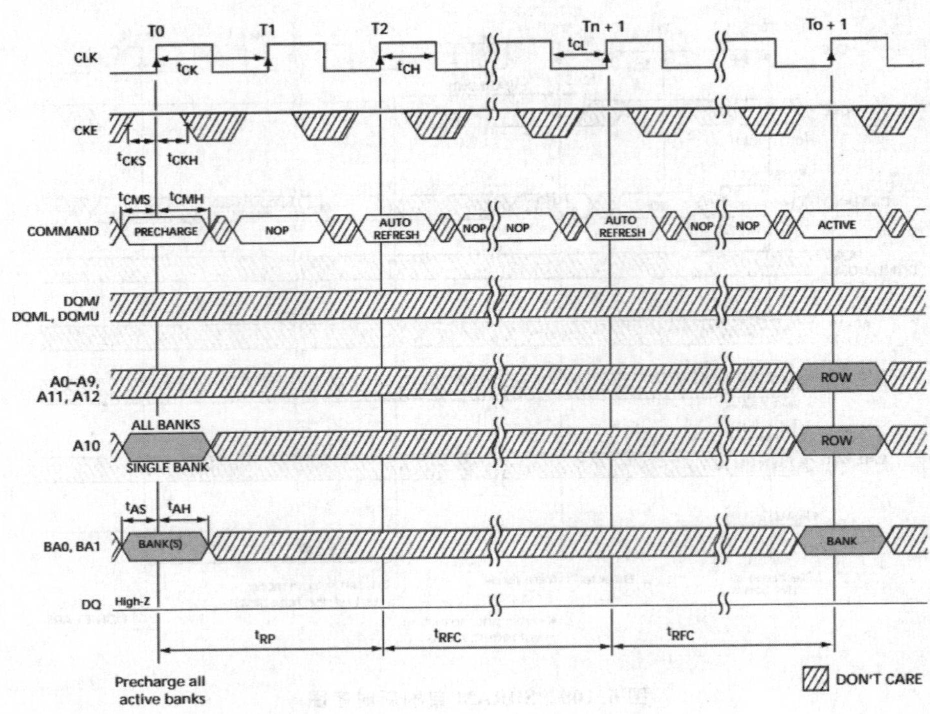

图 6.101 SDRAM 自动刷新时序图

接下来就是在相应的操作时刻给出相对应的命令，对号入座即可，具体实现代码如下：

```
//自动刷新操作,线性序列机
task auto_ref;
begin
    case(ref_cnt)
        ref_PRE_TIME:begin
            Command <=  C_PRE;             //预充电
            Sa [10] <= 1'b1;
        end

        ref_REF1_TIME:begin
            Command <=  C_AREF;            //自动刷新
        end

        ref_REF2_TIME:begin
            Command <=  C_AREF;            //自动刷新
        end

        ref_END:begin
            FF <= 1'b1;
            Command <=  C_NOP;
```

```
        end

        default:
            Command <= C_NOP;
        end case
    end
    endtask
```

最后，对刷新操作完成和刷新过程进行标志，可用于其他信号的产生，具体产生刷新操作完成和刷新过程标志位的代码如下：

```
//一次刷新操作完成标志位
always@(posedge Clk or negedge Rst_n)
begin
    if(!Rst_n)
        ref_opt_done <= 1'b0;
    else if (ref_cnt ==  ref_END)
        ref_opt_done <= 1'b1;
    else
        ref_opt_done <= 1'b0;
end

//一次刷新写操作过程状态标识信号
reg ref_opt;
always@(posedge Clk or negedge Rst_n)
begin
    if(!Rst_n)
        ref_opt <= 1'b0;
    else if (ref_req == 1'b1)
        ref_opt <= 1'b1;
    else if (ref_opt_done == 1'b1)
        ref_opt <= 1'b0;
    else
        ref_opt <=  ref_opt;
end
```

有关刷新操作的任务就设计完成了，这部分只是一个简单的操作任务，就不单独进行仿真验证了，等后面一起进行仿真验证。

3. 不带自动预充电的写操作时序

如图 6.102 所示为不带自动预充电的写操作时序，从时序中可以看出，主要包含激活命名、写命令和预充电命令，时序很明确，这里同样采用线性序列机方法实现写操作任务。

首先将写操作过程中几个需要操作发送命令的时刻进行本地参数表示，具体代码如下：

```
//一次突发写操作任务，线性序列机方法
localparam wr_ACT_TIME     =  1'b1,
           wr_WRITE_TIME   =  SC_RCD + 1,
           wr_PRE_TIME     =  SC_RCD + SC_BL + WR_PRE + 1,
           wr_END_TIME     =  SC_RCD + SC_BL + WR_PRE + REF_PRE;
```

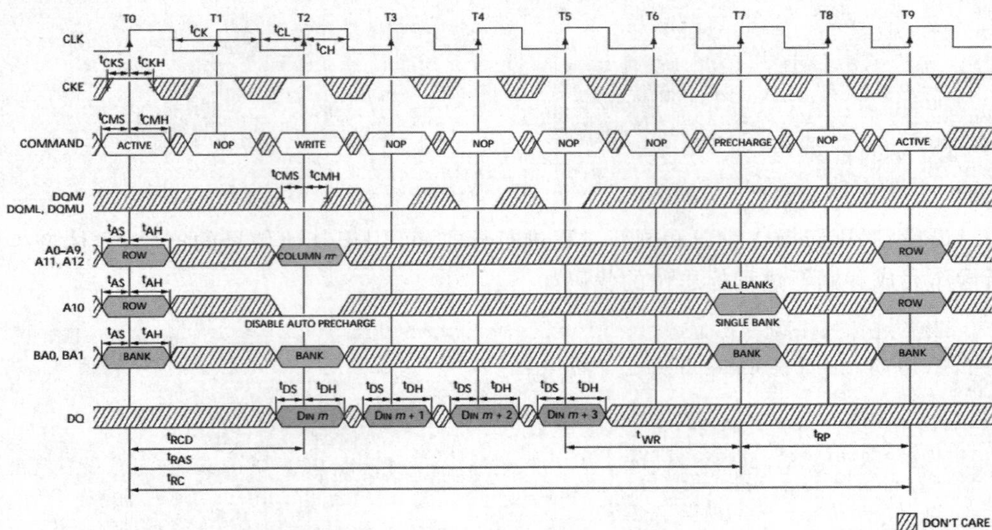

Notes: 1. For this example, BL = 4, and the WRITE burst is followed by a "manual" PRECHARGE.
2. 14ns to 15ns is required between <DIN m + 3> and the PRECHARGE command, regardless of frequency.
3. x16: A9, A11, and A12 = "Don't Care"
x8: A11 and A12 = "Don't Care"
x4: A12 = "Don't Care"

图 6.102　不带自动预充电的写操作时序

然后对写操作过程中的时钟进行计数，具体计数器实现代码如下：

```
//一次突发写操作过程时间计数器
always@(posedge Clk or negedge Rst_n)
begin
    if(!Rst_n)
        wr_cnt <= 16'd0;
    else if (wr_cnt ==  wr_END_TIME)
        wr_cnt <= 16'd0;
    else if (wr_req||wr_cnt > 1'b0)
        wr_cnt <=  wr_cnt + 16'd1;
    else
        wr_cnt <= 16'd0;
end
```

接下来就是在相应的操作时刻给出相对应的命令，对号入座即可，具体实现代码如下：

```
//一次突发写操作任务，类似线性序列机方法
task write_data;
begin
    case(wr_cnt)
        wr_ACT_TIME:begin
            Command <=  C_ACT;
```

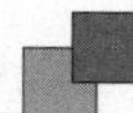

```
            Sa <=  raddr_r;                //激活行
            Ba <=  baddr_r;
        end

        wr_WRITE_TIME:begin
            Command <=  C_WR;
            Sa  <={1'b0,caddr_r[8:0]}; //激活列
            Ba <=  baddr_r;
        end

        wr_PRE_TIME:begin
            Command <=  C_PRE;//预充电
            Sa[10]<=1'b1;
        end

        wr_END_TIME:begin
            Command <=  C_NOP;
            FF  <=1'b1;
        end

        default:
            Command <=  C_NOP;
    endcase
end
endtask
```

最后，与刷新操作不同的是写操作里除了需要对写操作完成和写操作过程进行标志外，还有需要对写入突发长度数据时刻的有效区间和写完数据时刻进行标志，这对于在何时变换待写入的数据和何时可改变地址有重要的参考作用。写数据时控制器需要对数据线进行操作，对数据线的操作采用使能三态门输出方式，只有在需要传输待写入数据时使能数据线输入待写入数据，其他时刻设置为高阻态。具体产生这些标志位的代码如下：

```
//一次写操作过程完成标志位
always@(posedge Clk or negedge Rst_n)
begin
    if(!Rst_n)
        wr_opt_done <=1'b0;
    else if (wr_cnt ==  wr_END_TIME)
        wr_opt_done <=1'b1;
    else
        wr_opt_done <=1'b0;
end

//一次突发写操作过程状态标识信号
reg wr_opt;
always@(posedge Clk or negedge Rst_n)
begin
    if(!Rst_n)
```

```
            wr_opt  <= 1'b0;
        else if (wr_req == 1'b1)
            wr_opt  <= 1'b1;
        else if (wr_opt_done == 1'b1)
            wr_opt  <= 1'b0;
        else
            wr_opt  <=  wr_opt;
    end

    //写数据操作,数据写入(改变)时刻有效区间
    always@(posedge Clk or negedge Rst_n)
    begin
        if(!Rst_n)
            Wr_data_vaild <= 1'b0;
        else if ((wr_cnt >  SC_RCD) && (wr_cnt <=  SC_RCD + SC_BL))
            Wr_data_vaild <= 1'b1;
        else
            Wr_data_vaild <= 1'b0;
    End

    //一次突发写操作数据写完成标志位
    assign Wdata_done = (wr_cnt ==  SC_RCD + SC_BL)? 1'b1:1'b0;

    //SDRAM 数据线,采用三态输出
    assign Dq =  Wr_data_vaild ?  Wr_data:16'bz;
```

4. 不带自动预充电的读操作时序

如图 6.103 所示为是不带自动预充电的读操作时序,从时序中可以看出,主要包含激活命名、读命令和预充电命令。与写操作类似,不同的是,读操作没有待写入的数据,而有数据的读出,时序很明确,这里同样采用线性序列机方法实现读操作任务,步骤基本与写操作差不多。

首先将读操作过程中几个需要操作发送命令的时刻进行本地参数表示,具体代码如下:

```
    //一次突发读操作任务,线性序列机方法
    localparam rd_ACT_TIME   =  1'b1,
               rd_READ_TIME  =  SC_RCD + 1,
               rd_PRE_TIME   =  SC_RCD + SC_BL + 1,
               rd_END_TIME   =  SC_RCD + SC_CL + SC_BL;
```

然后对读操作过程中的时钟进行计数,具体计数器实现代码如下:

```
    //一次突发读操作过程时间计数器
    always@(posedge Clk or negedge Rst_n)
    begin
        if(!Rst_n)
            rd_cnt <= 16'd0;
        else if (rd_cnt ==  rd_END_TIME)
            rd_cnt <= 16'd0;
```

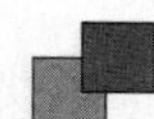

```
        else if (rd_req || rd_cnt > 1'b0)
            rd_cnt <=  rd_cnt + 16'd1;
        else
            rd_cnt <= 16'd0;
    end
```

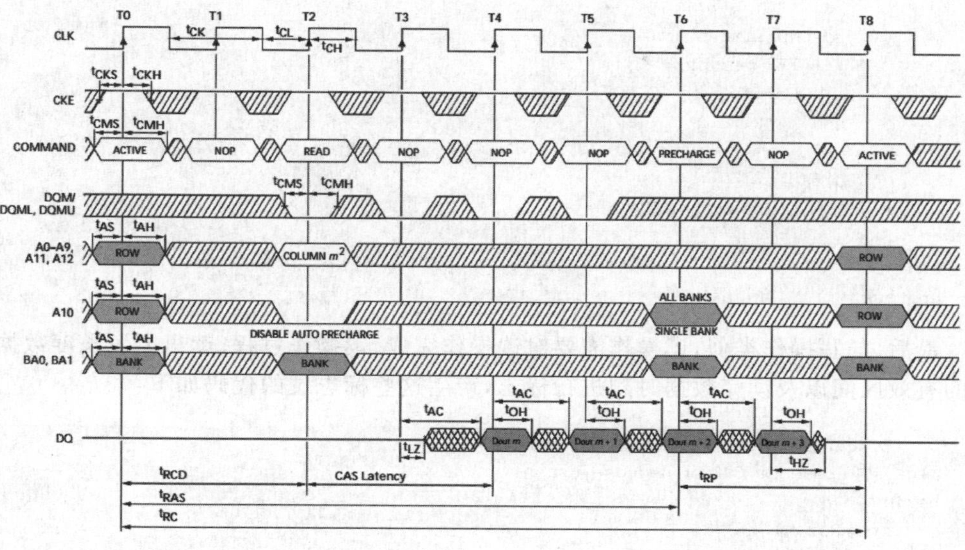

图 6.103　不带自动预充电的读操作时序

接下来就是在相应的操作时刻给出相对应的命令，对号入座即可，具体实现代码如下：

```
//一次突发读操作任务，类似线性序列机的方法
task read_data;
begin
    case(rd_cnt)
        rd_ACT_TIME:begin//激活命令
            Command <=  C_ACT;
            Sa <=  raddr_r;
            Ba <=  baddr_r;
        end

        rd_READ_TIME:begin//读命令
            Command <=  C_RD;
            Sa <= {1'b0,caddr_r [8:0]};
            Ba <=  baddr_r;
```

```
        end

        rd_PRE_TIME:begin
            Command <=  C_PRE;//预充电
            Sa[10] <= 1'b1;
        end

        rd_END_TIME:begin
            FF  <= 1'b1;
            Command <=  C_NOP;
        end

        default:
            Command <=  C_NOP;
    end case
end
endtask
```

最后，与写操作类似，读操作需要对读操作完成、读操作过程、读出突发长度数据时刻的有效区间以及读完数据时刻进行标志，产生这些标志位的代码如下：

```
//一次突发读操作过程完成标志位
always@(posedge Clk or negedge Rst_n)
begin
    if(!Rst_n)
        rd_opt_done  <= 1'b0;
    else if (rd_cnt  ==  rd_END_TIME)
        rd_opt_done  <= 1'b1;
    else
        rd_opt_done  <= 1'b0;
end

//一次突发读操作过程状态标识信号
reg rd_opt;
always@(posedge Clk or negedge Rst_n)
begin
    if(!Rst_n)
        rd_opt  <= 1'b0;
    else if (rd_req  == 1'b1)
        rd_opt  <= 1'b1;
    else if (rd_opt_done  == 1'b1)
        rd_opt  <= 1'b0;
    else
        rd_opt  <=  rd_opt;
end

//一次突发读操作过程中数据读完标志位
assign Rdata_done = (rd_cnt  ==  rd_END_TIME)? 1'b1:1'b0;

//读数据操作，数据有效区
```

```
always@(posedge Clk or negedge Rst_n)
begin
    if(! Rst_n)
        Rd_data_vaild <= 1'b0;
    else if ((rd_cnt >  SC_RCD + SC_CL)
            && (rd_cnt < SC_RCD + SC_CL + SC _BL))
        Rd_data_vaild <= 1'b1;
    else
        Rd_data_vaild <= 1'b0;
end

//读数据
assign Rd_data =  Dq;
```

上面关于读/写操作时序只是 SDRAM 中一种模式下的时序，还有其他模式的操作时序，这里就不进行过多讲述，读者如需了解，可通过查阅芯片手册获知。

6.5.7　SDRAM 控制器设计

以上有关 SDRAM 控制器的刷新操作、写操作和读操作任务已经设计完成，接下来就是结合上面的三种操作任务和整个 SDRAM 工作的特点进行控制器的设计。整个 SDRAM 控制器采用状态机实现，状态机的状态转移图如图 6.104 所示。

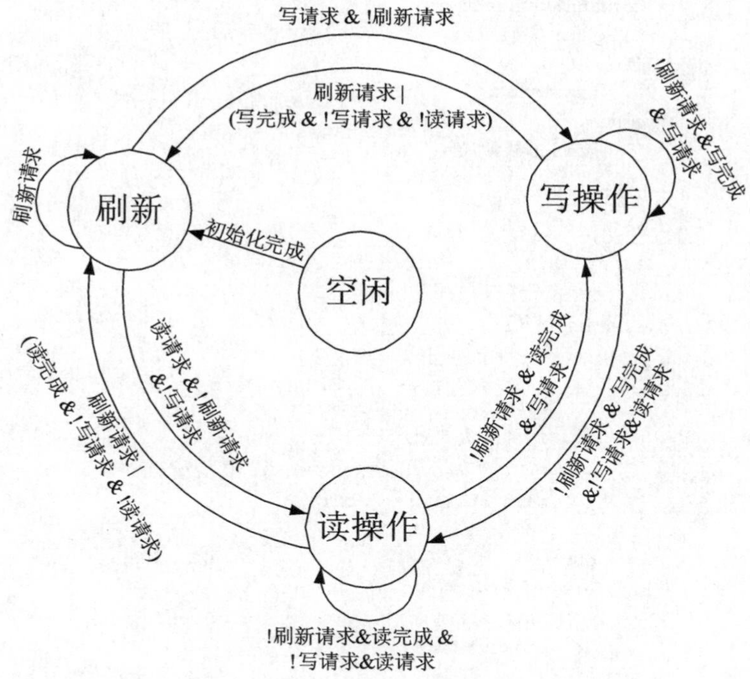

图 6.104　状态机的状态转移图

SDRAM 在上电后，系统处于空闲状态，在上电初始化完成后进入刷新状态，此状态主要负责自动刷新操作，在此状态如果有读或写请求到来，则状态将会转移到相应的读或写状态。读/写状态各自负责读/写数据操作。整个状态机中对刷新操作、写数据操作、读数据操作是有一个优先级的，也就是某两个或多个操作请求同时到来时，先执行哪个操作，这里默认的优先级是刷新操作＞写数据操作＞读数据操作。具体对主状态机的描述代码如下：

```
//主状态机状态
localparam IDLE     = 4'b0001,
           AREF     = 4'b0010,
           WRITE    = 4'b0100,
           READ     = 4'b1000;

//主状态机
always@(posedge Clk or negedge Rst_n)
begin
    if(!Rst_n) begin
        main_state <=  IDLE;
        FF <= 1'b1;
    end
    else begin
        case(main_state)
            IDLE:begin
                Command <=  init_cmd;
                Sa <=  init_addr;
                if(init_done)
                    main_state <=  AREF;
                else
                    main_state <=  IDLE;
            end

            AREF:begin
                if(FF == 1'b0)
                    auto_ref;
                else begin
                    if(ref_req) begin
                        main_state <=  AREF;
                        FF <= 1'b0;
                    end
                    else if (wr_req) begin
                        main_state <=  WRITE;
                        FF <= 1'b0;
                    end
                    else if (rd_req) begin
                        main_state <=  READ;
                        FF <= 1'b0;
                    end
                    else
                        main_state <=  AREF;
                end
```

```
            end

            WRITE:begin
                if(FF == 1'b0)
                    write_data;
                else begin
                    if(ref_req == 1'b1) begin
                        main_state <=  AREF;
                        FF  <= 1'b0;
                    end
                    else if (wr_opt_done & wr_req) begin
                        main_state <=  WRITE;
                        FF  <= 1'b0;
                    end
                    else if (wr_opt_done & rd_req) begin
                        main_state <=  READ;
                        FF  <= 1'b0;
                    end
                    else if (wr_opt_done & !wr_req & !rd_req)
                        main_state <=  AREF;
                    else
                        main_state <=  WRITE;
                    end
                end

                READ:begin
                    if(FF == 1'b0)
                        read_data;
                    else begin
                        if(ref_req == 1'b1) begin
                            main_state <=  AREF;
                            FF  <= 1'b0;
                        end
                        else if (rd_opt_done & wr_req) begin
                            main_state <=  WRITE;
                            FF  <= 1'b0;
                        end
                        else if (rd_opt_done & rd_req) begin
                            main_state <=  READ;
                            FF  <= 1'b0;
                        end
                        else if ( rd_opt_done & !wr_req & !rd_req)
                            main_state <=  AREF;
                        else
                            main_state <=  READ;
                end
            end
        endcase
    end
end
```

上面代码中的刷新操作、写操作和读操作均采用任务的形式进行表示，具体的实现在前面已经进行了讲解，对不同的操作采用不同的任务进行表示，让主状态显得更加直观易懂。整个控制器设计中使用到的一些等待时间都采用参数化表示，放在 Sdram_Params.h 文件中，前面已经讲过了，这里就不重复列出。刷新操作、写操作和读操作这 3 种不同任务的执行是通过标志位 FF 来控制的，只有在标志位为 0 时，指定的操作任务才能执行，执行完后将 FF 置 1 退出任务。有关控制器的 4 个命令输出信号线是通过位拼接的形式用一个位宽为 4 的 Command 信号表示的，而时钟使能信号 Cke 就直接和复位信号 Rst_n 相连，具体代码如下：

```
//SDRAM 命令信号组合
assign{Cs_n,Ras_n,Cas_n,We_n} =  Command;

//时钟使能信号
assign Cke =  Rst_n;
```

结合实际使用的开发板，AC620 上使用的 SDRAM 芯片是商业级的 128 Mbit 的 SDRAM 芯片，每个 Bank 有 4 096 行，因此自动刷新需要设计成 64 ms 内需要执行 4 096 次自动刷新操作。考虑到控制器设计的简易性，采用定时刷新操作，即固定时间间隔 15.625 μs(64 ms/4 096)刷新一次。刷新操作采用上述所说的线性序列机方法。固定的时间间隔采用计数器产生，根据时间间隔设置计数最大值(这里通过全局参数化在文件 Sdram_Params.h 中将 AUTO_REF 设置为 1 500)，每当计数值达到最大值时，产生一个时钟周期的标志信号。该标志位在产生刷新、写操作和读操作请求信号中有所使用。具体刷新定时器的实现代码如下：

```
//刷新定时计数器
always@(posedge Clk or negedge Rst_n)
begin
    if(!Rst_n)
        ref_time_cnt <= 0;
    else if (ref_time_cnt ==  AUTO_REF)
        ref_time_cnt <= 1;
    else if (init_done || ref_time_cnt > 0)
        ref_time_cnt <=  ref_time_cnt + 10'd1;
    else
        ref_time_cnt <=  ref_time_cnt;
end
//刷新定时时间标志位,定时到达时置 1
assign ref_time_flag = (ref_time_cnt ==  AUTO_REF);
```

如果使用 256 Mbit 的 SDRAM，则每个 Bank 有 8 192 行，因此需要每 64 ms 完成 8 192 次刷新，即每 7.812 5 μs 执行一次刷新，对应的 AUTO_REF 值应该设置为 750。

SDRAM 在进行读/写操作时，需要对地址线进行相应的操作，为了防止在操作过程中地址的变动，用寄存器将读/写操作时的各种地址进行寄存。地址在每次读/写请求到来时发生变化，在读/写过程中是不变的。具体的实现代码如下：

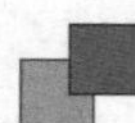

```
//读/写行列地址寄存器
always@(posedge Clk or negedge Reset_n)
begin
    if(!Reset_n)
    begin
        raddr_r <= 0;
        caddr_r <= 0;
        baddr_r <= 0;
    end
    else if (rd_req || wr_req)
    begin
        raddr_r <= Raddr;
        caddr_r <= Caddr;
        baddr_r <= Baddr;
    end
    else
        ;
end
```

至此主要的状态机和各种操作任务已经设计完成，上面设计的主状态机中的SDRAM初始化完成标志位是直接例化前面设计的SDRAM初始化模块产生的，该模块例化代码如下：

```
//SDRAM前期初始化模块例化
sdram_init sdram_init(
    .Clk(Clk),
    .Rst_n(Rst_n),
    .Command(init_cmd),
    .Saddr(init_addr),
    .Init_done(init_done)
);
```

主状态机中还有刷新请求、写操作请求和读操作请求3个控制信号，这些信号是状态转移过程中关键的控制信号。在前面已经确定刷新操作、写数据操作和读数据操作的优先级的情况下，涉及的情况仍然比较多，这里针对不同请求信号在不同状态中产生的过程进行一一描述。

1. 刷新请求信号的产生

① 在刷新操作状态，刷新定时到就产生一个刷新请求信号。

② 在写数据操作状态，刷新定时到了，记住此次的刷新定时，在写操作完成时产生一个刷新操作请求信号。有关记住刷新定时的具体代码如下：

```
//写操作过程刷新到记住刷新信号 ref_break_wr
assign ref_break_wr = (ref_time_flag && wr_opt)? 1'b1:
                      ((!wr_opt)? 1'b0:ref_break_wr);
```

③ 在读数据操作状态，刷新定时到了，记住此次的刷新定时，在读操作完成时产生一个刷新操作请求信号。有关记住刷新定时的具体代码如下：

```
//读操作过程刷新到记住刷新信号 ref_break_rd
assign ref_break_rd = (ref_time_flag && rd_opt)? 1'b1:
                      ((!rd_opt)? 1'b0:ref_break_rd);
```

刷新请求实现的具体代码如下：

```
//刷新请求信号
always@( * )
begin
    case(main_state)
        AREF:begin
            if(ref_time_flag)
                ref_req = 1'b1;
            else
                ref_req = 1'b0;
        end

        WRITE:begin
            if(ref_break_wr && wr_opt_done)
                ref_req = 1'b1;
            else
                ref_req = 1'b0;
        end

        READ:begin
            if(ref_break_rd && rd_opt_done)
                ref_req = 1'b1;
            else
                ref_req = 1'b0;
        end

        default:
            ref_req = 1'b0;
    endcase
end
```

2. 写数据操作请求信号的产生

① 在刷新操作状态，当外部写使能信号到来时，如果未进行刷新操作并且刷新定时未到时，则直接产生一个写操作请求信号；如果此时正在进行刷新操作，则记住此次的写使能信号，在刷新完成时产生一个写操作请求信号。有关记住外部写使能信号的具体代码如下：

```
//刷新过程外部写使能到记住写使能信号 wr_break_ref
assign wr_break_ref = ((Wr && ref_opt)? 1'b1:
                      ((!ref_opt)? 1'b0:wr_break_ref));
```

② 在写数据操作状态，写数据操作完成且没有刷新定时到来的情况下，若外部写使能信号到来，则产生一个写操作请求信号。

③ 在读数据操作状态，读数据操作完成且没有刷新定时到来的情况下，若外部写

使能信号到来，则产生一个写操作请求信号。

```
//写操作请求信号
always@(*)
begin
    case(main_state)
        AREF:begin
            if((!wr_break_ref) && Wr && !ref_time_flag)
                wr_req = 1'b1;
            else if (wr_break_ref && ref_opt_done)
                wr_req = 1'b1;
            else
                wr_req = 1'b0;
        end

        WRITE:begin
            if(wr_opt_done && Wr && !ref_break_wr)
                wr_req = 1'b1;
            else
                wr_req = 1'b0;
        end

        READ:begin
            if(rd_opt_done && Wr && !ref_break_rd)
                wr_req = 1'b1;
            else
                wr_req = 1'b0;
        end

        default:
            wr_req = 1'b0;
    endcase
end
```

3. 读数据操作请求信号的产生

① 在刷新操作状态，当外部读使能信号到来时，如果未进行刷新操作且没有外部写使能和刷新定时到来，则直接产生一个读操作请求信号；如果此时正在进行刷新操作且刷新过程无外部写使能到来，则记住此次的外部读使能信号，在刷新完成时产生一个读操作请求信号。有关外部读使能信号的具体代码如下：

```
//刷新过程外部读使能到记住读使能信号 rd_break_ref 信号
assign rd_break_ref = ((Rd && ref_opt)? 1'b1:
                      ((!ref_opt)? 1'b0:rd_break_ref));
```

② 在写数据操作状态，写数据操作完成且没有外部写使能和刷新定时到来的情况下，若外部读使能信号到来，则产生一个读操作请求信号。

③ 在读数据操作状态，读数据操作完成且没有外部写使能和刷新定时到来的情况下，若外部读使能信号到来，则产生一个读操作请求信号。

```
//读操作请求信号
always@(*)
begin
    case(main_state)
        AREF:begin
            if ((!rd_break_ref) && (!wr_break_ref)&&
              (!ref_time_flag) && !Wr && Rd )
                rd_req = 1'b1;
            else if (ref_opt_done && !wr_break_ref &&
                    rd_break_ref)
                rd_req = 1'b1;
            else
                rd_req = 1'b0;
        end

        WRITE:begin
            if (wr_opt_done && (!ref_break_wr)&&
              !Wr && Rd)
                rd_req = 1'b1;
            else
                rd_req = 1'b0;
        end

        READ:begin
            if (rd_opt_done && (!ref_break_rd)&&
              !Wr && Rd)
                rd_req = 1'b1;
            else
                rd_req = 1'b0;
        end

        default:
            rd_req = 1'b0;
        endcase
end
```

以上并没有包含所有的情况，比如在刷新状态中如果刷新定时和外部写或读使能同时到来，则只让其进行刷新操作，而未对此次写或读使能进行记忆，而是直接忽略此次的写或读使能。类似的情况还有在读或写过程中外部读或写使能到来时，也是忽略了此次的写或读使能，这样设计是考虑到整个 SDRAM 控制器一般是结合 FIFO 模块共同实现数据的缓存的。上面提到的外部写或读使能信号是根据写或读 FIFO 模块的可读或写数据量来控制的，并且 FIFO 本身也具有一定大小的内存可存放数据，一次的读/写使能忽略不会造成影响，后面会具体讲到与 FIFO 模块相结合设计的 SDRAM 控制器。

6.5.8 SDRAM 控制器仿真验证

至此，简单的可进行读/写操作的 SDRAM 控制器模块就设计好了，接下来就是对该模块进行仿真验证的环节，结合仿真模型(镁光官网提供的 SDRAM 模型)和编写的

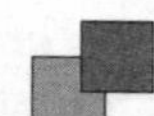

testbench 文件可验证所设计的控制器是否正确。编写的 testbench 文件如下：

```
`timescale 1ns/1ns
`define CLK100_PERIOD 10

module sdram_control_tb;

`include "../src/Sdram_Params.h"

    reg                         Clk;
    reg                         Rst_n;

    reg                         Wr;
    reg                         Rd;
    reg [`ASIZE - 1:0]          Caddr;
    reg [`ASIZE - 1:0]          Raddr;
    reg [`BSIZE - 1:0]          Baddr;
    reg [`DSIZE - 1:0]          Wr_data;
    wire [`DSIZE - 1:0]         Rd_data;
    wire                        Wr_data_vaild;
    wire                        Rd_data_vaild;

    wire                        sdram_clk;
    wire                        sdram_cke;
    wire                        sdram_cs_n;
    wire                        sdram_ras_n;
    wire                        sdram_cas_n;
    wire                        sdram_we_n;
    wire [`BSIZE - 1:0]         sdram_bank;
    wire [`ASIZE - 1:0]         sdram_addr;
    wire [`DSIZE - 1:0]         sdram_dq;
    wire [`DSIZE/8 - 1:0]       sdram_dqm;

    assign                      sdram_clk = ~Clk;

    wire                        Rdata_done;

    //SDRAM 控制器模块例化
    sdram_control sdram_control(
        .Clk(Clk),
        .Rst_n(Rst_n),

        .Wr(Wr),
        .Rd(Rd),
        .Caddr(Caddr),
        .Raddr(Raddr),
        .Baddr(Baddr),
        .Wr_data(Wr_data),
        .Rd_data(Rd_data),
        .Rd_data_vaild(Rd_data_vaild),
        .Wr_data_vaild(Wr_data_vaild),
```

```
        .Wdata_done(),
        .Rdata_done(Rdata_done),

        .Sa(sdram_addr),
        .Ba(sdram_bank),
        .Cs_n(sdram_cs_n),
        .Cke(sdram_cke),
        .Ras_n(sdram_ras_n),
        .Cas_n(sdram_cas_n),
        .We_n(sdram_we_n),
        .Dq(sdram_dq),
        .Dqm(sdram_dqm)
    );

    //SDRAM 模型例化
    sdr sdram_model(
        .Dq(sdram_dq),
        .Addr(sdram_addr),
        .Ba(sdram_bank),
        .Clk(sdram_clk),
        .Cke(sdram_cke),
        .Cs_n(sdram_cs_n),
        .Ras_n(sdram_ras_n),
        .Cas_n(sdram_cas_n),
        .We_n(sdram_we_n),
        .Dqm(sdram_dqm)
    );

    initial  Clk = 1'b1;
    always#(`CLK100_PERIOD/2) Clk = ~Clk;

    initial
    begin
        Rst_n     = 0;
        Wr        = 0;
        Rd        = 0;
        Caddr     = 0;
        Raddr     = 0;
        Baddr     = 0;
        Wr_data   = 0;
        #(`CLK100_PERIOD * 200 + 1);
        Rst_n     = 1;

        @(posedge sdram_control.sdram_init.Init_done)
        #2000;

        repeat(100)                    //写入 100 组数据
        begin
            Wr     = 1;
            Baddr  = 2;
            #`CLK100_PERIOD;
```

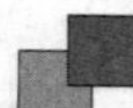

```
            Wr = 0;

            if(Caddr == 512 - SC_BL) begin
                Caddr = 0;
                Raddr = Raddr + 1;          //1 行写满,行加 1
            end
            else
                Caddr = Caddr + SC_BL;

            #5000;                          //延时 5 μs
        end

        Caddr = 0;
        Raddr = 0;
        #5000;
        repeat(100)                         //读出 100 组数据
        begin
            Rd = 1'b1;
            #`CLK100_PERIOD;
            Rd = 1'b0;

            if(Caddr == 512 - SC_BL) begin
                Caddr = 0;
                Raddr = Raddr + 1;          //1 行读完,行加 1
            end
            else
                Caddr = Caddr + SC_BL;

            #5000;                          //延时 5 μs
        end

        #5000;
        $stop;
    end

    initial
    begin
        forever begin
            @(posedge Wr_data_vaild);
            repeat(SC_BL)                   //改变待写入的数据
            begin
                #`CLK100_PERIOD;
                Wr_data = Wr_data + 1;
            end
        end
    end

endmodule
```

这里仿真中 SDRAM 控制模块突发长度设置为 8,列选通潜伏期设置为 2。本次仿真过程是向 SDRAM 中 Bank 地址为 2 的块中写入 100 组突发长度的数据,然后读出这 100 组数据,写入数据在写数据有效区间内改变。观察比较写入与读出数据来验证控制设计是否正确。如图 6.105 所示为 SDRAM 控制器仿真的部分截图。

```
# sdram_control_tb.sdram_model : at time  202055.0 ns AREF : Auto Refresh
# sdram_control_tb.sdram_model : at time  202155.0 ns AREF : Auto Refresh
# sdram_control_tb.sdram_model : at time  202255.0 ns LMR  : Load Mode Register
# sdram_control_tb.sdram_model :                             CAS Latency      = 2
# sdram_control_tb.sdram_model :                             Burst Length     = 8
# sdram_control_tb.sdram_model :                             Burst Type       = Sequential
# sdram_control_tb.sdram_model :                             Write Burst Mode = Programmed Burst Length
# sdram_control_tb.sdram_model : at time  204275.0 ns ACT  : Bank = 2 Row =     0
# sdram_control_tb.sdram_model : at time  204305.0 ns WRITE: Bank = 2 Row =     0, Col =   8, Data = 0000
# sdram_control_tb.sdram_model : at time  204315.0 ns WRITE: Bank = 2 Row =     0, Col =   9, Data = 0001
# sdram_control_tb.sdram_model : at time  204325.0 ns WRITE: Bank = 2 Row =     0, Col =  10, Data = 0002
# sdram_control_tb.sdram_model : at time  204335.0 ns WRITE: Bank = 2 Row =     0, Col =  11, Data = 0003
# sdram_control_tb.sdram_model : at time  204345.0 ns WRITE: Bank = 2 Row =     0, Col =  12, Data = 0004
# sdram_control_tb.sdram_model : at time  204355.0 ns WRITE: Bank = 2 Row =     0, Col =  13, Data = 0005
# sdram_control_tb.sdram_model : at time  204365.0 ns WRITE: Bank = 2 Row =     0, Col =  14, Data = 0006
# sdram_control_tb.sdram_model : at time  204375.0 ns WRITE: Bank = 2 Row =     0, Col =  15, Data = 0007
                                           ⋮
# sdram_control_tb.sdram_model : at time  324515.0 ns ACT  : Bank = 2 Row =     0
# sdram_control_tb.sdram_model : at time  324545.0 ns WRITE: Bank = 2 Row =     0, Col = 200, Data = 00c0
# sdram_control_tb.sdram_model : at time  324555.0 ns WRITE: Bank = 2 Row =     0, Col = 201, Data = 00c1
# sdram_control_tb.sdram_model : at time  324565.0 ns WRITE: Bank = 2 Row =     0, Col = 202, Data = 00c2
# sdram_control_tb.sdram_model : at time  324575.0 ns WRITE: Bank = 2 Row =     0, Col = 203, Data = 00c3
# sdram_control_tb.sdram_model : at time  324585.0 ns WRITE: Bank = 2 Row =     0, Col = 204, Data = 00c4
# sdram_control_tb.sdram_model : at time  324595.0 ns WRITE: Bank = 2 Row =     0, Col = 205, Data = 00c5
# sdram_control_tb.sdram_model : at time  324605.0 ns WRITE: Bank = 2 Row =     0, Col = 206, Data = 00c6
# sdram_control_tb.sdram_model : at time  324615.0 ns WRITE: Bank = 2 Row =     0, Col = 207, Data = 00c7
                                           ⋮
# sdram_control_tb.sdram_model : at time  710275.0 ns ACT  : Bank = 2 Row =     0
# sdram_control_tb.sdram_model : at time  710323.0 ns READ : Bank = 2 Row =     0, Col =   8, Dqm = 00, Data = 0000
# sdram_control_tb.sdram_model : at time  710333.0 ns READ : Bank = 2 Row =     0, Col =   9, Dqm = 00, Data = 0001
# sdram_control_tb.sdram_model : at time  710343.0 ns READ : Bank = 2 Row =     0, Col =  10, Dqm = 00, Data = 0002
# sdram_control_tb.sdram_model : at time  710353.0 ns READ : Bank = 2 Row =     0, Col =  11, Dqm = 00, Data = 0003
# sdram_control_tb.sdram_model : at time  710363.0 ns READ : Bank = 2 Row =     0, Col =  12, Dqm = 00, Data = 0004
# sdram_control_tb.sdram_model : at time  710373.0 ns READ : Bank = 2 Row =     0, Col =  13, Dqm = 00, Data = 0005
# sdram_control_tb.sdram_model : at time  710383.0 ns READ : Bank = 2 Row =     0, Col =  14, Dqm = 00, Data = 0006
# sdram_control_tb.sdram_model : at time  710393.0 ns READ : Bank = 2 Row =     0, Col =  15, Dqm = 00, Data = 0007
                                           ⋮
# sdram_control_tb.sdram_model : at time  830515.0 ns ACT  : Bank = 2 Row =     0
# sdram_control_tb.sdram_model : at time  830563.0 ns READ : Bank = 2 Row =     0, Col = 200, Dqm = 00, Data = 00c0
# sdram_control_tb.sdram_model : at time  830573.0 ns READ : Bank = 2 Row =     0, Col = 201, Dqm = 00, Data = 00c1
# sdram_control_tb.sdram_model : at time  830583.0 ns READ : Bank = 2 Row =     0, Col = 202, Dqm = 00, Data = 00c2
# sdram_control_tb.sdram_model : at time  830593.0 ns READ : Bank = 2 Row =     0, Col = 203, Dqm = 00, Data = 00c3
# sdram_control_tb.sdram_model : at time  830603.0 ns READ : Bank = 2 Row =     0, Col = 204, Dqm = 00, Data = 00c4
# sdram_control_tb.sdram_model : at time  830613.0 ns READ : Bank = 2 Row =     0, Col = 205, Dqm = 00, Data = 00c5
# sdram_control_tb.sdram_model : at time  830623.0 ns READ : Bank = 2 Row =     0, Col = 206, Dqm = 00, Data = 00c6
# sdram_control_tb.sdram_model : at time  830633.0 ns READ : Bank = 2 Row =     0, Col = 207, Dqm = 00, Data = 00c7
```

图 6.105 SDRAM 控制器仿真部分结果

这个仿真结果中列选通潜伏期为 2,突发长度为 8,与我们设置的参数是完全一致的,说明控制器初始化过程正常工作,读出的指定某地址的数据与该地址写入的数据是相同的,说明我们设计的 SDRAM 控制器模块的读/写功能是没有问题的。结合如图 6.106 所示的仿真过程时序波形图,可以更加有力地验证设计的正确性。除此之外,

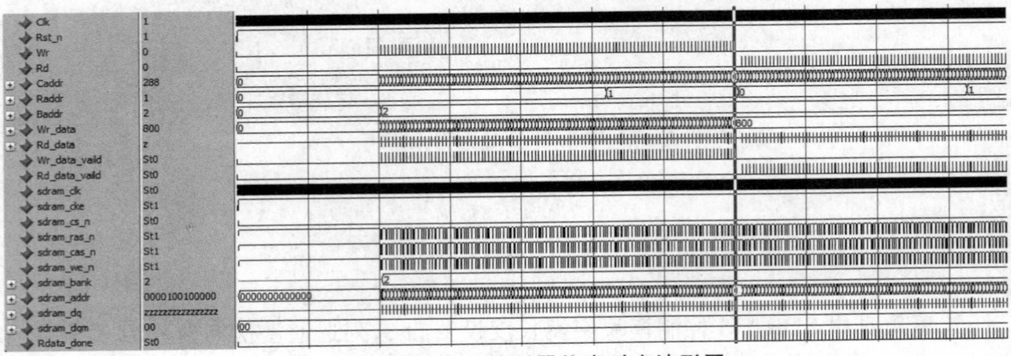

图 6.106 SDRAM 控制器仿真时序波形图

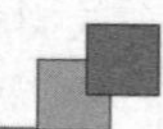

结合仿真输出结果和仿真波形时序图可以更好地帮助我们发现设计的问题以便优化设计。

6.5.9　SDRAM 控制器设计优化

在视频图像的处理系统中，经常使用 SDRAM 作为视频图像数据的缓存。而视频图像数据流一般都是顺序产生的，同时在输出时，也只需要顺序输出即可。对于这种连续的数据流缓存，只用上面设计的 SDRAM 控制器模块会存在一些问题。上面也曾提到过，在某些特殊的时刻，有些读或写会被忽略掉，而且数据的写或读不能连续对数据流进行缓存，只能间歇式地读或写 SDRAM 数据。这样是不利于连续数据流存储的，会出现数据存储或读取遗漏的问题。下面将针对这个问题对上面设计的 SDRAM 控制器模块进行优化。优化的思路很简单，就是在数据写入前和数据读出后各增加一个 FIFO 模块对数据进行暂时的缓存。这样就可以避免上面特殊时刻读或写被忽略掉而造成数据遗漏的问题，因为 FIFO 同样具有数据存储的作用，可以对这些数据进行短暂存储，避免遗漏丢失。这里的两个 FIFO 模块均是由 Quartus Prime 软件生成的 IP 核，读/写数据位宽设置为 16，深度设置为 256，并且数据读出设置为 showahead 模式。图 6.107 为增加 FIFO 模块后的 SDRAM 控制器的设计框图。

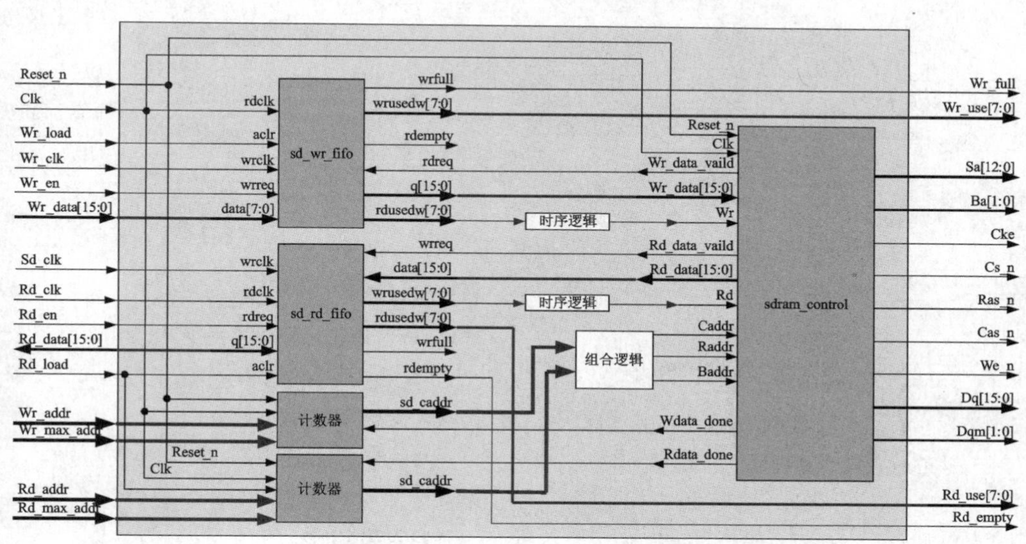

图 6.107　增加 FIFO 模块的 SDRAM 控制器框图

其中，sdram_control 模块的写使能 Wr 和读使能 Rd 是通过判断写 FIFO 模块和读 FIFO 模块中所存储的数据量来决定的。在写 FIFO 模块中，当存放的数据量大于一次突发写长度数据量时就将写使能 Wr 拉高；在读 FIFO 模块中，当存放的数据量小于整个 FIFO 能存放数据量的一半时就将读使能 Rd 拉高。这样就能解决上述在连续数据流读取时，数据读取存在遗漏的问题。优化后的 SDRAM 控制器设计代码如下：

```
module sdram_control_top(
    Clk,
    Rst_n,
    Sd_clk,

    Wr_data,
    Wr_en,
    Wr_addr,
    Wr_max_addr,
    Wr_load,
    Wr_clk,
    Wr_full,
    Wr_use,

    Rd_data,
    Rd_en,
    Rd_addr,
    Rd_max_addr,
    Rd_load,
    Rd_clk,
    Rd_empty,
    Rd_use,

    Sa,
    Ba,
    Cs_n,
    Cke,
    Ras_n,
    Cas_n,
    We_n,
    Dq,
    Dqm
);

`include"../src/Sdram_Params.h"

    input                 Clk;            //系统时钟
    input                 Rst_n;          //复位信号,低电平有效
    input                 Sd_clk;         //SDRAM 时钟信号

    input [`DSIZE - 1:0]  Wr_data;        //待写入数据
    input                 Wr_en;          //写数据使能信号
    input [23:0]          Wr_addr;        //写数据起始地址
    input [23:0]          Wr_max_addr;    //写数据最大地址(SC_BL 的整数倍)
    input                 Wr_load;        //写 FIFO 清零信号
    input                 Wr_clk;         //写 FIFO 数据时钟信号
    output                Wr_full;        //写 FIFO 数据满信号
    output [7:0]          Wr_use;         //写 FIFO 数据可用数据量

    output [`DSIZE - 1:0] Rd_data;        //读出的数据
    input                 Rd_en;          //读数据使能信号
```

```
input [23:0]              Rd_addr;            //读数据起始地址
input [23:0]              Rd_max_addr;        //读数据最大地址(SC_BL 的整数倍)
input                     Rd_load;            //读 FIFO 清零信号
input                     Rd_clk;             //读 FIFO 数据时钟信号
output                    Rd_empty;           //读 FIFO 数据空信号
output [7:0]              Rd_use;             //读 FIFO 数据可用数据量

output [`ASIZE - 1:0]     Sa;                 //SDRAM 地址总线
output [`BSIZE - 1:0]     Ba;                 //SDRA MBank 地址
output                    Cs_n;               //SDRAM 片选信号
output                    Cke;                //SDRAM 时钟使能
output                    Ras_n;              //SDRAM 行地址选
output                    Cas_n;              //SDRAM 列地址选
output                    We_n;               //SDRAM 写使能
inout [`DSIZE - 1:0]      Dq;                 //SDRAM 数据总线
output [`DSIZE/8 - 1:0]   Dqm;                //SDRAM 数据掩码

reg                       sd_wr;              //写 SDRAM 使能信号
reg                       sd_rd;              //读 SDRAM 使能信号
reg [`ASIZE - 1:0]        sd_caddr;           //写 SDRAM 时列地址
reg [`ASIZE - 1:0]        sd_raddr;           //写 SDRAM 时行地址
reg [`BSIZE - 1:0]        sd_baddr;           //写 SDRAM 时 Bank 地址
wire [`DSIZE - 1:0]       sd_wr_data;         //待写入 SDRAM 数据
wire [`DSIZE - 1:0]       sd_rd_data;         //读出 SDRAM 的数据
wire                      sd_rdata_vaild;     //读 SDRAM 时数据有效区
wire                      sd_wdata_vaild;     //写 SDRAM 时数据有效区
wire                      sd_wdata_done;      //一次写突发完成标识位
wire                      sd_rdata_done;      //一次读突发完成标识位
wire [7:0]                fifo_rduse;         //写 FIFO 模块可读数据量
wire [7:0]                fifo_wruse;         //读 FIFO 模块已写数据量
reg [23:0]                wr_sdram_addr;      //写 SDRAM 的地址
reg [23:0]                rd_sdram_addr;      //读 SDRAM 的地址
wire                      sd_wr_req;          //请求写数据到 SDRAM
wire                      sd_rd_req;          //请求向 SDRAM 读数据

//SDRAM 控制器模块例化
sdram_control sdram_control(
    .Clk(Clk),
    .Rst_n(Rst_n),

    .Wr(sd_wr),
    .Rd(sd_rd),
    .Caddr(sd_caddr),
    .Raddr(sd_raddr),
    .Baddr(sd_baddr),
    .Wr_data(sd_wr_data),
```

```
        .Rd_data(sd_rd_data),
        .Rd_data_vaild(sd_rdata_vaild),
        .Wr_data_vaild(sd_wdata_vaild),
        .Wdata_done(sd_wdata_done),
        .Rdata_done(sd_rdata_done),
        .Sa(Sa),
        .Ba(Ba),
        .Cs_n(Cs_n),
        .Cke(Cke),
        .Ras_n(Ras_n),
        .Cas_n(Cas_n),
        .We_n(We_n),
        .Dq(Dq),
        .Dqm(Dqm)
    );

    //写 FIFO 模块例化
    fifo_wr sd_wr_fifo(
        .aclr(Wr_load),
        .data(Wr_data),
        .rdclk(Clk),
        .rdreq(sd_wdata_vaild),
        .wrclk(Wr_clk),
        .wrreq(Wr_en),
        .q(sd_wr_data),
        .rdempty(),
        .rdusedw(fifo_rduse),
        .wrfull(Wr_full),
        .wrusedw(Wr_use)
    );

    //读 FIFO 模块例化
    fifo_rd sd_rd_fifo(
        .aclr(Rd_load),
        .data(sd_rd_data),
        .rdclk(Rd_clk),
        .rdreq(Rd_en),
        .wrclk(Sd_clk),
        .wrreq(sd_rdata_vaild),
        .q(Rd_data),
        .rdempty(Rd_empty),
        .rdusedw(Rd_use),
        .wrfull(),
        .wrusedw(fifo_wruse)
    );

    //写 SDRAM 数据的地址,数据写完一次增加一次突发长度
    always@(posedge Clk or negedge Rst_n)
```

```
begin
    if(!Rst_n)
        wr_sdram_addr <= Wr_addr;
    else if (Wr_load == 1'b1)
        wr_sdram_addr <= Wr_addr;
    else if (sd_wdata_done) begin
        if(wr_sdram_addr ==  Wr_max_addr - SC_BL)
            wr_sdram_addr <= Wr_addr;
        else
            wr_sdram_addr <= wr_sdram_addr + SC_BL;
    end
    else
        wr_sdram_addr <= wr_sdram_addr;
end

//读 SDRAM 数据的地址,数据读完一次增加一次突发长度
always@(posedge Clk or negedge Rst_n)
begin
    if(!Rst_n)
        rd_sdram_addr <= Rd_addr;
    else if (Rd_load == 1'b1)
        rd_sdram_addr <= Rd_addr;
    else if (sd_rdata_done) begin
        if(rd_sdram_addr == Rd_max_addr - SC_BL)
            rd_sdram_addr <= Rd_addr;
        else
            rd_sdram_addr <= rd_sdram_addr + SC_BL;
    end
    else
        rd_sdram_addr <= rd_sdram_addr;
end

//写 SDRAM 请求信号
assign sd_wr_req = (!Wr_lood)&&(fifo_rduse > = SC_BL)? 1'b1:1'b0;
//读 SDRAM 请求信号
assign sd_rd_req = (!Rd_load) && (fifo_wruse[7] == 1'b0)? 1'b1:1'b0;

//写 SDRAM 使能信号
always@(posedge Clk or negedge Rst_n)
begin
    if(!Rst_n)
        sd_wr <= 1'b0;
    else if (sd_wr_req)
        sd_wr <= 1'b1;
    else
        sd_wr <= 1'b0;
end
//读 SDRAM 使能信号
always@(posedge Clk or negedge Rst_n)
begin
    if(!Rst_n)
```

```
            sd_rd  <= 1'b0;
        else if (sd_rd_req)
            sd_rd  <= 1'b1;
        else
            sd_rd  <= 1'b0;
    end

    //SDRAM 的列地址
    always@( * )
    begin
        if(!Rst_n)
            sd_caddr  = 9'd0;
        else if (sd_wr_req)
            sd_caddr  =  wr_sdram_addr [8:0];
        else if (sd_rd_req)
            sd_caddr  =  rd_sdram_addr [8:0];
        else
            sd_caddr  =  sd_caddr;
    end

    //SDRAM 的行地址
    always@( * )
    begin
        if(!Rst_n)
            sd_raddr  = 13'd0;
        else if (sd_wr_req)
            sd_raddr  =  wr_sdram_addr [21:9];
        else if (sd_rd_req)
            sd_raddr  =  rd_sdram_addr [21:9];
        else
            sd_raddr  =  sd_raddr;
    end

    //SDRAM 的 Bank 地址
    always@( * )
    begin
        if (!Rst_n)
            sd_baddr  = 2'd0;
        else if (sd_wr_req)
            sd_baddr  =  wr_sdram_addr [23:22];
        else if (sd_rd_req)
            sd_baddr  =  rd_sdram_addr [23:22];
        else
            sd_baddr  =  sd_baddr;
    end

endmodule
```

6.5.10 优化控制器仿真验证

优化后的 SDRAM 控制器设计完成后，接下来就是对该控制器进行仿真验证，这里同样采用镁光官网提供的 SDRAM 模型进行仿真，仿真过程主要是向 SDRAM 写入 1 000 个数据，在写的过程以及写停止后的一段时间去读 SDRAM 的数据，编写的 testbench 文件代码如下：

```
`timescale 1ns/1ns
`define CLK100_PERIOD 10
`define WCLK_PERIOD    40
`define RCLK_PERIOD    40

module sdram_control_top_tb;

`include"../src/Sdram_Params.h"

    reg                    Clk;
    reg                    Rst_n;

    reg [`DSIZE - 1:0]     Wr_data;
    reg                    Wr_en;
    reg                    Wr_load;
    reg                    Wr_clk;

    wire [`DSIZE - 1:0]    Rd_data;
    reg                    Rd_en;
    reg                    Rd_load;
    reg                    Rd_clk;

    wire [`ASIZE - 1:0]    Sa;
    wire [`BSIZE - 1:0]    Ba;
    wire                   Cs_n;
    wire                   Cke;
    wire                   Ras_n;
    wire                   Cas_n;
    wire                   We_n;
    wire [`DSIZE - 1:0]    Dq;
    wire [`DSIZE/8 - 1:0]Dqm;

    wire                   sdram_clk;

    //SDRAM 时钟信号
    assign sdram_clk = ~Clk;

    sdram_control_top sdram_control_top(
        .Clk(Clk),
        .Rst_n(Rst_n),
        .Sd_clk(sdram_clk),
```

```
        .Wr_data(Wr_data),
        .Wr_en(Wr_en),
        .Wr_addr(0),
        .Wr_max_addr(1000),
        .Wr_load(Wr_load),
        .Wr_clk(Wr_clk),
        .Wr_full(),
        .Wr_use(),

        .Rd_data(Rd_data),
        .Rd_en(Rd_en),
        .Rd_addr(0),
        .Rd_max_addr(1000),
        .Rd_load(Rd_load),
        .Rd_clk(Rd_clk),
        .Rd_empty(),
        .Rd_use(),

        .Sa(Sa),
        .Ba(Ba),
        .Cs_n(Cs_n),
        .Cke(Cke),
        .Ras_n(Ras_n),
        .Cas_n(Cas_n),
        .We_n(We_n),
        .Dq(Dq),
        .Dqm(Dqm)
);

//SDRAM 模型例化
sdr sdram_model(
        .Dq(Dq),
        .Addr(Sa),
        .Ba(Ba),
        .Clk(sdram_clk),
        .Cke(Cke),
        .Cs_n(Cs_n),
        .Ras_n(Ras_n),
        .Cas_n(Cas_n),
        .We_n(We_n),
        .Dqm(Dqm)
);

//SDRAM 控制器时钟
initial  Clk = 1'b1;
always#(`CLK100_PERIOD/2) Clk = ~Clk;
//写数据到 SDRAM 时钟
initial  Wr_clk = 1'b1;
always#(`WCLK_PERIOD/2) Wr_clk = ~Wr_clk;
//读数据到 SDRAM 时钟
initial  Rd_clk = 1'b1;
```

```
	always#(`RCLK_PERIOD/2) Rd_clk = ~Rd_clk;

	initial
	begin
		Rst_n     = 0;
		Wr_load   = 1;
		Rd_load   = 1;
		Wr_data   = 0;
		Wr_en     = 0;
		Rd_en     = 0;
		#(`CLK100_PERIOD * 200 + 1)
		Rst_n     = 1;
		Wr_load   = 0;
		Rd_load   = 0;

		@(posedge sdram_control_top.sdram_control.init_done)
		#2000;

		//读写数据
		Wr_en = 1;
		Rd_en = 1;
		repeat(1000)
		begin
			#(`RCLK_PERIOD);
			Wr_data = Wr_data + 1;
		end
		#(`CLK100_PERIOD * 2)
		Wr_en = 1'b0;              //关闭写使能
		#5000;
		Rd_en = 1'b0;              //关闭读使能
		#5000;
		$stop;
	end

endmodule
```

优化后的 SDRAM 控制器的仿真波形时序如图 6.108 所示，从波形可以看出在写

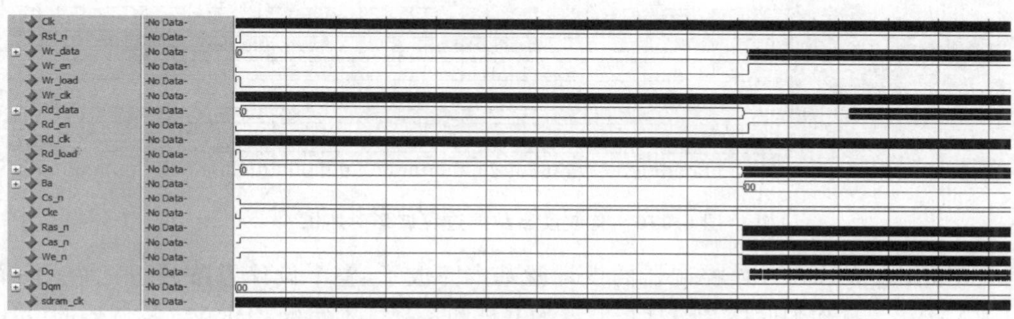

图 6.108　优化后的 SDRAM 控制器仿真波形时序图

数据的过程中，数据是按照我们设计的方式进行写操作的。在读数据的过程中，读者应该能发现，在读过程的前半部分，读出的数据是不连续的，且有些是不定态的。这也是在我们设计的预期之内的效果，之所以出现这个现象，原因是 sdram_control 模块的读使能信号是根据读 FIFO 模块中已经存储的数据量来产生的，产生的条件是只要已经存储的数据量低于这个 FIFO 模块所能存储数据量的一半时，就产生读使能信号，这样就造成前期在 SDRAM 中没有数据（即不确定数）时，读 FIFO 模块也会向 sdram_control 模块发出读使能信号读取数据，出现前面的一些未知的数据。当读 SDRAM 的地址重新回到读起始地址时，读数据输出就正常了。这个问题是可以解决的，读者可以根据具体的使用情景对读数据使能进行控制并配合读 FIFO 模块中的清零信号 aclr 避开这个问题。比如在下一节讲的串口传图帧缓存设计应用中，设计时为避免这个问题，先等待 SDRAM 中有一定数量的数据后再进行读取，并且当读取数据显示在 TFT 屏时，每一帧数据起始时都将读 FIFO 进行一次清空，以保证待显示的图片与 TFT 屏的显示是同步的。

图 6.109 和图 6.110 是将写入数据过程和读出数据过程进行放大后的波形时序图。通过观察，写入的数据和能有效读出时的数据是一致的，说明设计的控制器工作正常。

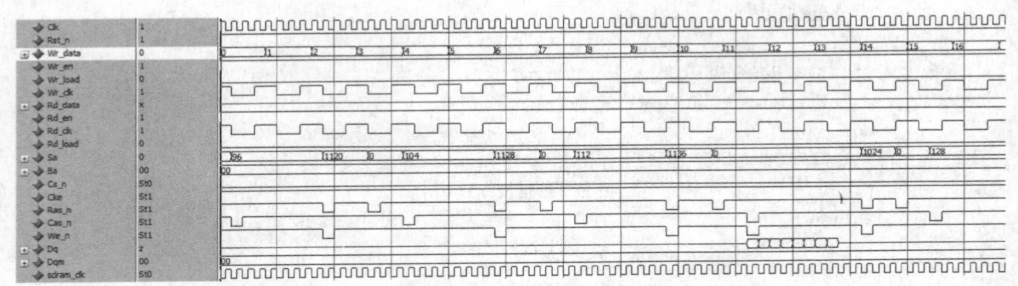

图 6.109　写入数据过程波形时序图

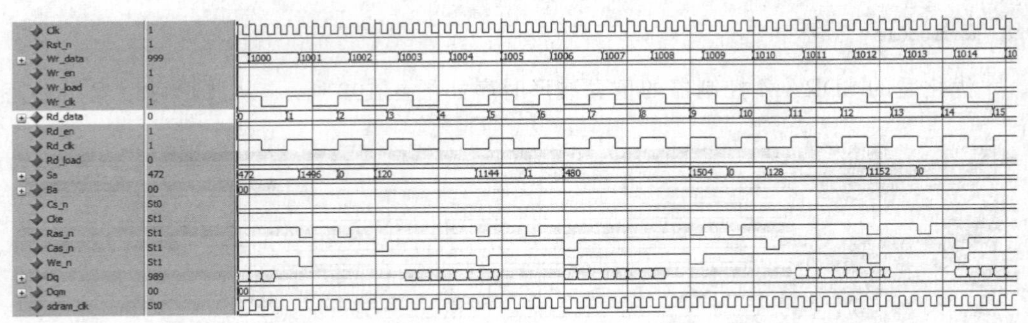

图 6.110　有效读出数据过程波形时序图

至此，整个 SDRAM 控制器的设计就基本完成了，整个设计思路并不复杂，了解 SDRAM 相关操作的时序是设计控制器的基础和关键。本实验 SDRAM 控制器的设计考虑的并不是很全面，读者可以在此基础上进行进一步的优化。

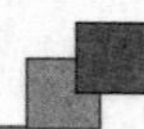

本节小结：

本节对 SDRAM 的基本概念、存取原理、功能特性、操作命令以及操作时序进行了比较详细的讲解，且结合前面章节学习的技巧方法设计了一个简易的可进行读/写操作的 SDRAM 控制器并进行了相应的验证。SDRAM 控制器的应用比较多，读者可结合本实验设计的控制器在实际的项目中进行开发和利用。接下来，我们会将该控制器应用到实际的项目中。

6.6　串口传图帧缓存设计

在前面我们已经学习了有关 SDRAM 的基础知识，并且设计了简单可进行读/写的 SDRAM 控制器，本节将在此控制器模块上，结合前面的串口接收模块和 TFT 屏显示模块等进行一个综合实验，实现串口传输图片数据到 SDRAM 进行缓存，最后在 TFT 屏上实现显示图片的功能。

6.6.1　系统结构

本实验主要是结合前面章节中设计的串口收发模块、TFT 屏控制器模块和 SDRAM 控制器模块等，实现 PC 通过串口发送图片数据到 FPGA 开发板中 SDRAM 进行图片数据缓存，然后利用 TFT 屏显示存储在 SDRAM 中的图片数据的功能。具体系统设计的框架如图 6.111 所示。

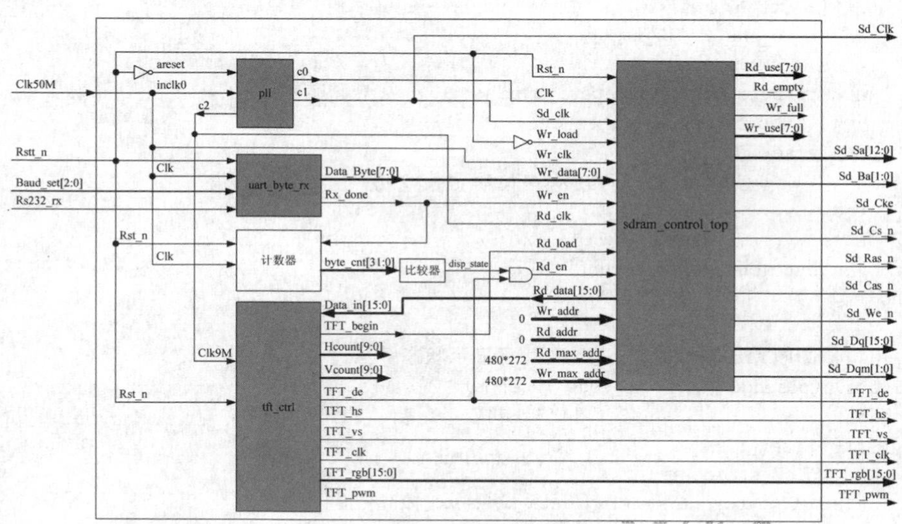

图 6.111　系统设计框架

具体到本书对应的 FPGA 硬件平台 AC620 开发板，由于该板硬件提供的是 128 Mbit、16 位数据位宽的 SDRAM 存储器，TFT 屏最大可显示 24 位数据位宽的图片数据，综合考虑，最后决定采用16位数据位宽的图片数据。这里考虑到串口传输数据一次最多传输一字节长度，对于一个像素点数据，PC是分两次发送给AC620的，基于这一点，为了减少模块的设计，我们直接将前面设计的SDRAM控制器中写FIFO模块输入数据位宽进行更改，即将生成的写FIFO IP核的16位数据位宽的输入改为8位数据位宽的输入，输出位宽保持不变，深度保持不变。

为了图片在TFT显示时保证与TFT时序保持帧同步，在原来设计的TFT控制器中增加一个帧起始标志位信号输出，用该信号去控制SDRAM控制器读FIFO清零端口Rd_load，这样可以保持待显示数据与TFT屏显示时序的同步，避免出现图片显示移位等问题，具体增加的该信号代码如下：

```
assign tft_begin = (hcount_r == 0) && (vcount_r == 0)? 1'b1:1'b0;
```

为了避免在SDRAM中还未存入数据就对SDRAM进行数据读取并在TFT上显示，以及出现一些未知的花屏等现象，我们在串口传图这个项目的顶层设计中，对读使能进行了一定的限制。通过对写入数据的计数，当串口传输的数据完成后，产生一个可进行TFT显示的状态信号disp_state，然后在该信号为高电平时，才让读使能有效，这样在串口传输图片数据的过程中，TFT屏不会出现花屏等现象，具体的disp_state产生代码如下：

```
//串口传图图片数据计数器
always@(posedge Clk50M or negedge Reset_n)
begin
    if(!Reset_n)
        byte_cnt <= 32'd0;
    else if (Wr_en) begin
        if(byte_cnt <(img_data_byte << 1))
            byte_cnt <=  byte_cnt + 32'd1;
        else
            byte_cnt <= (img_data_byte << 1);
    end
    else
        byte_cnt <=  byte_cnt;
end

//串口传图图片数据传输完，进入图片可显示状态
always@(posedge Clk or negedge Reset_n)
begin
    if(!Reset_n)
        disp_state <= 1'b0;
    else if (byte_cnt == (img_data_byte << 1))
        disp_state <= 1'b1;
    else
        disp_state <= 1'b0;
end
```

上面的代码中img_data_byte是采用本地参数化表示的一张图片像素大小，本实

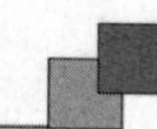

验用于图片显示的 4.3 英寸 TFT 屏是 480×272 像素的，img_data_byte 的大小就是根据这个设置的，具体代码如下：

```
localparam img_h = 480;
localparam img_v = 272;
localparam img_data_byte =  img_h * img_v;
```

可进行 TFT 显示的状态信号 disp_state 是在图片数据传输完后变为高电平的，串口传输数据是一字节一字节传输的，显示的图片数据像素点是 16 位位宽的数据（两字节），所以一张图片需串口传输的数据量为 2 倍的 img_data_byte。

在图片显示时，SDRAM 中数据读取的使能信号是在可进行 TFT 显示的状态信号 disp_state 和 TFT 数据使能 tft_de 同时为高电平时有效，具体的代码如下：

```
//SDRAM 控制器读 FIFO 的读使能
assign Rd_en = (disp_state && tft_de)? 1'b1:1'b0;
```

这里使用的 SDRAM 控制器中的写 FIFO 模块根据本次实验进行了适当的修改，改成了 8 位数据位宽的数据输入，16 位数据位宽的数据输出。FIFO 模块内部会进行转换，将相邻的两个输入数据合成一个输出数据，FIFO 数据的合成是相邻的两个数据先输入的 8 位数据在输出的 16 位数据的低 8 位，后输入的 8 位数据在输出的 16 位数据的高 8 位。在网上下载本次实验使用的图片转数据的软件是 Picture2Hex，该软件图片转换 16 位位宽的图片数据是高 8 位在前，低 8 位在后。这样在串口传输图片数据时，是先传输高 8 位，后传输低 8 位。这样读出的 SDRAM 的待显示数据的高低 8 位数据恰好是相反的。因此需要在 TFT 控制器模块例化时，对待显示数据进行简单的高低 8 位的调换，具体代码如下：

```
//TFT 显示驱动控制模块例化
tft_ctrl tft_ctrl(
    .clk9M(clk9M),
    .rst_n(Reset_n),
    .data_in({Rd_data [7:0],Rd_data [15:8]}),
    .hcount(hcount),
    .vcount(vcount),
    .tft_rgb(tft_rgb),
    .tft_hs(tft_hs),
    .tft_vs(tft_vs),
    .tft_clk(tft_clk),
    .tft_de(tft_de),
    .tft_pwm(tft_pwm),
    .tft_begin(tft_begin)
);
```

但对于可选择高低 8 位的图片转数据的软件，读者可根据实际情况做相应的改变。

在整个系统的设计中内部需要 4 个时钟信号，串口接收模块需要 50 MHz 的时钟，SDRAM 控制器需要 2 个有一定相位差的 100 MHz 的时钟，TFT 屏显示控制器模块需要 9 MHz 的时钟。本实验的硬件平台是基于 AC620 的开发板，该开发板外部提供了 50 MHz 的时钟，为满足整个系统所需的时钟要求，就需使用 PLL IP 核来产生不同的时钟信号。有关 PLL IP 的讲解在前面章节已经介绍了，这里就不再赘述。需要读者注意的是，SDRAM 所需的两路有一定相位差的 100 MHz 时钟信号 CLK 和 sdram_clk，理论上后者与前者的相位差为－180°最好，考虑到实际 FPGA 综合布局布线后电路工作的延时，经过测试，相位差为－150°比较好。整个串口传图的顶层文件设计的代码如下：

```
module uart2sdram2tft(
    Clk50M,
    Rst_n,

    Uart_rx,

    Sd_Sa,
    Sd_Ba,
    Sd_Cs_n,
    Sd_Cke,
    Sd_Clk,
    Sd_Ras_n,
    Sd_Cas_n,
    Sd_We_n,
    Sd_Dq,
    Sd_Dqm,

    TFT_rgb,
    TFT_hs,
    TFT_vs,
    TFT_clk,
    TFT_de,
    TFT_pwm
);

`include "../src/Sdram_Params.h"

Parameter Baud_set = 3'd5;                          //波特率设置,1 562 500 bps
parameter img_h = 480;                              //图片宽度
parameter img_v = 272;                              //图片高度
parameter img_data_byte = img_h * img_v;

    input                Clk50M;                    //系统时钟
    input                Rst_n;                     //系统复位信号

    input                Uart_rx;                   //串口接收信号

    output [`ASIZE - 1:0]  Sd_Sa;                   //SDRAM 地址总线
    output [`BSIZE - 1:0]  Sd_Ba;                   //SDRAM Bank 地址
    output               Sd_Cs_n;                   //SDRAM 片选信号
    output               Sd_Cke;                    //SDRAM 时钟使能
    output               Sd_Clk;                    //SDRAM 时钟信号
```

```
output                    Sd_Ras_n;         //SDRAM 行地址选
output                    Sd_Cas_n;         //SDRAM 列地址选
output                    Sd_We_n;          //SDRAM 写使能
inout [`DSIZE-1:0]        Sd_Dq;            //SDRAM 数据总线
output [`DSIZE/8-1:0]     Sd_Dqm;           //SDRAM 数据掩码

output [15:0]             TFT_rgb;          //TFT 数据输出
output                    TFT_hs;           //TFT 行同步信号
output                    TFT_vs;           //TFT 场同步信号
output                    TFT_clk;          //TFT 像素时钟
output                    TFT_de;           //TFT 数据使能
output                    TFT_pwm;          //TFT 背光控制

wire                      Clk;              //SDRAM 控制器时钟
wire                      Wr_en;            //写 SDRAM 使能信号
wire [7:0]                Wr_data;          //写 SDRAM 数据
wire                      Rd_en;            //读 SDRAM 使能信号
wire [`DSIZE-1:0]         Rd_data;          //读 SDRAM 数据

wire                      clk9M;            //TFT 屏控制器时钟
reg [31:0]                byte_cnt;         //图片数据计数器
reg                       disp_state;       //图片可显示状态
wire                      tft_begin;        //TFT 屏帧起始标志位
wire                      sdram_clk;        //SDRAM 时钟信号

//串口传图图片数据计数器
always@(posedge Clk50M or negedge Rst_n)
begin
    if(!Rst_n)
        byte_cnt <= 32'd0;
    else if (Wr_en) begin
        if(byte_cnt < (img_data_byte << 1))
            byte_cnt <= byte_cnt + 32'd1;
        else
            byte_cnt <= (img_data_byte << 1);
    end
    else
        byte_cnt <= byte_cnt;
end

//串口传图图片数据传输完,进入图片可显示状态
always@(posedge Clk or negedge Rst_n)
begin
    if(!Rst_n)
        disp_state <= 1'b0;
    else if (byte_cnt == (img_data_byte << 1))
        disp_state <= 1'b1;
    else
        disp_state <= 1'b0;
end
```

```
//SDRAM 控制器读 FIFO 的读使能
assign Rd_en = (disp_state && TFT_de)? 1'b1:1'b0;
//SDRAM 时钟信号
assign Sd_Clk =  sdram_clk;

//时钟模块 PLL 例化
pll pll(
    .areset(!Rst_n),
    .inclk0(Clk50M),
    .c0(Clk),
    .c1(sdram_clk),
    .c2(clk9M)
);

//串口接收模块例化
uart_byte_rx uart_byte_rx(
    .Clk(Clk50M),
    .Rst_n(Rst_n),
    .Rs232_rx(Uart_rx),
    .Baud_set(Baud_set),

    .Data_byte(Wr_data),
    .Rx_done(Wr_en)
);

//SDRAM 控制器模块例化
sdram_control_top sdram(
    .Clk(Clk),
    .Rst_n(Rst_n),
    .Sd_clk(sdram_clk),

    .Wr_data(Wr_data),
    .Wr_en(Wr_en),
    .Wr_addr(0),
    .Wr_max_addr(img_data_byte),
    .Wr_load(!Rst_n),
    .Wr_clk(Clk50M),
    .Wr_full(),
    .Wr_use(),

    .Rd_data(Rd_data),
    .Rd_en(Rd_en),
    .Rd_addr(0),
    .Rd_max_addr(img_data_byte),
    .Rd_load(tft_begin),
    .Rd_clk(clk9M),
    .Rd_empty(),
    .Rd_use(),

    .Sa(Sd_Sa),
    .Ba(Sd_Ba),
```

```
        .Cs_n(Sd_Cs_n),
        .Cke(Sd_Cke),
        .Ras_n(Sd_Ras_n),
        .Cas_n(Sd_Cas_n),
        .We_n(Sd_We_n),
        .Dq(Sd_Dq),
        .Dqm(Sd_Dqm)
    );

    //TFT 显示驱动控制模块例化
    tft_ctrl tft_ctrl(
        .Clk9M(clk9M),
        .Rst_n(Rst_n),
        .Data_in({Rd_data[7:0],Rd_data[15:8]}),
        .Hcount(),
        .Vcount(),
        .TFT_rgb(TFT_rgb),
        .TFT_hs(TFT_hs),
        .TFT_vs(TFT_vs),
        .TFT_clk(TFT_clk),
        .TFT_de(TFT_de),
        .TFT_pwm(TFT_pwm),
        .TFT_begin(tft_begin)
    );

endmodule
```

6.6.2　仿真验证

在整个串口传图帧缓存系统的顶层文件设计完成后，接下来就是对该系统进行仿真验证，仿真过程同样需要采用镁光 SDRAM 仿真模型。在仿真时，考虑到如果仿真传输整个一张 480×272 大小的图片数据以及 TFT 显示图片数据，需要的仿真时间比较久。这里我们把图片的大小设置得小一点，在对串口传图顶层文件进行例化时，对图片数据的大小进行重新设置，图片的行像素设置为 200，场像素设置为 20，这样在 TFT 显示图片数据时只观察前面部分的数据，分析其与串口传入的数据是否一致即可，具体的仿真 testbench 文件的设计如下：

```
`timescale 1ns/1ns
`define CLK_PERIOD 20

module uart2sdram2tft_tb;

`include "../src/Sdram_Params.h"

localparam Baud_set     = 3'd5;          //设置波特率,设置为 1 562 500
localparam Img_H        = 200;           //设置图片宽度
localparam Img_V        = 20;            //设置图片高度
```

```
reg                     Clk50M;
reg                     Rst_n;

wire                    Uart_rx;

reg                     tx_en;
reg [7:0]               tx_data;
wire                    tx_done;

wire [`ASIZE-1:0]       Sa;
wire [`BSIZE-1:0]       Ba;
wire                    Cs_n;
wire                    Cke;
wire                    Clk;
wire                    Ras_n;
wire                    Cas_n;
wire                    We_n;
wire [`DSIZE-1:0]       Dq;
wire [`DSIZE/8-1:0]     Dqm;

wire [15:0]             TFT_rgb;
wire                    TFT_hs;
wire                    TFT_vs;
wire                    TFT_clk;
wire                    TFT_de;
wire                    TFT_pwm;

uart_byte_tx uart_byte_tx(
    .Clk(Clk50M),
    .Rst_n(Rst_n),
    .send_en(tx_en),
    .baud_set(Baud_set),
    .Data_Byte(tx_data),

    .Rs232_Tx(Uart_rx),
    .Tx_Done(tx_done),
    .uart_state()
);

uart2sdram2tft
#(.Baud_set(Baud_set),
    .img_h(Img_H),
    .img_v(Img_V)
)
uart2sdram2tft(
    .Clk50M(Clk50M),
    .Rst_n(Rst_n),

    .Uart_rx(Uart_rx),

    .Sd_Sa(Sa),
```

```
        .Sd_Ba(Ba),
        .Sd_Cs_n(Cs_n),
        .Sd_Cke(Cke),
        .Sd_Clk(Clk),
        .Sd_Ras_n(Ras_n),
        .Sd_Cas_n(Cas_n),
        .Sd_We_n(We_n),
        .Sd_Dq(Dq),
        .Sd_Dqm(Dqm),

        .TFT_rgb(TFT_rgb),
        .TFT_hs(TFT_hs),
        .TFT_vs(TFT_vs),
        .TFT_clk(TFT_clk),
        .TFT_de(TFT_de),
        .TFT_pwm(TFT_pwm)
    );

    //SDRAM 模型例化
    sdr sdram_model(
        .Dq(Dq),
        .Addr(Sa),
        .Ba(Ba),
        .Clk(Clk),
        .Cke(Cke),
        .Cs_n(Cs_n),
        .Ras_n(Ras_n),
        .Cas_n(Cas_n),
        .We_n(We_n),
        .Dqm(Dqm)
    );

    //系统时钟信号
    initial  Clk50M = 1'b1;
    always #(`CLK_PERIOD/2) Clk50M = ~Clk50M;

    initial
    begin
        Rst_n       = 0;
        tx_en       = 0;
        tx_data     = 0;
        #(`CLK_PERIOD * 200 + 1)
        Rst_n       = 1;

        //等待初始化完成
        @(posedge uart2sdram2tft.sdram.sdram_control.init_done)
        #2000;

        //串口传输 400 个数据
        repeat(Img_H * Img_V * 2) begin
        tx_en     = 1;
```

```
        tx_data =  tx_data + 1;
        #(`CLK_PERIOD)
        tx_en    = 0;
        @(posedge tx_done);
        #20;
        end

        //等待图片可显示状态到来
        @(posedge uart2sdram2tft.disp_state)
        @(posedge uart2sdram2tft.TFT_vs);
        @(posedge uart2sdram2tft.TFT_de);
        #5000;
        $stop;
    end

endmodule
```

如图 6.112 所示为仿真的时序波形图，从时序波形图可以看出，可进行 TFT 显示的状态信号 disp_state 在串口传输数据个数到 200×20×2 字节时变为高电平，SDRAM 控制器的读数据信号 Rd_en 在 disp_state 为高电平且 TFT 数据使能 tft_de 为高电平时有效(高电平)；并且在 disp_state 为高电平期间显示新的一帧图片数据的第一个 tft_de 上升沿开始，输出的 16 位位宽数据与串口发送的相邻两个 8 位位宽数据拼接是一致的，说明该系统的设计基本没问题。

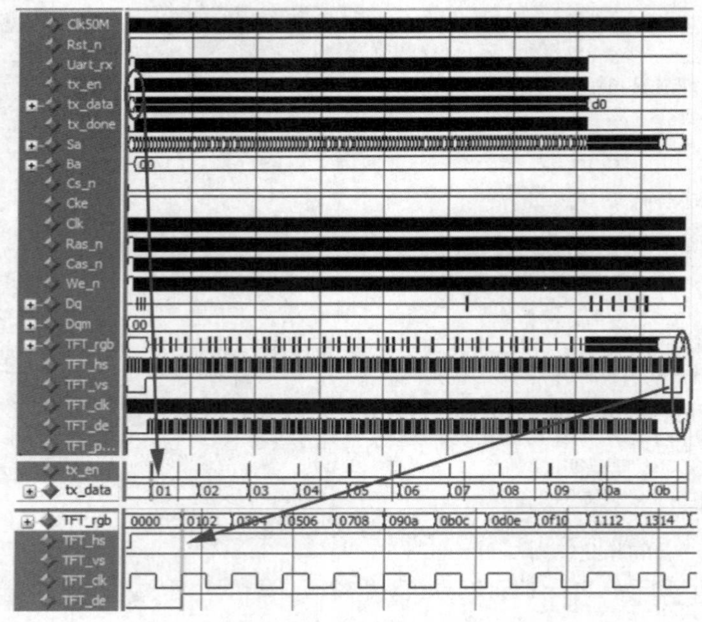

图 6.112　系统仿真的时序波形图

在这样初步的仿真验证后，如果需要更加全面的仿真验证，则可以将图片数据大小

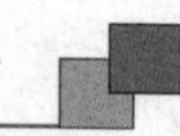

改为实际情况的大小进行全面的仿真验证，这里就不详细说明了，读者可以自己更改 testbench 文件中本地参数 Img_H 和 Img_V 值为实际图片大小进行验证。经过多次的验证证明，整个系统的设计是可以正常工作的。

6.6.3 板级验证

在对系统进行仿真验证确定没有问题后，接下来就是板级验证，本实验板级验证是在 AC620 开发板上进行的，上面的系统设计和仿真也是基于该开发板的实际硬件进行的。板级验证首先进行引脚的分配，引脚分配是对照 AC620 开发板配套的引脚分配进行的，如图 6.113 所示为基于 AC620 开发板的引脚分配图。

Clk50M	Input	PIN_E1
Rst_n	Input	PIN_E16
Sd_Ba[1]	Output	PIN_M9
Sd_Ba[0]	Output	PIN_T12
Sd_Cas_n	Output	PIN_R11
Sd_Cke	Output	PIN_T11
Sd_Clk	Output	PIN_T10
Sd_Cs_n	Output	PIN_R12
Sd_Dq[15]	Bidir	PIN_P9
Sd_Dq[14]	Bidir	PIN_N8
Sd_Dq[13]	Bidir	PIN_M8
Sd_Dq[12]	Bidir	PIN_L8
Sd_Dq[11]	Bidir	PIN_K8
Sd_Dq[10]	Bidir	PIN_L9
Sd_Dq[9]	Bidir	PIN_K9
Sd_Dq[8]	Bidir	PIN_R9
Sd_Dq[7]	Bidir	PIN_R8
Sd_Dq[6]	Bidir	PIN_R6
Sd_Dq[5]	Bidir	PIN_T5
Sd_Dq[4]	Bidir	PIN_R5
Sd_Dq[3]	Bidir	PIN_T4
Sd_Dq[2]	Bidir	PIN_R4
Sd_Dq[1]	Bidir	PIN_T3
Sd_Dq[0]	Bidir	PIN_R3
Sd_Dqm[1]	Output	PIN_R10
Sd_Dqm[0]	Output	PIN_T8
Sd_Ras_n	Output	PIN_N9
Sd_Sa[12]	Output	PIN_N11
Sd_Sa[11]	Output	PIN_R13
Sd_Sa[10]	Output	PIN_M10
Sd_Sa[9]	Output	PIN_T14
Sd_Sa[8]	Output	PIN_R14
Sd_Sa[7]	Output	PIN_T15
Sd_Sa[6]	Output	PIN_L11
Sd_Sa[5]	Output	PIN_M11
Sd_Sa[4]	Output	PIN_N12
Sd_Sa[3]	Output	PIN_T13
Sd_Sa[2]	Output	PIN_P14
Sd_Sa[1]	Output	PIN_L10
Sd_Sa[0]	Output	PIN_P11
Sd_We_n	Output	PIN_T9
TFT_clk	Output	PIN_K11
TFT_de	Output	PIN_J14
TFT_hs	Output	PIN_J16
TFT_pwm	Output	PIN_J11
TFT_rgb[15]	Output	PIN_N15
TFT_rgb[14]	Output	PIN_R16
TFT_rgb[13]	Output	PIN_F13
TFT_rgb[12]	Output	PIN_N14
TFT_rgb[11]	Output	PIN_N13
TFT_rgb[10]	Output	PIN_L12
TFT_rgb[9]	Output	PIN_M12
TFT_rgb[8]	Output	PIN_L13
TFT_rgb[7]	Output	PIN_L14
TFT_rgb[6]	Output	PIN_N16
TFT_rgb[5]	Output	PIN_P16
TFT_rgb[4]	Output	PIN_K16
TFT_rgb[3]	Output	PIN_K15
TFT_rgb[2]	Output	PIN_L15
TFT_rgb[1]	Output	PIN_J13
TFT_rgb[0]	Output	PIN_K12
TFT_vs	Output	PIN_J15
Uart_rx	Input	PIN_B5

图 6.113 系统引脚分配图

引脚分配完成后，对串口传图顶层文件进行全编译生成 sof 文件。然后将 sof 文件下载到开发板中。下载完成后开发板上的 4.3 英寸 TFT 屏是没有图片显示的。因为还没有通过串口向 SDRAM 中发送数据。

接下来就是生成图片数据，然后利用串口工具将数据传输到开发板中。本实验图片数据的产生，是采用网上下载的 Picture2Hex 软件生成的 16 位位宽的十六进制图片数据。在网上下载大小为 480×272 的图片，运行文件名为 Picture2Hex 的应用程序，选择需要生成图片数据的图片宽度和高度，这里分别对应 480 和 272，RGB 选择 PixelFormat16bppRGB565，然后单击 File 按钮选择待生成数据的图片，如图 6.114 所示为图片数据生成过程软件设置的界面。

经过这些步骤后，就在与 Picture2Hex 应用程序同一文件下的 work 文件夹下生成了 logo.c 数据文件和 0001.bmp 图片文件，如图 6.115 所示是 work 文件下生成的两个文件的截图。

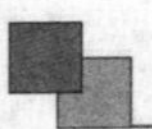

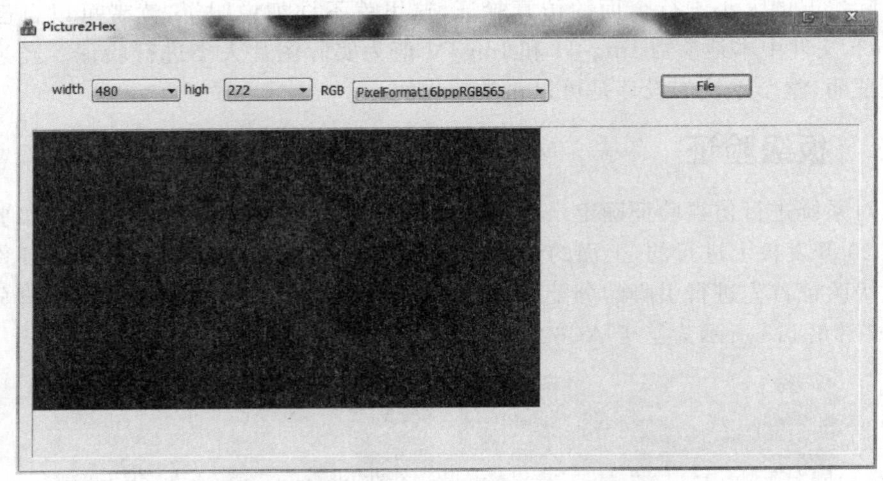

图 6.114　图片数据生成过程软件界面

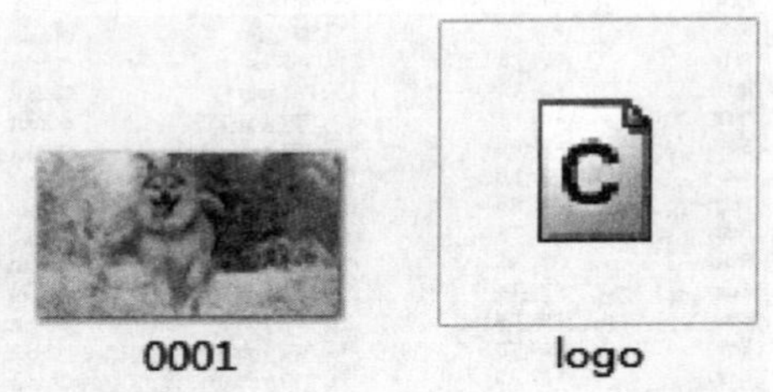

图 6.115　软件生成图片数据结果

生成的名为 0001 的图片数据就是板级验证 TFT 屏待显示的图片的效果图。如图 6.116 所示是用 Notpad++软件打开 logo. c 数据文件生成数据的部分效果图。

```
#define LOGO_W  480
#define LOGO_H  272
#define FRAME_COUT      1
uint16_t __devinitconst sky_animation_mask[] = {
/*********************************************************************************************************/
0xEF5B,0xFF7C,0xFF5B,0xFF7C,0xF75B,0xFF9C,0xFF7B,0xFF9C,0xF77B,0xFF9C,0xFF7B,0xFF9C,0xF77B,0xFFBD,0xFF9D,0xFFBD,
0xF79C,0xFF9C,0xFF7B,0xFF9C,0xFF7A,0xFF7B,0xFF39,0xFF5A,0xF719,0xF739,0xF6F8,0xF6F9,0xE6B7,0xF6F8,0xF6D7,0xF6F8,
0xEED7,0xF718,0xF6D7,0xFEF9,0xF6F8,0xFF19,0xFEF7,0xFF39,0xF719,0xFF3A,0xF719,0xFF5A,0xF739,0xFF5B,0xFF5A,0xFF7B,
0xF77A,0xFF9B,0xFF7A,0xFF9B,0xF75A,0xFF7B,0xFF39,0xFF5A,0xF719,0xFF19,0xF6F8,0xF719,0xEEF8,0xF719,0xF6F8,0xF739,
0xEF18,0xF739,0xF718,0xFF39,0xF718,0xFF5A,0xFF59,0xFF5A,0xF739,0xFF59,0xFF18,0xFF39,0xEEF8,0xF6F8,0xF6D7,0xF738,
0xF716,0xFF38,0xFF17,0xFF38,0xF738,0xFF59,0xFF38,0xFF5A,0xF739,0xFF7A,0xFF59,0xFF5A,0xFF5A,0xFF7B,0xFF5A,0xFF7B,
0xFF5A,0xFF7C,0xFF5B,0xFF9B,0xFF7A,0xFF9B,0xFF7A,0xFF9B,0xFF7A,0xFF9B,0xFF7A,0xFF9B,0xF77A,0xFFBC,0xFF9B,0xFFDC,
0xFFBB,0xFFDC,0xFFBB,0xFFDC,0xFF9B,0xFFBC,0xFF9B,0xFFBB,0xFF9B,0xFFBC,0xFF9B,0xFFBC,0xFF9B,0xFFBC,0xFFBB,0xFFDC,
0xFFBB,0xFFDC,0xFFBB,0xFFDD,0xFF9C,0xFFDD,0xFFBD,0xFFDD,0xFFBC,0xFFFD,0xFFDD,0xFFDD,0xF7DB,0xFFDC,0xFF9B,0xFFBB,
0xF75A,0xFF7A,0xF739,0xFF39,0xEEF8,0xF6F8,0xFED7,0xFF18,0xF6D7,0xFEF8,0xFEB6,0xFEB7,0xEE55,0xEE55,0xEDD2,0xEDB2,
0xE591,0xE571,0xD530,0xD510,0xBCAE,0xBC6D,0xA40C,0xA3CB,0xAC4C,0xC50F,0xCD51,0xE5D3,0xE5F2,0xEE33,0xF633,0xFE75,
0xFE74,0xFE94,0xFE33,0xFE53,0xF653,0xF674,0xF674,0xFEB6,0xF6D6,0xFF38,0xFF58,0xFF7A,0xFF79,0xFF9A,0xFF79,0xFF9A,
0xFF79,0xFF9A,0xFF79,0xFF7A,0xFF58,0xFF7A,0xFF7A,0xFF9B,0xFF7A,0xFF7B,0xFF5A,0xFF5A,0xF6F8,0xF6D8,0xF676,0xEE76,
```

图 6.116　logo. c 数据文件中的数据

现在图片数据已经生成好了，接下来就是利用串口工具软件将数据通过串口发送给 AC620 开发板。这里使用的串口工具是笔者编写的 C++简易上位机程序，主要是针对本实验开发的。本实验的重点是 Verilog 的设计与验证，有关简易上位机的开发就不讲述了，相应的代码笔者也已经公开。

将图片数据 logo.c 文件放入到与上位机应用程序文件相同的文件目录下，单击运行应用程序，图 6.117 为简易上位机运行的过程效果图。

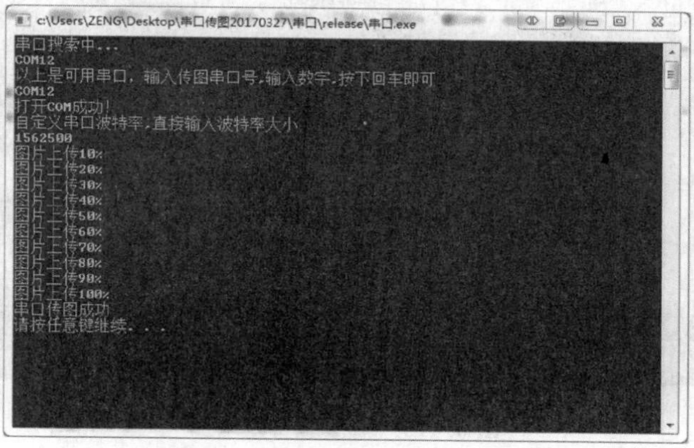

```
c:\Users\ZENG\Desktop\串口传图20170327\串口\release\串口.exe
串口搜索中...
COM12
以上是可用串口，输入传图串口号，输入数字，按下回车即可
COM12
打开COM成功!
自定义串口波特率，直接输入波特率大小
1562500
图片上传10%
图片上传20%
图片上传30%
图片上传40%
图片上传50%
图片上传60%
图片上传70%
图片上传80%
图片上传90%
图片上传100%
串口传图成功
请按任意键继续. . .
```

图 6.117　简易上位机运行效果图

选择 AC620 开发板对应的串口号，设置串口传输的波特率，这里设置的波特率需要与设计的串口传图系统中的串口接收模块的波特率一致，否则会出现显示图片显示不正确的问题。本实验在前面的设计中考虑到希望传输速率能快一点，在串口接收模块的原有串口模块中增加了一个更大的串口波特率(1 562 500 bps)选项，串口接收模块中的代码如下：

```
//波特率查找表
    always@(posedge Clk or negedge Rst_n)
    if(!Rst_n)
        bps_DR = 16'd324;
    else begin
        case(baud_set)
            3'd0:bps_DR = 16'd324;          //波特率 9 600 * 16
            3'd1:bps_DR = 16'd162;          //波特率 19 200 * 16
            3'd2:bps_DR = 16'd80;           //波特率 38 400 * 16
            3'd3:bps_DR = 16'd53;           //波特率 57 600 * 16
            3'd4:bps_DR = 16'd26;           //波特率 115 200 * 16
            3'd5:bps_DR = 16'd1;            //波特率 1 562 500 * 16
            default:bps_DR = 16'd324;
        end case
    end
```

在串口传图系统设计中，选择的是新增的波特率选项，所以在上位机中设置的波特率也是 1 562 500，保持一致。数据传完后，可以在开发板上 4.3 英寸 TFT 屏看到图片，如图 6.118 所示是板级验证的效果图。

图 6.118 显示的图片与之前生成的 0001 图片是一致的。板级验证没有问题，读者可以尝试多验证几遍，即可全面验证该设计的正确性。

图 6.118　板级验证效果图

至此，整个串口传图系统的设计就完成了，实现了 PC 通过串口发送图片数据，FPGA 开发板 AC620 接收图片数据，存放到 SDRAM 存储器中，通过读取 SDRAM 中的图片数据在 TFT 屏上进行显示。有兴趣的读者可在此基础上进行其他实验项目的扩展。

本节小结：

本节主要是将上节中设计的 SDRAM 控制器应用于实际，结合前面学过的串口模块和 TFT 屏控制器模块等，实现串口传图帧缓存的综合实验。实现过程并不复杂，只要读者认真思考学习，实现这些应用是没有问题的。读者可以发挥自己的创意，将 SDRAM 控制器应用于其他的项目实验中，以便更好地巩固所学的知识。

参考文献

[1] 周立功. EDA 实验与实践[M]. 北京:北京航空航天大学出版社,2007.
[2] 夏宇闻. Verilog 数字系统设计教程[M]. 北京:北京航空航天大学出版社,2008.
[3] 于斌,谢龙汉. MODELSIM 电子系统分析及仿真[M]. 2 版. 北京:电子工业出版社,2014.
[4] 吴继华. Altera FPGA/CPLD 设计[M]. 北京:人民邮电出版社,2011.
[5] 刘东华. Altera 系列 FPGA 芯片 IP 核详解[M]. 北京:电子工业出版社,2014.
[6] Intel Corporation. Cyclone IV Device Handbook. 2016.
[7] Intel Corporation. Intel Quartus Prime Standard Handbook. 2017.
[8] Intel Corporation. ModelSim - Altera Software Simulation User Guide. 2013.
[9] Mentor Corporation. ModelSim Reference Manual 10.2C. 2013.